世纪互联蓝云研究院丛书

精通 Office 365 云计算管理

Exchange Online 篇

世纪互联蓝云公司　主编
王少锋　朱振华　李　元　副主编

電子工業出版社
Publishing House of Electronics Industry
北京·BEIJING

内 容 简 介

本书汇集了Office 365中国版技术支持团队长达6年的智慧结晶。全书以Exchange Online为主线，主要内容包括Office 365的域名管理和用户管理、Exchange Online的收件人管理、邮箱迁移、权限管理、通讯簿策略、合规性管理、混合部署、客户端和移动设备管理等丰富的基于Office 365的Exchange Online管理知识。书中还汇集了20多个经典案例以及常用的PowerShell命令。这本书没有艰深晦涩的专业名词，深入浅出地勾勒出管理Office 365云计算所必备的专业技能。

本书适合网络管理员学习微软云计算，特别适合想深入学习 Office 365 云计算管理知识的读者选用，也适合相关专业大专院校学生学习云服务知识时参考。

未经许可，不得以任何方式复制或抄袭本书之部分或全部内容。
版权所有，侵权必究。

图书在版编目（CIP）数据

精通 Office 365 云计算管理. Exchange Online 篇 / 世纪互联蓝云公司主编. —北京：电子工业出版社，2019.7

（世纪互联蓝云研究院丛书）

ISBN 978-7-121-37001-4

Ⅰ. ①精… Ⅱ. ①世… Ⅲ. ①办公自动化－应用软件 Ⅳ. ①TP317.1

中国版本图书馆 CIP 数据核字（2019）第 135856 号

责任编辑：张瑞喜
印　　刷：中国电影出版社印刷厂
装　　订：中国电影出版社印刷厂
出版发行：电子工业出版社
　　　　　北京市海淀区万寿路 173 信箱　邮编　100036
开　　本：787×1092　1/16　印张：26.5　字数：678 千字
版　　次：2019 年 7 月第 1 版
印　　次：2019 年 7 月第 1 次印刷
定　　价：89.80 元

凡所购买电子工业出版社图书有缺损问题，请向购买书店调换。若书店售缺，请与本社发行部联系，联系及邮购电话：（010）88254888，88258888。

质量投诉请发邮件至 zlts@phei.com.cn，盗版侵权举报请发邮件至 dbqq@phei.com.cn。

本书咨询联系方式：zhangruixi@phei.com.cn。

序　言

——世纪互联蓝云 CEO 柯文达

时光如白驹过隙，从 2014 年世纪互联蓝云把国际公有云 Microsoft Azure 和 Office 365 落地中国，已经五年多了。五年来，中国云计算行业发展风起云涌，世纪互联蓝云作为国内云运维领域开疆辟土的开拓者，从组建时期的几十人发展壮大到拥有近 500 人的具备国际一流水准的技术团队。凭借专业优异的服务能力，公司创立了一整套科学高效、安全合规的云运维流程和管理体系，通过 CLIC（Cloud Landing In China）战略为中国用户落地了丰富的国内外云解决方案，为 10 多万家企业用户解决了“上云”和“用云”之路上遇到的各种问题，赢得了用户的口碑和信赖。

我还清晰地记得 2016 年底为《Office 365 管理员实战指南》一书作序，那是世纪互联蓝云研究院出版的第一本书。经过短短的两年半，蓝云研究院又陆续推出了《Microsoft Azure 管理与开发（上册）基础设施服务 IaaS》《Microsoft Azure 管理与开发（下册）平台服务 PaaS》和《Microsoft Power BI 智能大数据分析》等书。这些书的撰写和出版凝聚了蓝云技术工程师们在一线运维实践中积累的领先技术和宝贵的实操经验，代表了蓝云在国内运维领域所保持的国际水准的领先技术，体现了蓝云技术团队对科学技术的精进追求和分享。

云市场分析机构 Synergy Research Group 最新报告显示，软件即服务（SaaS）2019 年第一季度的年化收入突破 1 000 亿美元，微软占 17%市场份额。Office 365 是微软的 SaaS 服务主打产品，它是一项基于云的订阅服务，其中汇集了当今人们工作中常用的优秀工具。通过将 Excel 和 Outlook 等经典应用与 OneDrive、Microsoft Teams 等强大的云服务相结合，Office 365 可让任何人使用任何设备随时随地创建和共享内容。Office 365 还融入多项人工智能技术，如微软认知服务、微软小娜、微软翻译、Power BI、自然语言问答、数据防泄漏保护等，已成为名副其实的企业强大的生产力工具。

过去五年，由世纪互联运营的 Microsoft Azure 和 Office 365 取得了超预期的健康发展，已有超过 3 万家企业的 180 万付费用户和 2 000 多万教育用户采用 Office 365 引领的 SaaS 云应用。在中国新增的 Office 客户中，有 90%首选在云端运行的 Office 365。世纪互联蓝云还积极参与国家关于云计算安全的相关事宜，2015 年，Office 365 获得公安部信息安全等级保护等级三认证，并获得 2015 年度“办公应用奖”；截至 2018 年底，由世纪互联运营的 Office 365 的 Exchange Online、SharePoint Online 和 Skype for Business 通过了三项可信云认证年度审核。

Exchange Online 是 Office 365 的重要组件之一。曾经，Microsoft Exchange 是业界领先的企业级电子邮件系统，如今，Exchange Online 将以企业级的托管邮件系统再度拉大优势：Exchange Online 拥有遍布全国的冗余服务器、先进的灾难恢复功能，全天候监视 Exchange Online 的专业安全团队，99.9%的正常运行时间保障，雄厚财力支撑的服务级别协议，等等。Exchange Online 允许用户以自己的独立域名收发邮件，并通过各项高级功能保护用户信息；用反恶意软件和反垃圾邮件筛选保护邮箱；数据丢失防护功能防止用户误将敏感信息发送给未授权的人员；支持用户在各种设备上通过所有主流浏览器随时随地访问电子邮件、日历和联系人；集成 Outlook 意味着用户会可获得功能丰富而熟悉的电子邮件体验（支持脱机访问）。Exchange Online 还可以很好地支持混合云的部署，让企业客户即可以享受到云服务的便捷性，又可以更好地保护企业核心的数据。

五年来，Office 365 在中国的强劲增长，即有产品的技术优势，也与世纪互联蓝云对 Office 365 运营的高效、稳定密不可分。世纪互联蓝云的工程师们从无到有建立和维护中国的云计算平台 Azure 和云服务平台 Office 365。他们在实践中总结，在行进中发展，在云计算成为企业新的生产力的今天，一直在为 SaaS 在国内的普及而努力。蓝云技术支持团队在过去五年中为 Office 365 用户解决了近 10 万个技术难题，由此诞生了一系列图书，包括这一本《精通 Office 365 云计算管理 Exchange Online 篇》。本书在《Office 365 管理员实战指南》的基础上更加精准地为 Exchange Online 的用户提供技术含量高、实用性和操作性兼备的专业指导，从而让 Office 365 帮助企业和客户发挥更大的生产力，挖掘更大的商机。

最后，我很高兴看到蓝云的技术工程师们秉承知识共享的精神，持续不断地把日积月累的实践经验编撰成书，为用户及所有在云计算行业同仁带来一些帮助和启发，为中国云计算行业贡献自己的力量。我为蓝云的技术团队感到骄傲和自豪，也非常感谢我的团队的努力和付出。未来，世纪互联蓝云的工程师还将继续努力，紧跟科技时代步伐，不断将奋战在云计算第一线的经验和思考总结和编写成书，为企业和用户在数字化转型的道路上提供更有力的支持和帮助。

柯文达

2019 年 7 月

前言

无论世间风云如何曲折变换，唯有科学和技术的进步永远向前，永不停歇。纵观人类的科技史，每一次科技的进步往往都会带来生产力的革命，从而推动着人类社会不断地进步和发展。当前，随着云计算、大数据、物联网、虚拟现实、5G 通信、AI 人工智能、量子科技等新兴技术的蓬勃发展和深度融合，人类正在步入智能时代。

现代科技带来了很多的便捷，也带来了诸多新的挑战。在现代工作中，移动互联网的发展使得随时随地办公成为上班族的必备技能，海量的数据需要强大的计算能力和巨大的存储空间，细致的分工需要同事之间、企业和客户之间随时随地协同作业……这些协同办公、随时办公和移动办公的问题，有了 Office 365 就都能迎刃而解了！

什么是 Office 365？Office 365 是微软公司的一项基于云计算的订阅服务，集成了快捷的电子邮件 Exchange Online、实时的文件共享 SharePoint Online 和稳定的视频联机会议 Skype for Business/Teams 等企业级的云服务，汇集了人们熟悉的经典微软 Office 组件，如 Word、Excel、PowerPoint、Outlook、Access、Publisher 等，并将这些组件与 OneDrive 云存储服务相结合，可以帮助人们随时、随地、随机（使用多种主流设备，如 Windows PC / Mac、平板电脑和手机）创建、编辑、存储和分享工作内容、高效协同工作。Office 365 还内置 AI 功能。Office 365 集成 Power BI 的功能后，通过各种各样的仪表板能够让你创造出内容丰富、别具吸引力的可视化效果。Office 365 与 Dynamics 365 的结合，可以让你与客户的连接直接升级到智能时代。Office 365 始终保持更新，让你免除软件升级的烦恼。

自 2014 年 Office 365 正式落地中国以来，在中国已有超过 3 万家企业的 180 万用户采用了由世纪互联蓝云运营的 Office 365；在中国新增的 Office 客户中，有 90%首选在云端运行的 Office 365。使用 Office 365 可以让数据更生动，让见解更深刻，让工作更便捷。

为了帮助大家更好地理解和使用 Office 365，世纪互联蓝云曾经在 2016 年底出版了《Office 365 管理员实战指南》一书。这是一本很好的 Office 365 入门指南。但是，一方面，Office 365 是一个不断增长、不断更新的云服务平台，新的功能不断添加，已有的功能不断改进，用户的技术水平也在不断提高，《Office 365 管理员实战指南》已经不能满足一些高端用户的需求。另一方面，我们的技术支持团队在过去的六年中，帮助客户解决了数十万个技术难题，总结出了数千篇技术文档，每一篇技术文档都是工程师辛苦劳动的智慧结晶，这些宝贵的知识财富也是广大 Office 365 用户所急需的技术知识。因此，整理和总结新的技术知识，编写一本精通 Office 365 云计算管理的新书就变得非常迫切。这就是本书写作的初衷。

世纪互联蓝云的 Office 技术支持工程师们认真从数千篇技术文档中精挑细选，再三删减，希望能把最精华、最实用的技术知识奉献给广大读者，然而，整理出来的技术资料仍然非常庞大，内容非常丰富。经过再三思考，为做到详略得当，满足不同用户和读者的重点需求，对这些内容，我们将分不同主题陆续出版。《精通 Office 365 云计算管理 Exchange Online 篇》主要讲述 Exchange Online 的功能，以及多个经典案例集锦。

本书是世纪互联蓝云 Office 365 技术支持团队利用业余时间集体创作的结果，主要作者有：王少锋，朱振华，李元，韩鹏旭，朱杰，杨振强，王超，李绍平，洪耀，郭亚倩，李顺吉，宋卫勤，艾青，张楠，叶海燕，孔德路。

由于时间和技术水平有限，书中难免会出现一些错误或者不准确的地方，恳请您批评指正。同时，由于 Microsoft Office 365 产品内容不断迭代更新，当您阅读本书的时候，可能发现书中的部分内容与实际不符，欢迎给我们反馈。如果您有任何宝贵意见，欢迎发邮件至 feedback@oe.21vianet.com。

最后，再次感谢您对由世纪互联运营的 Microsoft Office 365 等云服务的关注，感谢您选择本书！

世纪互联蓝云客户服务与支持中心 孔德路
2019 年 6 月

目 录

第 1 章　开始使用 Office 365

1.1　域名管理

1.1.1　添加域名

用户注册 Office 365 账户时，会获得一个初始的 Office 365 域名，如 contoso.partner.onmschina.cn，系统将会以初始域名作为公司的邮箱地址后缀，但大部分用户更喜欢使用自己公司的域名作为邮箱地址后缀，如 contoso.com，这样邮箱地址更短，容易记住，更能宣传公司的品牌形象，所以需要添加自定义域名。

1.　添加域

使用管理员账号登录 Office 365 portal，地址为 https://portal.partner.microsoftOnline.cn，在打开的界面左侧导航栏中选择“安装”→“域”选项，单击“+添加域”按钮，如图 1-1 所示。

图 1-1　添加域

在“添加域”界面中输入自己的域名，本节以 Office365lib.cn 为例，输入域名后单击“下一步”按钮，如图 1-2 所示。

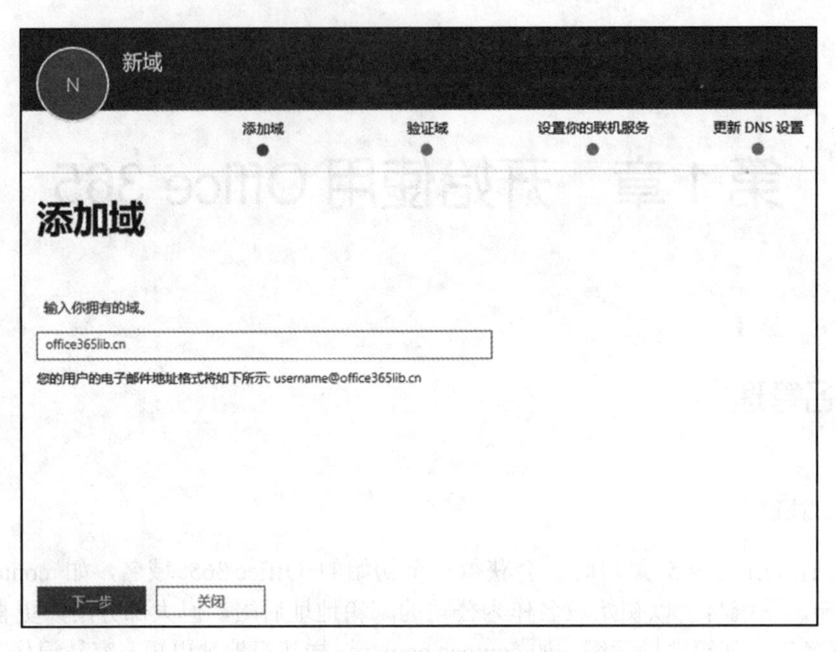

图 1-2　输入新域名

2. 验证域

在“验证域”界面会出现 TXT 及 MX 两种验证方式，一般选择 TXT 方式验证，Office 365 系统将生成随机 TXT 记录值，如“MS=ms71557864”。添加此 TXT 记录到域名 DNS 托管商进行解析，保存后返回 Office 365 添加域名界面，单击“验证”按钮进行验证，如图 1-3 和图 1-4 所示。

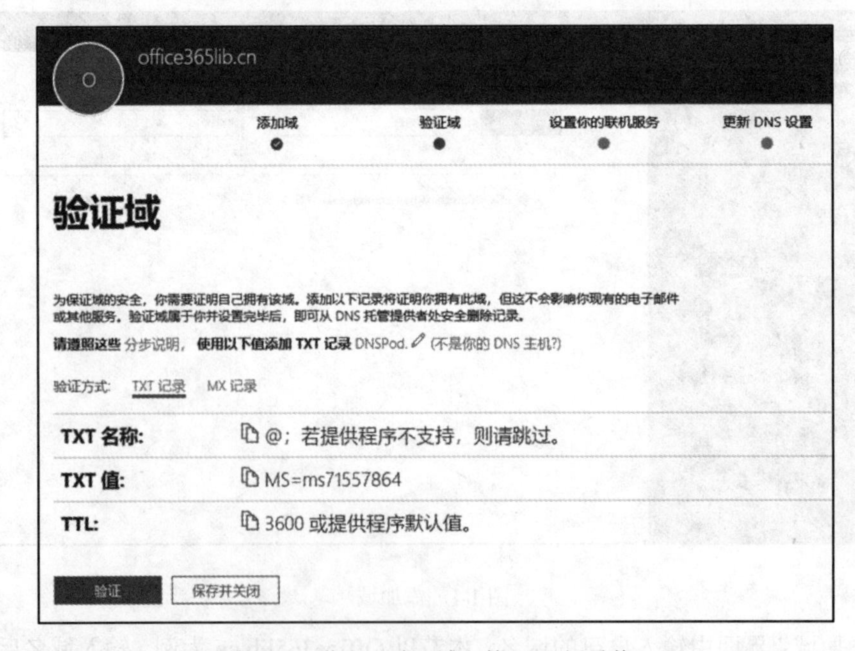

图 1-3　获取“验证域”的 TXT 记录值

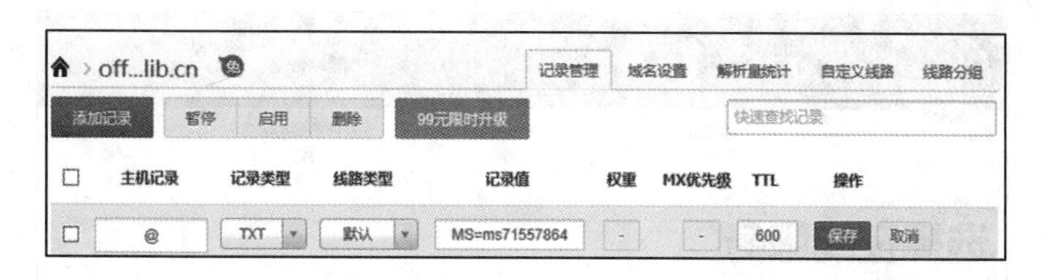

图 1-4　域名管理中心添加 TXT 记录值

3. 设置你的联机服务

验证过后会跳转到“设置你的联机服务”界面，系统默认选中“为我设置联机服务”单选按钮，系统将会自动配置所需的 DNS 记录。如果需要添加其他额外的记录，建议选中“我将管理自己的 DNS 记录”单选按钮，大多数用户选择此选项，本书也以该选项为例，如图 1-5 所示。

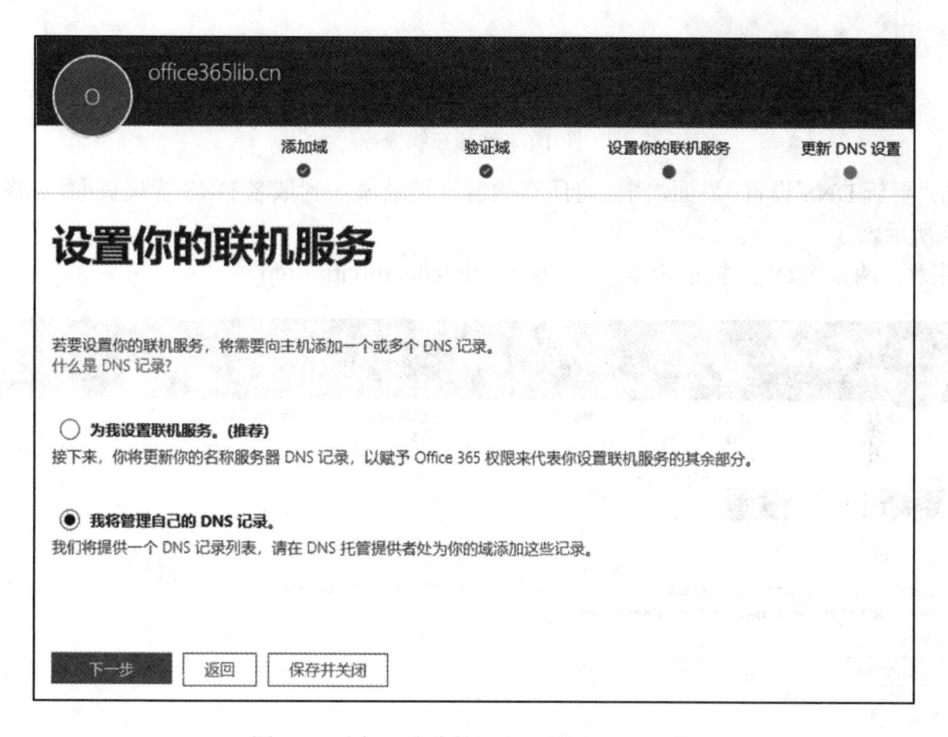

图 1-5　选择“我将管理自己的 DNS 记录”

4. 更新 DNS 设置

选中“我将管理自己的 DNS 记录”单选按钮后，单击“下一步”按钮，进入“选择在线服务”界面，请选择购买的产品，Exchange 或 Skype for Business，本书将包含两种主要产品 DNS 记录，如图 1-6 所示，单击“下一步”按钮。

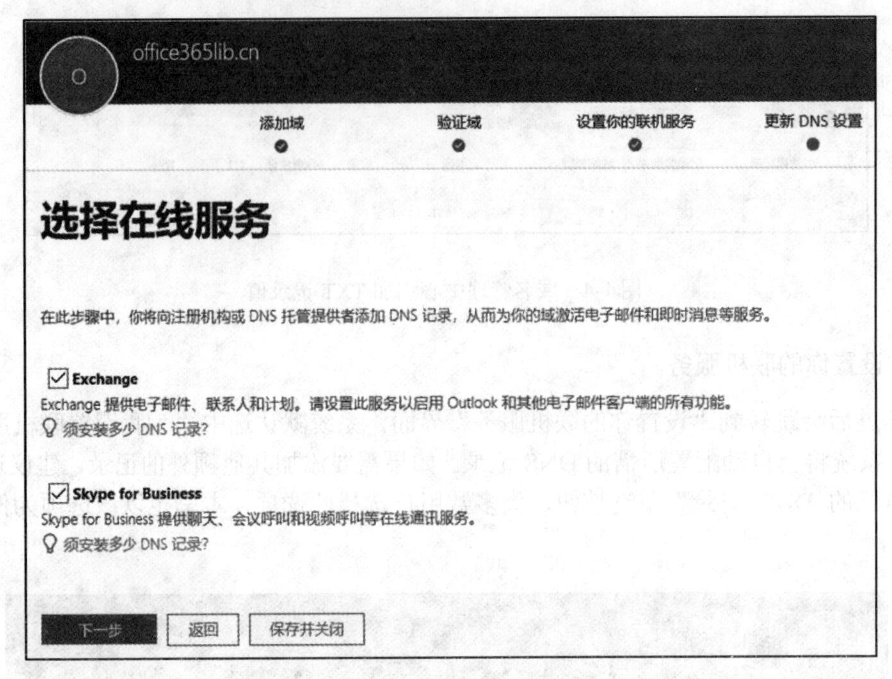

图 1-6　选择在线服务

在“更新 DNS 设置”界面，需要将所有的解析记录添加到域名 DNS 管理页面，如图 1-7～图 1-9 所示。

注意，两条 SRV 主机记录是_sip._tls 和_sipfederationtls._tcp。

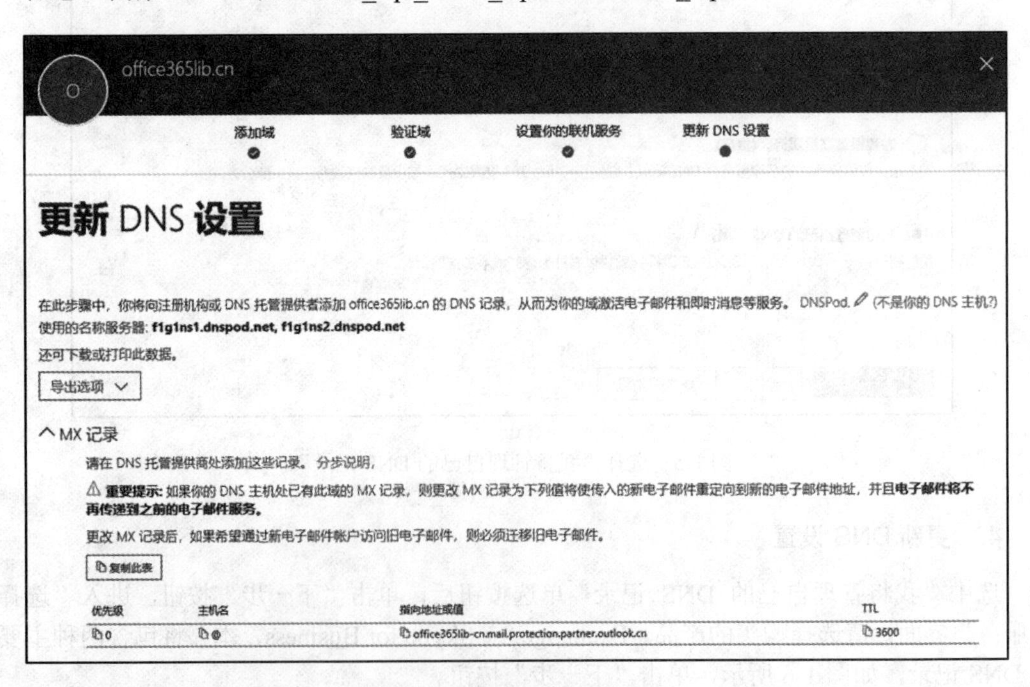

图 1-7　更新 DNS 设置（a）

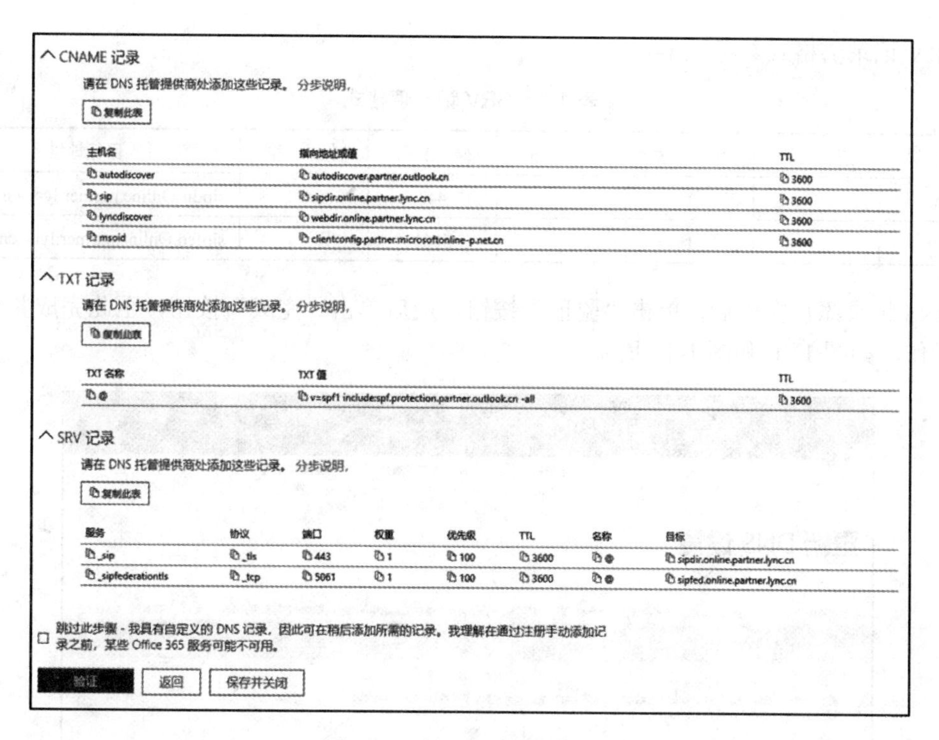

图 1-8　更新 DNS 设置（b）

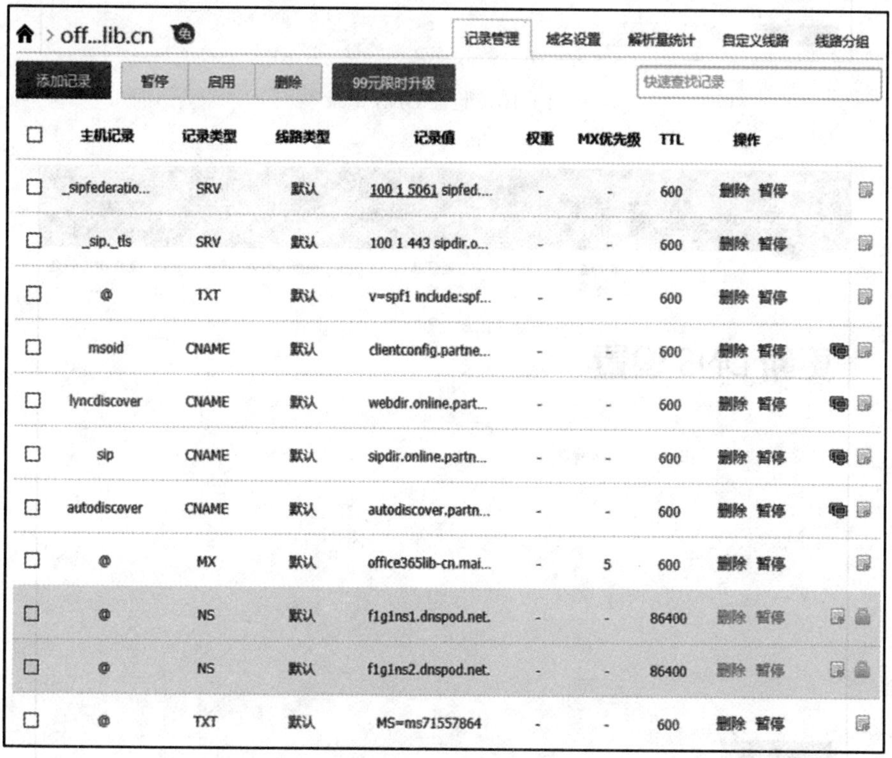

off...lib.cn

记录管理　域名设置　解析量统计　自定义线路　线路分组

添加记录　暂停　启用　删除　99元限时升级　快速查找记录

主机记录	记录类型	线路类型	记录值	权重	MX优先级	TTL	操作
_sipfederatio...	SRV	默认	100 1 5061 sipfed....	-	-	600	删除 暂停
_sip._tls	SRV	默认	100 1 443 sipdir.o...	-	-	600	删除 暂停
@	TXT	默认	v=spf1 include:spf...	-	-	600	删除 暂停
msoid	CNAME	默认	clientconfig.partne...	-	-	600	删除 暂停
lyncdiscover	CNAME	默认	webdir.online.part...	-	-	600	删除 暂停
sip	CNAME	默认	sipdir.online.partn...	-	-	600	删除 暂停
autodiscover	CNAME	默认	autodiscover.partn...	-	-	600	删除 暂停
@	MX	默认	office365lib-cn.mai...	-	5	600	删除 暂停
@	NS	默认	f1g1ns1.dnspod.net.	-	-	86400	删除 暂停
@	NS	默认	f1g1ns2.dnspod.net.	-	-	86400	删除 暂停
@	TXT	默认	MS=ms71557864	-	-	600	删除 暂停

图 1-9　域名管理中心添加对应 DNS 记录值

SRV 记录值格式参考表 1-1。

表 1-1　SRV 记录值格式

优先级	空　格	权　重	空　格	端口号	空　格	目标地址
100		1		443		sipdir.Online.partner.lync.cn
100		1		5061		sipfed.Online.partner.lync.cn

DNS 记录添加完成后，单击“验证”按钮，最后单击“完成”按钮，至此完成整个添加域名操作，如图 1-10 和图 1-11 所示。

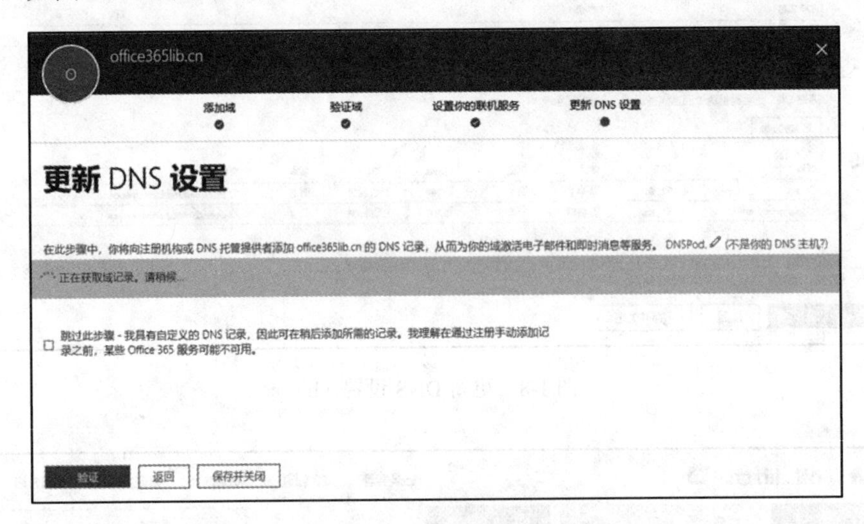

图 1-10　验证 DNS 记录

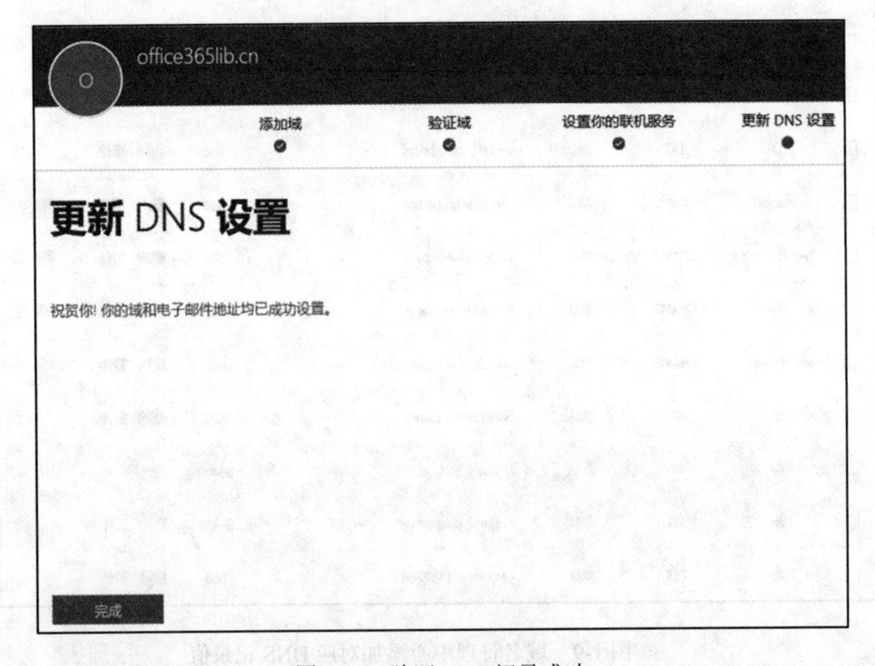

图 1-11　验证 DNS 记录成功

域名添加完成后，在“主页”→“域”界面会显示 Office365lib.cn 域名设置完成，如图1-12 所示。

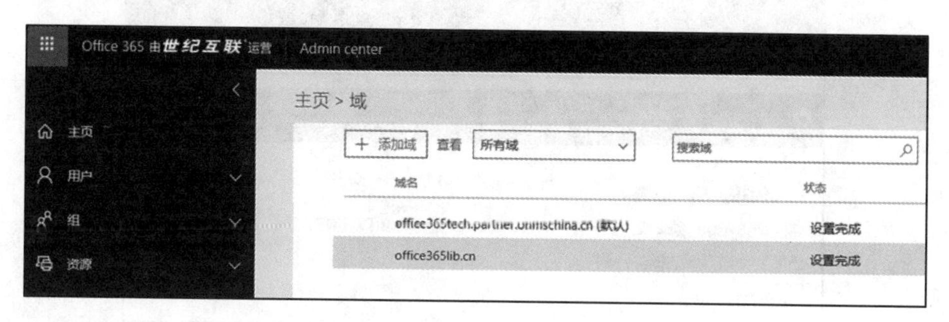

图 1-12　域名状态显示“设置完成”

1.1.2　管理绑定的域名

1.　设为默认值

成功添加自定义域名后，建议将该域名如 Office365lib.cn 设为默认域名，这样添加新用户时，用户名后缀就是 Office365lib.cn。单击“Office365lib.cn”项，之后单击“设为默认值”按钮，完成后在管理域界面显示默认域名为 Office365lib.cn，创建新用户的时候默认域名就是 Office365lib.cn，如图 1-13～图 1-17 所示。

图 1-13　选择“office365lib.cn”域名

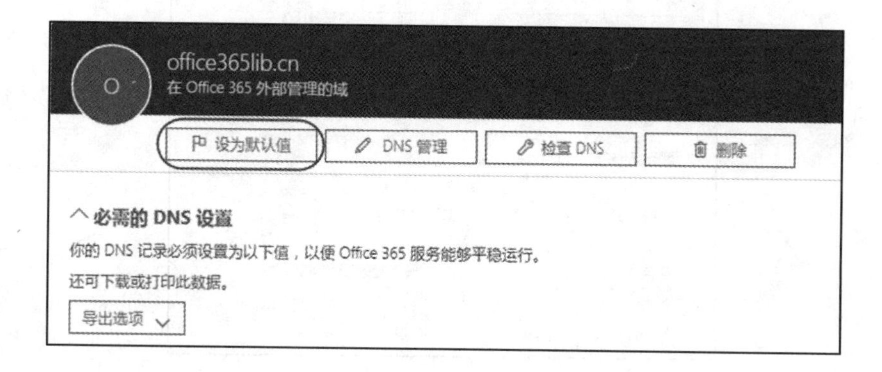

图 1-14　将 office365lib.cn“设为默认值”

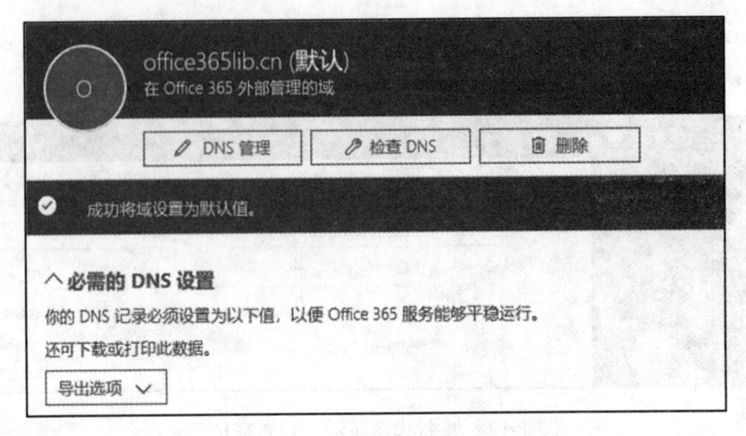

图 1-15　设置默认值成功

图 1-16　“office365lib.cn”显示为“默认”

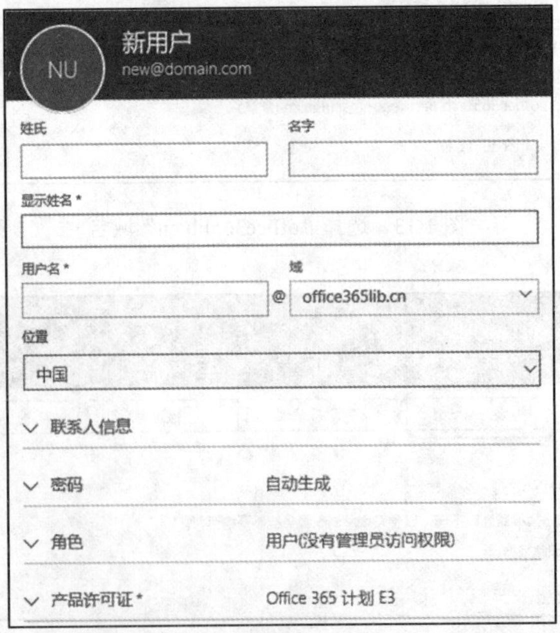

新用户
new@domain.com
姓氏
名字
显示姓名 *
用户名 *
域
@ office365lib.cn
位置
中国
联系人信息
密码　自动生成
角色　用户(没有管理员访问权限)
产品许可证 *　Office 365 计划 E3

图 1-17　新建用户的登录名后缀为“office365lib.cn”

2. DNS 管理

单击“DNS 管理”按钮，其中按照产品分类显示了 DNS 记录，如果要更改 DNS 请参照图 1-18。

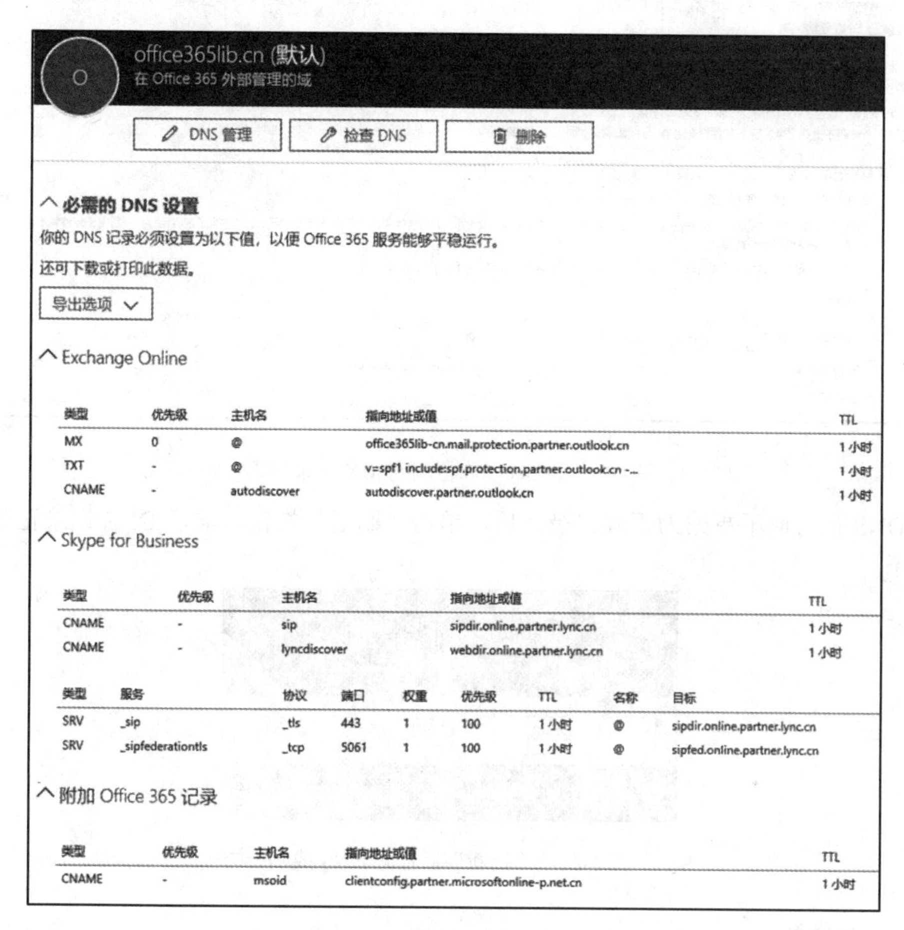

图 1-18　显示所有 DNS 记录值

3. 检查 DNS

用户可以通过“检查 DNS”按钮检查 DNS 记录是否正确，假如 MX 记录是错误的，单击该项后显示 MX 记录错误页面，如图 1-19 和图 1-20 所示。

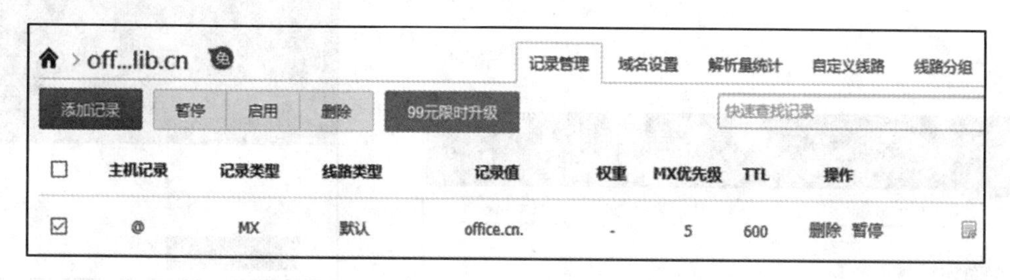

图 1-19　域名管理中心的 MX 记录值错误

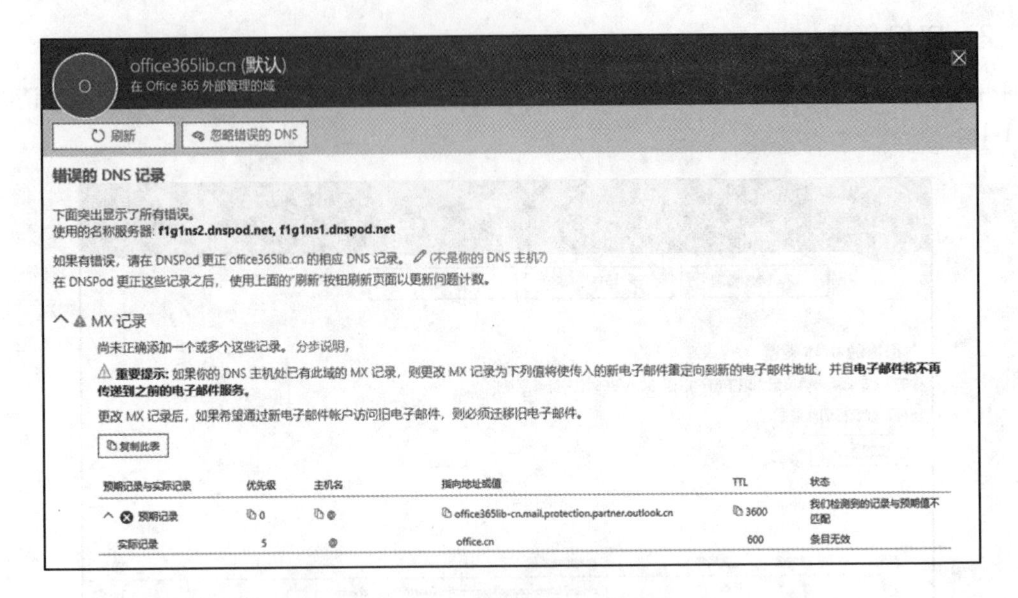

图 1-20　Office 365 检测到 MX 记录错误

在 DNS 托管商下更改为正确记录之后，单击“刷新”按钮，显示 DNS 记录正确，如图 1-21 所示。

图 1-21　“刷新”后检测 DNS 成功

4. 删除域名

如果需要将该自定义域名从 Office 365 上删除，单击“删除”按钮，之后会显示“已成功删除域”界面，从“主页”→“域”界面中查看时，仅有 Office 365 初始化域名 office365tech.partner.onmschina.cn，如图 1-22～图 1-24 所示。

图 1-22　单击“删除”按钮

图 1-23　成功删除域

图 1-24 "域"中显示删除域名成功

删除域名还需要注意以下方面：首先需要将默认域名从自定义域名更改到初始化域名，其次确保"用户名""邮箱地址""组名"不包含自定义域名，否则删除自定义域名的时候会有提示，如图 1-25 和图 1-26 所示。

图 1-25 无法删除默认域

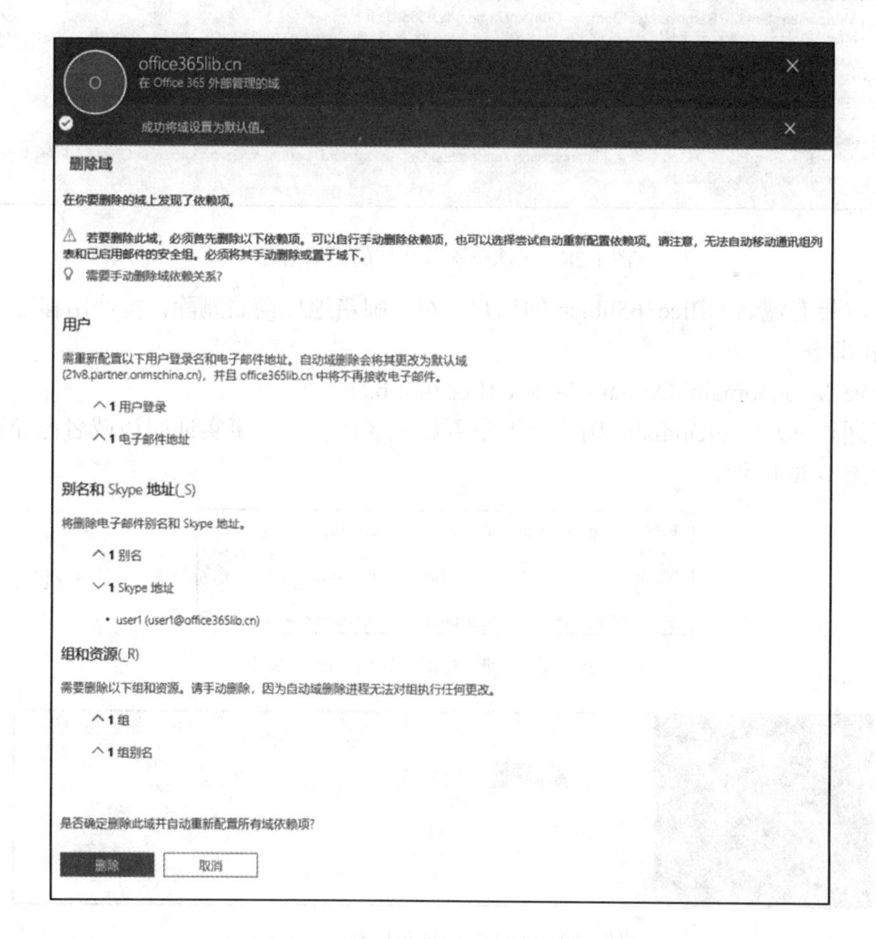

图 1-26 Office 365 提示"发现了依赖项"

下面介绍用 PowerShell 命令删除自定义域名的方法

（1） 更改默认域名。

将 Office 365 域名“Office365tech.partner.onmschina.cn”设置为默认域名：

“Set-MsolDomain -Name Office365tech.partner.onmschina.cn -IsDefault”

通过 PowerShell 查询确认一下该域名是否为默认域名，如图 1-27 所示。

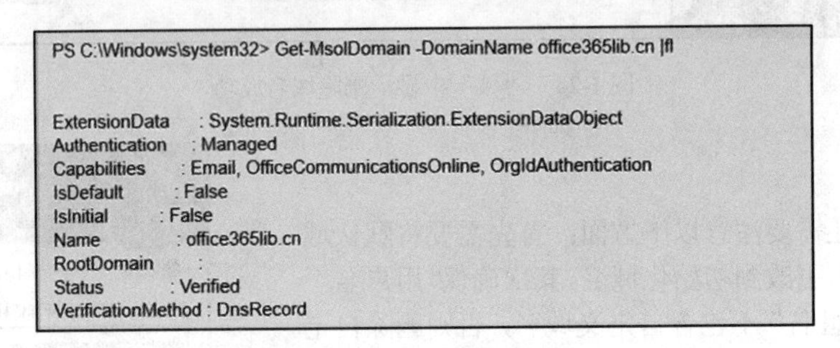

```
PS C:\Windows\system32> Get-MsolDomain -DomainName office365lib.cn |fl


ExtensionData      : System.Runtime.Serialization.ExtensionDataObject
Authentication     : Managed
Capabilities       : Email, OfficeCommunicationsOnline, OrgIdAuthentication
IsDefault          : False
IsInitial          : False
Name               : office365lib.cn
RootDomain         :
Status             : Verified
VerificationMethod : DnsRecord
```

图 1-27　查看是否为默认域名

如果未更改默认域名，在删除的过程中会报如下错误，如图 1-28 所示。

```
PS C:\Windows\system32> Remove-MsolDomain -DomainName office365lib.cn
Remove-MsolDomain : You cannot delete the default domain. Use the the Set-MsolDomain cmdlet to set another domain as the default
domain before you delete this domain.
At line:1 char:1
+ Remove-MsolDomain -DomainName office365lib.cn
+ ~~~~~~~~~~~~~~~~~~~~~~~~~~~~~~~~~~~~~~~~~~~~~
    + CategoryInfo          : OperationStopped: (:) [Remove-MsolDomain], MicrosoftOnlineException
    + FullyQualifiedErrorId : Microsoft.Online.Administration.Automation.DefaultDomainDeletionException,Microsoft.Online.Administr
   ation.Automation.RemoveDomain
```

图 1-28　无法删除默认域的提示信息

（2） 将带有域名 Office365lib.cn 的用户、组、邮箱地址彻底删除，再使用移除的域名的 PowerShell 指令。

Romove-MsolDomain -DomainName Office365lib.cn

（3） 通过 get-MsolDomain 确认一下是否该域名还存在，事实证明该域名已经删除，如图 1-29 和图 1-30 所示。

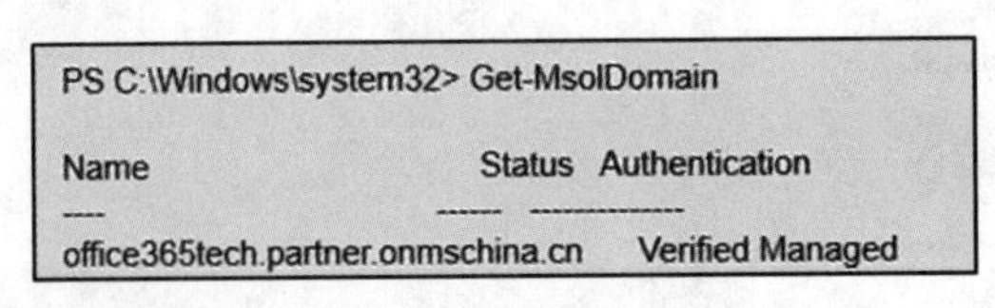

```
PS C:\Windows\system32> Get-MsolDomain

Name                                 Status   Authentication
----                                 ------   --------------
office365tech.partner.onmschina.cn   Verified Managed
```

图 1-29　查不到“Office365lib.cn”域名

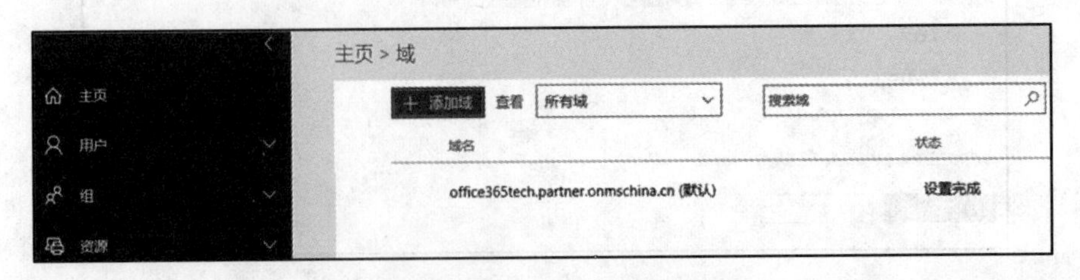

图 1-30　“域”中显示只有初始化域

若该自定义域名在Office 365全球版上绑定过，即使自定义域名在Office 365中国版添加完成，中国版Exchange管理中心的“接受的域”中会缺失该域名，导致邮箱功能不正常，所以不要将自定义域名同时绑定在全球版和中国版Office 365上，如图1-31和图1-32所示。

图1-31　“域”中“office365lib.cn”设置完成

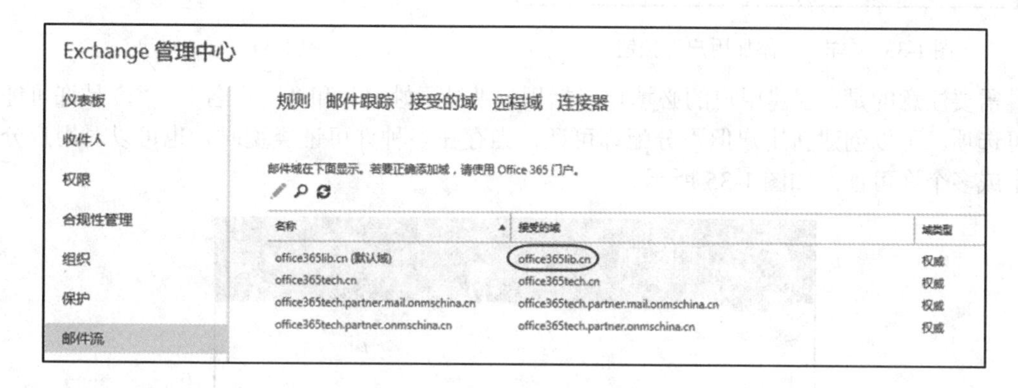

图1-32　检查EAC“接受的域”

1.2　用户管理

在1.1节中介绍了作为企业管理员，将自定义域名添加到Office 365的过程，现在就可以使用自定义域名创建用户了，如何方便高效地管理用户，提高邮箱服务的安全性，有效利用现有资源，接下来就这些话题进行深入阐述。

1.2.1　创建用户

在开始创建用户之前，需要了解这些操作只有具备管理员角色的用户账户才能完成。通常情况下，在Office 365商业版中具有“全局管理员”和“用户管理员”角色的用户可以对用户进行管理。

当完成注册Office 365后，系统默认会创建一个全局管理员账户，然后创建用户并给他们分配用户管理员角色，即可实现对其他账户的管理。

1.　通过Office 365管理中心创建用户

先介绍最简单的创建用户的方法，通过Office 365管理中心创建用户，打开浏览器访问网站 https://portal.partner.microsoftOnline.cn 转到主页，单击“+添加用户”按钮，如图 1-33 所示，在右侧输入用户的具体信息。

也可以通过“用户”→“活跃用户”页来添加新用户，如图 1-34 所示。

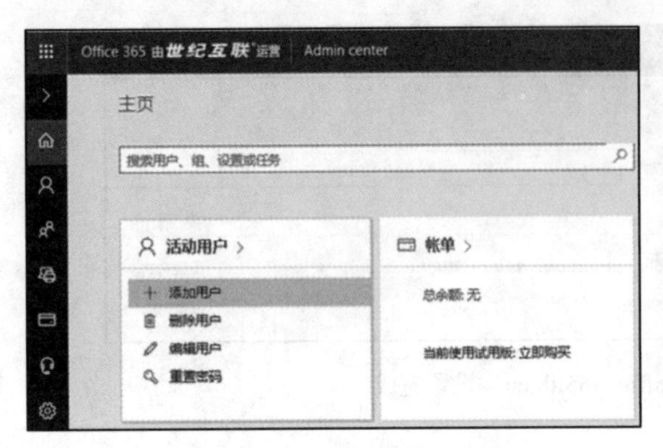

图 1-33　单击“+添加用户”按钮

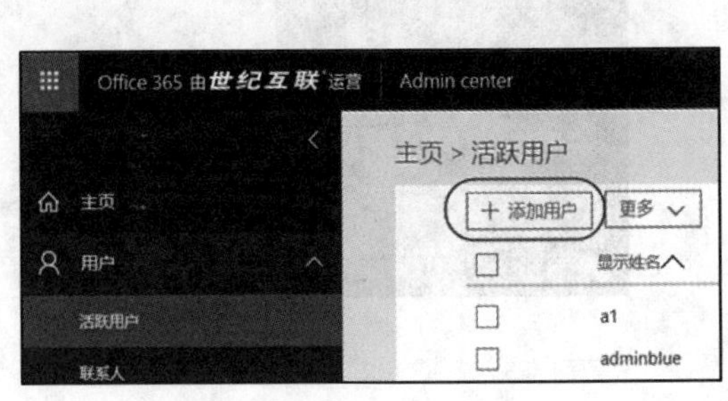

图 1-34　添加用户

需要注意的是，创建用户的必填项包括用户“显示姓名”和“用户名”，“产品许可证”为可选项。可以创建新用户但不分配许可证，当存在多种许可证类型时，也可以对用户分配一个或多个许可证，如图 1-35 所示。

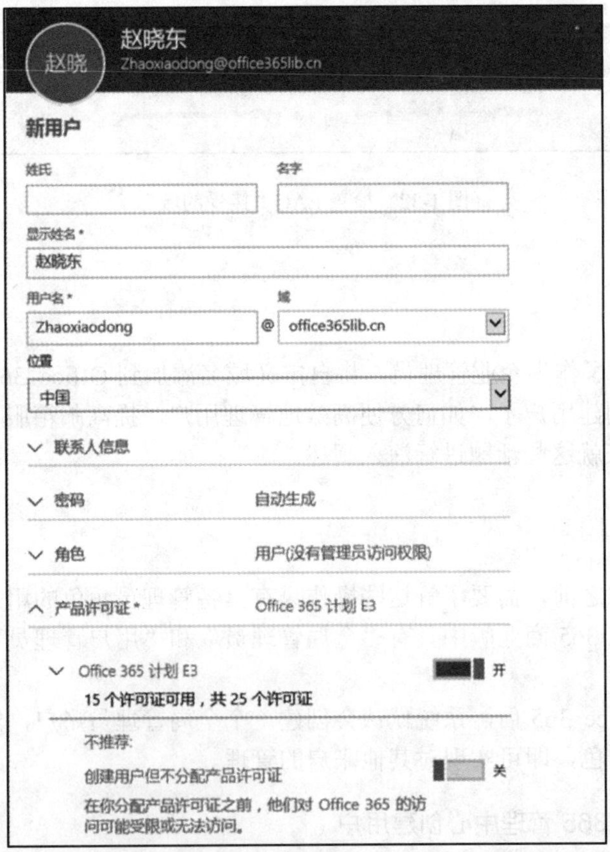

赵晓东
Zhaoxiaodong@office365lib.cn
新用户
姓氏　名字
显示姓名 *
赵晓东
用户名 *　域
Zhaoxiaodong @ office365lib.cn
位置
中国
联系人信息
密码　自动生成
角色　用户(没有管理员访问权限)
产品许可证 *　Office 365 计划 E3
Office 365 计划 E3　开
15 个许可证可用，共 25 个许可证
不推荐:
创建用户但不分配产品许可证　关
在你分配产品许可证之前，他们对 Office 365 的访问可能受限或无法访问。

图 1-35　分配新用户的 Office 365 许可证

其他可选字段包括联系人信息，如部门、职务等；密码信息，如果选择自动生成密码，系统会随机生成一组 8 位包含英文字母和数字的密码，创建密码是手动指定符合要求的强密码，在 Office 365 中对于用户密码对长度和复杂度有要求，最小 8 位和最长 16 位，并且使用多个字符集，如大小写字母、数字及特殊字符的组合为最佳选择，如图 1-36 所示。

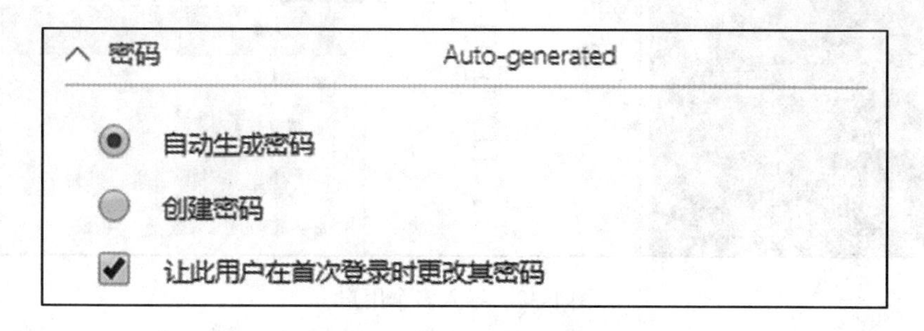

图 1-36 选择"自动生成密码"

接下来可以选择为用户分配管理员角色，单击“添加”按钮后，选择在电子邮件中发送密码，这里将会收到一封来自 21Vianetonlineservicesteam@21vianet.com 的电子邮件通知。这封电子邮件包含对应用户的 Office 365 用户登录名和密码，需要告知新用户 Office 365 的登录信息，并建议在首次登录时更改新密码，如图 1-37 所示。

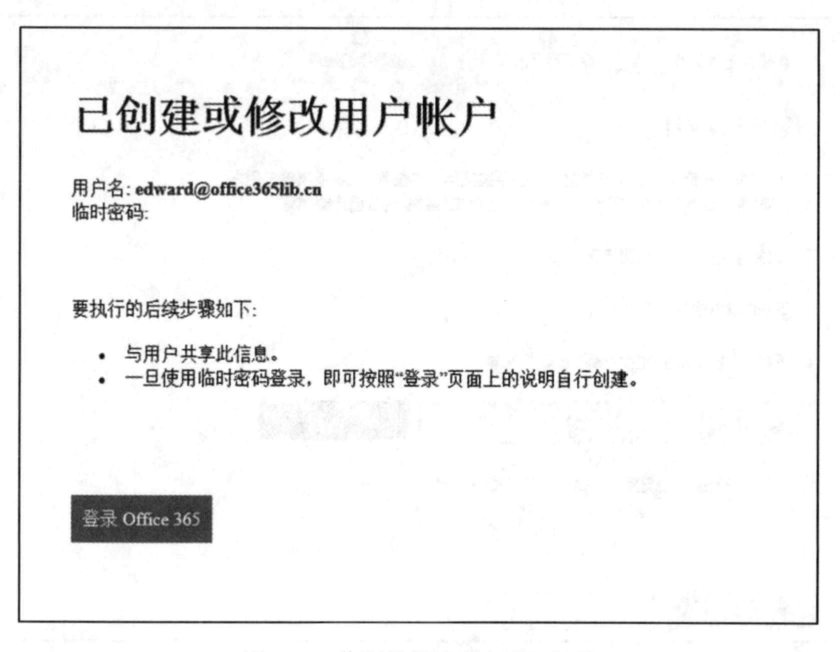

图 1-37 收到的新建账户通知邮件

以上介绍的是创建单一用户的方法，Office 365 同样提供了使用电子表格批量添加用户的方法，具体的方法如下。

登录到 Office 365 管理中心，选择“用户”→“活动用户”选项，在“更多”下拉列表中选择“导入多个用户”选项，此时可以选择性地下载是否需要示例数据的示例 CSV 文件，如图 1-38 所示。

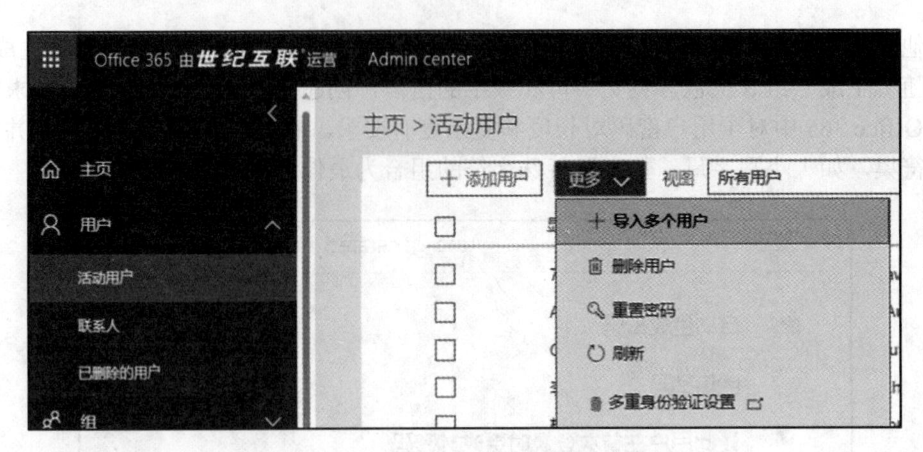

图 1-38　导入多个用户

以“下载仅具有标头的 CSV 文件”为例，在记事本或 Excel 中打开此模板，不需要对第一行的数据进行变更，仅在第二行及其下方输入数据，表格中必须包含用户名和用户显示名称两个字段。单击“浏览”按钮选择保存的 CSV 文件的具体路径，单击“验证”按钮可以确认文件是否符合要求，如果文件存在问题，将会在页面中显示，也可以下载日志文件查看，如图 1-39 所示。

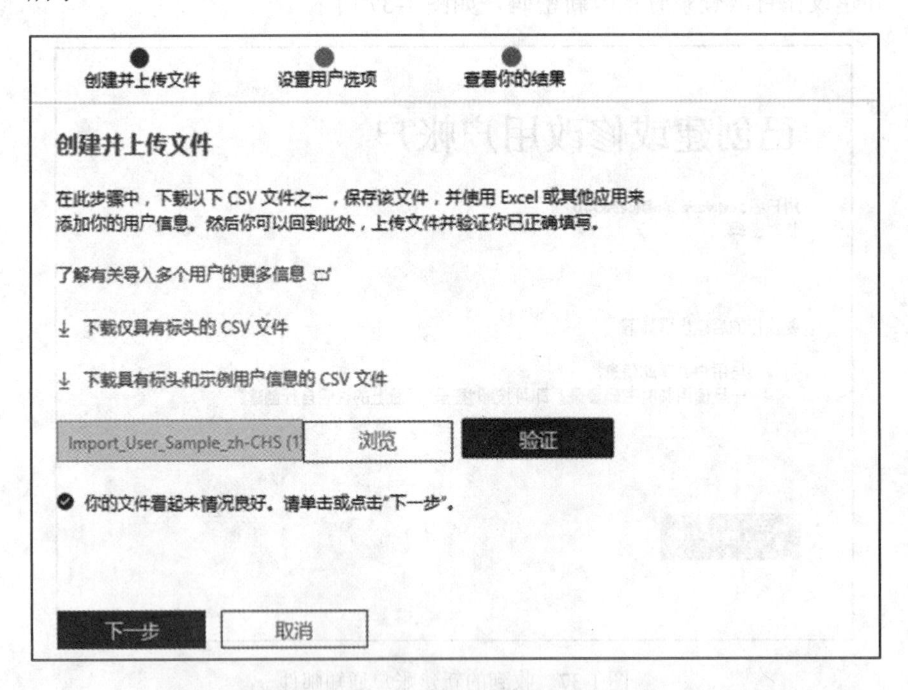

图 1-39　下载 CSV 模板或者导入 CSV 文件

需要注意的是，如果用户显示名称中包含中文导入后出现乱码，原因在于保存 CSV 文件时使用的不是支持简体中文编码的 UTF-8 所致，此时只要重新保存为该编码格式即可正常显示。

在“设置用户选项”对话框中，可以设置用户的登录状态并选择给这些用户分配产品许可证。在“查看结果”对话框中，选择将结果发送给自己或其他用户，密码将以纯文本格式发送，并且可以看到已创建的用户数量，从而了解是否需要再购买许可证，以分配给新的用户。

2. 通过 PowerShell 命令创建用户

Office 365 还可以使用 PowerShell 高效地创建用户账户，尤其对于添加多个用户账户和自动化批量处理更具优势。在开始使用 PowerShell 之前，需要确认安装的 PowerShell 是否符合连接到 Office 365 Azure Active Directory 的条件。

操作系统的要求：个人操作系统在 Windows 7 Service Pack 1 及以上版本，服务器操作系统在 Windows Server 2008 R2 SP1 及以上版本即可。

确认满足以上基本系统要求后，以管理员身份运行 Windows PowerShell，在命令窗口运行命令 install-module azuread 安装 Azure AD 模块，如图 1-40 所示。

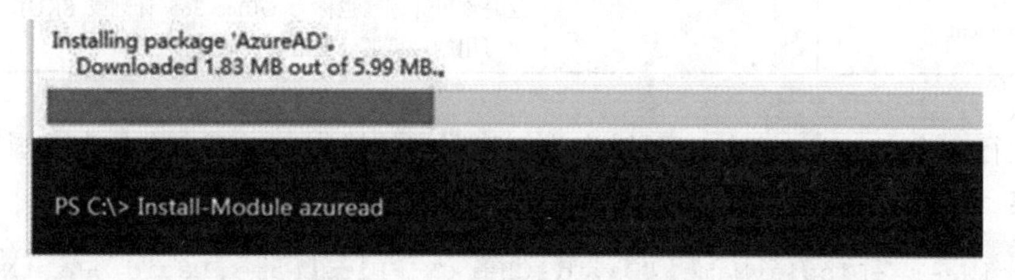

图 1-40 安装 Azure AD 模块

Azure AD Version 2 PowerShell 可用命令：https://docs.microsoft.com/en-us/powershell/module/azuread/?view=azureadps-2.0

安装 64 位版适用于 IT 专业人员 RTW 的 Microsoft Online Services 登录助手，使用以下链接：

http://www.microsoft.com/en-us/download/details.aspx?id=41950

运行以下命令 install-module -name msonline 安装 MSonline 模块，如图 1-41 所示。

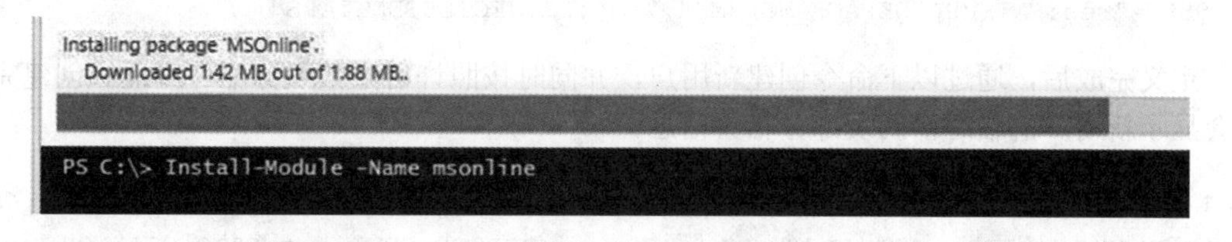

图 1-41 安装 MSonline 模块

最后运行以下命令，输入全局管理员的登录凭据，连接到中国版 Office 365。

```
Connect-MsolService -AzureEnvironment AzureChinaCloud
```

如果未收到报错信息，则说明连接成功，可运行任意一条命令快速验证连接情况，如 Get-MsolDomain 有返回结果即可。

Microsoft Azure Active Directory 的 Windows PowerShell 模块需要 Microsoft.NET Framework 3.5，如果收到报错信息，需要确认输入正确的用户登录凭据，或者检查是否安装.NET Framework。

当使用 PowerShell 创建用户时，有些账户属性是必填项，常用的属性及其功能说明，如表 1-2 所示。

表 1-2　创建用户的常用属性

属性名称	是否必需	说　明
DisplayName	是	这是在 Office 365 服务中使用的显示名称。例如，Caleb Sills
UserPrincipalName	是	这是用于登录到 Office 365 服务的账户名称。例如，CalebS@contoso.onmicrosoft.com
FirstName	否	
LastName	否	
LicenseAssignment	否	这是许可计划（也称为 Office 365 计划或 SKU），使用它可以将可用的许可证分配给用户账户

通过运行命令 New-MsolUser 可以完成创建用户的操作，以下命令是为中国用户 David Chark 创建一个账户并为其分配 Office 365 企业版许可证。

```
New-MsolUser -DisplayName "David Chark" -FirstName David -LastName Chark -UserPrincipalName David@Office 365tech.com -UsageLocation CN -LicenseAssignment Office 365tech:ENTERPRISEPACK
```

有时由于公司业务上的需求购买了多个 Office 365 订阅，就有可能需要给一个用户分配多个许可证，此时可以通过定义数组，并在创建用户时分配这些许可证。

```
Get-MsolAccountSku
```

运行以上命令获取 Office 365 已经购买的所有订阅许可证类型，然后定义分配许可证的数组，命令如下：

```
$SKU="res:ENTERPRISEPACK_NO_RMS","res:PROJECTESSENTIALS"
```

定义完成后，通过以下命令创建新用户，并同时按照许可证数组分配许可证。创建完成后会显示新用户的临时密码及部分相关信息。

```
New-MsolUser -DisplayName "Blue Wang" -FirstName Blue -LastName Wang -UserPrincipalName blue.wang@Office 365tech.com -UsageLocation CN -LicenseAssignment $SKU
```

通过 PowerShell 创建用户也可以完成批量操作，与图形界面类似，准备一个 CSV 文件，其中包含表 1-2 中相应的属性，再通过运行命令完成批量创建。

以下示例为从路径为 C:\Users.csv 的文件创建用户账户，并将结果记录到 C:\My Documents\ Results.csv 文件中。

```
Import-Csv -Path "C:\Users.csv" | foreach {New-MsolUser -DisplayName $_.DisplayName -FirstName $_.FirstName -LastName $_.LastName -UserPrincipalName $_.UserPrincipalName -UsageLocation $_.UsageLocation -LicenseAssignment $_.AccountSkuId}| Export-Csv -Path "C:\My Documents\Results.csv
```

这里没有指定用户密码，系统会为每个账户生成随机密码，也可以指定用户密码。

3. 通过目录同步创建用户

除了前面介绍的通过图形界面及 PowerShell 的方式来创建用户账户外，如果已经部署 Windows 活动目录环境，还可将本地活动目录的用户通过工具 Azure AD Connect 同步到 Office 365。向已同步的用户分配合适的许可证，才能使用电子邮件和其他 Office 365 应用。详细的实现过程会在第 2 章混合部署前期准备具体阐述。

4. 管理员权限角色

对购买 Office 365 的租户而言，最初创建的账户即为全局管理员，意味着这个账户对 Office 365 所有服务具备最高访问控制权限。通常情况下，为了更加方便地管理企业的 Office 365 服务，建议为其他用户分配管理员角色，使其能够执行一定的管理任务。

要分配管理员角色，使用全局管理员登录管理中心，从“活动用户”页中选择用户其管理员要更改的角色。在右侧出现的界面中选择“角色”，再单击“编辑”按钮，如图 1-42 所示。

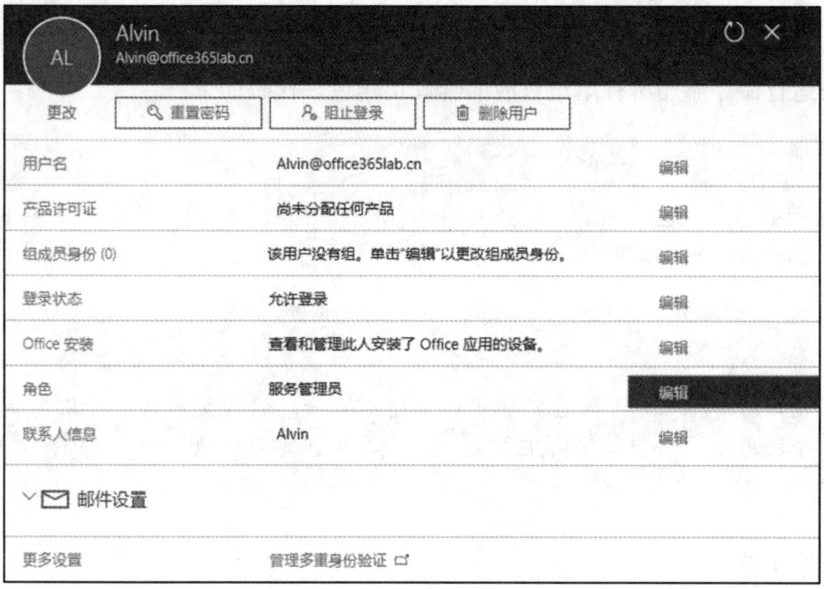

图 1-42 编辑管理员角色

在弹出的对话框中选择“自定义管理员”，查看自定义的管理员列表，选择合适的角色，如服务管理员，在“备用电子邮件地址”框中输入新管理员在丢失密码或无法登录时可以使用的一个外部电子邮件地址，用以找回密码。

还可以通过 PowerShell 命令为用户分配管理员角色，这里可以为单个用户分配角色，也可以为多个用户分配不同的角色。

为单个用户分配角色，首先必须确定账户显示名称，可以将用户列表筛选为一个较小子集，可使用如下命令获取。

```
    Get-MsolUser | Where DisplayName -like "Judy*" | Sort DisplayName | Select
DisplayName | More
```

此命令所示的是显示名称的开头为"Judy"的用户账户。

获取要分配的角色，运行以下命令可以显示所有的角色名称及描述。

```
    Get-MsolRole | Sort Name | Select Name,Description
```

确定了账户显示名称和角色名称后，接下来运行以下命令即可为账户分配角色。

```
    $dispName="<The Display Name of the account>"
    $roleName="<The role name you want to assign to the account>"
    Add-MsolRoleMember -RoleMemberEmailAddress (Get-MsolUser | Where DisplayName
-eq $dispName).UserPrincipalName -RoleName $roleName
```

若要为多个用户分配不同的管理员角色，需要创建一个 CSV 文件，包括显示名称和角色名称的字段，例如：

```
    DisplayName,RoleName
    "Belinda"," Service Support Administrator "
    "John He","SharePoint Service Administrator"
    "Alice"," User Account Administrator"
```

接下来运行命令添加所有用户对应的管理员角色，代码如下：

```
    $fileName="C:\Shell\RoleAdd.CSV>"
    $roleChanges=Import-Csv  $fileName  |  ForEach  {Add-MsolRoleMember
-RoleMemberEmailAddress (Get-MsolUser | Where DisplayName -eq $_.DisplayName).
UserPrincipalName -RoleName $_.RoleName }
```

注意：

只能为用户对象分配角色，不可以为组对象分配管理员角色，如果需要对组对象成员分配角色，则首先导出组成员，然后再为这些用户执行命令。

1.2.2 删除用户

当不再需要 Office 365 用户账户时，如员工离开组织时，应删除这些账户，删除的同时也将释放许可证，并确保未经授权的人员无法继续使用该账户登录。

1. 从 Office 365 管理中心删除用户

删除用户账户前，确保操作者具备相应的权限，通常分配用户管理员、全局管理员等角色的用户可以进行删除操作。

登录到 Office 365 管理中心，进入主页，选择“删除用户”选项，在右侧选择用户，或者搜索要删除的用户，再次确认删除即可，如图 1-43 所示。

用户被删除后其分配的许可证也会被释放，管理员可以将此许可证分配给其他用户账户。

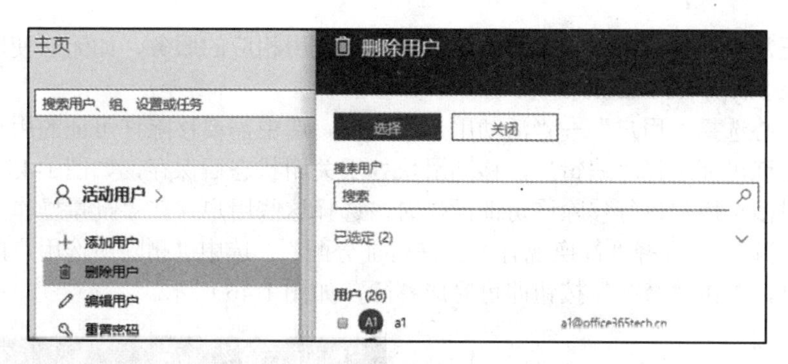

图 1-43 删除用户

当账户是从本地目录同步到 Office 365，在删除这些账户时，会收到“无法删除此用户，因为该账户已与您的本地服务器同步，……”的提示，如图 1-44 所示，这就需要管理员在本地活动目录中将其删除。如果企业管理员启用了 OU 过滤等同步筛选的条件，则可以将用户移动到不同步的 OU，在下次同步工具的增量同步时会将该用户从 Office 365 中删除。

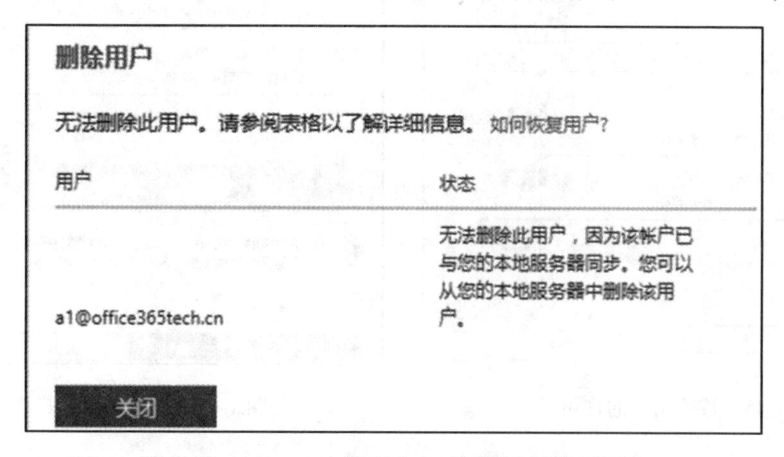

图 1-44 Office 365 管理中心无法删除同步的用户

除了在图形界面中删除用户，还可以运行 PowerShell 命令将用户删除。首先使用管理员凭据登录到 Office 365 门户，删除单个用户可以运行以下命令：

```
Remove-MsolUser -UserPrincipalName UserName@contoso.com
```

运行命令时和图形界面类似，需要确认删除操作，如果不希望再次提示“确认直接删除用户”，可以在命令中添加参数 -Force。该命令同样适用于目录同步到 Office 365 的用户删除的操作，但是下次同步时被删除的用户仍然会还原到活动用户中，因此对于启用目录同步的用户，最佳的方法是从本地删除或者选择不同步这个用户对象。

```
Remove-MsolUser -UserPrincipalName User@contoso.com -Force
```

2. 移除用户的许可证

当用户账户不再使用，或者用户邮箱转换为共享邮箱等情况时，需要将分配给这些账户的许可证移除，以便把许可证释放后给其他账户使用。移除许可证并不会删除用户账户，用户仍然可以正常登录到 Office 365 网站，但是无法使用相应的服务，如无法使用邮箱收发邮件、无法登录 Skype for Business 等。

在管理中心选择“用户”→“活动用户”选项，选中需要移除许可证的用户，右侧出现的窗格中产品许可证选择“编辑”，移动滑块处于关闭状态后保存，如图 1-45 所示。

当需要对多个用户进行移除许可证操作时，选择这些用户，在“批量操作”窗格中选择“编辑产品许可证”，选择“替换现有产品许可证分配”，选中“删除所选用户的所有产品许可证”复选框，单击“替换”按钮即可完成移除，如图 1-46 所示。

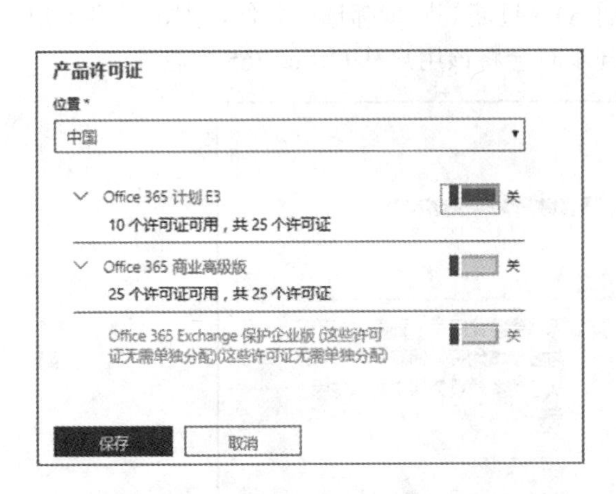

图 1-45　移除用户的许可证

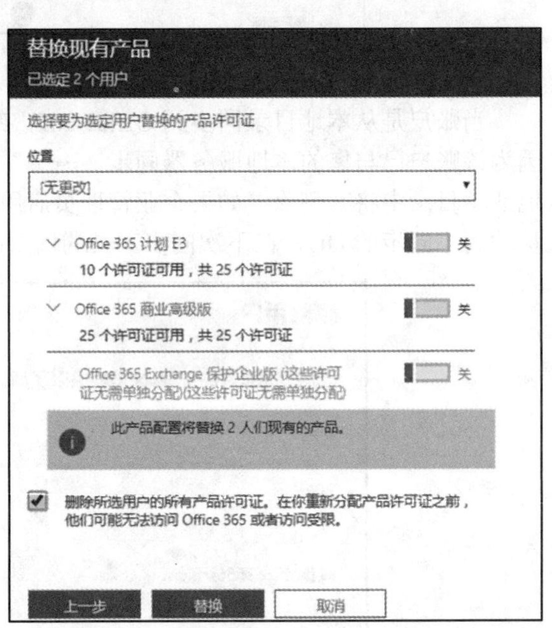

图 1-46　批量编辑用户许可证

注意：

如果只希望用户不能使用某项服务时，可在移除许可证下方展开后关闭某项服务，但该用户仍然会占用一个产品许可证。

在 Office 365 PowerShell 中，也可以通过运行命令对用户执行移除许可证的操作。运行命令之前，首先要获取组织中的所有授权计划信息，运行以下命令：

```
PS C:\Users> Get-MsolAccountSku
AccountSkuId                          ActiveUnits   WarningUnits
------------                          -----------   ------------
Office 365tech:EOP_ENTERPRISE              25            0
Office 365tech:ENTERPRISEPACK_NO_RMS       25          0
Office 365tech:Office 365_BUSINESS_PREMIUM   25          0
```

如果不确定组织中用户都分配了哪些类型的许可证，只需要运行如下命令，也可以将结果导出成 CSV 文件。

```
Get-MsolUser -all | Select UserPrincipalName,Licenses
```

从现有用户账户中移除许可证，运行 Set-MsolUserLicense 命令附加参数-RemoveLicenses，如果用户包含多个许可证，可使用逗号隔开。

```
Set-MsolUserLicense -UserPrincipalName UserName@contoso.com -RemoveLicenses
"<AccountSkuId1>", "<AccountSkuId2>"...
```

以下示例是删除用户 a1@Office365tech.cn 分配的 E3 和商业高级版许可证。

```
Set-MsolUserLicense -UserPrincipalName a1@Office365tech.cn -RemoveLicenses
"Office 365tech:
_RMS","Office 365tech:Office 365_BUSINESS_PREMIUM"
```

如果要对多个用户批量移除许可证，可以使用 Import-CSV 结合 Set-MsolUser License 命令完成。

3. 软删除与硬删除用户

前面介绍了在 Office 365 管理中心删除用户，实际上在执行删除操作时，Office 365 并未将用户彻底删除，而是将这些用户存放在“已删除的用户”的容器中，类似于本地活动目录的回收站，在永久删除用户数据前 30 天内，管理员可以还原它们并分配许可，用户仍然可以正常访问数据并使用服务。

软删除用户邮箱是将用户从 Office 365 Active Directory 活动用户中删除，或者运行 Exchange Online PowerShell 命令 Remove-Mailbox。完成删除后，用户数据在 Azure AD 中将会保留 30 天。软删除通常有以下几种场景。

（1） 用户邮箱关联的 Azure AD 账户被软删除。由管理员从 Office 365 门户中删除进入回收站或者对本地同步的用户被移到非同步的组织单元中。

（2） 用户账户被彻底删除。对 “已删除的用户”再强制删除，但是 Exchange Online 邮箱被置于诉讼或就地保留中（非活动邮箱状态）。

（3） 与用户邮箱关联的 Azure AD 账户在 30 天内被清除。系统会对“已删除的用户”中超过 30 天的用户强制删除，但 Exchange Online 应用于邮箱的保留期限会保持邮箱软删除的状态（非活动邮箱状态）。

注意：

如果在删除 Office365 用户账户后，同时又需要保留用户邮箱数据，请在运行命令 Remove-MsolUser-RemoveFromRecycleBin 来硬删除用户之前，不要将该用户的 Office 365 许可证移除，否则邮箱不会进入非活动状态。

硬删除的用户邮箱是指在以下场景中删除的邮箱：

（1） 用户邮箱已软删除超过 30 天，并且关联的 Office 365 用户已硬删除。将永久删除所有邮箱内容，如电子邮件、联系人和文件。

（2） 用户邮箱关联的 Office 365 用户账户已硬删除。现在用户邮箱在 Exchange Online

中软删除且保持 30 天的软删除状态。如果在 30 天的期限内，从具有相同 ExchangeGuid 或 ArchiveGuid 的本地账户同步新的 Azure active directory 用户，且允许该新账户使用 Exchange Online，则会永久删除初始的用户邮箱的所有内容，如电子邮件、联系人和文件。

（3）使用 Exchange Online 命令行中的 Remove-Mailbox -PermanentlyDelete 将软删除的邮箱删除。

数据对于企业来说至关重要，硬删除会造成用户邮箱数据的丢失，因此管理员在对用户邮箱进行删除时要确认已经对邮箱数据备份，或者根据需要将用户数据保留。

4. 如何还原用户

前面介绍了两种删除用户的类型，如果用户被误删除，Office 365 还提供了还原用户的途径。还原用户邮箱取决于删除用户的方式，分为删除 Office 365 用户账户和移除 Exchange Online 许可证。当用户邮箱是其账号被删除时，例如从管理中心或者 PowerShell 删除时，可以进入管理中心的“已删除的用户”界面中，选择要还原的用户账户，单击“还原”按钮，如图 1-47 所示。

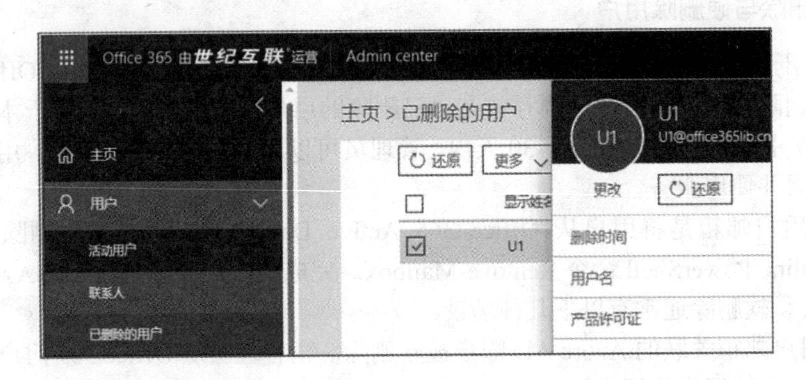

图 1-47 “已删除的用户”中“还原”用户

选择自动生成随机密码，或者为用户指定密码，完成前可以选择将还原用户的信息发送邮件给管理员。如果在还原用户的过程中出现问题，可以根据错误消息查看哪些用户还原操作失败。

通常情况下，当删除用户账户后，又创建了与该用户名相同的新用户账户（用户登录名或者邮箱地址相同），可以将活动的用户账户替换为要还原的用户账户，或者为要还原的账户分配不同的用户名，这样就不会有两个用户名相同的账户存在。如果存在代理地址有冲突的情况，还原时会自动删除任何冲突的代理地址，在还原结果页查看被还原的用户。

在 Exchange 混合部署环境中，如果用户邮箱被软删除，与邮箱关联的用户账户从 Azure AD 中被删除时，可以使用 New-MailboxRestoreRequest 命令来恢复邮箱。在执行命令前首先需要使用以下 PowerShell 命令连接到 Exchange Online:

```
$UserCredential = Get-Credential     #使用全局管理员凭据
```

```
$Session = New-PSSession -ConfigurationName Microsoft.Exchange -ConnectionUri https://partner.outlook.cn/PowerShell-LiveID/ -Credential $UserCredential -Authentication Basic -AllowRedirection
```

```
Import-PSSession $Session
```

获取待恢复的软删除邮箱的信息，命令将返回邮箱的 ExchangeGuid：

```
Get-Mailbox -SoftDeletedMailbox | Select-Object Name, ExchangeGuid
```

然后运行 New-MailboxRestoreRequest 命令恢复邮箱：

```
New-MailboxRestoreRequest -SourceMailbox <ExchangeGuid above> -TargetMailbox
<GUID from new target mailbox>
```

命令会根据源邮箱数据需要花费一些时间完成恢复操作，如果希望查看恢复状态，可以通过 Get-MailboxRestoreRequest 命令查看恢复结果。

1.2.3　管理用户许可证

Office 365 用户之所以能够使用各种服务，是给这些用户分配了许可证才具备了多种服务的访问权限，实际上一个许可证中通常会包含多个服务，当然也可以只给用户分配许可证内包含的一个或多个访问权限，例如只分配 Exchange Online。但需要注意的是，这种分配方式用户仍然会占用一个许可证额度，换句话说，这个许可证中包含的其他服务并不能给其他用户使用。

1.　为用户分配 Exchange Online 许可证

前面提到的为用户分配 Exchange Online 许可证，进入 Office 365 管理中心的“活动用户”界面，选中要为其分配许可证的用户姓名前面的复选框，在“产品许可证”窗格中，展开可用服务下拉列表框，这里以“Office 365”计划 E3 为例，选择其中的“Exchange Online（计划 2）”，如图 1-48 所示，这样用户即被允许仅使用 Exchange Online 的邮件服务，这种情况在分配多种许可证或者限制用户使用其他服务时会经常用到。

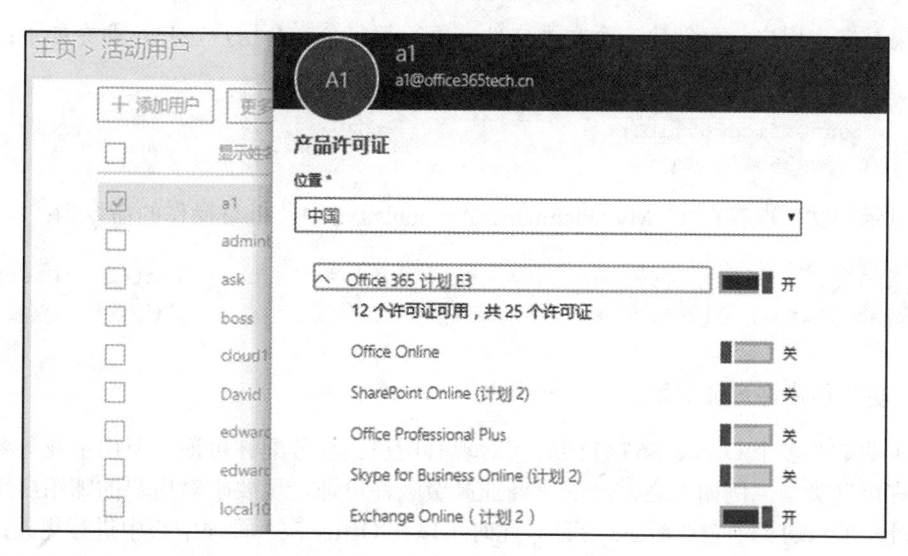

图 1-48　仅分配“Exchange Online（计划 2）”许可证

有些时候，管理员需要对很多用户分配自定义服务的 Office 365 许可证时，在图形界面操作的效率并不高，此时 Exchange Online 的 PowerShell 即可实现批量分配这种服务的目的。

使用 PowerShell 连接到 Exchange Online，获取当前组织中的许可计划以及每个计划中包含的服务及顺序（索引号）：

```
(Get-MsolAccountSku | where {$_.AccountSkuId -eq 'Office 365tech:ENTERPRISEPACK_NO_RMS'}).ServiceStatus
ServicePlan                    ProvisioningStatus
------------                   -------------------
SHAREPOINTWAC                  Success
SHAREPOINTENTERPRISE           Success
OFFICESUBSCRIPTION             Success
MCOSTANDARD                    Success
EXCHANGE_S_ENTERPRISE          Success
```

以上命令显示的是企业版 E3 包含的所有服务，如果只想用户使用 Exchange Online 和 Skype for Business 服务，需要将 SharePoint 和 Office ProPlus 服务禁用，然后再给用户分配许可即可。

首先定义一个许可证变量，相当于只包含以上两种服务：

```
$LO = New-MsolLicenseOptions -AccountSkuId "Office 365tech:ENTERPRISEPACK_NO_RMS" -DisabledPlans "SHAREPOINTWAC", "SHAREPOINTENTERPRISE", "OFFICESUBSCRIPTION"
```

创建新用户时只会分配 Exchange Online 和 Skype for Business 两种服务：

```
New-MsolUser -UserPrincipalName allieb@Office365lib.cn -DisplayName "Allie Bellew" -LicenseAssignment Office 365tech:ENTERPRISEPACK_NO_RMS -LicenseOptions $LO -UsageLocation CN
```

如果是多个用户，可创建一个文本文件，每行都包含一个用户账户，命令如下：

```
Dennie@Office365lib.cn
tjohnston@Office365lib.cn
Hyid@Office365lib.cn
```

这里示例文件保存在"C:\My Documents\Accounts.txt"中，批量操作的命令为：

```
Get-Content "C:\My Documents\Accounts.txt" | foreach {Set-MsolUserLicense -UserPrincipalName $_ -LicenseOptions $LO}
```

2. 更改用户许可证类型

当企业购买多个 Office 365 订阅时，对现有用户已经分配许可证，但由于业务要求变更用户的许可证类型，例如，之前分配了商业高级版许可证，现要求对用户的邮箱启用保留功能，公司又单独购买了企业版 E3 订阅，此时可以在 Office 365 管理中心中进行更改：在管理中心转到“活动用户”页面，或者选择用户下的“活动用户”页面，选中要为其替换现有许可证的用户名前面的复选框，可以同时选择多个用户，在“批量操作”窗格中选择“编辑产品许可证”，再选择“替换现有产品许可证分配”后，选择要分配给用户的其他许可证，如果需要禁用某些服务，可以展开后不选择它们，单击“替换”按钮即可完成更改许可证类型的操作，如图 1-49 所示。

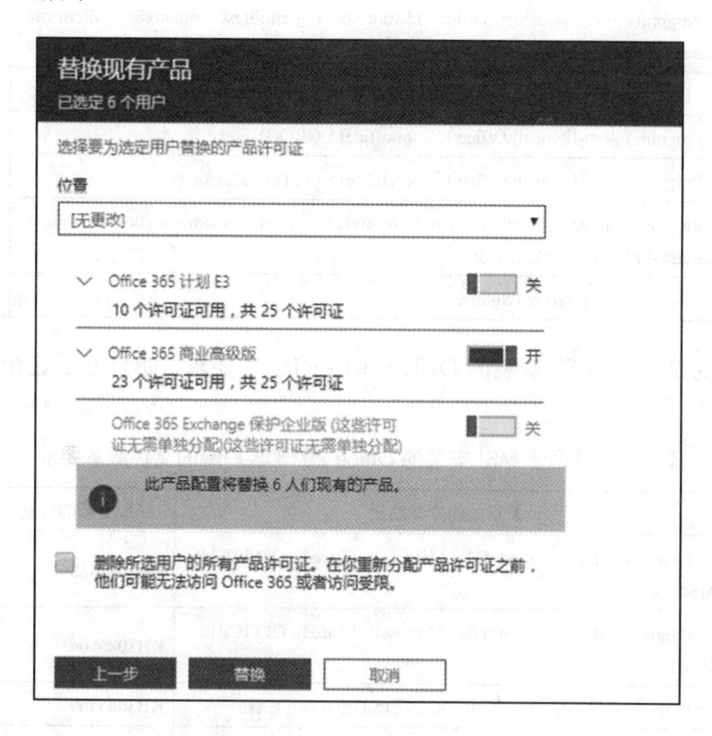

图 1-49　批量替换许可证

1.2.4　Office 365 中的多重身份认证

账户安全对于企业来说非常重要，Office 365 默认情况下对账户的密码会有长度和复杂度要求，另外还定义了密码过期策略等，尽管如此，可能仍然存在账户被泄露等风险。出于安全考虑，Office 365 向用户提供了多因子的身份认证服务，即多重身份认证。

1. 规划 Office 365 部署的多重身份验证

Office 365 使用多重身份验证帮助用户提供额外的安全性保障，可以从 Office 365 管理中心中进行管理。Office 365 提供以下 Azure 多重身份验证功能的子集作为订阅的一部分。

（1） 能够启用和强制实施针对最终用户的多重身份验证。

（2） 使用移动应用（联机和一次性密码 [OTP]）作为第二身份验证因素。

（3） 使用电话联络作为第二身份验证因素。

（4） 使用短消息服务（SMS）消息作为第二身份验证因素。

若要启用多重身份验证（MFA），首先要了解对软件的要求，表 1-3 所列的适用于 Office 2013 客户端的要求，如果文件版本不是或低于列出的文件版本，请单击“立即更新”按钮进行在线升级。

表 1-3　适用于 Office 2013 客户端的文件版本要求

文 件 名	计算机上的安装路径	文件版本
MSO.DLL	C:\Program Files\Microsoft Office 15\root\vfs\ProgramFilesCommonx86\ Microsoft Shared\OFFICE15\MSO.DLL	15.0.4753.1001
CSI.DLL	CSI.DLL C:\Program Files\Microsoft Office 15\root\office15\csi.dll	15.0.4753.1000
Groove.EXE	C:\Program Files\Microsoft Office 15\root\office15\GROOVE.exe	15.0.4763.1000
Outlook.exe	C:\Program Files\Microsoft Office 15\root\office15\OUTLOOK.exe	15.0.4753.1002
ADAL.DLL	C:\Program Files\Microsoft Office 15\root\vfs\ProgramFilesCommonx86\ Microsoft Shared\OFFICE15\ADAL.DLL	1.0.2016.624
Iexplore.exe	C:\Program Files\Internet Explorer	变量

表 1-4 所示的是基于 MSI 安装的 Office 2013 的版本要求，如果低于这个版本，可以直接安装最新的 KB 进行更新。

表 1-4　适用于 MSI 安装的 Office 2013 客户端的文件版本要求

文 件 名	计算机上的安装路径	获取更新的位置	版　本
MSO.DLL	C:\Program Files\Common Files\Microsoft Shared\ OFFICE15\ MSO.DLL	KB3085480	15.0.4753.1001
CSI.DLL	C:\Program Files\Common Files\Microsoft Shared\ OFFICE15\ Csi.dll	KB3085504	15.0.4753.1000
Groove.exe	C:\Program Files\Microsoft Office\Office15\GROOVE.EXE	KB3085509	15.0.4763.1000
Outlook.exe	C:\Program Files\Microsoft Office\Office15\OUTLOOK.EXE	KB3085495	15.0.4753.1002
ADAL.DLL	C:\Program Files\Common Files\Microsoft Shared\OFFICE15\ ADAL.DLL	KB3055000	1.0.2016.624
Iexplore.exe	C:\Program Files\Internet Explorer	MS14-052	不适用

在此之后，在 Office 365 管理中心为用户启用多重身份认证，确认使用全局管理员角色的用户登录，进入“活动用户”页面，选择“更多”下拉列表中的“多重身份验证设置”，如图 1-50 所示。

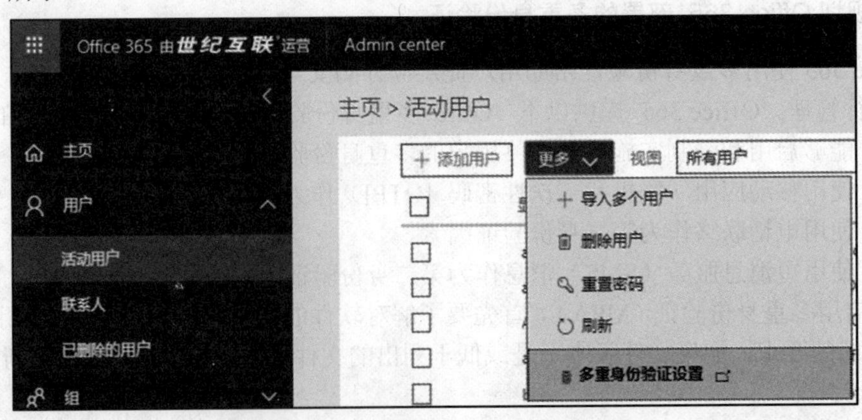

图 1-50　访问“多重身份验证设置”页面

当 Multi-Factor Auth status 为任意（Any）时，显示所有人员信息，其中不同状态代表使用多重认证的注册是否完成。

“启用”（Enabled）状态代表用户已经进行注册，但尚未完成注册过程，系统将在这些用户下次登录时提示完成。另外一种状态为“已强制执行”（Enforced），代表用户已登记，并完成 Azure MFA 的注册过程。

选中要为其启用 MFA 的人员旁边的复选框，在右侧的“快速步骤”下可以看到“启用”和“管理用户设置”，选择“启用”选项，在打开的对话框中选择“启用 multi-factor auth”选项完成启用，如图 1-51 和图 1 52 所示。

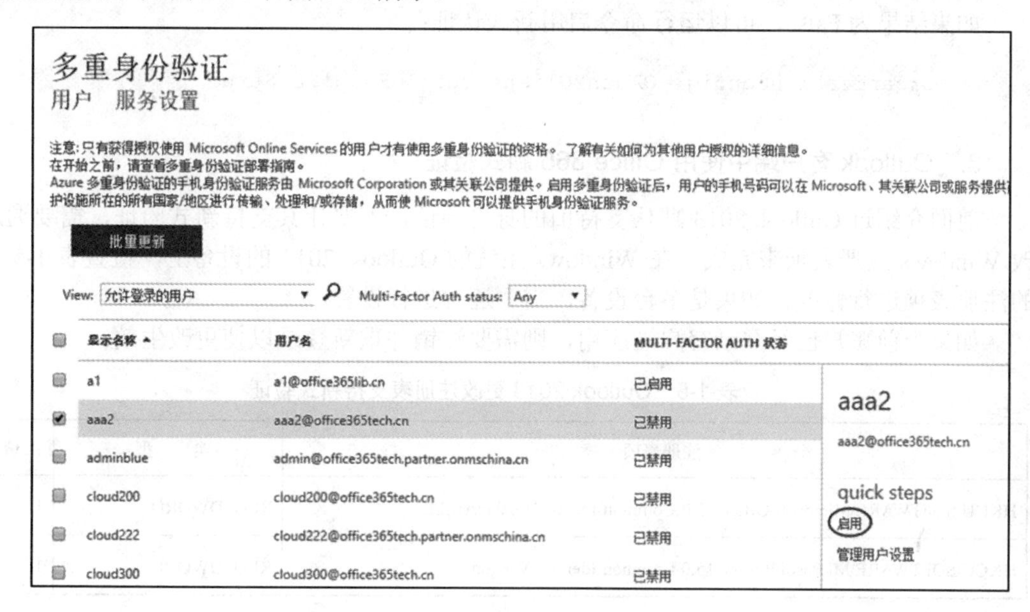

图 1-51 单击“启用”多重身份验证

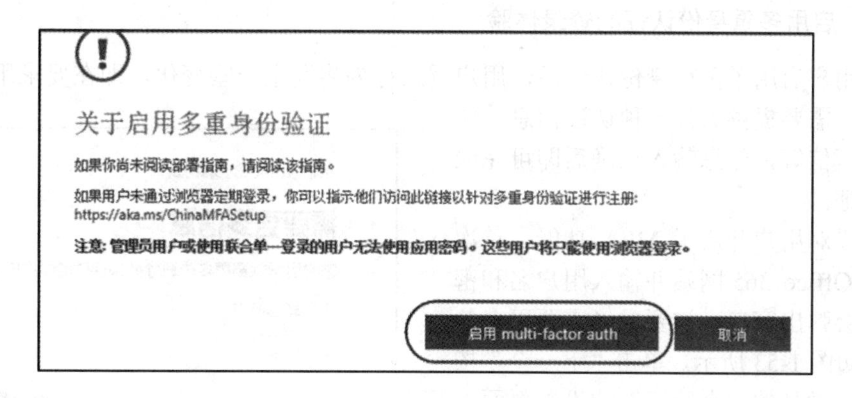

图 1-52 启用多重身份验证

2. 在 Exchange Online 中启用新式验证

当对用户启用 MFA 后，同时也需要在 Office 365 Exchange Online 中启用新式验证。新式验证（Modern Authentication）基于 Active Directory 身份验证库（ADAL）和 OAuth 2.0，并支持跨平台 Office 客户端登录方式，并支持多种身份验证功能，如使用智能卡、基于证书身份验证（CBA）和第三方 SAML 标识提供程序的多重身份验证（MFA）。

在 Exchange Online 和 Outlook 2016 默认启用了新式验证，使用新式验证登录 Office 365 邮箱，对于更低版本的 Outlook 2013（15.0.4753 或更高版本），需要修改注册表才能支持。

如果用户在启用 MFA 后 Outlook 登录出现问题，可在 Exchange Online 中启用或禁用新式验证：运行 PowerShell 并连接到 Exchange Online，运行下列命令确认 OAuth2ClientProfileEnabled 是否为 True。

```
Get-OrganizationConfig | Format-Table -Auto Name,OAuth*
```

如果结果为 False，可以运行命令启用新式认证：

```
Set-OrganizationConfig -OAuth2ClientProfileEnabled $true
```

3. Outlook 客户端中使用 Office 365 新式验证

前面介绍过 Outlook 2013 默认支持旧的身份验证，若要让其支持新式验证，需要通过修改 Windows 注册表项来完成。在 Windows 系统的 Outlook 2013 的设备上，检查表 1-5 所示的注册表项进行修改，如果是多台设备，需要逐一进行设置。

如果当前账户已经登录客户端应用，则需要注销并重新登录以使更改生效。

表 1-5 Outlook 2013 更改注册表支持新式验证

注册表项	类　型	值
HKCU\SOFTWARE\Microsoft\Office\15.0\Common\Identity\EnableADAL	REG_DWORD	1
HKCU\SOFTWARE\Microsoft\Office\15.0\Common\Identity\Version	REG_DWORD	1

4. 启用多重身份认证的登录体验

当用户启用了多重身份认证后，用户登录行为将发生一些变化，即在要求用户账户密码之外，还需要提供另外一种认证信息，如电话、短信等，信息输入正确后即可完成账户认证。

如果对用户开启了 MFA 功能，首次登录到 Office 365 网站并输入用户名和密码后，会弹出窗口，被要求“需要更多信息”，如图 1-53 所示，单击“下一个”按钮进入“额外的安全验证”的设置页面，如图 1-54 所示。

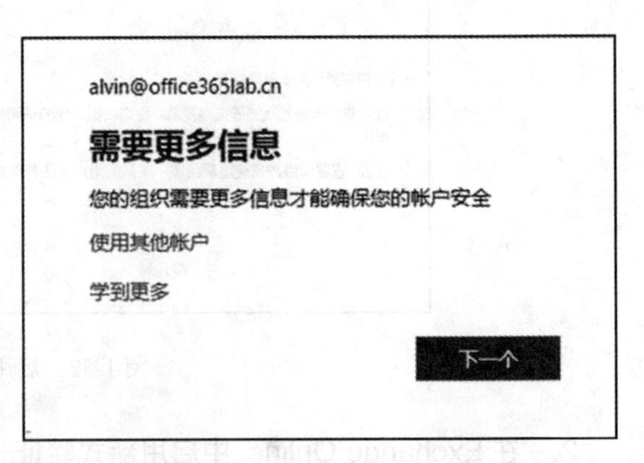

图 1-53 MFA 用户首次登录

在该页面中选择使用哪种方式联系，这里以“移动应用”为例。如果选择移动应用，则可以通过 AppStore 或 Android 应用市场，如华为应用商店中搜索 Microsoft Authenticator 并安装在移动设备中。

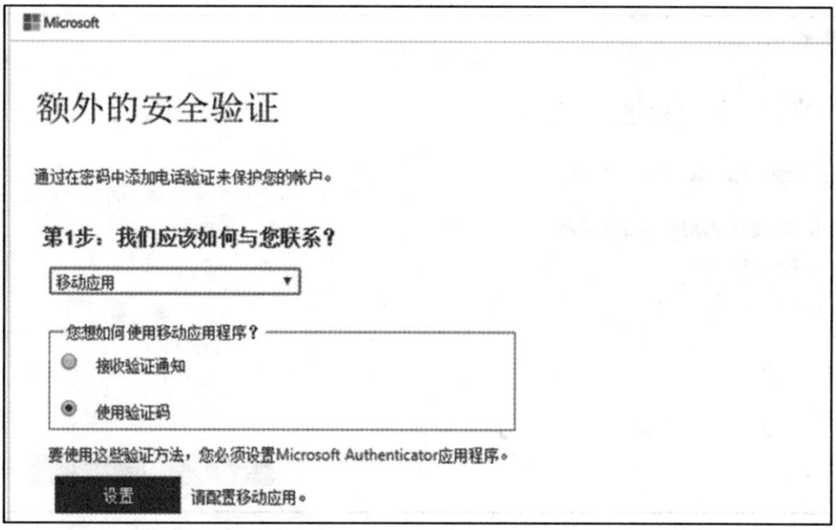

Microsoft

额外的安全验证

通过在密码中添加电话验证来保护您的帐户。

第1步：我们应该如何与您联系？

移动应用

您想如何使用移动应用程序？

接收验证通知

使用验证码

要使用这些验证方法，您必须设置Microsoft Authenticator应用程序。

设置 请配置移动应用。

图 1-54　提供“额外的安全验证”

选择通过什么方式使用移动应用，在此以“使用验证码”为例，单击“设置”按钮后，进入配置模式。

在配置页面中将会出现如图 1-55 所示的二维码，打开移动端 Authenticator 应用，扫描该二维码系统会自动进入配置模式。

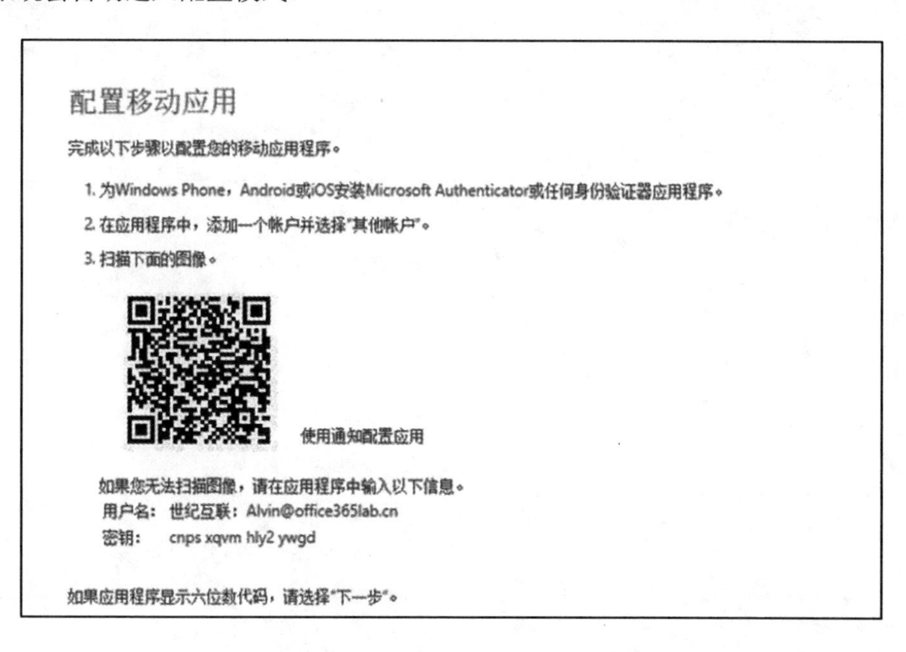

图 1-55　移动端 Authenticator 应用扫描该二维码

稍等数秒后将会自动产生一组随机 6 位数的代码，单击“下一步”按钮，输入移动应用上显示的 6 位代码，单击“校验”按钮，完成后即可正常登录到 Office 365 网站，如图 1-56 所示。

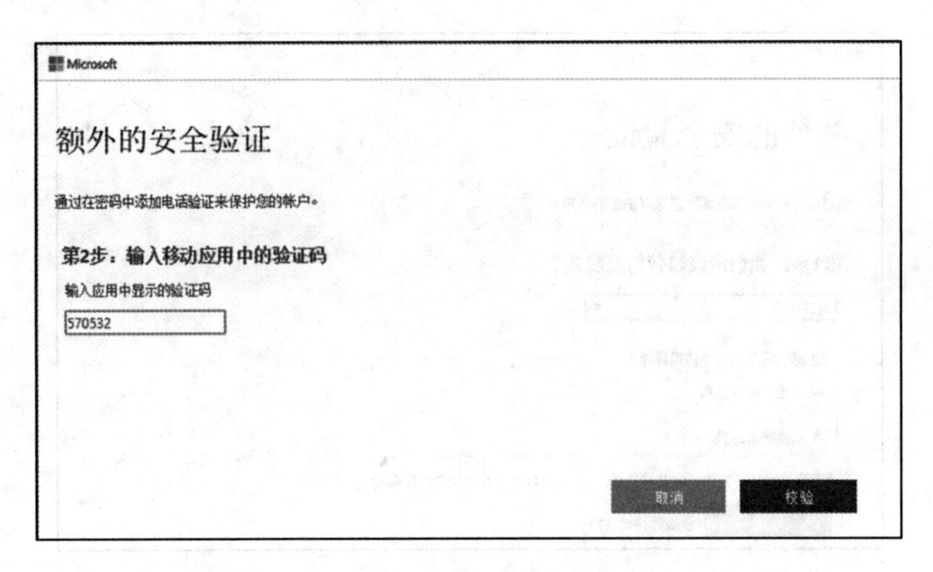

图 1-56　输入生成的验证码

以上仅对使用移动应用的场景，如果选择其他认证方式，如接收短信则可以收到短信验证码；如果选择电话，需要提供国家区号和手机号码，在收到语音电话后输入“#”键完成验证即可成功登录。

第2章 Exchange Online 管理

2.1 收件人

在 Exchange Online 组织中，收件人是可以传递或将邮件路由到的任何已启用邮件的对象。Exchange Online 中包括几个典型的收件人类型。每种收件人类型标识在 Exchange 管理中心，并且在 Exchange 命令行管理程序中的 RecipientTypeDetails 属性中具有唯一值。

本节将详细介绍每种 Exchange Online 中的收件人类型。

2.1.1 用户邮箱

用户邮箱分配给 Exchange Online 组织中的单个用户。用户邮箱为用户提供丰富的协作平台。用户可以发送和接收消息、管理联系人、安排会议、维护任务列表等。用户邮箱是最常使用的邮箱类型。

本节将介绍 Office 365 管理员如何创建、删除、恢复 Exchange Online 用户邮箱，如何管理用户邮箱的电子邮件地址、邮件大小限制，如何配置用户邮箱的自动转发，如何管理离职员工邮箱等。

1. 创建用户邮箱

在 Office 365 管理中心创建活动用户，分配 Exchange Online 许可证（图 2-1），Exchange Online 邮箱将随之创建（关于如何创建活动用户，请参考 1.2.1 节的内容）。

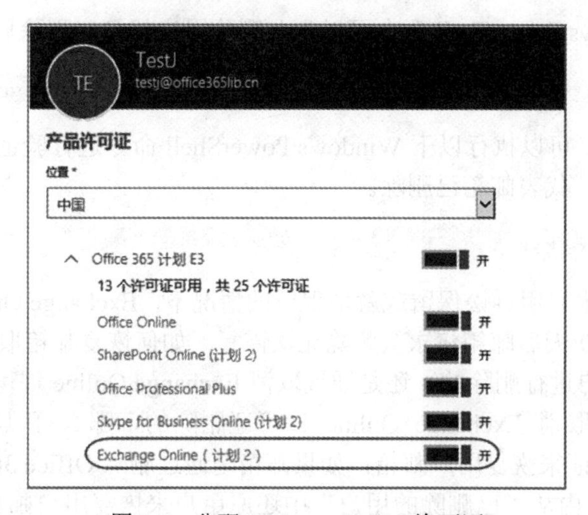

图 2-1 分配 Exchange Online 许可证

2. 删除和还原用户邮箱

删除活动用户，取消分配 Exchange Online（计划 1）或 Exchange Online（计划 2）许可证，邮箱将随之删除，如图 2-2 所示。

图 2-2　删除用户

也可以使用以下 Windows PowerShell 命令删除用户邮箱，当使用命令删除邮箱时，也会删除相应的 Office 365 用户，并将其从 Office 365 管理中心中的活动用户列表中移除。30 天内仍可从“已删除的用户”中恢复这些用户。

```
Remove-Mailbox -Identity <identity >
```

使用以下 Windows PowerShell 命令可以永久删除用户邮箱，删除后无法恢复。

```
Remove-MsolUser -UserPrincipalName <UPN> -RemoveFromRecycleBin
```

邮箱删除完成后，可以执行以下 Windows PowerShell 命令进行验证。当该命令返回错误指出无法找到邮箱时，代表邮箱已删除。

```
Get-Mailbox <identity>
```

邮箱删除后，在未启用诉讼保留或就地保留的情况下，Exchange Online 将保留该邮箱及其所有内容 30 天，30 天后邮箱将永久删除无法恢复。如何恢复邮箱取决于该邮箱是通过删除 Office 365 用户账户进行删除的，还是通过取消 Exchange Online 许可证进行删除的。

如果邮箱是通过取消 Exchange Online 许可证删除的，那么可以在 30 天内重新分配 Exchange Online 许可证来恢复用户邮箱；如果邮箱是通过删除 Office 365 活动用户进行删除的，那么可以在 30 天内从“已删除的用户”中还原用户来恢复用户邮箱，，如图 2-3 所示。

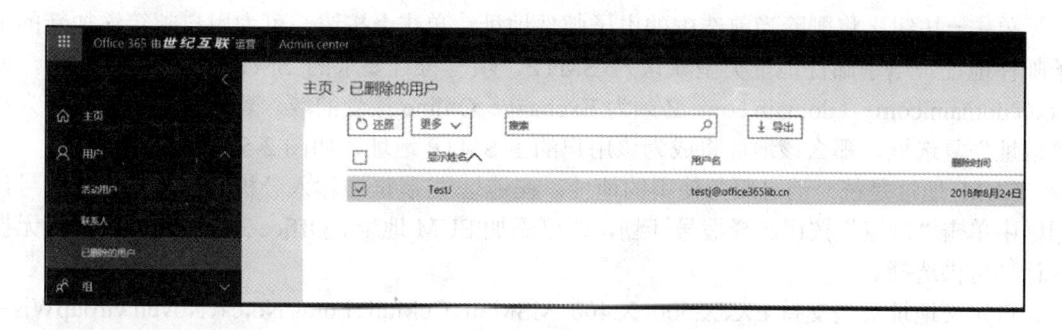

图 2-3　在“已删除的用户”中“还原”用户邮箱

3. 管理用户邮箱的电子邮件地址

每个用户邮箱都具备一个独一无二的主电子邮件地址，该地址也被称为“主 SMTP 地址”或“默认答复地址”。除此之外，管理员可以为同一个用户邮箱添加多个电子邮件地址，一般称之为“别名”。“主 SMTP 地址”和“别名”都可称作“代理地址”，用户最多能够拥有 400 个代理地址。用户可以接收发送给任意代理地址的邮件。当用户发送邮件后，收件方仅显示用户邮箱的主电子邮件地址。

下面展示如何从用户邮箱中添加或删除电子邮件地址。

在 Exchange Online 管理中心导航到“收件人”→“邮箱”页面，在用户邮箱列表中，选择要添加电子邮件地址的邮箱，然后单击“编辑”按钮。在邮箱属性页中选择“电子邮件地址”选项。在此页面中将显示当前用户所有的代理地址，包括主 SMTP 地址和别名地址，主 SMTP 地址显示为粗体，如图 2-4 所示。

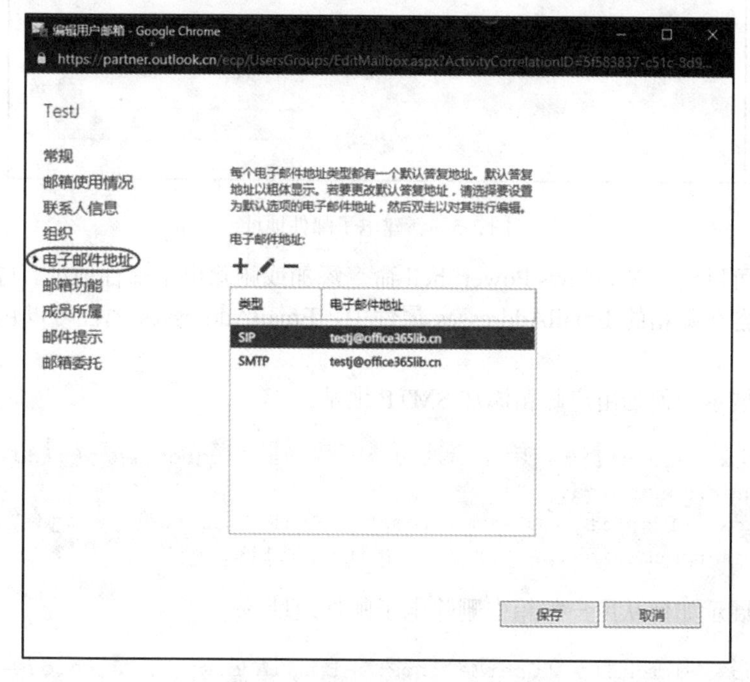

图 2-4　编辑“电子邮件地址”

单击-按钮，将删除当前选中的电子邮件地址。单击+按钮，可为用户邮箱添加新的电子邮件地址。电子邮件地址类型默认为 SMTP，填写符合要求的 SMTP 电子邮件地址，如 xxx@domain.com，domain.com 必须为 Exchange Online 接受的域。若选中“将此设置为答复地址”复选框，那么该地址将成为该用户的主 SMTP 地址，如图 2-5 所示。

EUM 地址是统一消息服务使用的地址，在地址/扩展框中输入分机号码，然后在拨号计划框中单击“浏览”按钮选择拨号计划，即可添加 EUM 地址。Office 365 中国版目前暂无拨号计划可供选择。

自定义地址类型支持 EX、X.500、X.400、MSMail、CcMail、Lotus Notes、Novell GroupWise，除 X.400 地址以外，Exchange Online 不验证自定义地址的格式是否正确。

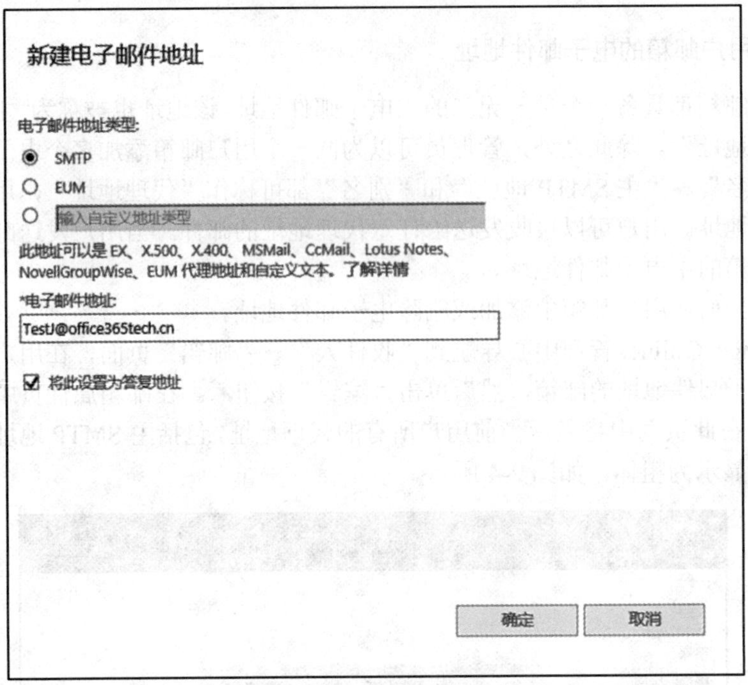

图 2-5　新建电子邮件地址

管理员还可以使用 Windows PowerShell 命令添加或删除电子邮件地址。与邮箱关联的电子邮件地址包含在邮箱的 EmailAddresses 属性中，EmailAddresses 属性可以包含多个电子邮件地址。

以下示例展示如何为用户邮箱添加 SMTP 地址。

```
Set-Mailbox -Identity "UserMailbox" -EmailAddresses @{add="user@Office365tech.partner.onsmchina.cn"}
Set-Mailbox -Identity "UserMailbox" -EmailAddresses @{add=" user@Office365tech.partner.onsmchina.cn ","user@Office365lib.cn"}
```

以下示例展示如何从用户邮箱中删除电子邮件地址。

```
Set-Mailbox -Identity "UserMailbox" -EmailAddresses @{remove="user@Office365tech.partner.onsmchina.cn"}
```

```
Set-Mailbox -Identity "UserMailbox" -EmailAddresses @{remove="user@Office
365tech.partner.onsmchina.cn ","user@Office365lib.cn"}
```

或者直接指定所有地址，命令如下：

```
Set-Mailbox -Identity "UserMailbox" -EmailAddresses SMTP: user@Office
365tech.partner.onsmchina.cn, user@Office365lib.cn
```

若希望向多个用户邮箱批量添加电子邮件地址，可以从 csv 文件导入。

```
Import-CSV "C:\Users\Administrator\Desktop\AddEmailAddress.csv" | ForEach
{Set-Mailbox $_.Mailbox -EmailAddresses @{add=$_.NewEmailAddress}}
```

4. 配置用户邮箱的邮件大小限制

不论使用何种 Office 365 订阅，默认情况下，用户邮箱发送邮件的限制为 35MB，接收限制为 36MB。

不同订阅类型下 Exchange Online 对收发邮件大小的限制如表 2-1 所示。

表 2-1 不同订阅类型下 Exchange Online 对收发邮件大小的限制

Feature	Office 365 Business Essentials	Office 365 Business Premium	Office 365 Enterprise E1	Office 365 Enterprise E3	Office 365 Enterprise E5	Office 365 Enterprise F1
Message size limit - Outlook	150 MB	150 MB	150 MB	150 MB	150 MB	150 MB
Message size limit - OWA	112 MB	112 MB	112 MB	112 MB	112 MB	112 MB
Message size limit - Outlook for Mac	150 MB	150 MB	150 MB	150 MB	150 MB	150 MB
Feature	Exchange Online Plan 1		Exchange Online Plan 2		Exchange Online Kiosk	
Message size limit - Outlook	150 MB		150 MB		150 MB	
Message size limit - OWA	112 MB		112 MB		112 MB	
Message size limit - Outlook for Mac	150 MB		150 MB		150 MB	

从表 2-1 可以看出，管理员可以更改用户邮箱收发邮件的大小最大为 150MB。当 Office 365 邮箱用户之间收发邮件时，最大可以收发大小为 150MB 的邮件，当 Office 365 与非 Office 365 邮箱用户收发邮件时，因为存在大约 33%的转码，所以最大可以收发邮件的大小约为 112MB。

接下来介绍管理员如何更改用户邮箱的邮件大小限制。

在 Exchange Online 管理中心中导航到“收件人”→“邮箱”页面，在用户邮箱列表中，选择要更改邮件大小限制的邮箱，单击“编辑”按钮。在“编辑用户邮箱”窗口导航到“邮箱功能”→“邮件大小限制”，单击“查看详情”链接，如图 2-6 所示。

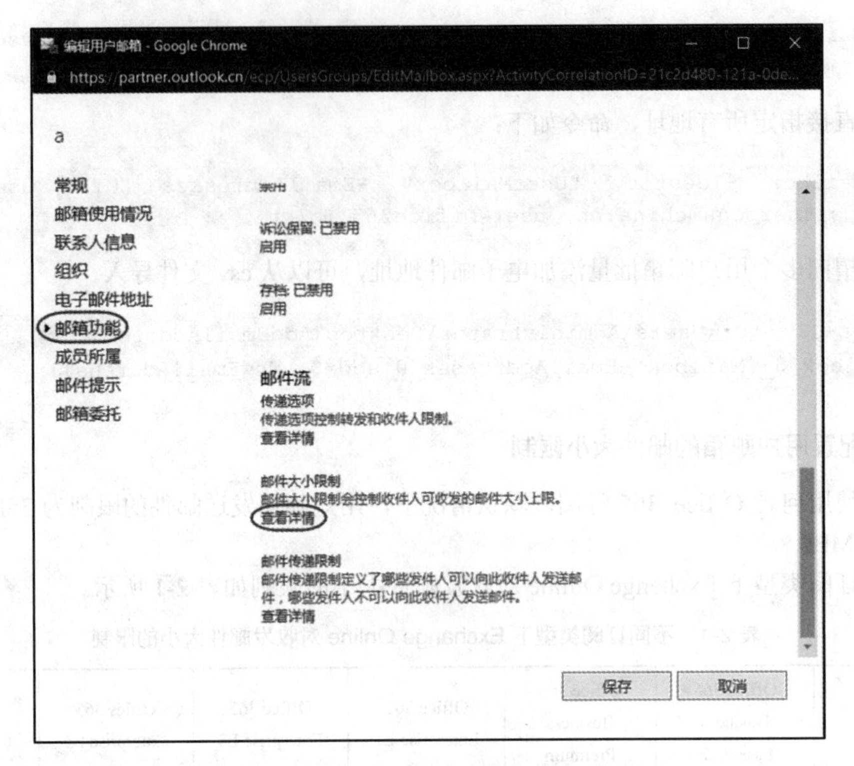

图 2-6　邮件大小限制

然后在图 2-7 所示的窗口更改邮件大小限制。

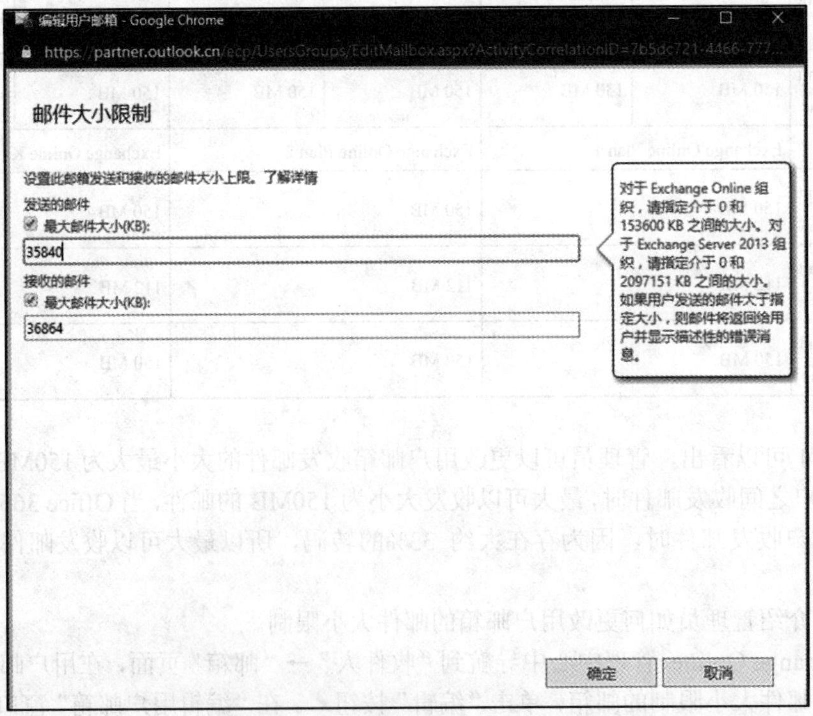

图 2-7　更改邮件大小限制

管理员不仅可以单独更改某一用户的邮件大小限制，还可以批量更改多个用户的邮件大小限制。导航到“收件人”→“邮箱”页面，在用户邮箱列表中，使用“Shift”键可以实现多选，在图 2-8 所示的位置批量更新邮件大小限制。

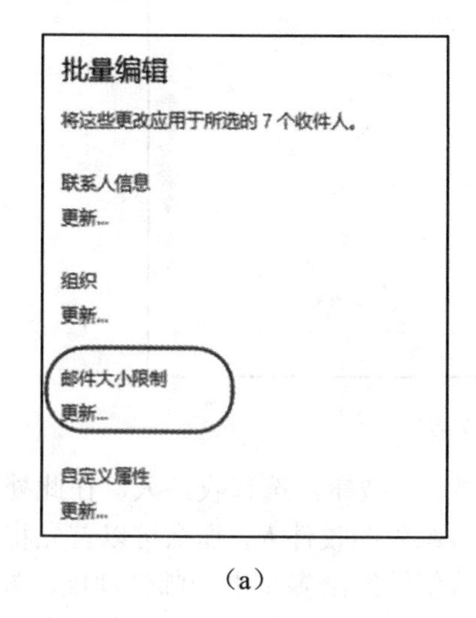

（a）

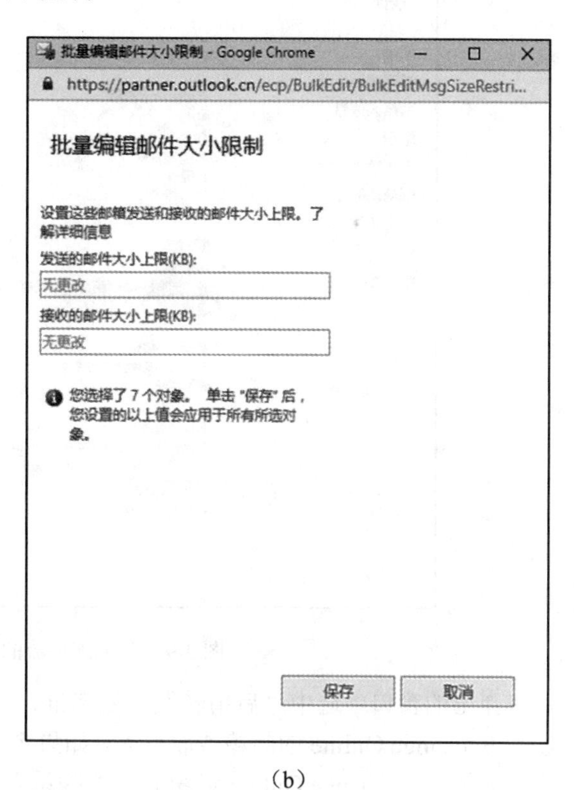

（b）

图 2-8　批量编辑邮件大小限制

除此之外，管理员还可以使用 PowerShell 命令更改用户的邮件大小限制。

以下示例展示修改某一用户的邮件大小限制。

```
Set-Mailbox -Identity test -MaxSendSize 150MB -MaxReceiveSize 150MB
```

以下示例展示修改所有用户的邮件大小限制。

```
Get-Mailbox -RecipientTypeDetails usermailbox -ResultSize Unlimited
|Set-Mailbox -MaxReceiveSize 150MB -MaxSendSize 150MB
```

5. 配置用户邮箱的电子邮件转发

电子邮件转发，允许转发电子邮件到其他邮箱。管理员和用户自身均可开启并配置电子邮件转发。

首先介绍管理员如何为用户配置电子邮件转发。

在 Exchange Online 管理中心中导航到“收件人”→“邮箱”页面，在用户邮箱列表中选择要设置邮件转发的邮箱，单击“编辑”按钮✎。在“编辑用户邮箱”窗口导航到“邮箱功能”→“邮件流”，单击“查看详情”链接，如图 2-9 所示。

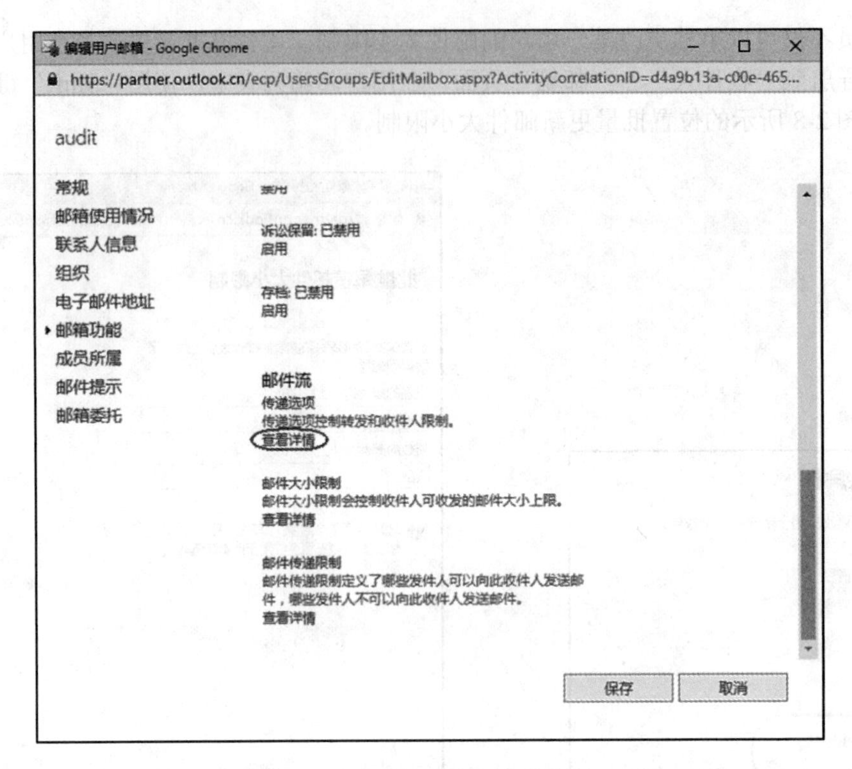

图 2-9　单击邮件流的“查看详情”

在弹出的窗口中选中“启用转发”复选框，单击“浏览”按钮，选择收件人，在此处只能添加 Exchange Online 的邮箱或联系人。如果希望添加组织外的收件人，那么可以首先将外部收件人加为 Exchange Online 组织的邮件联系人。如果希望转发给多个电子邮件地址，那么可以创建通讯组列表。选中“将邮件同时传递到转发地址和邮箱”复选框后，将在用户邮箱中保留邮件副本，否则只有转发的邮箱收到邮件，如图 2-10 所示。

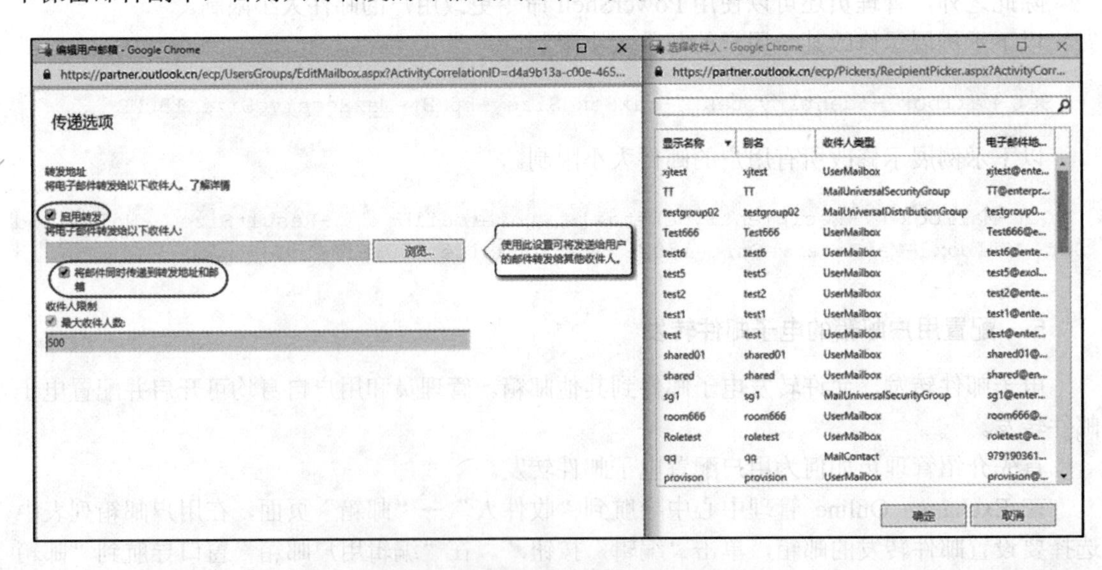

图 2-10　选择“启用转发”的收件人

用户也可以自己配置电子邮件转发。

在 https://partner.outlook.cn/登录到 Outlook 网页版（后面简称 OWA），选择“设置”⚙→“邮件”选项，如图 2-11 所示。

导航到“账户”→“转发”，选中“开始转发”单选按钮，将电子邮件转发到其他账户，“将我的电子邮件转发给”文本框中只能填写一个电子邮件地址，选中“保留已转发邮件的副本”复选框，邮件将在用户邮箱中保留副本，否则只有转发的邮箱收到邮件，如图 2-12 所示。

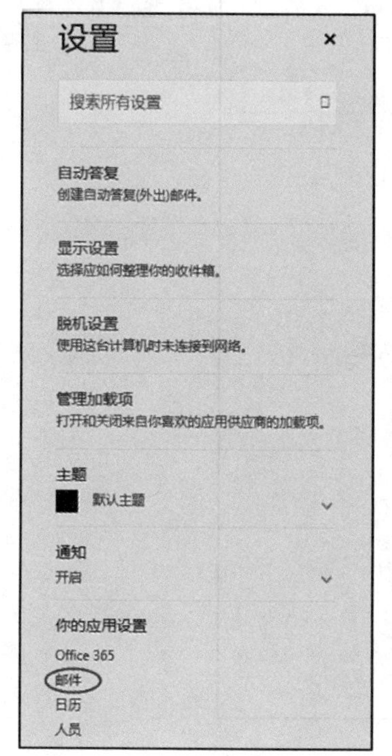

图 2-11　OWA“邮件”选项

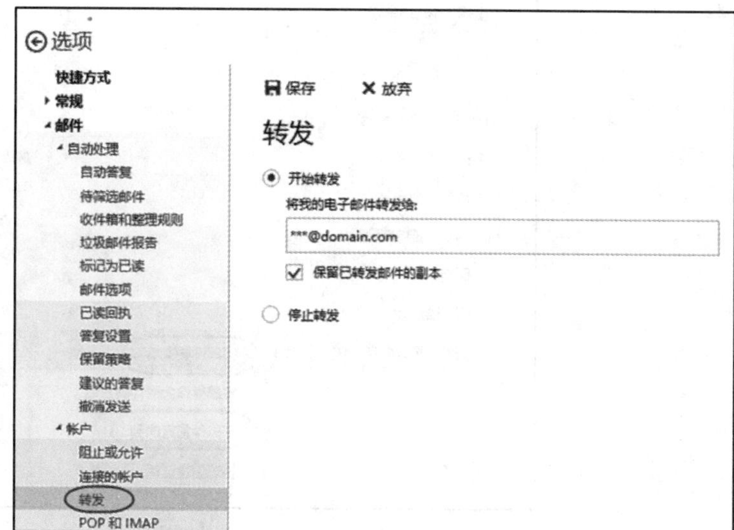

图 2-12　“开始转发”中填写邮件地址

如果用户希望转发邮件至多个收件人，那么用户可以在 OWA 中创建收件箱规则。在 OWA 页面选择“设置”⚙→“邮件”选项，导航到“自动处理”→“收件箱和整理规则”，单击“添加”按钮➕，如图 2-13 所示。

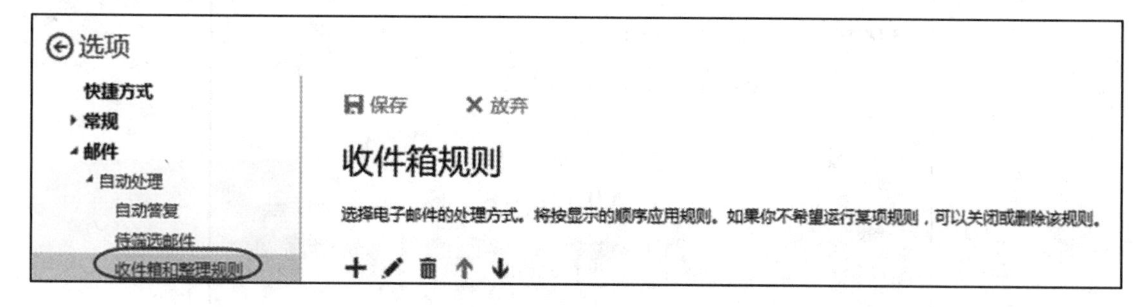

图 2-13　OWA 中新建收件箱规则

在“当邮件到达时，它满足所有这些条件”下拉列表中，选择“[适用于所有邮件]”选项。在“请执行以下所有操作”下拉列有中选择“转发、重定向或发送”选项，在扩展列表中选择“将邮件转发给”或“将邮件重定向到”选项。选择“将邮件转发给”选项时，将在邮箱中保留邮件副本；选择“将邮件重定向到”时，将不会保留邮件副本，如图 2-14 所示。

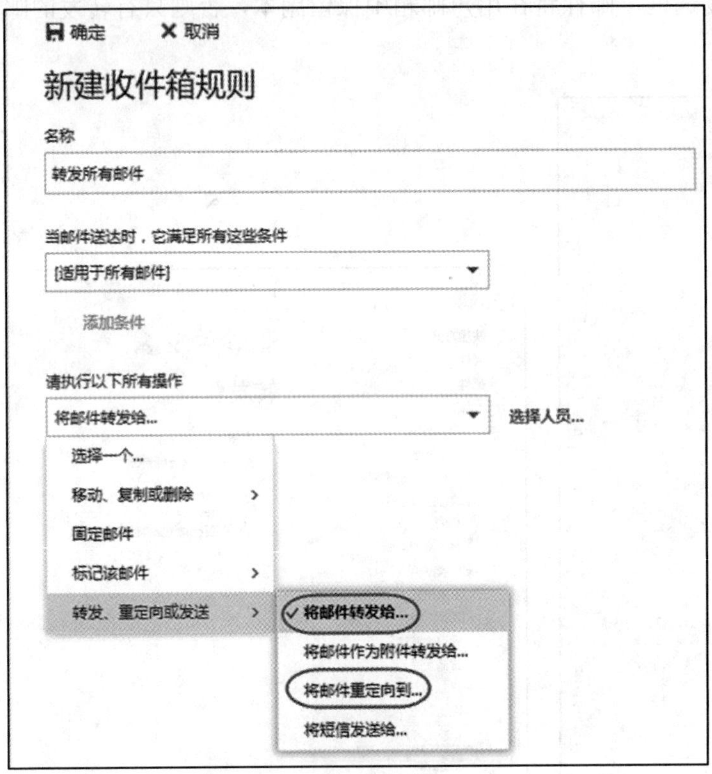

图 2-14　收件箱规则转发邮件

单击“选择人员”链接，可以选择或输入多个电子邮件地址。添加完成后，单击“保存”按钮，如图 2-15 所示。

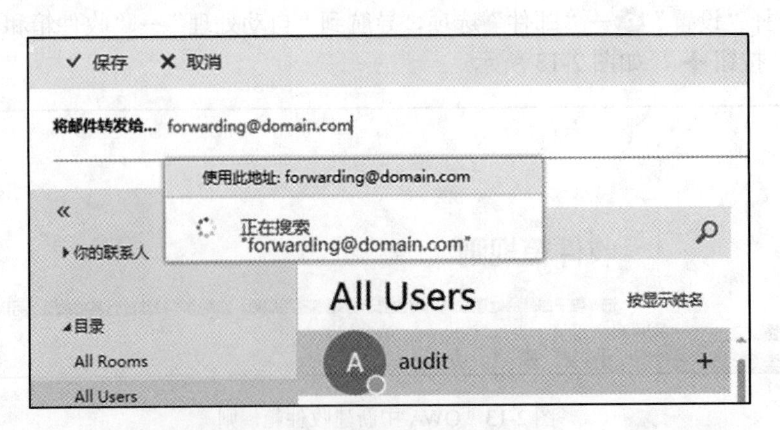

图 2-15　输入多个转发的地址

最后单击“确定”按钮，创建规则，完成配置。

6. 邮箱转换

Exchange Online 的用户邮箱、资源邮箱和共享邮箱可以相互转换，可以将邮箱从一种类型转换为另一种类型。

在 Exchange Online 管理中心页面，管理员可以完成用户邮箱和共享邮箱的相互转换。打开 Exchange Online 管理中心，导航到收件人”→“邮箱”页面，在用户邮箱列表中，选择要转换为共享邮箱的邮箱，在右侧面板中单击“转换”链接，将其转换为共享邮箱，如图 2-16 所示。

同样打开 Exchange Online 管理中心，导航到“收件人”→“共享”页面，在共享邮箱列表中，选择要转换为用户邮箱的邮箱，在右侧面板中单击“转换”按钮，将其转换为常规邮箱，如图 2-17 所示。

a
用户邮箱
a@office365tech.cn
职务:
办公室:
工作电话:
电话和语音功能
统一消息: 已禁用
启用
移动设备
禁用 Exchange ActiveSync
禁用适用于设备的 OWA
查看详情
转换为共享邮箱
转换

图 2-16 常规邮箱“转换为共享邮箱”

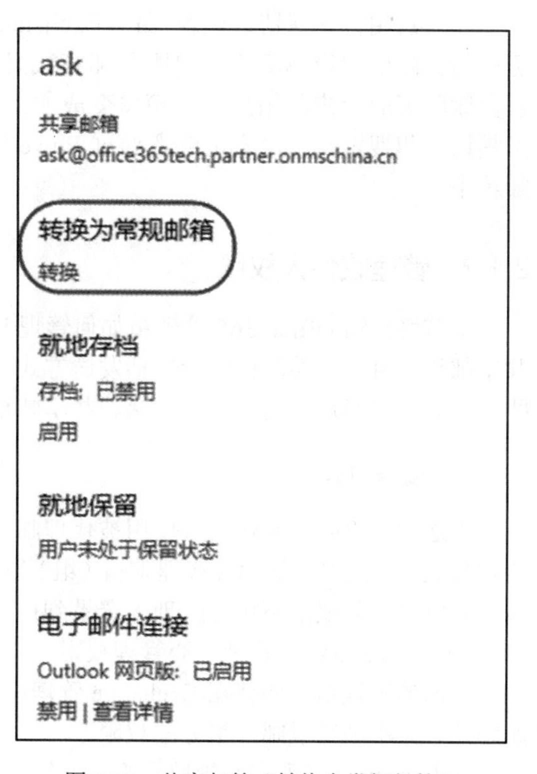

图 2-17 共享邮箱“转换为常规邮箱”

其他转换需要使用 PowerShell 命令完成。以下示例将会议室邮箱 MeetingRoom1 转换为用户邮箱。邮箱类型的转换用一条命令可以简单完成，但转换开始前和结束后的很多其他工作，如禁用邮箱登录、分配许可证等，都要提前计划。

```
Set-Mailbox MeetingRoom1 -Type Regular
```

Type 参数可以使用以下值：Regular、Room、Equipment、Shared。

7. 管理离职用户邮箱

当用户从组织离职后，如何将其从 Office 365 删除，对 Office 365 管理员来说至关重要。本小节主要介绍如何管理离职用户的邮箱数据。如果组织不需要保留用户的邮箱数据，那么管理员直接将用户删除即可。如果组织需要保留其邮箱数据，以便后续进行审核或合规，那么管理员可以通过以下几种操作保留邮箱数据。

（1） 备份当前的邮箱数据：使用就地电子数据展示功能，搜索用户邮箱，将搜索结果导出到.pst 文件，或者把用户的邮箱添加到 Outlook 中，然后将数据导出到.pst 文件。

（2） 将用户邮箱转换为共享邮箱：把离职用户的邮箱直接转换为共享邮箱，保留其邮箱数据。为其他用户分配该共享邮箱的完全访问权限，其他用户就可以查看邮件。为了不让离职用户再通过其他方式访问邮箱，可以重置其密码并且阻止登录。这种方法操作最为简单。

（3）启用诉讼保留或就地保留：Exchange Online 计划 2 支持就地保留和诉讼保留功能，可以最大限度地避免离职用户删除邮箱数据。在启用诉讼保留或就地保留的情况下，当管理员删除离职用户邮箱后，邮箱将变成非活动状态，管理员仍可以使用就地电子数据展示工具访问和搜索邮箱内容，或者通过 PowerShell 指令把非活动邮箱的数据复制到一个活动邮箱中。

2.1.2 管理收件人权限

本节将介绍 Office 365 管理员如何管理 Exchange Online 收件人（用户邮箱、资源邮箱、共享邮箱、组）的委派权限，包括发送方式、代表发送和完全访问权限。管理员还可以将这些权限分配给用户邮箱、资源邮箱、共享邮箱和启用邮件的安全组。

1. 发送方式

发送方式权限允许代理人使用被代理邮箱（组）的电子邮件地址发送邮件。此权限分配给代理人后，代理人从此被代理邮箱（组）发送邮件，从收件方看来，邮件由邮箱所有者（组本身）发出。此权限不允许代理人登录到被代理邮箱。

1） 在 Exchange 管理中心管理权限

下面的过程演示如何在 Exchange 管理中心将发送方式权限分配给用户邮箱，也适用于资源邮箱、共享邮箱或邮件组分配权限。

在 Exchange 管理中心导航到“收件人”→“邮箱”页面。在邮箱列表中选择被代理邮箱，然后单击“编辑”按钮 ✎ 。在邮箱属性页中选择“邮箱委托”选项。若要为邮件组分配权限，单击“编辑”按钮后，在属性页中需选择“组委派”选项，如图 2-18 所示。

（a）

（b）

图 2-18　添加“发送方式”权限

在“发送方式”下单击“添加”按钮+，在弹出的页面中将列出 Exchange Online 组织中可分配权限的所有收件人。选择收件人，将其添加到列表中，然后单击“确定”按钮。也可以通过在搜索框中输入收件人的姓名，然后单击🔍按钮搜索特定收件人，如图 2-19 所示。

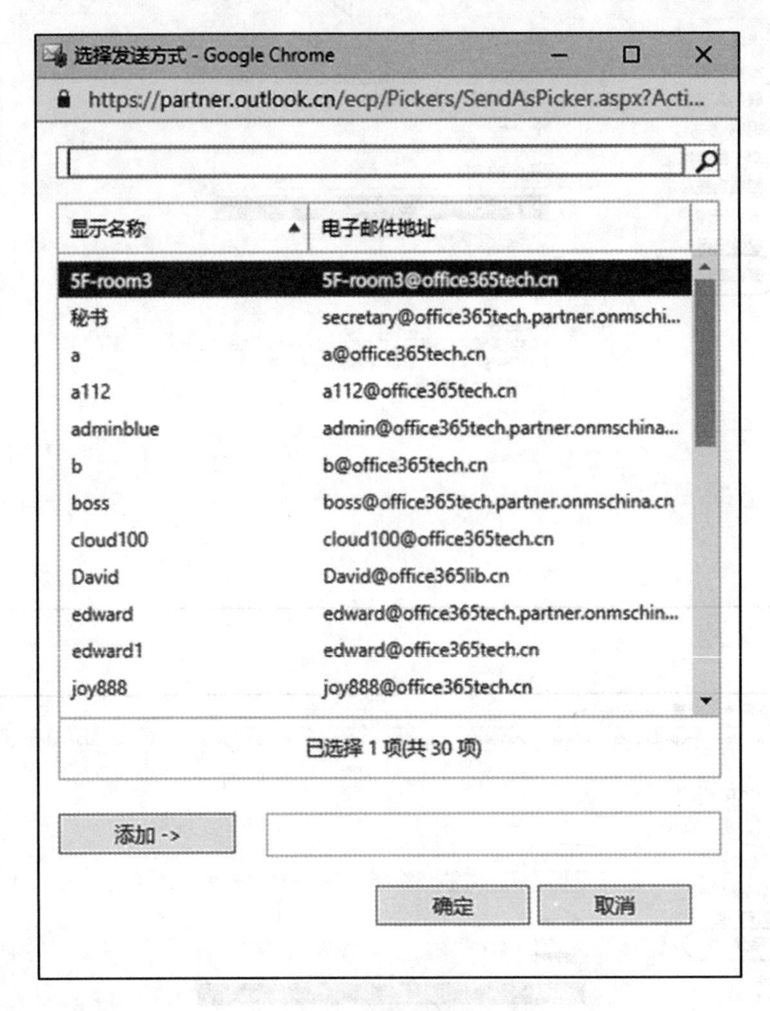

图 2-19　搜索特定收件人

若要移除权限，那么选择收件人，然后单击“删除”按钮▬，最后单击“保存”按钮以保存更改。

2） 批量添加“发送方式”权限

在 Exchange 管理中心使用以下步骤为用户邮箱批量添加权限：

（1） 在 Exchange 管理中心，导航到“收件人”→“邮箱”。

（2） 批量选择（“Ctrl+A”组合键或“Shift”键）要为其分配权限的邮箱。

（3） 在右侧窗格中单击更多选项链接，如图 2-20 所示。

（4） 在“邮箱委派”下单击“添加”链接。

（5） 在“批量添加委派”页中添加收件人后保存即可。

也可以按照相同的方法在 Exchange 管理中心导航到“共享”页中，为共享邮箱分配权限。

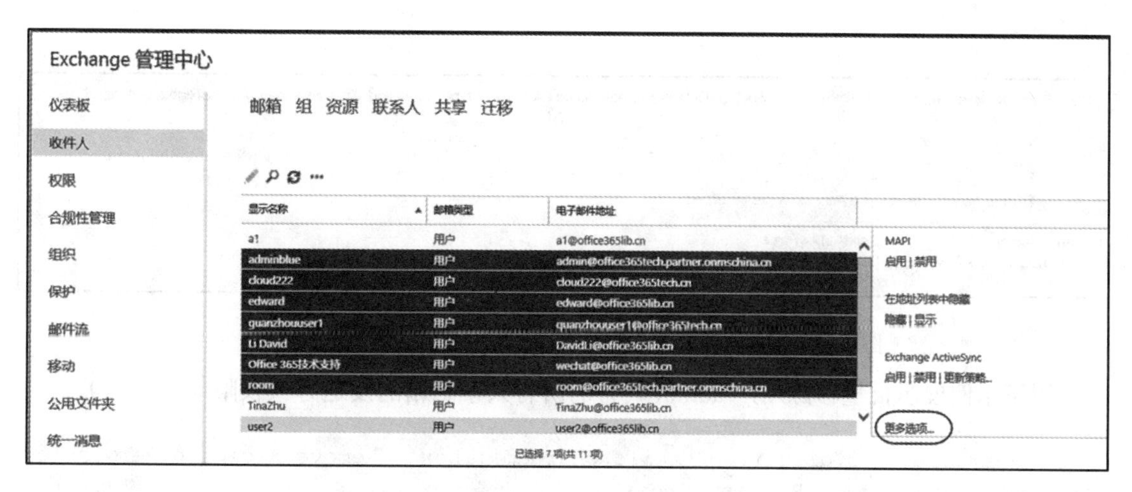

图 2-20 批量添加“发送方式”权限

3） 使用 PowerShell 管理权限

同样，管理员可以使用 PowerShell 管理发送方式权限。例如，分配邮箱用户 B 以 A（用户邮箱、资源邮箱、共享邮箱、组）发送邮件的权限，需要执行以下命令：

```
Add-RecipientPermission -Identity A -Trustee B -AccessRights sendas
```

或：

```
Add-RecipientPermission -Identity A -Trustee B -AccessRights sendas -Confirm:$false #这条命令将隐藏确认提醒
```

若移除邮箱用户 B 以 A 发送邮件的权限，需要执行以下命令（图 2-21）。

```
Remove-RecipientPermission -Identity A -Trustee B -AccessRights sendas
```

或：

```
Remove-RecipientPermission -Identity A -Trustee B -AccessRights sendas -Confirm:$false
```

```
PS C:\Windows\system32> Remove-RecipientPermission -Identity shared -Trustee Tinazhu -AccessRights sendas -Confirm:$false
PS C:\Windows\system32>
```

图 2-21 移除邮箱用户 Tinazhu 以 shared 发送邮件的权限

以下示例展示批量添加用户 admin 具备所有共享邮箱发送方式权限（图 2-22）。

```
Get-Mailbox -RecipientTypeDetails sharedmailbox | Add-RecipientPermission -Trustee admin -AccessRights sendas
```

```
PS C:\Windows\system32> Get-Mailbox -RecipientTypeDetails sharedmailbox | Add-RecipientPermission -Trustee admin -AccessRights sendas

WARNING: The appropriate access control entry is already present on the object "CN=shared2,OU=office365tech.partner.onmschina.cn,OU=Microsoft Exchange Hosted Organizations,DC=CHNPR01A001,DC=prod,DC=partner,DC=outlook,DC=cn" for account "CHNPR01A001\admi54798-1723756886".
Identity Trustee AccessControlType AccessRights Inherited
-------- ------- ----------------- ------------ ---------
shared   admin  Allow        {SendAs}    False
shared2  admin  Allow        {SendAs}    False
```

图 2-22　批量添加用户 admin 具备所有共享邮箱发送方式权限

以下示例展示批量移除用户 admin 具备的所有共享邮箱的发送方式权限（图 2-23）。

```
Get-Mailbox -RecipientTypeDetails sharedmailbox | Remove-RecipientPermission
-Trustee admin -AccessRights sendas
```

```
PS C:\Windows\system32> Get-Mailbox -RecipientTypeDetails sharedmailbox | Remove-RecipientPermission -Trustee admin -AccessRights sendas
PS C:\Windows\system32>
```

图 2-23　批量移除用户 admin 具备的所有共享邮箱的发送方式权限

2. 代表发送

代表发送权限允许代理人使用被代理邮箱（组）发送邮件。此权限分配给代理人后，在代理人使用被代理邮箱（组）的电子邮件地址发送邮件时，从收件方看来，邮件由代理人代表邮箱所有者（组）发出。

1） 在 Exchange 管理中心管理权限

下面的过程演示如何在 Exchange 管理中心将代表发送权限分配给用户邮箱。也适用于为资源邮箱或组分配权限，共享邮箱不包含代表发送权限。

在 Exchange 管理中心，导航到“收件人”→“邮箱”页面。在邮箱列表中选择要分配权限的邮箱，然后单击“编辑”按钮 。在邮箱属性页中选择“邮箱委托”选项。若要为邮件组分配权限，那么单击“编辑”按钮后，在属性页中需选择“组委派”，如图 2-24 和图 2-25 所示。

在“代表发送”下单击“添加”按钮+，在弹出的页面中将列出 Exchange Online 组织中可分配权限的所有收件人。选择收件人，将其添加到列表中，然后单击“确定”按钮。也可以通过在搜索框中输入收件人的姓名，然后单击按钮搜索特定收件人。

若要移除权限，那么选择收件人，然后单击“删除”按钮—。最后单击“保存”按钮以保存更改。

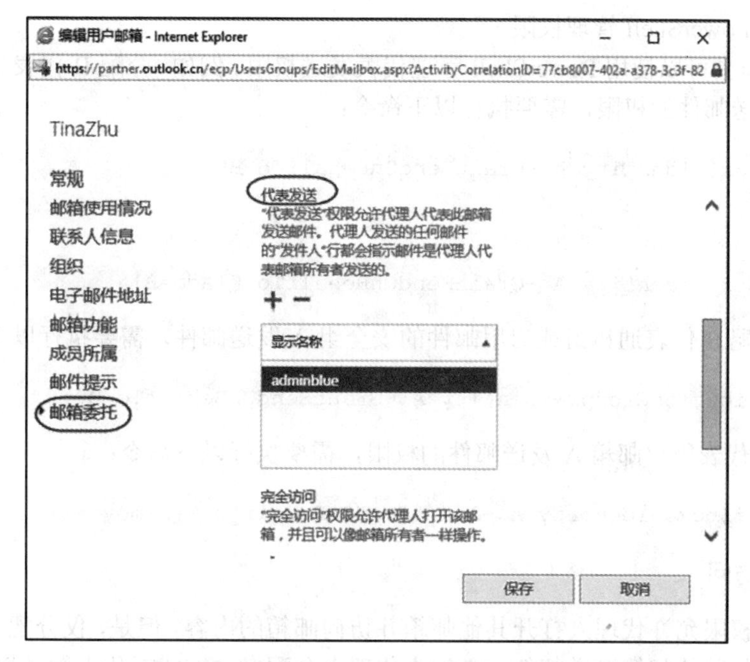

图 2-24 添加邮箱的“代表发送”权限

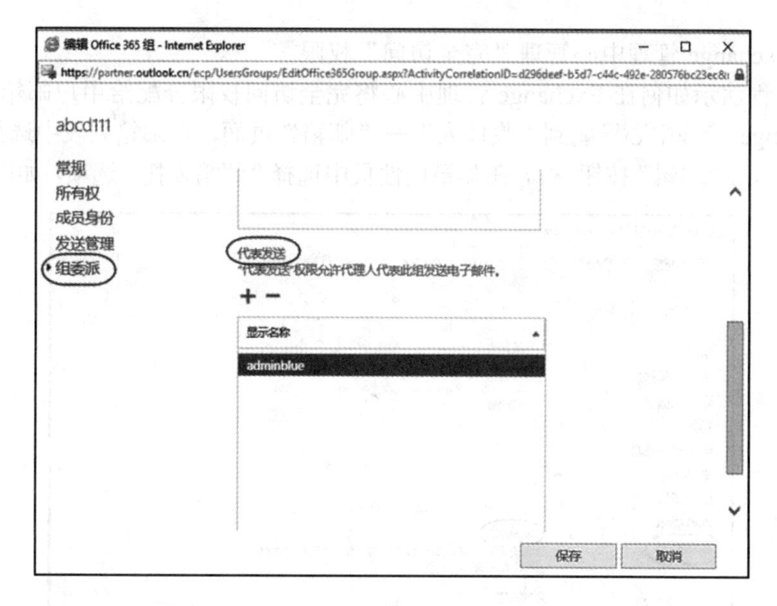

图 2-25 添加 Office 365 组的“代表发送”权限

2） 在 Exchange 管理中心批量添加“代表发送”权限

管理员也可以在 Exchange 管理中心使用以下步骤为用户邮箱批量添加权限。

（1） 在 Exchange 管理中心，导航到“收件人”→“邮箱”页面。

（2） 批量选择（“Ctrl+A”组合键或“Shift”键）要为其分配权限的邮箱。

（3） 在右侧窗格中单击更多选项链接。

（4） 在“邮箱委派”下单击“添加”链接。

（5） 在“批量添加委派”页中，添加收件人后保存即可。

3） 使用 PowerShell 管理权限

同样，管理员可以使用 PowerShell 管理代表发送权限。例如，分配 B 代表 A（用户邮箱、资源邮箱）发送邮件的权限，需要执行以下命令：

```
Set-Mailbox -Identity A -GrantSendOnBehalfTo B
```

或：

```
Set-Mailbox -Identity A -GrantSendOnBehalfTo @{Add=B}
```

再如，分配 B 代表通讯组或启用邮件的安全组 A 发送邮件，需要执行以下命令：

```
Set-DistributionGroup -Identity A -GrantSendOnBehalfTo B
```

若移除 B 代表用户邮箱 A 发送邮件的权限，需要执行以下命令：

```
Remove-Mailbox -Identity A -GrantSendOnBehalfTo @{Remove=B}
```

3. 完全访问

完全访问权限允许代理人打开其他邮箱并访问邮箱的内容。但是，仅分配完全访问权限，代理人将无法从其他邮箱发送邮件，必须为代理人分配发送方式或代表发送权限后才能发送邮件。

1） 在 Exchange 管理中心管理“完全访问”权限

下面的过程演示如何在 Exchange 管理中心将完全访问权限分配给用户邮箱。

在 Exchange 管理中心导航到“收件人”→“邮箱”页面，在邮箱列表中选择要分配权限的邮箱，然后单击“编辑”按钮，在邮箱属性页中选择“邮箱委托”选项，如图 2-26 所示。

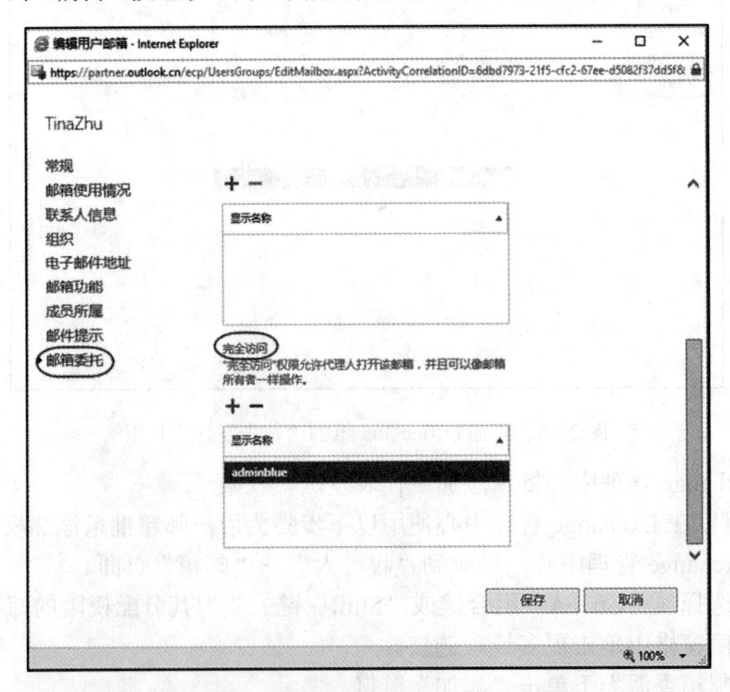

图 2-26 添加“完全访问”权限

在“完全访问”下单击“添加”按钮+，在弹出的页面中将列出 Exchange Online 组织中可分配权限的所有收件人。选择收件人，将其添加到列表中，然后单击“确定”按钮。也可以通过在搜索框中输入收件人的姓名，然后单击🔍按钮搜索特定收件人，如图 2-27 所示。

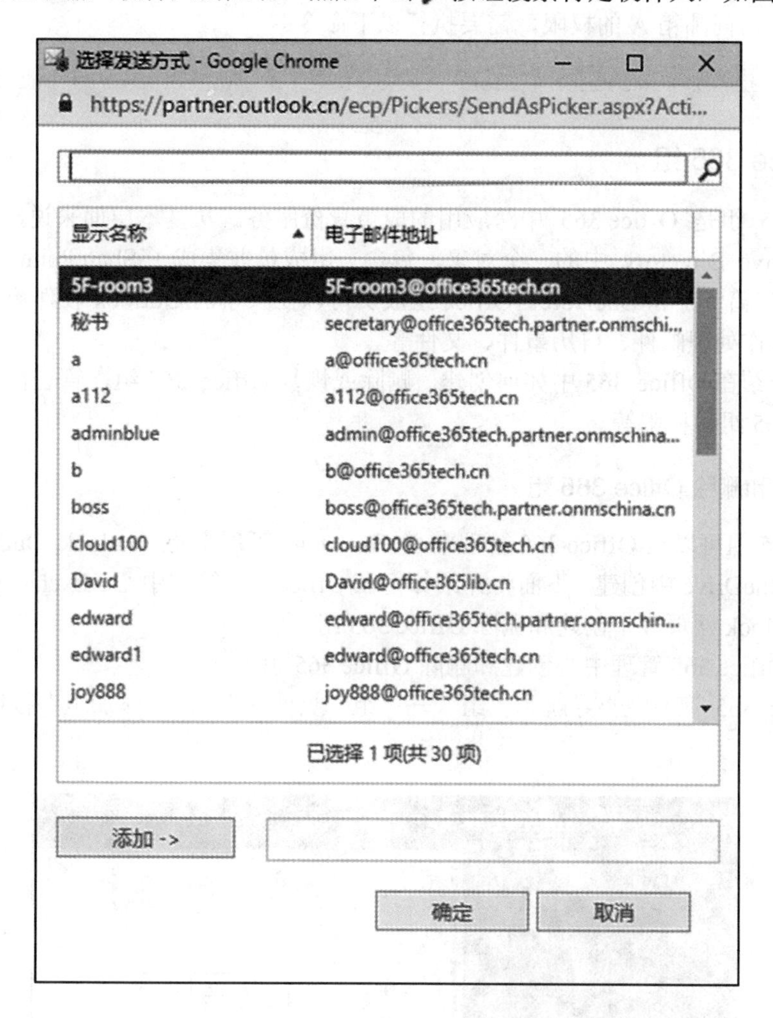

图 2-27 搜索特定收件人

若要移除权限，那么选择收件人，然后单击“删除”按钮━。最后单击“保存”按钮以保存更改。

2） 在 Exchange 管理中心批量添加权限

管理员也可以在 Exchange 管理中心使用以下步骤为用户邮箱批量添加权限。

（1） 在 Exchange 管理中心，导航到“收件人”→“邮箱”页面。

（2） 批量选择（“Ctrl+A”组合键或“Shift”键）要为其分配权限的邮箱。

（3） 在右侧窗格中单击“更多选项”链接。

（4） 在“邮箱委派”下单击“添加”链接。

（5） 在“批量添加委派”页中，添加收件人后保存即可。

3） 使用 PowerShell 管理权限

同样，管理员可以使用 PowerShell 管理完全访问权限。例如，使 B 可以访问 A（用户邮箱、资源邮箱、共享邮箱）的邮箱，需要执行以下命令：

```
Add-MailboxPermission -Identity A -User B -AccessRights FullAccess
```

若移除 B 访问邮箱 A 的权限，需要执行以下命令：

```
Remove-MailboxPermission -Identity A -User B -AccessRights FullAccess
```

2.1.3 Office 365 组

Office 365 组是 Office 365 中跨应用的成员身份服务。从基本层面来说，Office 365 组是 Azure Active Directory 中的一个对象，包含一组成员并集成了 SharePoint 组网站、共享的 Exchange 邮箱资源和 OneNote。Office 组成员可以在共享的 Outlook 收件箱、共享的日历或文档库中协作处理邮件、日历事件、文件等。

本节将介绍在 Office 365 中如何创建、删除或恢复 Office 365 组，管理员如何管理用户创建 Office 365 组的权限等。

1. 创建和删除 Office 365 组

Office 365 组可以在 Office 365 管理中心、Exchange 管理中心、Outlook、Outlook 网页版、SharePoint、OneDrive 中创建。下面将介绍如何在 Office 365 管理中心、Exchange 管理中心、Outlook、Outlook 网页版中创建和删除 Office 365 组。

1） 在 Office 365 管理中心创建和删除 Office 365 组

在 Office 365 管理中心导航到“组”→“组”页面，单击“+添加组”按钮，如图 2-28 所示。

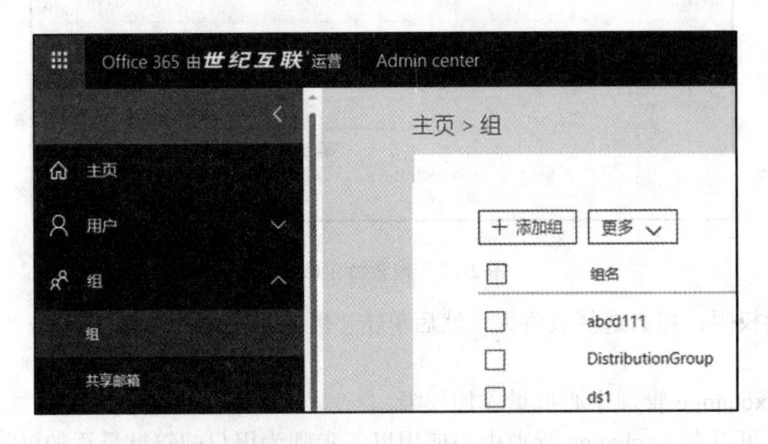

图 2-28 Office 365 管理中心添加 Office 365 组

在弹出的“添加组”页面中填写名称、组电子邮件地址，设置隐私，选择语言，添加所有者。设置隐私时，有“公共”和“专用”两个选项。默认情况下，组在 Office 365 管理中心创建为“公共”。这意味着组织中的任何人均可查看其内容并成为其成员，若希望成员加入需要审批且仅组成员可以查看组内容，请选择“专用”选项，如图 2-29 所示。

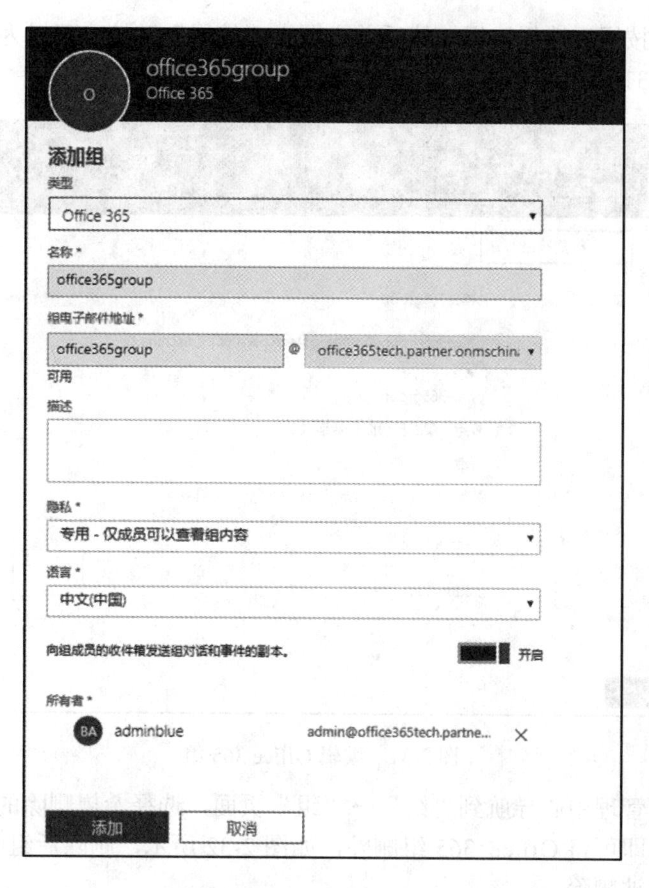

图 2-29 添加组的信息

单击“添加”按钮后，将看到图 2-30 所示的界面，Office 365 组成功创建。

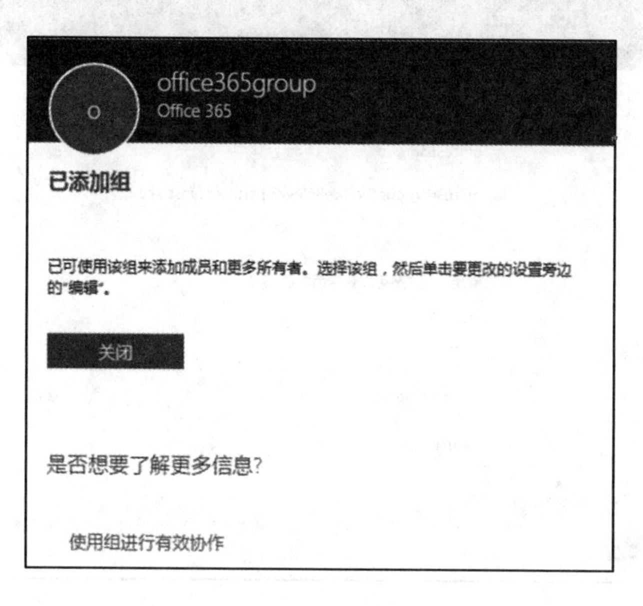

图 2-30 已添加组

单击“关闭”按钮后选择该组，然后单击图中“编辑”链接，可以为该组添加成员和更多所有者，如图 2-31 所示。

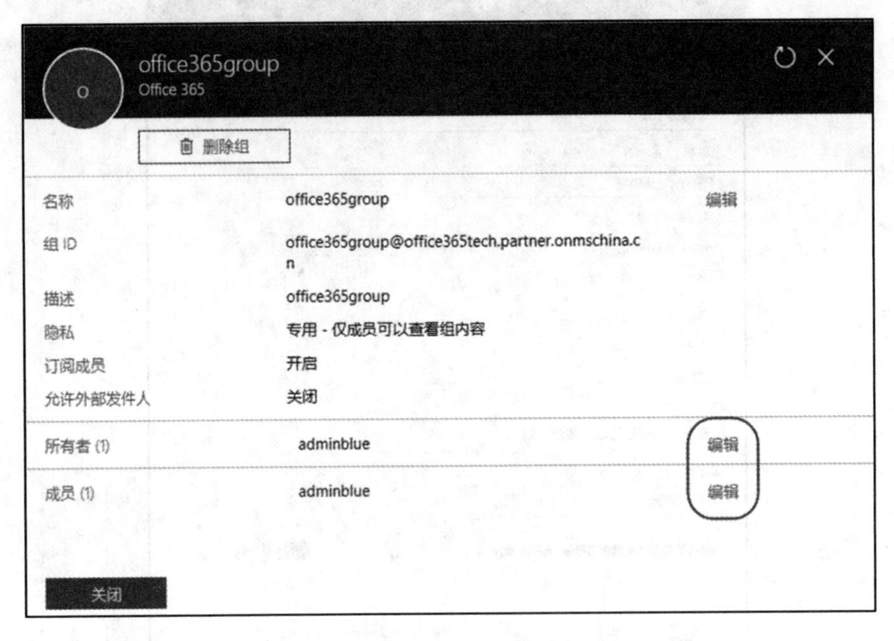

图 2-31　编辑 Office 365 组

在 Office 365 管理中心导航到“组”→“组”页面，选择希望删除的 Office 365 组，单击“删除组”按钮即可将 Office 365 组删除，如图 2-32 所示，删除后组的所有对话、文件、笔记本和活动都将被删除。

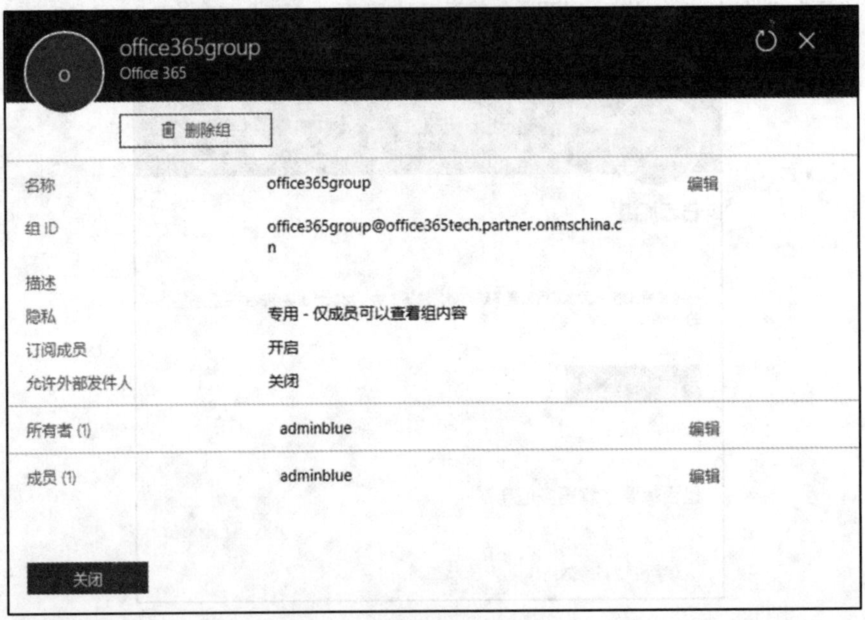

图 2-32　删除 Office365 组

删除后，30天内可以在Exchange管理中心恢复。打开Exchange管理中心，导航到“收件人”→“组”页面，选择要恢复的Office 365组，单击“单击此处进行还原”链接进行恢复，如图2-33所示。

图2-33　还原Office 365组

2）　在Exchange管理中心创建和删除Office 365组

在Exchange管理中心，导航到“收件人”→“组”页面，单击“+新建Office 365组”按钮，如图2-34所示。

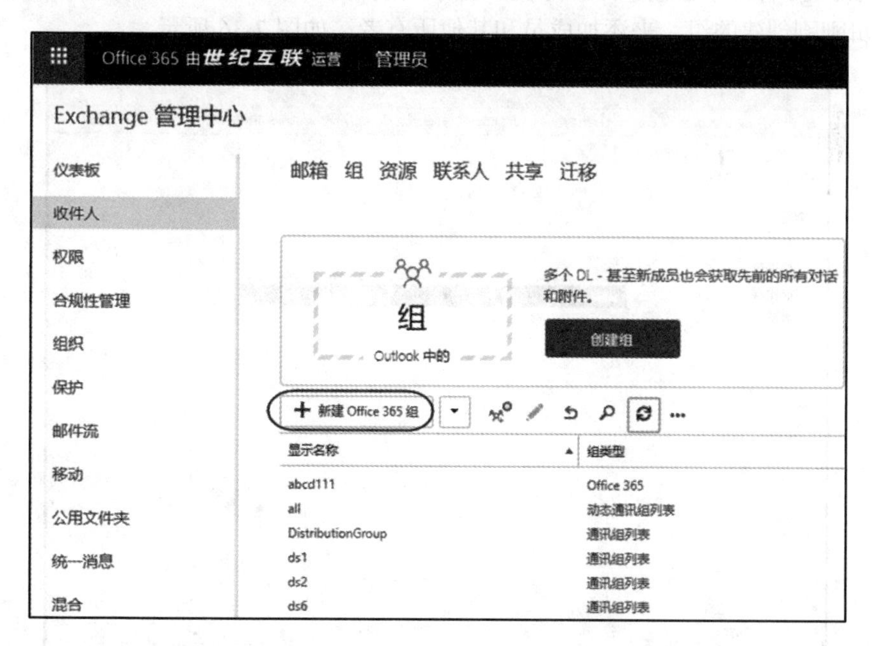

图2-34　EAC中新建Office 365组

填写组名、组电子邮件地址，设置公有或私有，默认为公有，分配所有者，选择语言后，单击“保存”按钮，创建Office 365组。该页面中相较Office 365管理中心，多了两个选项，

“订阅新成员”和“让组织外部人员向组发送电子邮件”，根据实际需求选择即可，如图 2-35 所示。

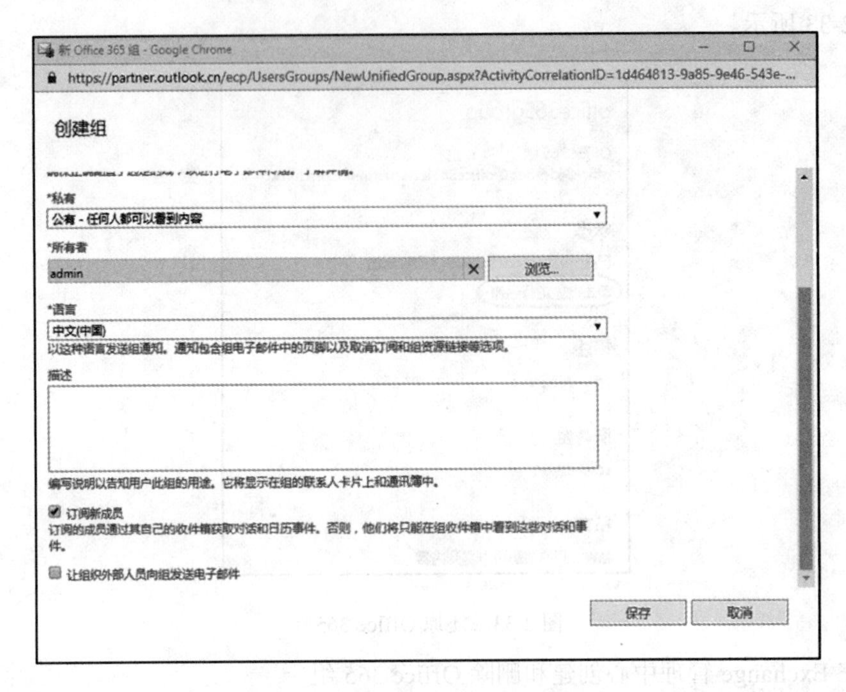

图 2-35　创建组

在 Exchange 管理中心创建 Office 365 组时，同样无法添加更多的所有者和成员，创建完成后，编辑刚刚创建的组，来添加成员和其他所有者，如图 2-36 所示。

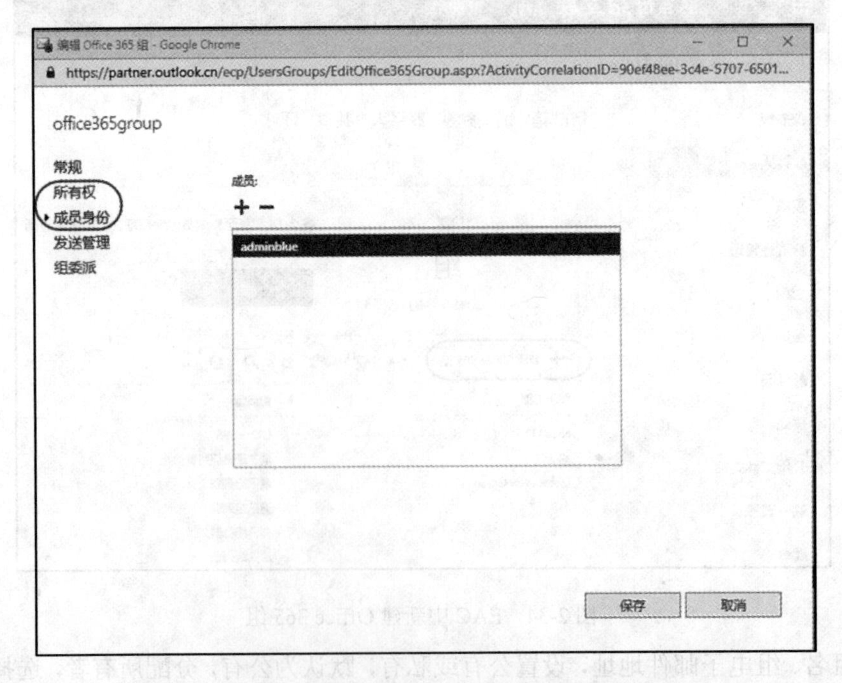

图 2-36　编辑 Office 365 组的“所有权”和“成员身份”

在 Exchange 管理中心，导航到“收件人”→“组”页面，选中某一 Office 365 组，单击“删除”按钮🗑，即可将其删除。删除后，30 天内在 Exchange 管理中心可恢复。

3） 在 Outlook 创建和删除 Office 365 组

打开 Outlook 2016，单击“开始”→“新建组”按钮，如图 2-37 所示。

图 2-37 在 Outlook2016 中创建 Office 365 组

填写组信息，填写完成后，单击“确定”按钮，如图 2-38 所示。

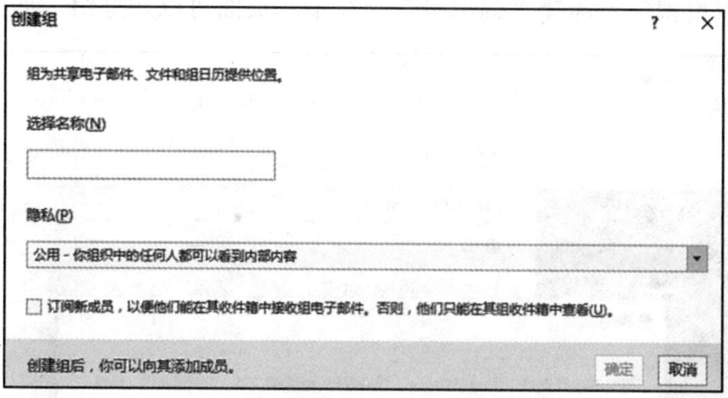

创建组

组为共享电子邮件、文件和组日历提供位置。

选择名称(N)

隐私(P)

公用 - 你组织中的任何人都可以看到内部内容

订阅新成员，以便他们能在其收件箱中接收组电子邮件。否则，他们只能在其组收件箱中查看(U)。

创建组后，你可以向其添加成员。

确定 取消

图 2-38 填写组信息

然后可以向其添加成员，再次单击“确定”按钮，完成创建，如图 2-39 所示。

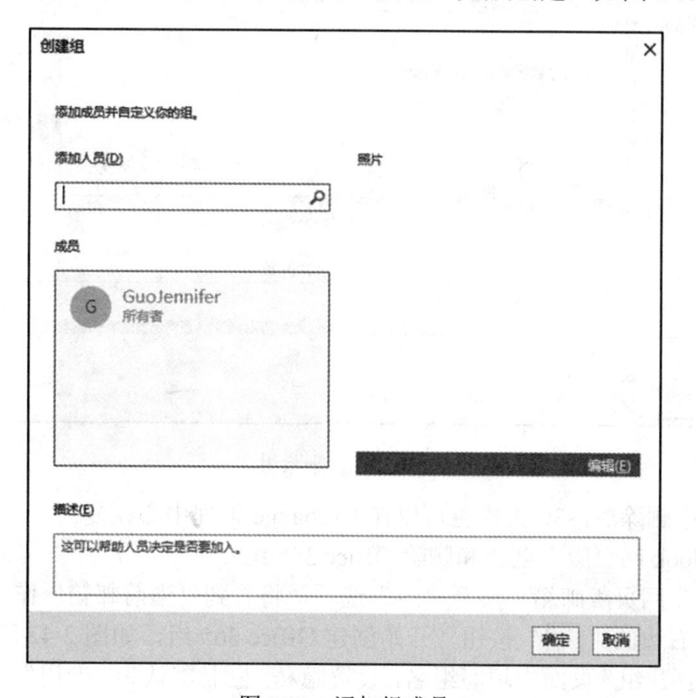

图 2-39 添加组成员

对于已经创建的组，可以在“组设置”下管理，如图 2-40 所示。

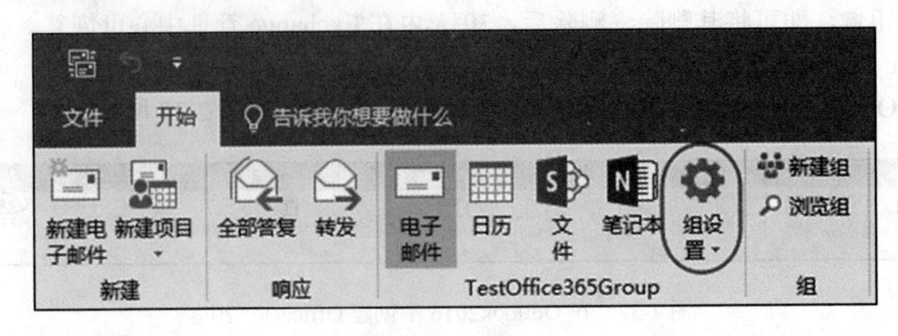

图 2-40　组设置

同样，在“组设置”下选择“编辑组”，在编辑页面可以删除组，如图 2-41 所示。

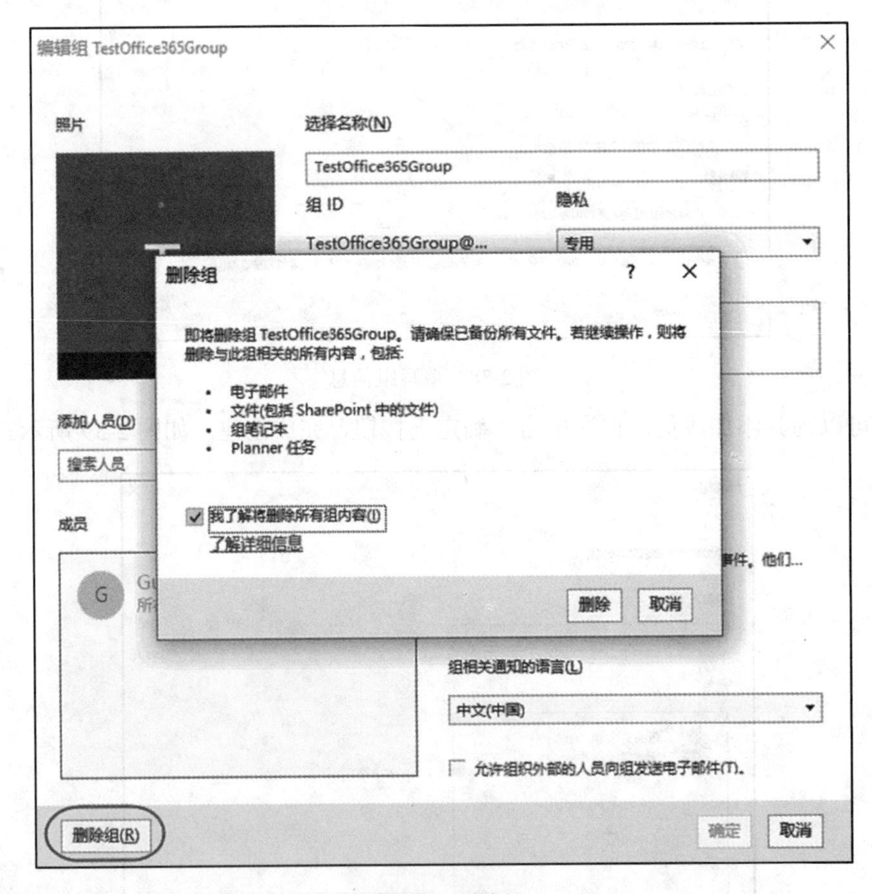

图 2-41　删除组

在 Outlook 中删除后，30 天内也可以在 Exchange 管理中心恢复。

4）　在 Outlook 网页版中创建和删除 Office 365 组

打开 Outlook 网页版邮箱，展开“组”选项，将看到“当前邮箱”作为所有者或成员的组。单击“组”右边的“+”按钮，开始创建 Office 365 组，如图 2-42 所示。

在弹出的“创建组”页面中填写组名，设置隐私，隐私默认为“专用”，如图 2-43 所示。

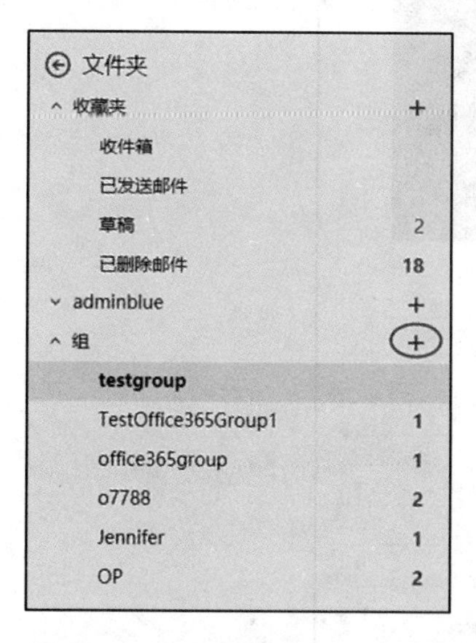

图 2-42 OWA 中添加 Office 365 组

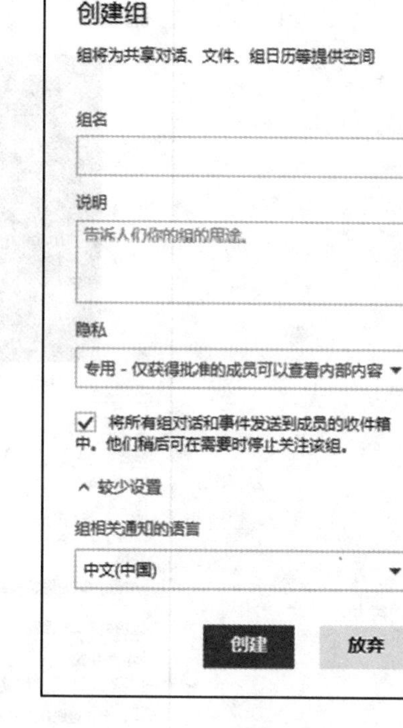

图 2-43 “创建组”

单击“创建”按钮后，进入添加成员页面，成员添加完成后，Office 365 组创建完成，它将显示在“组”列表中。

若希望删除某个已创建的 Office 365 组，在“组”列表中选中此组，然后单击右上角的⚙按钮，如图 2-44 所示，打开“组设置”页面。

然后单击“编辑组”链接，进入编辑页面，如图 2-45 所示。

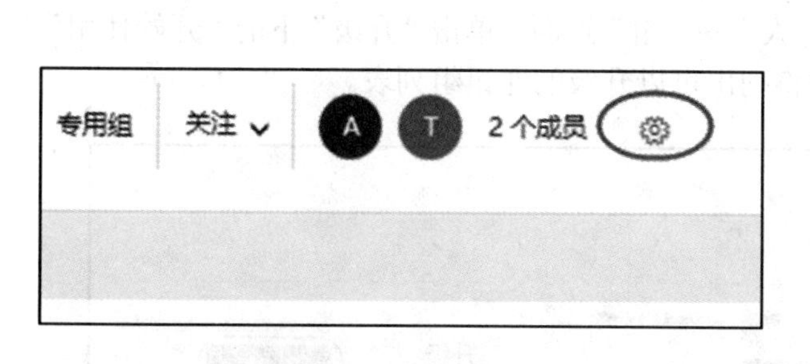

图 2-44 单击⚙按钮

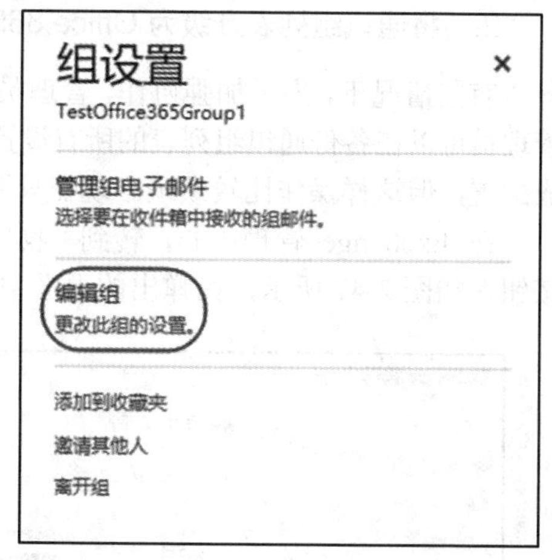

图 2-45 编辑组

在编辑页面中单击“删除组”按钮，删除已经创建的组，如图 2-46 所示。删除后，30 天内管理员可以从 Exchange 管理中心恢复。

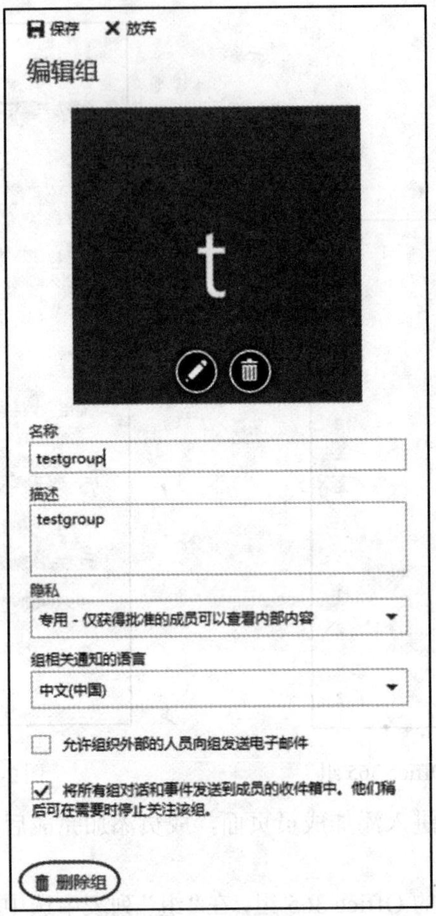

保存 放弃

编辑组

t

名称

testgroup

描述

testgroup

隐私

专用 - 仅获得批准的成员可以查看内部内容

组相关通知的语言

中文(中国)

允许组织外部的人员向组发送电子邮件

将所有组对话和事件发送到成员的收件箱中。他们稍后可在需要时停止关注该组。

删除组

图 2-46　删除组

2. 将通讯组列表升级为 Office 365 组

有些情况下，为了加强协作，管理员需要把旧的通讯组列表转换为 Office 365 组。当然，管理员可以在备份通讯组列表的所有设置后，删除通讯组列表，随后创建 Office 365 组，再完成配置，但这样操作比较烦琐。现在只要一个按钮就可以将通讯组列表升级为 Office 365 组。

在 Exchange 管理中心，转到“收件人”→“组”页面，单击“升级”下的“开始使用”按钮，如图 2-47 所示，在弹出的页面中将列出可以升级的通讯组列表。

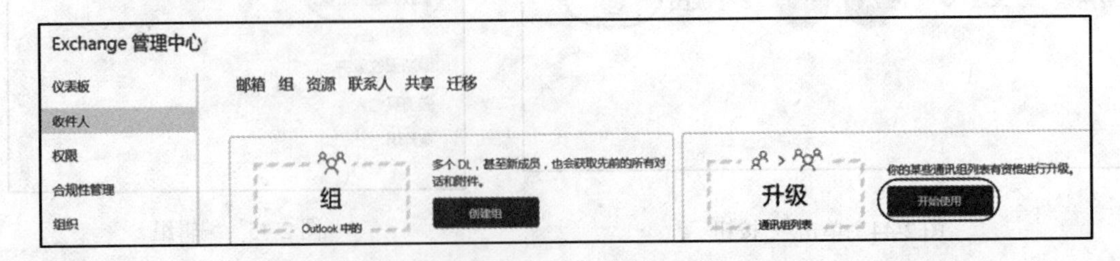

图 2-47　单击“开始使用”

选择一个或多个通讯组列表，单击“开始升级”按钮，如图 2-48 所示。多等待一段时间，使升级全部完成。若有通讯组列表升级失败，可以尝试再次升级。

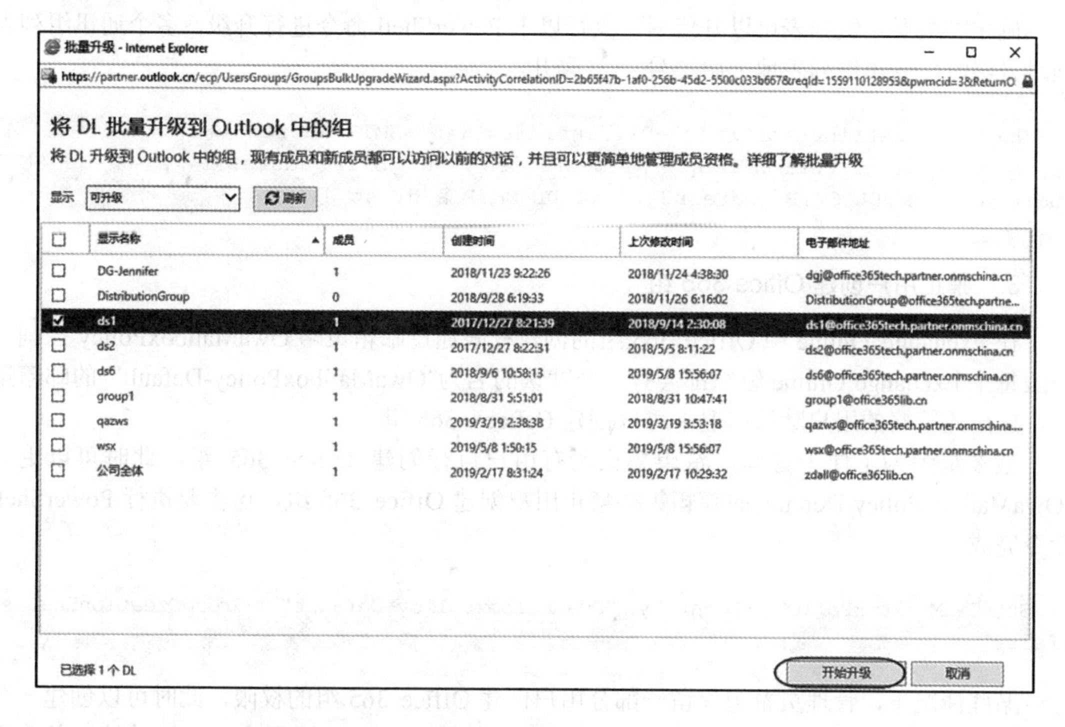

图 2-48 升级通讯组

有些通讯组列表无法升级为 Office 365 组，下面列出无法升级的通讯组列表的特征：

（1） 在本地管理的通讯组列表。

（2） 嵌套的通讯组列表。通讯组列表具有子组，或此组为另一个组的成员。

（3）通讯组列表包含 RecipientTypeDetails 为 UserMailbox SharedMailbox、TeamMailbox、MailUser 之外的成员。

（4） 通讯组列表有 100 多个所有者。

（5） 通讯组列表只有成员，没有所有者。

（6） 通讯组列表的别名包含特殊字符。

（7） 通讯组列表配置为共享邮箱的转发地址。

（8） 通讯组列表是另一个通讯组列表的发件人限制的一部分。

（9） 安全组。

（10） 动态通讯组列表。

（11） 已转换为 RoomLists 的通讯组列表。

（12） MemberJoinRestriction 和/或 MemberDepartRestriction 是已关闭通讯组列表。

管理员也可以通过执行以下 PowerShell 命令检查某个通讯组列表是否可以升级为 Office 365 组。

```
Get-DistributionGroup \<DL SMTP address\> | Get-EligibleDistributionGroup
```

或者执行以下命令检查组织内所有可以升级的通讯组列表。

```
Get-EligibleDistributionGroup
```

确定哪些通讯组列表可以升级后，执行以下 PowerShell 命令进行升级，多个通讯组列表同时升级时，通讯组列表地址用逗号“,”隔开。

```
Upgrade-DistributionGroup -DlIdentities \<Dl SMTP address\>
Upgrade-DistributionGroup -DlIdentities \<DL SMTP address1\>, \< DL SMTP address2\>,\< DL SMTP address3\>, \< DL SMTP address 4\>
```

3. 禁止用户创建 Office 365 组

在 Exchange Online 中 Office 365 组的创建权限通过邮箱策略 OwaMailboxPolicy 控制。一般每个 Exchange Online 组织都会有一个默认的名为"OwaMailboxPolicy-Default" 的邮箱策略，应用此策略的用户默认情况下可以创建 Office 365 组。

很多组织为了便于管理，希望禁止所有用户自行创建 Office 365 组，此时可以更改"OwaMailboxPolicy-Default"的邮箱策略禁止用户创建 Office 365 组，这需要执行 PowerShell 命令完成。

```
Set-OwaMailboxPolicy -Identity "OwaMailboxPolicy-Default" -GroupCreationEnabled $false
```

某些情况下，管理员希望保留一部分用户创建 Office 365 组的权限，此时可以创建一个新的 OWAMailboxPolicy 邮箱策略，并将 GroupCreationEnabled 设置为 false。除这一部分用户外，其他用户全部应用新的 OWAMailboxPolicy（"Disable Office 365group creation"）。

例如：

```
New-OwaMailboxPolicy -Name "Disable Office 365group creation"
Set-OwaMailboxPolicy - Identity "Disable Office 365group creation" -GroupCreationEnabled $false
Set-CASMailbox -Identity \<不允许创建Office 365组的用户\> - OwaMailboxPolicy "Disable Office 365group creation"
```

关闭 Office 365 组的创建功能后，用户在 Outlook 和网页版 Outlook 中将无法找到创建 Office 365 组的按钮。

4. Office 365 组的发送管理

默认情况下，仅组织内部人员可以向 Office 365 组发送邮件，除非管理员在创建 Office 365 组时选中了“让组织外部人员向组发送电子邮件”复选框。若在创建时并未开启，管理员可以导航到“Exchange 管理中心”→“收件人”→“组”页面，编辑 Office 365 组，在图 2-49 所示的位置更改。

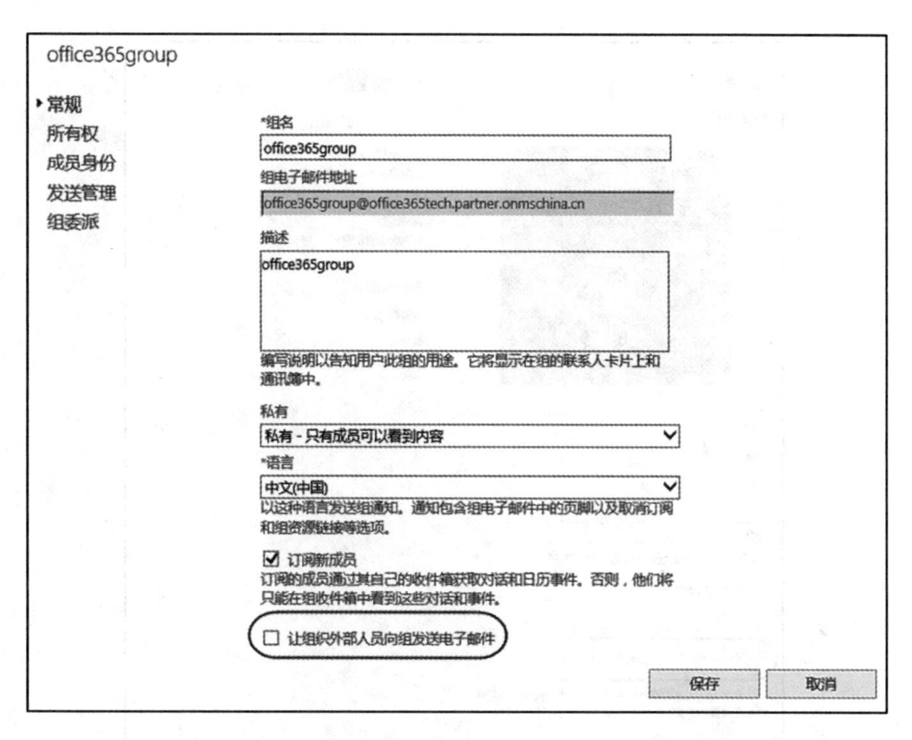

图 2-49　让组织外部人员向组发送电子邮件

也可以在 Outlook 或 Outlook 网页版的“组设置”中选择“编辑组”，在编辑页面选中“允许组织外部的人员向组发送电子邮件”复选框，如图 2-50 和图 2-51 所示。

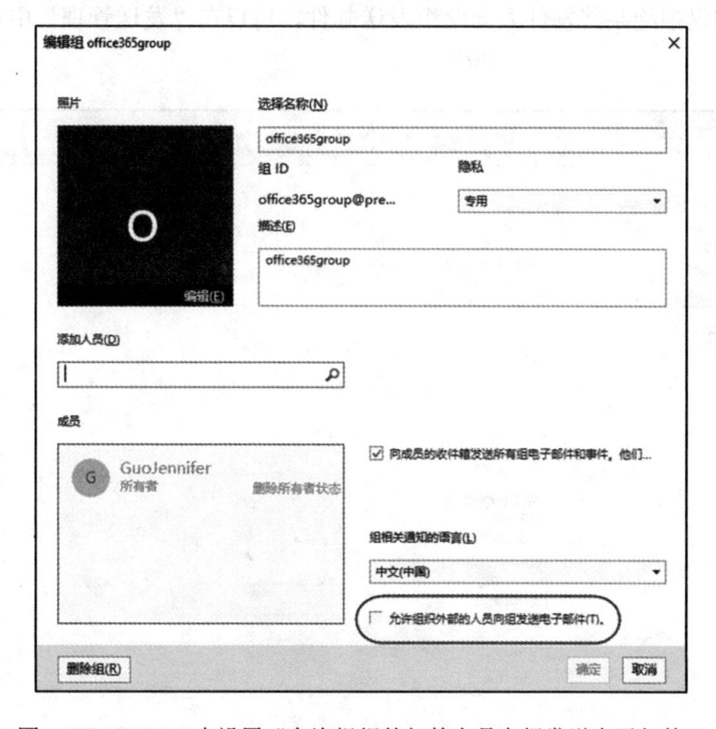

图 2-50　Outlook 中设置“允许组织外部的人员向组发送电子邮件”

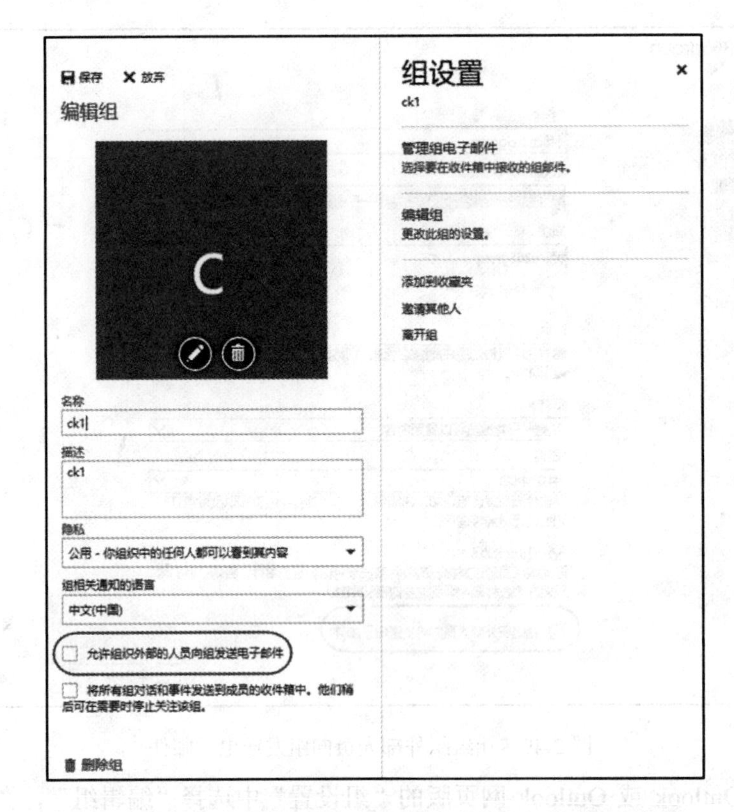

图 2-51 OWA 中设置“允许组织外部的人员向组发送电子邮件”

若仅允许或仅拒绝某些发件人向此组发送邮件，可以在“发送管理”中设置，如图 2-52 所示。

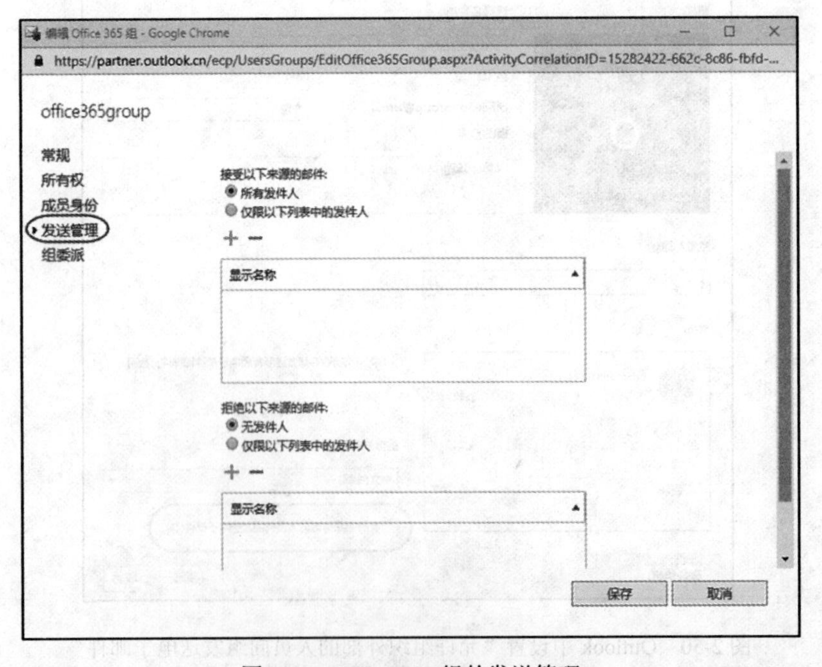

图 2-52 Office 365 组的发送管理

2.1.4 通讯组

通讯组是一组电子邮件地址的集合，该集合由每个成员的电子邮件地址组成，任何收件人类型（Office 365 组除外）都可以是通讯组的成员。通讯组仅用于邮件的分发。

本节将介绍 Office 365 管理员如何创建和管理通讯组，使管理员更好地理解并指导用户使用通讯组。

1. 创建和管理通讯组

在Office 365管理中心、Exchange管理中心和Outlook网页版中均可创建通讯组。在Office 365 管理中心创建通讯组的过程与在 Office 365 管理中心创建 Office 365 组的过程类似，在此不再展开叙述。首先简单介绍在 Outlook 网页版中，用户（不经过管理员）如何自行创建通讯组。

打开 Outlook 网页版，单击右上角的⚙按钮，在“你的应用设置”中选择“邮件”。在“选项”页面导航到“常规”→“通讯组”页面，在“我拥有的通讯组”下单击＋按钮即可创建通讯组，如图 2-53 所示。

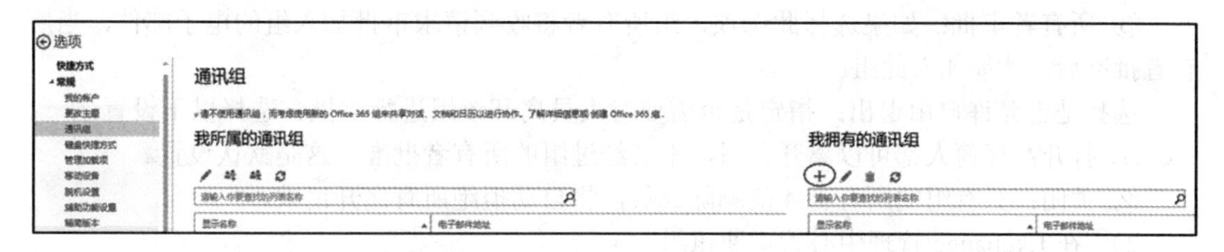

图 2-53 在“我拥有的通讯组”下创建通讯组

接下来主要介绍 Exchange 管理员如何创建和管理通讯组。

1） 在 Exchange 管理中心创建通讯组

在 Exchange 管理中心导航到“收件人”→“组”页面，展开“新建 Office 365 组”下拉列表，选择“通讯组列表”选项，如图 2-54 所示。

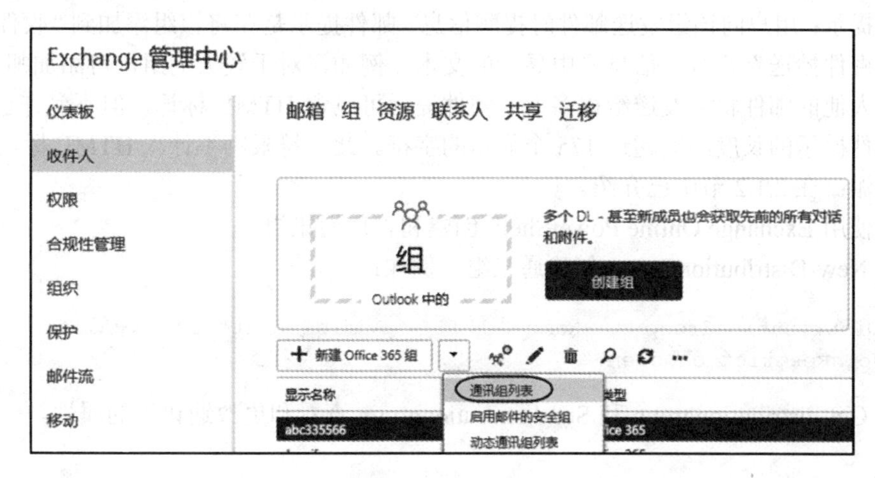

图 2-54 EAC 中创建“通讯组列表”

在新建通讯组页中填写以下内容。

显示名称：此名称将出现在组织的通讯簿以及“收件人”和“抄送”行中，并在 Exchange 管理中心的组列表中显示。显示名称应具有用户友好性，以便于用户识别，并且它还必须是唯一的。如果已设置了组命名策略，那么显示名称必须符合此策略定义的命名格式。

别名：别名不能超过 64 个字符，并且必须唯一。当用户在“收件人”行输入别名时，它将解析为组的显示名称。

电子邮件地址：由别名和域名组成。

所有者：创建组的用户默认为所有者，所有组必须至少有一个所有者。可以通过单击＋按钮添加所有者，或单击“删除”按钮━按钮删除所有者。

成员：添加组成员，组的所有者不必是组的成员。要添加到组的成员，单击＋按钮。在添加成员后，单击“确定”按钮。若添加组织外的邮箱账户为组成员，需先把此外部邮箱账户添加为 Exchange Online 组织的邮件联系人。

选择是否需要所有者批准才能加入组：指定是否需要对人员加入组进行审批。选择以下设置之一。

① 打开：任何人都可以无须经过组的所有者批准来加入此组，这是默认设置。

② 关闭：只有组的所有者才能添加成员，将自动拒绝所有加入请求。

③ 所有者审批：如果选择此选项，组所有者将收到请求审批加入组的电子邮件，当所有者批准后，才能加入此组。

选择是否允许自由退出：指定是否需要对人员离开该组进行审批。选择以下设置之一。

① 打开：任何人都可以离开此组，不必经过组的所有者批准，这是默认设置。

② 关闭：只有组的所有者才能删除成员，将自动拒绝所有离开请求。

2） 在 Exchange 管理中心管理通讯组

在 EAC 中，导航到“收件人”→“组”页面。在组列表中，选择想要查看或更改的通讯组，然后单击✎图标。在组属性页面可以查看或更改属性。

常规：使用此部分可以查看或更改有关组的基本信息，也可以将该组在地址列表中隐藏。

电子邮件选项：使用此部分可以查看或更改与组关联的电子邮件地址，包括该组的主 SMTP 地址（也称为答复地址）和任何关联的代理地址。

邮件提示：用户向该组发送邮件时提醒信息。邮件提示是在将该组添加到“收件人”“抄送”或“密件抄送”行时，信息栏中显示的文本。例如，对于较大的组，可添加邮件提示来提醒发件人他的邮件将会发送给很多人。邮件提示可包含 HTML 标记，但不允许包含脚本。自定义邮件提示的长度不能超过 175 个显示的字符。此字符限制不计入 HTML 标记。

组委派：在 2.1.2 节中已介绍。

3） 使用 Exchange Online PowerShell 创建和管理通讯组

使用 New-DistributionGroup 创建通讯组。例如：

```
New-DistributionGroup -Name "IT Administrators" -Alias itadmin -MemberJoinRestriction open
```

使用 Get-distributiongroup 和 Set-distributiongroup 查看和更改通讯组的属性。

2. 通讯组的成员身份审批

当把“选择是否需要所有者批准才能加入组”设置为“所有者审批”时，这时用户将不能自由加入组，必须经过所有者审批。

用户打开 Outlook 网页版，单击右上角的⚙按钮，在“你的应用设置”中选择“邮件”。在“选项”页面导航到“常规”→“通讯组”页面，在“我所属的通讯组”下单击按钮，如图 2-55 所示。

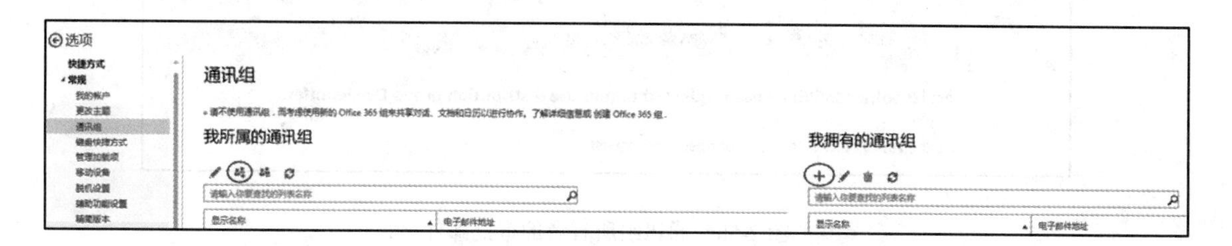

图 2-55 “我所属的通讯组”下单击按钮

在“所有组”页面选择希望加入的组，单击按钮，申请加入，如图 2-56 和图 2-57 所示。

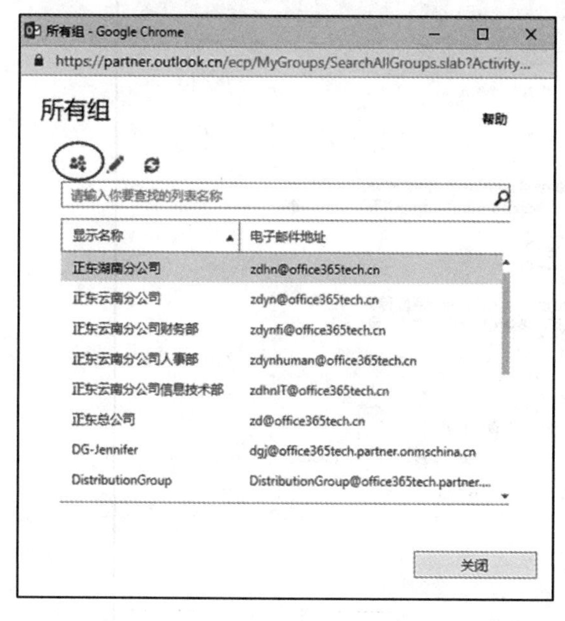

图 2-56 申请加入新的通讯组

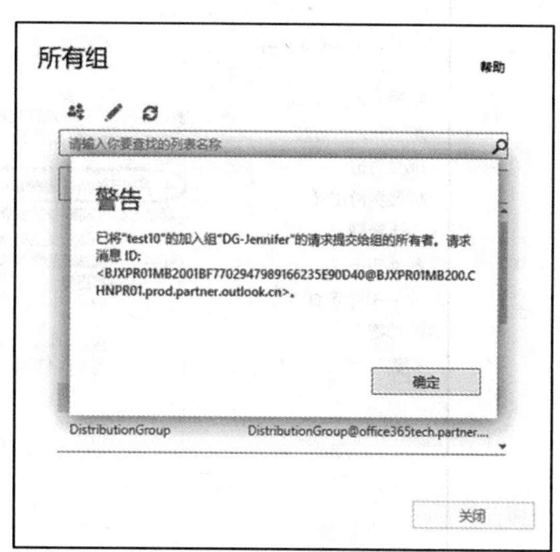

图 2-57 收到警告信息

随后，所有者将收到一封审批邮件，单击“批准”或“拒绝”按钮完成审批，如图 2-58 所示。目前 Outlook for Mac 无法处理此类请求，所有者只能在 Outlook 网页版中进行审批。

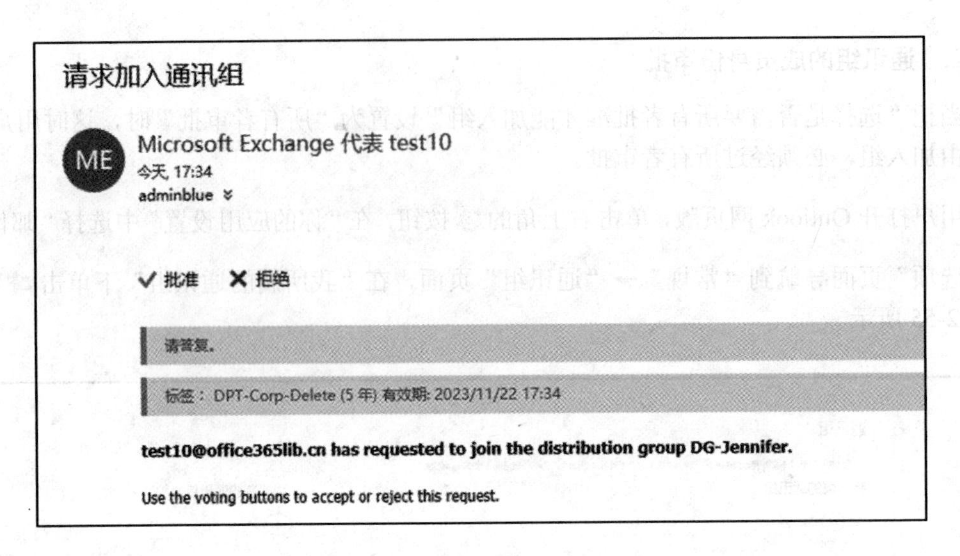

图 2-58　通讯组所有者的审批邮件

3. 通讯组的传递管理

默认情况下，只有组织内部的发件人可以向通讯组发送邮件，如图 2-59 所示。

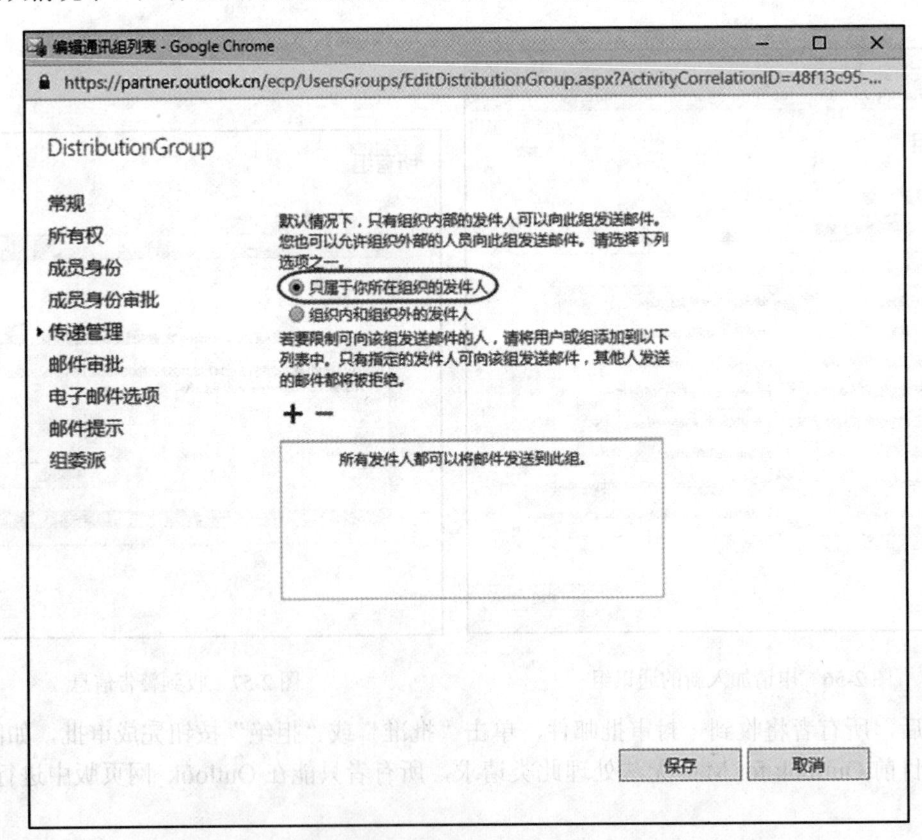

图 2-59　只有组织内部发件人可向该通讯组发送邮件

选中“组织内和组织外的发件人”单选按钮时，任何人可以向此组发送邮件，也可以使用 PowerShell 命令 Set-DistributionGroup -Identity ** -RequireSenderAuthenticationEnabled $false 开启此项。

还可以进一步限制仅某些特定发件人可以向此组发送邮件。单击“添加”按钮+，然后选择一个或多个收件人。如果发件人添加到此列表中时，则组成员将只接收来自这些发件人的邮件，并拒绝来自其他所有人的邮件。

4. 通讯组的邮件审批

大多数情况下，组织内不允许向一些组，如全体员工组、领导层组等，随意发送邮件，此时就需要在邮件传递到组之前有专人进行审批，如图 2-60 所示。

在编辑通讯组页面的“邮件审批”中可以开启审批。

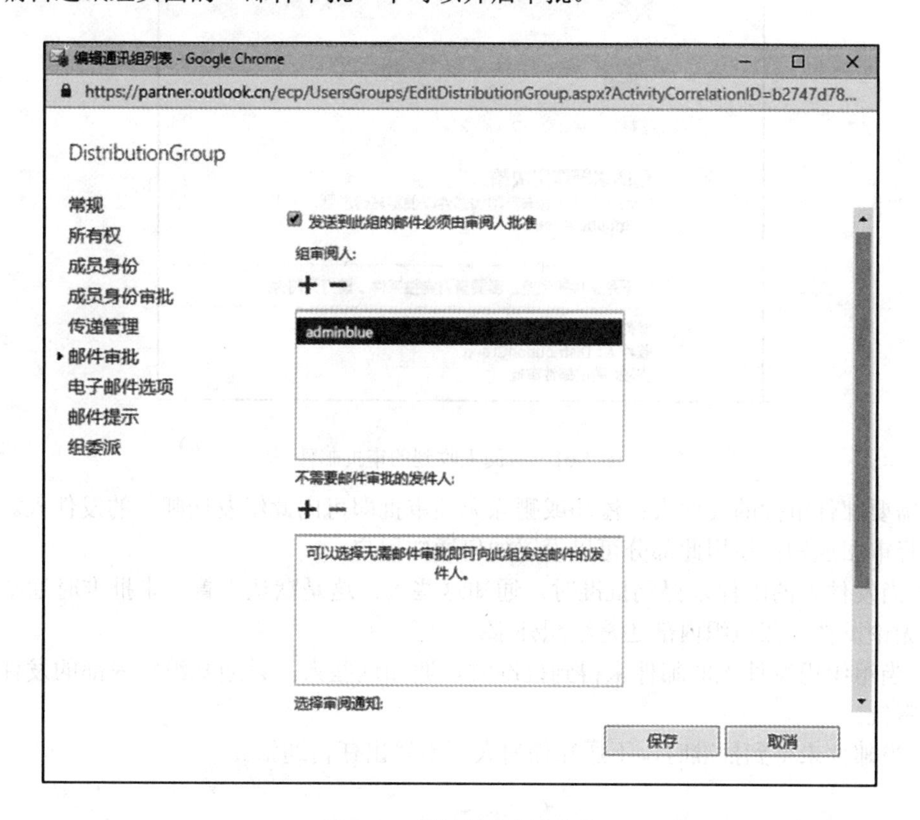

图 2-60 通讯组的邮件审批

“邮件审批”页面中各项的含义如下。

发送到此组的邮件必须由审阅人批准：如果选中此复选框，由审阅人批准或拒绝邮件传递到组。默认情况下取消选中此复选框。

组审阅人：单击添加“添加”按钮+来组审阅人。要删除审阅人，先选择审阅人，然后单击“删除”按钮 —。如果选择“发送到此组的邮件必须由审阅人批准”复选框，并且不添加审阅人，那么将由组的所有者进行审批。添加多位审阅人，首个审批人的结果生效。

审阅人将收到图 2-61 所示的邮件，查看邮件原文后，单击“批准”或“拒绝”按钮，完成审批。

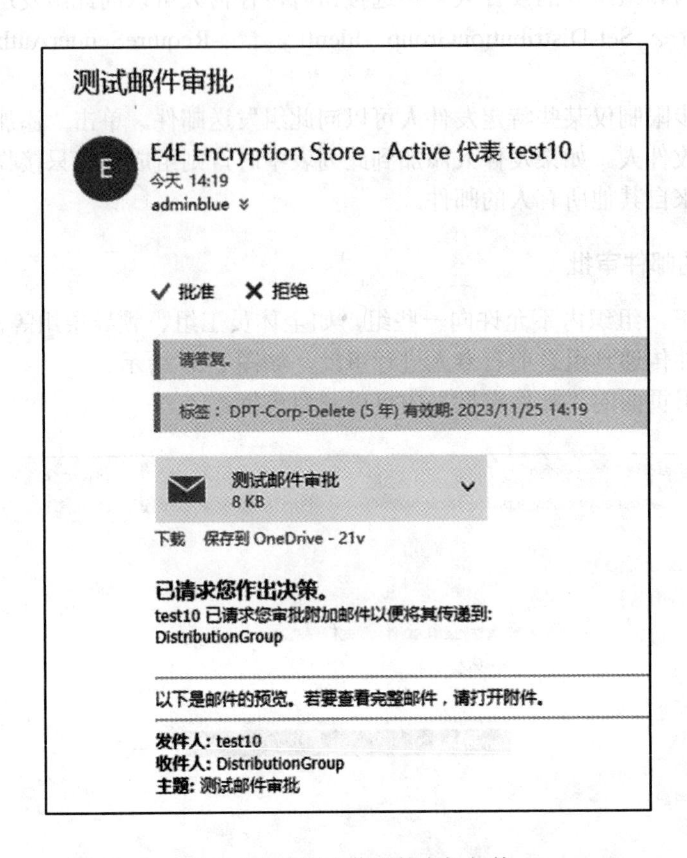

图 2-61 审阅人收到的审批邮件

不需要邮件审批的发件人：添加或删除无须审批即可向此组发送邮件的发件人。

选择审阅通知：使用此部分可以设置如何通知用户。

① 当发件人的邮件未得到批准时，通知这些人：这是默认设置。未批准时通知所有发件人，无论发件人在组织内部还是组织外部。

② 当组织内发件人的邮件未得到批准时，通知这些人：只通知组织内部的发件人邮件未得到审批。

③ 当邮件未得到批准时，不通知任何人：不发出任何通知。

2.1.5 启用邮件的安全组

启用邮件的安全组是一个 Active Directory 通用安全组对象，相比通讯组，它除了可以用于分发邮件，还可用于向 Active Directory 中的资源分配访问权限。

在 Exchange 管理中心，导航到“收件人”→“组”页面，展开“新建 Office 365 组”下拉列表，选择“启用邮件的安全组”选项，即可开始创建，如图 2-62 所示。启用邮件的安全组的创建和管理与通讯组基本相同，可以参考 2.1.4 节，在此不再详细叙述。

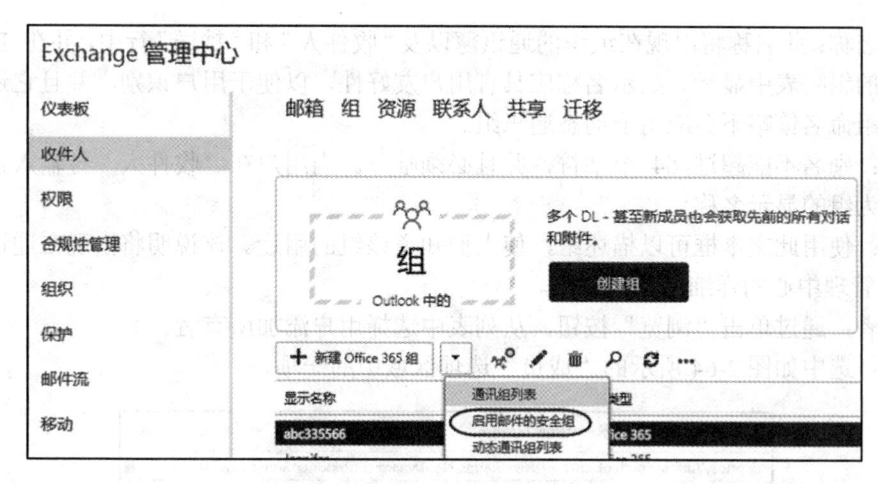

图 2-62 新建“启用邮件的安全组”

2.1.6 动态通讯组

动态通讯组是启用了邮件的 Active Directory 组对象，创建它们的目的是加快 Exchange 组织中电子邮件及其他信息的批量发送速度。

与包含一组已定义成员的常规通讯组不同，每次向动态通讯组发送邮件时，都将根据所定义的筛选器和条件来计算该组的成员列表。电子邮件发送到动态通讯组时，将被传递到组织中所有与为该动态通讯组定义的条件匹配的收件人。

1. 创建动态通讯组

在 Exchange 管理中心，导航到“收件人”→“组”页面，展开“新建 Office 365 组”下拉列表，选择“动态通讯组列表”选项，如图 2-63 所示。

Exchange 管理中心
仪表板
收件人
权限
合规性管理
组织
保护
邮件流
移动
邮箱 组 资源 联系人 共享 迁移
组
Outlook 中的
多个 DL - 甚至新成员也会获取先前的所有对话和附件。
创建组
新建 Office 365 组
显示名称
通讯组列表
启用邮件的安全组
动态通讯组列表
类型
abc335566

图 2-63 新建“动态通讯组列表”

在“新建动态通讯组列表”页面填写以下内容，完成后，单击“保存”按钮以创建动态通讯组。

显示名称：此名称将出现在组织的通讯簿以及“收件人”和“抄送”行中，并在 Exchange 管理中心的组列表中显示。显示名称应具有用户友好性，以便于用户识别，并且它还必须是唯一的。组命名策略不会应用于动态通讯组。

别名：别名不能超过 64 个字符，并且必须唯一。当用户在“收件人”行输入别名时，它将解析为组的显示名称。

注释：使用此文本框可以描述组，使人们知道该组的用途。该说明将出现在通讯簿中和 Exchange 管理中心的详细信息窗格中。

所有者：通过单击“浏览”按钮，从列表中选择用户添加所有者。

成员：选中如图 2-64 所示的“成员”选项区域中的一项。

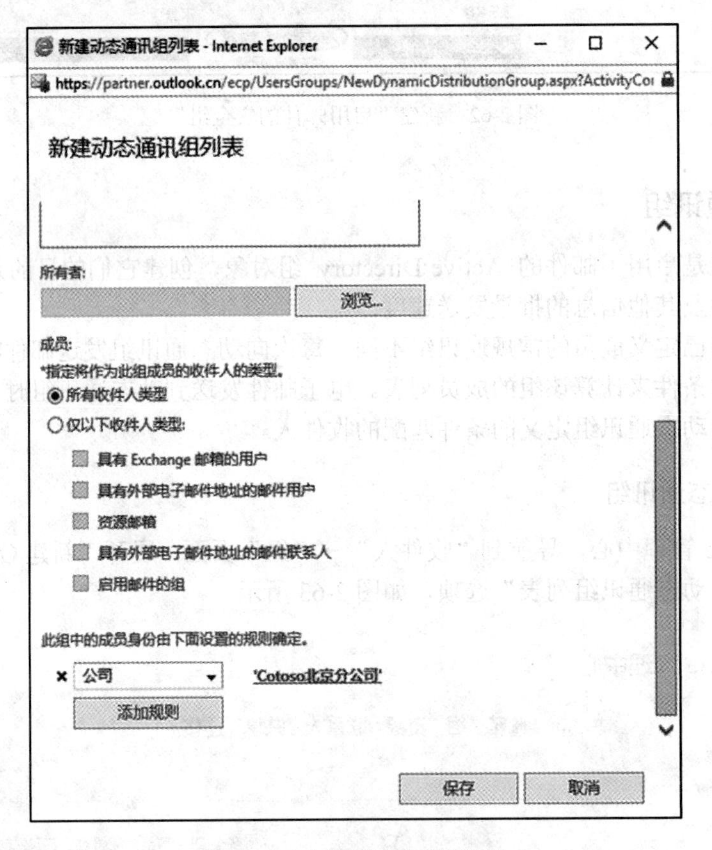

图 2-64　动态通讯组成员设置

（1） 所有收件人类型：选中此单选按钮，将发送邮件给 Exchange Online 组织中的所有收件人类型，包括用户邮箱、资源邮箱、共享邮箱和联系人等。

（2） 仅以收件人类型：满足一个或多个下列收件人类型。

① 具有 Exchange 邮箱的用户：Office 365 的活动用户，并且具有 Exchange Online 邮箱的用户。

② 具有外部电子邮件地址的邮件用户：Office 365 的活动用户，但不具有 Exchange Online 邮箱，有一个外部电子邮件地址，发送给邮件用户的所有邮件都会路由到此外部电子邮件地址。

③ 资源邮箱：会议室邮箱和设备邮箱。

④ 外部电子邮件地址的邮件联系人：具有外部电子邮件地址的联系人，不是 Office 365 的活动用户。

⑤ 启用邮件的组：包括通讯组和启用邮件的安全组。

单击“添加规则”按钮定义成员资格的条件。从下拉列表中选择收件人属性之一，然后提供一个值。收件人的相应属性与规则中定义的属性完全匹配时，收件人将收到邮件。若添加多个规则，那收件人必须同时满足每一条规则，才能收到邮件。

2. 查看动态通讯组成员

在 Exchange 管理中心，管理员只能查看成员条件，无法像通讯组一样，直接查看所有成员。管理员为了确认成员条件是否满足了预期，可以使用 Exchange Online PowerShell 预览动态通讯组的成员。

以下示例返回名为所有员工的动态通讯组的成员的列表。第一个命令变量中存储的动态通讯组对象$FTE。第二个命令使用 Get-Recipient 列出与为动态通讯组定义的条件匹配的收件人。

```
$FTE = Get-DynamicDistributionGroup "All"
Get-Recipient -RecipientPreviewFilter $FTE.RecipientFilter -OrganizationalUnit $FTE.RecipientContainer
```

2.1.7 会议室邮箱

会议室邮箱是分配给会议地点（如会议室、礼堂或培训室）的资源邮箱。会议室邮箱可以包含在会议请求的资源中，为用户的会议组织活动提供了一种简单有效的方法。

与会议室邮箱类似的还有设备邮箱，设备邮箱也是一种资源邮箱，可以分配给不具备位置特性的资源，如便携计算机、投影仪、话筒或公司汽车等。可以将设备邮箱作为资源包含在会议请求中，从而为用户提供一种简单有效的资源使用方式。由于设备邮箱与会议室邮箱创建、管理和使用都非常类似，因此设备邮箱不再单独列出。

1. 创建会议室邮箱

在 Exchange 管理中心，导航到“收件人”→“资源”页面，单击“添加”按钮➕，然后选择“会议室邮箱”选项，开始创建会议室邮箱，如图 2-65 所示。

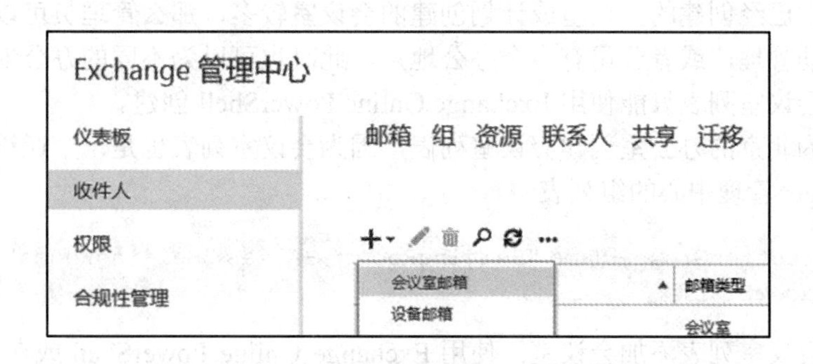

图 2-65 新建会议室邮箱

使用页面中的选项指定新会议室邮箱的设置，带“*”为必填项目，如图 2-66 所示。

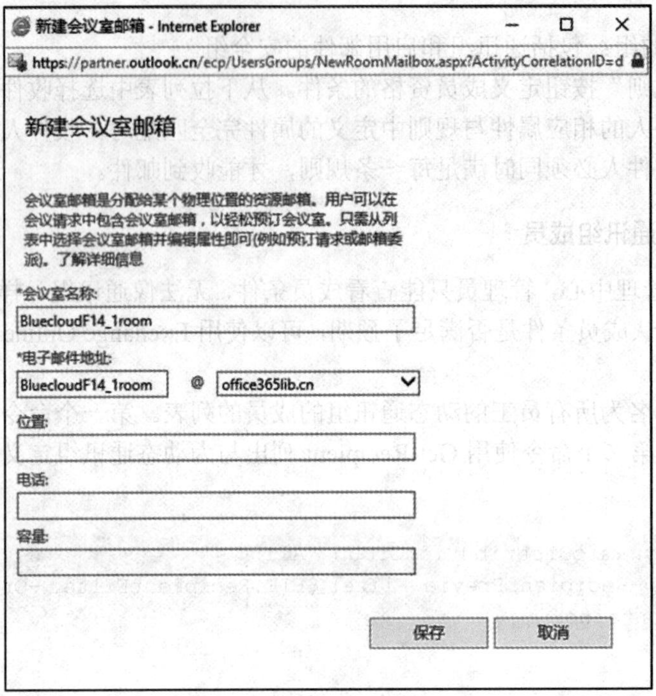

新建会议室邮箱 - Internet Explorer

https://partner.outlook.cn/ecp/UsersGroups/NewRoomMailbox.aspx?ActivityCorrelationID=d

新建会议室邮箱

会议室邮箱是分配给某个物理位置的资源邮箱。用户可以在会议请求中包含会议室邮箱，以轻松预订会议室。只需从列表中选择会议室邮箱并编辑属性即可(例如预订请求或邮箱委派)。了解详细信息

*会议室名称:

BluecloudF14_1room

*电子邮件地址:

BluecloudF14_1room @ office365lib.cn

位置:

电话:

容量:

保存 取消

图 2-66 会议室邮箱设置信息

“新建会议室邮箱”页面中各项的含义如下。

会议室名称：此为在资源邮箱列表中，Exchange 管理中心和通讯簿中列出的名称。此名称是必需的，它不能超过 64 个字符。为了让用户更容易地找到会议室，可以考虑使用一致的命名方式。

电子邮件地址：会议室邮箱有电子邮件地址，因此它可以接收预订请求。“@”左侧的别名必须是唯一的。

位置、电话、容量：可以使用这些字段输入有关会议室的详细信息。

完成后，单击“保存”按钮创建会议室邮箱。

2. 创建会议室列表

如果组织中已经创建的会议室或计划创建的会议室较多，那么管理员可以考虑创建一个会议室列表帮助管理，或者公司有多个办公地点，此时也可以为不同的办公地点创建不同的会议室列表。会议室列表只能使用 Exchange Online PowerShell 创建。

以下示例为北京的办公室创建会议室列表，因为会议室列表也是一个通讯组，所以它将显示在 Exchange 管理中心的组列表中。

```
New-DistributionGroup -Name "BeijingRooms" -Alias "BeijingRooms" -DisplayName "北京会议室" -RoomList
```

向北京的会议室列表添加会议室。使用 Exchange Online PowerShell 或在 Exchange 管理中心添加。

```
Add-DistributionGroupMember -Identity "BeijingRooms" -Member BJ1@Office365tech.cn
```

如果之前已经创建了包含会议室的通讯组列表，那么可以使用 Exchange Online PowerShell 将其快速转换为会议室列表。

以下示例将通讯组（ShanghaiRooms）转换为会议室列表。

```
Set-DistributionGroup -Identity "ShanghaiRooms" -RoomList
```

3. 管理会议室邮箱

1） 管理会议室邮箱的预订代理

若要查看或更改会议室邮箱处理预订请求的方式，或者定义谁可以接受或拒绝预订请求，那么可以在 Exchange 管理中心导航至“收件人”→“资源”，在资源邮箱列表中选择会议室邮箱，然后单击“编辑”按钮，在编辑会议室邮箱页选择“预订代理”选项，进行设置。

在预订代理页面，最多包含 3 个选项，如图 2-67 所示。

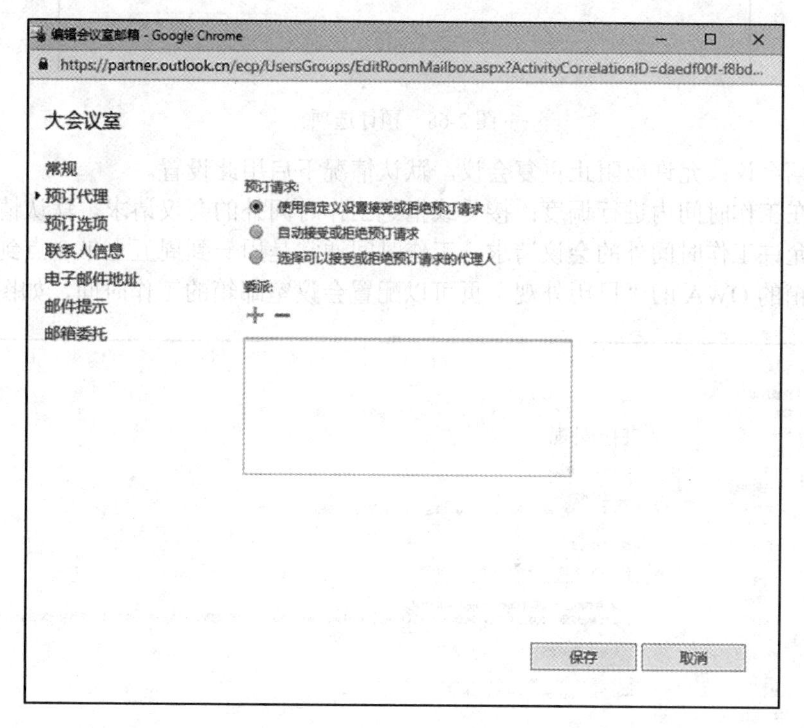

图 2-67 管理“预订代理”

使用自定义设置接受或拒绝预订请求：会议室将不会自动处理预订请求，如果没有代理人手动处理，每个请求在会议室日历中都将处于暂定状态。

自动接受或拒绝预订请求：会议室自动处理预订请求。

选择可以接受或拒绝预订请求的代理人：委派代理人负责接受或拒绝会议请求。如果委派多个代理人，其中一位代理人处理即可。

2） 管理会议室邮箱的预订选项

使用预订选项部分可以查看或更改可预订会议室的时间，如图 2-68 所示。

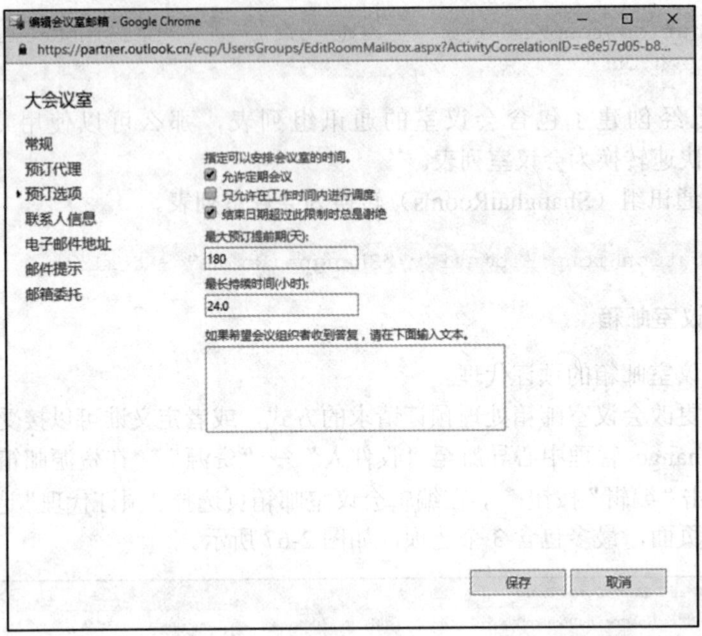

编辑会议室邮箱 - Google Chrome
https://partner.outlook.cn/ecp/UsersGroups/EditRoomMailbox.aspx?ActivityCorrelationID=e8e57d05-b8...

大会议室

常规
预订代理
预订选项
联系人信息
电子邮件地址
邮件提示
邮箱委托

指定可以安排会议室的时间。
允许定期会议
只允许在工作时间内进行调度
结束日期超过此限制时总是谢绝
最大预订提前期(天):
180
最长持续时间(小时):
24.0
如果希望会议组织者收到答复，请在下面输入文本。

保存　取消

图 2-68　预订选项

允许定期会议：允许或阻止重复会议。默认情况下启用此设置。

只允许在工作时间内进行调度：接受或拒绝工作时间外的会议请求。默认情况下禁用此设置，以便允许工作时间外的会议请求。工作时间通常是周一到周五上午 8 点到下午 5 点。在会议室邮箱的 OWA 的“日历外观”页可以配置会议室邮箱的工作时间，如图 2-69 所示。

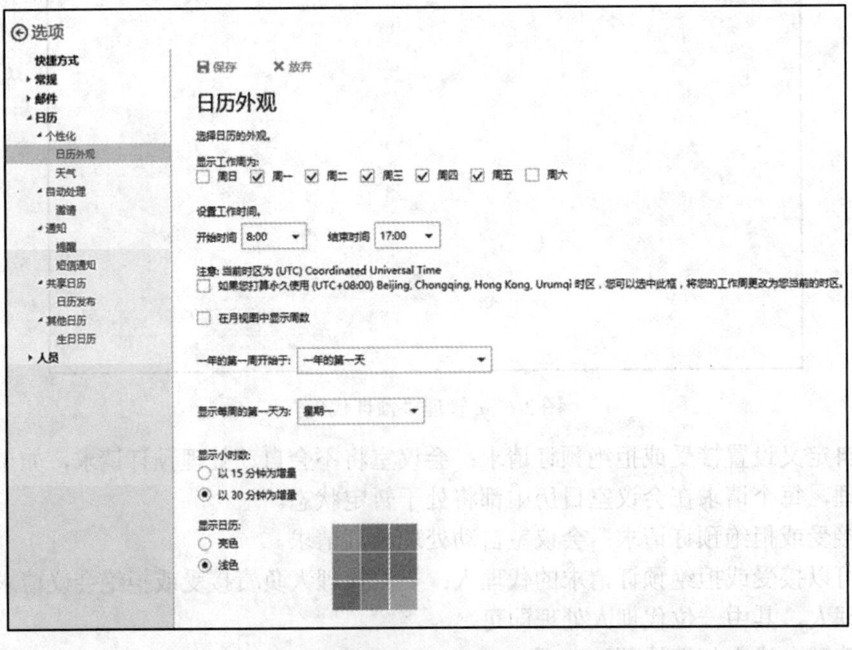

选项
快捷方式
常规
邮件
日历
个性化
日历外观
天气
自动处理
邀请
通知
提醒
短信通知
共享日历
日历发布
其他日历
生日日历
人员

保存　放弃

日历外观

选择日历的外观。

显示工作周为:
周日　周一　周二　周三　周四　周五　周六

设置工作时间。
开始时间 8:00　结束时间 17:00

注意: 当前时区为 (UTC) Coordinated Universal Time
如果您打算永久使用 (UTC+08:00) Beijing, Chongqing, Hong Kong, Urumqi 时区，您可以选中此框，将您的工作周更改为您当前的时区。

在月视图中显示周数

一年的第一周开始于: 一年的第一天

显示每周的第一天为: 星期一

显示小时数:
以 15 分钟为增量
以 30 分钟为增量

显示日历:
亮色
浅色

图 2-69　“日历外观”中设置会议室邮箱的工作时间

结束日期超过此限制时总是谢绝：控制会议的结束日期，如果超出最大预订提前期设置的天数，会议室是否拒绝会议请求。默认是启用的。当禁用此选项时，重复会议的结束日期即使超出最大预订提前期，会议也会被接受，但结束日期将被提前至最大预订提前期。

最大预订提前期（天）：指定最大可提前多长时间预订会议室。有效输入是0～1080之间的整数，默认值是180天。

最长持续时间（小时）：指定会议的最长持续时间。默认值为24小时。

该页面上还有一个文本框，可用于编写发送给组织者的响应邮件。

2.1.8 共享邮箱

共享邮箱通常配置为允许多个用户访问的邮箱。共享邮箱可让组织中的人员组便捷地通过共用账户（如 info@contoso.com 或 support@contoso.com）监视和发送电子邮件。如果组中有人回复发送至共享邮箱的邮件，则该电子邮件看起来是由共享邮箱发送而不是从单个用户发送的。

1. 创建共享邮箱

在 Exchange 管理中心导航到“收件人”→“共享”按钮，单击“新建”按钮+。在“新建共享邮箱”页填写必填字段：显示名称和电子邮件地址，如图 2-70 所示。

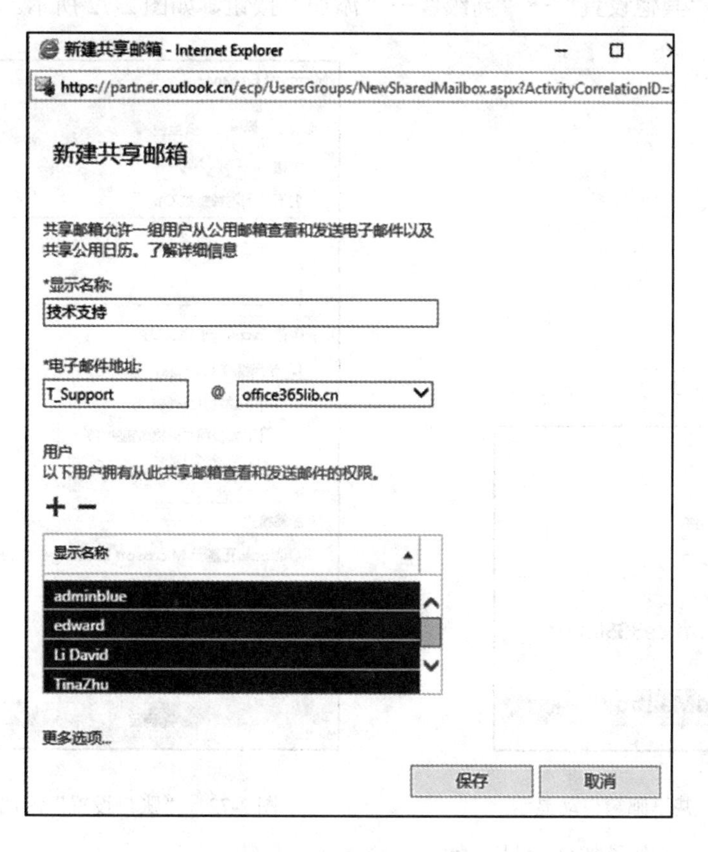

图 2-70 新建共享邮箱

要授予完全访问或代理发送邮件的权限，请在“用户”下单击+图标，然后选择想要授予权限的用户，可以使用“Ctrl”键选择多个用户。在此处添加后，用户将同时具备完全访问和发送方式两种权限。通过完全访问权限，用户可以打开邮箱，并创建和修改邮箱中的邮件。通过发送方式权限，用户可以从此共享邮箱中发送电子邮件。

2. 打开共享邮箱

1） 在 Outlook 中打开和使用共享邮箱

在 Outlook 2016 和 Outlook 2013 中，用户无须手动添加共享邮箱。管理员为用户设置好完全访问权限后，等待一段时间使权限生效，这时用户只需重启 Outlook，共享邮箱将自动显示在 Outlook 的文件夹窗格中，如图 2-71 所示。

若用户使用旧版本的 Outlook，如 Outlook2010，用户需要手动将共享邮箱添加到 Outlook，具体步骤如下。

（1） 打开 Outlook。

（2） 选择功能区的“文件”选项卡。

（3） 选择“账户设置”→“账户设置”。

（4） 选择“电子邮件”选项卡。

（5） 确保正确的账户处于突出显示状态，然后单击“更改”按钮。

（6） 单击“其他设置”→“高级”→“添加”按钮，如图 2-72 所示。

图 2-71 共享邮箱自动显示

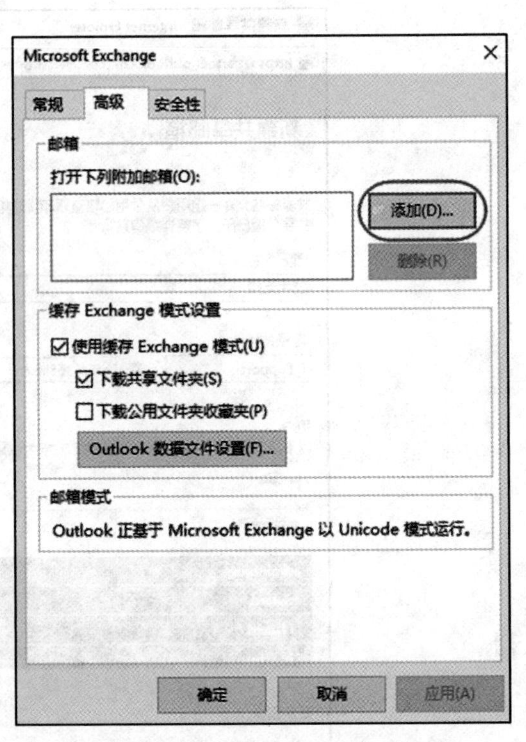

图 2-72 “账户设置”添加共享邮箱

（7） 输入共享电子邮件地址，如 info@contoso.com。

（8） 单击“确定”→“确定”按钮。

（9）　单击“下一步”→“完成”→“关闭”按钮。

用户具有“发送方式”权限时，可以从共享邮箱发送邮件，具体步骤如下。

（1）　在 Outlook 左上角单击“新建电子邮件”按钮。

（2）　如果邮件顶部不显示“发件人”字段，单击“选项”→“发件人”按钮。

（3）　在邮件中单击“发件人”按钮，并更改为共享电子邮件地址。如果屏幕上未显示共享电子邮件地址，请选择“其他电子邮件地址”选项，然后输入该共享电子邮件地址，如图 2-73 所示。

（4）　完成电子邮件输入，然后单击“发送”按钮，收件人在邮件中只看到共享邮箱的电子邮件地址。

以后当从共享邮箱发送邮件时，该地址便会在“发件人”下拉列表中显示，无须重复输入。

用户除了可以查看共享邮箱的邮件外，在 Outlook 中，与共享邮箱关联的共享日历也将自动添加到“日历”列表中。转到“日历”视图，然后选择相应的共享邮箱，如图 2-74 所示。创建一个“约会”后，共享邮箱的每个成员都能看到它们。共享邮箱的所有成员都可以在该日历上创建、查看和管理“约会”，就像处理自己的个人约会一样。共享邮箱的所有成员都可以看到他们对共享日历所做的更改。

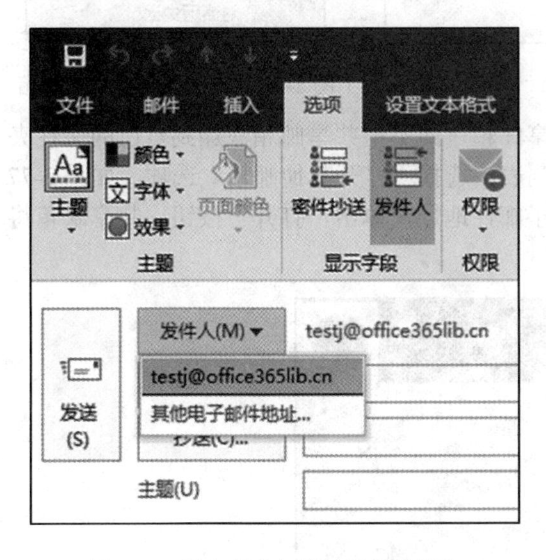

图 2-73　输入共享邮箱地址为发件人

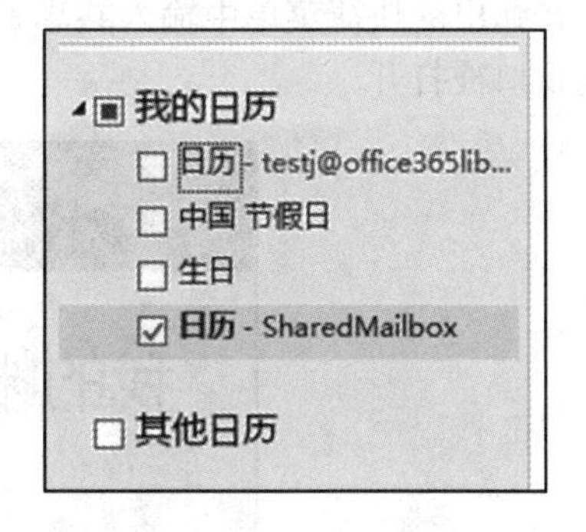

图 2-74　共享邮箱日历

2）　在 Outlook 网页版中打开和使用共享邮箱

在 Outlook 网页版中，共享邮箱不会自动显示在文件夹列表中，需要用户手动添加。登录 Outlook 网页版（https://partner.outlook.cn），在左侧“文件夹”窗格中右击主邮箱的名称，如 TestJ，在弹出的快捷菜单中然后选择“添加共享文件夹”选项，如图 2-75 所示。

在“添加共享文件夹”对话框中输入共享邮箱的名称或电子邮件地址，然后单击“添加”按钮。共享邮箱将显示在文件夹列表中，用户可以像操作主邮箱一样展开或折叠共享邮箱文件夹，还可以从文件夹列表中删除共享邮箱。若要将其删除，右击共享邮箱，在弹出的快捷菜单中选择“删除共享文件夹”选项，如图 2-76 所示。

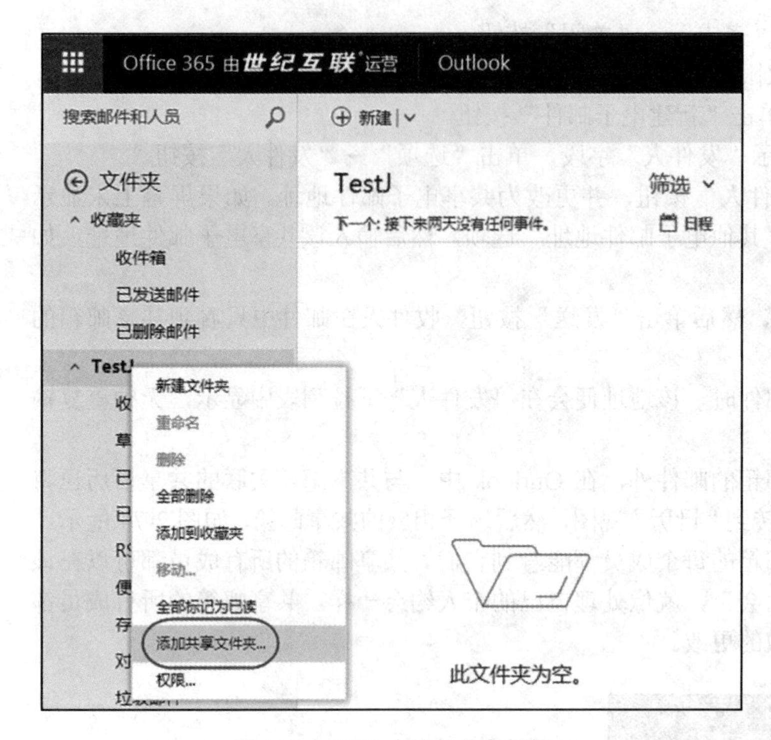

图 2-75　OWA 中添加共享邮箱

图 2-76　OWA 中删除共享邮箱

用户也可以在单独的浏览器窗口中打开共享邮箱，而不把共享邮箱添加到自己的文件夹列表。在导航栏上单击姓名，此时将显示一个列表，选择“打开其他邮箱”选项，如图 2-77 所示。在弹出的快捷菜单中输入共享邮箱的电子邮件地址，单击“打开”按钮，共享邮箱将在新的窗口被打开。

图 2-77　OWA 中打开共享邮箱

在 Outlook 网页版，用户同样可以从共享邮箱发送邮件。新建邮件，在新邮件窗格顶部，选择“•••”→“显示发件人”选项，如图 2-78 所示。首次使用的共享邮箱无法在下拉列表中选择，需要手动输入电子邮件地址。

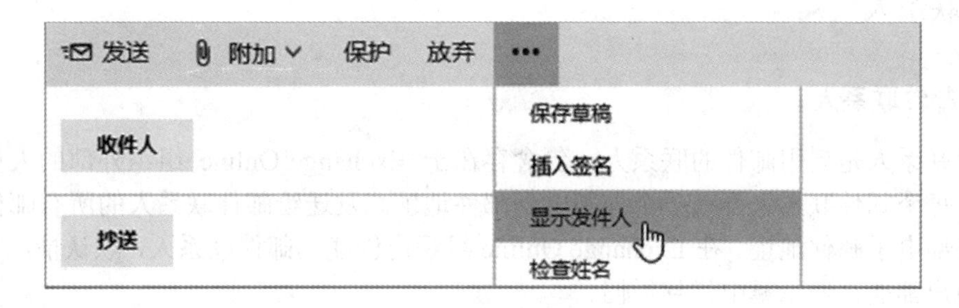

图 2-78 显示发件人

右击正在显示的电子邮件地址，在弹出的快捷菜单中选择“删除”选项，如图 2-79 所示。

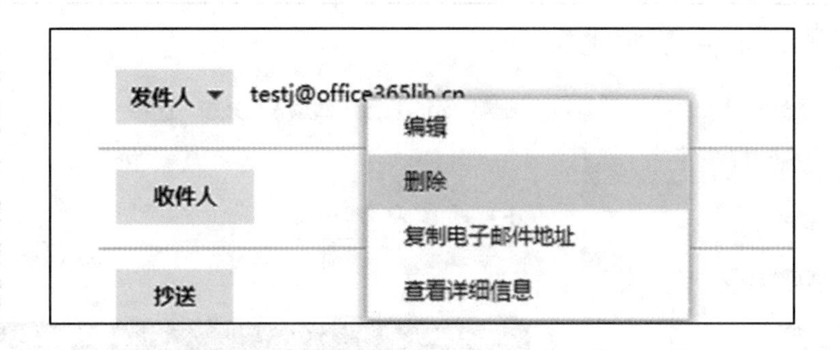

图 2-79 删除发件人地址

随后输入共享邮箱的电子邮件地址，发送邮件。下次就可以从下拉列表中选择。

在 Outlook 网页版中，共享邮箱的日历也不会自动显示在日历中，需要用户手动添加。打开“日历”视图，在“其他日历”上右击，在弹出的快捷菜单中选择“打开日历”选项，如图 2-80 所示。

从目录搜索要打开的共享日历，然后单击“打开”按钮。共享日历将显示在“其他日历”列表中，如图 2-81 所示。

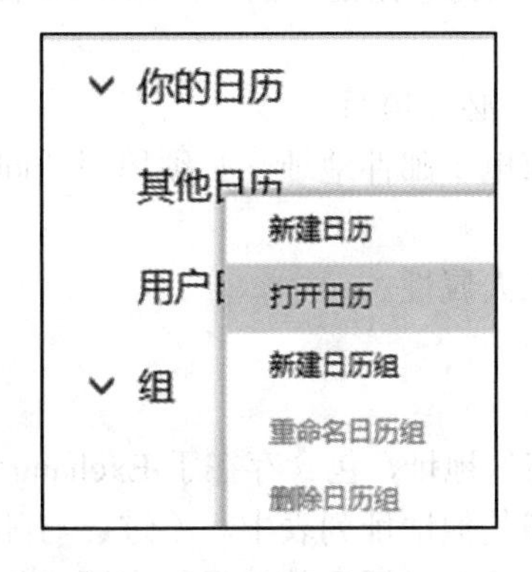

图 2-80 手动添加共享邮箱日历

图 2-81 共享邮箱日历成功显示

要在移动设备上访问共享邮箱，请打开浏览器并登录 Outlook 网页版。目前无法直接在移动设备的 Outlook App 中打开或添加共享邮箱。

2.1.9 联系人

1. 邮件联系人

邮件联系人是启用邮件的联系人，包含存在于 Exchange Online 组织外部的人员或组织的信息。每个邮件联系人都有一个外部电子邮件地址。发送给邮件联系人的所有邮件都会路由到此外部电子邮件地址。在 Exchange Online 组织内创建的邮件联系人，默认情况下，组织内所有用户都能在通讯簿中找到他们。

在 Exchange 管理中心导航到“收件人”→“联系人”页面。单击“新建”按钮＋，在下拉列表中选择“邮件联系人”选项，如图 2-82 所示。

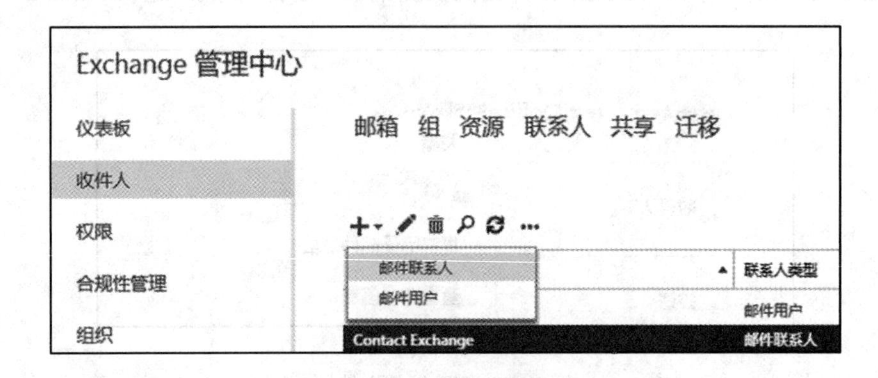

图 2-82 新建“邮件联系人”

在“新建邮件联系人”页中，填写以下内容，完成后保存。

姓氏：此文本框中输入联系人的姓。

名字：此文本框中输入联系人的名字。

显示名称：此文本框中输入联系人的显示名称。这是在 Exchange 管理中心和组织的通讯簿的联系人列表中列出的名称。默认情况下，此文本框中填入在名字和姓氏文本框中输入的名称。如果未使用姓氏和名字，则必须输入显示名称，因为它是必需的。该字段不能超过 64 个字符。

别名：此文本框中输入别名，不能超过 64 个字符，必须填写。

外部电子邮件地址：此文本框中输入联系人的外部电子邮件地址，必须填写。向此联系人发送电子邮件时，将投递到此电子邮件地址。

创建后，可以通过编辑或批量编辑，更改邮件联系人属性。

2. 邮件用户

邮件用户与邮件联系人类似。二者均有外部电子邮件地址，包含存在于 Exchange Online 组织外部的人员的信息，并且均可显示在共享通讯簿和其他地址列表中。不过，与邮件联系人不同，邮件用户拥有 Office 365 登录凭据，而且可以访问已授予其权限的资源。如果组织外部的人员需要访问组织中的资源，如 SharePoint 网站等，可为其创建一个邮件用户。

在 Exchange 管理中心导航到“收件人”→“联系人”页面，单击“新建”按钮+，在弹出的快捷菜单中选择“邮件用户”选项，如图 2-83 所示。

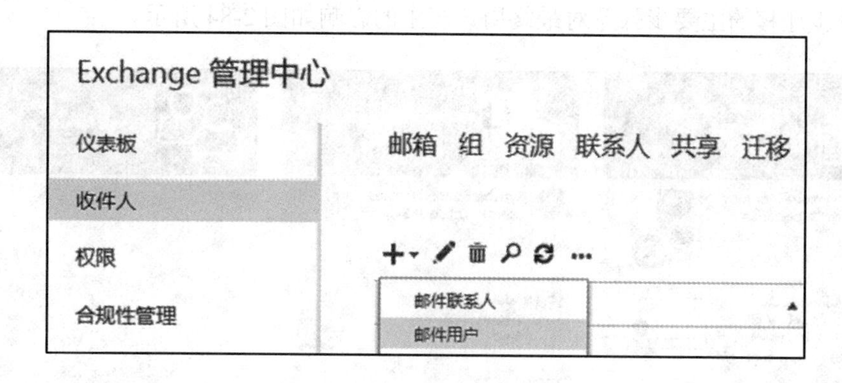

图 2-83 新建“邮件用户”

在“新邮件用户”页中填写以下内容，完成后保存。这里比创建邮件联系人多了 3 个必填选项，其他与创建邮件联系人相同。

用户 ID：指定登录 Office 365 的用户名。

新密码：指定登录密码。

确认密码：再次输入密码。

创建后，可以通过编辑或批量编辑，更改邮件联系人属性。

2.2 邮箱迁移

如果用户考虑使用 Office 365，在开始使用前，邮箱迁移是一项非常重要的工作。管理员可以将邮件从 Exchange 服务器或另一个启用 IMAP 的电子邮件系统迁移到 Office 365。用户也可以借助 Outlook 等邮件客户端自行导入其电子邮件、日历、联系人等。另外，也可以联系合作伙伴帮助迁移电子邮件到 Office 365。通过了解这些迁移方式，可以帮助管理员选择最适合自己组织的迁移方法。

2.2.1 分步迁移

1. 分步迁移简介

分步迁移是一种仅支持从 Exchange Server 2003 和 Exchange Server 2007 迁移邮箱的迁移方式。也就是说，当本地 Exchange 组织为 Exchange Server 2010 或更高版本时，将不能选择这种迁移方式。

分步迁移可以在数周或数月的时间内分批次地将本地 Exchange 邮箱迁移到 Exchange Online，在此期间托管在本地 Exchange 的邮箱和托管在 Exchange Online 的邮箱都能正常使用。这种迁移方式对本地邮箱的数量没有限制。它可以迁移邮箱的邮件、日历、联系人、任务、邮件规则、邮件分类、授权委派和文件夹权限等。对于 Exchange Server 2003 和 Exchange

Server 2007 较大规模的组织，这无疑是一种非常合适的迁移方式。

2. 执行分步迁移

执行分步迁移的主要步骤及对最终用户产生的影响如图 2-84 所示。

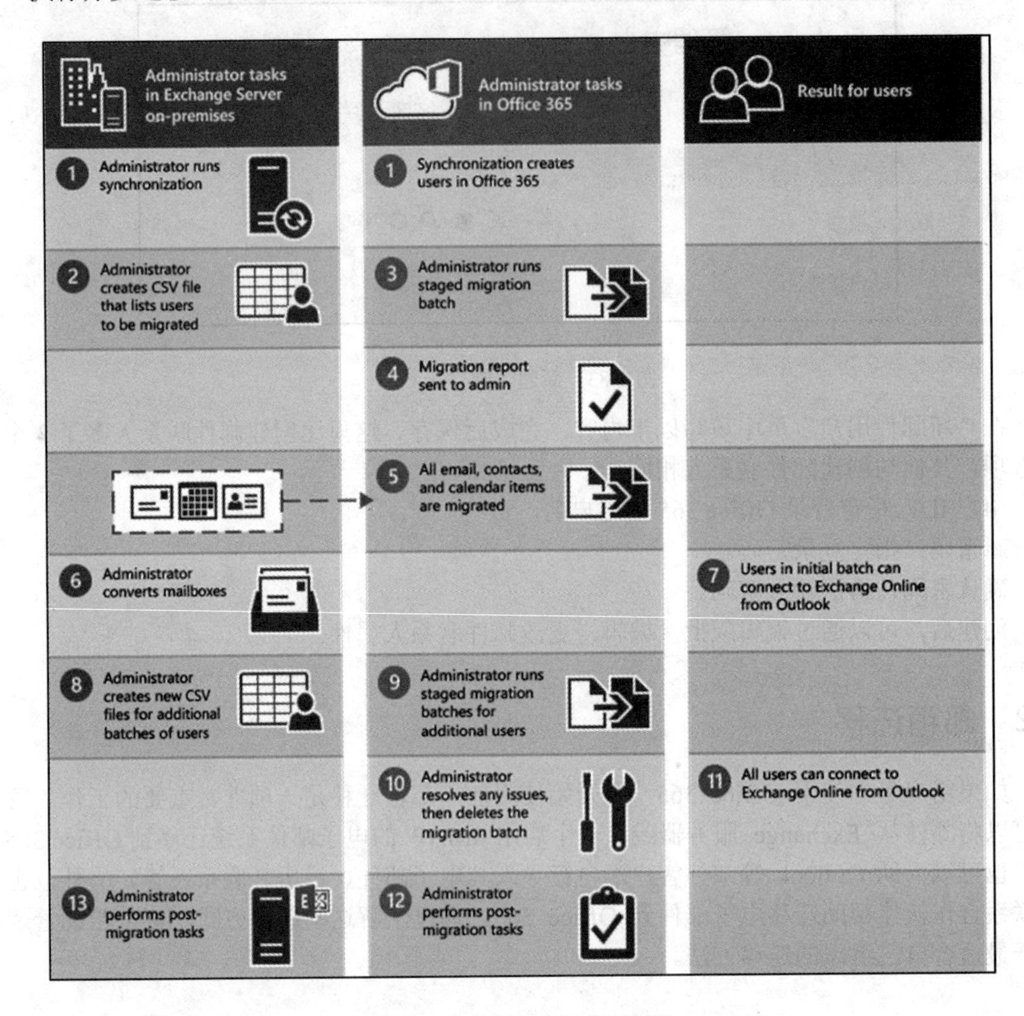

图 2-84 分步迁移的主要步骤

分步迁移开始前，管理员要完成的准备工作如下。

（1） 在 Office 365 中验证域。

（2） 在 Office 365 启用目录同步，并将本地 AD 用户同步到 Office 365（请参考 1.2.1 节的内容）。同步的用户以邮件用户的形式存在于 Exchange Online 中。

（3） 在本地 Exchange 服务器开启 Outlook Anywhere（RPC over HTTP）。在安装了访问服务器（CAS）角色的 Exchange Server 2007 中启用 Outlook Anywhere。

① 安装从受信任证书颁发机构（CA）获得的 SSL 证书，至少添加 SMTP 和 IIS 服务。

② 安装 Windows RPC over HTTP Proxy 组件。

③ 在控制台树中，展开“服务器配置”，然后选择“客户端访问”选项。

④ 在操作窗格中，选择“启用 Outlook Anywhere”，如图 2-85 所示。

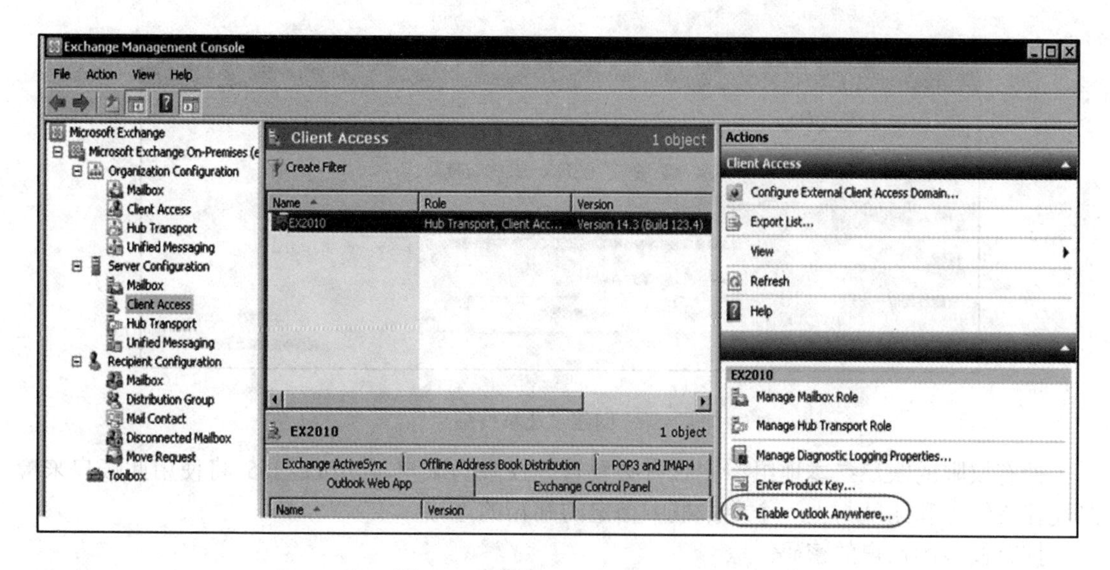

图 2-85 启用 Outlook Anywhere

⑤ 在“启用 Outlook Anywhere”向导中，在“外部主机名”下面的文本框中输入组织的外部主机名。

⑥ 选择可用的外部身份验证方法。可以选择“基本身份验证”或“NTLM 身份验证”。

⑦ 如果使用 SSL 加速器并且要执行 SSL 减负，请选中“允许安全通道（SSL）减负”复选框，除非有可以处理 SSL 减负的 SSL 加速器，否则不要使用此选项。如果没有可以处理 SSL 减负的 SSL 加速器并选中了此复选框，那么 Outlook Anywhere 将无法正常工作。

⑧ 单击“启用”按钮将应用这些设置并启用 Outlook Anywhere。

⑨ 单击“完成”按钮将关闭启用 Outlook Anywhere 向导。

（4）申请一张由受信任的证书颁发机构(CA)颁发的证书，将证书导入 Exchange Server，然后向证书添加 Outlook Anywhere 服务和自动发现服务。

（5） 禁用本地邮箱的统一消息（UM）。

（6） 在本地 Exchange 服务器上设置迁移管理员的权限，用于连接到本地 Exchange 组织的内部部署用户账户。迁移管理员应具备的权限为：

每个本地邮箱的 FullAccess 权限，以及获得修改本地用户账户的 TargetAddress 属性的 WriteProperty 权限。或者存储用户邮箱的本地邮箱数据库的 Receive As 权限，并且被分配 WriteProperty 权限以修改本地用户账户上的 TargetAddress 属性。

（7） 创建迁移终结点。

① 转到 Office 365 的 Exchange 管理中心。

② 转到“收件人”→“迁移”页面。

③ 单击 ··· 按钮，选择“迁移终结点”选项，如图 2-86 所示。

④ 在“迁移终结点”页中，单击“新建”按钮 +。

⑤ 在“选择迁移终结点类型”页中选择“Outlook Anywhere”，单击“下一步”按钮。

⑥ 在“输入本地账户凭据”页中输入以下内容。

电子邮件地址：要迁移的本地 Exchange 组织中的任何用户的电子邮件地址，Office 365 将测试到此用户的邮箱的连接。

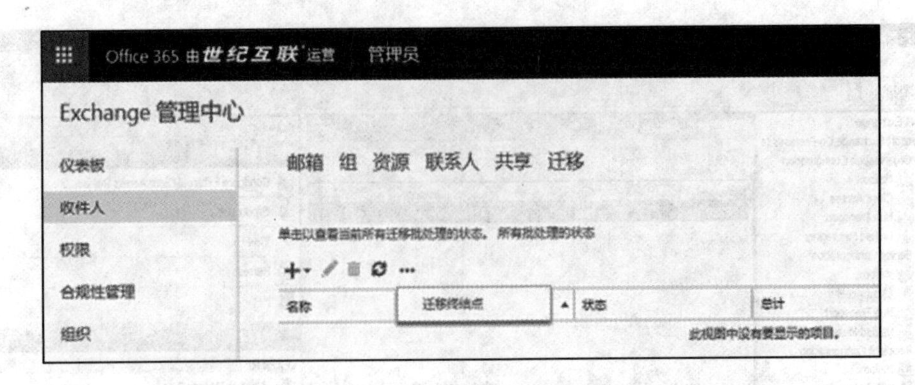

图 2-86 创建“迁移终结点”

拥有权限的账户：本地组织中具有必要管理权限的账户，Office 365 将使用此账户来检测迁移终结点和测试与上一个文本框中指定的邮箱的连接。

拥有权限的账户的密码。

⑦ 单击“下一步”按钮，然后执行下列操作。

a. 如果 Office 365 成功连接到源服务器，会显示正确的连接设置，此时单击“下一步”按钮。

b. 如果测试连接到源服务器不成功，那么需要提供以下信息。

Exchange server：本地 Exchange 服务器的完全限定域名（FQDN）。

RPC 代理服务器：Outlook Anywhere 的 RPC 代理服务器的 FQDN，通常情况下，与用户的 Outlook Web App URL 相同。

⑧ 在“输入常规信息”页中输入迁移终结点名称，将其他两个框保留为空，即使用默认值，默认情况下，最大并发迁移数为 20，最大并发增量同步为 10。

⑨ 单击“新建”按钮，创建迁移终结点。

（8） 创建要迁移的邮箱的列表。

使用逗号分隔值（CSV）文件创建要迁移的邮箱的列表。CSV 文件将用于创建迁移批处理，文件的各行包含本地 Exchange 邮箱的信息，每个 CSV 文件不能超过 2000 行。

以下是 CSV 文件的一个示例，此示例会将 3 个邮箱迁移到 Exchange Online。

```
EmailAddress,Password,ForceChangePassword
User1@contoso.com,Pa$$w0rd,False
User2@contoso.com,Pa$$w0rd,False
User3@contoso.com,Pa$$w0rd,False
```

CSV 文件的第一行（即标题行）列出了在后续行中指定的属性（或字段）的名称，每个属性名称都要用逗号分隔开。标题行下面的每行都表示一个要迁移的用户，每行中的属性值的顺序必须与标题行中属性名的顺序一致。如果 CSV 文件包含非 ASCII 字符或特殊字符，最好使用 UTF-8 或其他 Unicode 编码保存 CSV 文件。

EmailAddress：指定本地邮箱的主 SMTP 电子邮件地址。

Password：为 Office 365 邮箱设置的密码，该属性不是必需的。

ForceChangePassword：指定用户首次登录 Office 365 邮箱时是否需要更改密码，该属性不是必需的。

完成准备工作后，接下来开始迁移邮箱。

（1） 创建分步迁移批处理。

① 在 Exchange 管理中心导航到“收件人”→“迁移”页面。单击“新建”按钮+选择“迁移到 Exchange Online”选项，如图 2-87 所示。

图 2-87 迁移到 Exchange Online

② 在“选择迁移类型”页中选中“分步迁移”单选按钮，如图 2-88 所示，单击“下一步”按钮。

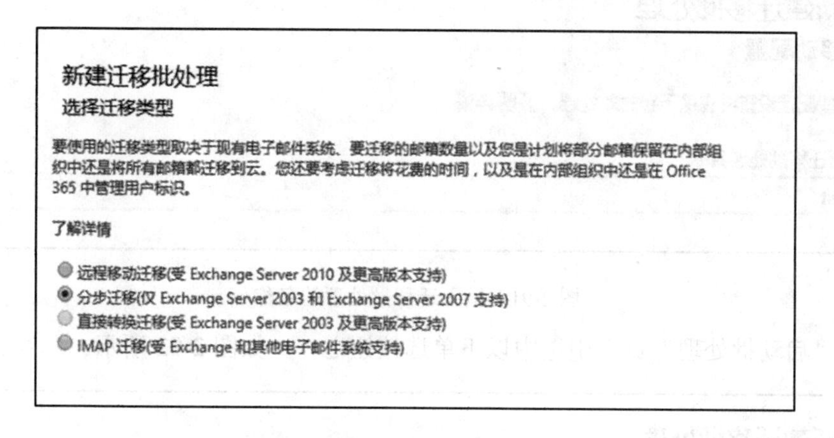

图 2-88 选择“分步迁移”

③ 在“选择用户”页中上传准备好的 CSV 文件，如图 2-89 所示，单击“下一步”按钮。

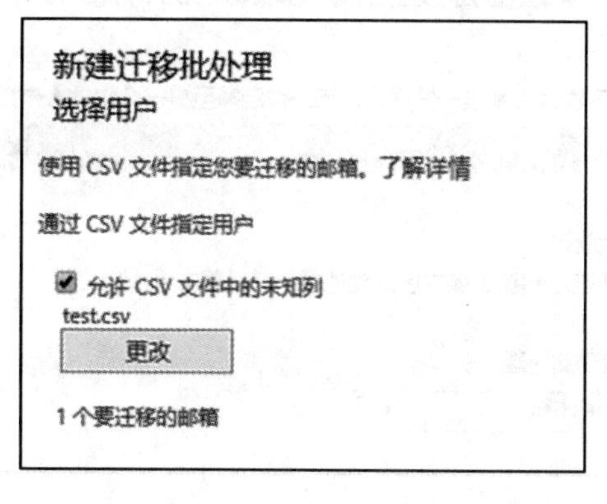

图 2-89 指定 CSV 文件

④ 在“确认迁移终结点”页面中确认列出的迁移终结点信息，如图 2-90 所示，单击“下一步”按钮。

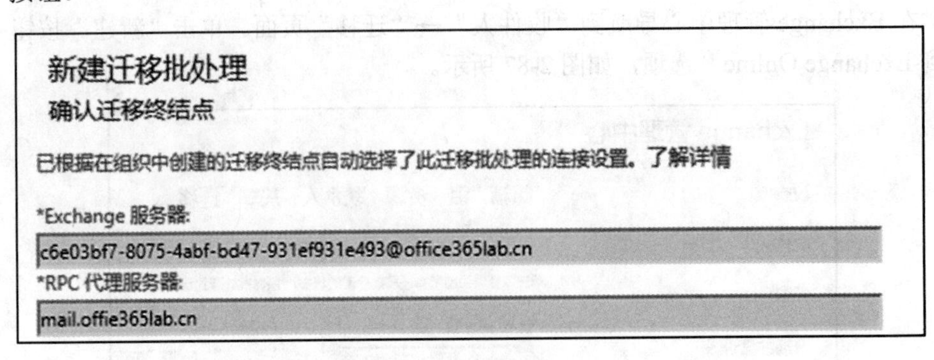

图 2-90 确认迁移终结点

⑤ 在“移动配置”页中输入迁移批处理的名称（不能包含空格或特殊字符），如图 2-91 所示，单击“下一步”按钮。

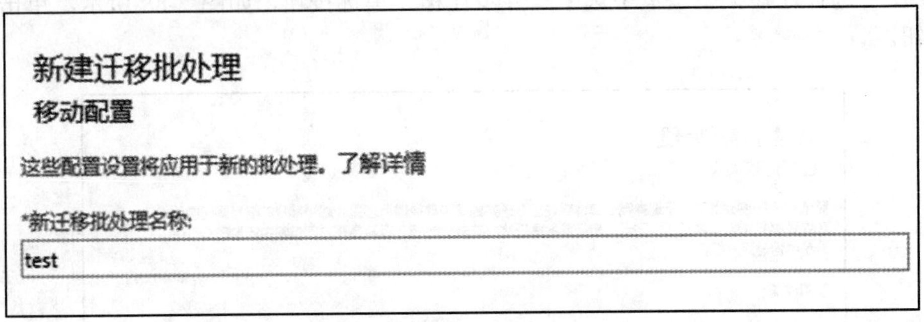

新建迁移批处理
移动配置
这些配置设置将应用于新的批处理。了解详情
*新迁移批处理名称:
test

图 2-91 输入迁移批处理的名称

⑥ 在“启动批处理”页上中选中以下单选按钮之一，如图 2-92 所示。

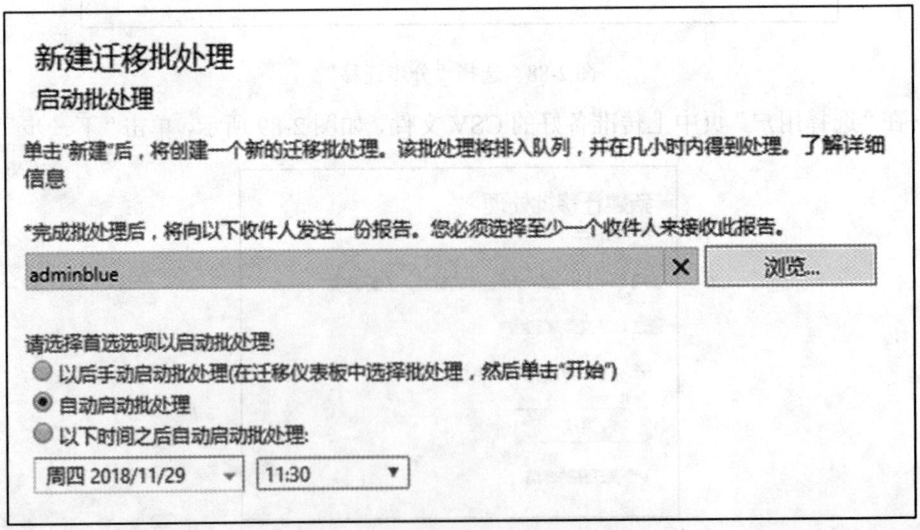

新建迁移批处理
启动批处理
单击"新建"后，将创建一个新的迁移批处理。该批处理将排入队列，并在几小时内得到处理。了解详细信息
*完成批处理后，将向以下收件人发送一份报告。您必须选择至少一个收件人来接收此报告。
adminblue ✕ 浏览...
请选择首选选项以启动批处理:
以后手动启动批处理(在迁移仪表板中选择批处理，然后单击"开始")
自动启动批处理
以下时间之后自动启动批处理:
周四 2018/11/29 11:30

图 2-92 自动启动批处理

自动启动批处理：批处理创建后立即启动。

以后手动启动批处理：创建但未启动迁移批处理，此时迁移批处理状态为“已停止”。要开始迁移，在迁移仪表板中选择它，然后单击 ▶ 按钮启动。

以下时间之后自动启动批处理：指定何时启动。

（2） 启动迁移批处理，开始迁移。

（3） 迁移批处理初始同步完成后，Exchange Online 将发送迁移报告。报告中会列出已成功迁移的邮箱数和无法迁移的邮箱数，还会包含更多详细的迁移统计信息和错误报告的链接。管理员可以根据报告解决迁移问题。

（4） 初始同步完成后，每 24 小时自动执行一次增量同步，来同步邮箱中新的更改。

（5） 在一个迁移批处理完成并且管理员确认该批处理中的所有邮箱均已成功迁移后，管理员可以将迁移批处理中的本地邮箱转换为启用邮件的用户。

（6） 在转换为启用邮件的用户，先配置本地邮箱的邮件转发。配置本地邮箱的 TargetAddress 属性为 Exchange Online 邮箱的电子邮件地址，可以使用*.partner.onmschina.cn 这个地址。

（7） Office 365 管理员为已经完成迁移的用户分配许可证。这部分用户将开始使用 Exchange Online 邮箱。

（8） 管理员创建并完成其他迁移批处理。

（9） 当把所有用户都迁移到 Office 365 后，管理员执行后续配置。

① 更改 MX 记录指向，将电子邮件直接路由到 Office 365。

② 创建自动发现（Autodiscover）DNS 记录。

③ 删除所有迁移批处理。

④ 取消本地 Exchange 服务器（可选）。

（10） 邮箱迁移工作完成。

2.2.2 直接转换迁移

1. 直接转换迁移简介

直接转换迁移也是一种从 Exchange Server 迁移邮箱的迁移方式，只要本地组织是 Exchange Server 2003 或更高版本，就可以选择这种迁移方式。

直接转换迁移是一种简单、快速的迁移方式，它将一次把所有本地邮箱迁移到 Exchange Online。这种迁移方式限制本地邮箱不多于 2000 个，不过由于创建和迁移 2000 个用户将花费很长时间，因此迁移 150 个或更少的用户更加实际。它可以迁移邮箱、邮件用户、邮件联系人和通讯组，迁移邮箱中的邮件、日历、联系人、任务、邮件规则、邮件分类、授权委派、文件夹权限等。对于规模较小的 Exchange 组织，直接转换迁移是一个不错的选择。

2. 执行直接转换迁移

执行直接转换迁移的主要步骤及对最终用户产生的影响如图 2-93 所示。

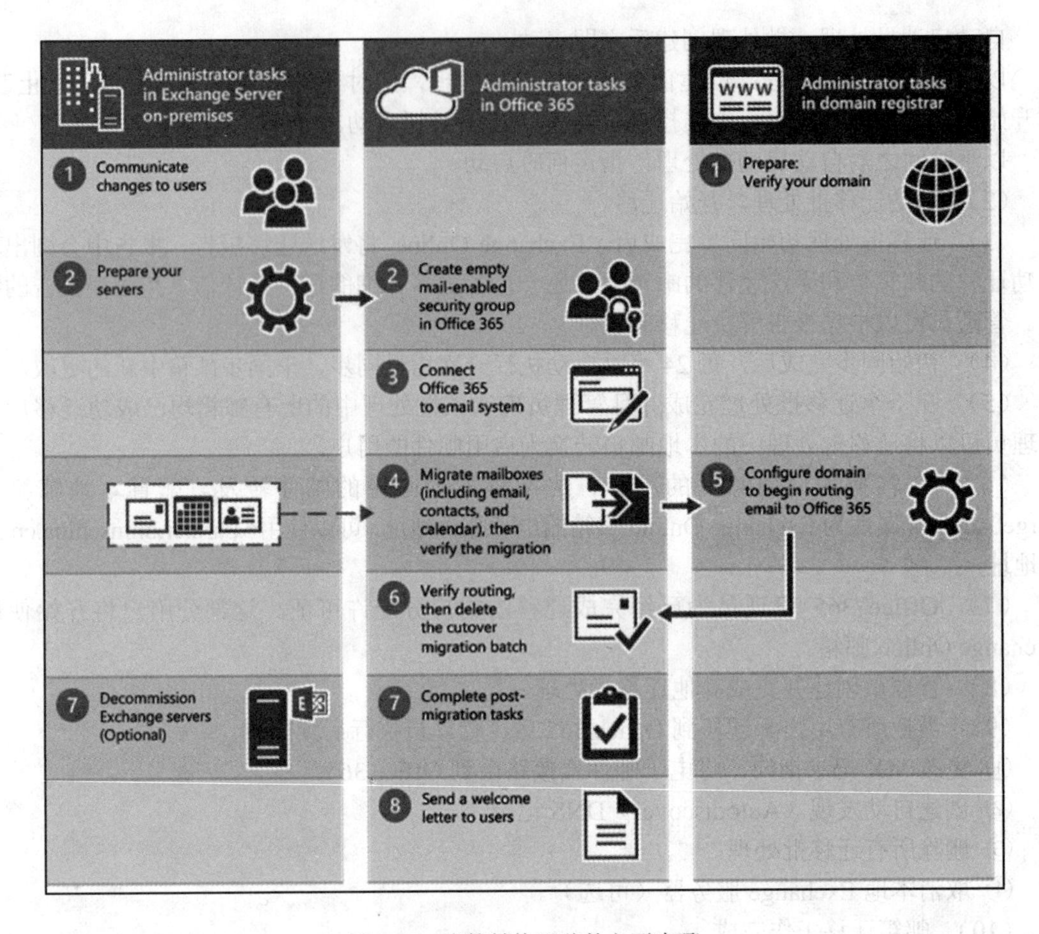

图 2-93　直接转换迁移的主要步骤

直接转换迁移开始前，管理员需要完成的准备工作如下。

（1）　在 Office 365 验证域。

（2）　禁用 Office 365 的目录同步。直接转换迁移将在 Office 365 中自动创建用户。

```
Set-MsolDirSyncEnabled -EnableDirSync $false
```

（3）在本地 Exchange 服务器启用 Outlook Anywhere（RPC over HTTP）。Exchange Server 2013 和 Exchange Server 2016 默认启用了 Outlook Anywhere，无须手动开启。Outlook Anywhere 使用由受信任的证书颁发机构（CA）颁发的证书，导入证书后，至少向证书添加 SMTP 和 IIS 服务。

（4）　禁用本地邮箱的统一消息（UM）。

（5）　在本地 Exchange 服务器上设置迁移管理员的权限，用于连接到本地 Exchange 组织的内部部署用户账户。迁移管理员应具备的权限为：每个本地邮箱的 FullAccess 的权限；或者对存储用户邮箱的本地邮箱数据库的 Receive As 权限。

（6）　在本地 Exchange 服务器清理代理人。此迁移方法仅移动邮箱、邮件用户、邮件联系人和启用邮件的组。如果任何其他不被迁移的 Active Directory 对象被指定为要迁移的对象的经理或代理人，那么必须在迁移之前删除它们。

（7） 在 Exchange Online 创建启用邮件的安全组。由于电子邮件的邮箱迁移服务无法检测到本地 Active Directory 组是否为安全组，因此它不能在 Office 365 中将任何迁移的组设置为安全组。如果希望在 Office 365 中有安全组，则必须首先在 Office 365 中设置一个空的启用邮件的安全组，然后再开始执行直接转换迁移。

（8） 创建迁移终结点。与执行分步迁移时创建迁移终结点的过程相同。

准备工作完成后，开始迁移邮箱。

（1） 创建直接转换迁移批处理。

① 在 Exchange 管理中心导航到“收件人”→“迁移”页面，单击“新建”按钮+，在下拉列表中选择“迁移到 Exchange Online”选项。

② 在“选择迁移类型”页中选中“直接转换迁移”单选按钮，如图 2-94 所示，单击“下一步”按钮。

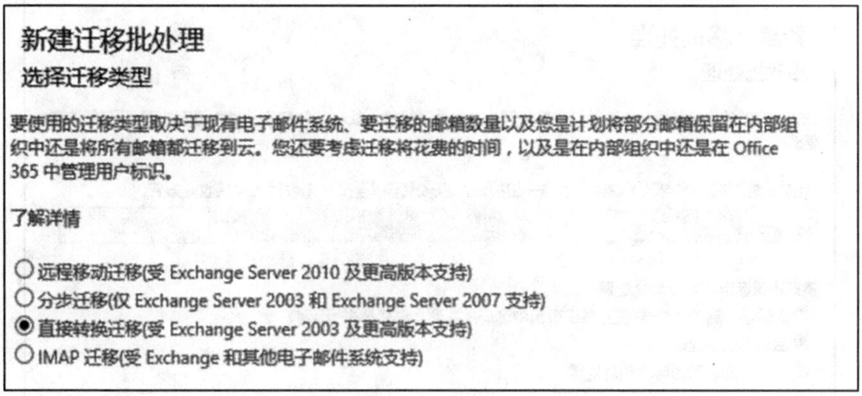

新建迁移批处理

选择迁移类型

要使用的迁移类型取决于现有电子邮件系统、要迁移的邮箱数量以及您是计划将部分邮箱保留在内部组织中还是将所有邮箱都迁移到云。您还要考虑迁移将花费的时间，以及是在内部组织中还是在 Office 365 中管理用户标识。

了解详情

○远程移动迁移(受 Exchange Server 2010 及更高版本支持)
○分步迁移(仅 Exchange Server 2003 和 Exchange Server 2007 支持)
◉直接转换迁移(受 Exchange Server 2003 及更高版本支持)
○IMAP 迁移(受 Exchange 和其他电子邮件系统支持)

图 2-94 选中“直接转换迁移”

③ 在“确认迁移终结点”页中确认列出的迁移终结点信息，如图 2-95 所示，单击“下一步”按钮。

新建迁移批处理

确认迁移终结点

已根据在组织中创建的迁移终结点自动选择了此迁移批处理的连接设置。了解详情

*Exchange 服务器:
c6e03bf7-8075-4abf-bd47-931ef931e493@office365lab.cn
*RPC 代理服务器:
mail.offie365lab.cn

图 2-95 确认迁移终结点

④ 在“移动配置”页中输入迁移批处理的名称（不能包含空格或特殊字符），如图 2-96 所示，单击“下一步”按钮。

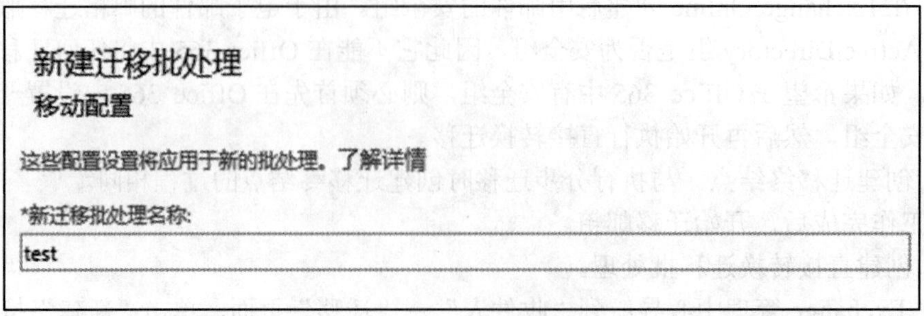

新建迁移批处理
移动配置
这些配置设置将应用于新的批处理。了解详情
*新迁移批处理名称:
test

图 2-96　输入迁移批处理的名称

⑤ 在“启动迁移批处理”页中选择以下单选按钮之一，如图 2-97 所示：

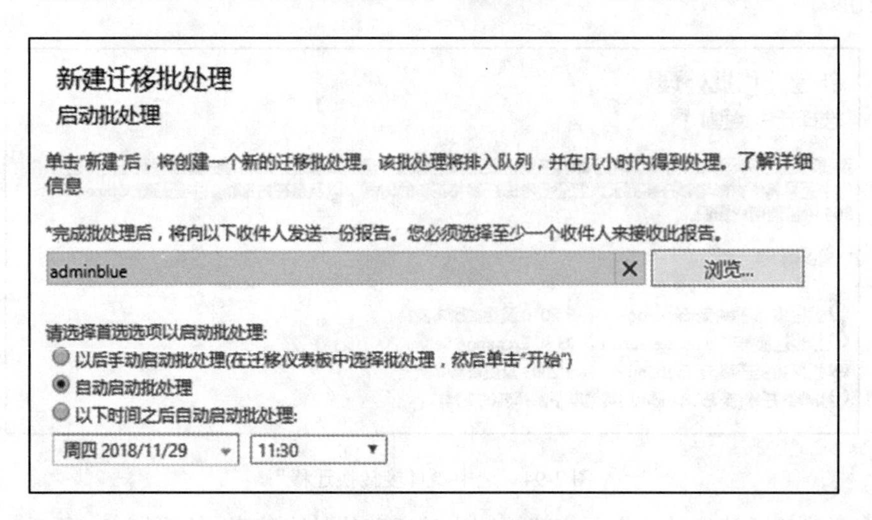

图 2-97　选择“自动启动批处理”

自动启动批处理：批处理创建后立即启动。

以后手动启动批处理：创建但未启动迁移批处理，此时迁移批处理状态为“已停止”。要开始迁移，在迁移仪表板中选择它，然后单击 ▶ 按钮启动。

以下时间之后自动启动批处理：指定何时启动。

（2） 启动迁移批处理，开始迁移。

（3） 迁移批处理初始同步完成后，Exchange Online 将发送迁移报告。

（4） 初始同步完成后，每 24 小时自动执行一次增量同步，来同步邮箱中新的更改。

（5） 在管理员确认所有邮箱均已成功迁移后，管理员可以开始进行后续配置。直接转换迁移不会改变本地 Exchange 邮箱的收件人类型，仍然以邮箱用户的类型存在于本地，并且数据不会被移除。

（6） 将电子邮件直接路由到 Office 365，更改 MX 记录。

（7） 删除迁移批处理。

（8） 为 Office 365 用户分配许可证。

（9） 取消本地 Exchange 服务器（可选）。如果未取消本地 Exchange 服务器，那么注意无论在内网还是外网，Autodiscover 都要解析到 Office 365。

2.2.3 IMAP 迁移

1. IMAP 迁移介绍

IMAP 迁移兼容大部分支持 IMAP 的邮件系统，可应用范围广泛。如果电子邮件系统启用了 IMAP，并且源 IMAP 服务器为 Courier-IMAPC、Cyrus、Dovecot、UW-IMAP 或 Microsoft Exchange 类型，就可以考虑选择 IMAP 迁移。

IMAP 迁移只迁移邮箱的收件箱和其他一些文件夹中的邮件，最多只能从用户的邮箱中迁移 50 万个项目（电子邮件按从最新到最旧的顺序进行迁移），不能迁移日历、联系人、任务等。IMAP 迁移实现从源邮箱把邮件复制到 Exchange Online 的邮箱中，IMAP 迁移也不会在 Office 365 中创建邮箱，因此必须先为每个用户创建一个邮箱，然后才能迁移他们的电子邮件。IMAP 迁移也可以分批次将邮箱迁移到 Exchange Online，不限制邮箱数量。IMAP 迁移操作相对简单，对于仅迁移电子邮件的组织，IMAP 迁移具有很大的优势。

2. 执行 IMAP 迁移

IMAP 迁移执行的主要步骤如图 2-98 所示。无论从哪种类型的 IMAP 邮件系统迁移，这些常规步骤都适用。

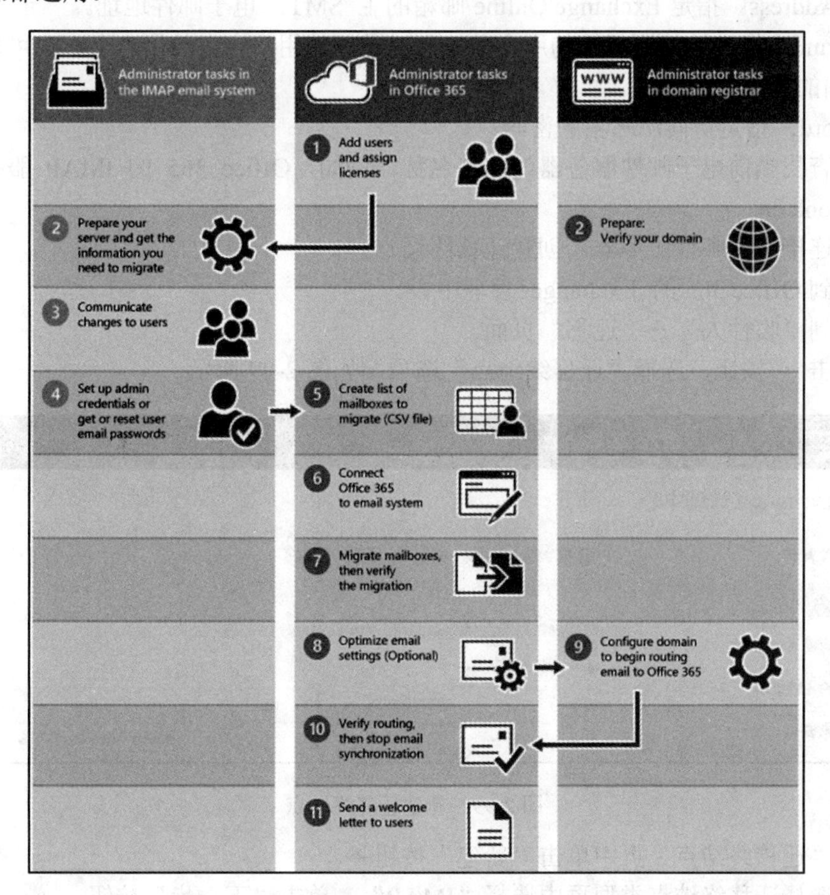

图 2-98 IMAP 迁移的主要步骤

下面详细介绍每个步骤。

（1） 在 Office 365 验证域。

（2） 在 Office 365 创建用户并分配许可证，以创建 Exchange Online 邮箱。

（3） 设置管理凭据或者获取或重置用户的邮箱密码。要执行迁移，需要为管理员分配用户邮箱的访问权限（如 FullAccess 权限）或者获取每个邮箱的用户名和密码。

（4） 创建要迁移的邮箱列表（CSV 文件），每个 CSV 文件最多包含 5 万个邮箱，最大不允许超过 10MB。

以下是 CSV 文件的一个示例，此示例会将 3 个邮箱迁移到 Exchange Online。

```
EmailAddress,UserName,Password
User1@contoso.com,User1,Pa$$w0rd
User2@contoso.com,User2,Pa$$w0rd
User3@contoso.com,User3,Pa$$w0rd
```

CSV 文件的第一行（即标题行）列出了在后续行中指定的属性（或字段）的名称，每个属性名称都要用逗号分隔开。标题行下面的每行都表示一个要迁移的用户，每行中的属性值的顺序必须与标题行中属性名的顺序一致。如果 CSV 文件包含非 ASCII 字符或特殊字符，最好使用 UTF-8 或其他 Unicode 编码保存 CSV 文件。

EmailAddress：指定 Exchange Online 邮箱的主 SMTP 电子邮件地址。

UserName: 指定访问源邮箱的用户名，可以是邮箱用户自身的用户名，也可以是用来访问用户邮箱的管理员凭据。

Password：指定访问源邮箱的密码。

（5） 查找当前电子邮件服务器的完整名称。例如，Office 365 的 IMAP 服务器名称为 partner.outlook.cn。

（6） 连接到源邮件服务器，创建迁移终结点。

① 转到 Office 365 的 Exchange 管理中心。

② 转到“收件人”→“迁移”页面。

③ 单击 ··· 按钮，选择“迁移终结点”选项，如图 2-99 所示。

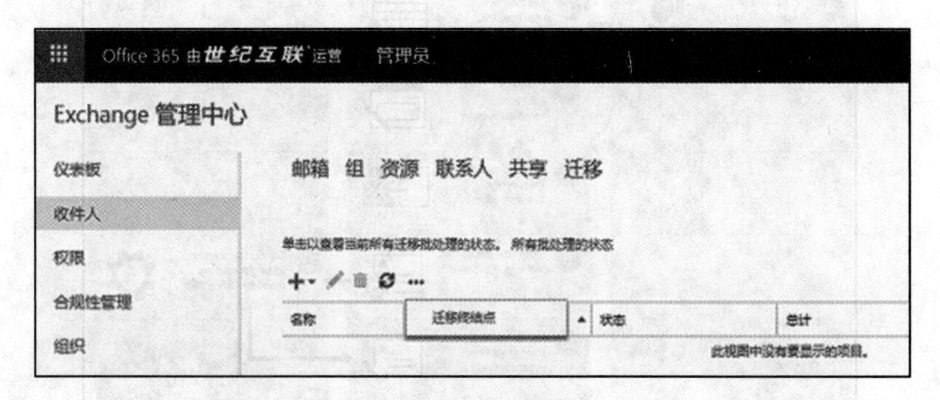

图 2-99 新建迁移终结点

④ 在“迁移终结点”页中单击“新建”按钮 +。

⑤ 在选择迁移终结点类型页中选择“IMAP”，单击“下一步”按钮。

⑥ 填写如图 2-100 所示的文本框。

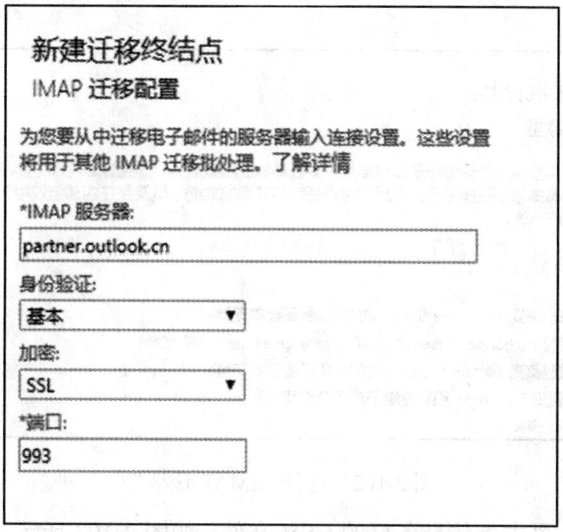

新建迁移终结点
IMAP 迁移配置
为您要从中迁移电子邮件的服务器输入连接设置。这些设置将用于其他 IMAP 迁移批处理。了解详情
*IMAP 服务器:
partner.outlook.cn
身份验证:
基本
加密:
SSL
*端口:
993

图 2-100 输入 IMAP 服务器地址

IMAP 服务器：输入源电子邮件服务器的名称，图中以 Office 365 为例。
身份验证：保持默认。
加密：访问源电子邮件 IMAP 服务器的加密协议。
端口：访问源电子邮件 IMAP 服务器的端口。

⑦ 在“输入常规信息”页中输入迁移终结点名称，将其他两个框保留为空，即使用默认值，如图 2-101 所示，默认情况下，最大并发迁移数为 20，最大并发增量同步为 10。

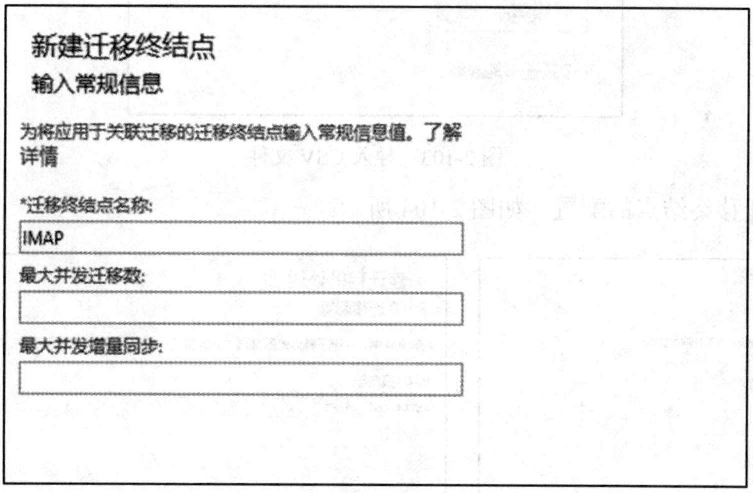

新建迁移终结点
输入常规信息
为将应用于关联迁移的迁移终结点输入常规信息值。了解详情
*迁移终结点名称:
IMAP
最大并发迁移数:
最大并发增量同步:

图 2-101 迁移终结点常规信息

⑧ 单击“新建”按钮，创建迁移终结点。

（7） 创建迁移批处理，开始迁移。

① 在 Exchange 管理中心导航到“收件人”→“迁移”页，单击“新建”按钮＋，选择“迁移到 Exchange Online”选项。

② 在“选择迁移类型”页中选中“IMAP 迁移”单选按钮，如图 2-102 所示，单击“下一步”按钮。

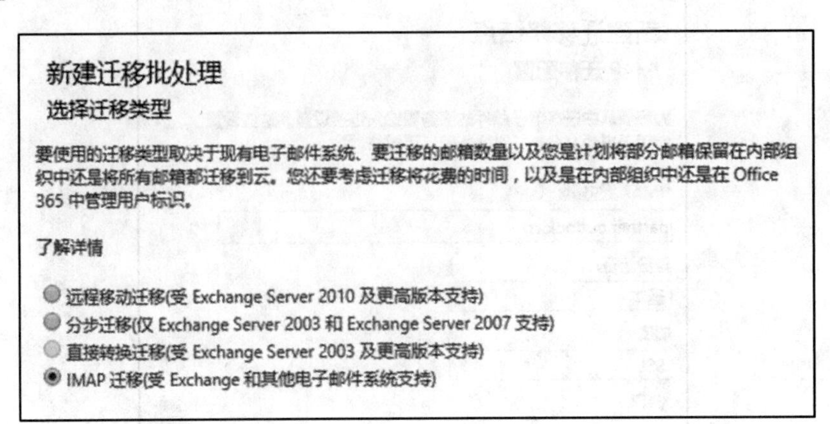

图 2-102 选择“IMAP 迁移”

③ 在“选择用户”页中上传准备好的 CSV 文件，如图 2-103 所示，单击“下一步”按钮。

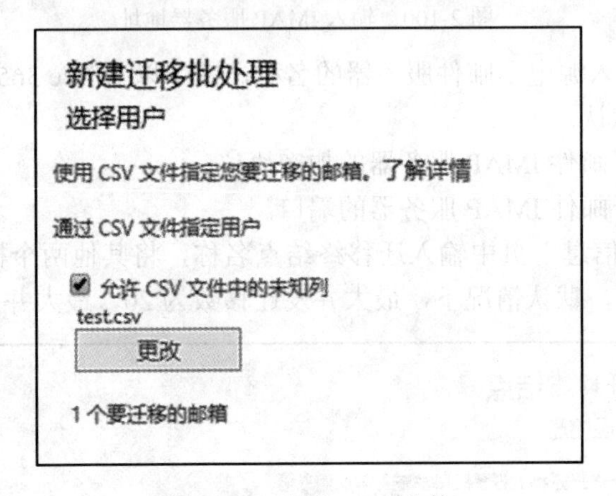

图 2-103 导入 CSV 文件

④ 确认迁移终结点的配置，如图 2-104 所示。

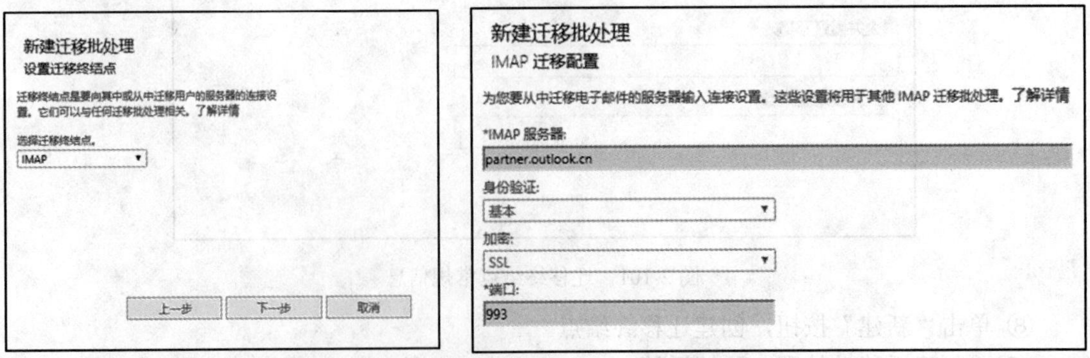

(a)　　　　　　　　　　(b)

图 2-104 选择 IMAP 迁移终结点

⑤ 在“移动配置”页中输入迁移批处理的名称（不能包含空格或特殊字符），指定错误项限制和大项目限制，也可以在“排除文件夹”文本框中指定不迁移哪个文件夹，如图 2-105 所示。

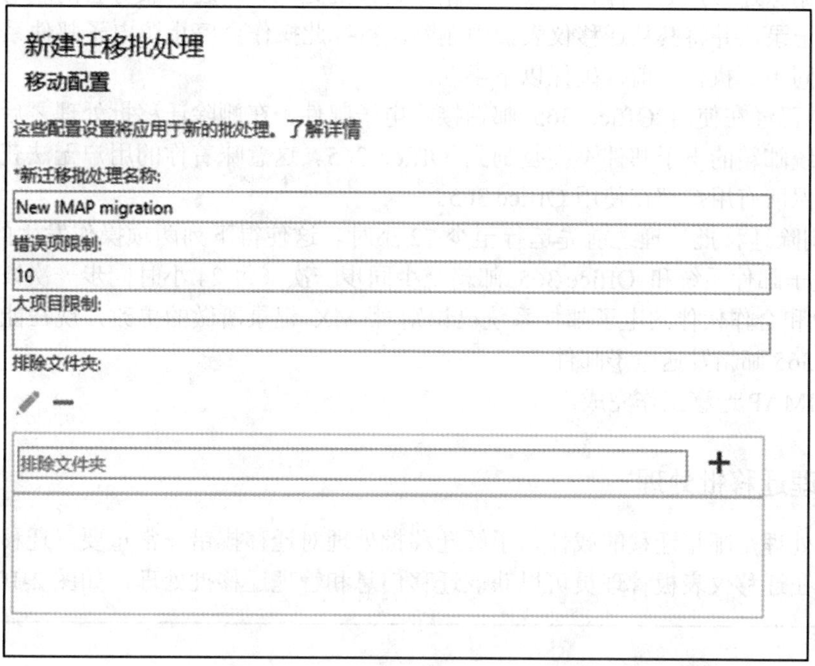

新建迁移批处理

移动配置

这些配置设置将应用于新的批处理。了解详情

*新迁移批处理名称:

New IMAP migration

错误项限制:

10

大项目限制:

排除文件夹:

排除文件夹

图 2-105　IMAP 迁移的“移动配置”

⑥ 在“启动批处理”页中选择何时启动批处理，默认为自动启动，如图 2-106 所示。

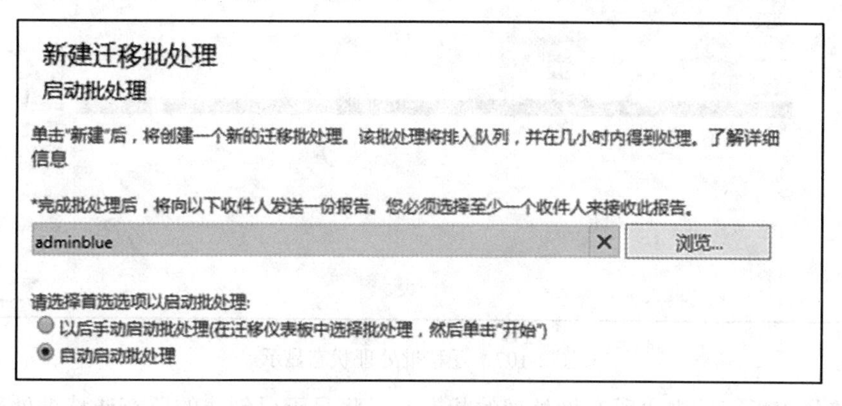

图 2-106　选择“自动启动批处理”

⑦ 启动批处理，开始迁移。

（8） 迁移批处理初始同步完成后，Exchange Online 将发送迁移报告。报告中会列出已成功迁移的邮箱数和无法迁移的邮箱数，还会包含更多详细的迁移统计信息和错误报告的链接。管理员可以根据报告解决迁移问题。

（9） 初始同步完成后，每 24 小时自动执行一次增量同步，来同步邮箱中新的更改。

（10） 在一个迁移批处理完成并且管理员确认该批处理中的所有邮箱均已成功迁移后，

管理员可以创建新的迁移批处理，完成剩余邮箱的迁移。

（11） 当把所有用户都迁移到 Office 365 后，将 MX 指向 Office 365，邮件路由到 Office 365。

（12） 删除迁移批处理停止迁移。当删除迁移批处理时，迁移服务会清理与迁移批处理相关的任何记录，并将其从迁移仪表板中删除。执行此操作会停止源电子邮件系统和 Office 365 之间的同步。执行之前，确保以下事项。

① 用户已经在使用 Office 365 邮箱接收电子邮件。在删除迁移批处理之后，发送到源电子邮件系统邮箱的电子邮件不会复制到 Office 365。这意味着你的用户无法获取该电子邮件，因此确保所有用户都在使用 Office 365。

② 在删除迁移批处理之前先运行至少 72 小时。这使得下列两项操作发生的概率更大：

a. 源电子邮件系统和 Office 365 邮箱至少同步一次（每 24 小时同步一次）。

b. 客户和合作伙伴的电子邮件系统已识别对 MX 记录所做的更改，现在能够正确地向你的 Office 365 邮箱发送电子邮件。

（13） IMAP 迁移工作完成。

2.2.4 管理迁移批处理

迁移批处理是邮箱迁移的载体，了解迁移批处理对迁移排错非常重要。迁移页面称为迁移仪表板，在迁移仪表板管理员可以获取迁移信息和管理迁移批处理，如图 2-107 所示。

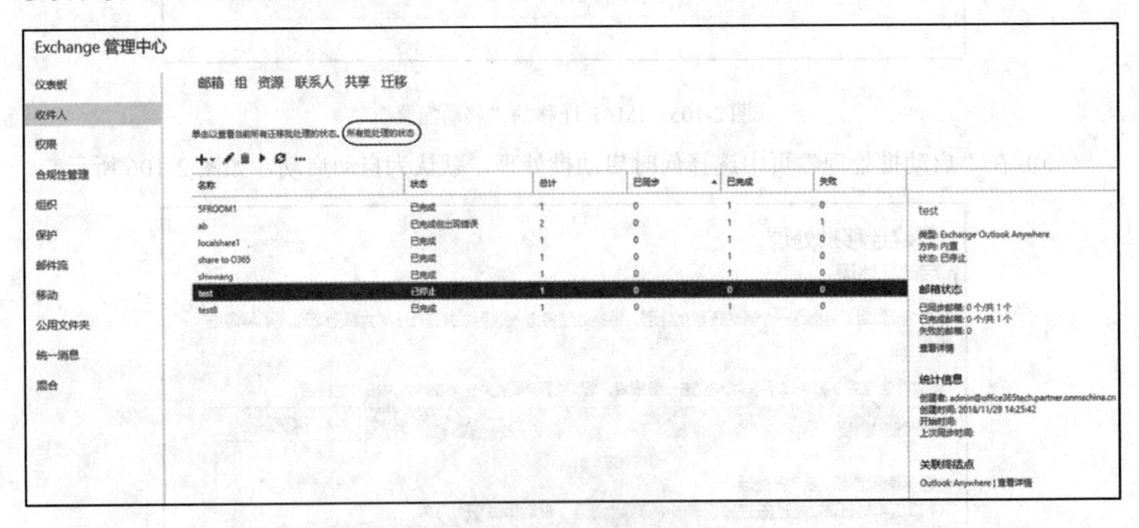

图 2-107 迁移批处理状态显示

在迁移仪表板，单击“所有批处理的状态”，将显示已创建的所有迁移批处理的总体统计信息。

邮箱总数：所有当前迁移批处理的邮箱总数。

已同步邮箱：所有迁移批处理中已成功迁移的邮箱数。

已完成邮箱：所有迁移批处理中已完成的邮箱数。

失败的邮箱：所有迁移批处理中迁移失败的邮箱数。

迁移仪表板的主体部分为迁移批处理，已创建的迁移批处理将列出在迁移队列中。以下各列显示有关每个迁移批处理的信息。

名称：创建迁移批处理时定义的名称。

状态：迁移批处理的状态。

总计：显示迁移批处理中邮箱的总数。

已同步：显示已成功迁移的邮箱数。

已完成：迁移批处理中已完成的邮箱数。

失败：迁移批处理中迁移失败的邮箱数。

迁移批处理的状态有很多种，下面列出了迁移批处理的不同状态，以及在这些状态的迁移批处理中可执行的操作。

已停止：已创建迁移批处理，但尚未启动。在此状态下，可以启动、编辑或删除它；已停止迁移批处理，并且不会再迁移该批处理中的其他邮箱。当迁移批处理处于此状态时，可以重启它。

正在同步：已启动迁移批处理，并且迁移批处理中的邮箱正在主动进行迁移。当处于此状态时，可以停止它。

正在停止：在运行 Stop-MigrationBatch cmdlet 后立即停止。

正在启动：在运行 Start-MigrationBatch 命令后立即启动。

正在完成：在运行 Complete-MigrationBatch 命令后立即完成。

正在删除：在运行 Remove-MigrationBatch 命令后立即删除。

已同步：已完成迁移批处理，并且没有邮箱正主动进行迁移。还会每 24 小时进行一次增量同步。如果状态为已同步的迁移批处理在过去 90 天内管理员未执行过任何操作，则其将被停止；并且如果管理员没有采取进一步的操作，则 30 天后将被删除。

已同步但出现错误：已完成迁移批处理，但部分邮箱迁移失败。出错的迁移批处理中已成功迁移的邮箱仍会在增量同步期间每 24 小时进行一次同步。

迁移仪表板中包含一组可用于管理迁移批处理的命令。创建迁移批处理后，可以选择它，然后执行下列命令之一。如果迁移批处理处于不受命令支持的状态，则按钮会灰显或不显示。

+▾：创建新的迁移批处理。

✎：编辑现有的迁移批处理。对于分步迁移和 IMAP 迁移，可以提交不同的 CSV 文件，也可更改用于迁移批处理的迁移终结点。只能编辑状态为已创建的迁移批处理。

▶：启动已创建的迁移批处理。启动批处理后，状态将更改为正在同步，或者重新开始被暂停的，状态为已停止的，或正在运行的出现错误的迁移批处理。

■：停止当前正在运行的、或已启动但状态为已排队的迁移批处理。也可以停止已完成初始同步阶段且状态为已同步的迁移批处理。这会停止增量同步，后续可以通过选择迁移批处理并单击▶按钮来重新开始增量同步。

🗑：删除迁移批处理。

•：单击此按钮，然后选择“迁移终结点”可以创建新迁移终结点或查看和编辑现有迁移终结点。

⟳：刷新迁移仪表板以更新整体迁移统计信息、迁移批处理列表和所选迁移批处理的统计信息。

迁移仪表板中的“详细信息”窗格显示有关所选迁移批处理的以下信息。

类型：指示所选迁移批处理的迁移类型。此字段的值还表示与迁移批处理相关联的迁移终结点的类型。

方向：指示邮箱是正在迁移到 Office 365 还是正在迁移到本地 Exchange 组织。

状态：所选迁移批处理的当前状态。

已同步邮箱：迁移批处理中已成功完成初始同步的邮箱数。此字段已在迁移期间更新。

已完成邮箱：迁移批处理中已成功完成的邮箱数。完成只发生在远程移动迁移中。

失败的邮箱：初始同步失败的邮箱数。

查看详细信息：显示迁移批处理中每个邮箱的状态信息。

创建者：创建了迁移批处理的 Office 365 管理员的电子邮件地址。

创建时间：创建迁移批处理时的日期和时间。

开始时间：迁移批处理开始时的日期和时间。

初始同步时间：迁移批处理完成初始同步时的日期和时间。

初始同步持续时间：完成迁移批处理中所有邮箱的初始同步所需的时间。

上次同步时间：上次重启迁移批处理或上次对批处理执行增量同步的时间。

关联终结点：迁移批处理正在使用的迁移终结点的名称。可以单击“查看详细信息”以查看迁移终结点设置。如果当前未运行使用终结点的迁移批处理，还可编辑设置。

2.3 Exchange Online 通讯簿

2.3.1 地址列表

1. 管理地址列表

地址列表：Exchange Online 中已启用邮件的收件人对象的集合。地址列表基于收件人筛选器。可以按收件人类型（例如，邮箱和邮件联系人）、收件人属性（例如，公司或者地区）或这两者进行筛选。地址列表不是静态的，是动态更新的。当在组织中创建或修改收件人时，会自动添加到相应的地址列表中。以下是可用的不同类型的地址列表：

全局地址列表（GAL）：Exchange Online 自动创建的内置 GAL，其中包括组织中每个启用邮件的对象。可以创建其他 GAL 以按组织或位置分隔用户，但用户只能查看和使用一个 GAL。

地址列表：地址列表是在一个列表中组合在一起的收件人的子集。Exchange Online 附带了几个内置的地址列表，还可以根据组织的需求创建多个自定义的地址列表。

Exchange Online 默认的地址列表如图 2-108 所示。

在 Outlook 2016 和 OWA 中使用地址列表，可以依据自己的需求来创建不同的地址列表，比如建立不同动态通讯组的地址列表。

脱机通讯簿（OAB）：OAB 包含地址列表和 GAL。OAB 用于配置了缓存 Exchange 模式的 Outlook 客户端，用于本地离线访问地址列表和 GAL，并可搜索收件人。

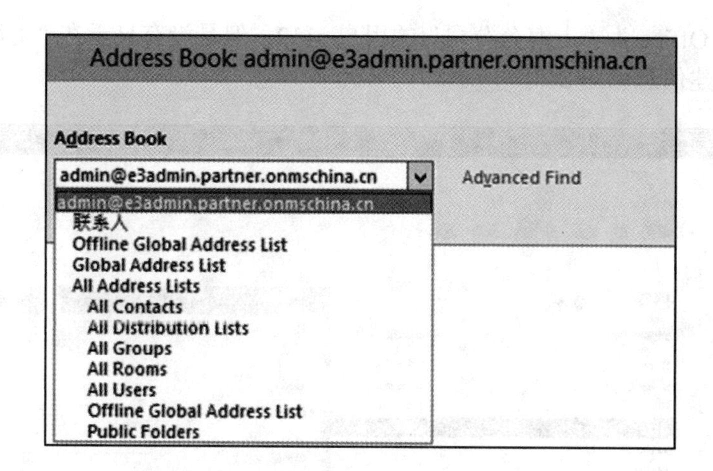

图 2-108 Exchange Online 默认的地址列表

2. 创建地址列表

运行以下命令，新建 Office 为“上海分公司”的地址列表。

```
New-AddressList -Name “上海分公司地址列表”-RecipientFilter { (RecipientType -eq
'UserMailbox') -and (Office -eq '上海分公司') }
```

在“人脉”中可以看到新建的地址列表，如图 2-109 所示。

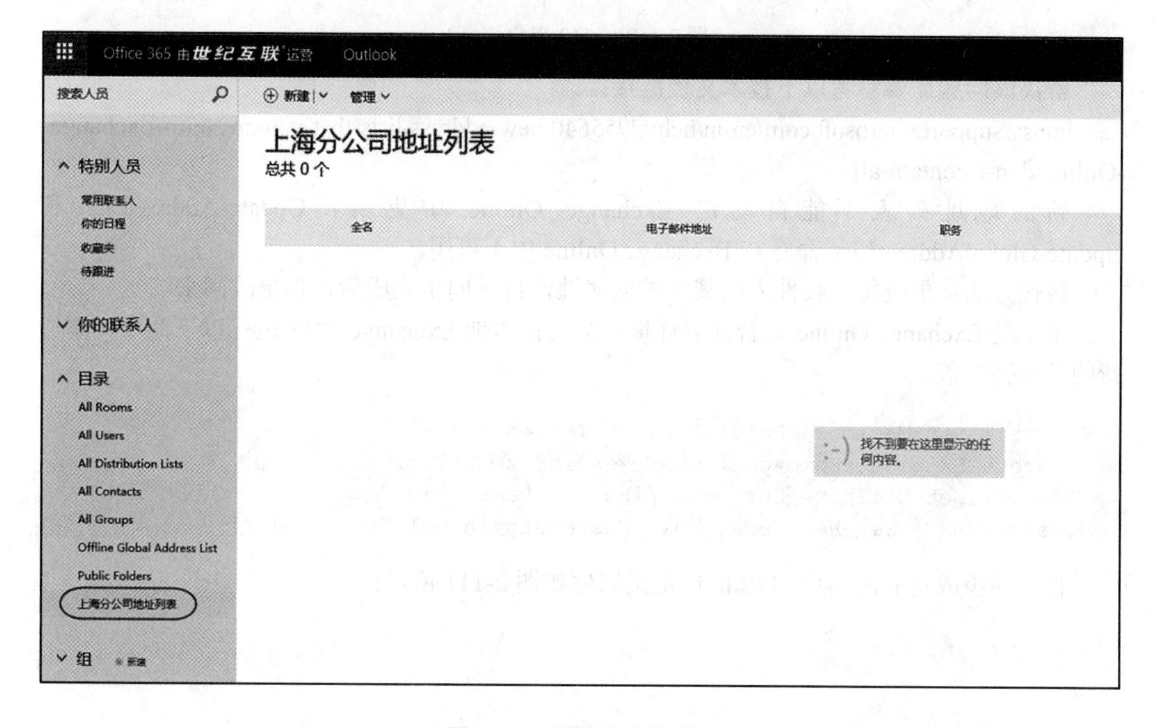

图 2-109 新建的地址列表

添加了一个 Office 为“上海分公司”的用户 a112，但是没有显示在“上海分公司地址列表”中，用户创建信息如图 2-110 所示。

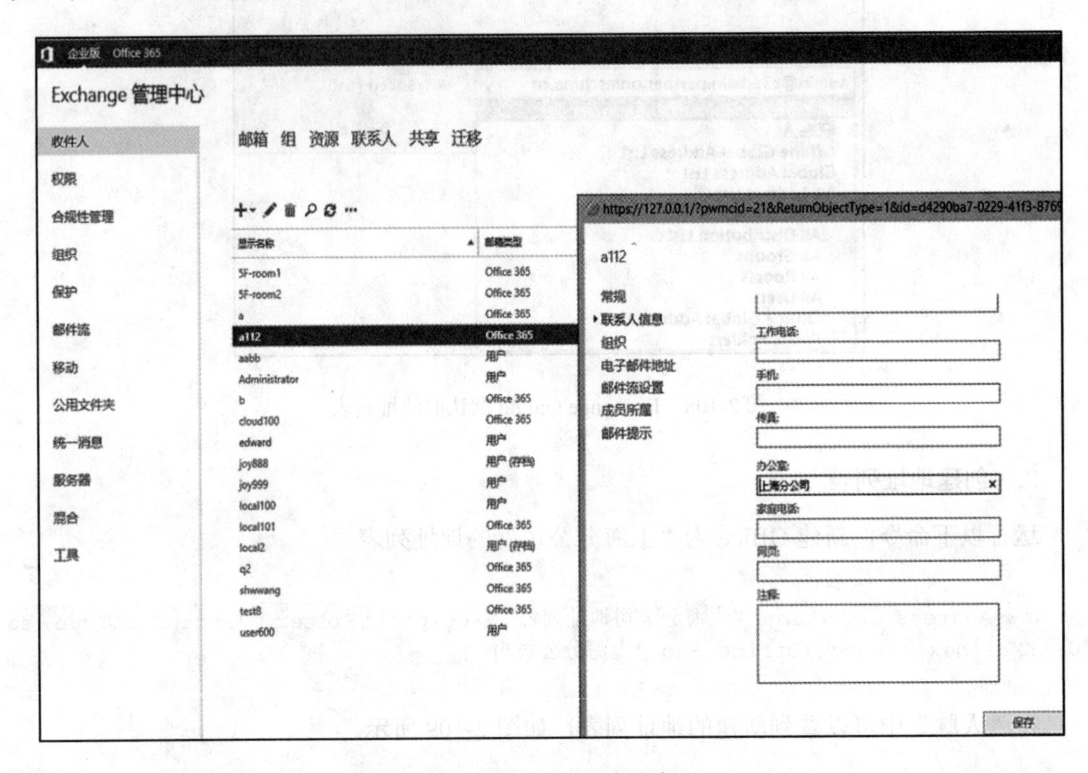

图 2-110 a112 用户信息

解决该问题需要参考以下技术文档链接：

https://support.microsoft.com/en-in/help/2955640/new-address-lists-that-you-create-in-Exchange-Online-don-t-contain-all

新的地址列表不能自动在 Exchange Online 中更新，Update-AddressList 和 Update-GlobalAddressList 命令在 Exchange Online 中不可用。

替代方法：更改每个收件人的某个扩展属性，目录同步完成后，再更改回来。

由于是 Exchange Online 混合部署环境，需要在本地 Exchange 2013 运行以下命令，添加新的扩展属性值。

```
$mbxs = Get-Mailbox -ResultSize Unlimited
$RemoteMBX = Get-RemoteMailbox -ResultSize Unlimited
$mbxs | Set-Mailbox -CustomAttribute1 "temp value"
$RemoteMBX | Set-RemoteMailbox -CustomAttribute1 "temp value"
```

目录同步成功后，用户 a112 的自定义属性如图 2-111 所示；

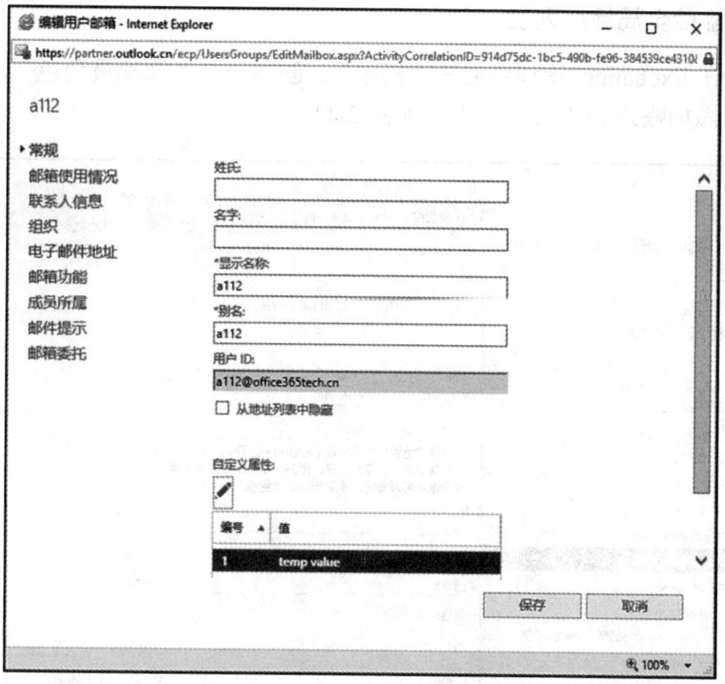

图 2-111 用户 a112 的自定义属性

最后在本地 Exchange 2013 运行以下命令，将新的扩展属性值设置为空。

```
$mbxs = Get-Mailbox -ResultSize Unlimited
$RemoteMBX = Get-RemoteMailbox -ResultSize Unlimited
$mbxs | Set-Mailbox -CustomAttribute1 $null
$RemoteMBX | Set-RemoteMailbox -CustomAttribute1 $null
```

新建用户 a112 就可以成功显示在新建的地址列表中，如图 2-112 所示。

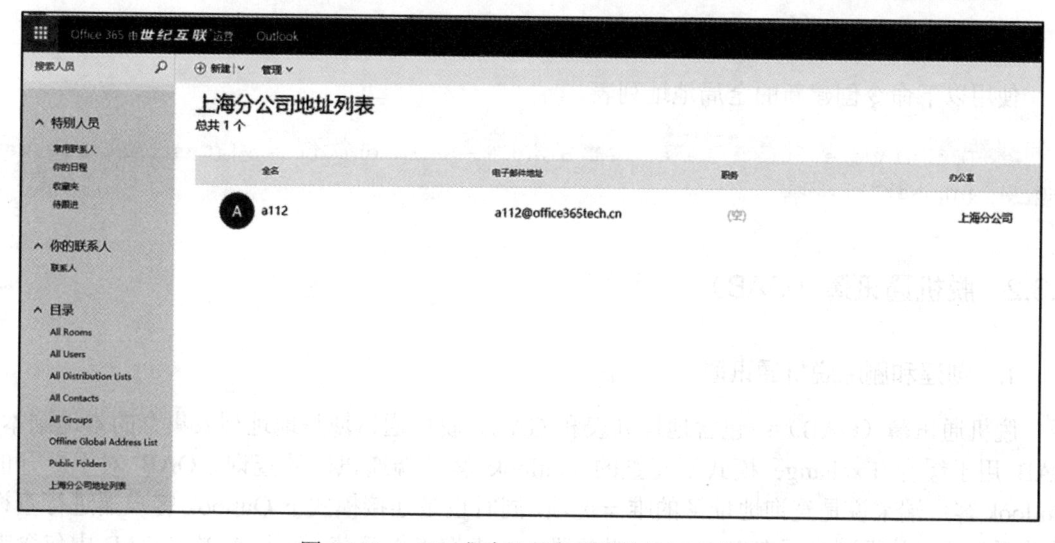

图 2-112 a112 成功显示在新建的地址列表中

3. 创建和删除全局地址列表

首先，需要在 Exchange 管理中心→“权限”，创建一个“管理员角色”，添加“Address Lists”角色，并添加账户到“成员”中，如图 2-113 所示。

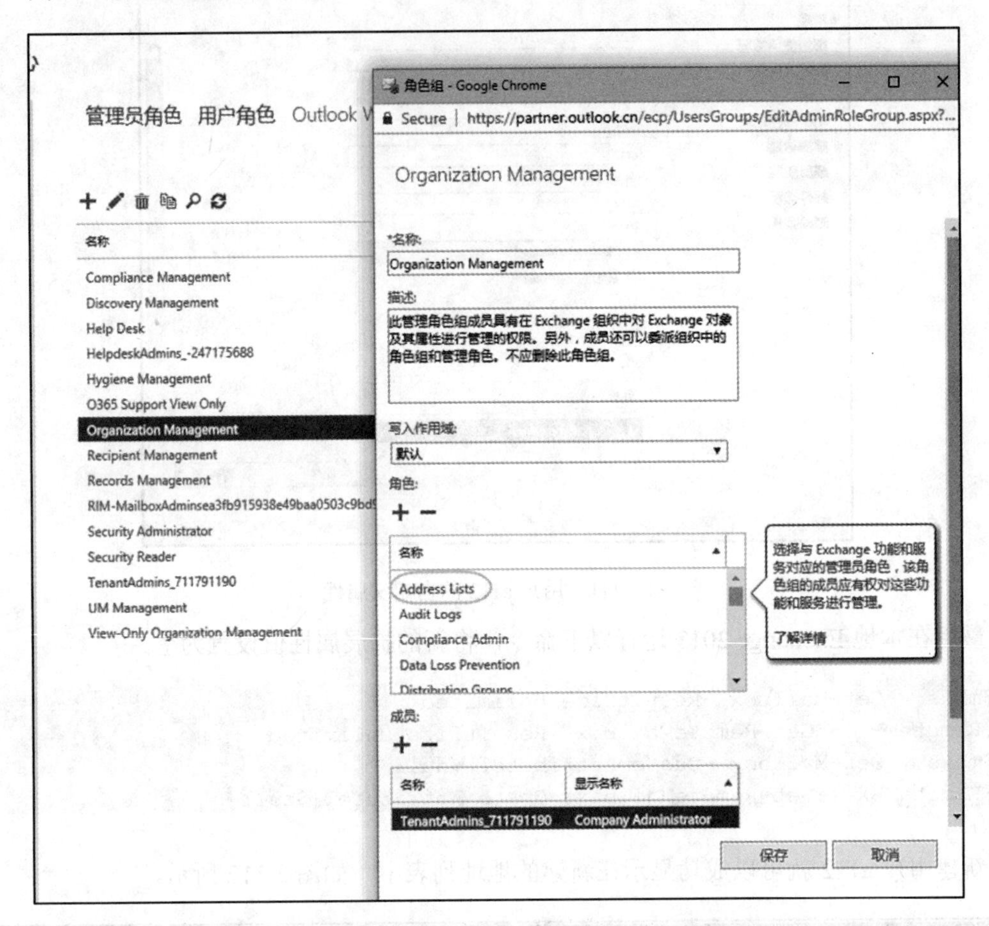

图 2-113 添加管理员的“Address Lists”角色

使用以下命令创建新的全局地址列表。

```
New-GlobalAddressList -Name "GAL_Blank" -RecipientFilter {(CustomAttribute2 -eq "blankuser")}
```

2.3.2 脱机通讯簿（OAB）

1. 创建和删除脱机通讯簿

脱机通讯簿（OAB）：包含地址列表和 GAL。脱机通讯簿是地址列表集合的本地副本。OAB 用于缓存 Exchange 模式下配置的 Outlook 客户端通讯簿的查询。OAB 对于断开的 Outlook 客户端来说是查询地址簿的唯一选项，同时也是连接模式下 Outlook 客户端进行查询的首要方法，从而减少了在 Exchange 服务器上的查询工作负荷。可以配置在 OAB 中包含哪些地址列表、访问特定的 OAB、生成的频率及从哪里分发。

在 Office 365 环境中，连接 Exchange Online PowerShell，运行以下命令创建新的脱机地址簿（图 2-114）：

```
New-OfflineAddressBook -Name "OAB_Contoso" -AddressLists "\Default Global Address List"
```

```
PS C:\Windows\system32> New-OfflineAddressBook -Name "OAB_Contoso" -AddressLists "\Default Global Address List"


RunspaceId                          : 4d692ac0-f839-476e-b35f-94b450f6e6a9
GeneratingMailbox                   :
AddressLists                        : {\Default Global Address List}
Versions                            : {Version4}
IsDefault                           : False
PublicFolderDatabase                :
PublicFolderDistributionEnabled     : False
GlobalWebDistributionEnabled        : True
WebDistributionEnabled              : True
ShadowMailboxDistributionEnabled    : False
UseE14SortOrder                     : False
UseE14SortOrderOrdinal              : False
UseOrdinalSortedMultivaluedProperties : True
```

图 2-114 创建新的脱机地址簿

以下是删除脱机地址簿的命令（图 2-115）。

```
Remove-OfflineAddressBook -Identity OAB_Contoso
```

```
PS C:\Windows\system32> Get-OfflineAddressBook

Name                         Versions   AddressLists
----                         --------   ------------
OAB_Beijing                  {Version4} {\GAL_Beijing}
OAB_Shanghai                 {Version4} {\GAL_Shanghai}
OAB_Contoso                  {Version4} {\Default Global Address List}
Default Offline Address Book {Version4} {\Offline Global Address List}



PS C:\Windows\system32> Remove-OfflineAddressBook -Identity OAB_Contoso

PS C:\Windows\system32> Get-OfflineAddressBook

Name                         Versions   AddressLists
----                         --------   ------------
OAB_Beijing                  {Version4} {\GAL_Beijing}
OAB_Shanghai                 {Version4} {\GAL_Shanghai}
Default Offline Address Book {Version4} {\Offline Global Address List}
```

图 2-115 删除脱机地址簿

2. 更改默认脱机通讯簿

运行以下命令，将 OAB_Contoso 更改为默认脱机地址簿（图 2-116）：

```
Set-OfflineAddressBook -Identity "OAB_Contoso" -IsDefault $true
```

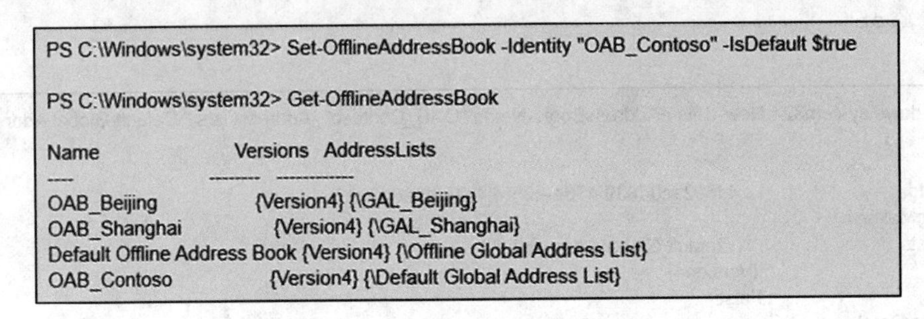

图 2-116　将 OAB_Contoso 更改为默认脱机地址簿

2.3.3　分层地址簿（HAB）

1. 启用分层地址簿程序

（1） 建立用户根的通讯组 21VLtd，组成员包括 group1 和 group2，作为根只能是通讯组或启用邮件的安全组，不能使用动态通讯组或 Office 365 组，如图 2-117 所示。

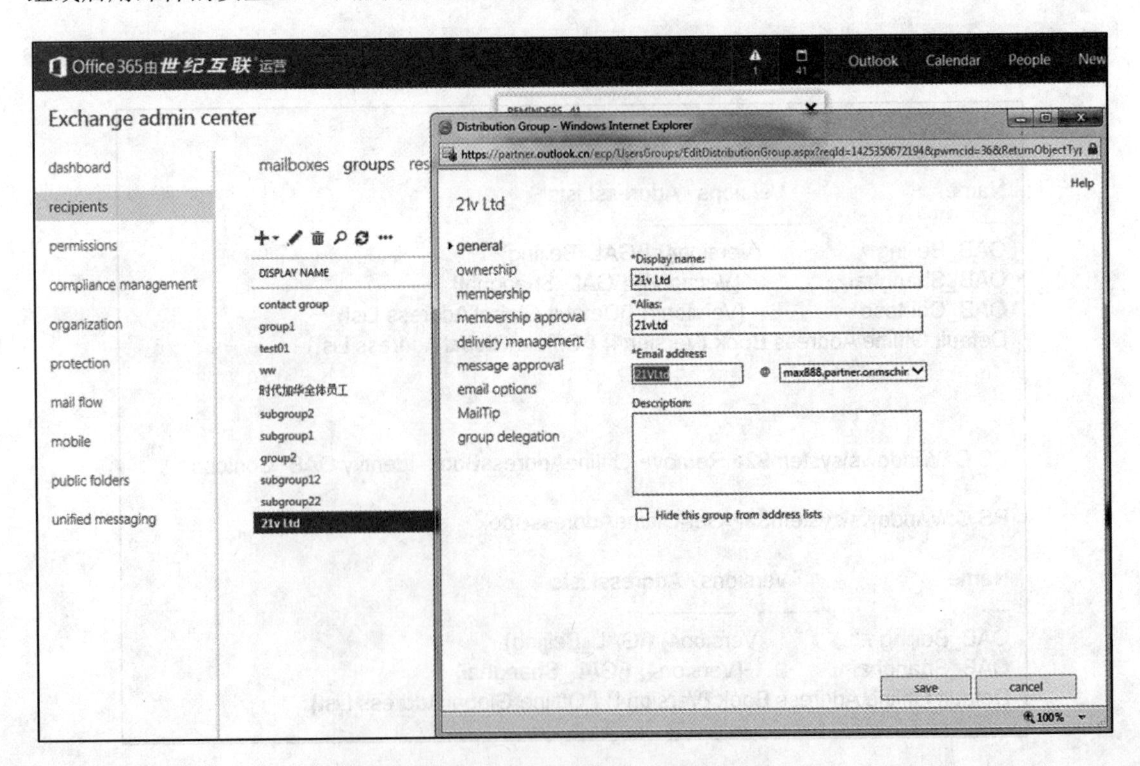

图 2-117　建立用户根的通讯组 21VLtd

21VLtd 组成员信息如图 2-118 所示。

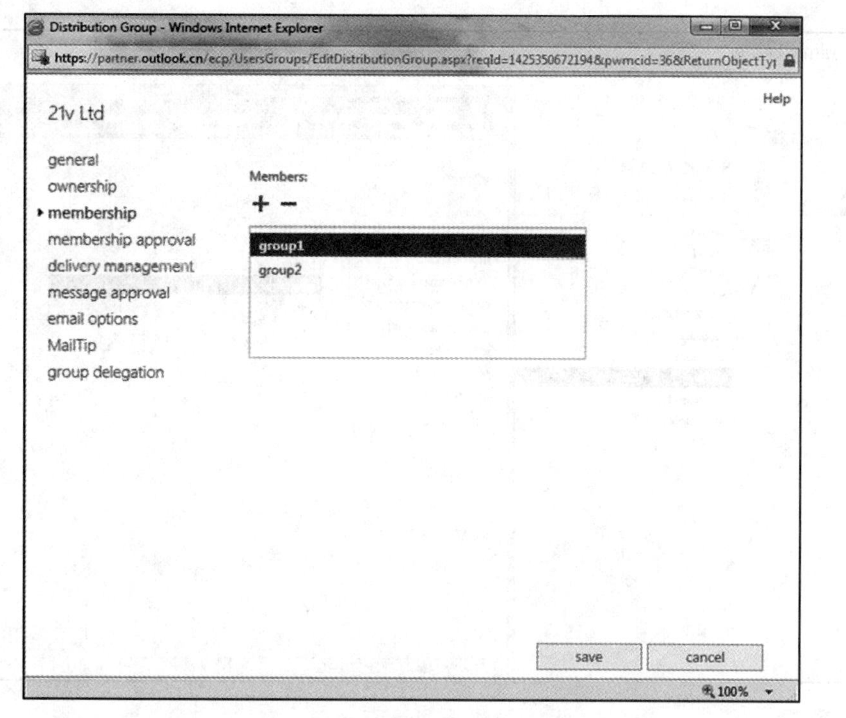

图 2-118　21VLtd 组成员信息

（2） 通讯组 group1 包含 subgroup1 和 subgroup12 这 2 个子通讯组，如图 2-119 所示。

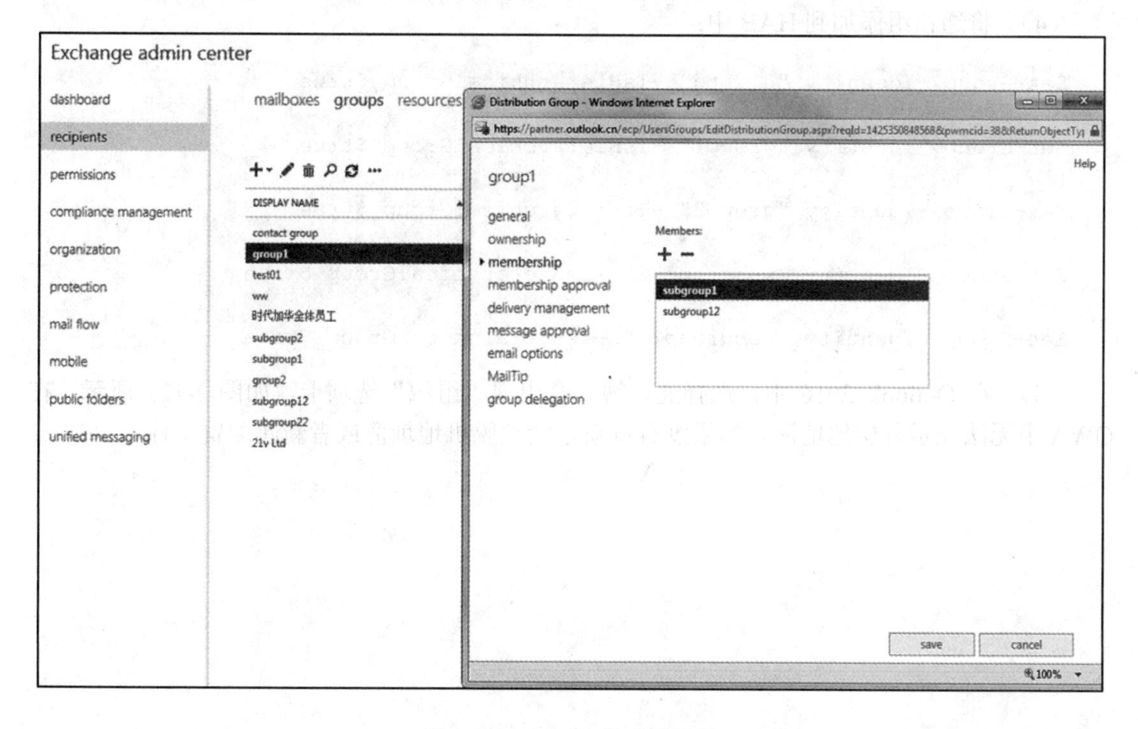

图 2-119　group1 的成员信息

通讯组 group2 包含 subgroup2 和 subgroup22 这 2 个子通讯组，如图 2-120 所示。

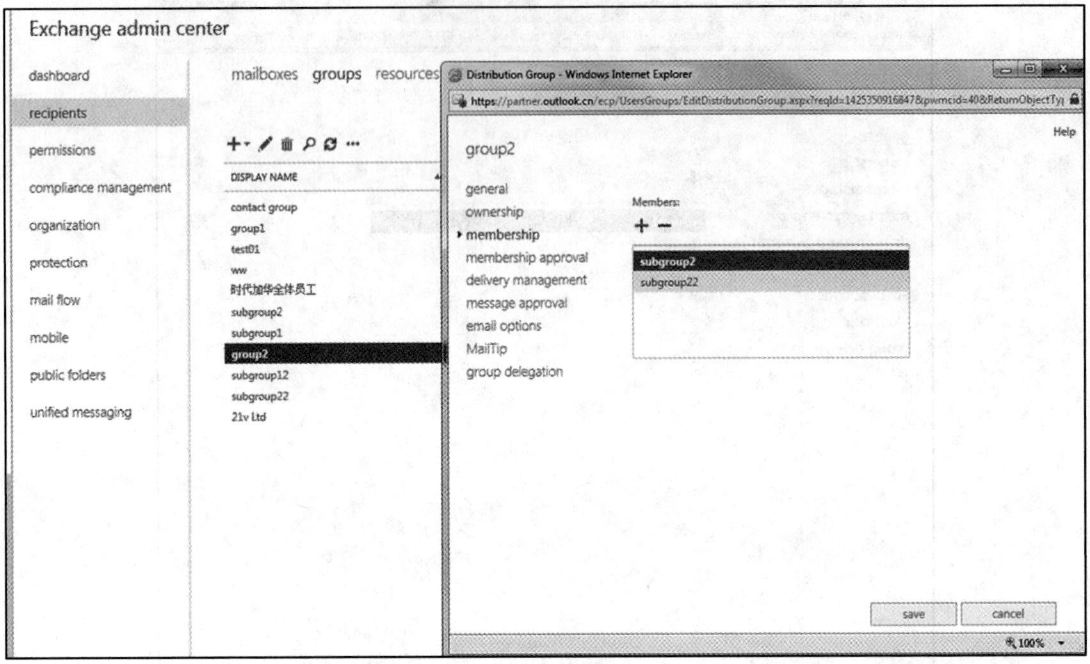

图 2-120　group2 的成员信息

（3） Set-OrganizationConfig -HierarchicalAddressBookRoot "21VLtd"，设置 HAB 根。

（4） 将通讯组添加到 HAB 中：

```
Set-Group -Identity "21VLtd" -IsHierarchicalGroup $true

Set-Group -Identity "group1" -IsHierarchicalGroup $true

Set-Group -Identity "group2" -IsHierarchicalGroup $true

Set-Group -Identity "subgroup12" -IsHierarchicalGroup $true

Set-Group -Identity "subgroup22" -IsHierarchicalGroup $true
```

（5） 在 Outlook 2016 中，选择通讯簿，会出现“组织”选项卡，如图 2-121 所示，在 OWA 中无法显示分层地址簿。如果没有刷新，清理脱机地址簿或者新建配置文件。

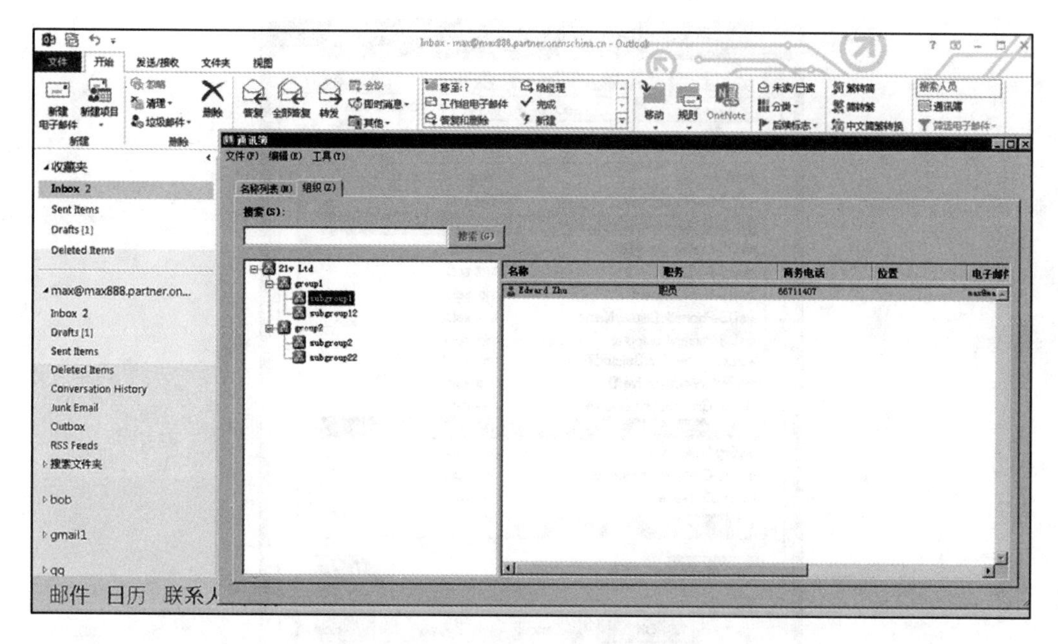

图 2-121 Outlook 2016 通讯簿中的组织信息

2. 禁用分层地址簿

禁用分层地址簿只需要执行以下一条命令：

```
Set-OrganizationConfig -HierarchicalAddressBookRoot $null
```

需要注意的是，仅目录同步环境下，检查本地 AD 中“根”组中 msExchHABRootDepartmentLink 的值是否为空，如果为空，要赋予了“根”组的 distinguishedName 的值，并在云端执行如下命令设置分层地址簿的根。

```
Set-OrganizationConfig -HierarchicalAddressBookRoot "Contoso,Ltd"
```

通常情况下，邮件通讯组都是从本地 AD 同步到 Office 365 的，此时对组进行设置时，会出现以下报错信息：

```
1.      The group "xxx" can't be managed by recipient "Organization Management".
The owner of the group should have the following recipient type details: xxx,xxx...

2.      The action 'Set-Group', 'IsHierarchicalGroup', can't be performed on
the object 'xxx' because the object is being synchronized from your on-premises
organization. This action should be performed on the object in your on-premises
organization.
```

其实运行命令的目的是设置组的 IsHierarchicalGroup 属性为 $true, 还有排序的属性 SeniorityIndex。目录同步默认规则中，云端这两个属性对应在本地活动目录分别是 msOrg-IsOrganizational 和 msDS-HABSeniorityIndex，只要在本地 AD 中修改通讯组的属性 msOrg-IsOrganizational 为 TRUE，同步到 Office 365 后 IsHierarchicalGroup 会自动设置成 $True，同时设置显示顺序的属性 SeniorityIndex，参数值越大将优先显示，如图 2-122 所示。

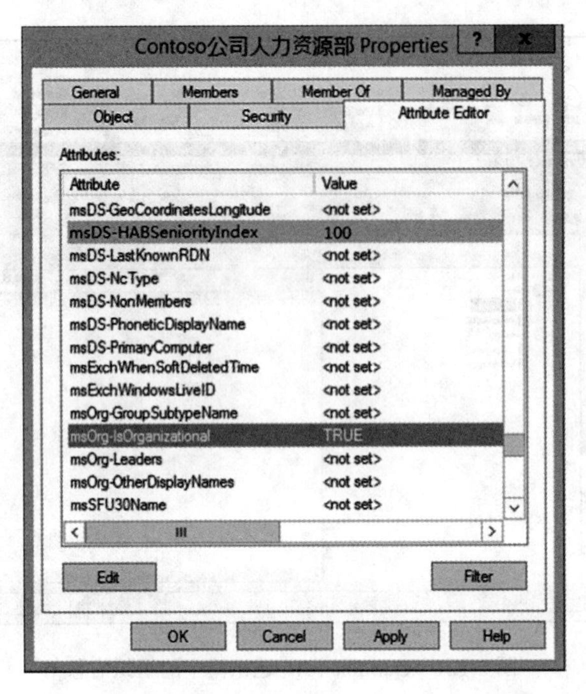

图 2-122　本地通讯组 msOrg-IsOrganizational 信息

2.3.4　通讯簿策略（ABP）

1.　创建通讯簿策略程序

管理员可以通过通讯簿策略（ABP）将用户分入特定组，实现组织全局地址列表（GAL）的自定义视图。

ABP 包含一个 GAL（全局通讯簿）、一个脱机通讯簿（OAB）、一个会议室列表及其他一个或多个自定义地址列表。然后将 ABP 指定给邮箱用户，向他们提供对 Outlook 和 Outlook Web App 中的自定义 GAL 的访问权限。目的是提供一种更简单的机制为需要多个 GAL 的内部部署组织实现 GAL 分段。通讯簿策略和分层地址簿只能二选一，无法同时部署。

（1）　启用通讯簿策略路由。

以下示例为整个 Exhange Online 组织启用 ABP 路由（图 2-123）。

```
Set-TransportConfig -AddressBookPolicyRoutingEnabled $true
```

```
PS C:\Windows\system32> Set-TransportConfig -AddressBookPolicyRoutingEnabled $true

PS C:\Windows\system32> Get-TransportConfig |fl AddressBookPolicyRoutingEnabled


AddressBookPolicyRoutingEnabled : True
```

图 2-123　整个 Exhange Online 组织启用 ABP 路由

（2） 赋予管理员 Exchange Online 管理角色组中的 Address Lists 权限，此权限保存后需要等待约 20 分钟，如图 2-124 所示。

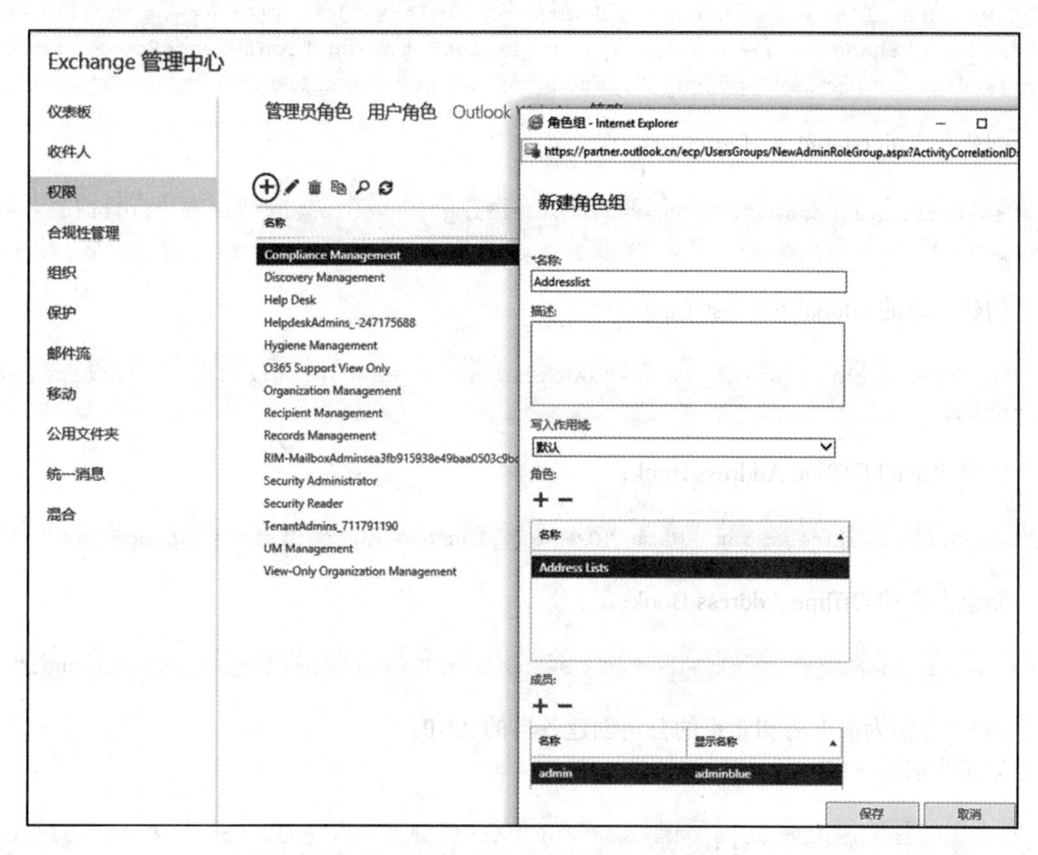

图 2-124 赋予管理员 Address Lists 权限

（3） 为上海（Shanghai）和北京（Beijing）各建一个 Address List、Room List、GAL 和 OAB。

创建北京的 Address List：

```
New-AddressList -Name "AL_Beijing" -RecipientFilter {((RecipientType -eq "UserMailbox") -or (RecipientType -eq"MailUniversalDistributionGroup") -or (RecipientType -eq"DynamicDistributionGroup")) -and (Office -eq "Beijing")}
```

创建上海的 Address List：

```
New-AddressList -Name "AL_Shanghai" -RecipientFilter {((RecipientType -eq "UserMailbox") -or (RecipientType -eq"MailUniversalDistributionGroup") -or (RecipientType -eq"DynamicDistributionGroup")) -and (Office -eq "Shanghai")}
```

创建北京的 Room List：

```
New-AddressList -Name "Beijing_Rooms" -RecipientFilter {(Alias -ne $null) -and (Office -eq"Beijing") -and (RecipientDisplayType -eq "ConferenceRoomMailbox") -or (RecipientDisplayType -eq "SyncedConferenceRoomMailbox")}
```

创建上海的 Room List：

```
New-AddressList -Name "Shanghai_Rooms" -RecipientFilter {(Alias -ne $null) -and (Office -eq"Shanghai") -and (RecipientDisplayType -eq "ConferenceRoomMailbox") -or (RecipientDisplayType -eq "SyncedConferenceRoomMailbox")}
```

创建北京的 Global Address List：

```
New-GlobalAddressList -Name "GAL_Beijing" -RecipientFilter {(Office -eq "Beijing")}
```

创建上海的 Global Address List：

```
New-GlobalAddressList -Name "GAL_Shanghai" -RecipientFilter {(Office -eq "Shanghai")}
```

创建北京的 Offline Address Book：

```
New-OfflineAddressBook -Name "OAB_Beijing" -AddressLists "GAL_Beijing"
```

创建上海的 Offline Address Book：

```
New-OfflineAddressBook -Name "OAB_Shanghai" -AddressLists "GAL_Shanghai"
```

（4） 分别为在上海和北京的公司创建各自的 ABP。

创建北京的 ABP：

```
New-AddressBookPolicy -Name "ABP_Beijing" -AddressLists "\AL_Beijing" -OfflineAddressBook "\OAB_Beijing" -GlobalAddressList "\GAL_Beijing" -RoomList "\Beijing_Rooms"
```

创建上海的 ABP：

```
New-AddressBookPolicy -Name "ABP_Shanghai" -AddressLists "\AL_Shanghai" -OfflineAddressBook "\OAB_Shanghai" -GlobalAddressList "\GAL_Shanghai" -RoomList "\Shanghai_Rooms"
```

（5） 通过用户的“办公室”属性进行 ABP 地址簿分配，命令如下。

分配“办公室”为上海的同事，应用上海的地址簿策略。

```
Get-Mailbox|where {$_.Office -eq "Shanghai"}| Set-Mailbox -AddressBookPolicy "ABP_Shanghai"
```

分配“办公室”为北京的同事，应用北京的地址簿策略。

```
Get-Mailbox|where {$_.Office -eq "Beijing"}| Set-Mailbox -AddressBookPolicy "ABP_Beijing"
```

（6） 创建了北京和上海的用户，如图 2-125 和图 2-126 所示。

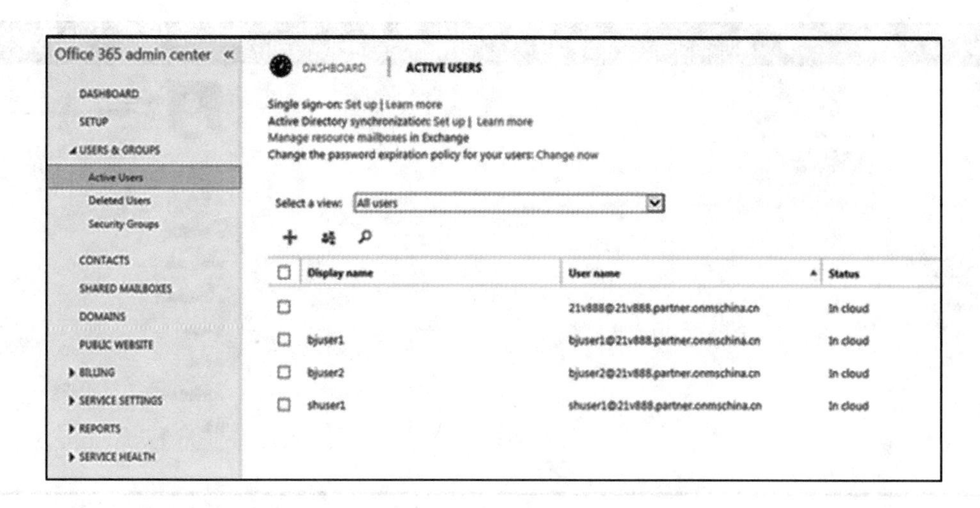

图 2-125　北京用户信息 1

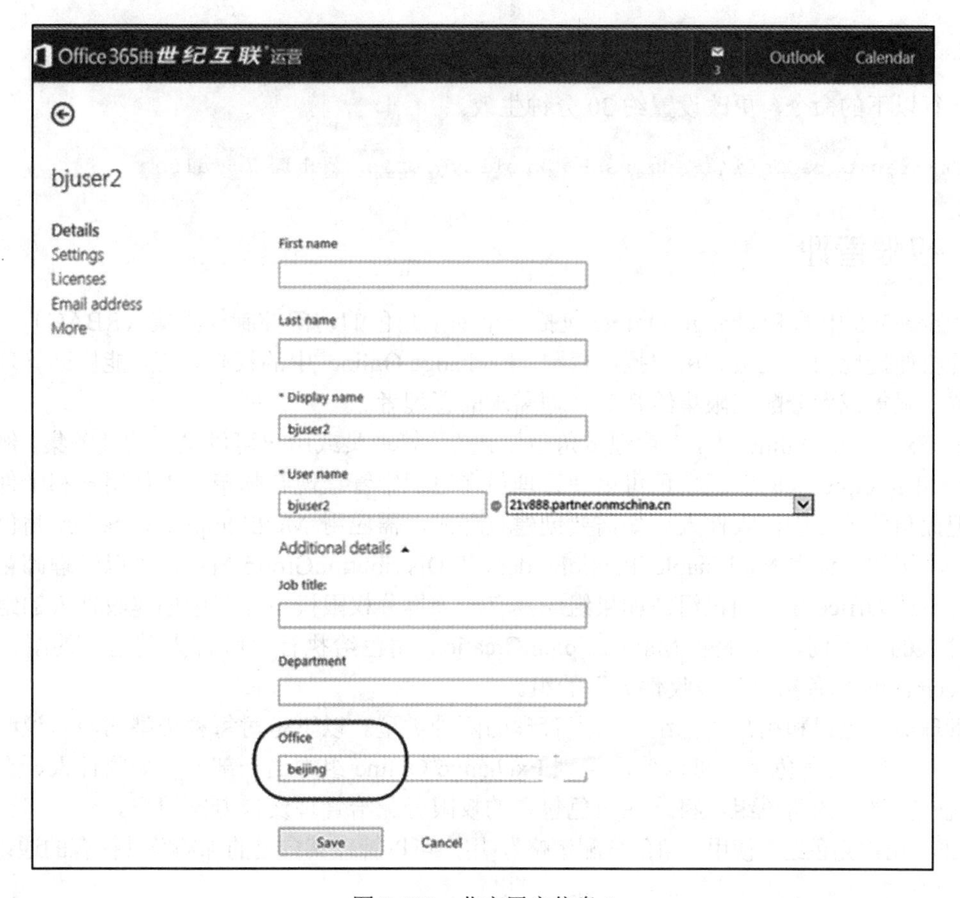

图 2-126　北京用户信息 2

（7） 上海用户通过地址簿目录，只能查询到“ABP_Shanghai”中的用户信息，如图 2-127 所示。

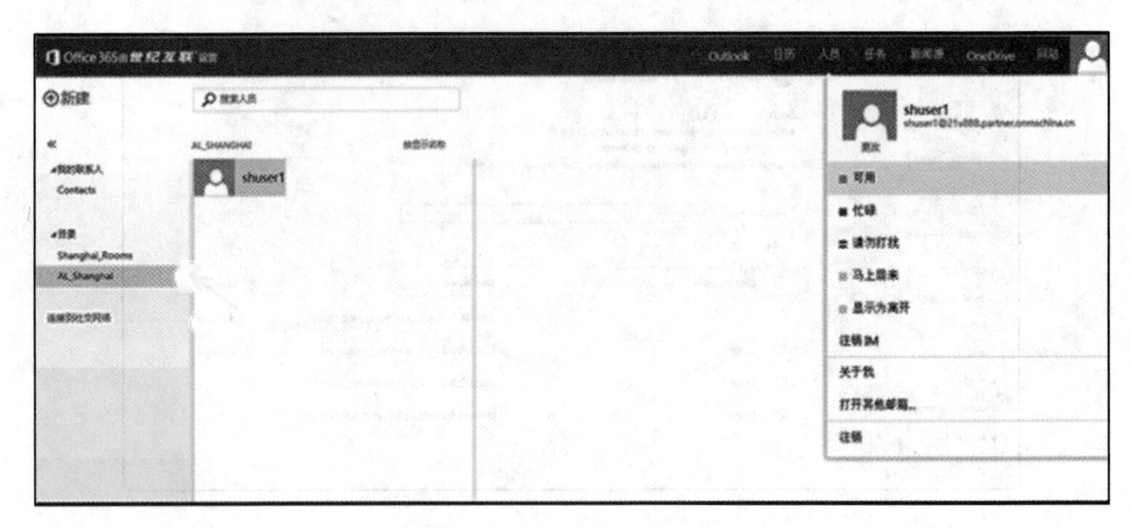

图 2-127　上海用户的人脉信息

2. 删除通讯簿策略

运行以下的命令，更改设置约 30 分钟生效。

```
Set-TransportConfig -AddressBookPolicyRoutingEnabled $false
```

2.4 权限管理

Office 365 中的 Exchange Online 包括一个基于角色的访问控制权限集（RBAC），使用它可轻松便捷地向管理员和用户授予权限。Exchange Online 中的权限功能，能协助管理员快速设置权限集或者分配权限集给特定管理需求的管理者。

在 Exchange Online 中，“管理员角色”定义了管理员或用户可以执行的任务集。例如，名为 Mail Recipients 的管理角色可以使管理员在组织中管理现有邮箱、邮件用户和邮件联系人，但此角色无法创建收件人。如需要创建收件人，需应用 MailRecipientCreation 角色创建用户。再例如：使用 MailEnabledPublicFolders 和 DistributionGroup 角色，可以管理邮箱的公用文件夹或 Office 365 通讯组。如果组织具有一个拆分权限模型，其中创建收件人的组与管理收件人的组不同，可分配 MailRecipientCreation 角色给执行“收件人创建”的组，分配 MailRecipients 角色给“管理收件人”的组。

管理员角色组和用户角色组是权限管理的两种类型。以下是对每种类型的简单说明。

（1） 管理员角色组：可以使用管理 Exchange Online 组织的一部分（如收件人、合规管理或统一消息）的角色组，将这些角色包含的权限分配给管理员或专家用户。

（2） 用户角色组：使用“角色分配策略”，用户可以管理其自己的邮箱及其拥有的通讯组。

2.4.1 管理员角色组

1. 管理员角色组概述

“管理员角色组”是大型 Exchange Online 组织中细化管理员任务而创建出不同的管理员

角色组。一般而言，会将一个“管理员角色组”分配给“启用邮件的安全组”，此角色组权限授予该安全组的所有成员。实现了通过对“安全组成员编辑”来进行管理员权限分配的目的。角色组通常覆盖更广泛的管理区域，如收件人管理。角色组只能与管理角色一起使用，而不能与用户角色一起使用。角色组成员可以是 Exchange Online 用户和其他角色组。

2. 默认管理角色组及其职能

Exchange Online 包括若干内置角色组，每个角色组都提供管理 Exchange Online 中特定区域的权限。某些角色组可能与其他角色组重叠。Exchange Online 包括大约 50 个可用于授予权限的角色。

表 2-2 列出了几个常用角色组及其职能。

表 2-2 角色组及其职能

角 色 组	职 能
Compliance Management	此角色组可让负责合规性的指定用户根据其策略正确配置和管理 Exchange 中的合规性设置
Discovery Management	此管理角色组成员可以在 Exchange 组织中针对符合特定标准的数据执行邮箱的搜索
Help Desk	此管理角色组成员可以在 Exchange 组织中查看收件人，以及查看和管理单个收件人的配置。此角色组成员只能管理每个用户管理其自用邮箱的配置。其他权限可通过向该角色组分配其他管理角色来添加
Organization Management	此管理角色组成员具有在 Exchange 组织中对 Exchange 对象及其属性进行管理的权限。另外，成员还可以委派组织中的角色组和管理角色。不应删除此角色组
Recipient Management	此管理角色组成员有权在 Exchange 组织中创建、管理和删除 Exchange 收件人对象
Records Management	此管理角色组的成员有权管理和处置记录内容
UM Management	此管理角色组成员可以管理统一消息组织、服务器和收件人配置
View-Only Organization Management	此管理角色组成员可以在 Exchange 组织中查看收件人和配置对象，及其这些对象的属性

默认情况下，Exchange Online 包括许多管理角色。表 2-3 所示的角色以各种组合形式被分配到管理角色组或管理角色分配策略，可授予其权限以管理和使用由 Exchange Online 提供的功能。

表 2-3 管理角色及权限

角 色	权 限
Address Lists	可让管理员在组织中管理地址列表、全局地址列表和脱机地址列表
ApplicationImpersonation	应用程序能够模拟组织中的用户，以代表用户执行任务
ArchiveApplication	允许伙伴应用程序将项目归档
Audit Logs	管理员能够在组织中管理 cmdlet 审核日志记录
Compliance Admin	允许用户查看和编辑合规性性能的设置及报表
Data Loss Prevention	管理员能够在组织中管理数据丢失防护(DLP)设置
Distribution Groups	管理员能够在组织中创建和管理通讯组及通讯组成员
E-Mail Address Policies	管理员能够在组织中管理电子邮件地址策略

（续表）

角　色	权　限
Federated Sharing	管理员能够在组织中管理跨林和跨组织的共享
Information Rights Management	管理员能够在组织中管理 Exchange 的信息权限管理(IRM)功能
Journaling	管理员能够管理组织中的日志记录配置
Legal Hold	管理员能够配置邮箱中的数据是否应保留，以供组织诉讼时使用
LegalHoldApplication	允许伙伴应用程序查询合法保留状态
Mail Enabled Public Folders	管理员能够配置组织中的单个公用文件夹是否已启用或禁用邮件。利用该角色类型，可以仅管理公用文件夹的电子邮件属性，但无法管理公用文件夹的非电子邮件属性。要管理公用文件夹的非电子邮件属性，需要分配一个与 PublicFolders 角色类型相关联的角色
Mail Recipient Creation	管理员能够在组织中创建邮箱、邮件用户、邮件联系人以及常规通讯组和动态通讯组。将此角色与 MailRecipients 角色结合使用，可以创建和管理收件人。注意：此权限无法创建“启用邮箱的公共文件夹”
Mail Recipients	管理员能够在组织中管理现有邮箱、邮件用户和邮件联系人，但此角色无法创建收件人，使用 MailRecipientCreation 角色创建它们
Mail Tips	管理员能够在组织中管理邮件提示
Mailbox Import Export	管理员能够导入和导出邮箱内容并清除邮箱中不需要的内容
Mailbox Search	管理员能够在组织中搜索一个或多个邮箱的内容
MailboxSearchApplication	允许伙伴应用程序搜索邮箱
MeetingGraphApplication	允许合作伙伴应用程序调用会议 Graph API
Message Tracking	管理员能够在组织中跟踪邮件
Migration	管理员能够将邮箱和邮箱内容迁移到或迁移出服务器
Move Mailboxes	管理员能够在组织内的服务器之间，以及本地组织和其他组织的服务器之间进行邮箱迁移
OfficeExtensionApplication	允许 Microsoft Office 扩展应用程序访问用户邮箱
Org Custom Apps	用户能够查看和修改其组织的自定义应用
Org Marketplace Apps	用户能够查看和修改其组织的商城应用
Organization Client Access	管理员能够在组织中管理客户端访问设置
Organization Configuration	可让管理员管理整个组织的设置。此角色类型可控制的组织配置包括：启用或禁用组织的邮件提示；托管文件夹主页的 URL；Microsoft Exchange 收件人 SMTP 地址和备用电子邮件地址；资源邮箱属性架构配置；Exchange 管理控制台和 Outlook Web App 的帮助 URL。此角色类型不包含 OrganizationClientAccess 或 OrganizationTransportSettings 角色类型中所具有的权限
Organization Transport Settings	管理员能够管理组织范围内的传输设置，如系统消息、站点配置和组织范围内的其他传输设置。此角色不允许创建或管理传输接收连接器、传输发送连接器、队列、安全机制、代理、远程域、接受域或者规则。若要创建或管理每个传输功能，必须获得与以下角色类型相关联的角色：ReceiveConnectors SendConnectors TransportQueues TransportHygiene TransportAgents RemoteandAcceptedDomains TransportRules
Public Folders	管理员能够在组织中管理公用文件夹。但此角色无法对启用邮箱的公用文件夹进行管理。若要对公用文件夹启用或禁用邮箱，需要分配一个与 MailEnabledPublicFolders 角色类型相关联的角色
Recipient Policies	管理员能够在组织中管理收件人策略，如设置策略

（续表）

角　色	权　限
Remote and Accepted Domains	管理员能够在组织中管理远程域和接受的域
Reset Password	使用户和管理员能够在组织中分别自行重置密码和重置用户密码
Retention Management	允许用户管理保留策略
Role Management	管理员能够管理组织中的管理角色组、角色分配策略和管理角色，以及角色项、角色分配和角色范围。获得此角色的用户可以覆盖按属性管理的角色组、配置任何角色组，并可在任何角色组中添加或删除成员
Security Admin	允许查看并编辑安全功能的配置和报告
Security Group Creation and Membership	管理员能够在组织中创建和管理通用安全组及其成员资格
Security Reader	允许查看安全功能的配置和报告
SendMailApplication	允许合作伙伴应用程序发送电子邮件
Team Mailboxes	管理员能够在组织中定义一个或多个站点邮箱设置策略并管理站点邮箱。分配了此角色的管理员可以管理非其所有的站点邮箱
TeamMailboxLifecycleApplication	允许伙伴应用程序更新“站点邮箱”的生命周期状态
Transport Hygiene	管理员能够在组织中管理防病毒功能和反垃圾邮件功能
Transport Rules	管理员能够在组织中管理传输规则
UM Mailboxes	管理员能够管理组织中邮箱和其他收件人的统一消息配置
UM Prompts	管理员能够在组织中创建和管理自定义统一消息语音提示
User Options	管理员能够在组织中查看用户的 Outlook Web App 选项。此角色可用于帮助诊断配置问题
UserApplication	允许伙伴应用程序代表最终用户运行
View-Only Audit Logs	管理员和最终用户（如法律和合规专员）能够搜索管理员审核日志并查看返回的结果。可以使用命令行管理程序搜索审核日志，也可以从 Exchange 控制面板运行报告。分配了此角色的用户和组可以查看审核日志中包含的任何内容，其中包括运行的 cmdlet 及其运行者、为其运行 cmdlet 的对象以及提供的参数和值。由于返回的结果可能包含敏感信息，因此应只将此角色分配给明确需要查看该信息的用户
View-Only Configuration	管理员能够在组织中查看所有非收件人 Exchange 配置设置。其中可查看的配置示例有服务器配置、传输配置、数据库配置和组织范围内的配置。可将与 ViewOnlyRecipients 角色类型相关联的角色与此角色合并，来创建能查看组织中各个对象的角色组
View-Only Recipients	管理员能够查看收件人配置，如邮箱、邮件用户、邮件联系人、通讯组和动态通讯组。可将与 ViewOnlyConfiguration 角色类型相关联的角色与此角色合并，来创建能查看组织中各个对象的角色组

3. 创建管理员角色组及应用实例

在 Exchange 管理中心的“权限”中，可添加角色组、删除角色组、复制角色组及编辑角色组。下面将介绍如何添加管理角色组，使管理员在组织内可管理地址列表、全局地址列表和脱机地址列表。

（1）在 Exchange 管理中心，转到“权限”→“管理员角色”页面，单击“+”按钮，如图 2-128 所示。

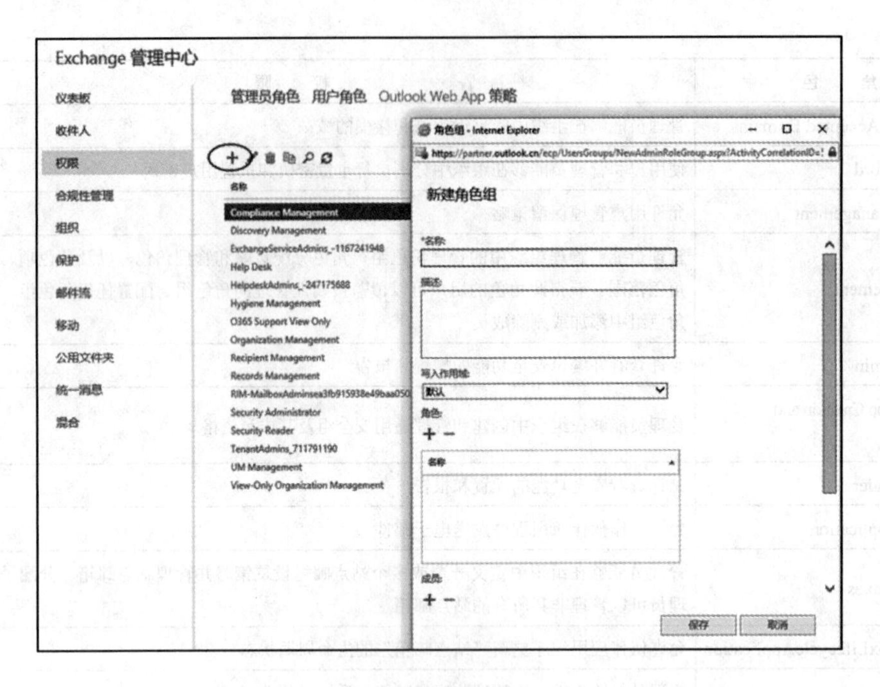

图 2-128 新建角色组

（2） 添加名称“Address List”，角色“Address Lists”，成员“admin”，单击“保存”按钮，如图 2-129 所示。

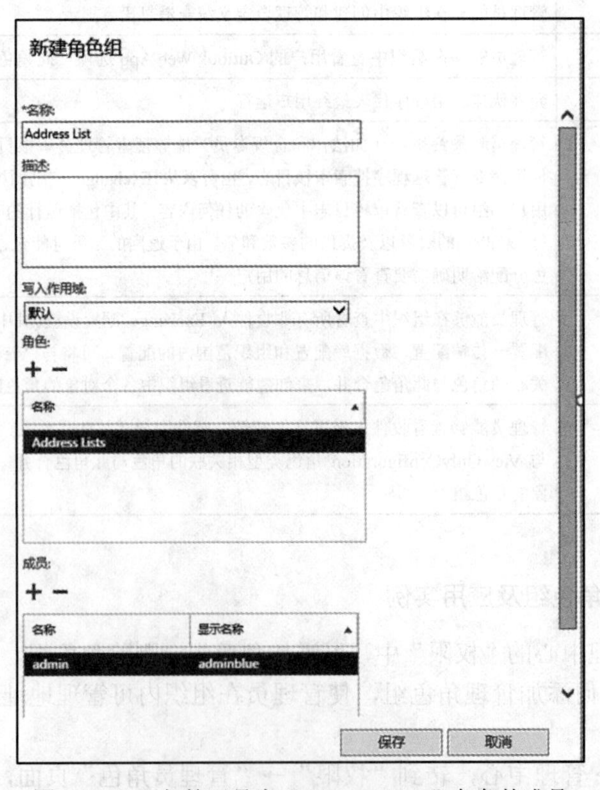

图 2-129 添加管理员为“Address Lists”角色的成员

（3） 可在管理员角色列表视图中查看创建的角色组，如图 2-130 所示。

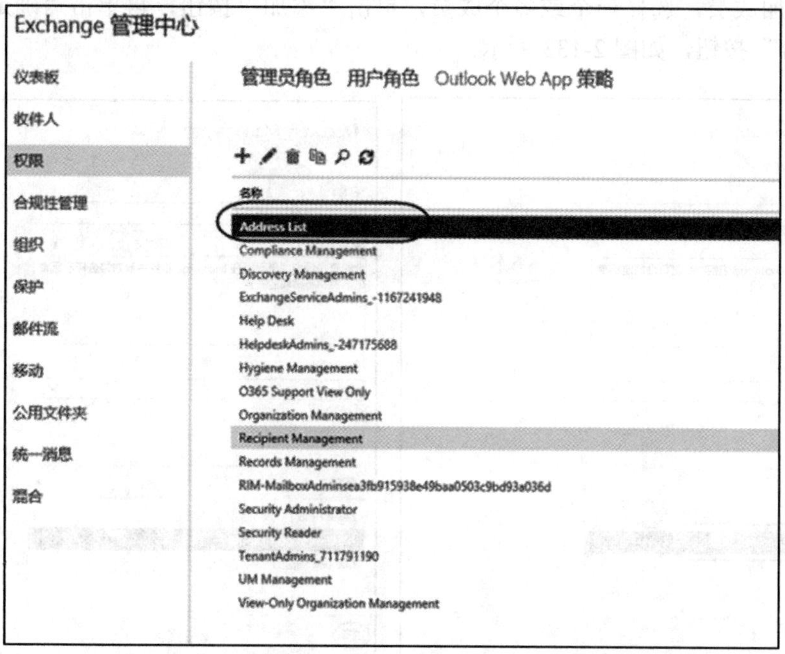

图 2-130　查看新建的“Address List”管理员角色

如果用户希望使用 Exchange Online 创建就地电子数据展示任务，首先给管理员赋予“发现管理角色组”。

（1） 转到“权限”→“管理员角色”页面，在列表视图中选择“Discovery Management”选项，然后单击✏按钮，如图 2-131 所示。

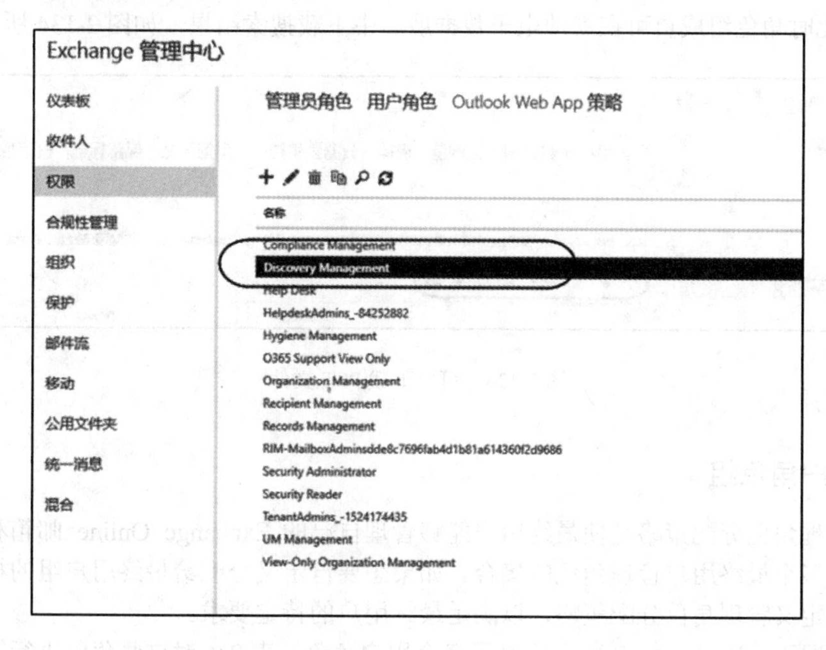

图 2-131　选择“Discovery Management”角色

（2） 添加角色 Mailbox Import Export，便于之后将搜索结果下载至 PST，如图 2-132 所示。

（3） 添加成员，选择一个或多个成员，单击“添加”按钮，再单击“确定”按钮，之后单击“保存”按钮，如图 2-133 所示。

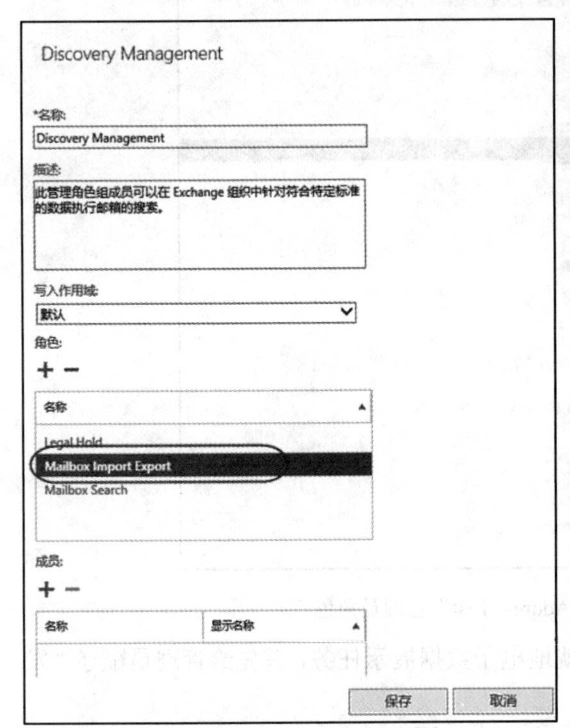

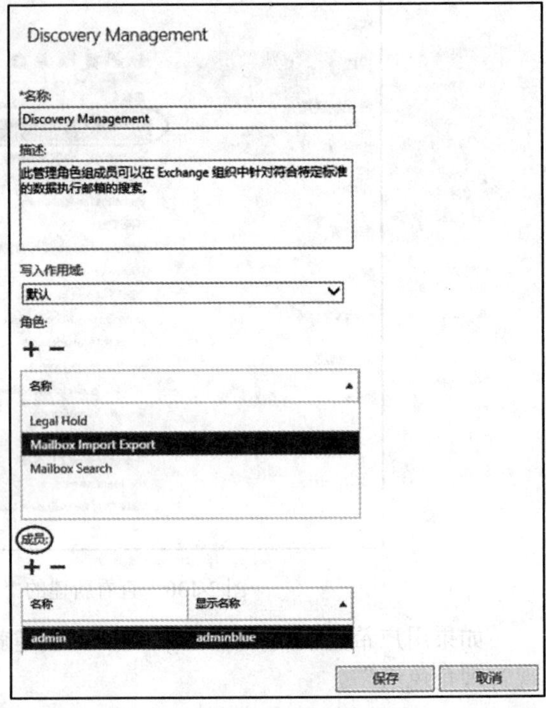

图 2-132 添加“Mailbox Import Export”角色

图 2-133 添加成员

（4） 此时角色组成员可在就地电子数据展示中下载搜索结果，如图 2-134 所示。

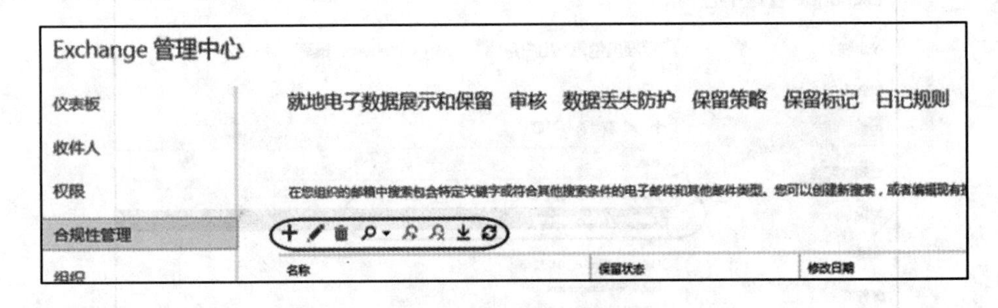

图 2-134 可以下载 PST 文件

2.4.2 用户角色组

用户管理角色分配策略是使最终用户能够管理自己的 Exchange Online 邮箱和通讯组配置的一个或多个最终用户管理角色的集合。如果想要自定义分配给最终用户组的权限，可以创建新的自定义管理角色分配策略，以满足最终用户的特定要求。

默认情况下，Exchange Online 定义了多个用户角色，表 2-4 对这些角色进行简要说明。

表 2-4 用户角色及权限

角 色	权 限
MyContactInformation	使个人用户能够修改其联系信息，包括地址和电话号码
MyProfileInformation	使个人用户能够修改其姓名
MyDistributionGroups	使个人用户能够创建、修改和查看通讯组，并对个人用户所有的通讯组进行修改、查看，删除及向其添加成员
MyDistributionGroupMembership	使个人用户能够创建、修改和查看通讯组，并对个人用户所有的通讯组进行修改、查看，删除及向其添加成员
My Custom Apps	用户能够查看和修改其自定义应用
My Marketplace Apps	用户能够查看和修改其商城应用
My ReadWriteMailbox Apps	允许用户使用 ReadWriteMailbox 权限安装应用
MyBaseOptions	个人用户能够查看和修改其自用邮箱及其相关设置的基本配置
MyMailSubscriptions	个人用户能够查看和修改其电子邮件订阅设置，如邮件格式和协议默认值
MyRetentionPolicies	个人用户能够查看其保留标签，以及查看和修改其保留标签设置和默认值
MyTeamMailboxes	个人用户能够创建站点邮箱并将其与 SharePoint 站点相连接
MyTextMessaging	个人用户能够创建、查看和修改其文本信息设置
MyVoiceMail	个人用户能够查看和修改其语音邮件设置

Exchange Online 默认角色分配策略“Default Role Assignment Policy”授予了用户设置其 Outlook 网页版选项和执行其他自我管理任务的权限，如图 2-135 所示。

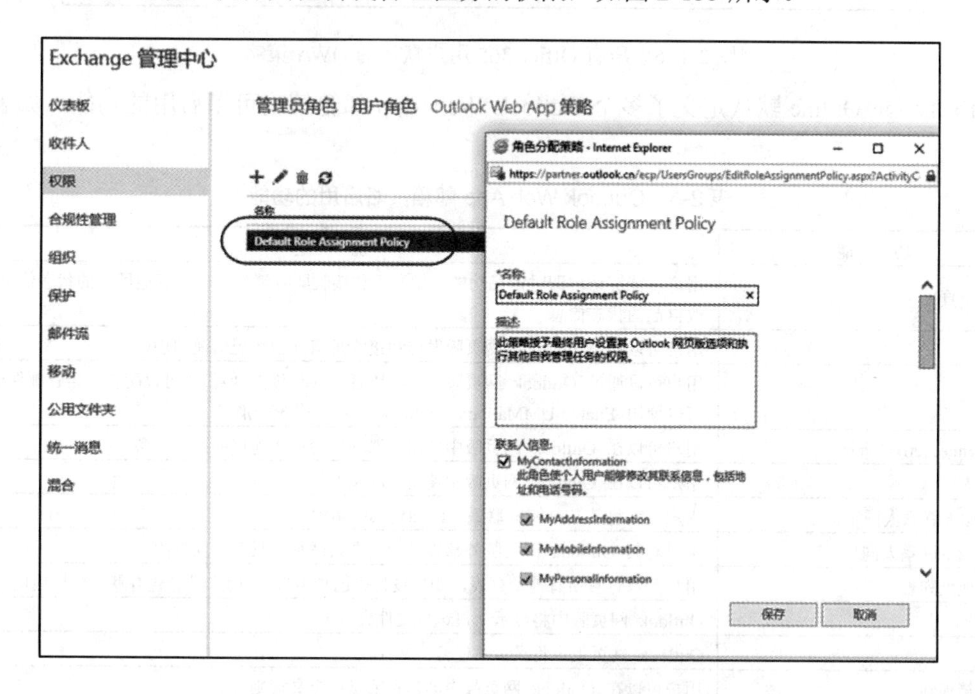

图 2-135 “Default Role Assignment Policy”的默认选项

2.4.3 Outlook Web App 策略

Exchange Online 管理中心的此策略控制着 Outlook Web App 上的设置和功能的可用性。每个邮箱只能有一个 Outlook Web App 策略应用，但可以在 Exchange Online 组织中针对不同的用户创建不同类型的策略。

每个 Exchange Online 组织对所有用户邮箱默认应用的 Outlook Web App 策略为“OwaMailboxPolicy-Default”，可以使用此策略或创建额外的策略，根据需要以满足组织的需求，如图 2-136 所示。

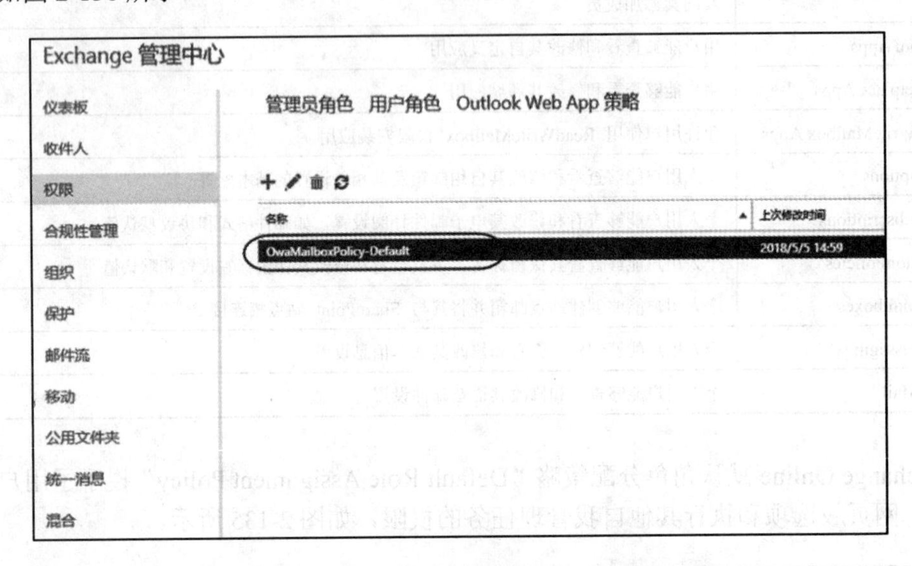

图 2-136 所有 Office 365 用户默认的 OWA 策略

Exchange Online 默认定义了多个 Outlook Web App 邮箱策略可以启用的功能，如表 2-5 所示。

表 2-5 Outlook Web App 邮箱策略启用的功能

功 能	说 明
即时消息	用户将能够访问即时消息功能，如发送和接收即时消息、查看其他用户的状态信息及更改自己的状态信息
短信	用户可以使用 Outlook 网页版发送和接收短信并创建短信通知规则
统一消息	用户可以通过 Outlook 网页版访问其语音邮件和传真。他们还可以配置其语音邮件选项。可以使用 Enable-UMMailbox cmdlet 对用户启用统一消息
Exchange ActiveSync	用户可以在 Outlook 网页版中使用“选项”管理所连接的移动设备
联系人	用户可以在 Outlook 网页版中使用“联系人”
LinkedIn 联系人同步	用户能够将其 LinkedIn 联系人添加到其邮箱中
移动设备联系人同步	用户对其 Outlook 网页版外部设备上的个人联系人具有访问权限
所有地址列表	用户可以查看所有地址列表。如果设为“已禁用”，则用户只能查看默认全局地址列表
日记	Outlook 网页版中将显示“日记”文件夹
便笺	Outlook 网页版中将显示“便笺”文件夹
收件箱规则	用户可以在 Outlook 网页版中创建和编辑自定义规则
恢复已删除邮件	用户可以使用 Outlook 网页版查看“已删除邮件”文件夹中已删除的邮件，以及选择是将这些邮件恢复到“已删除邮件”文件夹中还是将它们永久删除

（续表）

功　能	说　明
更改密码	用户可以使用 Outlook 网页版中的“选项”更改其密码
主题	用户可以在 Outlook 网页版中更改配色方案
高级客户端	用户可以使用 Outlook 网页版的标准版本。如果清除复选框，则用户将切换到 Outlook 网页版的精简版本并获得简化后的体验
天气	用户可以在他们的日历上看到天气信息
位置	用户可以看到会议的位置建议
本地事件	用户可以看到其区域中发生的事件
兴趣日历	用户可以浏览并添加兴趣日历
电子邮件签名	用户可以创建自定义签名并选择是否在其发送的邮件中自动包含签名
日历	用户可以在 Outlook 网页版中使用“日历”
任务	用户可以在 Outlook 网页版中使用“任务”
提醒和通知	用户将接收新电子邮件通知和任务及日历提醒
公共或共享计算机直接文件访问	用户将可以通过选择附件然后选择“打开”来打开附件
私人计算机或适用于设备的 OWA 直接文件访问	用户将可以通过单击附件然后选择“打开”来打开附件

1. 在 Exchange 管理中心创建 Outlook Web App 策略

（1） 在 Exchange 管理中心转到“权限”→“Outlook Web App 策略”页面，单击“+”按钮如图 2-137 所示。

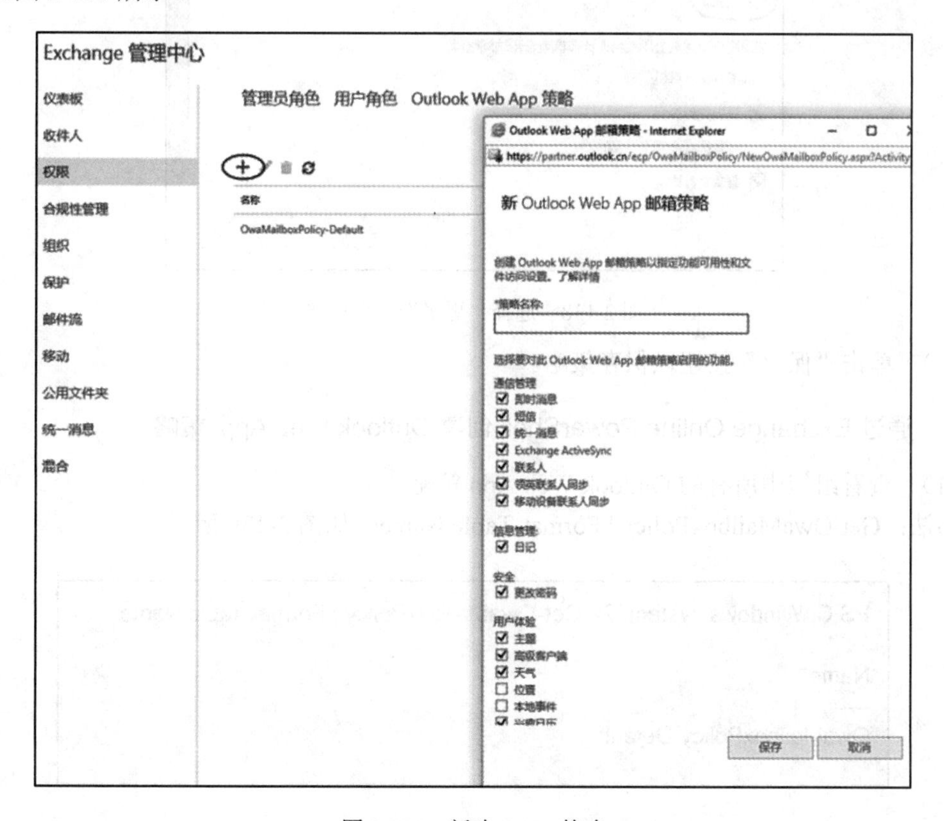

图 2-137　新建 OWA 策略

（2） 在打开的新建策略窗口，进行以下设置。

① 策略名称：输入策略唯一的名称。

② 使用复选框启动或禁用功能：默认情况下显示的是最常见的功能，若要查看所有功能，单击“更多选项”链接，如图 2-138 所示。

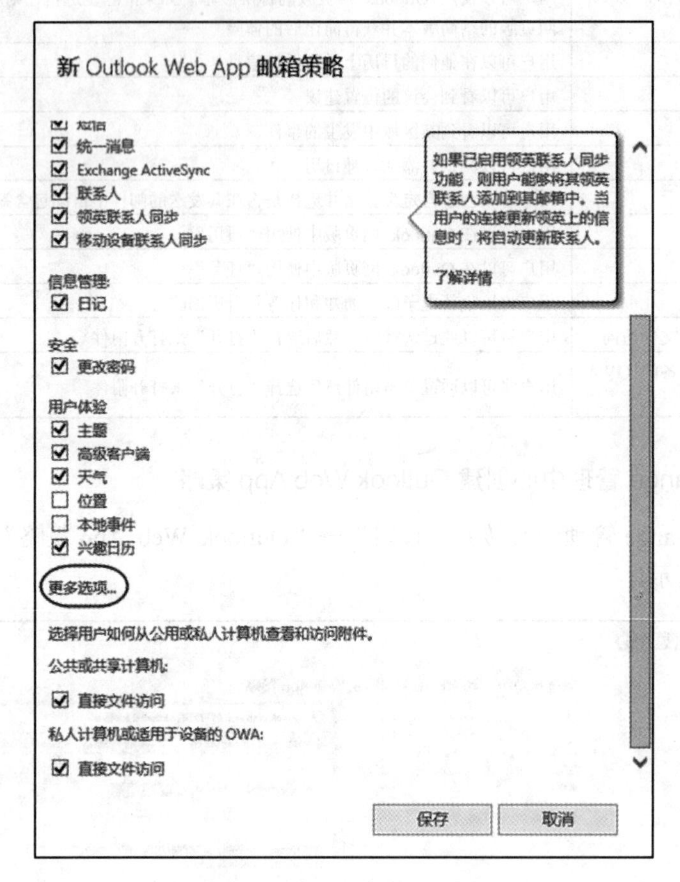

图 2-138 选择“更多选项”链接

（2） 单击“保存”按钮以保存策略。

2. 通过 Exchange Online PowerShell 创建 Outlook Web App 策略

（1） 查看组织中所有的 Outlook Web App 策略。

语法：Get-OwaMailboxPolicy | Format-Table Name，如图 2-139 所示。

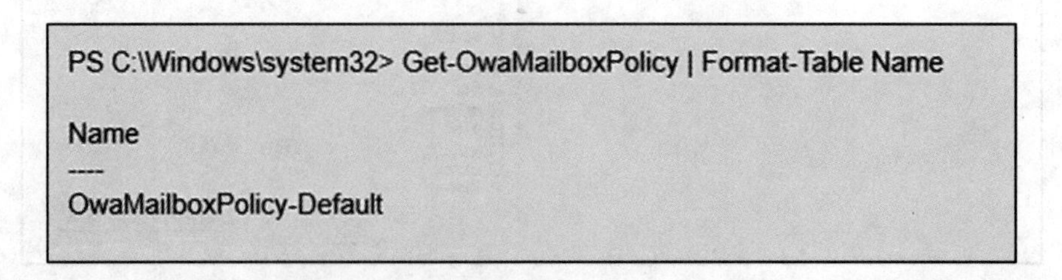

```
PS C:\Windows\system32> Get-OwaMailboxPolicy | Format-Table Name

Name
----
OwaMailboxPolicy-Default
```

图 2-139 查看组织中所有的 OWA 策略

（2） 创建名为“禁止日历访问”的 Outlook Web App 策略

语法：New-OwaMailboxPolicy -Name "<Unique Name>"，如图 2-140 所示。

```
PS C:\Windows\system32> New-OwaMailboxPolicy -Name "禁止日历访问"
```

图 2-140 创建名为“禁止日历访问”的 OWA 策略

查看创建的 Outlook Web App 策略是否成功，如图 2-141 所示。

```
PS C:\Windows\system32> Get-OwaMailboxPolicy | Format-Table Name

Name
----
禁止日历访问
OwaMailboxPolicy-Default
```

图 2-141 查看创建的 OWA 策略是否成功

（3） 在 Outlook Web App 策略“禁止日历访问”中禁用日历访问。

语法：Set-OwaMailboxPolicy -Identity "<Policy Name>" [Settings]，如图 2-142 所示。

```
PS C:\Windows\system32> Set-OwaMailboxPolicy -Identity "禁止日历访问" -CalendarEnabled $false

PS C:\Windows\system32> Get-OwaMailboxPolicy -Identity "禁止日历访问" |fl CalendarEnabled

CalendarEnabled : False
```

图 2-142 设置“禁止日历访问”的 OWA 策略禁用日历访问

2.5 合规性管理

电子邮件已成为各种规模组织中信息工作者可靠的普遍的通信工具。邮件存储数据也是企业的宝贵数据。管理员可以制定符合组织合规性的邮件策略。合规性管理充分利用 Office 365 邮箱系统，为用户提供策略模板进行合规性操作，例如“防数据丢失”等功能。

创建 Office 365 合规性策略以管理电子邮件生命周期，在基于法律和法规要求的时间长度内保留邮件、电子邮件记录以用于诉讼和调查。

“防数据丢失”防止邮件泄露组织的敏感信息，如知识产权、商业秘密、业务计划或处理的个人身份信息（PII）。

2.5.1 就地电子数据展示和保留

1. 概述

就地电子数据展示使用的是由 Exchange 搜索创建的内容索引。Exchange 管理中心（EAC）可以为非技术人员[如法律和合规事务主管、记录管理员和人力资源（HR）专家等]提供易于使用的搜索界面。

可执行就地电子数据展示搜索的授权用户，通过选择目标邮箱，指定搜索条件，如关键字、开始日期和结束日期、发件人地址和收件人地址及邮件类型，来实现邮件数据的搜索。授权用户的权限是基于角色的访问控制（RBAC）的“发现管理角色组”角色。搜索完成后，授权用户可以选择下列操作之一。

（1）估计搜索结果：此选项将返回预计的项目总大小和数量，搜索将基于指定的条件返回。

（2）预览搜索结果：此选项提供结果预览。将显示从每个搜索的邮箱返回的邮件。

（3）复制搜索结果：此选项允许将邮件复制到发现邮箱。

（4）导出搜索结果：将搜索结果复制到发现邮箱后，可以将其导出到 PST 文件中，如图 2-143 所示。

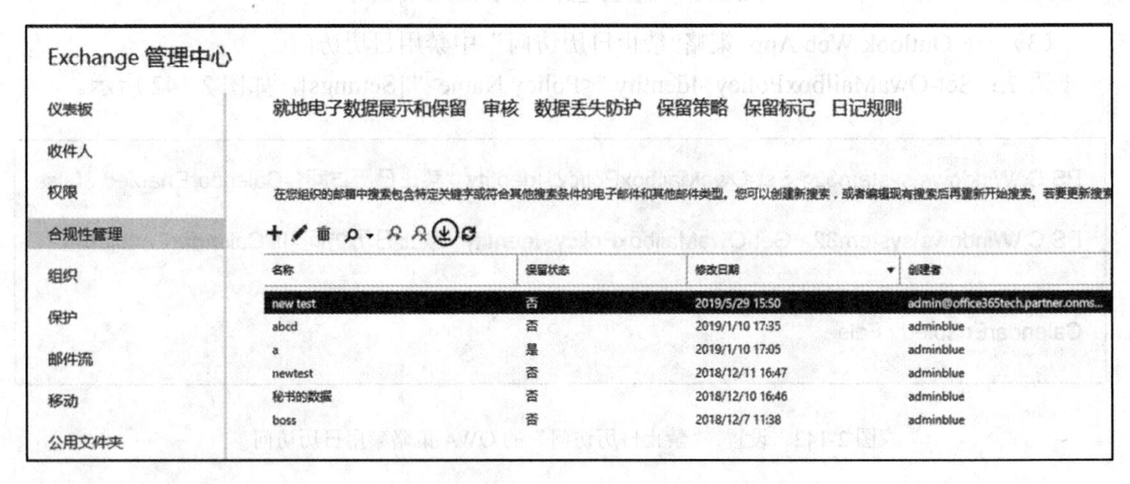

图 2-143　导出 PST 文件

2. 在 Exchange 中分配电子数据展示权限

默认情况下，Office 365 全局管理员没有“Exchange Online 就地电子数据展示”权限，必须授权管理员添加到“发现管理角色组”。

1） 在 Exchange 管理中心将用户添加至发现管理角色组

（1） 转到“权限”→“管理员角色”页面，在列表视图中选择发现管理 Discovery Management，然后单击✎按钮，如图 2-144 所示。

图 2-144 编辑“Discovery Management”

（2） 角色组中添加角色 Mailbox Import Export，便于之后将搜索结果下载至 PST，如图 2-145 所示。

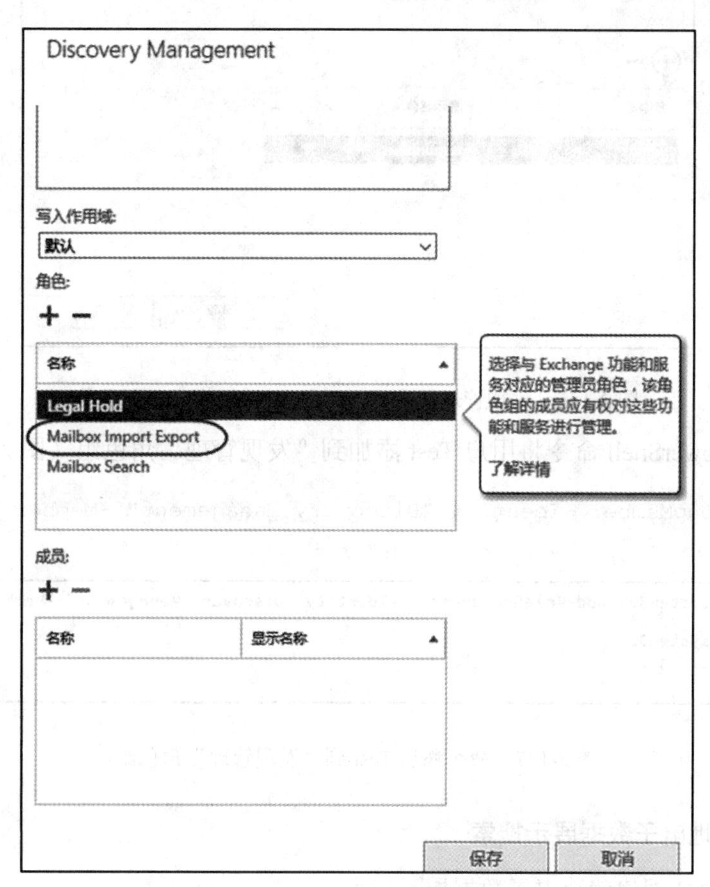

图 2-145 添加角色“Mailbox Import Export”

（3） 角色组中，添加成员，选择一个或多个用户，单击“添加”按钮，再单击“确定”按钮，之后单击“保存”按钮，如图 2-146 所示。

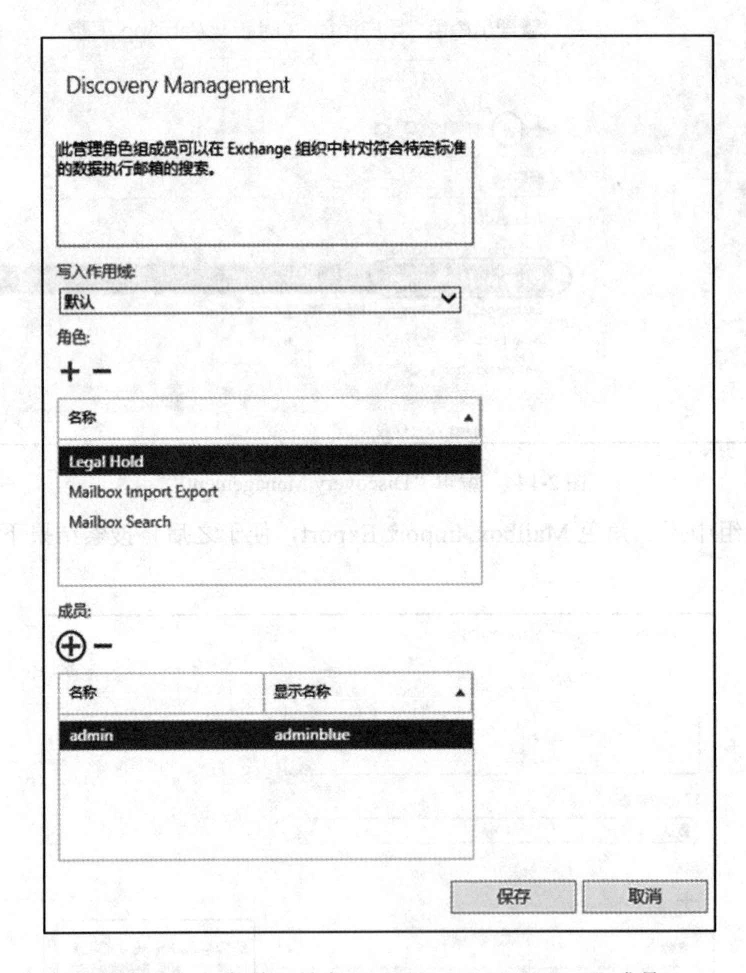

图 2-146　添加管理员为“Discovery Management”成员

2） 使用 PowerShell 命令将用户 Test 添加到“发现管理”角色组（图 2-147）：

```
Add-RoleGroupMember -Identity "Discovery Management" -Member Test
```

```
PS C:\Windows\system32> Add-RoleGroupMember -Identity "Discovery Management" -Member Test
PS C:\Windows\system32>
```

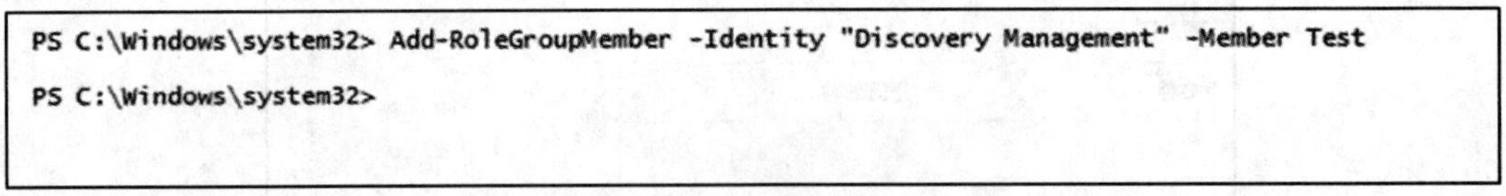

图 2-147　命令添加 Test 到“发现管理”角色组

3. 创建就地电子数据展示搜索

1） 使用 EAC 创建就地电子数据展示搜索

（1） 在 Exchange 管理中心转到“合规性管理”→“就地电子数据展示和保留”页面，

单击“新建”按钮＋，如图 2-148 所示。

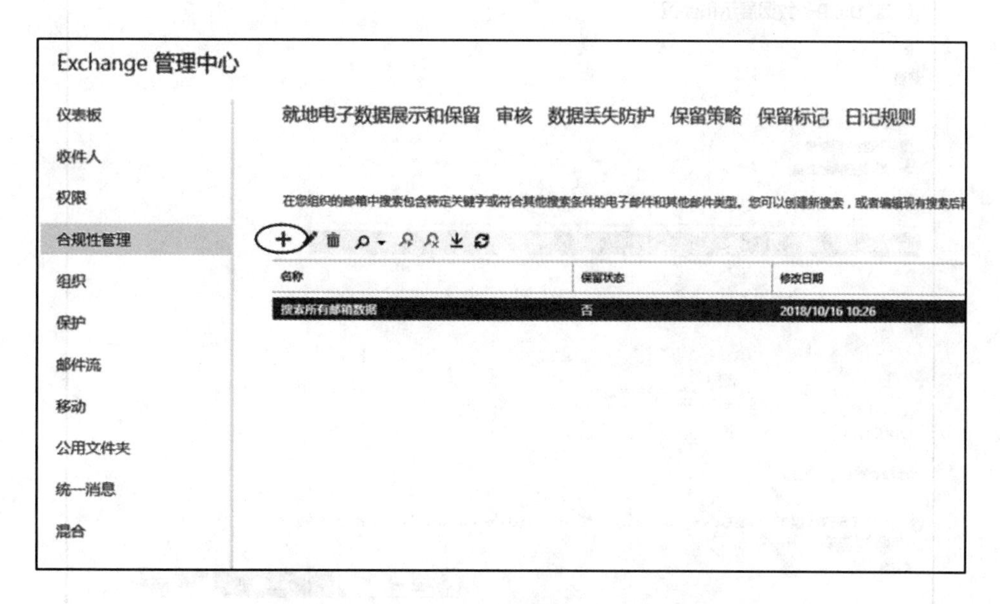

图 2-148　新建“就地电子数据展示和保留”任务

（2） 在“新建就地电子数据展示和保留”的“名称和描述”页中，输入搜索的名称，添加可选描述，单击“下一步”按钮，如图 2-149 所示。

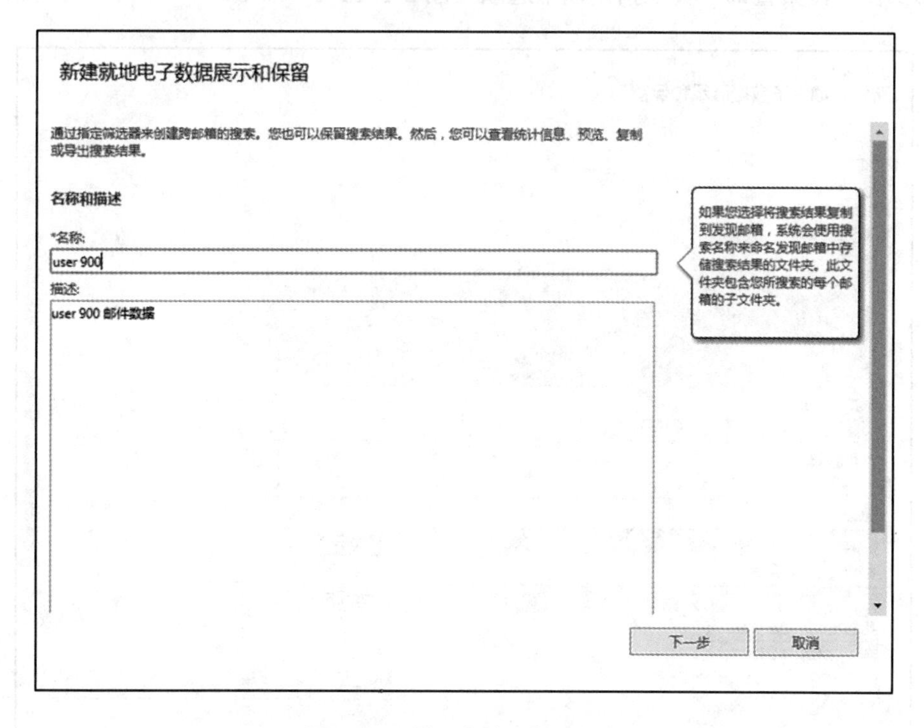

图 2-149　填写名称和描述信息

（3） 在邮箱页中，选择要搜索的邮箱。可以搜索所有邮箱，或选择指定要搜索的邮箱。在 Exchange Online 中，还可以选择 Office 365 组作为搜索的内容源，如图 2-150 所示。

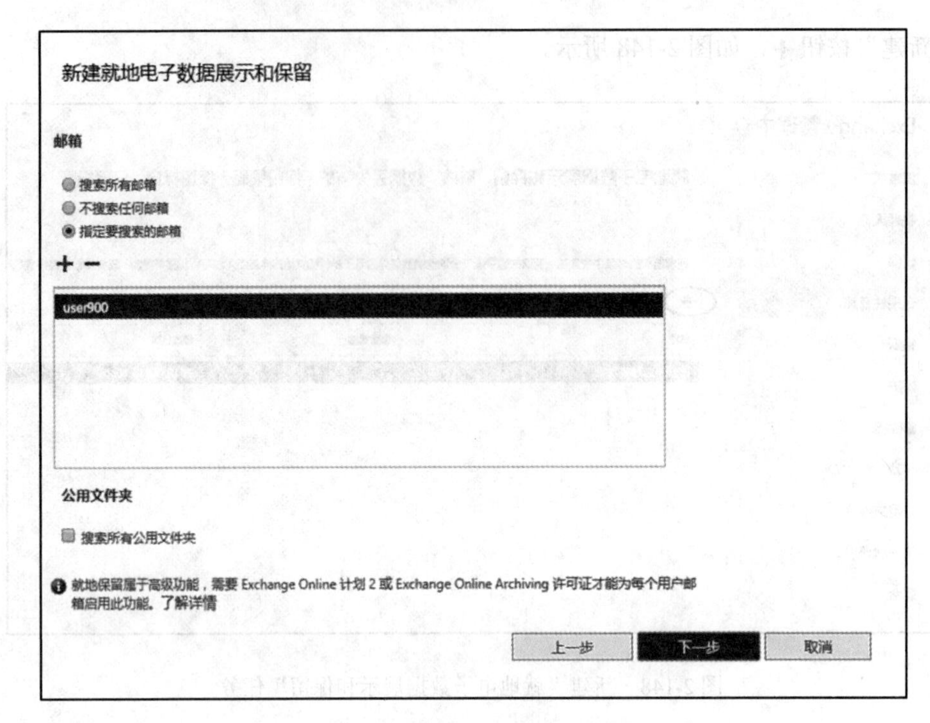

图 2-150　指定要搜索的邮箱

（4） 在“搜索查询”页中指定以下选项（图 2-151）。

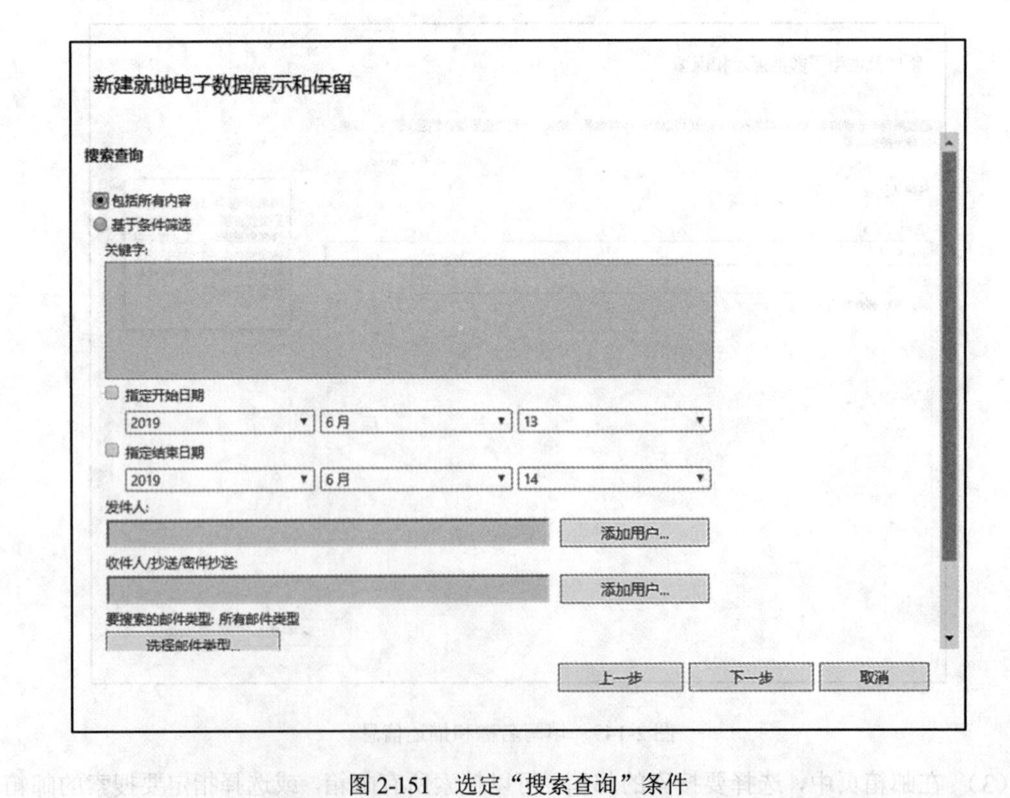

图 2-151　选定“搜索查询”条件

① 包含所有内容：选中此单选按钮可将所有内容置于保留状态。如果取消选中此单选按钮，则无法指定附加搜索条件。

② 基于条件筛选：选择此选项以指定搜索条件，包括关键词、开始和结束日期、发件人和收件人地址和邮件类型。

（5） 在“就地保留设置”页中可以选中“将与所选源中的搜索查询匹配的内容置于保留状态”复选框，然后选择以下选项之一（图 2-152）。

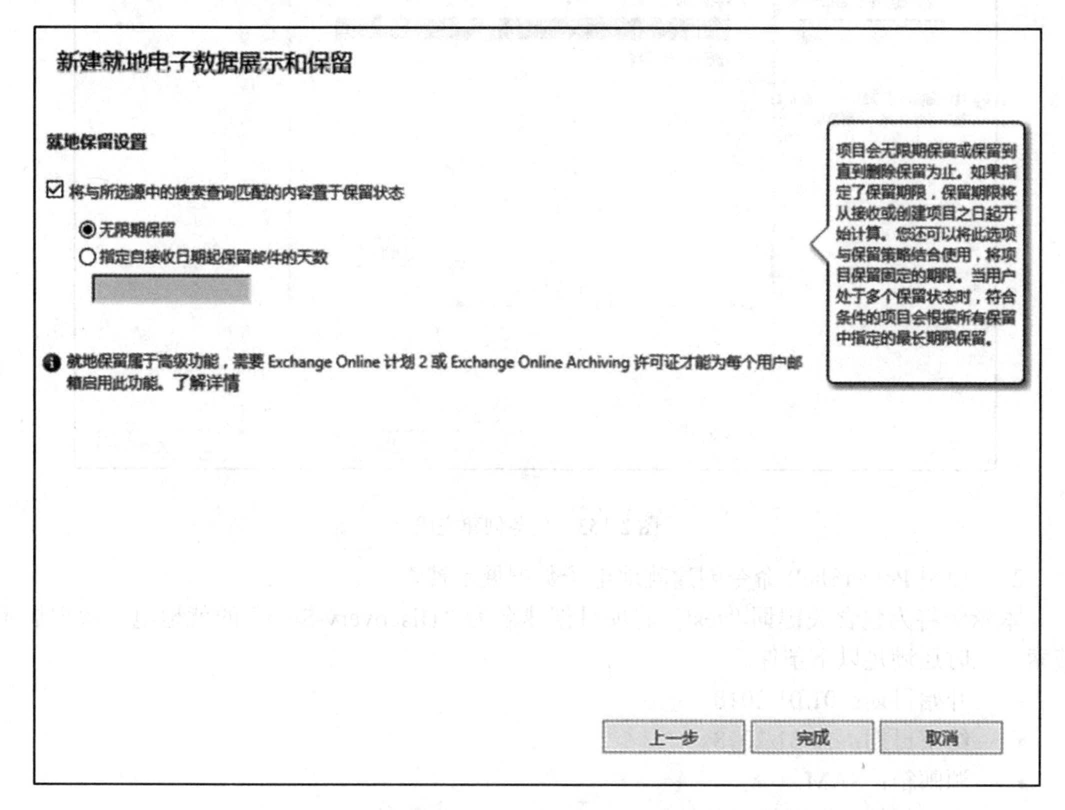

图 2-152 启用“无限期保留”

① 无限期保留。选择此选项可置于无限期保留。保留项将被保留，直到从搜索中删除邮箱或删除搜索任务。

② 指定自接收日期起保留邮件的天数。例如，组织需要所有邮件都保留至少七年，可设置天数为 2555。

③ 注意：就地保留属于高级功能，需要 Exchange Online 计划 2 或 Exchange Online Archiving 许可证才能为每个用户邮箱启用此功能。

（6） 单击“完成”按钮以保存搜索并返回估计总大小和指定的条件基于搜索的项目数，如图 2-153 所示。

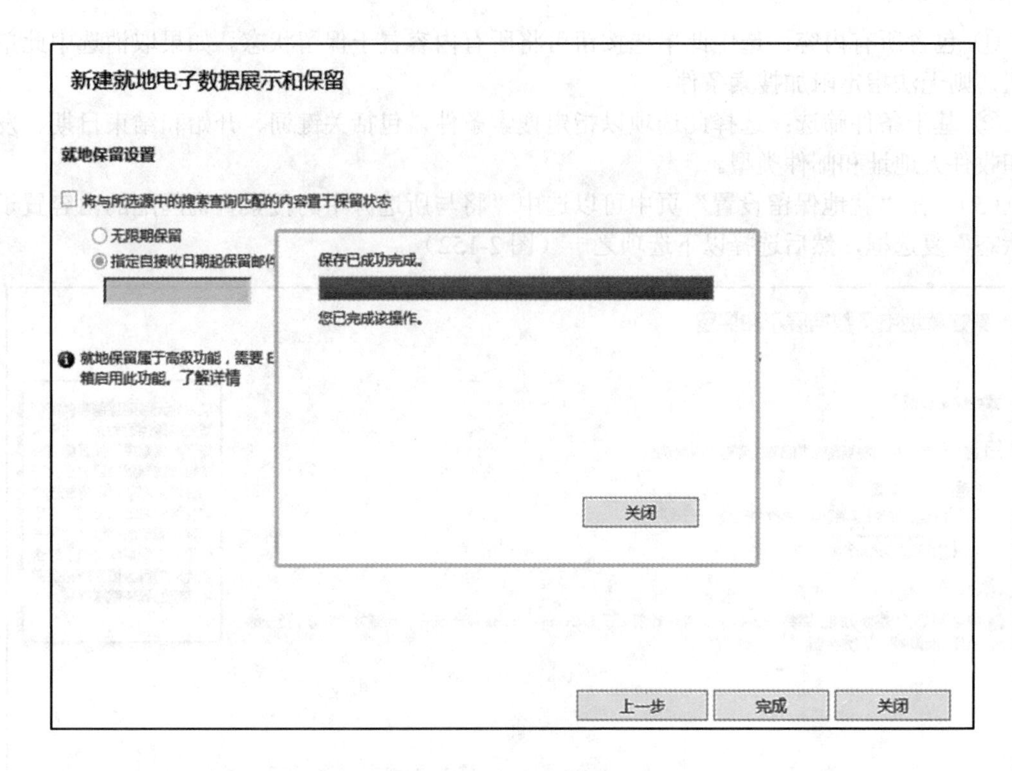

图 2-153　任务创建完成

2）　使用 PowerShell 命令创建就地电子数据展示搜索

本示例将为包含关键词“test”的项目创建名为“Discovery-Sam”的就地电子数据展示搜索，同时还满足以下条件。

- 开始日期：01/01/2018。
- 结束日期：12/31/2018。
- 源邮箱：SAM。
- 目标邮箱：发现搜索邮箱 Discovery Search Mailbox。
- 邮件类型：Email。
- 在搜索统计信息中包含不可搜索的项目。
- 日志级别：完整。

使用 New-MailboxSearch 命令，创建就地电子数据展示任务"Discovery-Sam"并将结果复制到发现邮箱"Discovery Search Mailbox"，如图 2-154 所示。

```
New-MailboxSearch "Discovery-Sam" -StartDate "01/01/2018" -EndDate "12/31/2018" -SourceMailboxes "Tinazhu" -TargetMailbox "Discovery Search Mailbox" -SearchQuery '"test"' -MessageTypes Email -IncludeUnsearchableItems -LogLevel Full

Start-MailboxSearch "Discovery-Sam"

Get-MailboxSearch "Discovery-Sam"
```

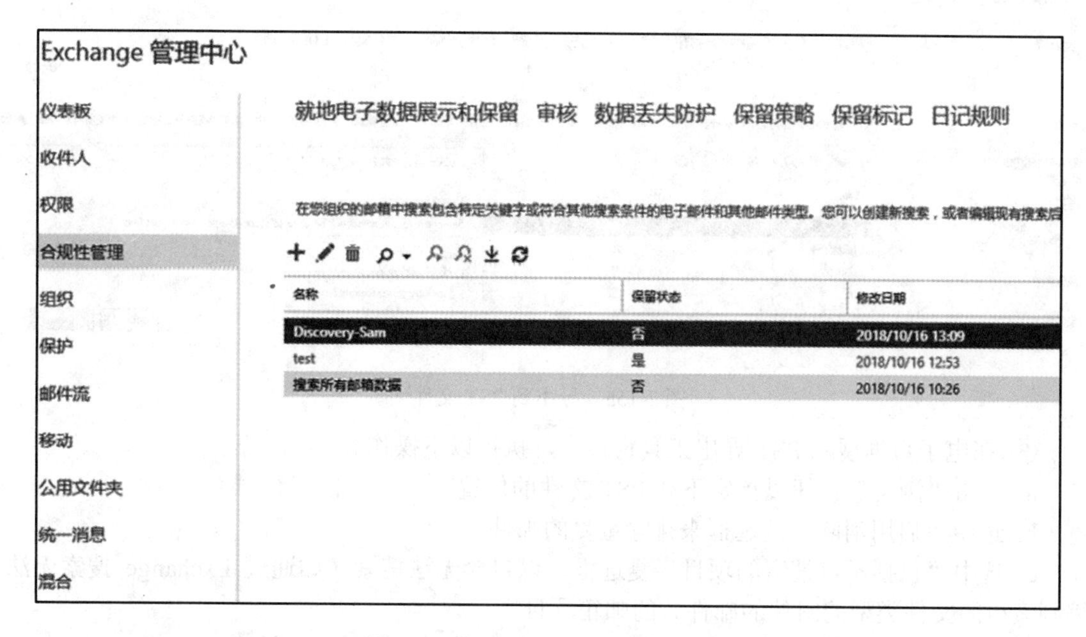

图 2-154 使用命令创建"Discovery-Sam"就地电子数据展示任务

4. 将电子数据展示搜索结果导出至 PST 文件

在 Exchange 管理中心（EAC）可以通过电子数据展示工具，将就地电子数据展示搜索结果导出到 Outlook 数据文件中，即 PST 文件。搜索结果导出至 PST 文件后，可以通过 Outlook 或者第三方邮件应用程序打开 PST 文件，以查看或搜索就地电子数据展示搜索结果中返回的消息。

（1） 在将就地电子数据展示搜索结果导出至 PST 文件之前，需要确认以下几点。

① 必须赋予“电子数据展示”权限，然后才能执行此过程或多个过程（若要查看所需的权限，请参阅 2.5.1 节中的“在 Exchange 中分配电子数据展示权限”）。

② 将就地电子数据展示搜索结果导出至 PST 文件的计算机必须满足以下系统要求。

a. 32 位或 64 位版本的 Windows 7 和更高版本。

b. Microsoft.Net Framework 4.7。

c. 支持的浏览器：Internet Explorer 11。或者使用 Mozilla Firefox 或 Google Chrome，需要确保安装 ClickOnce 扩展。

（2） 在 Exchange 管理中心（EAC）将就地电子数据展示搜索结果导出至 PST。

① 在 Exchange 管理中心打开“合规性管理”，转到“就地电子数据展示和保留”页面。

② 在列表视图中选择要导出结果的就地电子数据展示搜索，然后单击导出到 PST 文件，如图 2-155 所示。

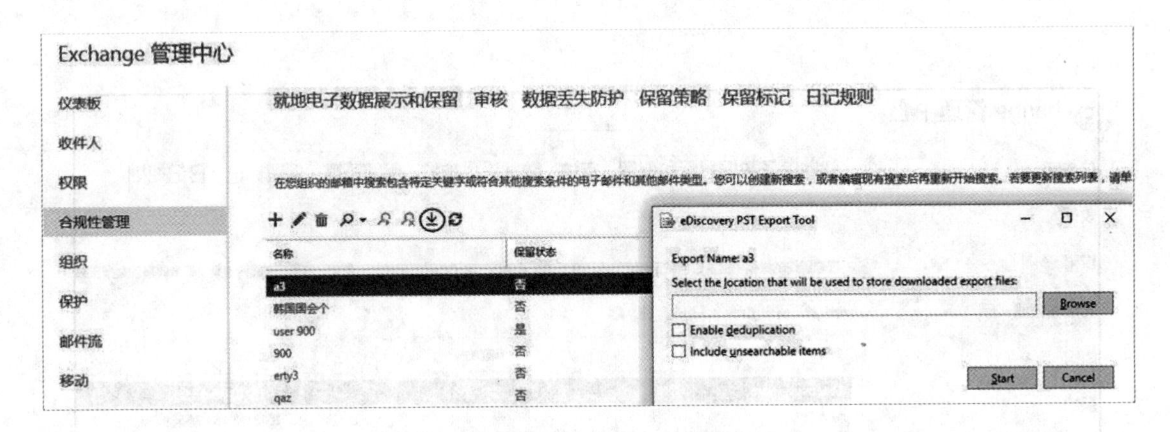

图 2-155 导出到 PST 文件

③ 在电子数据展示 PST 导出工具窗口中，执行以下操作。

a. 单击“浏览”按钮以指定下载 PST 文件的位置。

b. 选中“启用消除”复选框来排除重复的邮件。

c. 选中“包括不可搜索的项目”复选框，以包含无法搜索（如通过 Exchange 搜索无法编制索引的文件类型的附件的邮件）的邮箱项目。

④ 单击“启动”按钮将搜索结果导出到 PST 文件，如图 2-156 所示。

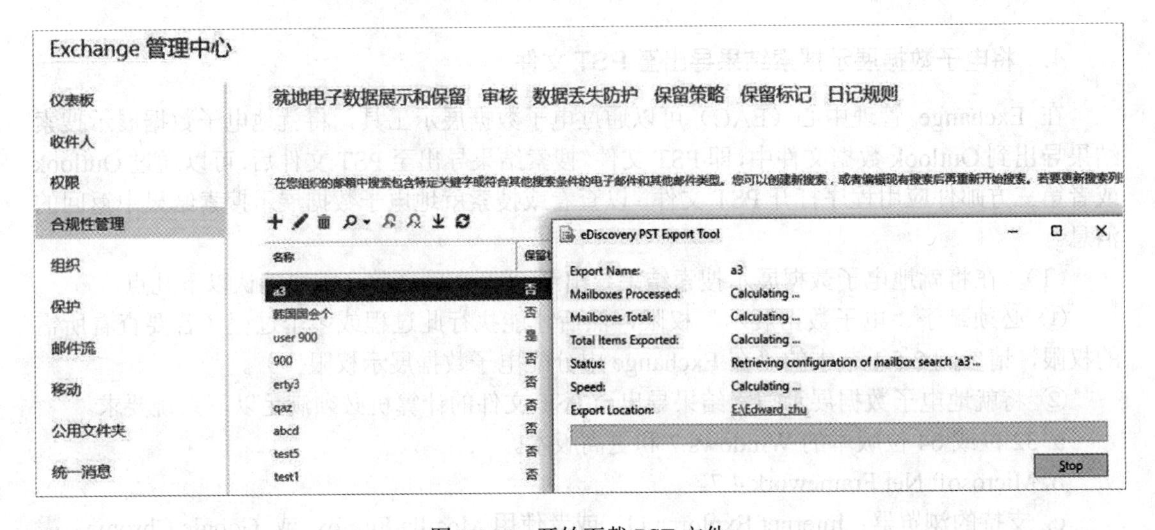

图 2-156 开始下载 PST 文件

2.5.2 审核

1. 审核报告概述

Exchange 管理中心（EAC）的审核功能是通过跟踪管理员所做的特定更改，并满足法规、合规性及诉讼等要求。导出的审核日志和报告，可以查看有关非所有者访问邮箱的信息，以及管理员对 Exchange Online 所做的更改。搜索的结果可以在详细信息的窗口中以报告的形式进行查看，或者导出到一个文件中。Exchange Online 提供以下两种类型的审核日志记录。

（1） 管理员审核日志：记录管理员基于 Exchange Online PowerShell cmdlet 命令行管理程序执行的任何操作。这些操作纪律是安全或合规性相关问题的排查基础。

（2） 邮箱审核日志：记录邮箱所有者或邮箱所有者之外的其他人访问邮箱的记录。这些条目保存到邮箱审核日志（必须为每个邮箱启用邮箱审核日志记录，如果没有启用邮箱审核日志，该邮箱的审核事件将不会保存在审核日志中）。

还可以在“审核”页面上运行以下报告（图 2-157）。当运行报告时，结果将显示在详细信息窗格中。

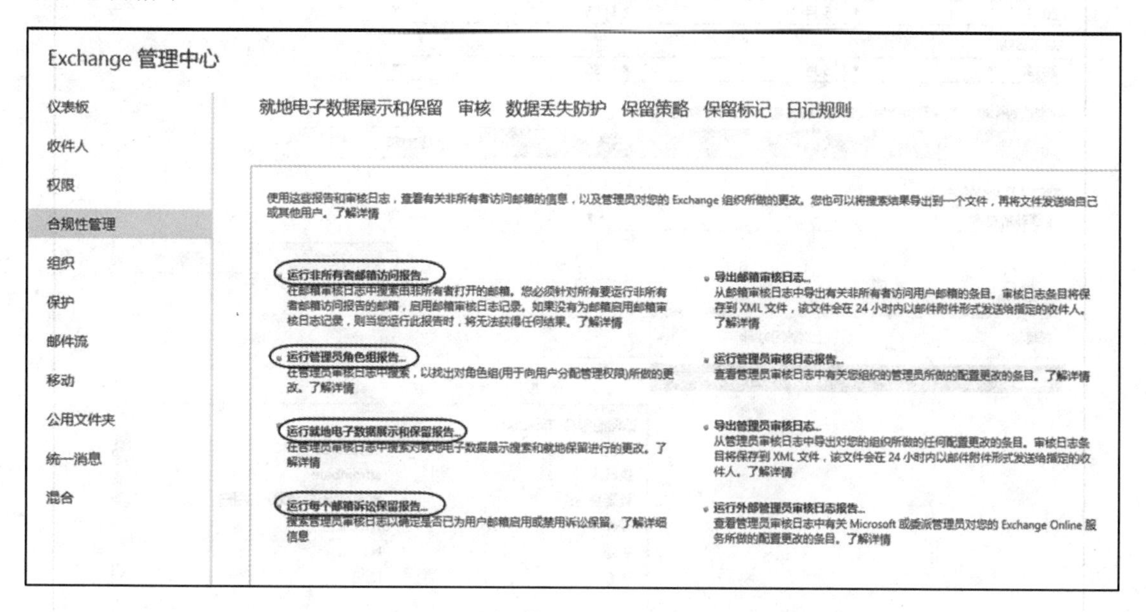

图 2-157 审核报告的 4 种类型

（1） 非所有者邮箱访问报告：使用此报告以查找由除邮箱所有者之外的其他人访问过邮箱的记录。

（2） 管理员角色组报告：使用此报告可搜索对管理员角色组进行的更改。

（3） 就地电子数据展示和保留报告：使用此报告以查找已从就地保留中保留或删除的邮箱。

（4） 每个邮箱诉讼保留报告：使用此报告以查找已从诉讼保留中保留或删除的邮箱。

2. 运行非所有者邮箱访问报告

Exchange 管理中心（EAC）的非所有者邮箱访问报告将会列出不是邮箱所有者访问过的报告。在某个邮箱由非所有者访问过之后，Exchange Online 将在一个邮箱审核日志中记录有关此操作的信息，该日志将作为电子邮件存储在所审核的邮箱的一个隐藏文件夹中。默认情况下，邮箱审核日志中的条目将保留 90 天。此日志中的条目可作为搜索结果显示，其中列出了非所有者访问过的邮箱、访问邮箱的用户和时间、非所有者执行的操作及操作是否成功。

若要生成“非所有者邮箱访问报告”，必须启用邮箱审核日志记录。如果没有为邮箱启用邮箱审核日志记录，则当运行此报告时，将无法获得任何结果。默认情况下，Exchange Online 将运行有关过去两周内非所有者对组织内的任何邮箱的访问情况的报告，如图 2-158

所示。

图 2-158　运行非所有者邮箱访问报告

若要启用邮箱审核日志记录对单个邮箱，在 Exchange Online PowerShell 中运行以下命令（图 2-159）。

```
Set-Mailbox <Identity> -AuditEnabled $true
```

图 2-159　单个邮箱启用邮箱审核日志

运行以下命令检查是否成功配置邮箱审核日志记录（图 2-160）。

```
Get-Mailbox -Identity <Mailbox> | Format-List AuditEnabled
```

```
PS C:\Windows\system32> Get-Mailbox –Identity Tinazhu| Format-List AuditEnabled

AuditEnabled : True
```

图 2-160　检查单个邮箱已经启用了审核日志

3. 运行管理员角色组报告

管理员角色组用于分配管理权限给用户。这些权限允许用户执行组织中的管理任务，如重置密码、创建或修改邮箱并分配管理权限给其他用户。当管理员更改某个角色组时，Exchange Online 会在管理员审核日志中记录关于此操作的信息。运行管理员角色组报告时，此日志中的条目会作为搜索结果显示，其中包括有关已更改的角色组的信息，如做出更改的用户、发生更改的时间及做出的更改内容等。使用此报告可以对已分配给组织中的用户的管理权限的更改进行监视。

管理员角色组报告将记录以下类型的更改（图 2-161）。

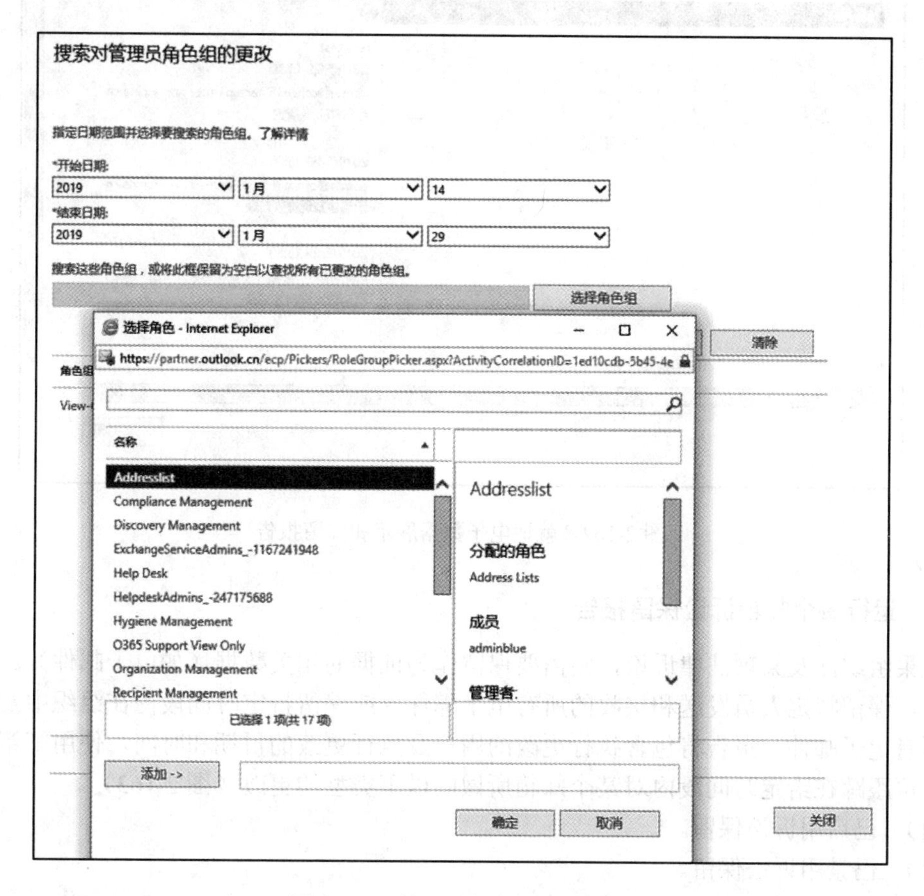

图 2-161　管理员角色组更改报告

（1） 创建、复制和删除角色组。

（2） 添加和删除成员。

4. 运行就地电子数据展示和保留报告

就地电子数据展示和保留报告详细展示了就地电子数据展示搜索和就地保留的创建、修改和删除。可以指定开始日期和结束日期，为特定时期内创建的搜索生成报告，如图 2-162 所示。

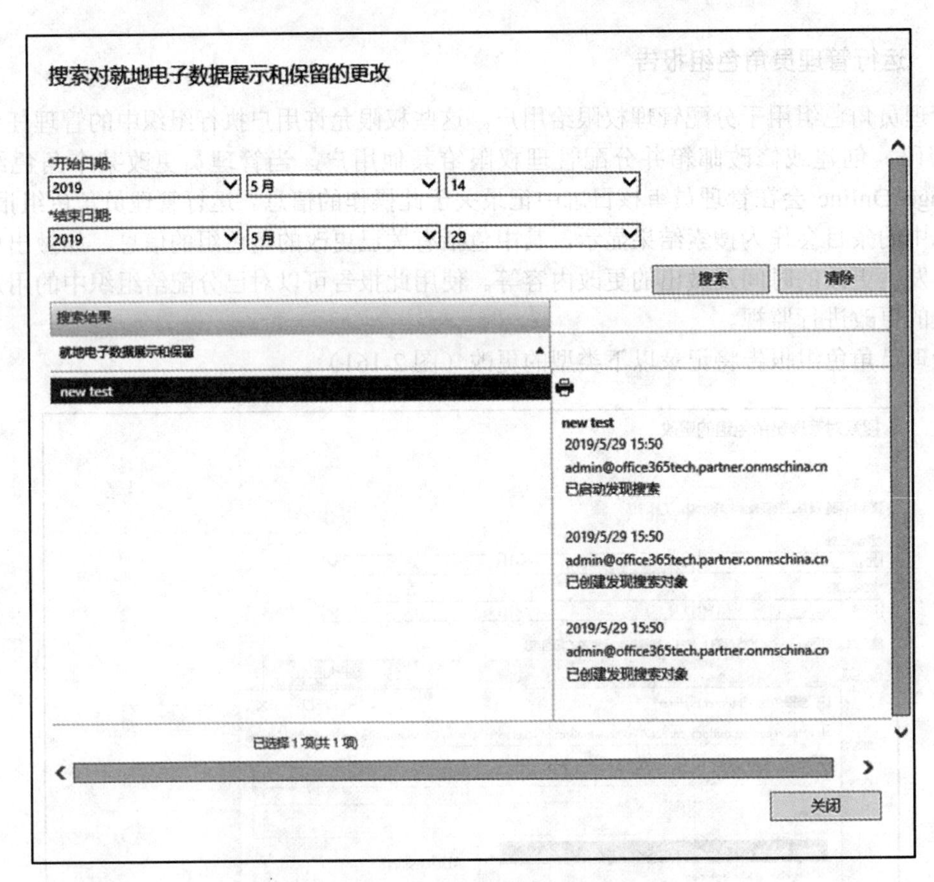

图 2-162 就地电子数据展示和保留报告

5. 运行每个邮箱诉讼保留报告

如果组织涉及某项法律诉讼，则需要保留作为证据的相关数据（如电子邮件）。“诉讼保留”，保留特定人员发送和接收的所有电子邮件，或保留特定时间段内在组织中发送和接收的所有电子邮件，报告将包含执行更改的用户及执行更改的日期和时间。使用邮箱诉讼保留报告可跟踪在给定时间段内对某个邮箱所做的以下类型的更改（图 2-163）。

（1） 已启用诉讼保留。

（2） 已禁用诉讼保留。

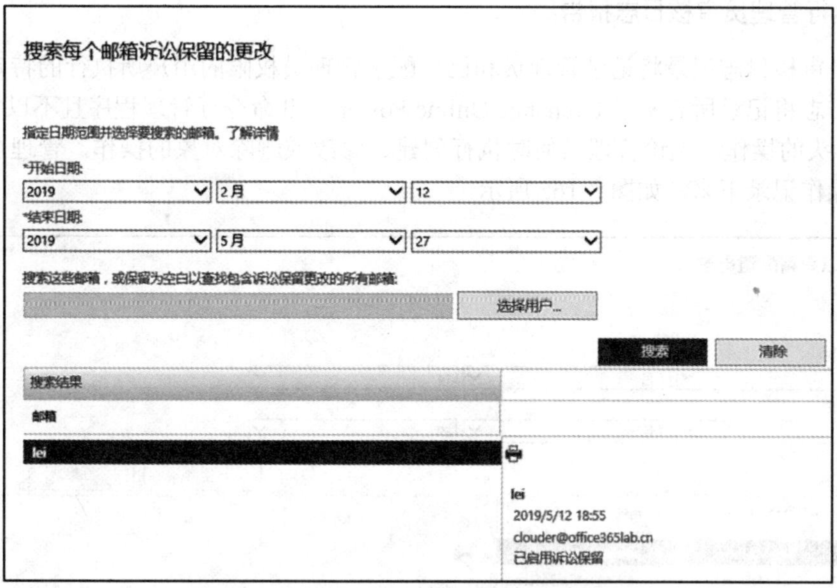

搜索每个邮箱诉讼保留的更改

指定日期范围并选择要搜索的邮箱。了解详情

*开始日期:

2019 | 2月 | 12

*结束日期:

2019 | 5月 | 27

搜索这些邮箱，或保留为空白以查找包含诉讼保留更改的所有邮箱:

选择用户...

搜索 清除

搜索结果

邮箱

lei

lei

2019/5/12 18:55

clouder@office365lab.cn

已启用诉讼保留

图 2-163 运行每个邮箱诉讼保留报告

6. 导出邮箱审核日志

在为某个邮箱启用邮箱审核之后，只要用户访问该邮箱，Exchange Online 就会在邮箱审核日志中记录相关信息。每个日志条目都包含以下相关信息：访问邮箱的用户及访问时间、非所有者执行的操作及是否成功执行操作。默认情况下，邮箱审核日志中的条目将保留 90 天。可以使用邮箱审核日志来确定某个非邮箱所有者的用户是否访问过邮箱。当导出邮箱审核日志中的条目时，Exchange Online 会将这些条目保存在一个 XML 文件中，然后在 24 小时内将其附加发送到指定收件人的电子邮件中，如图 2-164 所示。

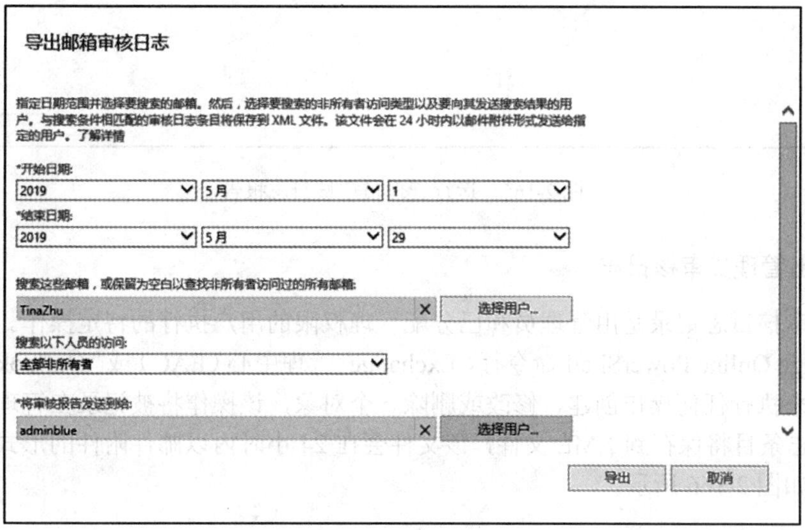

导出邮箱审核日志

指定日期范围并选择要搜索的邮箱。然后，选择要搜索的非所有者访问类型以及要向其发送搜索结果的用户。与搜索条件相匹配的审核日志条目将保存到 XML 文件。该文件会在 24 小时内以邮件附件形式发送给指定的用户。了解详情

*开始日期:

2019 | 5月 | 1

*结束日期:

2019 | 5月 | 29

搜索这些邮箱，或保留为空白以查找非所有者访问过的所有邮箱:

TinaZhu 选择用户...

搜索以下人员的访问:

全部非所有者

*将审核报告发送到给:

adminblue 选择用户...

导出 取消

图 2-164 导出邮箱审核日志

7. 运行管理员审核日志报告

管理员审核日志记录将记录管理员和已分配了管理员权限的用户所执行的特定操作。管理员审核日志将记录所有基于 Exchange Online PowerShell 命令行管理程序且不以 Get、Search 或 Test 开头的操作。无论管理员何时执行创建、修改或删除对象的操作，管理员审核日志都会将该操作记录下来，如图 2-165 所示。

图 2-165　运行管理员审核日志报告

8. 导出管理员审核日志

管理员审核日志记录是由管理员和已分配管理权限的用户执行的特定操作。每当管理员使用 Exchange Online PowerShell 命令行、Exchange 管理中心（EAC）或“Outlook Web App”→“选项”来执行任何操作创建、修改或删除一个对象，该操作将被记录在管理员审核日志中。审核日志条目将保存到 XML 文件，该文件会在 24 小时内以邮件附件的形式发送给指定的收件人，如图 2-166 所示。

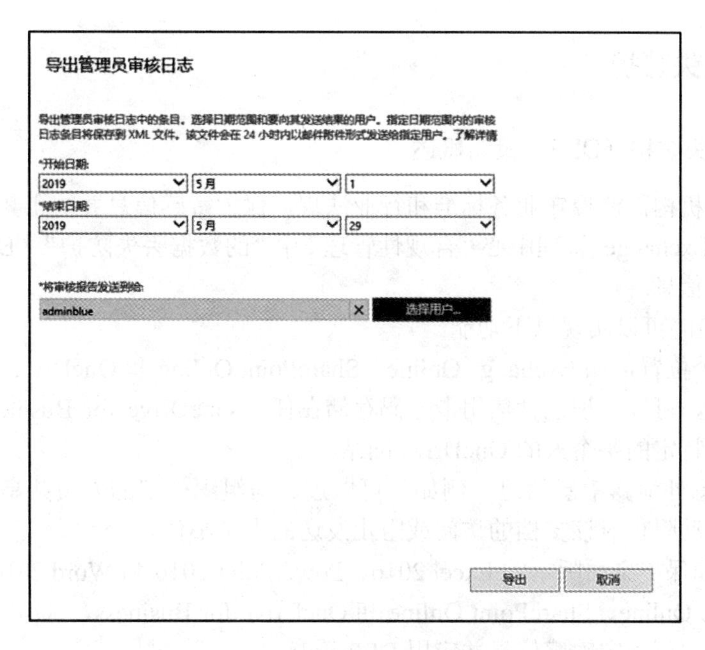

图 2-166　导出管理员审核日志

9. 运行外部管理员审核日志报告

在 Exchange Online 中，由 Microsoft 管理员或委派管理员执行的操作记录在管理员审核日志中。这意味着可以搜索和查看组织外部的管理员对 Exchange Online 组织的配置所执行的操作，如图 2-167 所示。

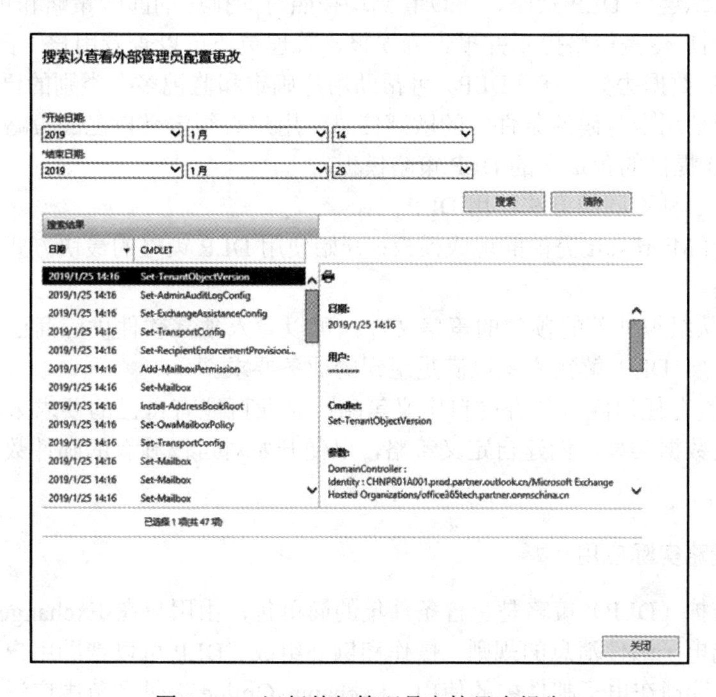

图 2-167　运行外部管理员审核日志报告

2.5.3 数据丢失防护

1. 数据丢失防护（DLP）策略概述

企业或组织机构需要遵守业务标准和行业法规，保护敏感信息并防止其无意中泄露，可通过 Office 365 Exchange 管理中心“合规性管理”中“的数据丢失防护”（DLP）自动识别、监视和保护敏感信息。

使用 DLP 策略可以实现以下功能。

（1） 跨多个位置，如 Exchange Online、SharePoint Online 和 OneDrive for Business 标识敏感信息。例如，可以标识包含信用卡号码存储在任何 OneDrive for Business 站点中的任何文档或可以监视特定的某个人的 OneDrive 网站。

（2） 防止意外泄露敏感信息。例如，可以过滤与组织外部的人员共享的所有文档或电子邮件，然后自动阻止对该文档的访问或阻止发送的电子邮件。

（3） 监视和保护桌面版本的 Excel 2016、PowerPoint 2016 和 Word 2016 中的敏感信息。就像在 Exchange Online、SharePoint Online 和 OneDrive for Business， Office 2016 桌面程序具备相同的功能，可确定敏感信息并应用 DLP 策略。

（4） 帮助用户保持合规性，同时不会中断工作。例如，如果用户尝试共享包含敏感信息的文档，DLP 策略可以同时向他们发送的电子邮件通知，并将其显示策略提示。在 OWA、Outlook 2013 和更高版本的 Excel 2016、PowerPoint 2016 和 Word 2016 上也会显示相同的策略提示。

（5） 查看 DLP 报告，可显示内容相匹配组织的 DLP 策略。

若要评估组织遵守 DLP 策略，可以看到均按照时间排序的匹配策略和规则 统计。如果 DLP 策略允许用户覆盖策略提示并报告为误报，管理员还可以查看用户“已报告”。

Office 365 的数据丢失防护（DLP）可帮助用户确定和监视多个类别的已定义的策略，例如专用标识号或信用卡号码的条件中的敏感信息。用户必须定义自己的策略和邮件流规则，或使用 Microsoft 提供的预定义的 DLP 策略模板。

可通过以下 3 种不同的方法使用 DLP。

（1） 应用由 Microsoft 提供的现成模板：开始使用 DLP 策略的最快方式是创建和实现使用模板的新策略。

（2） 导入从组织外部的预建的策略文件：可以导入独立软件供应商已创建的策略，通过此方式可以扩展 DLP 解决方案以满足组织的业务要求。

（3） 创建没有任何既有条件的自定义策略：企业可能有自己的要求来监视邮件系统中已知存在的特定数据类型，创建自定义策略，以便开始对自己独有的邮件数据进行检查和操作。

2. DLP 策略实际应用

数据丢失防护（DLP）策略是包含条件集的简单包，由用户在 Exchange 管理中心创建，然后激活以筛选电子邮件消息的规则、操作和例外组成。DLP 可以帮助用户强制实施数据的合规性要求，并管理在电子邮件中的使用，Exchange Online 提供了范围广泛的策略模板以帮助用户快速开始应用。

下面尝试创建一个 DLP 策略，防护组织内部成员个人身份证信息的泄露。

（1） 在 Exchange 管理中心转到“合规性管理”→“数据丢失防护”页面，然后单击“添加”按钮＋，在弹出的下拉列中选择“根据模板新建 DLP 策略”选项，如图 2-168 所示。

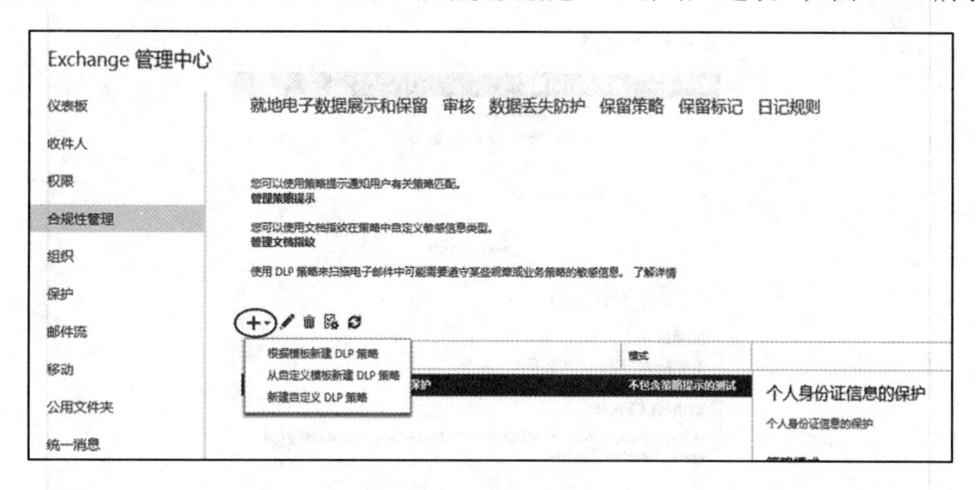

图 2-168 新建 DLP 策略

（2） 添加 DLP 策略的名称和描述，为了实现对个人身份证信息的保护，选择“PCI 数据安全标准（PCI DSS）”选项，然后单击“保存”按钮，如图 2-169 所示。

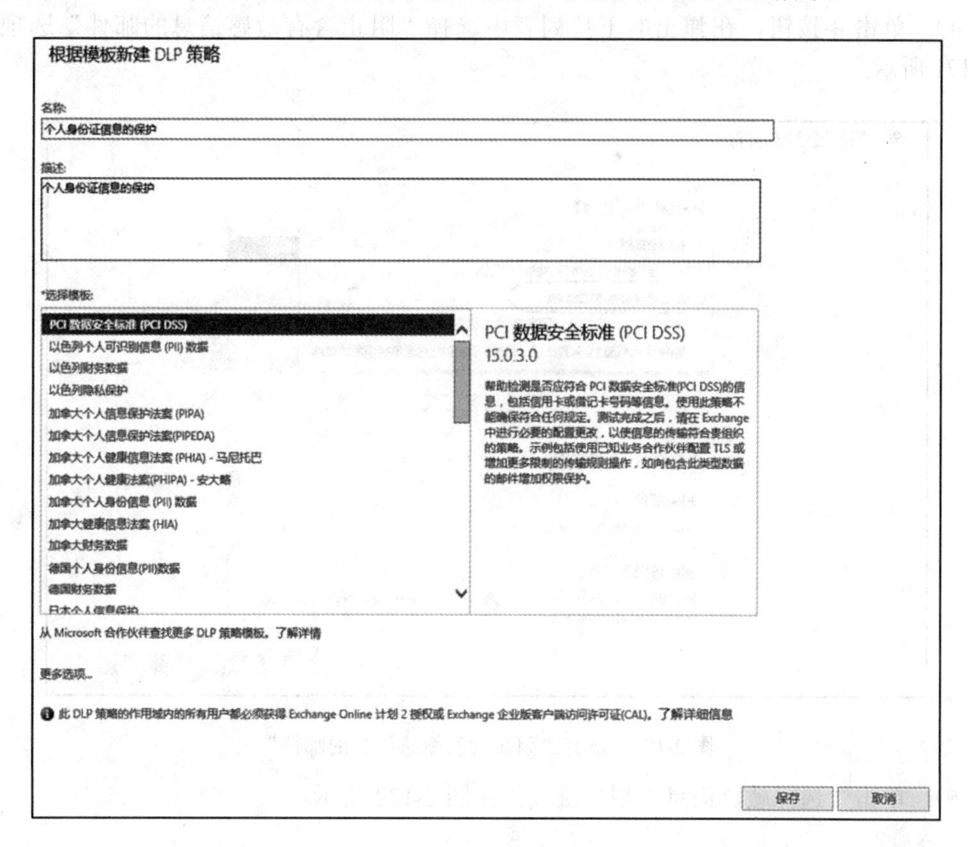

图 2-169 根据模板新建 DLP 策略

（3） 双击新建的 DLP 策略，选择“规则”选项，如图 2-170 所示。

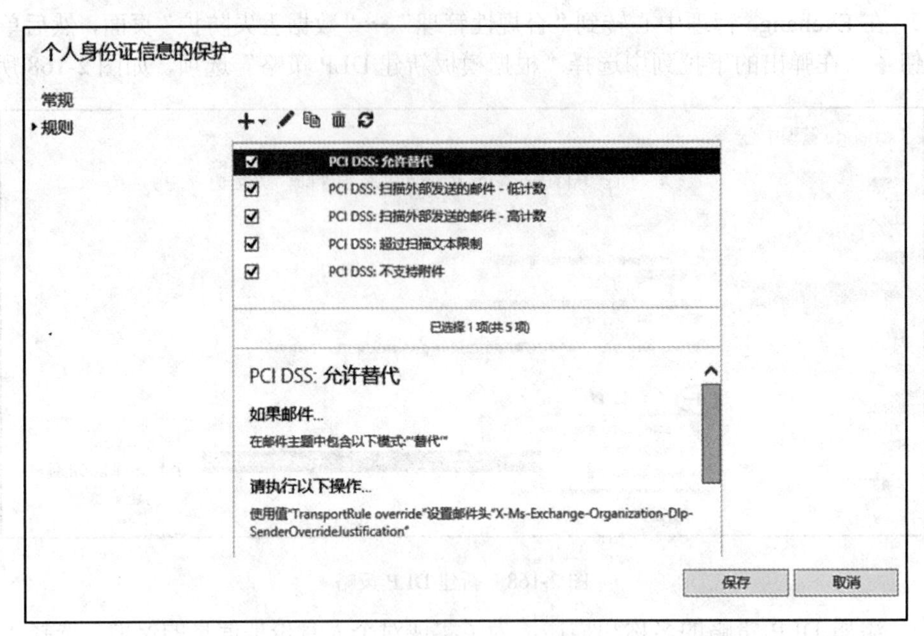

图 2-170 DLP 策略规则

（4） 单击＋按钮，在弹出的下拉列表中选择“阻止含有敏感信息的邮件”选项，如图 2-171 所示。

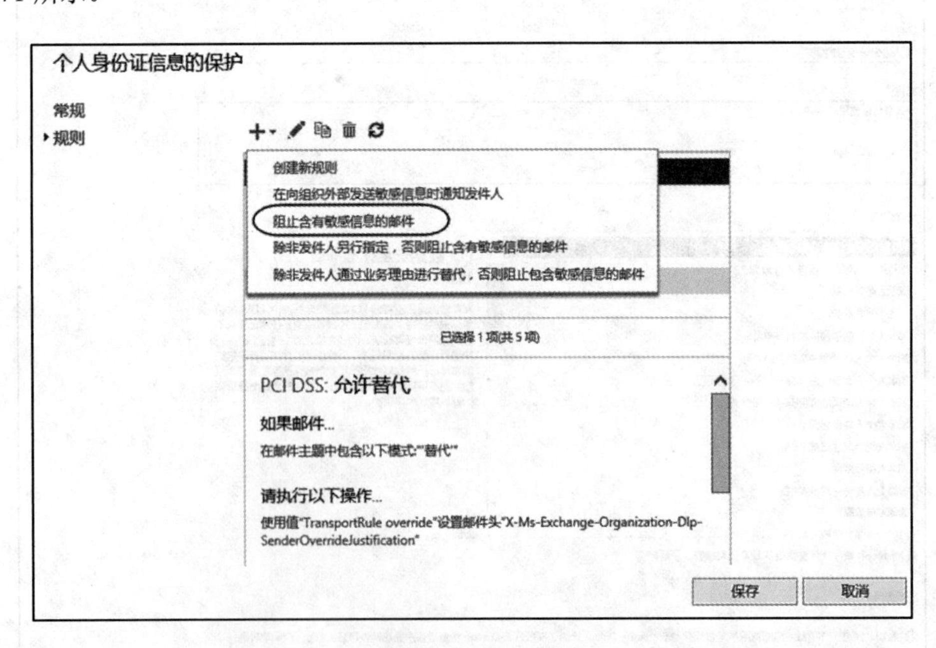

图 2-171 选择“阻止含有敏感信息的邮件”

（5） 单击“选择敏感信息类型”链接，如图 2-172 所示。

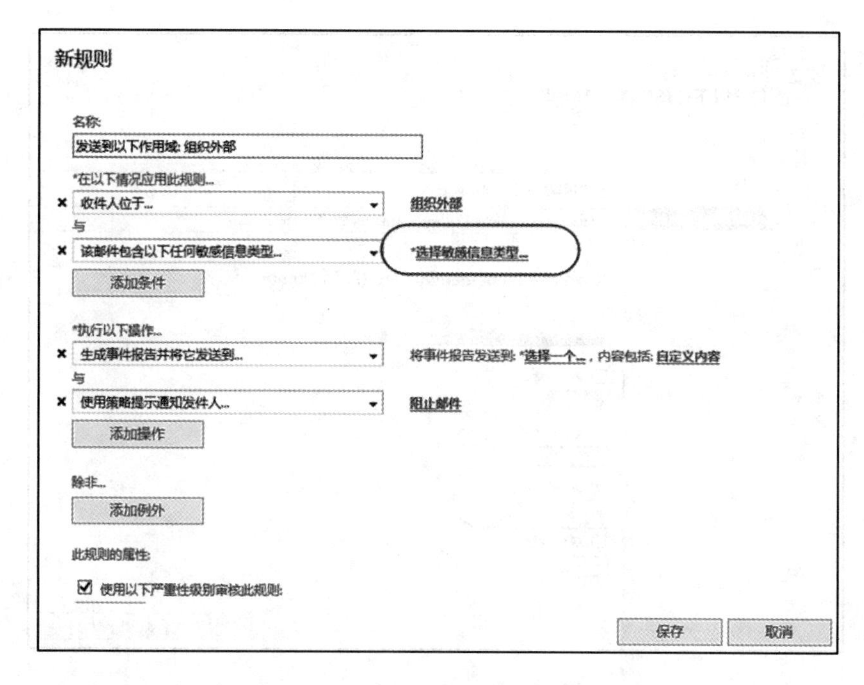

图 2-172　单击“选择敏感信息类型”链接

单击**+**按钮，在弹出的界面中选择“China Resident Identity Card (PRC) Number”选项，单击“确定”按钮，如图 2-173 所示。

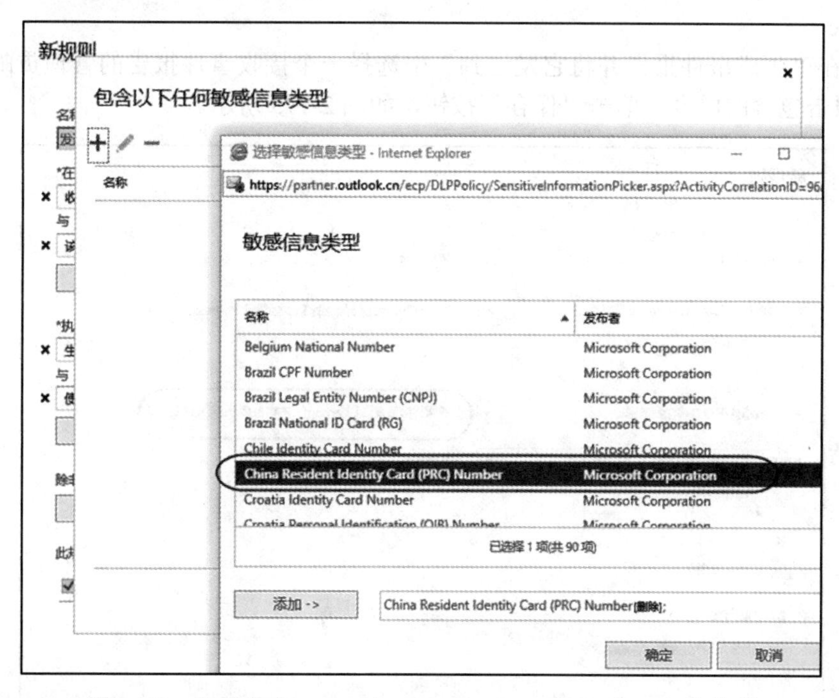

图 2-173　选择“China Resident Identity Card (PRC) Number”选项

编辑所创建的敏感信息类型中国公民身份证号码“China Resident Identity Card (PRC) Number”，设定最小可信度为 60%，如图 2-174 所示。

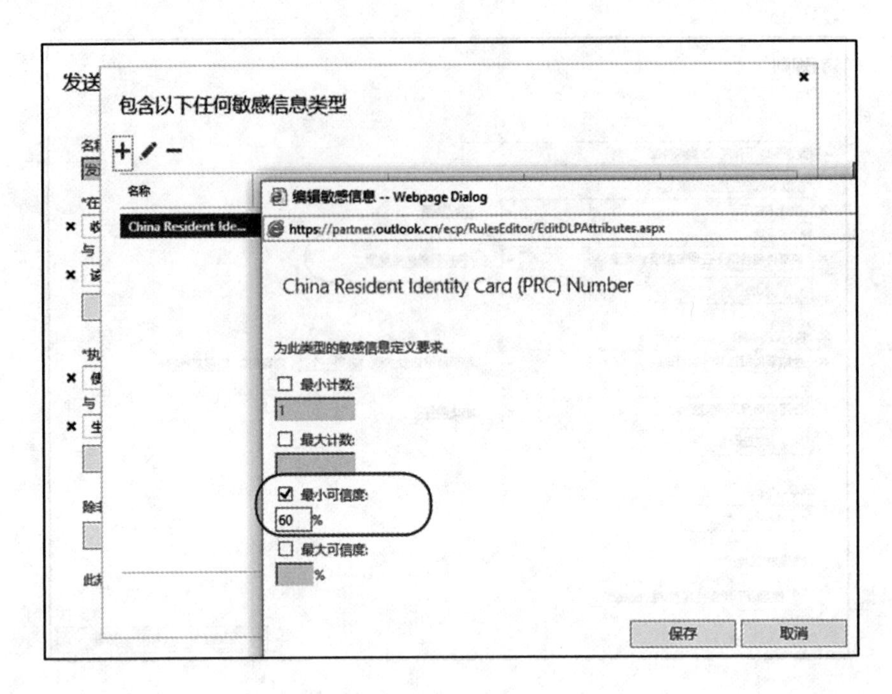

图 2-174 编辑“最小可信度”

关于 DLP 敏感信息类型可参考链接：

https://docs.microsoft.com/zh-cn/office365/securitycompliance/create-a-custom-sensitive-information-type

（6） 在“生成事件报告并将它发送到”中选择一个接收事件报告的管理员邮箱账户，并自定义报告包含的内容，单击“保存”按钮，如图 2-175 所示。

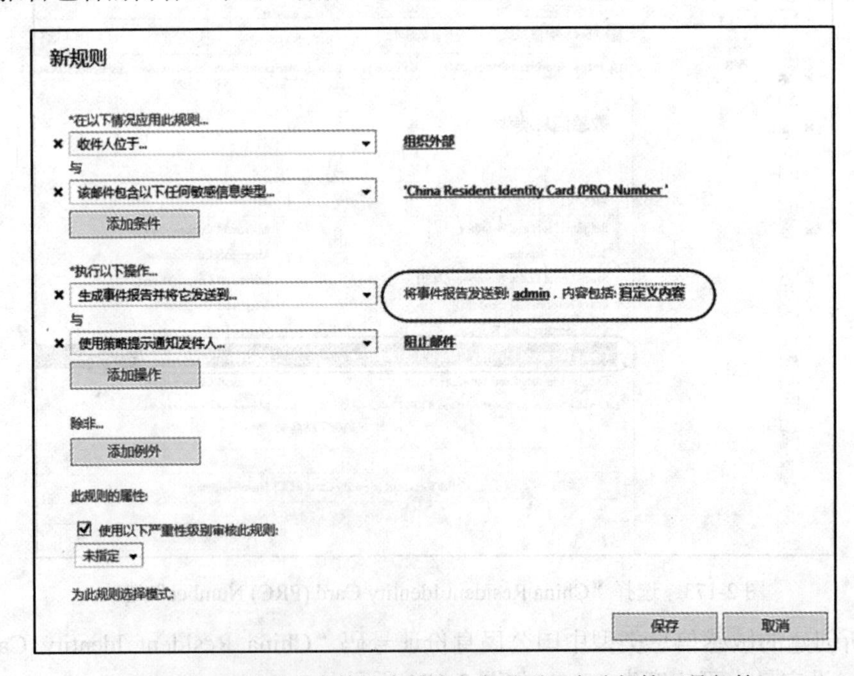

图 2-175 在“生成事件报告并将它发送到”中选择管理员邮箱

（7）“为此规则选择模式：”选中“强制”单选按钮如图 2-176 所示。

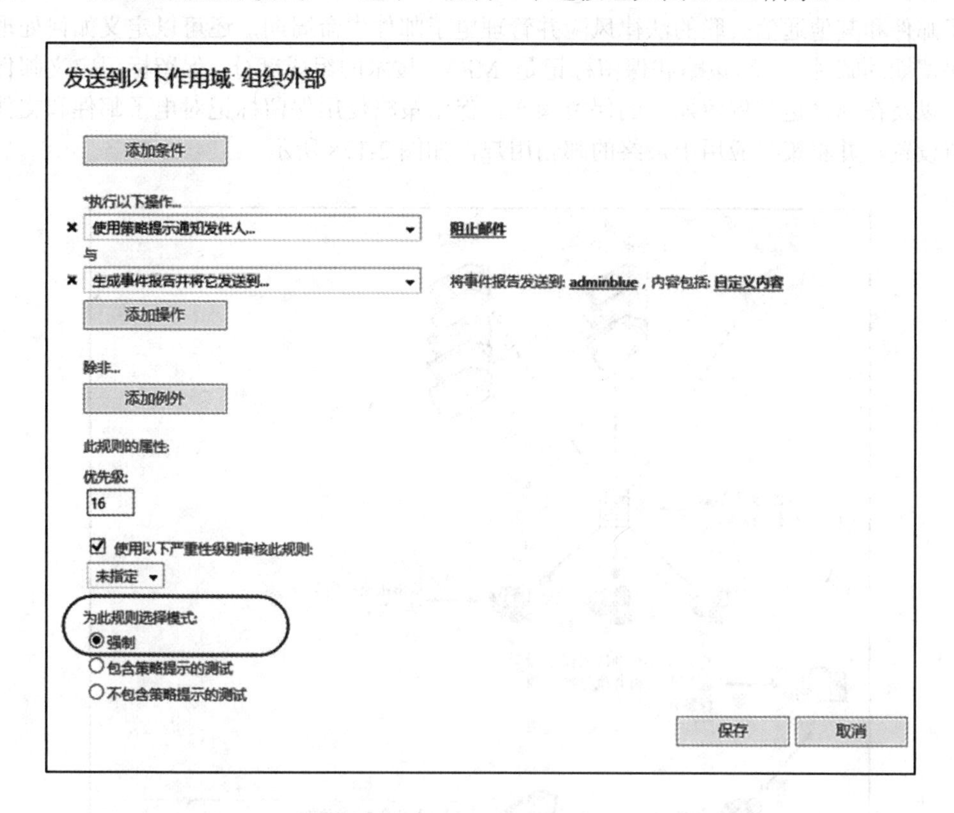

图 2-176　选中“强制”选项

（8）发送测试邮件（包含中国公民身份证号码信息），发件方将收到 NDR，证明 DLP 规则成功，如图 2-177 所示。

图 2-177　测试发信收到 NDR

2.5.4　保留标记与保留策略

1. 保留标记与保留策略概述

出于业务、法律要求或监管的需要，必须保留与组织内部用户的往来电子邮件，也需要删除不必保留的电子邮件。在 Exchange Online 中，消息记录管理（MRM）可帮助组织降低与电子邮件和其他通信关联的法律风险并管理电子邮件生命周期，还可以定义如何处理达到特定保留期的邮件。保留策略和保留标记是 MRM 技术的组成部分，保留标记定义邮件的保留期，以及在邮件达到保留期时的保留操作，保留策略使用保留标记对电子邮件和文件夹应用保留设置，并将策略应用于最终的邮箱用户，如图 2-178 所示。

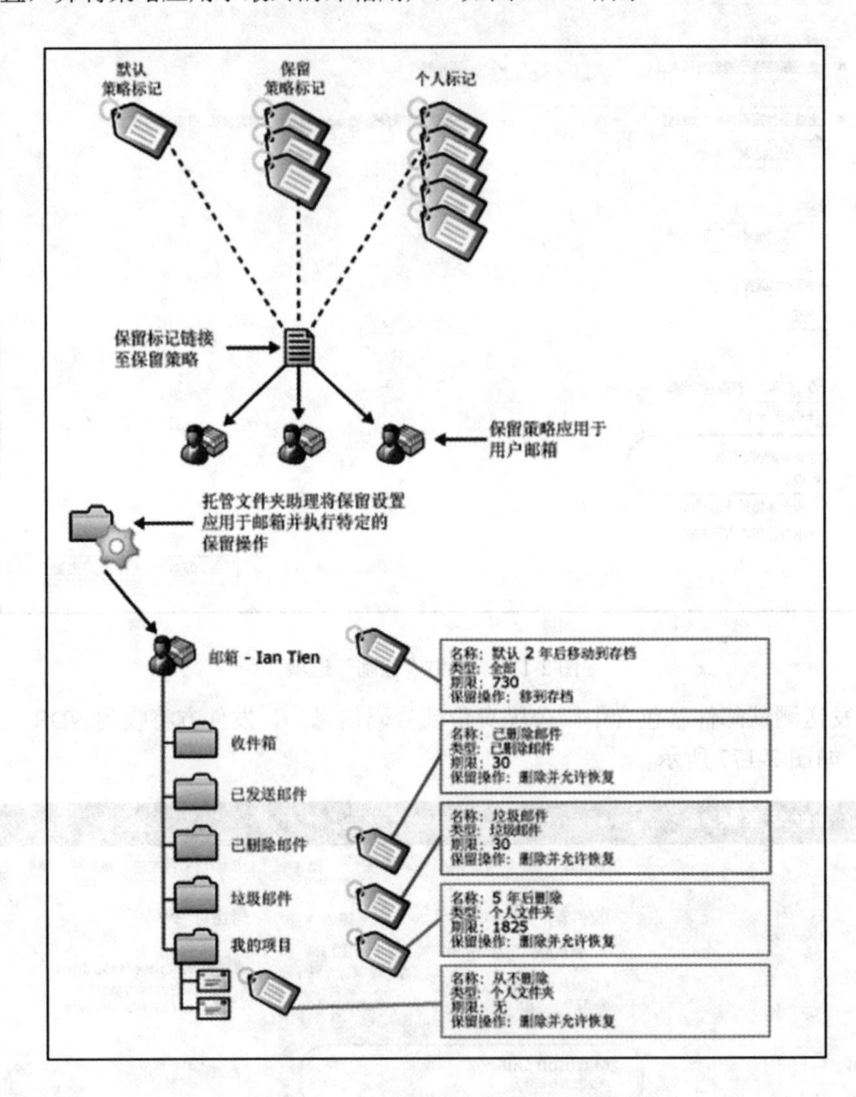

图 2-178　保留标记与保留策略概述

1）　保留标记

保留标记用于将保留设置应用于用户邮箱的电子邮件和文件夹，如电子邮件和语音邮件。保留标记会指定邮件的保留期，以及在邮件达到指定保留期时执行的操作。当一封邮件到达其保留期时，就会被移至用户的就地存档邮箱或被删除。另外，保留标记可以随时链接到保留策略或断开与保留策略的链接，更改会自动对应用了策略的所有邮箱生效。

（1）Office 365 的 Exchange Online 默认提供以下保留标记及设置，这些保留标记都链接应用于新邮箱的默认保留策略，即所有新邮箱都应用这些设置，如表 2-6 所示。

表 2-6 默认保留策略包含的保留标记

标记名称	标记类型	保留期（天）	保留操作
默认两年后移动到存档	全部(DPT)*	730	移动到存档
可恢复邮件 14 天后移动到存档	可恢复邮件**	14	移动到存档
已删除邮件	已删除邮件文件夹**	30	删除但允许恢复
垃圾邮件	垃圾邮件**	30	删除但允许恢复
个人 1 年后移动到存档	个人	365	移动到存档
个人 5 年后移动到存档	个人	1825	移动到存档
个人永远不会移动到存档***	个人	无限期	移动到存档
1 周后删除	个人	7	删除但允许恢复
1 个月后删除	个人	30	删除但允许恢复
6 个月后删除	个人	180	删除但允许恢复
1 年后删除	个人	365	删除但允许恢复
5 年后删除	个人	1825	删除但允许恢复
从不删除***	个人	无限期	删除但允许恢复

（2）保留标记的 3 种类型（图 2-179）。

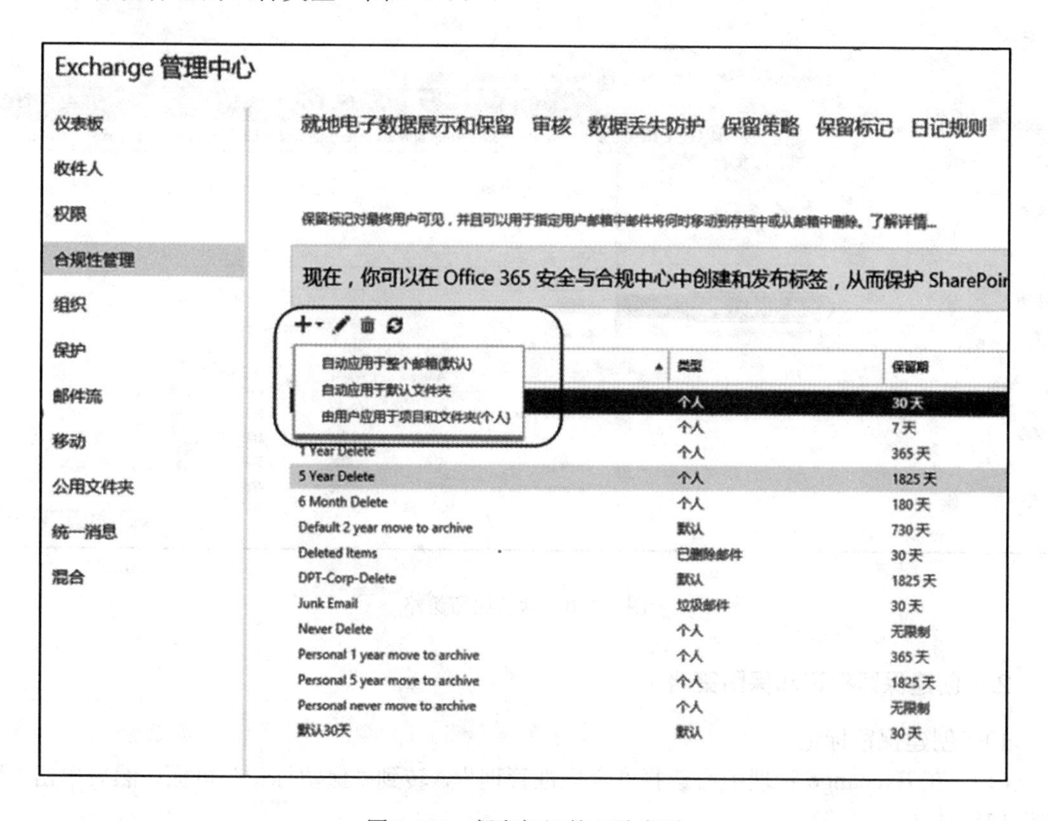

图 2-179 保留标记的 3 种类型

① 默认策略标记（DPT）。DPT 中定义的设置应用于邮箱中尚未应用保留标记的所有邮件。一个保留策略可以最多链接 3 个 DPT：一个保留操作为“移动到存档”，一个保留操作为“删除但允许恢复”，以及一个保留操作为“永久删除”。

② 保留策略标记（RPT）。RPT 应用于默认文件夹，如“收件箱”“已发送邮件”“已删除邮件”和“垃圾邮件”。RPT 的优先级高于 DPT。

注意，RPT 不支持将邮件移动到用户存档邮箱的保留操作。用于 RPT 的唯一保留操作是删除或永久删除邮件。

③ 个人标记。个人标记可以在 Outlook 和 Outlook Web App 中使用。可将其应用到邮箱自定义文件夹或单个项目。

2） 保留策略

保留策略是一组应用于邮箱的保留标记。在 Exchange Online 中，新创建的邮箱应用的默认保留策略是“Default MRM Policy”。若要将一个或多个保留标记应用于邮箱，必须将其添加到保留策略，然后将该策略应用于邮箱，并且一个邮箱只能应用一个保留策略，但一个保留策略可以有 3 个保留操作不同的 DPT，及任意数量的个人标记（建议个人标记不超过 10 个），每个默认文件夹应用一个 RPT，如图 2-180 所示。

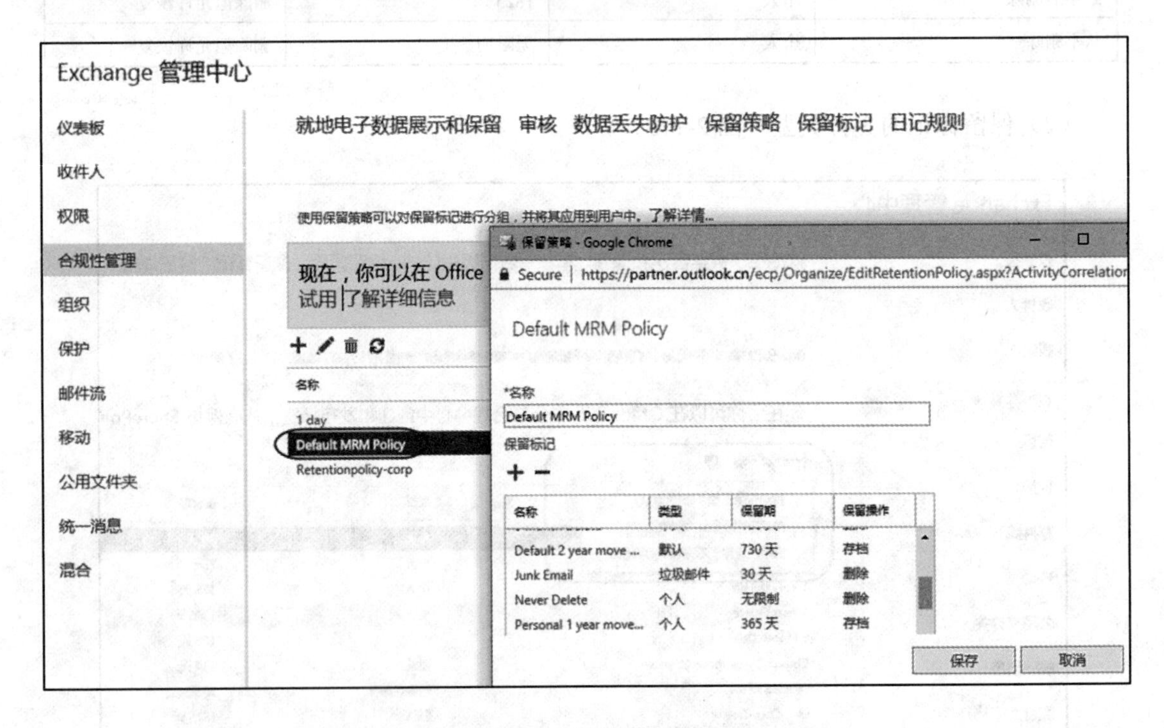

图 2-180 默认保留策略

2. 创建保留标记和保留策略

1） 创建保留标记

（1） 在 Exchange 管理中心选择“合规性管理”，转到“保留标记”页面，然后单击“添加”按钮➕。

（2） 选择下列选项之一，创建新的保留标记，如图 2-181 所示。

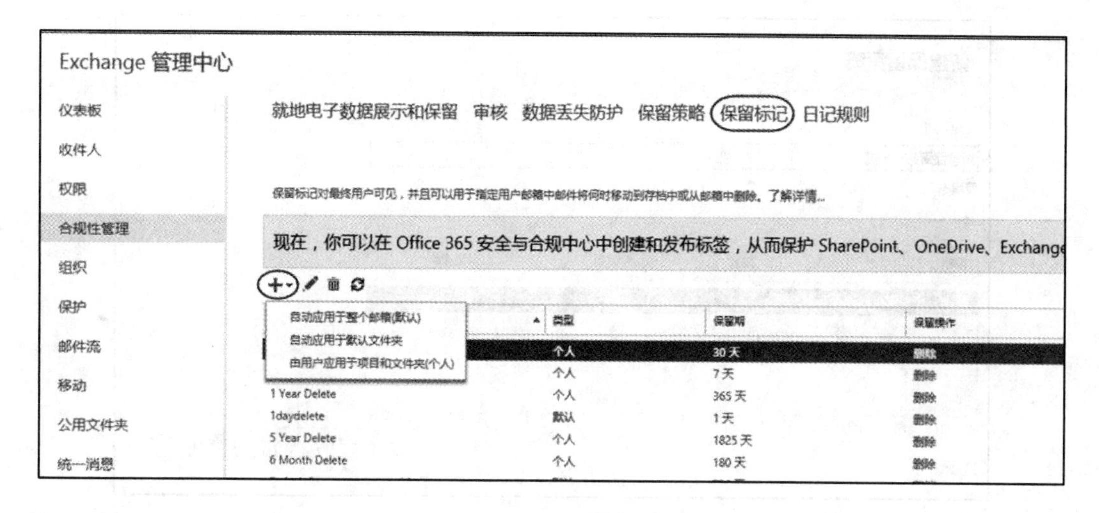

图 2-181 创建保留标记

① 自动应用于整个邮箱（默认）：选择此选项可创建默认策略标记（DPT）。

② 自动应用于默认文件夹：选择此选项可应用于默认文件夹（RPT）

③ 应用于项目和文件夹（个人）：选择此应用到邮箱自定义文件夹或单个项目。

（3） 新建保留标记：标题和选项会因为选择的标记类型不同而有差异，需要填写以下字段：

① 名称：标记名称用于显示目的，对应用标记的文件夹或项目没有任何影响。

② 保留操作：选择项目达到其保留期后要执行以下操作之一。

a. 删除但允许恢复。

b. 永久删除。

c. 移动到存档。

③ 保留期：选择以下选项之一。

a. 从不。

b. 当项目达到以下保留时间(天)。

④ 注释:用户输入任何管理注释或批注（此为可选字段），用户不可见。

图 2-182 是以创建自动应用于整个邮箱（默认）为例。

2） 创建保留策略

（1）在 Exchange 管理中心选择“合规性管理”，转到“保留策略”页面，然后单击“添加”按钮➕。

（2） “新建保留策略”页面中填写以下字段（图 2-183）。

① 名称。

② 保留标记。单击“添加”按钮➕以选择保留标记添加到此保留策略。

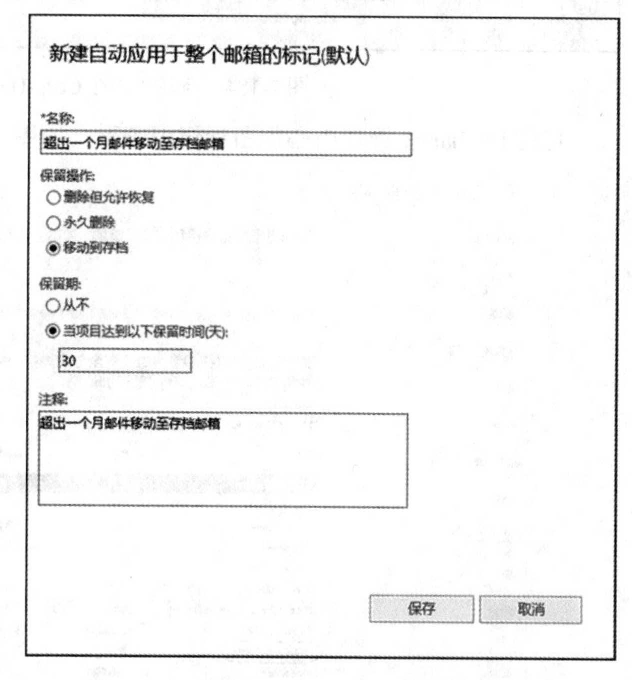

图 2-182 新建自动应用于整个邮箱的保留标记

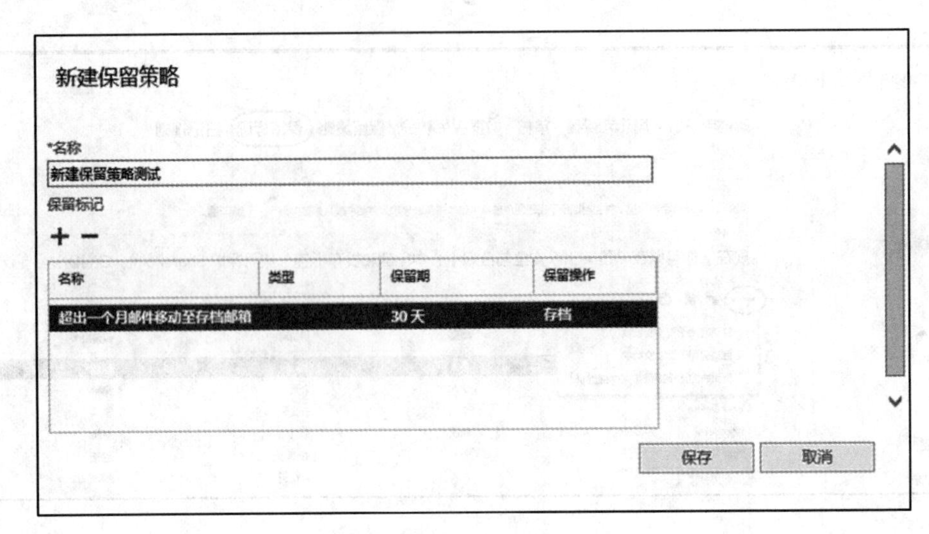

图 2-183　新建保留策略

3）使用 Exchange Online PowerShell 创建保留标记和保留策略

（1）此示例创建一个默认策略标记 DPT，名称为“DPT-Corp-Delete”，以便在 5 年（1825 天）后删除邮箱中的所有邮件（图 2-184）。

```
New-RetentionPolicyTag -Name "DPT-Corp-Delete" -Type All -AgeLimitForRetention 1825 -RetentionAction DeleteAndAllowRecovery
```

```
PS C:\Windows\system32> New-RetentionPolicyTag -Name "DPT-Corp-Delete" -Type All -AgeLimitForRetention 1825 -RetentionAction DeleteAndAllowRecovery

Name              Type    Description
----              ----    -----------
DPT-Corp-Delete   All     Managed Content Settings
```

图 2-184　新建“DPT-Corp-Delete”保留标记

可在 Exchange 管理中心保留标记中查看，如图 2-185 所示。

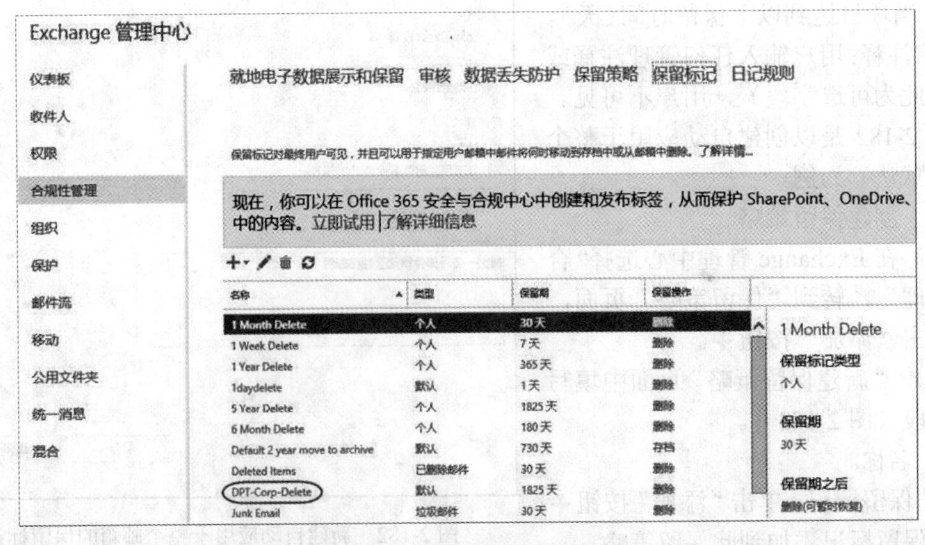

图 2-185　查看新建的保留标记

（2） 本示例创建了保留策略“Retentionpolicy-corp”，并使用-RetentionPolicyTagLinks参数关联到保留标记"DPT-Corp-Delete"，如图 2-186 所示。

```
New-RetentionPolicy -Name "Retentionpolicy-corp" -RetentionPolicyTagLinks "DPT-Corp-Delete"
```

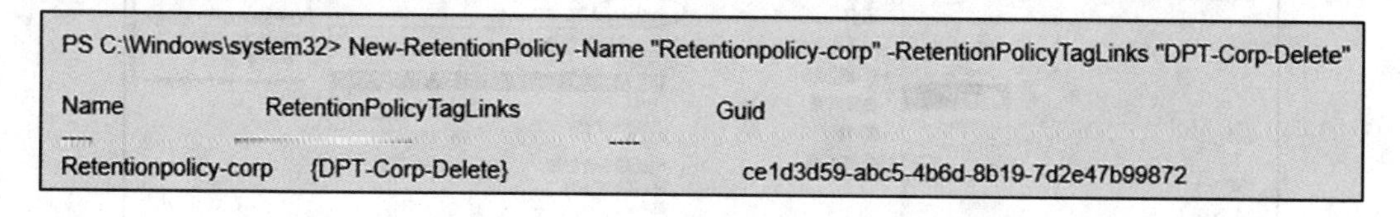

图 2-186 新建保留策略“Retentionpolicy-corp”

可在 Exchange 管理中心保留策略中查看，如图 2-187 所示。

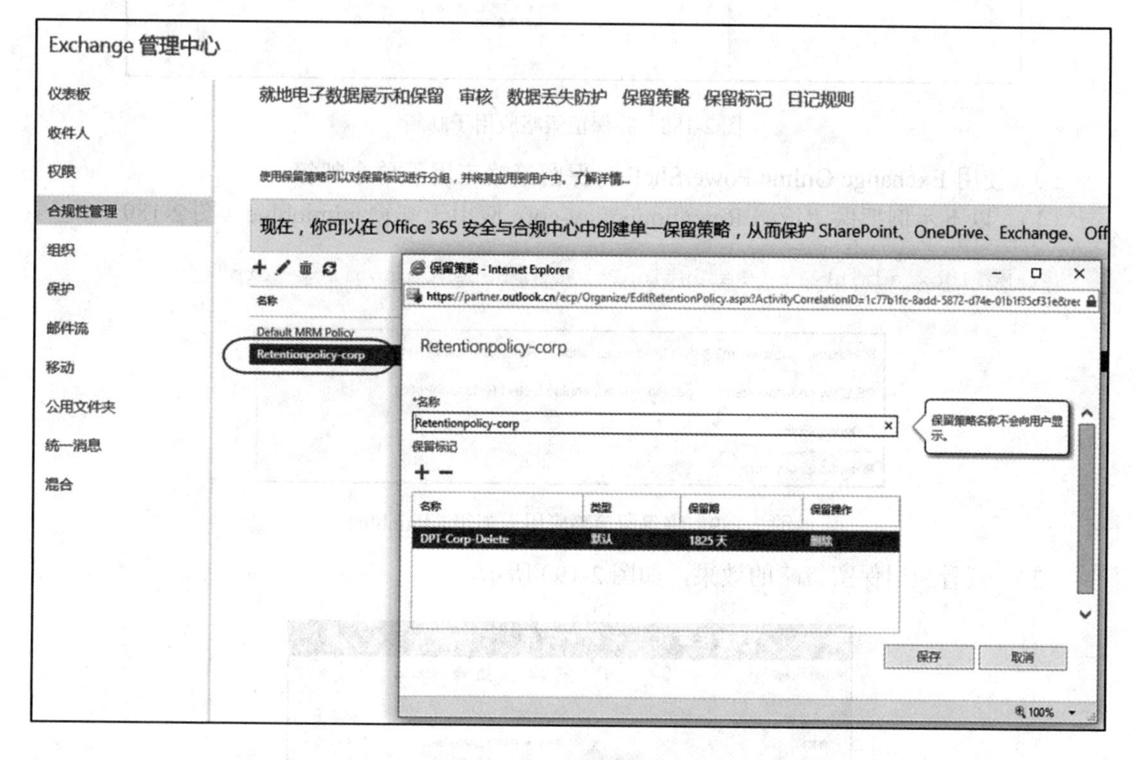

图 2-187 查看新建的保留策略

3. 保留策略的应用

1） 将保留策略应用于邮箱

（1） 在 Exchange 管理以“收件人”，转到“邮箱”页面。

（2） 在列表视图中选择要应用保留策略的邮箱，然后单击“编辑”按钮。

（3） 在编辑用户邮箱窗口中选择“邮箱功能”选项。

（4） 在“保留策略”列表中选择想要应用于邮箱的策略，然后单击“保存”按钮，如图 2-188 所示。

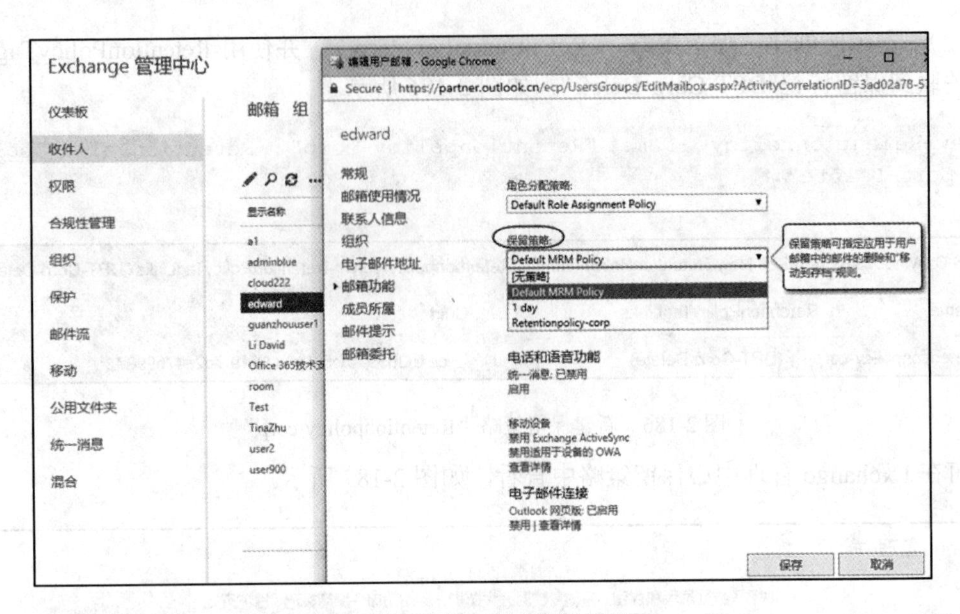

图 2-188 将保留策略应用于邮箱

2） 使用 Exchange Online PowerShell 将保留策略应用于单个邮箱

（1） 以下示例把保留策略 Retentionpolicy-corp 应用于邮箱 adminblue（图 2-189）。

```
Set-Mailbox adminblue -RetentionPolicy "Retentionpolicy-corp"
```

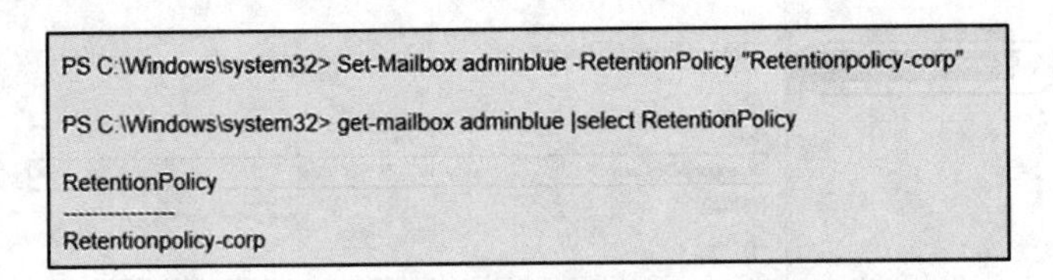
```
PS C:\Windows\system32> Set-Mailbox adminblue -RetentionPolicy "Retentionpolicy-corp"

PS C:\Windows\system32> get-mailbox adminblue |select RetentionPolicy

RetentionPolicy
---------------
Retentionpolicy-corp
```

图 2-189 将保留策略应用于邮箱 adminblue

（2） 查看应用保留策略的效果，如图 2-190 所示。

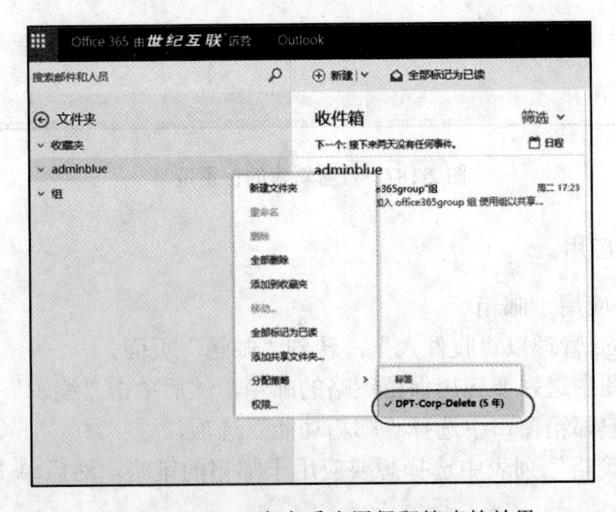

图 2-190 OWA 中查看应用保留策略的效果

2.5.5 日记规则

1. Exchange Online 中的日记功能

通过记录入站和出站电子邮件通信，日记功能可以帮助组织对法律、法规和组织合规性要求做出响应。在针对邮件保留和合规性进行规划时，需要了解日记功能及其如何适应组织的合规性策略，以及 Exchange Online 如何帮助保护日记邮件的安全。

日记功能为什么很重要，首先，注意区分日记功能和数据存档策略。

（1） 日记可以记录组织中的所有通信（包括电子邮件通信），以便在组织的电子邮件保留或存档策略中使用。为了满足日益增长的法规和遵从性要求，许多组织都必须保留雇员执行日常的公司任务时发生的通信记录。

（2） 数据存档是指通过备份数据，将数据从本机环境中删除，然后将数据存储在其他位置，从而缓解数据存储空间紧张的情况。可以将 Exchange 日记功能用作电子邮件保留或存档策略中的一种工具。

虽然日记功能可以满足某个特定法规所要求的，但是遵从性可以通过按特定法规进行记录而得到实现。例如，某些金融企业的公司主管要负责处理员工对客户做出的理赔。为了检查理赔是否准确无误，公司官员会建立一套系统，让管理人员定期查看雇员与客户的部分通信。管理人员会在每个季度检查遵守法规的情况并审查雇员的行为。在全部管理人员的报告提交公司官员批准之后，公司官员便会代表公司向法律机关报告公司遵守法规的情况。在此例中，电子邮件是管理人员必须查看的雇员与客户之间通信类型中的一种，因此，可以使用日记来收集直接面向客户的雇员所发送的所有电子邮件。其他客户通信机制包括传真和电话会议等，这些内容也必须进行管理。记录企业中各类数据的功能是 IT 体系结构的一项很有价值的功能。

2. 配置日记规则

日记功能可以满足组织的存档要求。可以创建日记规则，并按照指定条件，向日记邮箱传递邮件。下面是创建日记规则之前的两个设置。

1） 指定日记邮箱

日记规则的邮箱是接收匹配日记规则条件的收件人。可以创建不同的日记规则，使用不同的日记邮箱。例如，可以为不同地理区域的用户创建不同的日记规则。另外，Exchange Online 不支持存储到 Exchange Online 邮箱的日记报告，必须指定本地部署的存档系统或作为日记邮箱的第三方存档服务。

2） 将未送达的日记报告发送到指定备用邮箱

日记邮箱不可用时，可以使用配置备用日记邮箱用于接收未送达报告（NDR）中作为附件的日记报告；当日记邮箱或其所在服务器拒绝传递日记报告或不可用时，就会生成未送达报告。配置备用日记邮箱后，整个组织中被拒绝或无法传递的所有日记报告都将投递到备用日记邮箱。因此，务必确保备用日记邮箱及其所在邮箱服务器可以支持很多日记报告，如图 2-191 所示。

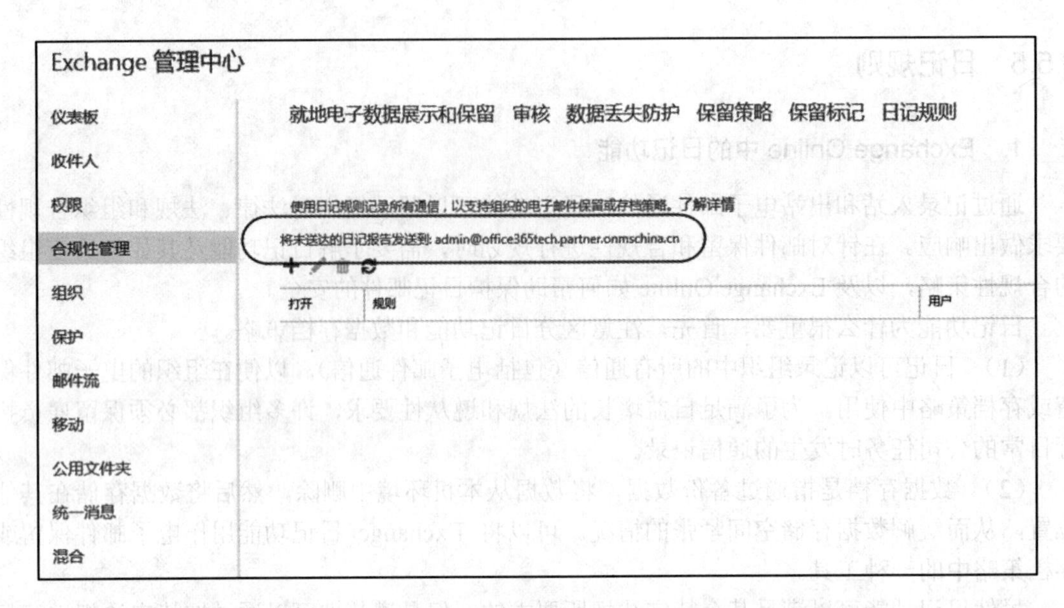

图 2-191 “将未送达的日记报告发送到”指定备用邮箱

3. 创建和查看日记规则

1） 在 Exchange 管理中心创建日记规则

（1）在 Exchange 管理中心转到“合规性管理”→“日记规则”页面，然后单击“添加”按钮➕，如图 2-192 所示。

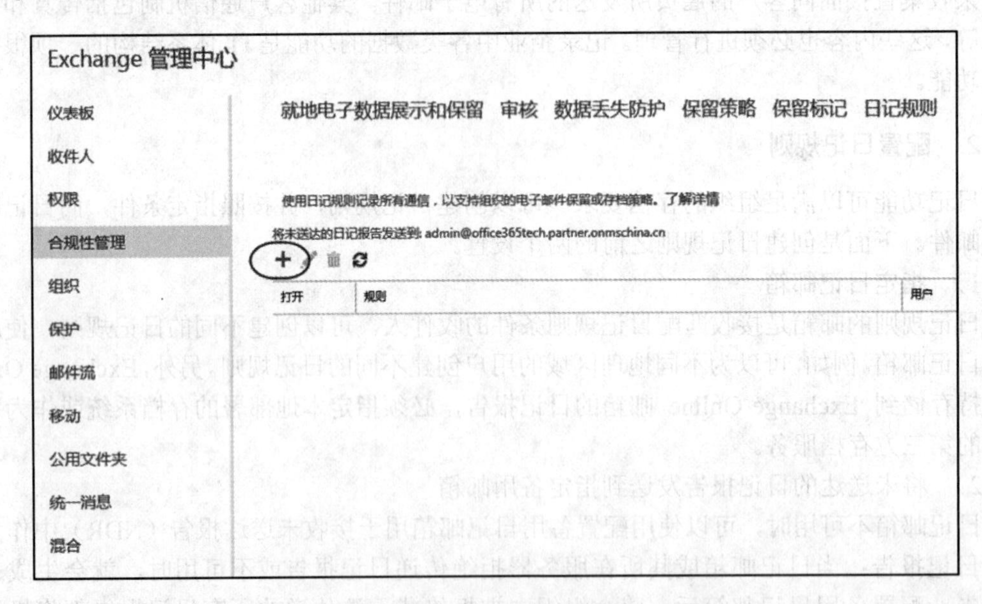

图 2-192 新建日记规则

（2） 在“新建日记规则”页需要填写以下字段，例子中是监控 Office 365 所有邮件，如图 2-193 所示。

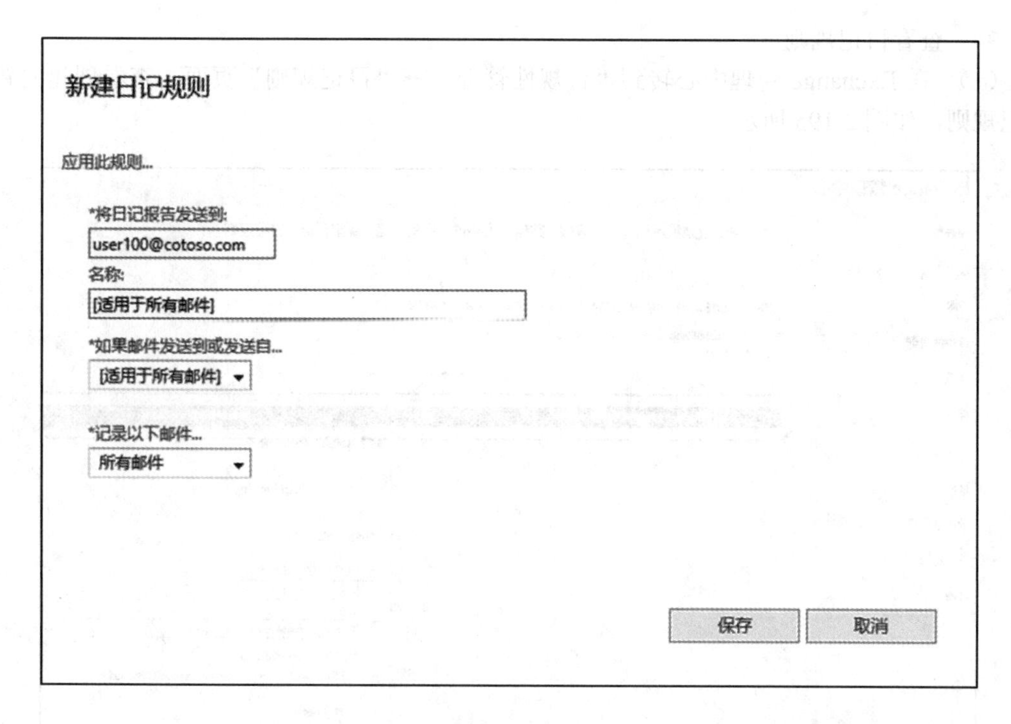

图 2-193 日记规则设置

① 将日记报告发送到：输入将要接收所有日志报告的日记邮箱的地址。此邮箱地址只能是邮件用户、邮件联系人或外部地址。

② 名称：输入日记规则显示的名称。

③ 如果邮件发送到或发送自：指定该规则的目标收件人。可以选择特定的用户或组，或将规则应用于所有邮件。

④ 记录以下邮件：指定日记规则的作用域。可以记录所有邮件、仅内部邮件或仅外部邮件。

2） 使用 Exchange Online PowerShell 创建日记规则

本示例将创建名称为“Discovery Journal Recipients”的日记规则，记录由收件人 admin@Office365tech.cn 发送和接收的所有邮件，Journal@contoso.com 就是“将日记报告发送到”的地址，如图 2-194 所示。

```
New-JournalRule -Name "Discovery Journal Recipients" -Recipient admin@Office365tech.cn -JournalEmailAddress Journal@contoso.com -Scope Global -Enabled $true
```

```
PS C:\Windows\system32> New-JournalRule -Name "Discovery Journal Recipients" -Recipient admin@Office365tech.cn -JournalEmailAddress          @qq.com -Scope Global -Enabled $true

Name                : Discovery Journal Recipients
Recipient           : admin@Office365tech.cn
JournalEmailAddress :          @qq.com
Scope               : Global
Enabled             : True
```

图 2-194 命令创建日记规则

3） 查看日记规则

（1） 在 Exchange 管理中心转到“合规性管理”→“日记规则”页面，查看创建的新的日记规则，如图 2-195 所示。

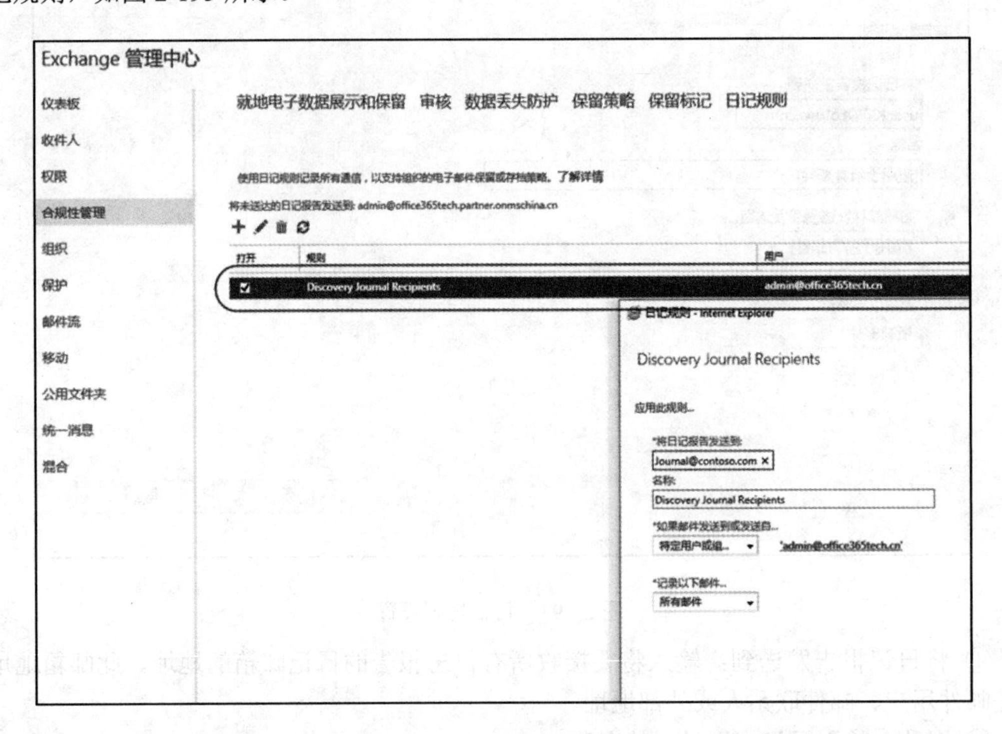

图 2-195　查看日记规则

（2） 使用 Exchange Online PowerShell 查看日记规则，如图 2-196 所示。

```
Get-JournalRule "Discovery Journal Recipients" | Format-List
```

```
PS C:\Windows\system32> Get-JournalRule "Discovery Journal Recipients" | Format-List

Name                : Discovery Journal Recipients
Recipient           : admin@Office365tech.cn
JournalEmailAddress :              @qq.com
Scope               : Global
Enabled             : True
```

图 2-196　命令查看日记规则

2.6 Exchange Online 邮件安全保护

在日常收发邮件时，有时候会收到垃圾邮件、钓鱼邮件、病毒邮件。这些邮件不仅会影响日常办公，严重时财产会遭受损失。Office 365 EOP（Exchange Online Protection）提供了多种类型的垃圾邮件筛选器，确保用户邮件收发的安全性。

Office 365 的 Exchange 管理界面，提供了 3 种不同类型且非常有效的垃圾邮件筛选器，供管理员进行设置和管理。分别为连接筛选器、恶意软件筛选器和反垃圾邮件筛选器，以及一些第三方的邮件安全协议设置（DKIM/Dmarc）。

在对 Office 365 的各项反垃圾邮件功能介绍之前，先概述一封外部邮件投递到 Office 365 用户邮箱经历的邮件筛选过程，方便对整个邮件保护过程有一个比较直观的认识。外部邮件投递到 Office 365 邮件筛选过程：SMTP 协议和 IP 连接筛选→恶意软件筛选→邮件规则筛选→垃圾邮件内容筛选。

图 2-197 所示的是一封来自外部的邮件投递到 Office 365 邮箱的邮件头信息，邮件经过了 3 种不同类型的 Office 365 邮件服务器才最终到达了用户的邮箱。每个邮件服务器都包含不同的邮件筛选安全模块，来构建了 Office 365 邮件安全筛选机制。这 3 种类型的服务器解释如下。

SHAFFO30FD007.mail.protection.partner.outlook.cn(10.41.220.71)，字段 FD 标识的为 EOP Front End 角色类型的服务器。

BJBPR01CA019.CHNPR01.prod.partner.outlook.cn(10.41.58.26)，字段 CA 标识为 Exchange Online CAS 角色类型的服务器。

BJBPR01MB081.CHNPR01.prod.partner.outlook.cn(10.41.59.139)， 字 段 MB 标 识 为 Exchange Online Back End 的 Mail Box 角色类型的服务器。

Smtp.21vianet.com (106.120.80.109)	SHAFFO30FD007.mail.protection.partner.outlook.cn (10.41.220.71)
SHAFFO30FD007.protectioncn.gbl (42.159.161.217)	BJBPR01CA019.partner.outlook.cn (10.41.58.26)
BJBPR01CA019.CHNPR01.prod.partner.outlook.cn (10.41.58.26)	BJBPR01MB081.CHNPR01.prod.partner.outlook.cn (10.41.59.139)

图 2-197 邮件头信息

图 2-198 所示的邮件流程显示了一封外部邮件投递到 Office 365 的过程，下面对此过程进行详细的解释。

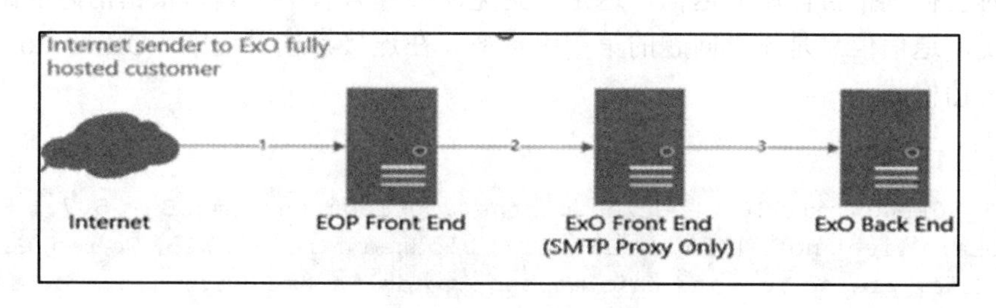

图 2-198 外部邮件投递到 Office 365 的过程

（1） 发送邮件服务器 SMTP.21vianet.com 通过 DNS 解析到收件方服务器 IP，邮件投递会话到 Office 365 EOP Front End 服务器“SHAFFO30FD007.mail.protection.partner.outlook.cn”。

（2） 在此 EOP Front End 服务器上会进行 SMTP 协议的会话过程及 IP 地址的筛选过程。当筛选完毕后，会通过 Exchange Online Front End “BJBPR01CA019.CHNPR01.prod.partner.outlook.cn”指向邮件投递到 Exchange Online Back End“BJBPR01MB081. CHNPR01.prod.partner.outlook.cn”服务器上。

（3） 在 Exchange Online Back End 服务器 BJBPR01MB081 上，会对邮件进行“恶意软

件筛选、垃圾邮件内容筛选、邮件规则筛选、恶意软件筛选”，过滤掉含有恶意程序的附件或病毒邮件。“垃圾邮件筛选”中会进行邮件内容评估，进行整体的 SCL 值评分，来判断是否为垃圾邮件。“邮件规则筛选”则会检测 Office 365 上设置的传输规则，确认此邮件是否会触发设定的规则，来进行阻止、删除或标记为垃圾邮件的动作。

Office 365 投递到外部邮箱的邮件流如下（图 2-199）。

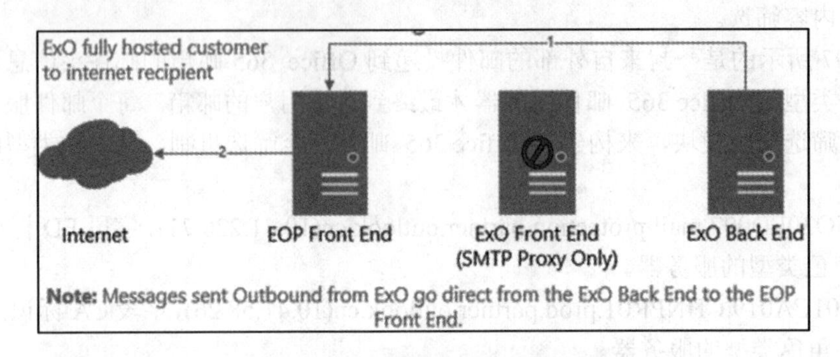

图 2-199 Office 365 投递到外部邮箱的邮件流

（1） 投递到外部的邮件，首先会在 Exchange Online Back End 服务器上进行相关的“恶意软件筛选”“垃圾邮件内容筛选”及“邮件规则筛选”。

（2）在 Exchange Online Back End 服务器上筛选完毕后，会直接投递到 EOP Front End 服务器上，进行 SMTP 邮件投递会话，对收件方 MX 记录进行解析和邮件投递。

2.6.1 连接筛选器

连接筛选器作为 Office 365 邮件保护的第一道屏障，也是目前邮件保护最常用的手段之一。这是一种避免大规模垃圾邮件攻击的有效手段，可以避免邮箱被已经识别的垃圾 IP 发出的邮件恶意攻击，从而导致邮箱堵塞，无法正常使用。在使用 Office 365 进行邮件收发时，发件人有时会得到报告性质的退信，这是一封无法投递且有一些具体报错信息的邮件。作为管理员来说，退信信息是排查问题的第一手资料。在连接筛选过程中，Office 365 提供了下面的几种退信格式。

示例 1：

```
"SHAFFO30FD005.mail.protection.partner.Outlook.cn #550 5.7.1 Service unavailable; Client host [12*.3*.18*.11*] blocked using FBLW15; To request removal from this list please forward this message to delist@messaging.microsoft.com ##"
```

示例 2：

```
Remote Server returned'<[42.159.33.202]#5.0.0 smtp; 5.1.0 - Unknown address error 550-'5.7.1 Service unavailable; Client host [20*.10*.12*.19*] blocked using Spamhaus; To request removal from this list see http://www.spamhaus.org/lookup.lasso CBJBFF030FD007.protecboncn.gblT (delivery attempts:) >'
```

上述两种退信是比较常见的，EOP 上的 IP 筛选不仅有 Office 365 自带的 IP 筛选列表（示例 1 中的 FBLW15），也会参考外部第三方平台的 IP 阻止列表（示例 2 中的 Spamhaus）。

示例 2 中的 Spamhaus 是一个国际知名的第三方平台，为组织和企业提供实时的 IP 阻止列表。Office 365 的 EOP 会实时参照 Spamhaus 等第三方平台的阻止列表来确定是否需要拒绝从某些 IP 发来的邮件。如果关注 Spamhaus 上的 IP 阻止列表，会发现有各种类型的列表，如 SBL、XBL、PBL、DBL。SBL 列入的是发垃圾邮件的 IP 地址列表，XBL 是邮件中含有一些恶意软件或病毒而被列入的阻止列表，PBL 是某些组织要求的阻止列表，DBL 是基于域名的阻止列表。具体的 IP 阻止原因，可以登录到相关的第三方网站平台查询。

针对常见的两种 IP 阻止示例，如果确认是来自一个信任的外部联系人，需要在 Office 365 上释放。其采取的方式也是不同的，下面分别展示处理两种不同类型的 IP 阻止的过程。

示例 1：邮件 IP 被 FBLIW15 阻止。

（1） 登录此网站（https://sender.office.com/），“电子邮件地址”文本框中输入可以正常接收邮件的邮件地址，“IP 地址”文本框中输入想要解除阻止的 IP 地址，如图 2-200 所示。

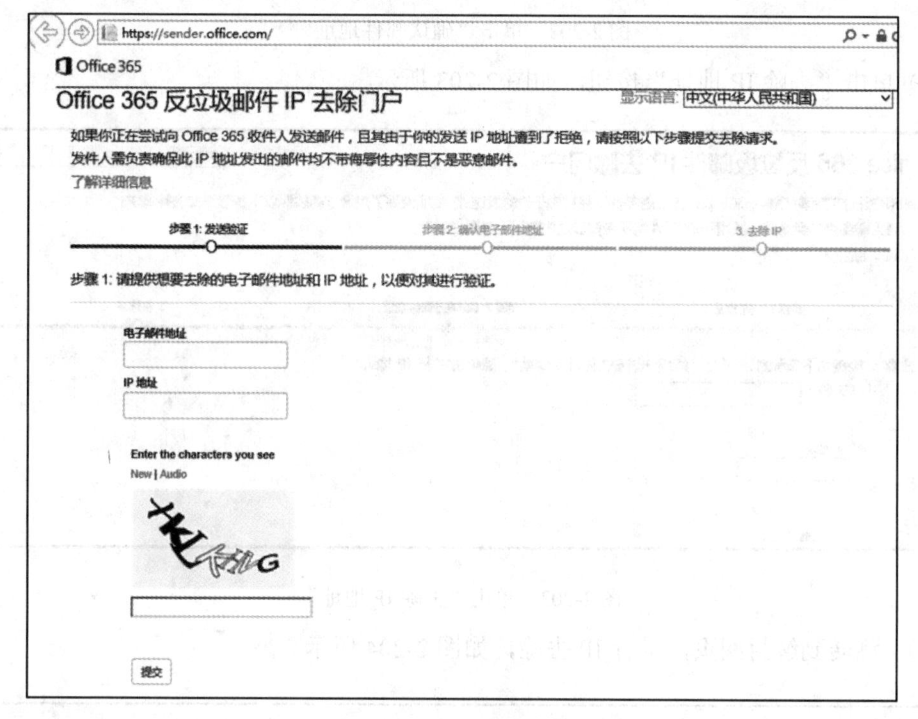

图 2-200　发送验证

（2） 步骤（1）中提及的邮箱中找到要相关的通知邮件，进行解封，如图 2-201 和图 2-202 所示。

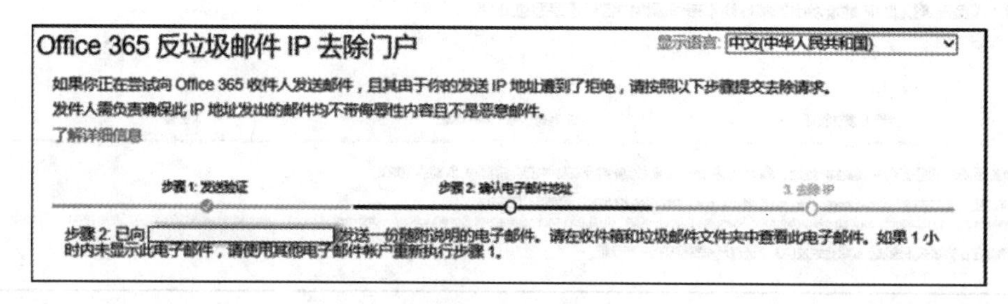

图 2-201　步骤 1 已经完成的提示信息

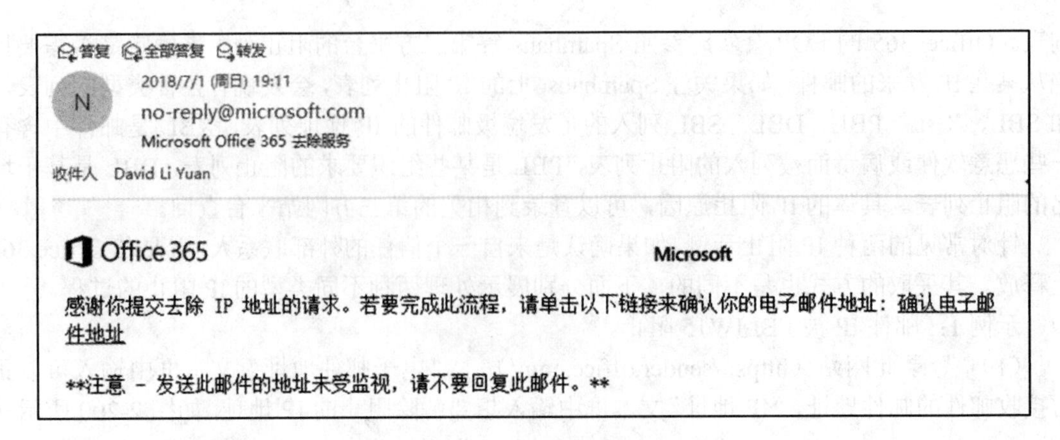

图 2-202　单击“确认邮件地址”

（3）单击“去除 IP 地址”按钮，如图 2-203 所示。

Office 365 反垃圾邮件 IP 去除门户
显示语言: 中文(中华人民共和国)
如果你正在尝试向 Office 365 收件人发送邮件，且其由于你的发送 IP 地址遭到了拒绝，请按照以下步骤提交去除请求。
发件人需负责确保此 IP 地址发出的邮件均不带侮辱性内容且不是恶意邮件。
了解详细信息
步骤 1: 发送验证
步骤 2: 确认电子邮件地址
3. 去除 IP
步骤 3: 检查如下显示的 IP 地址。如果你想要去除此 IP 地址，请单击“去除 IP 地址”。
欢迎回来
IP 地址
去除 IP 地址

图 2-203　单击“去除 IP 地址”

（4） 跳转到解封网页，进行 IP 去除，如图 2-204 所示。

Office 365
Office 365 反垃圾邮件 IP 去除门户
显示语言: 中文(中华人民共和国)
如果你正在尝试向 Office 365 收件人发送邮件，且其由于你的发送 IP 地址遭到了拒绝，请按照以下步骤提交去除请求。
发件人需负责确保此 IP 地址发出的邮件均不带侮辱性内容且不是恶意邮件。
了解详细信息
步骤 1: 发送验证
步骤 2: 确认电子邮件地址
3. 去除 IP
我们的系统当前阻止了有问题的 IP 地址，请参考你从 Microsoft 收到的电子邮件并按照所建议的步骤进行操作。
如果你正在尝试去除 Hotmail.com/Live.com/Outlook.com 中受阻的 IP 地址，请使用以下链接。
https://support.microsoft.com/zh-cn/getsupport?oaspworkflow=start_1.0.0.0&wfname=capsub&productkey=edfsmsbl3&locale=zh-cn&ccsid=635900597399910848
如果你正在尝试去除遭禁止或阻止的发件人，请打开来自租户的支持票证。

图 2-204　完成解封 IP 后的提示

（5） 当确认发件方的 IP 是一个可信任的 IP 地址，建议把此 IP 添加到 EAC 中 “连接筛选器”的“IP 允许列表”中，如图 2-205 所示。注意，如果这个 IP 还没有被 FBLW15 释放，那么无法添加到 IP 地址白名单中，需要先解封 IP 才可以。

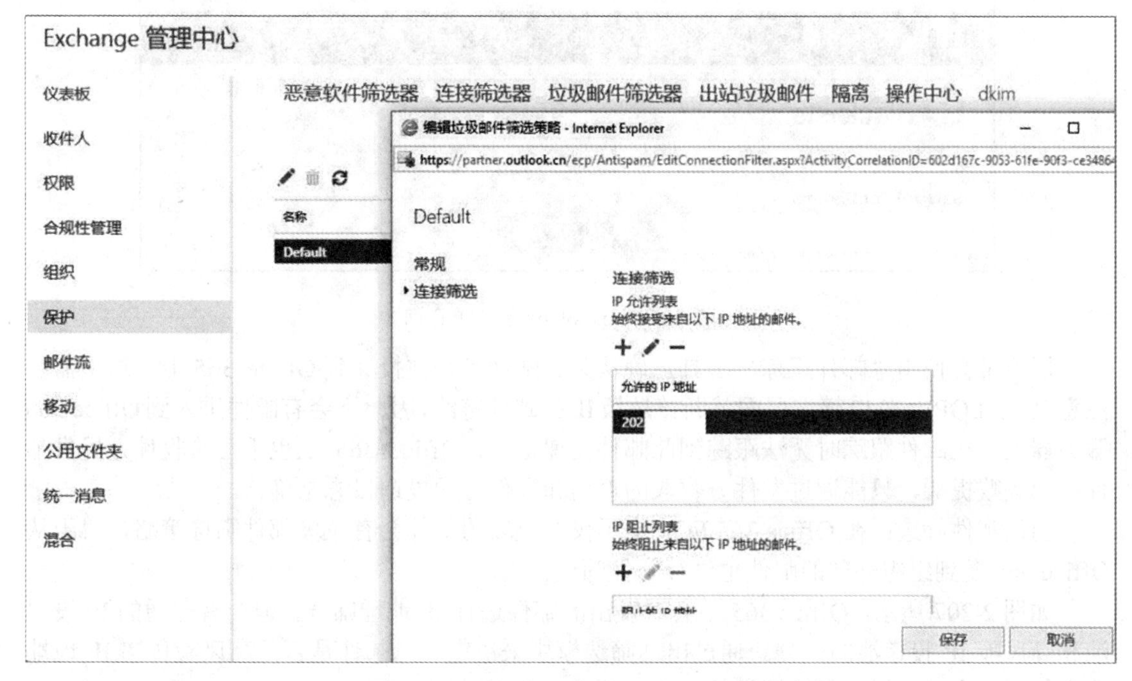

图 2-205　连接筛选器的白名单

在 Office 365 上可以自定义一些 IP 作为受信任/不信任的 IP。当把这些 IP 地址添加到允许和阻止的列表中时，需要等待 1 小时左右的时间会在服务器上生效。建议在修改 1～2 小时后进行投递邮件测试。

Office 365 IP 筛选列表小贴士：

（1） 如果允许/阻止列表同时添加一个 IP 地址，则允许从其发送的电子邮件。

（2） IPV4 IP 地址必须以 nnn.nnn.nnn.nnn 的格式进行指定，其中 nnn 代表 0～255 的任意数字。也可以采用 nnn.nnn.nnn.nnn/rr 格式指定无类别域际路由选择（CIDR）的范围，其中 rr 代表 24～32 的任意数字。要指定超出 24～32 的范围。

（3） 最多可以指定 1273 个条目，条目可以是单个 IP 地址或 IP 地址的 CIDR 范围（从/24～/32）。

示例 2：邮件被 Spamhaus 等第三方阻止列表阻止。

Office 365 上是无法对 Spamhaus 等第三方阻止列表的 IP 进行解封申请的，即使把此 IP 地址添加到 Office 365 的自定义白名单中也有继续被阻止的风险。为了彻底解决这个问题，建议通过 Spamhaus 等第三方组织的官方网站，对发送的 IP 进行解封（建议由发件 IT 进行此操作）。可以通过 https://mxtoolbox.com/blacklists.aspx 进行 IP 地址黑名单查询，如图 2-206 所示。MxToolBox 会列出此 IP 被哪些反垃圾网站标记为垃圾 IP，需要发件方 IT 来申请解封，可以彻底解决此问题。

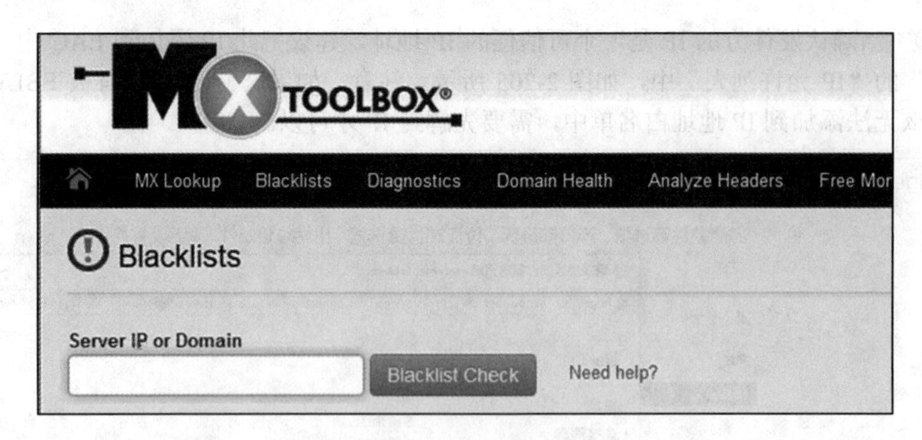

图 2-206　mxtoolbox 黑名单查询

用户常会使用“邮件跟踪”工具，确认某封邮件是否被投递到 Office 365 上。这里需要注意，由于 EOP 会在 IP 筛选层面就断掉垃圾 IP 的邮件链路，因此不会有邮件进入到 Office 365 服务器上。在邮件跟踪时无法跟踪到此邮件投递记录，Office 365 上也不会给收件方提供邮件投递失败提醒，只能通过发件方收取的退信和发件方的投递日志来确认。

出站邮件筛选：在 Office 365 EOP 上不仅对收取的邮件会有垃圾邮件筛选策略，对于从 Office 365 发到组织外部的邮件也进行邮件筛选。

如图 2-207 所示，Office 365 不会对发出的邮件进行 IP 地址筛选，但会有普通的 IP 投递池和高风险 IP 投递池的区分。通过出站筛选模块来决定一封邮件是否从高风险传递 IP 地址池中投递出去。这样会保护正常的邮件，其出站 IP 不会被污染。

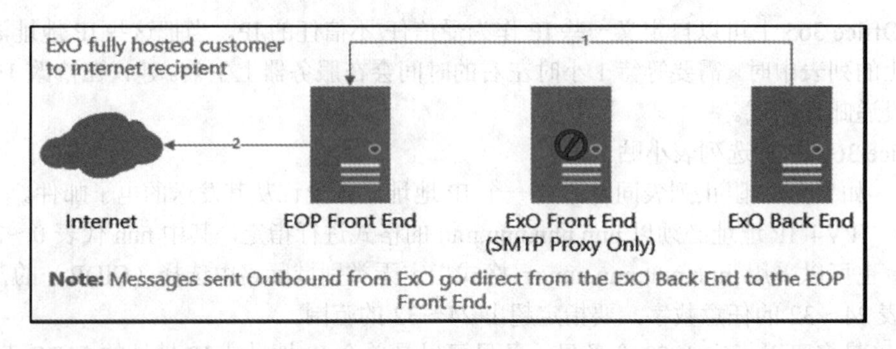

图 2-207　出站邮件筛选

如果用户从 Office 365 连续发送被归类为垃圾邮件的电子邮件，这些用户将被禁止发送任何电子邮件。当发件人被禁止发送电子邮件时，他们就会收到一个未送达报告（NDR 或电子邮件未能发送邮件）。需要在 Exchange 管理中心→保护→操作中心，对于相关的发件用户取消阻止。

后台会侦测整个 Office 365 租户的使用情况，如果发现 Office 365 租户有大量发送垃圾邮件、批量广告邮件的行为，会进行租户级别的邮箱服务停用，退信内容如图 2-208 所示。

需要注意的是，如果用户收到了此退信信息（tenant has exceeded threshold.）。证明用户的 Office 365 曾有过大量投递垃圾邮件的行为，已经被阻止投递邮件。这种情况下，需要联系 Office 365 技术支持，来进行解除阻止的操作。

Status: 5.7.705↵

Diagnostic-Code: smtp;550 5.7.705 Access denied, tenant has exceeded threshold. ↵

图 2-208 退信内容

2.6.2 恶意软件筛选器

“恶意软件”包括病毒和间谍软件。“病毒”会感染其他程序与数据，且会在计算机中寻找程序进行感染。“间谍软件”是指收集个人信息（如登录信息和个人数据），并将其发送给恶意软件作者的恶意软件。

Office 365 会及时更新恶意软件的病毒库，但仍然会有收到邮件后，被本地计算机杀毒软件侦测并删除邮件的情况发生。主要原因在于：① 本地杀毒软件更加激进，会误杀一些正常的邮件附件。② 用户收到的恶意软件为新的变体，反恶意软件引擎还无法侦测到。这样的“恶意软件变体”，称为“零日病毒”。针对此类恶意软件，先在 https://www.virustotal.com/ 对此邮件进行上传扫描，确认是否被识别。如果被识别到，可以联系 Office 365 的技术支持或提交到 Microsoft 恶意软件保护中心（MMPC），会有专门的技术团队来分析恶意软件样本。它们会及时更新的恶意软件扫描引擎。

```
https://www.microsoft.com/en-us/security/portal/submission/submit.aspx
```

作为最终用户，在 Office 365 恶意软件筛选策略上，可以制定① 恶意邮件的删除方式；② 对于恶意软件附件类型的设置；③ 抄送管理员的邮件地址；④ 自定义警报文本。

（1） 恶意邮件的删除方式，有 3 种方式：删除整个邮件信息（默认）、删除邮件中的附件并使用默认的警告文本、删除邮件中的附件并使用自定义文本，如图 2-209 所示。

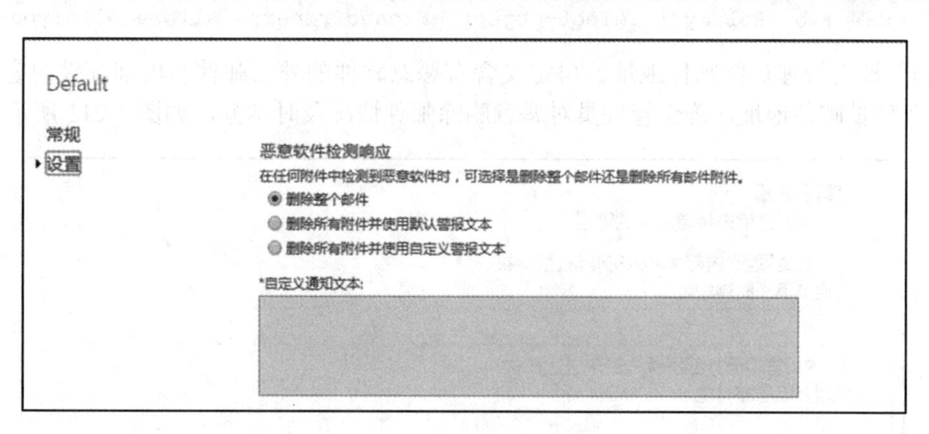

图 2-209 恶意软件检测响应

（2） 对于恶意软件附件类型的设置。对于恶意软件附件类型，可以通过 UI 界面或 PowerShell 指令设置。

UI 界面的 XML 格式筛选，用户可以自定义哪些类型的附件会触发恶意软件筛选模块，如图 2-210 所示。

常见附件类型筛选器

启用此功能以阻止可能会损害计算机的附件类型。

◎ 关闭

◉ 打开 - 包含筛选的文件类型的附件的电子邮件将触发恶意软件检测响应(推荐)。

+ −

文件类型
.reg
.ace
.app
.docm

图 2-210　触发恶意软件筛选的文件类型

PowerShell 指令添加 XML 格式示例如下。

运行以下命令，将 XML 添加到 Outlook Web App 中允许的文件类型列表。

```
Set-OwaMailboxPolicy -Identity OwaMailboxPolicy-Default -AllowedFileTypes
@{add='.xml'}
```

运行以下命令，将 XML 从 Outlook Web App 中被阻止的文件类型列表中删除。

```
Set-OwaMailboxPolicy -Identity OwaMailboxPolicy-Default -BlockedFileTypes
@{remove='.xml'}
```

运行以下命令以验证 Outlook Web App 中允许使用的附件类型。

```
Get-OwaMailboxPolicy | Select-Object -ExpandProperty AllowedFileTypes
```

（3） 抄送管理员的邮件地址。自定义含有恶意软件的外部邮件和内部邮件内容，设定通知的管理员邮件地址，确保管理员对恶意删除邮件情况及时掌握，如图 2-211 所示。

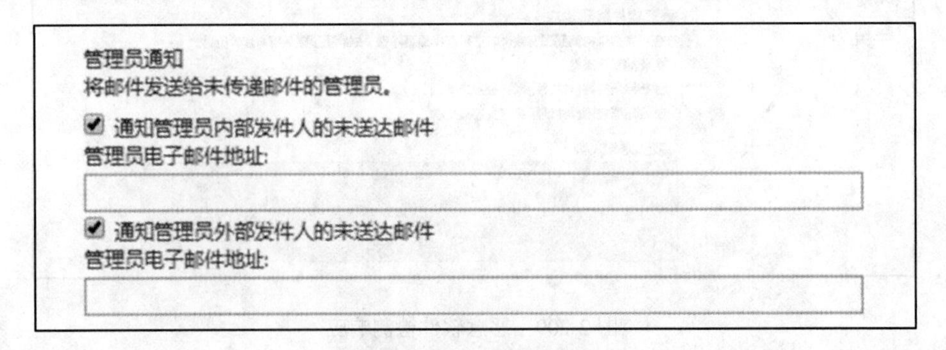

图 2-211　填写管理员邮件地址

（4） 自定义警报文本。自定义含有恶意软件的外部邮件和内部邮件，通知外部、内部用户的警告文本，如图 2-212 所示。

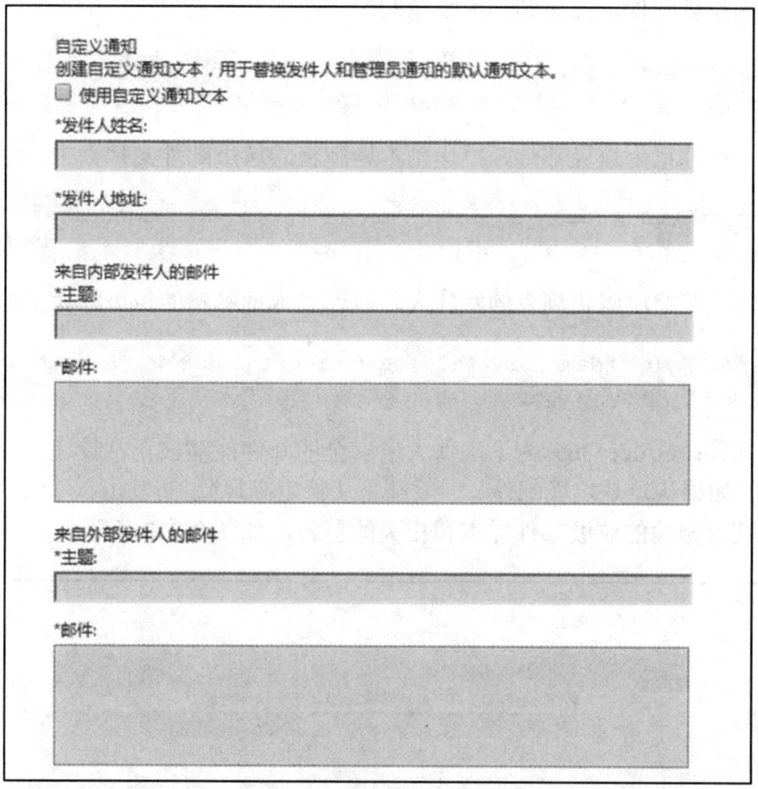

自定义通知
创建自定义通知文本，用于替换发件人和管理员通知的默认通知文本。
使用自定义通知文本
*发件人姓名:
*发件人地址:
来自内部发件人的邮件
*主题:
*邮件:
来自外部发件人的邮件
*主题:
*邮件:

图 2-212 自定义警报文本设置

在日常工作中，如果遇到 Office 365 系统退信，提示“发送邮件的附件被删除”。较为简单的处理方式是对此附件进行压缩，并设置解压缩密码。恶意软件筛选可以对压缩附件及压缩文件进行递归扫描，但无法对于设置过解压缩密码的附件扫描。如果确认附件没有病毒，需要正常投递，可以使用此方法。

2.6.3 反垃圾邮件筛选器

Office 365“邮件内容筛选”分为入站邮件和出站邮件内容筛选两部分。这确保了用户对一些外部投递的垃圾邮件拒收，也能识别一些出站垃圾邮件，确保 Office 365 投递邮件的信誉。

对于入站邮件：当邮件经过上述描述的“SMTP 协议和 IP 连接筛选”和“恶意软件筛选”后会对邮件进行内容筛选。内容筛选判定的垃圾邮件，默认会被 Office 365 内容筛选策略执行投递到收件人的垃圾邮件文件夹。当然也可以自定义一些垃圾邮件执行策略。例如，可以修改策略为：选择将垃圾邮件发送到隔离区。

需要注意的是，在混合部署环境中，如果设置的入站垃圾邮件放置到用户的“垃圾邮件”文件夹中，需要本地 Exchange PowerShell 执行下面的命令，确保本地邮箱可以执行相同的垃圾策略。

在本地 Exchange PowerShell 模块中，运行下面的指令，实现 Office 365 EOP 甄别出垃圾邮件，在本地邮箱中执行投递到垃圾邮件文件夹的策略。

内容筛选为垃圾邮件，投递到本地邮箱的垃圾邮件文件夹中：

```
New-TransportRule "NameForRule" -HeaderContainsMessageHeader "X-Forefront-Antispam-Report" -HeaderContainsWords "SFV:SPM" -SetSCL 6
```

内容筛选前被标记为垃圾邮件，投递到本地邮箱的垃圾邮件文件夹中：

```
New-TransportRule "NameForRule" -HeaderContainsMessageHeader "X-Forefront-Antispam-Report" -HeaderContainsWords "SFV:SKS" -SetSCL 6
```

垃圾邮件筛选策略中阻止列表的发件人，投递到本地邮箱的垃圾邮件文件夹：

```
New-TransportRule "NameForRule" -HeaderContainsMessageHeader "X-Forefront-Antispam-Report" -HeaderContainsWords "SFV:SKB" -SetSCL 6
```

对于出站邮件：Office 365 为了确保大量安全的邮件能够被正常投递，会对发出的邮件内容进行扫描，如果认定是垃圾邮件，一般都是从特定高风险 IP 发出。可以设置垃圾邮件的出站策略，来获取相关的垃圾邮件样本和相关的警告，如图 2-213 所示。

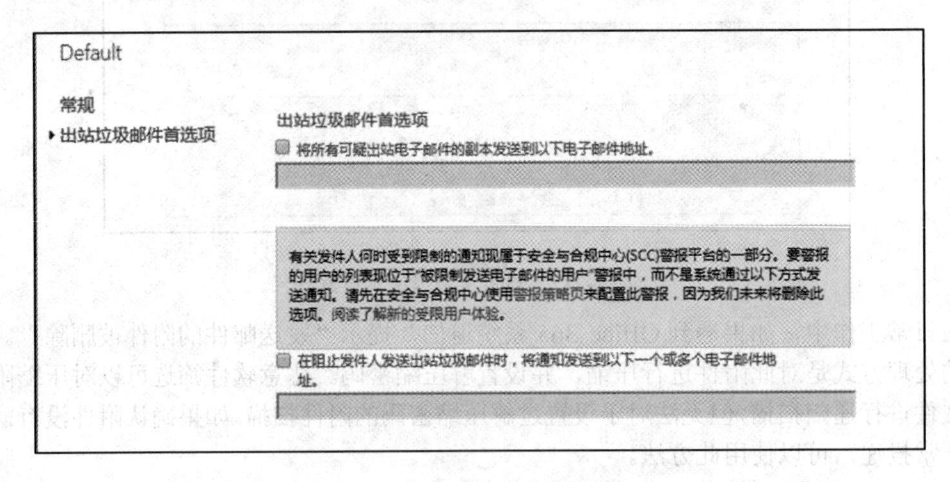

图 2-213　出站垃圾邮件首选项

针对 Office 365 上的垃圾邮件测试，可以使用此垃圾邮件样本，来测试新的垃圾邮件策略是否生效：

```
"XJS*C4JDBQADN1.NSBN3*2IDNEN*GTUBE-STANDARD-ANTI-UBE- TEST-EMAIL*C.34X"
```

在 Office 365 的垃圾邮件筛选策略中主要分成了 3 个部分，第一部分是对垃圾邮件进行什么样的操作，第二部分是针对外部的用户或邮件域进行垃圾邮件的阻止和允许操作。第三部分则是可以自定义添加一些垃圾邮件的特性。

在第一部分中 Office 365 的管理员可以针对垃圾邮件或批量邮件进行操作。执行的方法有删除邮件、隔离邮件、将邮件移动到垃圾邮件文件夹、添加 X 标头、在主题行前面追加文本、重定向至电子邮件地址。

（1） 删除邮件：针对邮件进行整体的删除。

（2） 隔离邮件：将怀疑的邮件放置到 Office 365 的隔离区中，收件人将无法直接收取到此封邮件，会在隔天收到垃圾邮件的提醒邮件，用户可以自己决定是否将怀疑的垃圾邮件进行释放，如图 2-214 所示。管理员也可以在隔离区中，对此邮件释放用户收件箱。隔离区中的垃圾邮件默认保留最长时间为 15 天（匹配邮件规则进入隔离区的邮件最长保留时间为 7 天），用户可自定义设置保留天数。如果客户的环境为混合部署环境，针对本地的邮箱启用隔离策略，不需要做额外的操作。

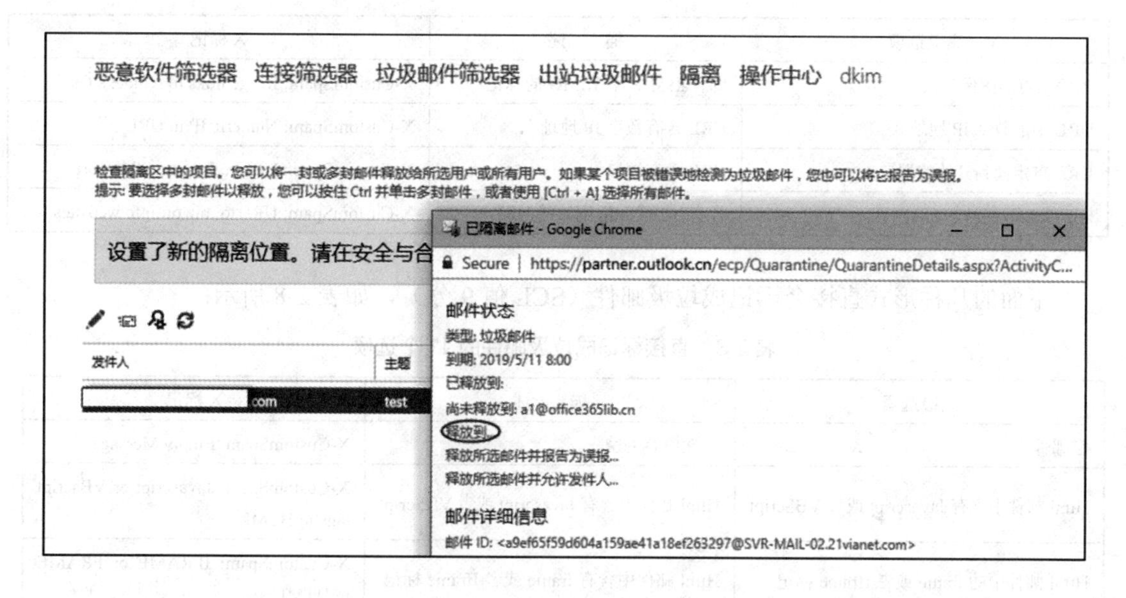

图 2-214　已隔离邮件的操作

PowerShell 释放指令：

```
Get-QuarantineMessage  -MessageID  "<xxxxx-xxxxx-xxxxx@  contoso.com>"  |
Release-QuarantineMessage -User xxxx@contoso.com
```

（3） 将邮件移动到垃圾邮件文件夹：将受怀疑的垃圾邮件投递到用户的垃圾邮件文件夹中。

（4） 添加 X 标头：为邮件添加 X 标头文本将其标识为垃圾邮件。通过将此文本作为标识符，可以选择创建按需的传输规则。默认的 X 标头文本是“This message appears to be spam”。当然也可以自定义此标头。

（5） 在主题行前面追加文本：邮件主题前添加自定义文本，提示收件人这封邮件为垃圾邮件。

（6） 重定向至电子邮件地址：重定向邮件到其他指定的邮箱地址。

第二部分外部用户或邮件域进行垃圾邮件的阻止和允许操作。

先回顾下 Office 365 对于邮件的筛选过程：SMTP 协议和 IP 连接筛选→恶意软件筛选→邮件规则筛选→垃圾邮件内容筛选。

在邮件规则筛选中，会有针对已收到的邮件“不进行垃圾邮件规则筛选”的选项，而在垃圾邮件内容筛选中也会看到针对特定发件人和发件域的阻止/允许设置。邮件规则筛选，确保了这封邮件已经被自定义设置为垃圾邮件或安全邮件。此封邮件不会继续进行内容邮件筛选流程。内容筛选中的阻止/允许设置，是在内容筛选前，对于特定域名或邮箱进行阻止/允许设置。这是两个不同层面的筛选。

第三部分则是可以自定义添加一些垃圾邮件的特性。Advanced Spam Filtering (ASF) 可以让管理员来自定义一些邮件特性作为垃圾邮件的标志。

增加垃圾邮件分数：SCL 值 5 分至 6 分，如表 2-7 所示：

表 2-7　增加垃圾邮件分数的 4 个选项

高级选项	描　述	X 标记
远程站点的图像链接	邮件正文中含有 IMG 的标记	X-CustomSpam: Image links to remote sites
URL 中的数字 IP 地址	URL 含有数字 IP 地址	X-CustomSpam: Numeric IP in URL
URL 重定向到其他的端口	URL 含有端口号	X-CustomSpam: URL redirect to other port
.biz 或.info 网站的 URL	含有.biz 或.info 网站的 URL	X-CustomSpam: URL to .biz or .info websites

下面的几种形式直接会标记成垃圾邮件（SCL 值 9 分），如表 2-8 所示：

表 2-8　直接标记成垃圾邮件的 11 个选项

高级选项	描　述	X 标记
空邮件	邮件内容为空	X-CustomSpam: Empty Message
Html 邮件中含有 Javascript 或者 VBScript	Html 邮件中含有 Javascript 或者 VBScript	X-CustomSpam: Javascript or VBscript tags in HTML
Html 邮件中的 frame 或者 Iframe 标记	Html 邮件中含有 frame 或者 Iframe 标记	X-CustomSpam: IFRAME or FRAME in HTML
Html 邮件中的 object 标记	Html 邮件中含有 object 标记	X-CustomSpam: Object tag in html
Html 邮件中的 Embed 标记	Html 邮件中含有 Embed 标记	X-CustomSpam: Embed tag in html
Html 邮件中的 Form 标记	Html 邮件中含有 Form 标记	X-CustomSpam: Form tag in html
Html 邮件中的 Web bug 标记	Html 邮件中含有 Web bug 标记	X-CustomSpam: Web bug
应用敏感词列表	应用敏感词列表是无法被管理员编辑的	X-CustomSpam: Sensitive word in subject/body
SPF 记录:硬失败	SPF 设置的时候-all 为硬匹配，~all 为软匹配	X-CustomSpam: SPF Record Fail
条件发件人 ID 筛选:硬失败		X-CustomSpam: SPF From Record Fail
NDR 退信式垃圾邮件	邮件诈骗者会把退信地址写成 Office 365 用户邮件地址，非法的 NDR 垃圾退信将会阻止此类退信	X-CustomSpam: Backscatter NDR

2.6.4　DKIM&DMARC

Office 365 不仅提供最基础的 SPF 邮件安全身份验证机制，同时也支持第三方的验证方法，如 DKIM 和 DMARC。建议同时对自己的域名进行 SPF、DKIM、DMARC 的设置，来确保收件方可以有更多的机制来验证邮件的安全性。

1. DKIM

DKIM（Domain Keys Identified Mail）的主要目的是防止其他用户仿冒自己的邮件地址来

诈骗其他用户。DKIM 是第三方提供的一种邮件安全认证机制，使用私钥加密传出邮件的邮件头。在邮件头中，将签名域或出站域作为 d= 字段中的值插入，同时通过域 DNS 记录发布公钥。收件人通过对收取邮件的 d= 字段信息，在 DNS 中查找公钥，进行解码签名的动作，对邮件进行身份验证。确认邮件是自己发送的，而不是假冒自己域的欺骗程序发送的。Office 365 已经对默认域名设置了 DKIM，也可以对自定义域名进行设置。

如何在 Office 365 上针对自定义域名启用 DKIM。

（1） 在域名的 DNS 管理中心添加两个 CNAME 记录，如图 2-215 所示。

☐	selector1._domainkey	CNAME	默认	selector1-office365lib-cn....	-	600	2019-06-06 09:35:04	修改 暂停 删除
☐	selector2._domainkey	CNAME	默认	selector2-office365lib-cn....	-	600	2019-06-06 09:35:22	修改 暂停 删除

图 2-215 添加 CNAME 记录

CNAME 记录使用图 2-216 所示的格式。

```
Host name:                   selector1._domainkey.<domain>
Points to address or value:  selector1-<domainGUID>._domainkey.<initialDomain>
TTL:                         3600

Host name:                   selector2._domainkey.<domain>
Points to address or value:  selector2-<domainGUID>._domainkey.<initialDomain>
TTL:                         3600
```

图 2-216 CNAME 记录格式

对于 Office 365，选择器将始终为“selector1”或“selector2”。

① DomainGUID 值与显示在 mail.protection.partner.outlook.cn 前面的自定义域的自定义 MX 记录中的 DomainGUID 相同。例如，contos.com 解析出来的地址应为 contos.com，它的 MX 记录应该为 contos-com.mail.protection.partner.outlook.cn。这里 DomainGUID 值应该为 contos-com。

② InitialDomain 是用户注册 Office 365 时所使用的默认域。

③ 如果不想自己写这个值，有个小技巧，使用 Exchange Online PowerShell 模块，新建 DKIM 秘钥。New-DKIMSigningConfig –DomainName office365lib.cn（使用自定义域名代替 office365lib.cn）-Enabled $True，就可以获得 Host 的值，如图 2-217 所示。

```
PS C:\Windows\system32> New-DKIMSigningConfig -DomainName office365lib.cn -Enabled $True
WARNING: The config was created but can't be enabled because the CNAME records aren't published. Publish the following two CNAME rec
ords, and then enable the config by using Set-DkimSigningConfig.
selector1-office365lib-cn._domainkey.office365tech.partner.onmschina.cn
selector2-office365lib-cn._domainkey.office365tech.partner.onmschina.cn
Active Directory operation failed on SHAPR01A001DC01.CHNPR01A001.prod.partner.outlook.cn. The object 'CN=office365lib.cn,CN=Dkim
Signing config,CN=Transport Settings,CN=Configuration,CN=office365tech.partner.onmschina.cn,CN=ConfigurationUnits,DC=CHNPR01A001,DC
=prod,DC=partner,DC=outlook,DC=cn' already exists.
    + CategoryInfo          : NotSpecified: (:) [New-DkimSigningConfig], ADObjectAlreadyExistsException
    + FullyQualifiedErrorId : [Server=SHAPR01MB062,RequestId=11a7213d-a167-4478-9d93-37dd84dc5d0f,TimeStamp=6/5/2019 9:38:04 AM] [
   FailureCategory=Cmdlet-ADObjectAlreadyExistsException] F16048BD,Microsoft.Exchange.Management.SystemConfigurationTasks.NewDkim
   SigningConfig
    + PSComputerName        : partner.outlook.cn
```

图 2-217 获取 CNAME 值

（2） 在 Office 365 管理员界面单击，启用 DKIM，如图 2-218 所示。

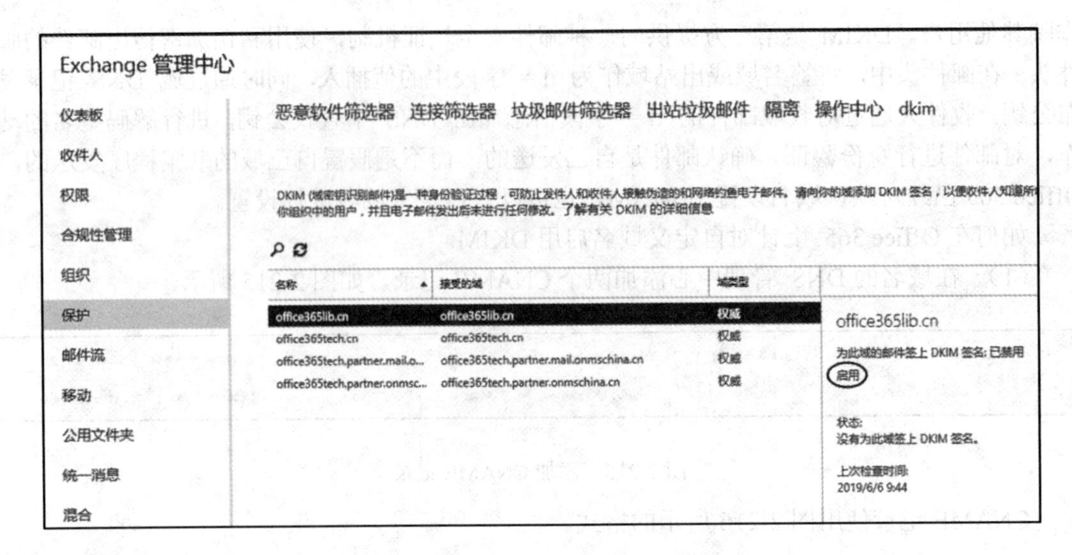

图 2-218　启用 DKIM

可以使用 PowerShell 来验证 DKIM 是否启用，如图 2-219 所示和图 2-220 所示。

```
Get-DKIMSigningConfig -Identity office365lib.cn
```

图 2-219　确认 DKIM 已经启用

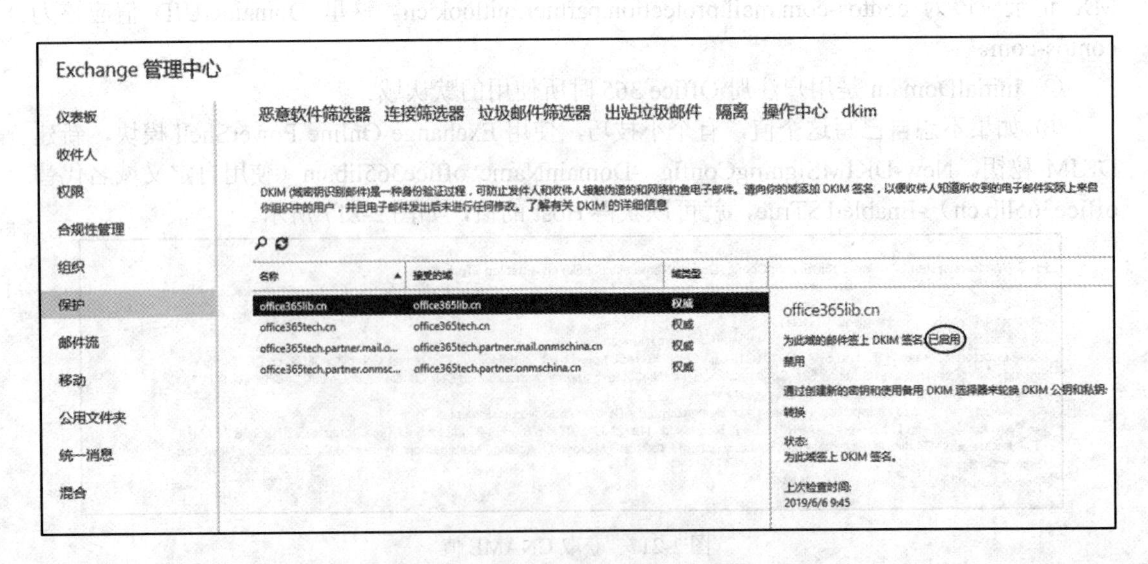

图 2-220　EAC 中 DKIM 显示“已启用”

等待 1 个小时以上，用已开启 DKIM 的邮箱发邮件，在收件人中检查邮件头，看是否有 DKIM-Signature 内容，如图 2-221 所示。

Header	Value
DKIM Signature	v=1; a=rsa-sha256; c=relaxed/relaxed; d=jiuxianqiao.top; s=selector1; h=From:Date:Subject:Message-ID:Content-Type:MIME-Version:X-MS-ExchangeSenderADCheck;bh=oV9J9lgSQ7RMn4skXy8cJQk5xb1oAbUxdg4Bz9UVGoM=;b=px5B1dahYOo913NTGOBTBF0b48Ti/JHttuOGyLhjUsoAGrwl4qCUl67ADpInwUIvkGWjsnQYVtYUnqWjqwgy1UXLboMyAtCoYhUQYBvsHHBSglscFo/uyIZsmxzeMQKRi3RTeLGc7whhBy92IX5PbnM/W6FlDG2HeTvQ34l8Ylg=

图 2-221　检查邮件头中的 DKIM-Signature 内容

2. DMARC

DMARC（Domain-based Message Authentication, Reporting & Conformance）是一种基于现有的 SPF 和 DKIM 协议的可扩展的电子邮件认证协议。DMARC 要求在 DNS 中设置 SPF 记录和 DKIM 记录，并明确对验证失败的邮件的处理策略。介绍 DMARC 之前，简单介绍一下 SMTP 协议中一个比较有意思的地方。这里有一个简单的 SMTP 发送测试代码：

```
helo 21vianet.com
250 BJBFFO30FD002.mail.protection.partner.outlook.cn Hello [106.120.78.19x]
ehlo
250-BJBFFO30FD002.mail.protection.partner.outlook.cn Hello [106.120.78.19x]
250-STARTTLS
mail from:phish@21vianet.com
250 2.1.0 Sender OK
rcpt to:office@jiuxianqiao.top
250 2.1.5 Recipient OK
data
354 Start mail input; end with <CRLF>.<CRLF>
From:IT@jiuxianqiao.top
To:office@juxianqiao.top
Subject:IT security mails
```

这段代码是一个简单的 SMTP 发送邮件代码，它模拟一个正常的邮件发送行为，其中有两个发送的邮件地址，它们分别代表了 Mail from 的 phish@21vianet.com 和 From:“IT@jiuxianqiao.top”。Mail From 和 From 这两个值是如何规定的呢？

“邮件发件人（Mail from）phish@21vianet.com”地址的发件人地址，指定在传送邮件过程中出现任何问题（如邮件未送达通知），可以返回通知的地址。该地址出现在电子邮件的信封部分，我们发送邮件时并不需要填写此地址，也称为"5321.MailFrom 地址"或"反向路径地址"。

“发件人（From）IT@jiuxianqiao.top”地址是在邮件应用程序显示的发件人地址。此地址标识电子邮件的作者，是表明发件人身份的，给收件人确认信息的地址，也称为"5322.From 地址"。

如果设置了 SPF 值，那么收件方将会使用 SPF 值来检查 Mail From 的地址 phish@21vianet.com，如果邮件确实是从这个地址发出的，那么 SPF 标记是成功的。而“From”地址是显示在邮件正文中的地址，收件方看到地址具有欺骗性。

DMARC 正是通过和 SPF（DKIM）的结合使用，来帮助收件方验证发件人身份的机制，遏制仿冒邮件和钓鱼邮件。DMARC 类似于 SPF，通过在 DNS 上发布 DMARC TXT 记录，接收方进行 DMARC 验证的过程如下。

（1） 从邮件头收取 FROM 字段的域名（5322.From），如 A.com，获取返回邮件地址域名（5321.MailFrom），例如 B.com

（2） 查询 A. com（5322.From）和 B.com（5321.MailFrom），如果结果一致，只验证 SPF 记录。

（3） 查询 A. com（5322.From）和 B.com（5321.MailFrom），如果结果不一致，需要检查 DKIM 设置。

（4） 在步骤（2）和步骤（3）的 SPF 或 DKIM 检查中，如果有一个验证通过，则就认为这个邮件是安全的。如果验证不通过，则需要执行 DMARC 设置的策略。

在 Office 365 中，如果已经设置了 SPF 值，建议继续设置 DKIM。如果不设置 DKIM，且允许 Office 365 对域名使用默认的 DKIM 配置，则 DMARC 可能会失败。这是因为默认的 DKIM 配置使用初始域 onmschina.cn 作为 5322.From 地址，而不是使用自定义域。有可能从自己的域发送的所有电子邮件 5321.MailFrom 和 5322.From 地址不匹配。

启用 DMARC 的过程如下。

（1） 设置域名的 SPF 值。

（2） 设置域名的 DKIM 值

（3） 在域名解析页面，发布一个新的 DMARC TXT 值格式为：

```
_dmarc.domainTTL IN TXT "v=DMARC1; pct=100; p=policy
```

例如，设置 jiuxianqiao.top 的 DMARC 值为：

```
jiuxianqiao.top text =
"_dmarc.jiuxianqiao.top 3600 IN  TXT  "v=DMARC1; p=reject"
```

① Domain 设置成自己的自定义域名。

② TTL 值一般建议设置为 60 分钟。

③ PCT 值设置为 100 是确保这个记录被邮件百分之百应用。当然也可以设置邮件抽查比例。

④ Policy 中含有 3 种类型的 policy，分别为 NONE、Quarantine、Reject。

NONE 的策略是一种监控策略，这种策略下，不会对邮件产生实际的阻止影响，当域名没有设置完成 SPF 和 DKIM 时，强烈建议执行这样的策略。

Quarantine 的策略启动后，会对 SPF 或 DKIM 检查失败的邮件，进行 Quarantine 的策略。一般会放置到邮箱的垃圾文件夹中。

Reject 策略，将会对 SPF 或 DKIM 检查失败的邮件，请求收件服务器不再接收这封邮件。目前执行的策略来看，是放到收件人的垃圾文件夹中，如图 2-222，图 2-223 所示。

```
Telnet 42.159.33.202
220 BJBFF030FD007.mail.protection.partner.outlook.cn Microsoft ESMTP MAIL Service ready at Mon, 10 Jun 2019 09:07:24 +00
00
helo oe.21vianet.com
250 BJBFF030FD007.mail.protection.partner.outlook.cn Hello [106.120.78.190]
mail from:it@oe.21vianet.com
250 2.1.0 Sender OK
rcpt to:dennis@jiuxianqiao.top
250 2.1.5 Recipient OK
data
354 Start mail input; end with <CRLF>.<CRLF>
from:it@jiuxianqiao.top
to:dennis@jiuxianqiao.top
subject:mail security
detailed
.
250 2.6.0 <d1aa55f5-ba05-4ce0-bd7a-48c64c0bbd61@BJBFF030FD007.protectioncn.gbl> [InternalId=3010772074584, Hostname=BJSP
R01MB0513.CHNPR01.prod.partner.outlook.cn] 5878 bytes in 0.243, 23.563 KB/sec Queued mail for delivery
```

图 2-222 Telnet 方式测试发送仿冒邮件

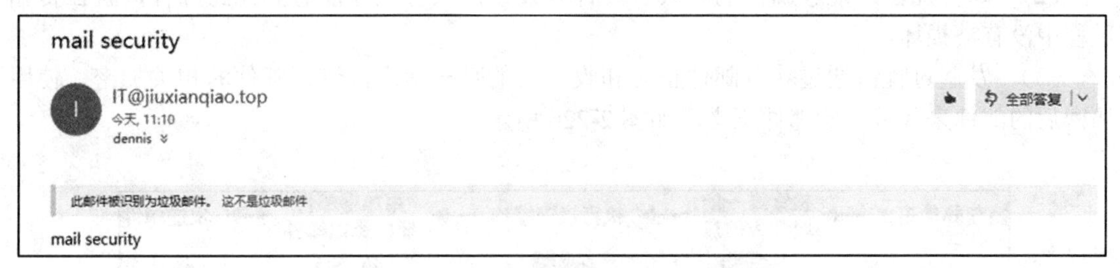

图 2-223 该邮件识别为垃圾邮件

2.6.5 S/MIME

S/MIME（Secure/Multipurpose Internet Mail Extensions）是一种广泛被应用的数字签名及邮件加密技术，它是相对于 SMTP 缺少对邮件安全性保护协议的有效补充。S/MIME 通过对邮件进行数字签名和邮件进行加密，可以确保邮件在发送过程中邮件信息的安全和邮件内容是发件人的原文，并没有被第三方篡改。目前适用 S/MIME 的客户端有 Outlook2010、Outlook 2013、Outlook 2016、Outlook 2019、OWA 及使用 Exchange Active Sync 协议配置的邮箱。

对数字签名基本的安全功能包含数字签名和邮件加密。

（1） 数字签名：通过发送邮件的正文和发件人信息，进行编译生成的一个特殊签名。发送邮件的时候，此签名会和邮件正文一起被投递到收件方，如图 2-224 所示。

图 2-224 Office 365 中数字签名生成过程

当收件人打开经过数字签名的电子邮件时，系统会对数字签名执行验证过程，并会从邮件中检索邮件所包含的数字签名。还会检索原始邮件，然后执行签名操作，从而产生另一个数字签名。将邮件所包含的数字签名与收件人所产生的数字签名进行比较。如果签名匹配，则证明邮件确实来自所声称的那个发件人。如果签名不匹配，则将邮件标记为无效，如图 2-225 所示。

图 2-225　Office 365 中数字签名验证过程

（2） 邮件加密：能够确保的是只有发件人设定的收件人才能看到此封邮件，且在传输过程中没有被损坏。

（3） 发送过程：通过获取邮件正文和收件人的唯一信息，进行邮件的相关加密。使用加密后的邮件来代替原始邮件正文，如图 2-226 所示。

图 2-226　Office 365 中邮件加密过程

当收件人打开加密邮件时，会对加密邮件执行解密操作。此时，将同时检索加密的邮件和收件人的唯一信息。然后，使用收件人的唯一信息对加密邮件执行解密操作。此操作返回未加密的邮件，然后该邮件将显示给收件人。如果邮件在传送过程中发生过改变，解密操作将失败，如图 2-227 所示。

图 2-227　Office 365 中邮件解密过程

当然也可以把数字签名和邮件加密功能一起执行，执行动作为：检索发件人信息→检索收件人信息→执行签名动作→数字签名→执行加密动作，如图 2-228 所示。

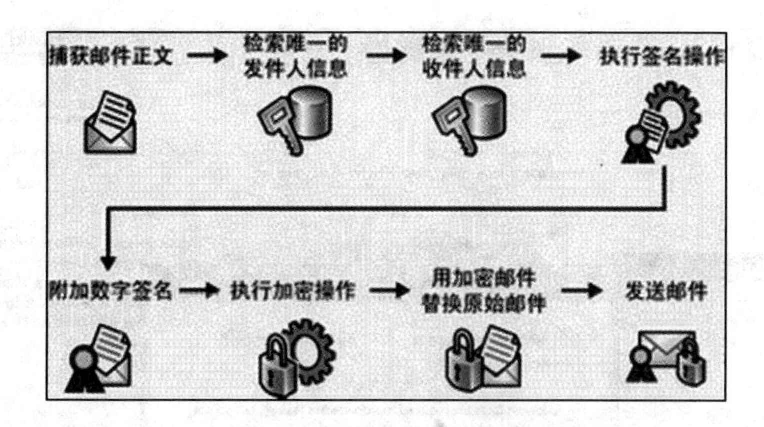

图 2-228 Office 365 中邮件加密和 S/MIME 邮件发送过程

当收到邮件时，执行的动作为：检索加密邮件→获取收件人信息→执行解密动作→获取邮件正文→检索数字签名→获取发件人信息→比较数字签名，如图 2-229 所示。

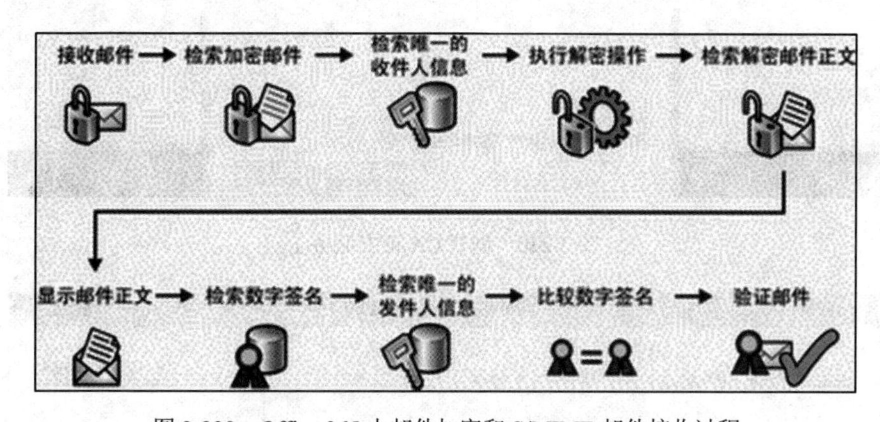

图 2-229 Office 365 中邮件加密和 S/MIME 邮件接收过程

S/MIME 的具体配置如下。

在 Office 365 中配置 S/MIME，有两种方式，第一种是在“域”环境中设置 CA 服务，通过颁发自签名证书的方式来实现 S/MIME。第二种方式是通过申请公网的邮件安全证书来实现 S/MIME。下面分别演示不同的部署过程。

设置 CA 服务，通过颁发自签名证书的方式来实现 S/MIME。

实验环境：AD 虚拟机一台，CA 虚拟机一台，PC 虚拟机一台，一个 Office 365 测试账号 @cops.partner.onmschina.cn。

（1） 创建 AD，并把本地 AD 中的用户使用 AAD 同步到 Office 365 ，此过程的详细步骤这里就不具体展开了。配置环境为：自定义域名为 baileys.site，测试账号为 Jennifer@baileys.site 和 Stacey@baileys.site。

（2） 创建 CA，如图 2-230～图 2-238 所示。

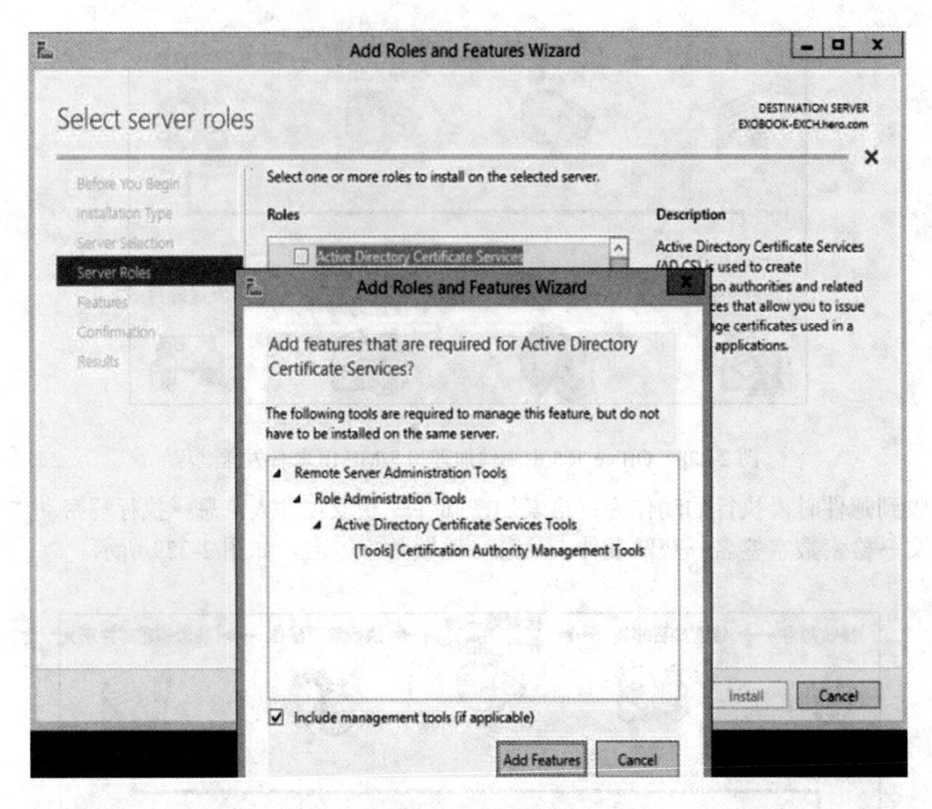

图 2-230　创建 CA 证书服务 1

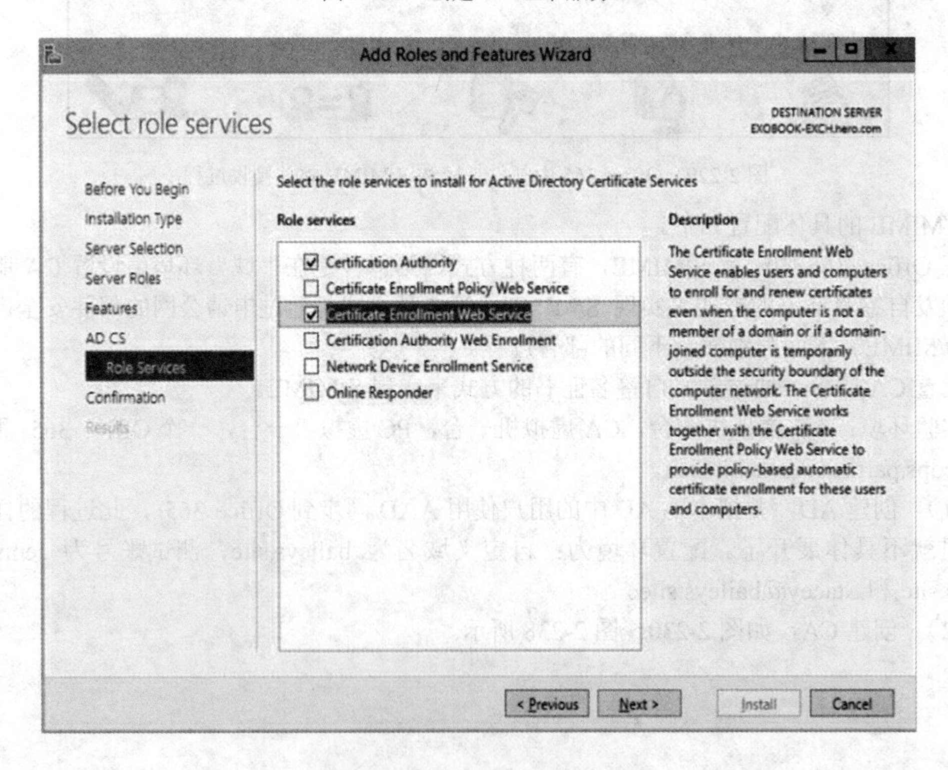

图 2-231　创建 CA 证书服务 2

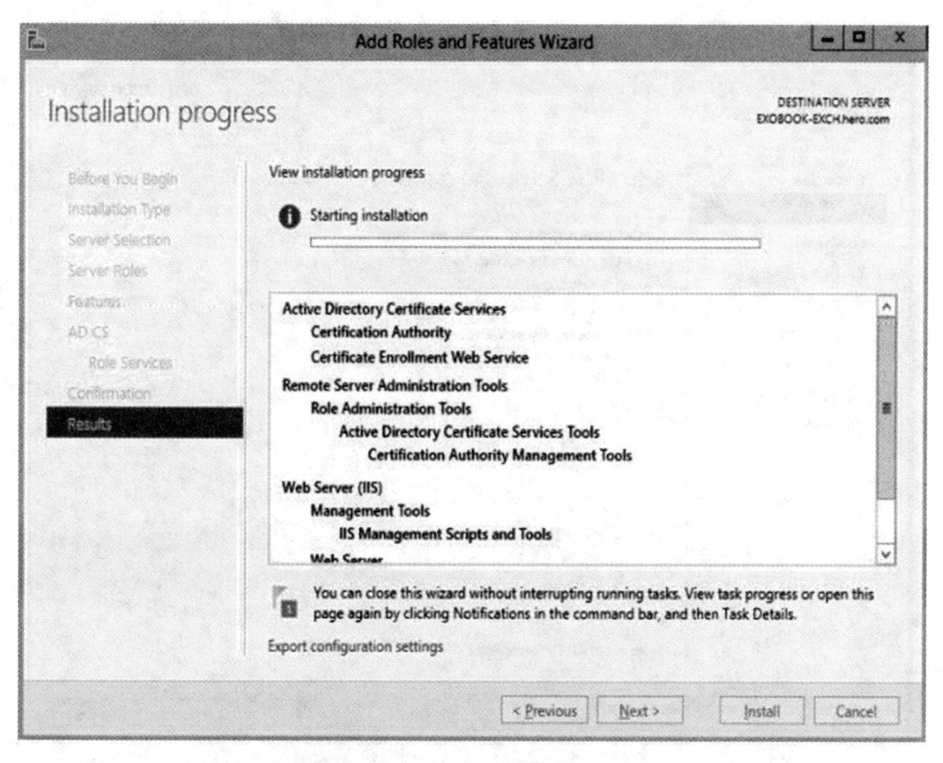

图 2-232 创建 CA 证书服务 3

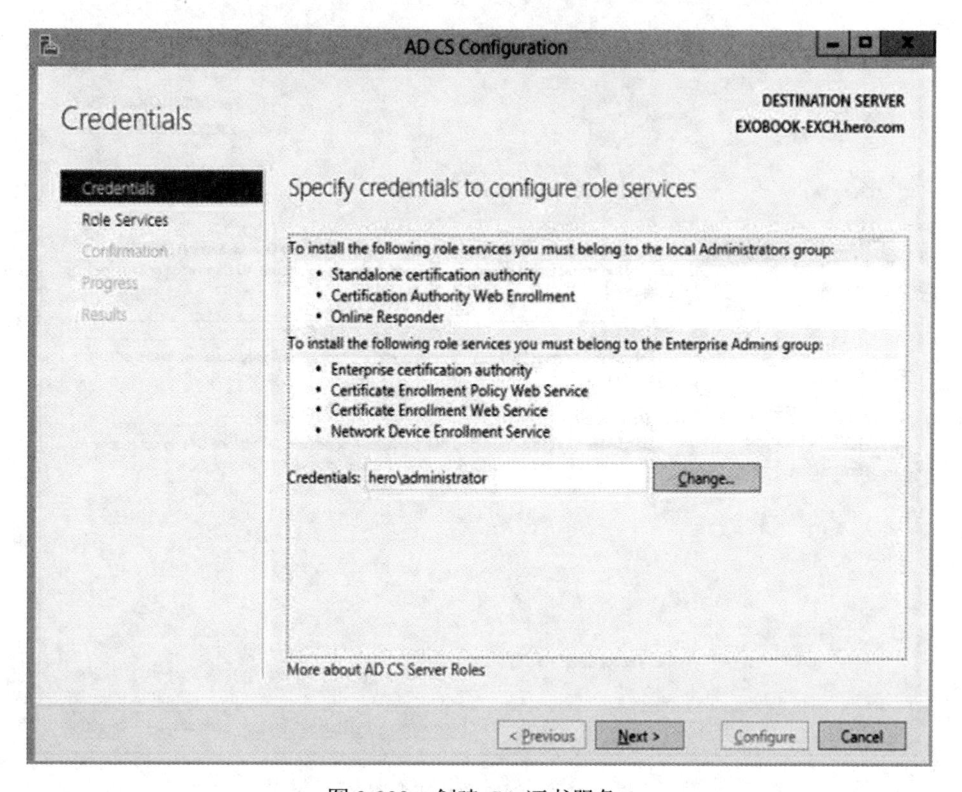

图 2-233 创建 CA 证书服务 4

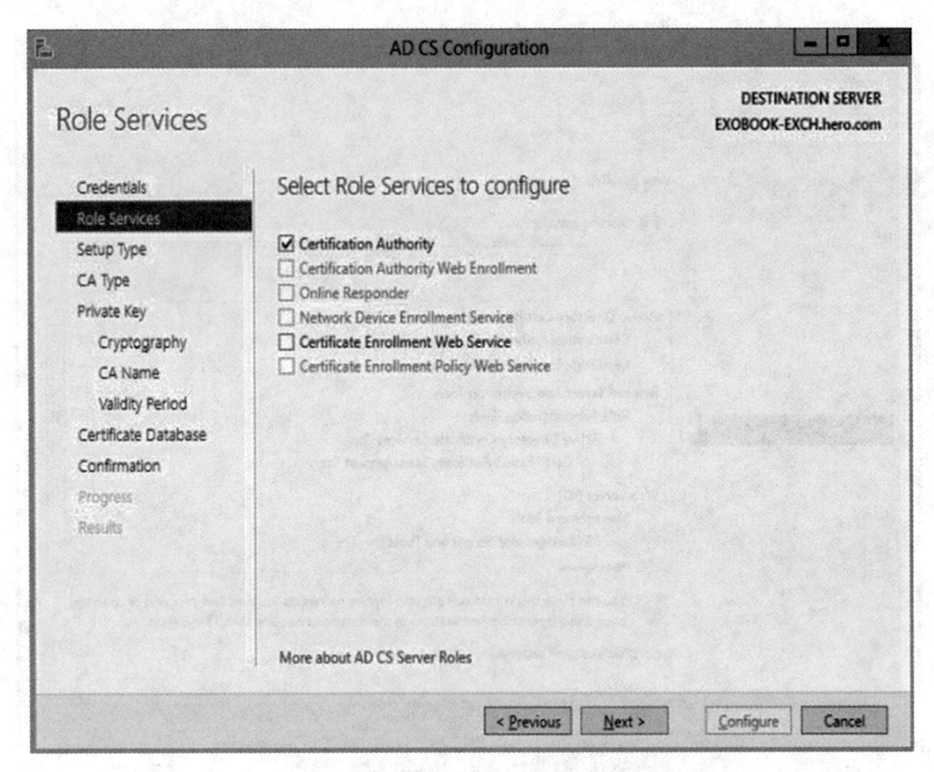

图 2-234　创建 CA 证书服务 5

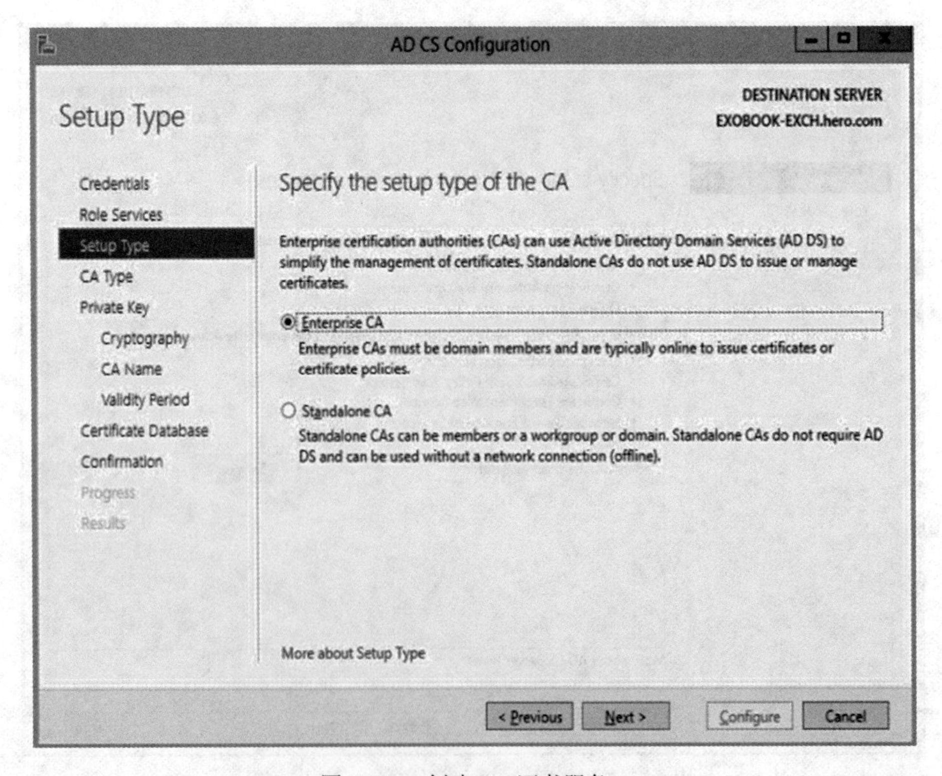

图 2-235　创建 CA 证书服务 6

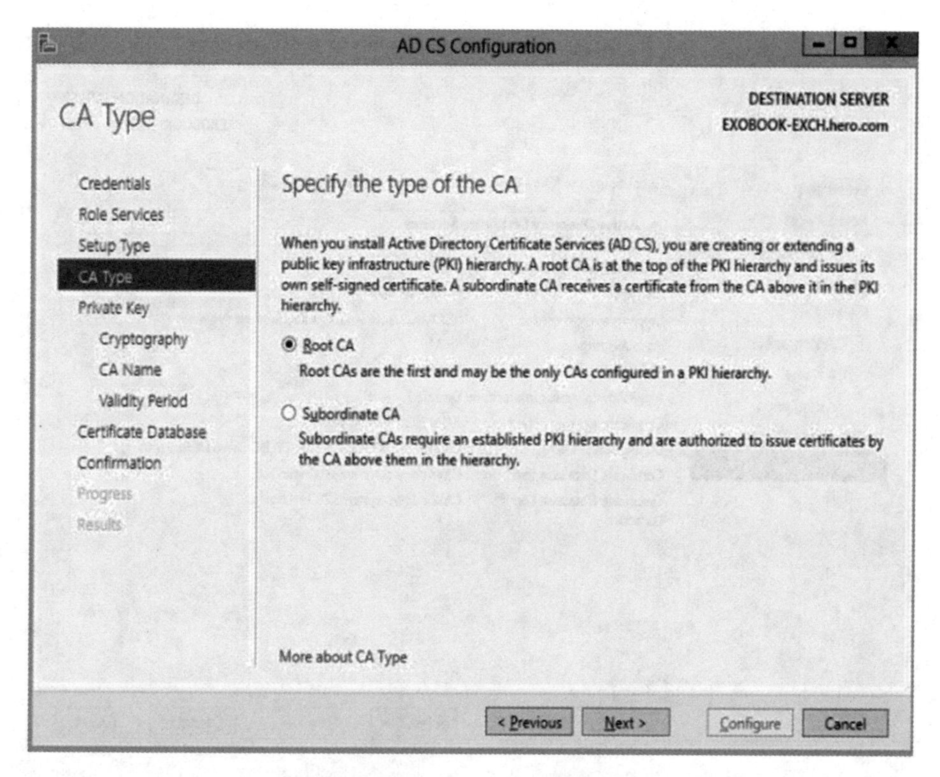

图 2-236 创建 CA 证书服务 7

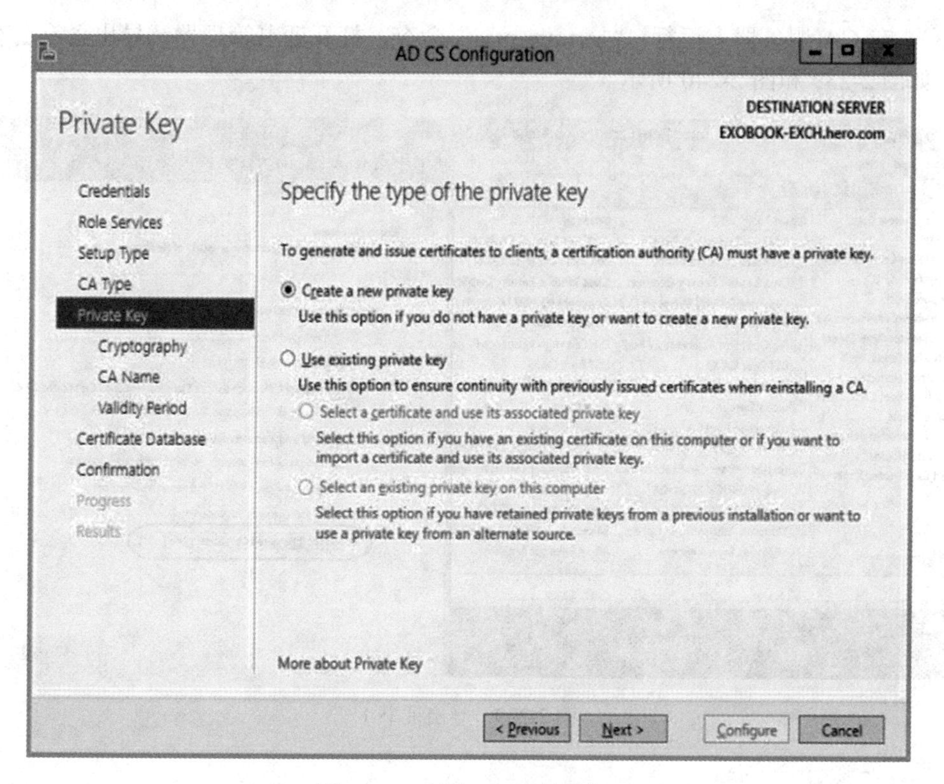

图 2-237 创建 CA 证书服务 8

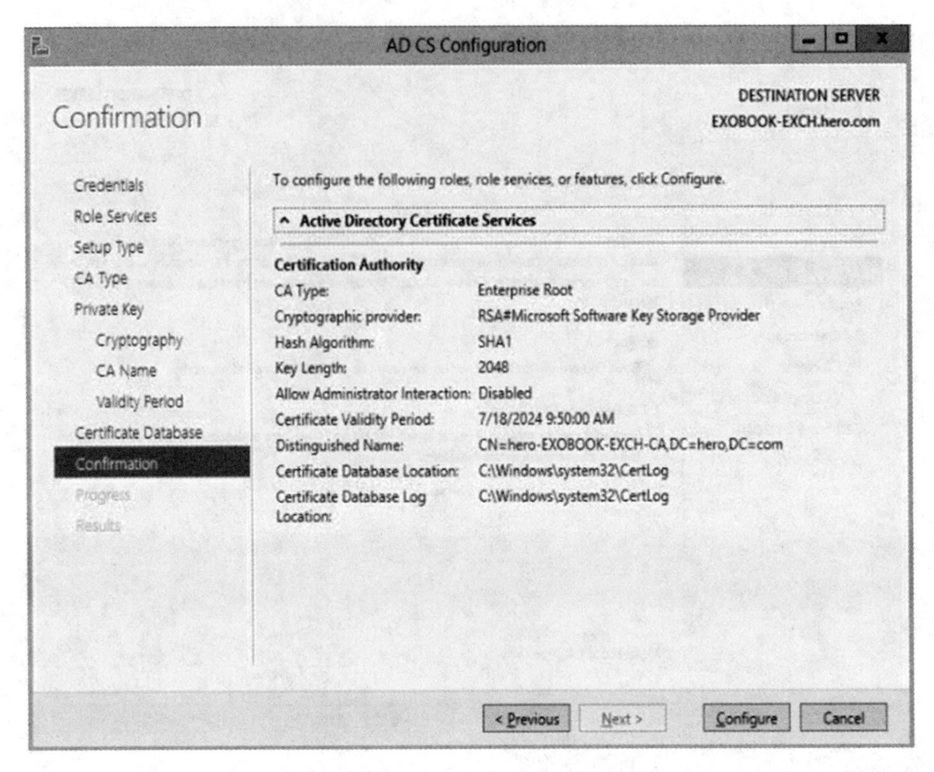

图 2-238　创建 CA 证书服务 9

（3） 在 CA 服务器上运行 “certmgr.msc”命令，打开证书管理器，导出含有公有密钥证书，如图 2-239 和图 2-240 所示。

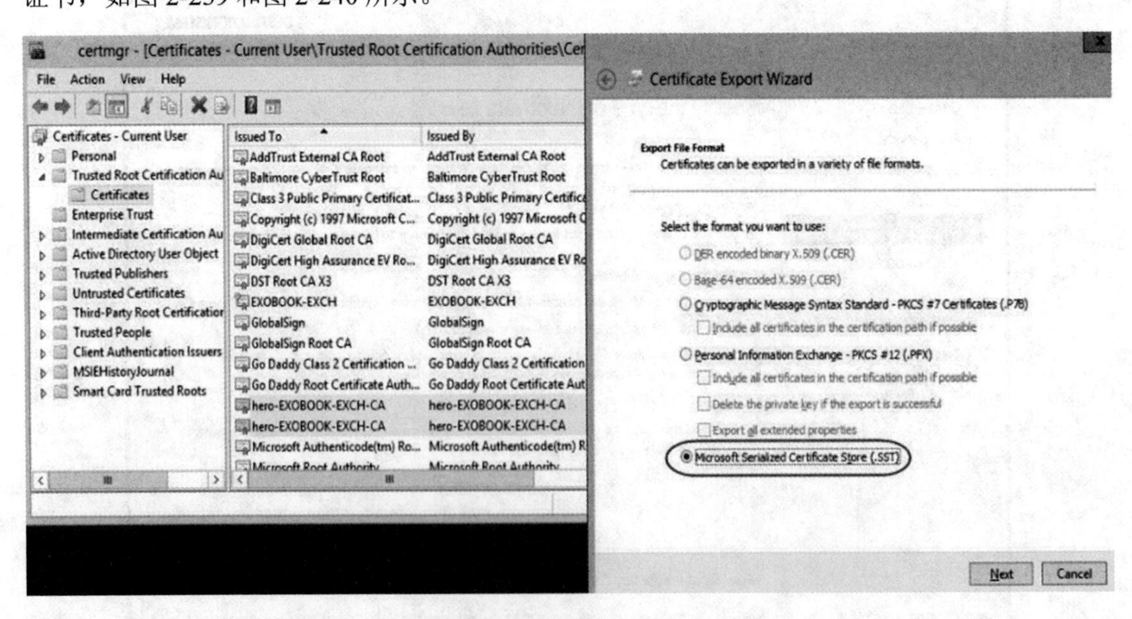

图 2-239　导出证书 1

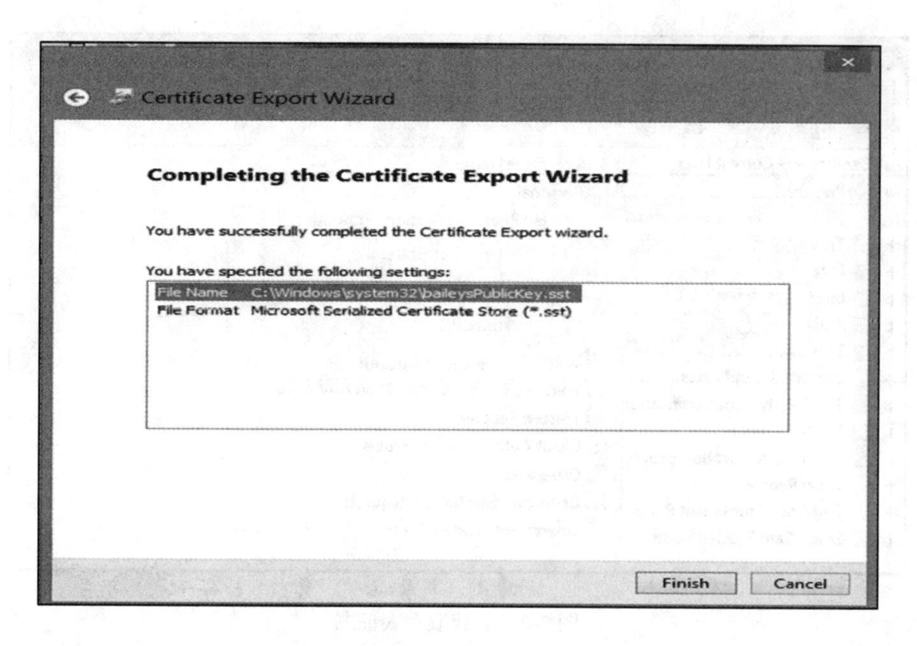

图 2-240 导出证书 2

（4） 把导出的证书上传到 Exchange Online 中。使用 PowerShell 连接到 Office 365 Exchange Online 模块，把刚才获得的 SST（我的为 baileysPublicKey.sst）类型证书导入到 Office 365 服务器上（图 2-241）。

```
$sst = Get-Content baileysPublicKey.sst -Encoding Byte
Set-SmimeConfig -SMIMECertificateIssuingCA $sst
```

可以使用下面的命令查看证书是否导入成功。

```
Get-SmimeConfig | select smimecertificateissuingca -ExpandProperty smimecertificateissuingca
```

```
PS C:\Windows\system32> Get-SmimeConfig | select smimecertificateissuingca -ExpandProperty smimecertificateissuingca
0
0
0
0
67
69
82
84
4
0
0
0
1
0
```

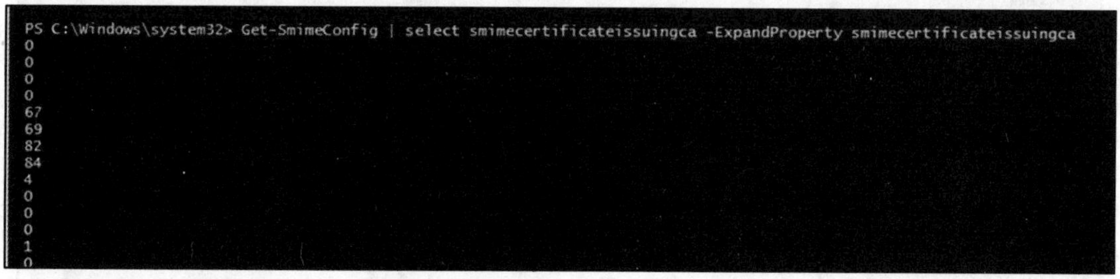

图 2-241 查看 OWA 的 S/MIME 配置

（5） 在 Outlook 中使用个人证书来实现 S/MIME。PC 上安装公有密钥证书，同时使用 Jennifer 作为用户登录，并申请个人密钥证书，如图 2-242 所示。

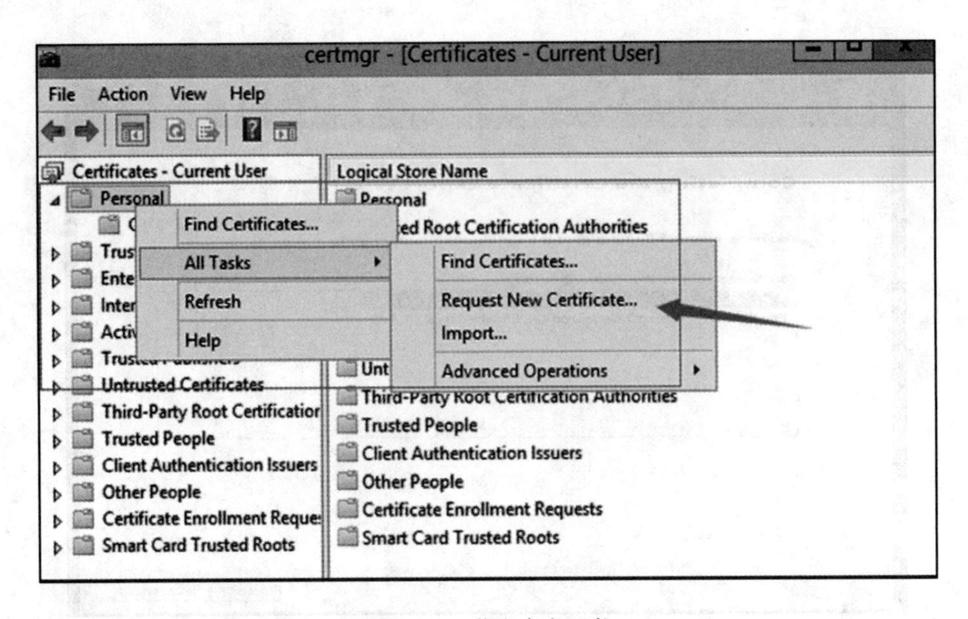

图 2-242　获取个人证书

（6） 在 Outlook 上发布个人密钥证书。

在 Outlook 中执行“File”→“Trust Center”→“Trust Center Settings”操作，选择签名证书/加密证书为自己发布的证书，选择邮件格式和邮件内容的加密设置的默认值选择。设置完成后，单击证书发布（Publish to global address list），如图 2-243～图 2-245 所示。

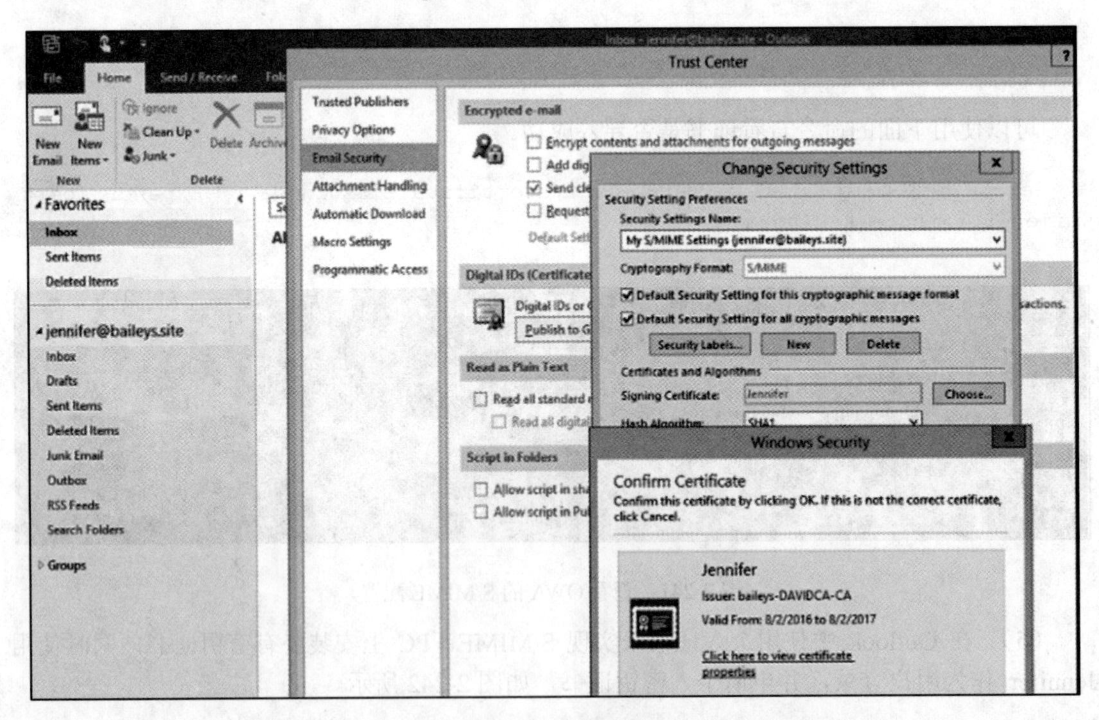

图 2-243　在 Outlook 中发布个人证书到全球地址簿列表 1

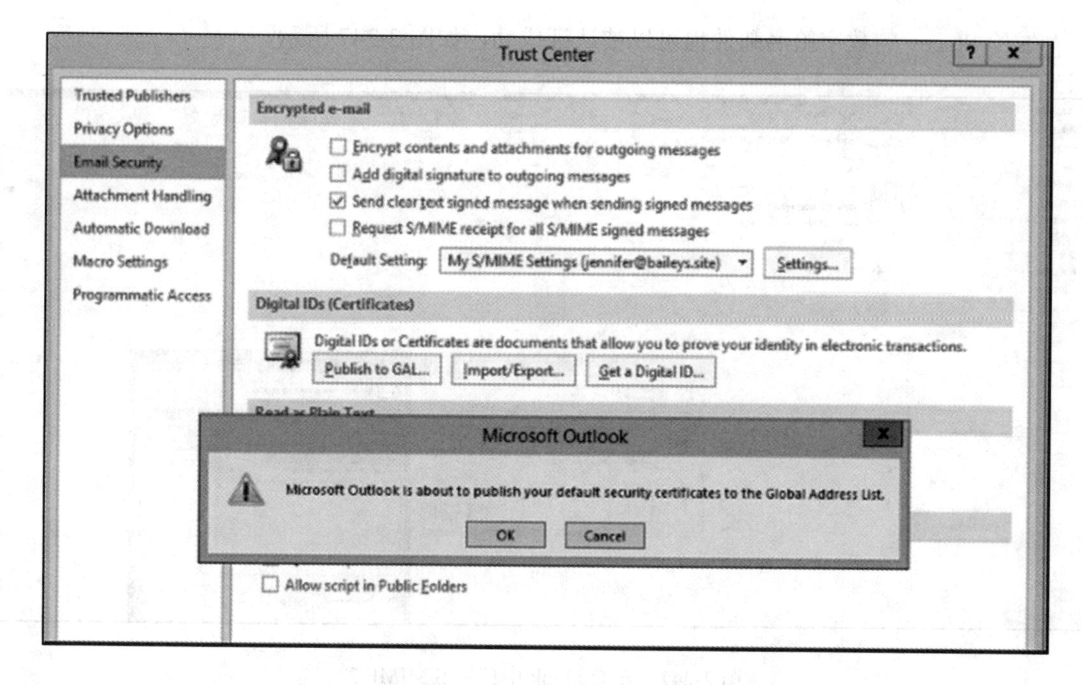

图 2-244 在 Outlook 中发布个人证书到全球地址簿列表 2

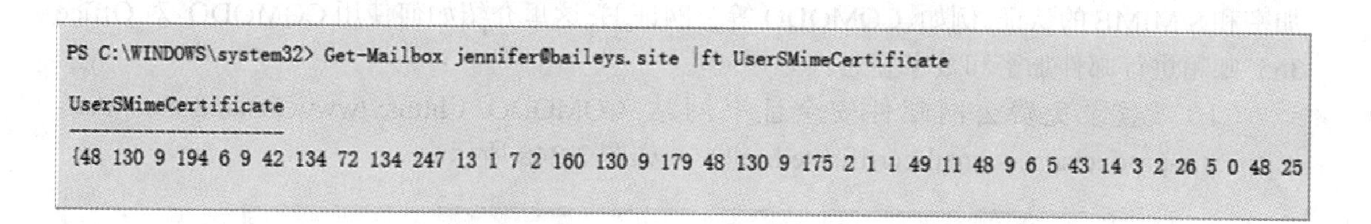
```
PS C:\WINDOWS\system32> Get-Mailbox jennifer@baileys.site |ft UserSMimeCertificate

UserSMimeCertificate
--------------------
{48 130 9 194 6 9 42 134 72 134 247 13 1 7 2 160 130 9 179 48 130 9 175 2 1 1 49 11 48 9 6 5 43 14 3 2 26 5 0 48 25
```

图 2-245 命令获取发布成功的个人证书

可以通过 PowerShell 查看个人证书同步是否成功，看到用户 Jennifer 的邮件签名已经发布成功，如图 2-246 所示。

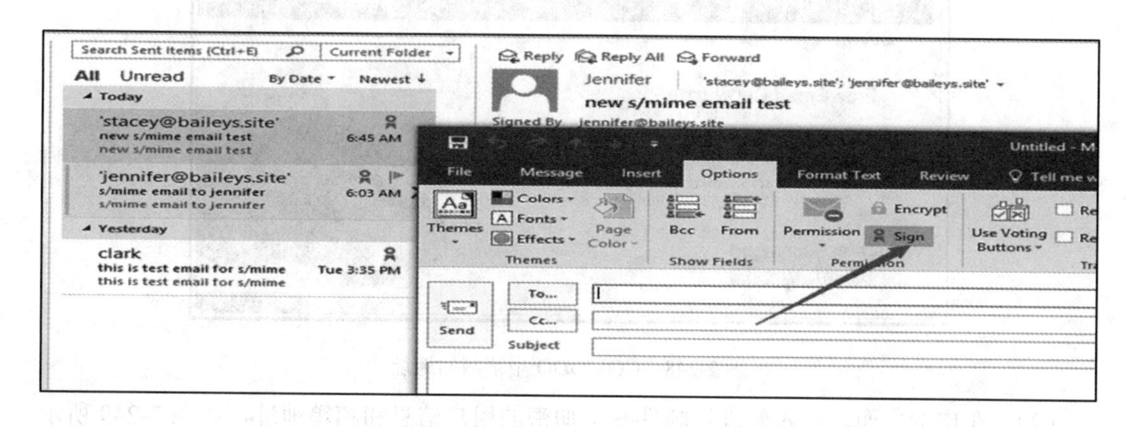

图 2-246 在 Outlook 中使用 S/MIME 1

发给 Stacey 的数字签名邮件也可以被认证成功，如图 2-247 所示。

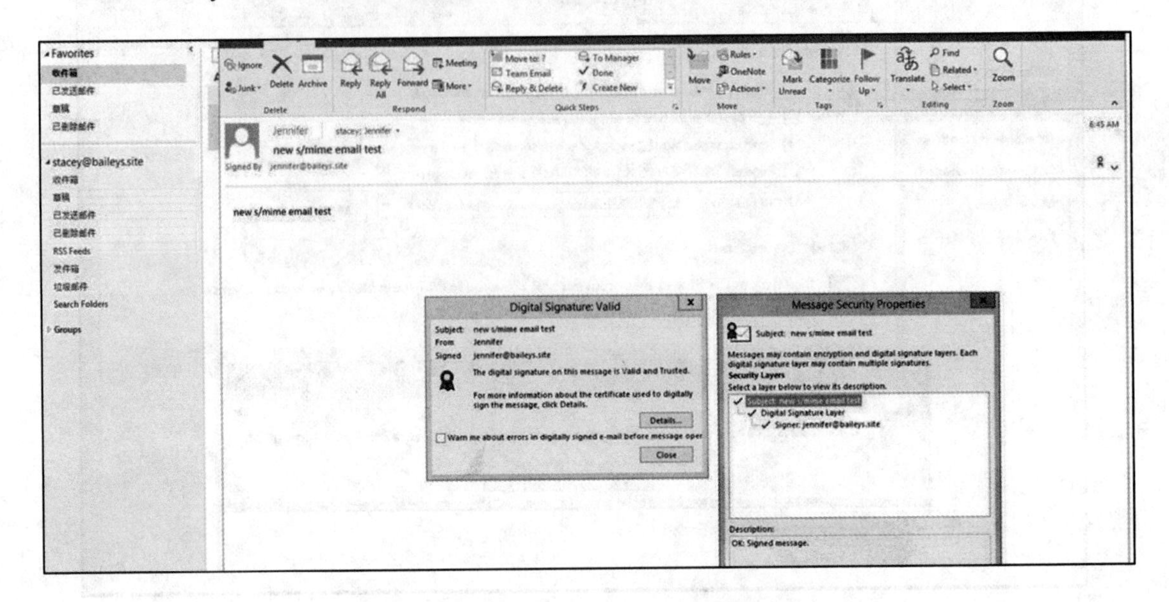

图 2-247　在 Outlook 中使用 S/MIME 2

除了上述通过 CA 颁发自签名证书的方式，也可以使用第三方公网邮件安全证书来进行加密和 S/MIME 的认证。例如，COMODO 等公网证书。这里介绍如何使用 COMODO 对 Office 365 邮箱进行邮件加密和数字签名。

（1） 登录免费公网邮件安全证书网站 COMODO（https://www.instantssl.com/ssl-certificate-products/free-email-certificate.html），如图 2-248 所示。

图 2-248　COMODO 申请网站地址

（2） 在申请页面，输入要进行邮件安全加密的用户信息和邮箱地址，如图 2-249 所示。

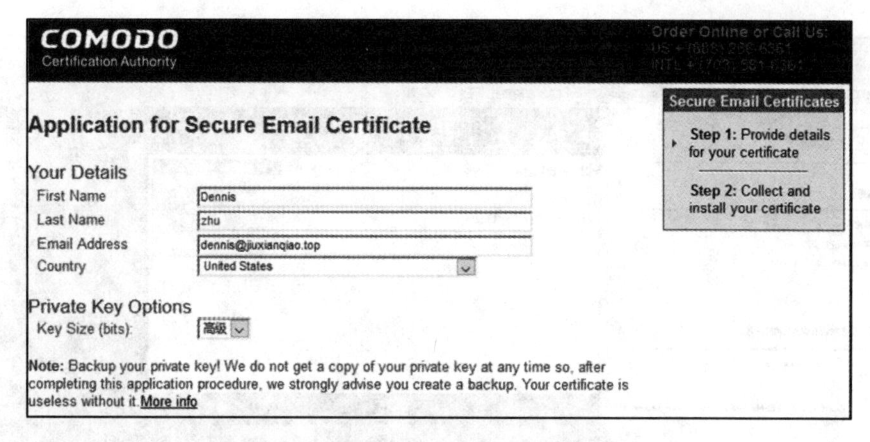

图 2-249　COMODO 申请网站填写邮箱信息

（3） 在 Dennis 邮箱中，单击收到的安装证书的链接，如图 2-250 所示。

图 2-250（a）　安装证书过程 1

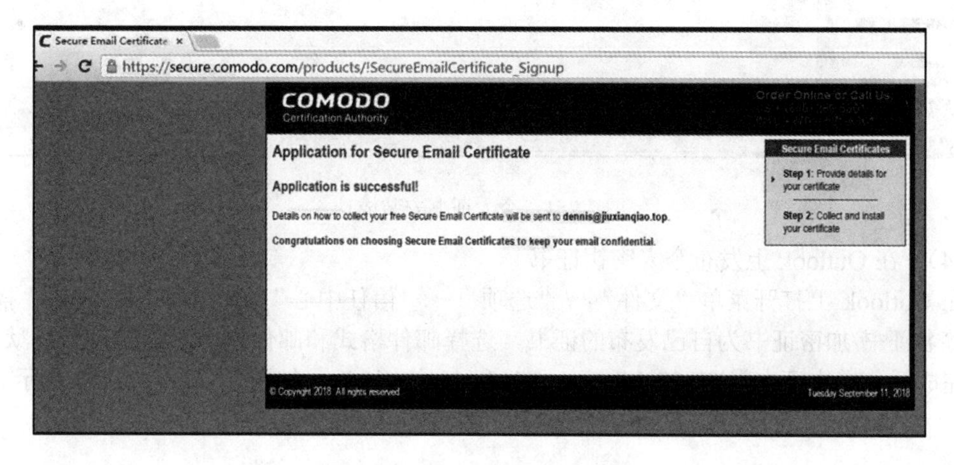

图 2-250（b）　安装证书过程 2

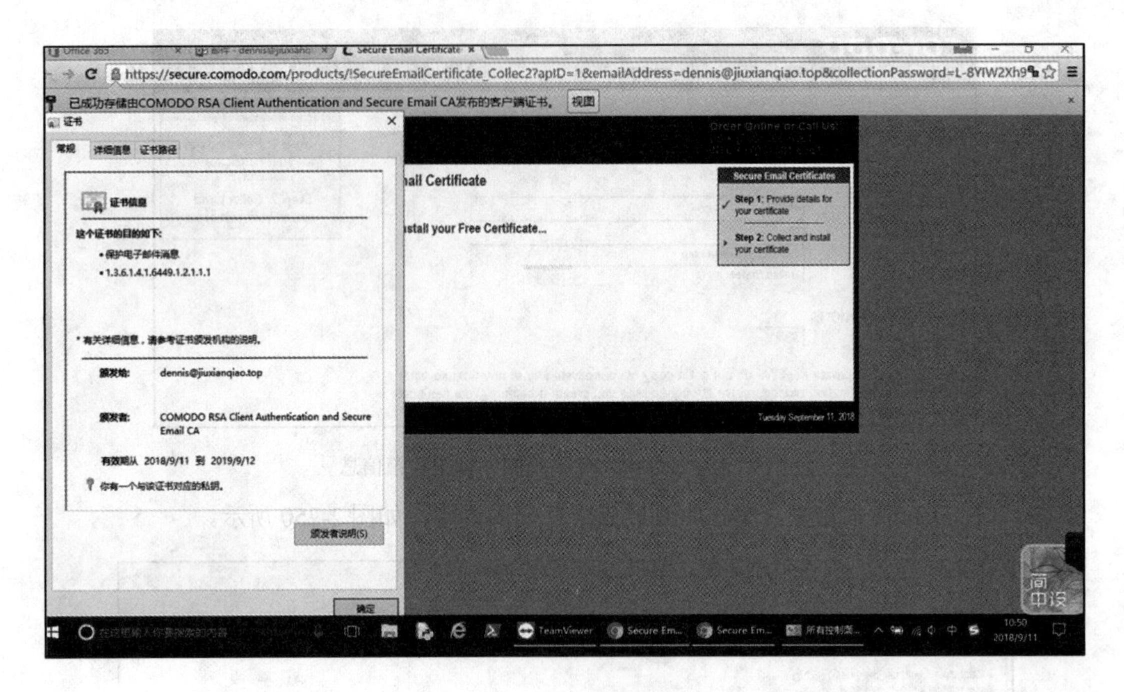

图 2-250（c）　安装证过程 3

在计算机的证书管理器中选择“个人”→“证书”，可以看到此证书已经安装成功，如图 2-251 所示。

颁发给	颁发者	截止日期	预期目的	友好名称	状态	证书模板
david@365cto.partner.onms...	Communications Server	2017/11/21	客户端身份验证	<无>		
dennis@jiuxianqiao.top	COMODO RSA Client Authentic...	2019/9/12	安全电子邮件, 1.3....	<无>		
li.yuan3@21vianet.com	Communications Server	2018/12/14	客户端身份验证	<无>		
lisi@jiuxianqiao.top	Communications Server	2018/6/26	客户端身份验证	<无>		
peng@jiuxianqiao.top	COMODO RSA Client Authentic...	2019/9/11	安全电子邮件, 1.3....	<无>		
test@arthas.site	Communications Server	2017/10/13	客户端身份验证	<无>		
wangxx@koapp.top	Communications Server	2018/6/26	客户端身份验证	<无>		
weiwei@groot.club	Communications Server	2017/12/16	客户端身份验证	<无>		
weiwei@jiuxianqiao.top	Communications Server	2018/6/11	客户端身份验证	<无>		

图 2-251　个人证书安装成功

（4） 在 Outlook 上发布个人密钥证书。

在 Outlook 上打开菜单“文件”→“选项”→“信任中心”→“信任中心设置”操作，选择签名证书/加密证书为自己发布的证书，选择邮件格式和邮件内容的加密设置的默认值。设置完成后，单击证书发布（Publish to global address list），如图 2-252 至 2-254 所示。

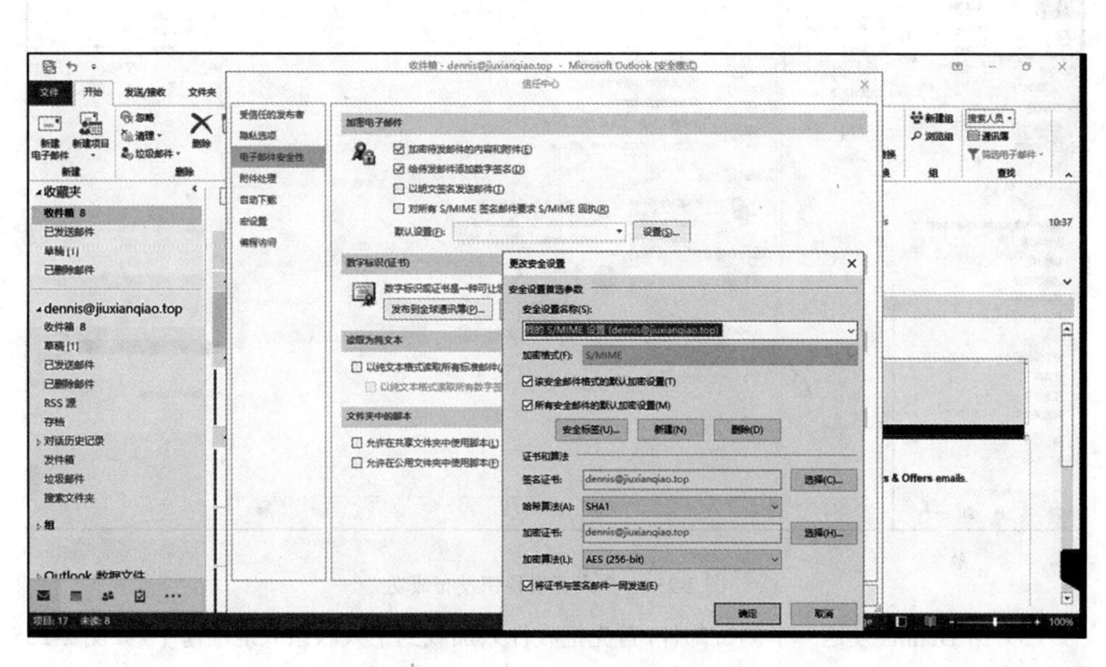

图 2-252 发布个人证书秘钥到 Exchange Online

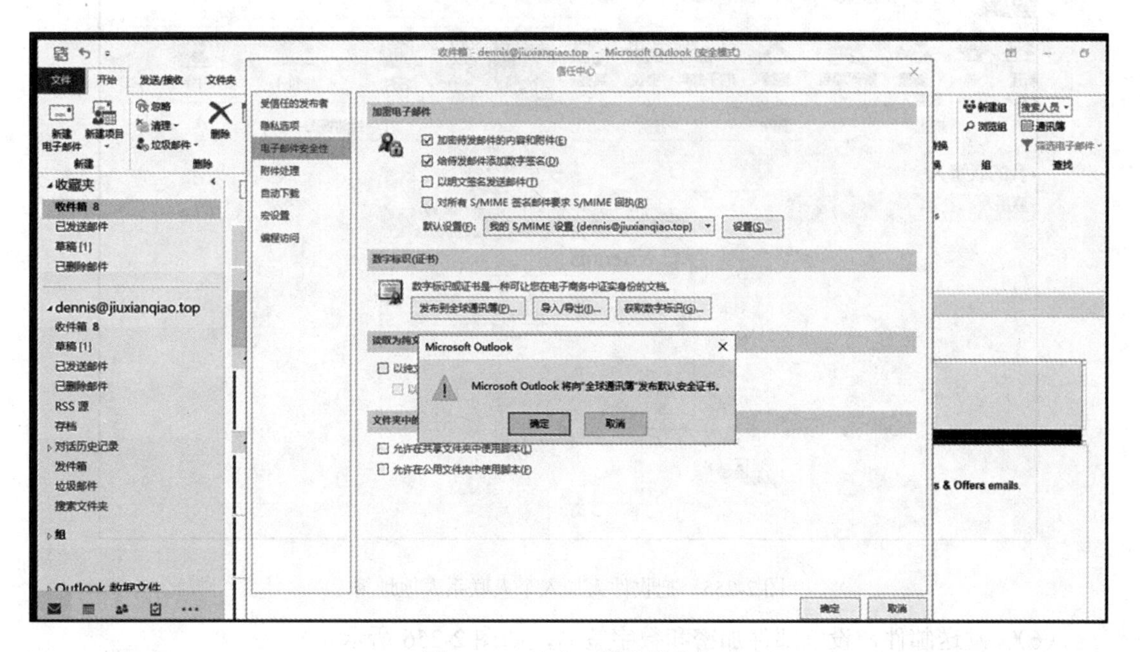

图 2-253 个人证书秘钥发布

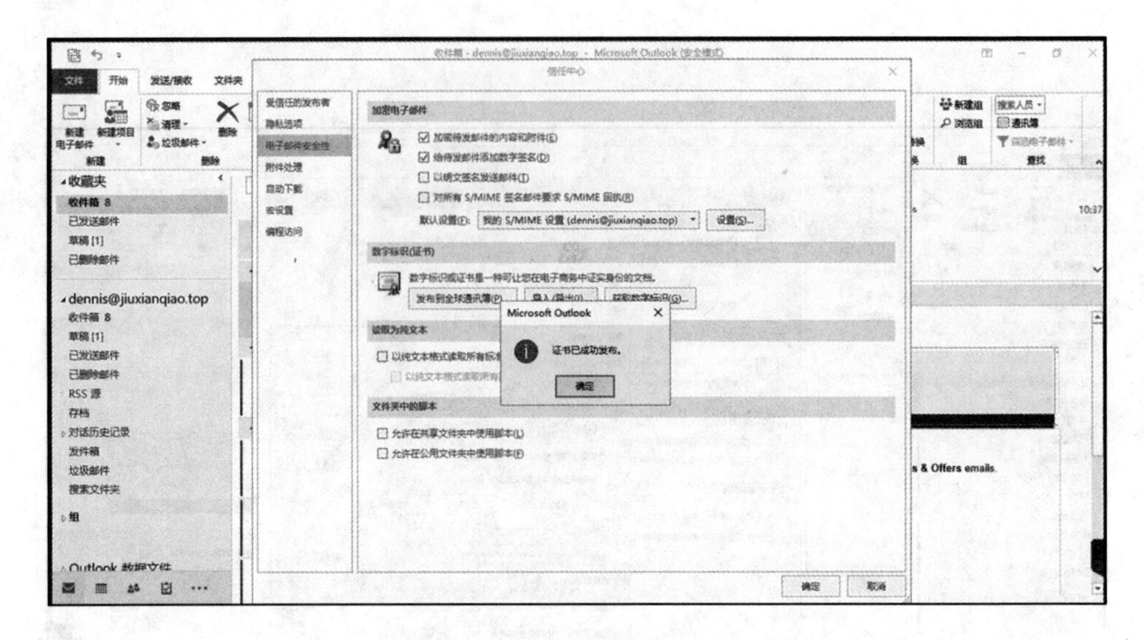

图 2-254　个人证书秘钥发布成功

（5）给 Dennis 发送一个测试邮件，首先把收件人加载到个人联系人地址簿中，如图 2-255 所示。

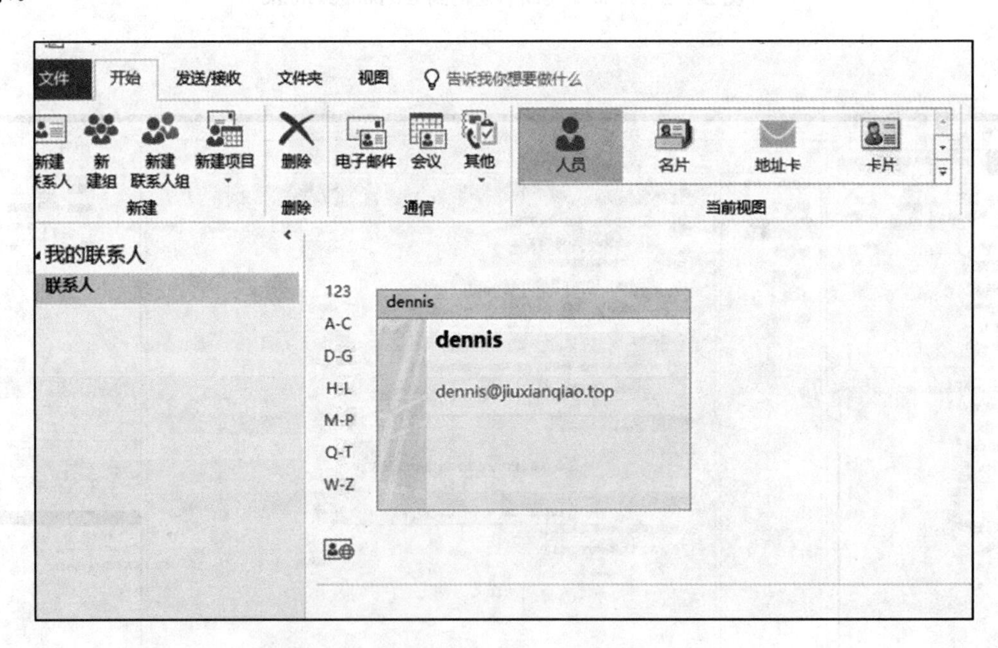

图 2-255　把收件人加入个人联系人地址簿

（6）　发送邮件，设置邮件加密和数字签名，如图 2-256 所示。

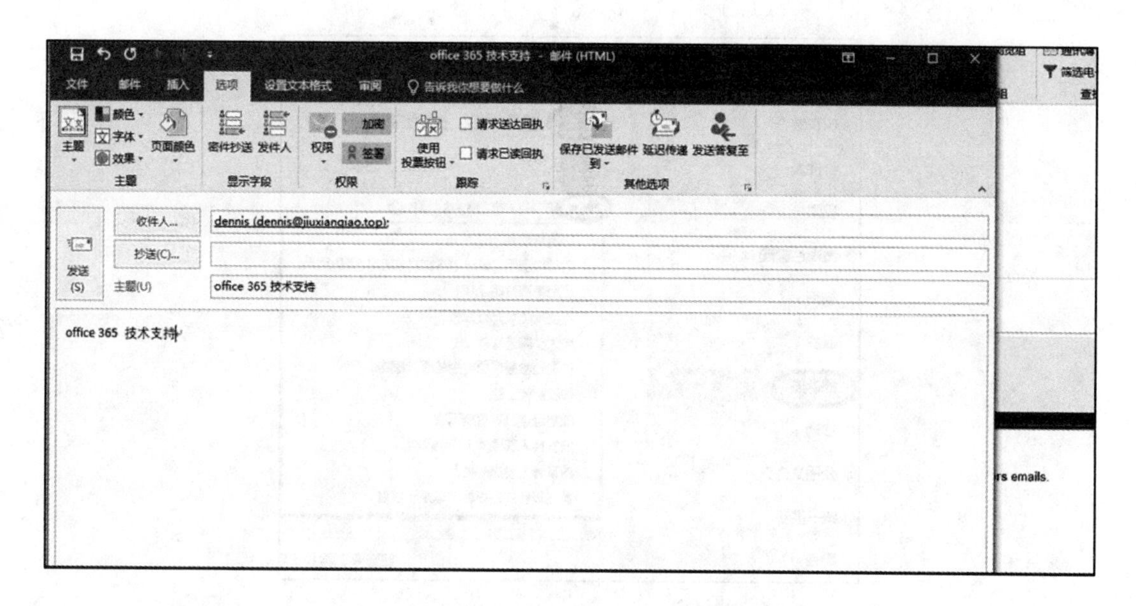

图 2-256 新建邮件，设置邮件加密和数字签名。

（7） 收取邮件，看到这封邮件设置了邮件加密和数字签名，如图 2-257 所示。

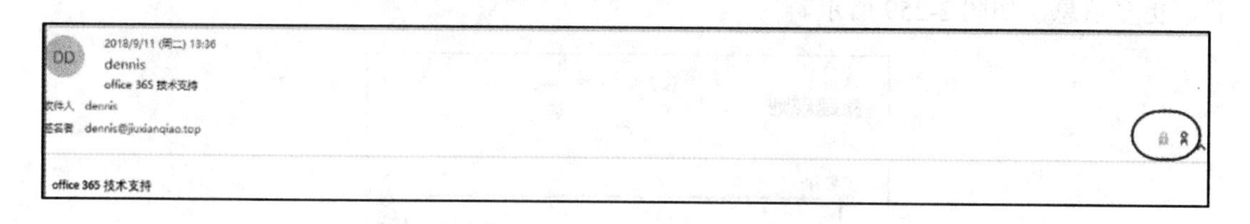

图 2-257 邮件加密和数字签名验证成功

2.7 邮件流

电子邮件的传递过程需要提前界定内外部组织，划定管理范围。有时候企业管理员需要根据企业的管理需求指定邮件流走向或制定传递规则来达到相应的管理目的。同时管理员有必要了解邮件传递过程及细节用于邮件传输过程中的故障排查。

2.7.1 邮件流规则

通过创建邮件流规则并应用，可以对已经成功到达 Exchange Online 服务器的邮件按照邮件流规则的适用范围进行相应的自动处理，以达到满足企业生产经营中各种管理需求（合规性、数据备份、邮件安全、管理逻辑等）的目的。

1. 管理邮件流规则

管理员使用浏览器和有效的管理员凭据访问 URL（https://partner.outlook.cn/ecp）。在 Exchange 管理中心切换到“邮件流”→“规则”页面，可进行邮件流规则的增/删/改/查等操作，单击“+”按钮，在弹出的菜单中能看到比较常见的邮件流规则类型，如图 2-258 所示。

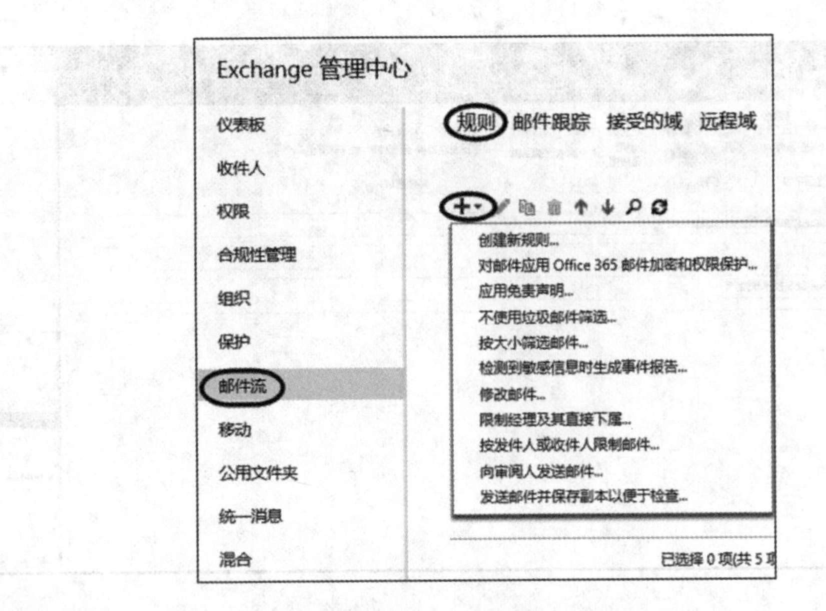

图 2-258　新建邮件流规则

选择其中一类邮件流规则后将弹出单独的浏览器窗口，建议单击“更多选项”链接，以获取更多信息，如图 2-259 所示。

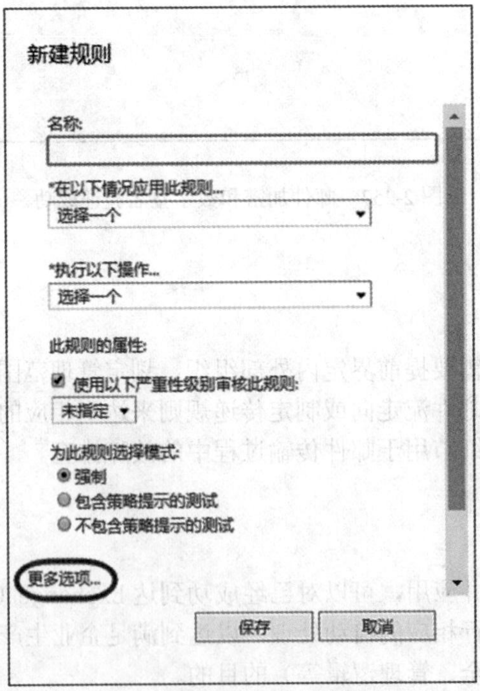

图 2-259　单击“更多选项”

展开后的窗口能看到更丰富的选项，如图 2-260 所示。邮件流规则的格式是根据指定的一或多个条件触发一个或多个动作，“除非”情况排除在外。

新建规则

名称:

*在以下情况应用此规则...

选择一个

添加条件

*执行以下操作...

选择一个

添加操作

除非...

添加例外

此规则的属性:

使用以下严重性级别审核此规则:

未指定

为此规则选择模式:

强制

包含策略提示的测试

不包含策略提示的测试

在以下日期激活此规则:

周四 2018/11/1 13:30

在以下日期停用此规则:

周四 2018/11/1 13:30

停止处理其他规则

如果规则处理未完成，则延迟邮件

匹配邮件中的发件人地址:

标头

注释:

Rights Management Services (RMS)是一种高级功能。该功能要求每个用户邮箱都要有企业版客户端访问许可证(CAL)或 RMS Online 许可证。了解详情

保存 取消

图 2-260 新建规则显示了更多选项

2. 邮件流规则的限制

1） 数量限制

邮件流规则最多添加 300 条，如图 2-261 所示。相关微软官网链接 URL（https://technet.microsoft.com/library/Exchange-Online-limits.aspx）。

功能	Office 365 商业协作版	Office 365 商业高级版	Office 365 企业版 E1	Office 365 企业版 E3	Office 365 企业版 E5	Office 365 企业版 F1
日记规则的最大数目	10 条规则	10 条规则	10 条规则	10 条规则	10 条规则	10 条规则
传输规则的最大数目	300 条规则	300 条规则	300 条规则	300 条规则	300 条规则	300 条规则

图 2-261 邮件流规则数量限制

2） 大小限制

单条邮件流规则的最大大小是 8KB，如图 2-262 所示。相关微软官网链接 URL（https://technet.microsoft.com/library/Exchange-Online-limits.aspx）。

功能	Office 365 商业协作版	Office 365 商业高级版	Office 365 企业版 E1	Office 365 企业版 E3	Office 365 企业版 E5	Office 365 企业版 F1
日记规则的最大数目	10 条规则	10 条规则	10 条规则	10 条规则	10 条规则	10 条规则
传输规则的最大数目	300 条规则	300 条规则	300 条规则	300 条规则	300 条规则	300 条规则
单个传输规则的最大大小	8 KB	8 KB	8 KB	8 KB	8 KB	8 KB

图 2-262　单条邮件流规则的大小限制

3） 邮件组的邮件流规则

在邮件流规则中，无法直接将邮件组作为收件人的情况下应用邮件流规则。保存时会提示“SentTo 谓词不允许×××组。‘×××’”，错误信息如图 2-263 所示。

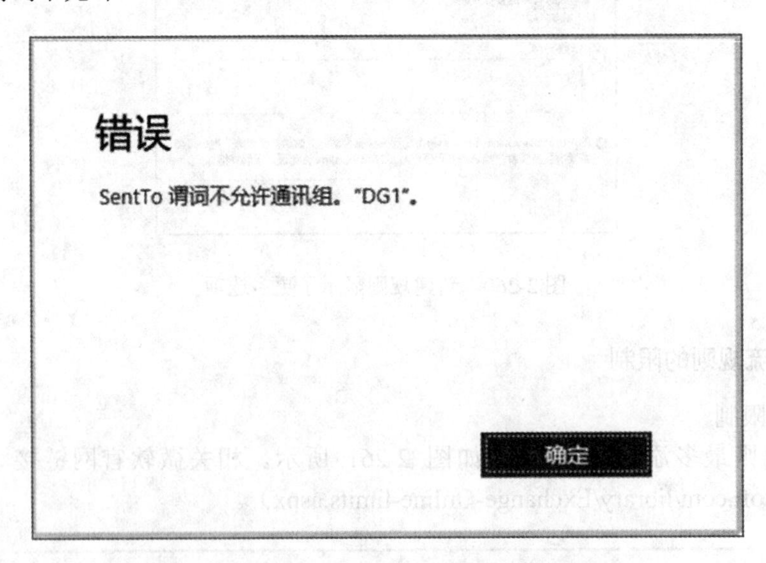

图 2-263　SentTo 后不能填写通讯组地址

对于与邮件组相关的邮件流规则需要参考 URL（https://docs.microsoft.com/en-us/Exchange/policy-and-compliance/mail-flow-rules/conditions-and-exceptions），以“‘收件人’或‘抄送’框包含此人”作为应用条件，如图 2-264 和图 2-265 所示。

Condition or exception in the EAC	Condition and exception parameters in the Exchange Management Shell	Property type	Description	Available in
The recipient is The recipient > is this person	*SentTo* *ExceptIfSentTo*	Addresses	Messages where one of the recipients is the specified mailbox, mail user, or mail contact in the Exchange organization. The recipients can be in the To, Cc, or Bcc fields of the message. **Note:** You can't specify distribution groups or mail-enabled security groups. If you need to take action on messages that are sent to a group, use the **To box contains** (*AnyOfToHeader*) condition instead.	Exchange 2010 or later

图 2-264　包含组的邮件流规则

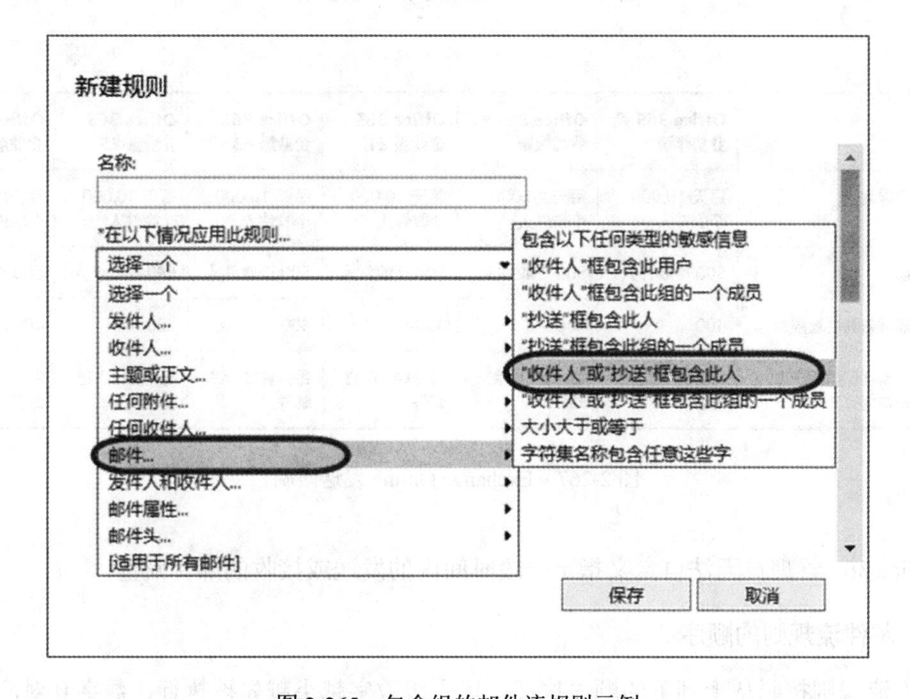

图 2-265　包含组的邮件流规则示例

4）邮件流规则与防火墙规则的区别

邮件流规则和防火墙规则是存在差异的。通常防火墙规则是默认禁止所有流量或访问，通过创建例外列表允许指定的网络流量访问。邮件流规则默认是允许投递，无法像网络防火墙一样设置默认禁止投递的邮件流规则，只能针对某些地址设置黑名单（邮件流规则有大小限制且无法修改）。这两种产品的设计思路完全相反。用户有可能基于数据安全的角度考虑，会默认禁止出站邮件（仅个别允许的域名除外）。这种情况下的需求与邮件传递的设计初衷是相悖的。由于邮件流规则有字符长度上限，在例外列表的字符串达到一定程度后将无法增加。

5） 无法在服务器端设置邮件的延时发送

在 Outlook 客户端可实现邮件的定时发送。邮件在客户端提交 Exchange Online 服务器后，Exchange Online 服务器将安排尽快投递。无法指定 Exchange Online 服务器端的邮件延迟投递行为（对接收到的哪些邮件设置在延迟多长时间后进行投递）。

6） 无法自定义邮件阈值

Exchange Online 有默认的发送和接收速率限制，如图 2-266 和图 2-267 所示。

功能	Office 365 商业协作版	Office 365 商业高级版 Office	Office 365 企业版 E1	Office 365 企业版 E3	Office 365 企业版 E5	Office 365 企业版 F1
接收的邮件数	每小时 3600 封邮件	每小时 3600 封邮件	每小时 3600 封邮件	每小时 3600 封邮件	每小时 3600 封邮件	每小时 3600 封邮件

图 2-266 Exchange Online 接收限制

功能	Office 365 商业协作版	Office 365 商业高级版	Office 365 企业版 E1	Office 365 企业版 E3	Office 365 企业版 E5	Office 365 企业版 F1
收件人速率限制	每天 10,000 个收件人	每天 10,000 个收件人	每天 10,000 个收件人	每天 10,000 个收件人	每天 10,000 个收件人	每天 10,000 个收件人
收件人限制	500 个收件人	500 个收件人	500 个收件人	500 个收件人	500 个收件人	500 个收件人
收件人代理服务器地址限制	400	400	400	400	400	400
邮件速率限制（仅适用于 SMTP 客户端提交）	每分钟 30 封邮件	每分钟 30 封邮件	每分钟 30 封邮件	每分钟 30 封邮件	每分钟 30 封邮件	每分钟 30 封邮件

图 2-267 Exchange Online 发送限制

Office 365 管理员无法自定义指定一段时间内的发送或接收的邮件阈值。

3. 邮件流规则的顺序

邮件流规则按照从上到下的顺序执行。优先级数字越小越先被执行，数字 0 对应的优先级最高。在选中单条邮件流规则的情况下，可使用↑和↓按钮进行邮件流规则的优先级调整，如图 2-268 所示。逻辑上互相冲突的邮件流规则如果同时存在，那么这些规则的优先级顺序会影响最终的处理效果。

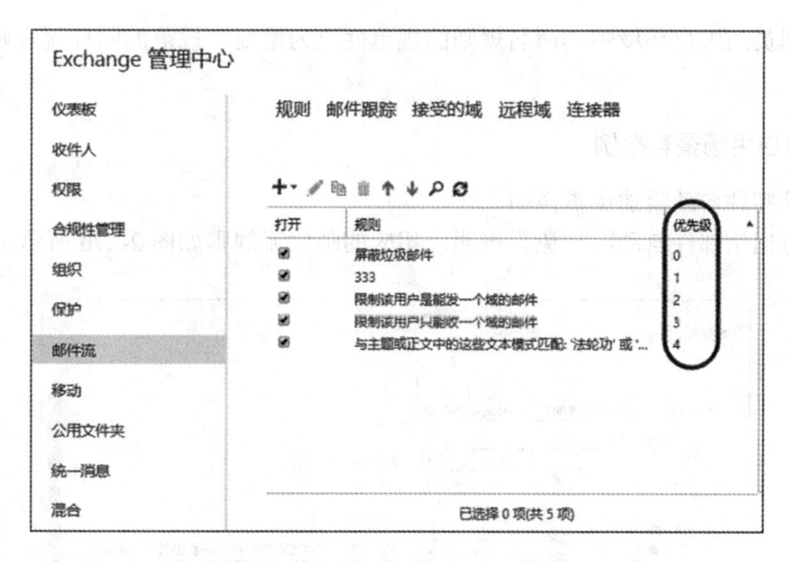

图 2-268　邮件流规则的优先级

4. 邮件流规则可单独启用或停用

如图 2-269 所示，邮件流规则前面有个复选框。如果取消选中，相应的邮件流规则被停用。默认新创建的邮件流规则均为启用状态。

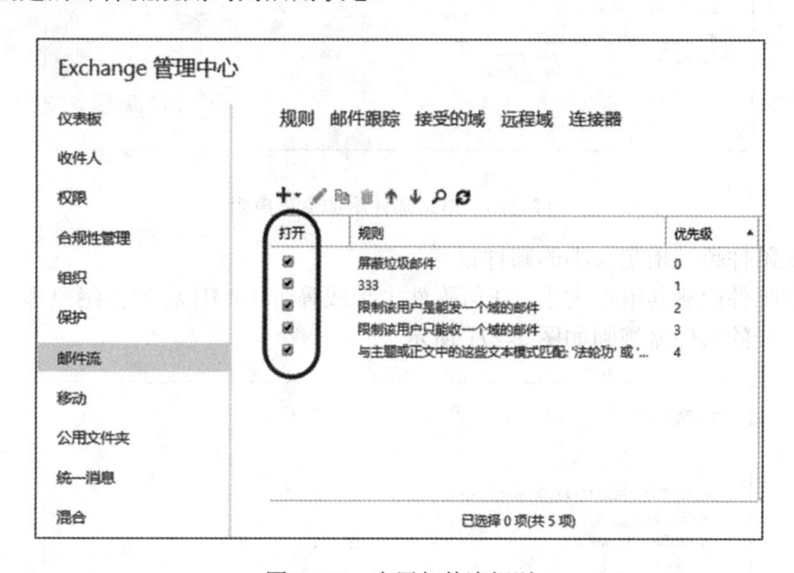

图 2-269　启用邮件流规则

5. 邮件流规则的生效时间

新创建或被修改的邮件流规则保存后在后台服务器通常需要大约 15 分钟才能同步完成并生效。

6. 邮件流规则的命名

邮件流规则命名建议简明扼要，最好加上操作者的名字及创建/修改时间。在大型组织及多系统管理员的用户环境中，命名规则的规范性更为重要。规范的邮件流规则有利于后期的运营维护。

7. 常见应用场景和举例

1） 出站邮件自动附加免责声明

对于所有出站邮件自动附加免责声明。相应的邮件流规则如图 2-270 所示。

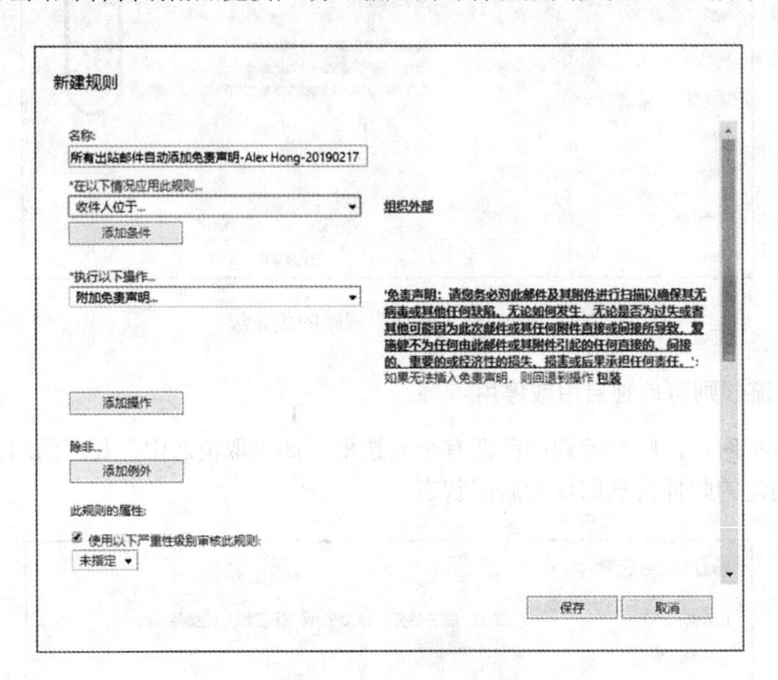

图 2-270 出站邮件附加免责声明

2） 禁止附件超过指定大小的邮件投递

对于所有邮件检测其附件大小。任何附件大于或等于 10MB 将被拒绝投递，并返回 NDR 给发件人。相应的邮件流规则如图 2-271 所示。

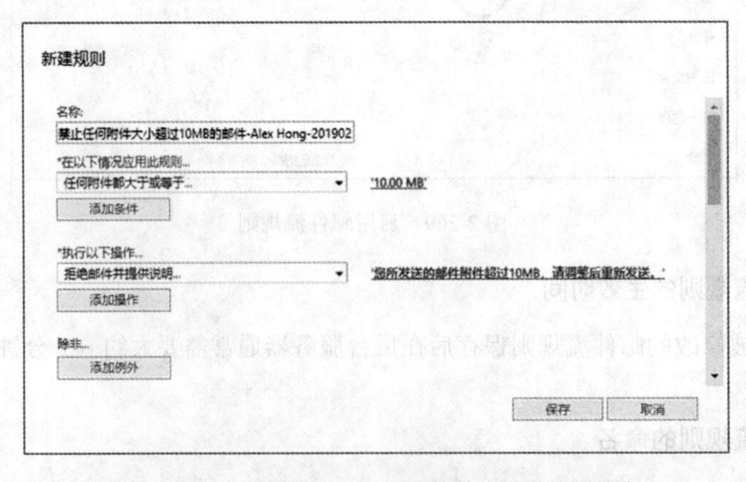

图 2-271 大于或等于 10MB 附件禁止投递的邮件流

3） 发送给邮件组的邮件先经过审批

发给公司全体的邮件需要先由总经理审批，相应的邮件流规则如图 2-272 所示。

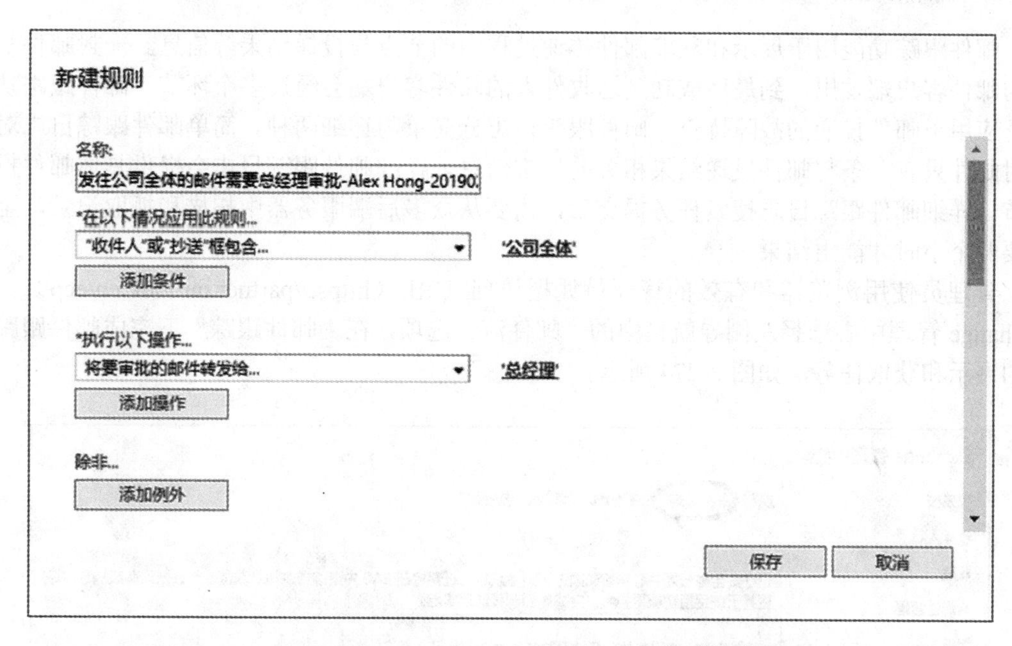

图 2-272 发往“公司全体”的邮件需要“总经理”审批的邮件流

4） 阻止含有指定关键字的入站邮件

检测到含有指定关键字“黑社会”或“法轮功”内容的入站邮件自动删除。相应的邮件流规则如图 2-273 所示。

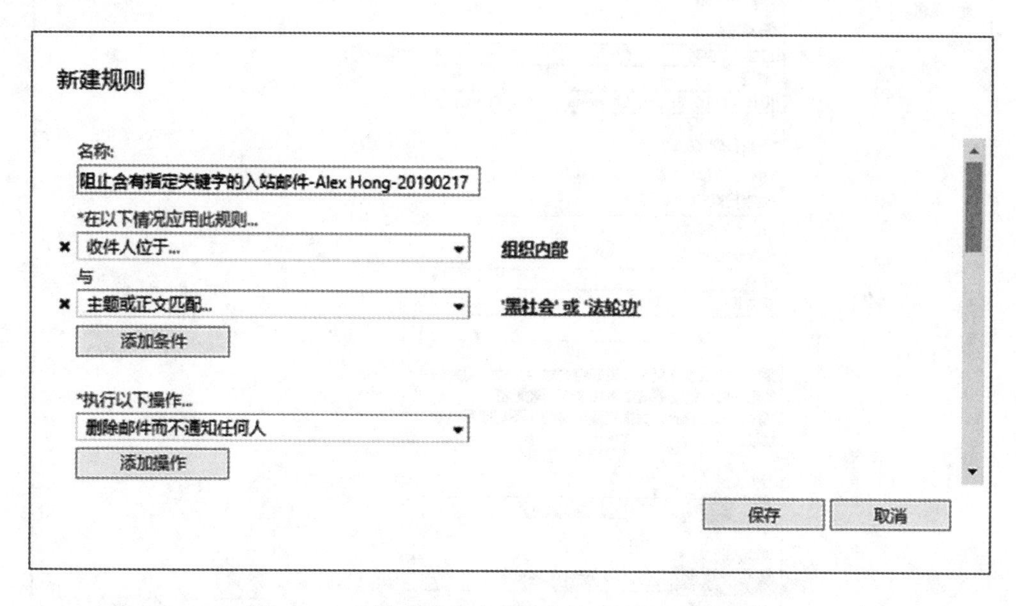

图 2-273 删除含有指定关键字的入站邮件的邮件流

2.7.2 邮件跟踪

邮件跟踪功能用于展示和获取邮件传递过程中的节点与投递结果等信息。一封邮件从用户的邮件客户端发出，到最后成功到达收件人的邮件客户端会经过多个环节。邮件跟踪功能广泛应用于邮件投递的故障排查。邮件跟踪日志分简单与详细两种。简单邮件跟踪日志对每一封邮件只有一条与邮件投递结果相关的日志信息。详细邮件跟踪日志会提供具体邮件投递细节。详细邮件跟踪日志搜索任务提交后，需要从众多后端服务器中扫描和抓取记录，至少需要两个小时才能出结果。

管理员使用浏览器和有效的管理员凭据访问 URL（https://partner.outlook.cn/ecp）。在 Exchange 管理中心选择左侧导航栏中的“邮件流”选项，在“邮件跟踪”下完成邮件跟踪日志的展示和获取任务，如图 2-274 所示。

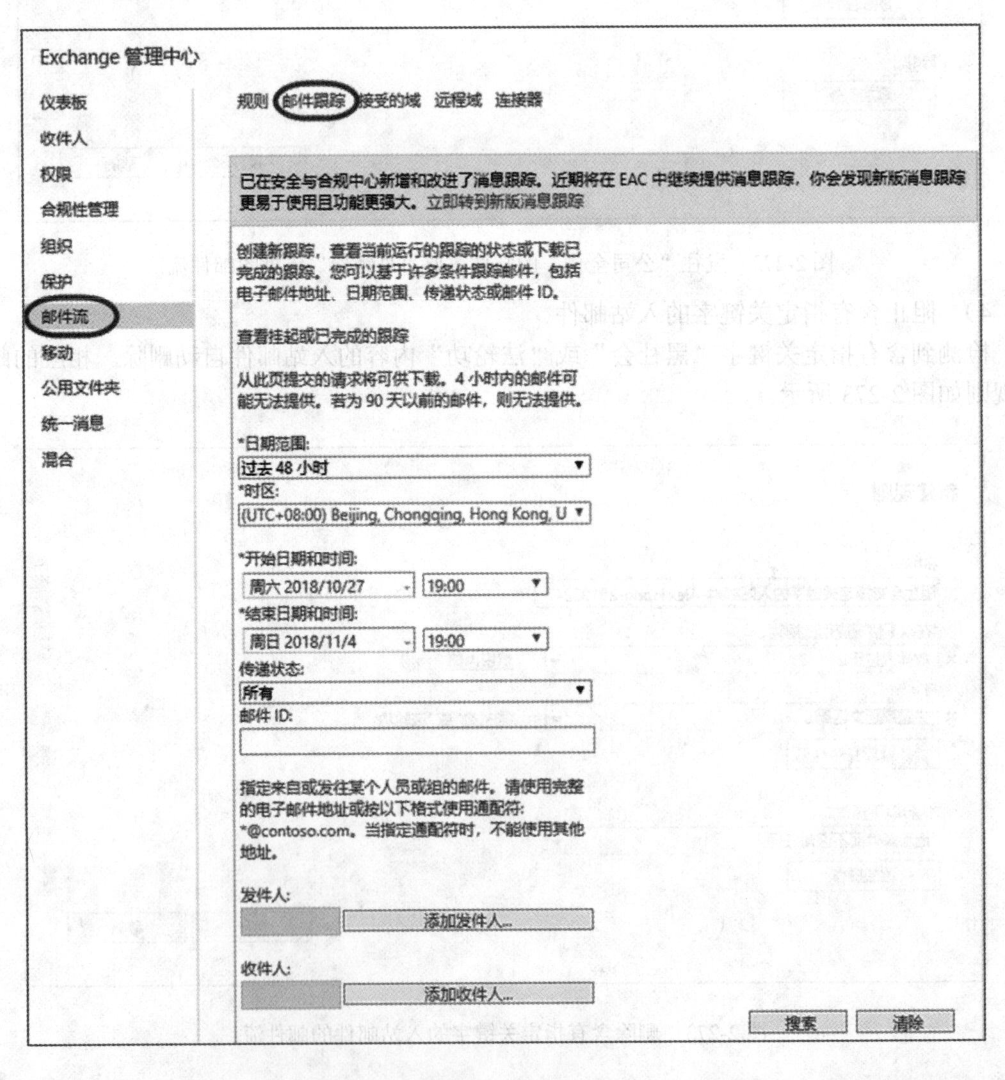

图 2-274　邮件跟踪

可以使用的搜索条件有日期范围、传递状态、邮件 ID、发件人和/或收件人。

1. 详细邮件跟踪日志的获取方法

跨度在 7 天内的邮件投递日志能很快在邮件跟踪界面检索出来，但是无法导出。跨度超过 7 天的邮件投递日志需要以搜索报告请求的方式提交到 Exchange Online 后台。日志报告生成后（CSV 文件格式）可以下载到本地计算机中。如果需要显示详细邮件跟踪，日期范围必须选择“自定义”，开始日期和结束日期跨度必须超过 7 天，才能显示“包括邮件事件和路由详细信息与报告”复选框，如图 2-275 所示。

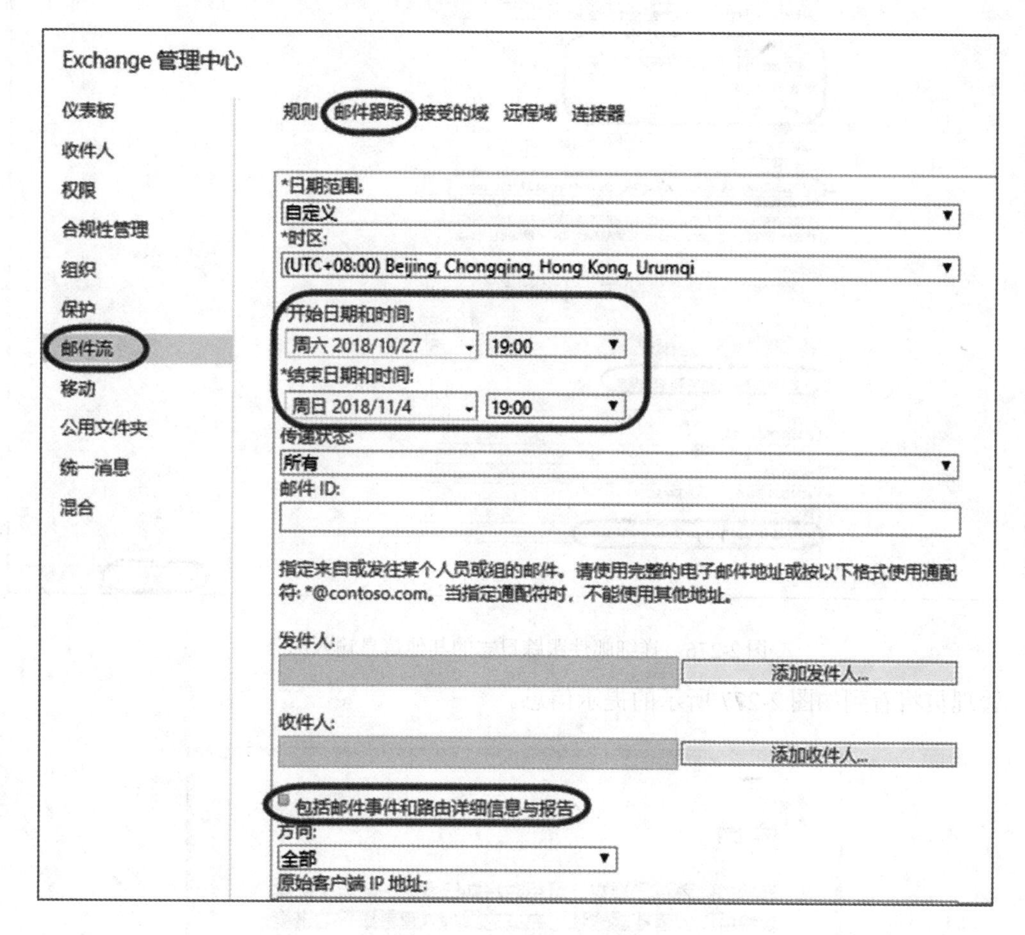

图 2-275 详细邮件跟踪

管理员可补充其他的搜索信息，如收件人/发件人/邮件 ID 的信息（通知电子邮件地址部分必须填写本组织内的有效地址），再单击“搜索”按钮将此详细邮件跟踪日志的生成将以任务形式提交到 Exchange Online 服务器端，如图 2-276 所示。

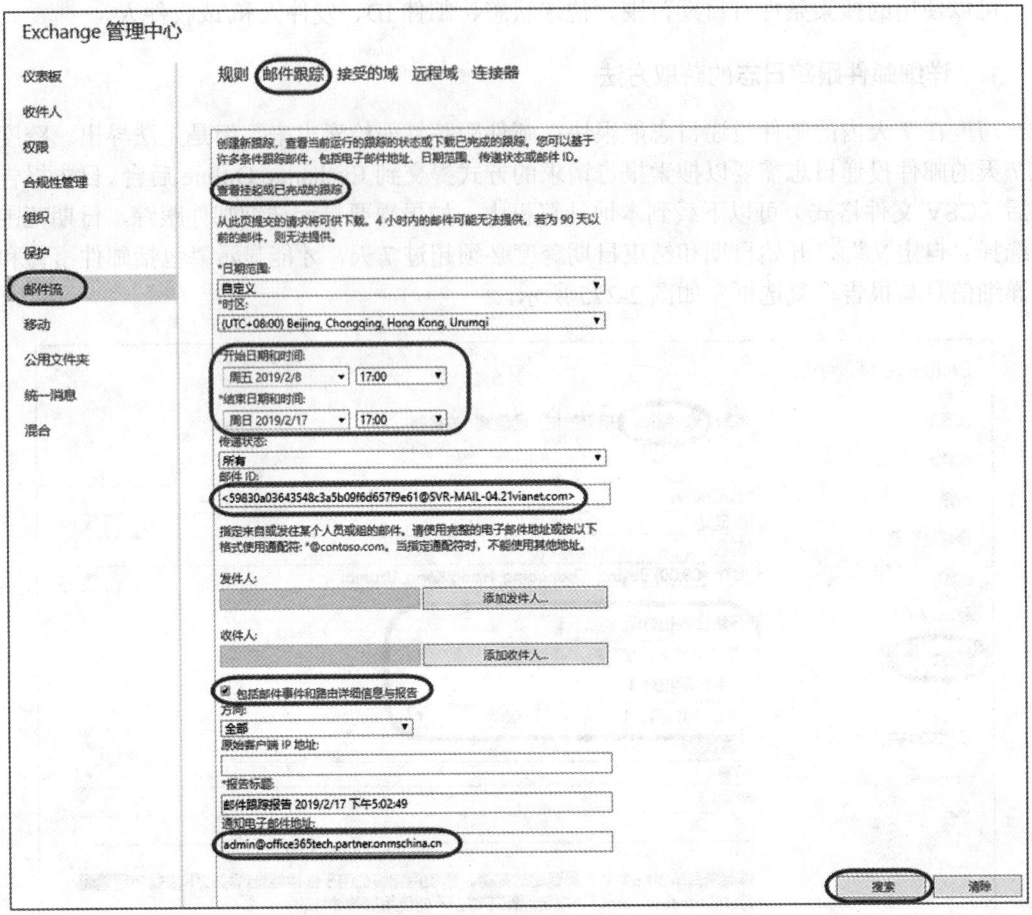

Exchange 管理中心

仪表板
收件人
权限
合规性管理
组织
保护
邮件流
移动
公用文件夹
统一消息
混合

规则　邮件跟踪　接受的域　远程域　连接器

创建新跟踪，查看当前运行的跟踪的状态或下载已完成的跟踪。您可以基于许多条件跟踪邮件，包括电子邮件地址、日期范围、传递状态或邮件 ID。

查看挂起或已完成的跟踪

从此页提交的请求将可供下载。4 小时内的邮件可能无法提供。若为 90 天以前的邮件，则无法提供。

*日期范围:
自定义
*时区:
(UTC+08:00) Beijing, Chongqing, Hong Kong, Urumqi
*开始日期和时间:
周五 2019/2/8　17:00
*结束日期和时间:
周日 2019/2/17　17:00
传递状态:
所有
邮件 ID:
<59830a03643548c3a5b09f6d657f9e61@SVR-MAIL-04.21vianet.com>

指定来自或发往某个人员或组的邮件。请使用完整的电子邮件地址或按以下格式使用通配符: *@contoso.com。当指定通配符时，不能使用其他地址。

发件人:
添加发件人...
收件人:
添加收件人...

包括邮件事件和路由详细信息与报告
方向:
全部
原始客户端 IP 地址:
*报告标题:
邮件跟踪报告 2019/2/17 下午5:02:49
通知电子邮件地址:
admin@office365tech.partner.onmschina.cn

搜索　清除

图 2-276　详细邮件跟踪日志的其他信息输入部分

管理员将看到如图 2-277 所示的提示信息。

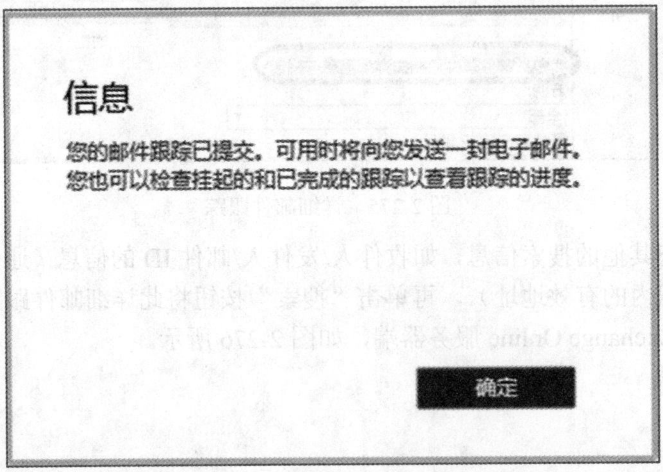

信息

您的邮件跟踪已提交。可用时将向您发送一封电子邮件。
您也可以检查挂起的和已完成的跟踪以查看跟踪的进度。

确定

图 2-277　邮件跟踪已提交的通知

注意：

此请求并不能立刻得到结果，跟踪报告通常需要两个小时左右才能由服务器端生成。管理员可单击“查看挂起或已完成的跟踪”来确认，如图 2-278 所示。

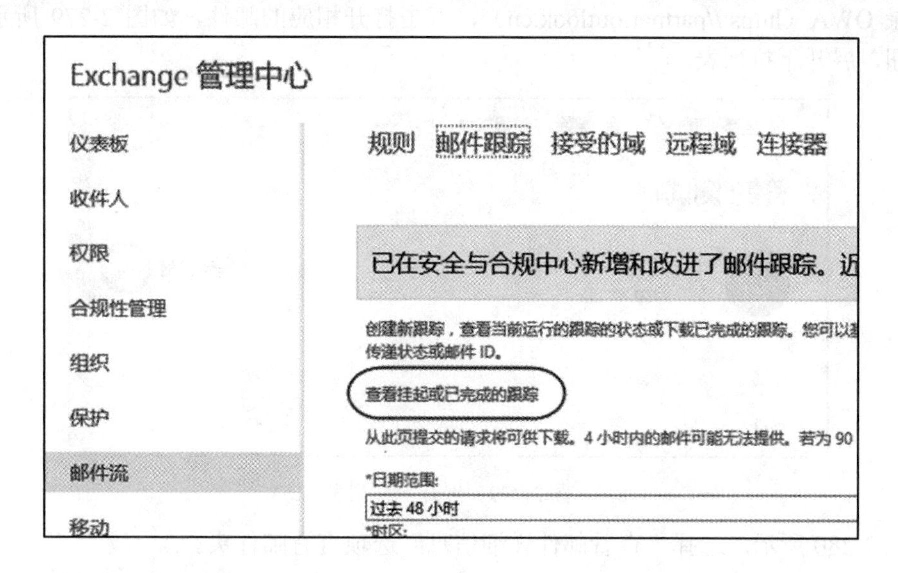

（a）

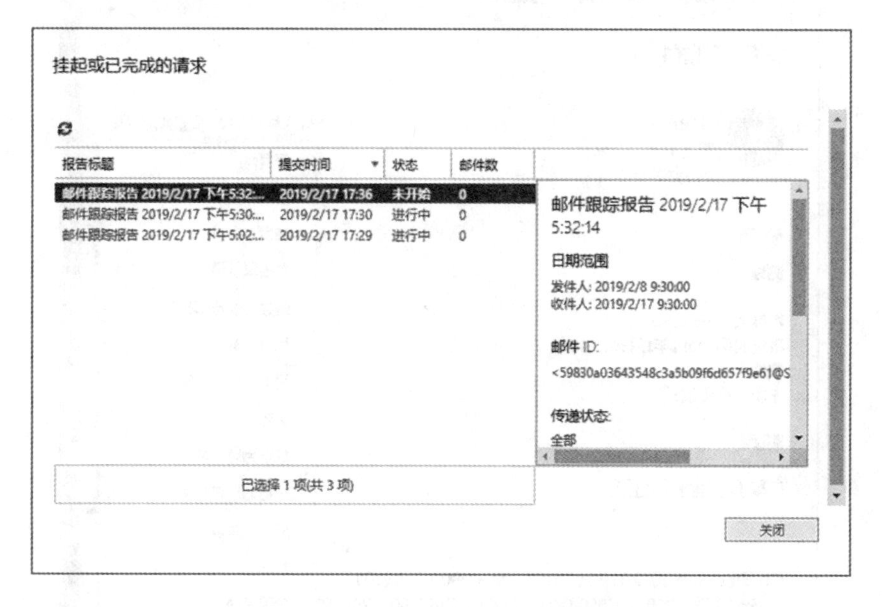

（b）

图 2-278 查看挂起或已完成的请求

对于状态为“已完成”的任务，管理员可在右侧详细信息栏单击下载详细邮件跟踪日志。

2. 获取邮件 ID

邮件 ID 是唯一标识邮件的 ID 号，是不会重复的，相当于每封电子邮件的“身份证号”。使用邮件 ID 可准确定位邮件。注意，使用邮件 ID 作为搜索条件必须要有“<>”符号。邮件 ID 可通过 OWA 或 Outlook 查看邮件头得到。

1） OWA 中获取邮件 ID

登录 OWA（https://partner.outlook.cn），双击打开相应的邮件，如图 2-279 所示，单击下拉按钮，展开下拉列表。

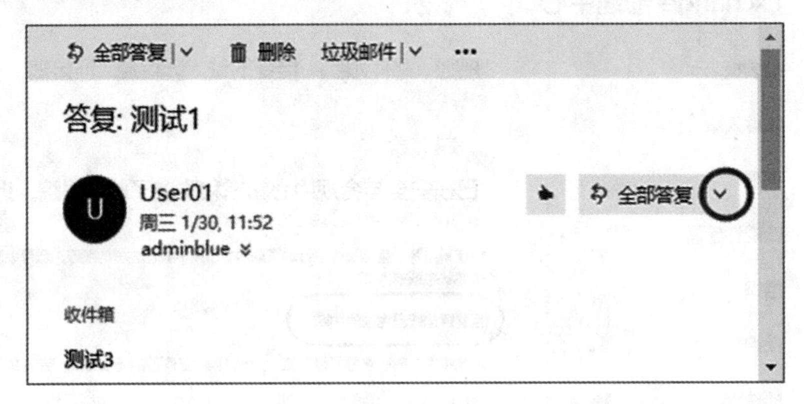

图 2-279　展开下拉列表

如图 2-280 所示，选择“查看邮件详细信息”选项查看邮件头。

图 2-280　选择“查看邮件详细信息”

Message-ID 部分即为邮件 ID，如图 2-281 所示，红框部分即为邮件 ID。

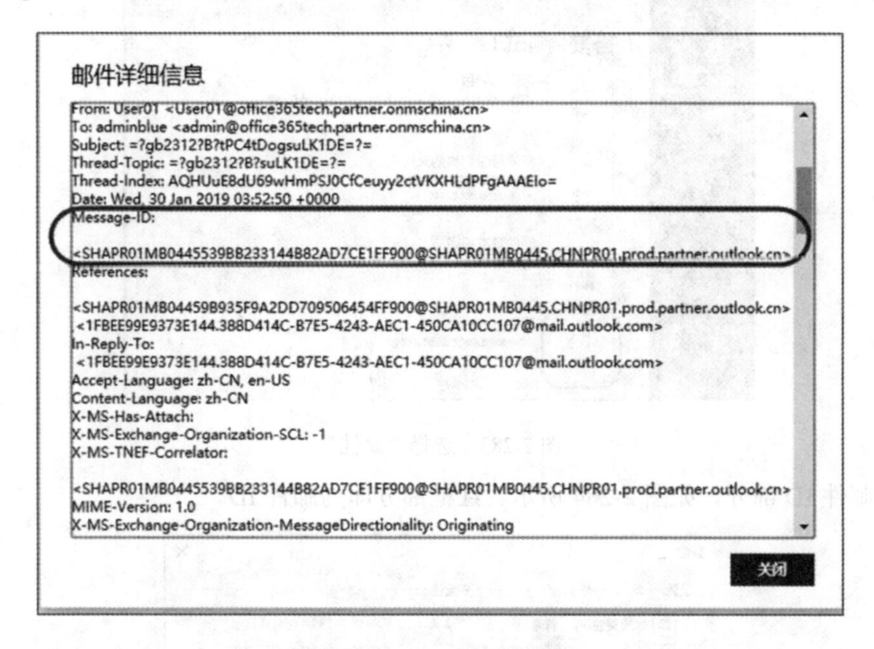

图 2-281　OWA 中的邮件头

2）　Outlook 中获取邮件 ID

在 Outlook 中双击需要查看邮件 ID 的邮件打开，如图 2-282 所示，选择“文件”选项卡菜单。

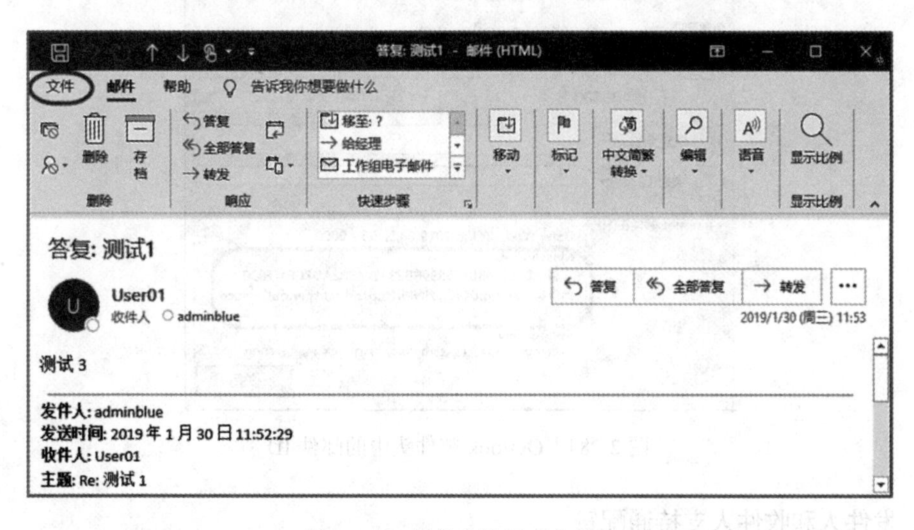

图 2-282　邮件中选择“文件”

单击“属性”按钮，如图 2-283 所示。

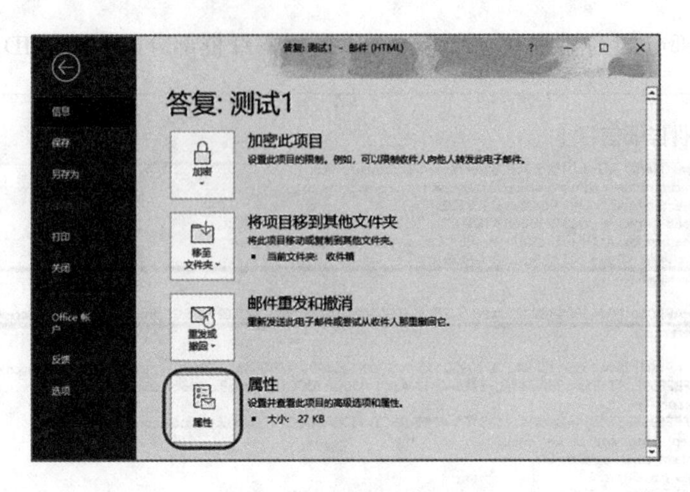

图 2-283　选择“属性”

查看邮件 ID 部分，如图 2-284 所示。红框部分即为邮件 ID。

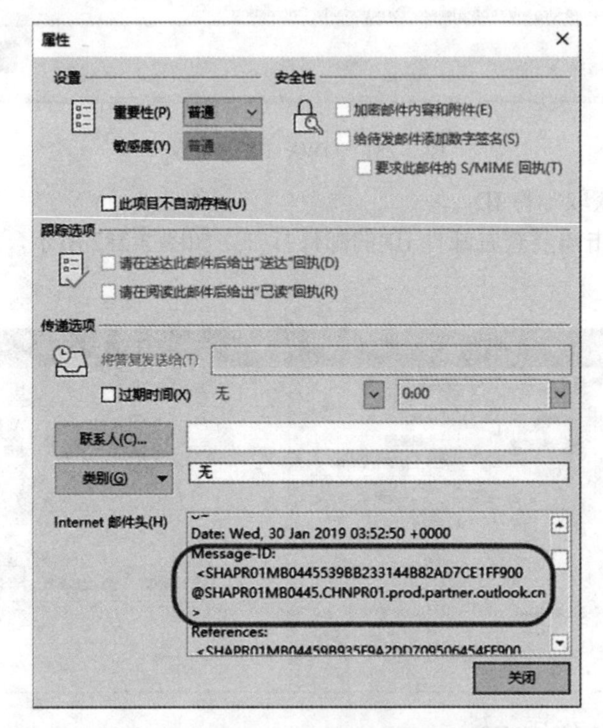

图 2-284　Outlook 邮件头中的邮件 ID

3. 发件人和收件人支持通配符

可以使用 * 作为邮件地址前缀的通配符。例如，用 *@contoso.com 作为发件人。

4. 邮件跟踪日志的保留期限

邮件跟踪日志只有 90 天的保留期。超过保留期的邮件跟踪日志会被从 Exchange Online 服务器上硬删除且无法恢复，无法获取。

5. 邮件跟踪日志的时间

邮件跟踪日志中的时间均为UTC时间, UTC 时间+ 8 小时＝ 北京时间，这是系统设置的且无法更改，如图2-285所示，换算成北京时间是2019年5月29日的13:45:38。

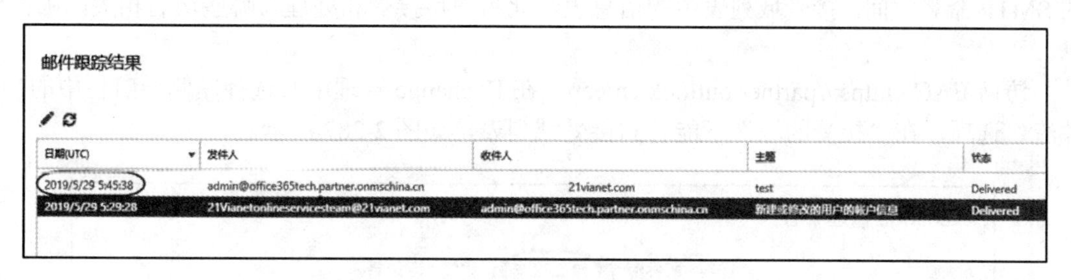

图2-285 邮件跟踪显示UTC时间

6. 发给通讯组的跟踪日志

通常发往通讯组的邮件在邮件跟踪中能看到有展开和被丢弃的动作。通讯组并没有自己的组邮箱，发往通讯组的邮件在到达Exchange Online服务器后先被扩展（Expanded）为组成员列表，然后被丢弃（Discard），这是正常现象，如图2-286所示。可参考URL（https://docs.microsoft.com/en-us/Exchange/policy-and-compliance/mail-flow-rules/conditions-and-exceptions）了解详细信息。

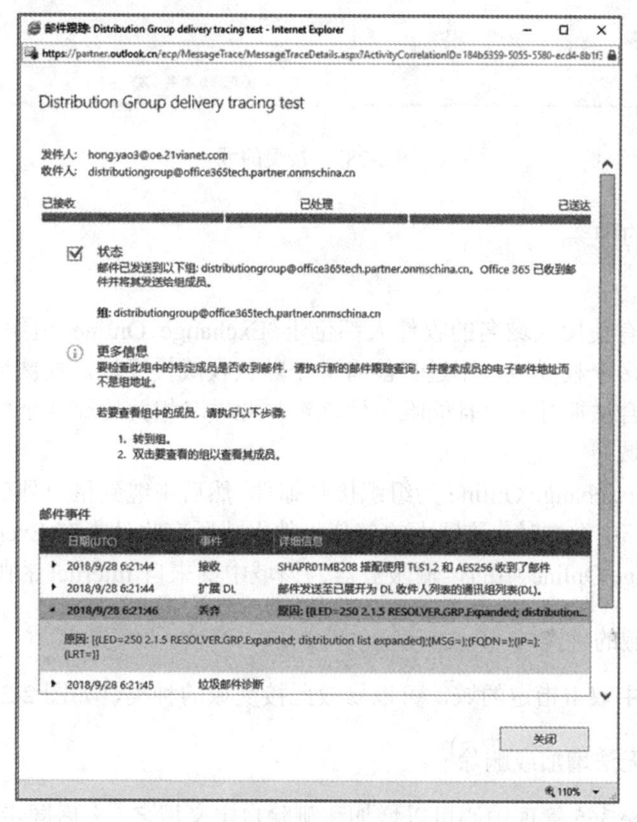

图2-286 发往通讯组的邮件跟踪日志

2.7.3 接受的域

Exchange Online 通过接受域来区分管理范围。接受的域是组织为其发送或接收电子邮件的 SMTP 命名空间。接受域列表中的信息表示此租户可接受和处理与哪些域名相关的邮件信息。

访问 EAC（https://partner.outlook.cn/ecp）,在 Exchange 管理中心选择左侧导航栏中的“邮件流”选项，在“接受的域”下能看到接受域列表，如图 2-287 所示。

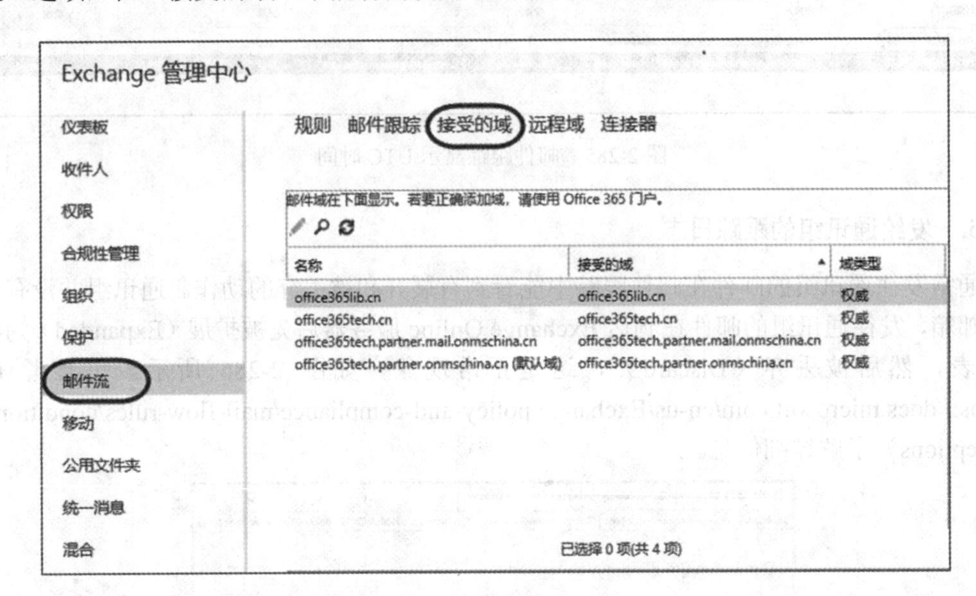

图 2-287 接受的域

1. 接受的域的种类

1） 权威域

权威域表明所有使用该域名的收件人都位于 Exchange Online 组织中。一个 Exchange Online 租户可拥有多个权威域，不过只能有一个默认权威接受域。权威域表示此 Office 365 租户是这个域名的合法拥有者而且能唯一地确定与此域名相关的地址全局列表信息。

2） 内部中继域

接受域还包括 Exchange Online 为组织接收邮件，然后中继到租户外部的电子邮件服务器传递邮件。配置内部中继域时，该域中的部分收件人或所有收件人在 Exchange Online 中没有邮箱，通过 Exchange Online 中的传输服务器为该域中继来自 Internet 的邮件。

2. 修改接受域的种类

在接受域列表中双击指定的域，可以修改此接受域的种类，如图 2-288 所示。

3. 接受的域无法增加或删除

管理员在 Office 365 管理中心可以增加和删除自定义域名，之后同步到 Exchange 管理中心的接受域中。管理员无法在 Exchange 管理中心的“接受的域”界面增加或删除域名。

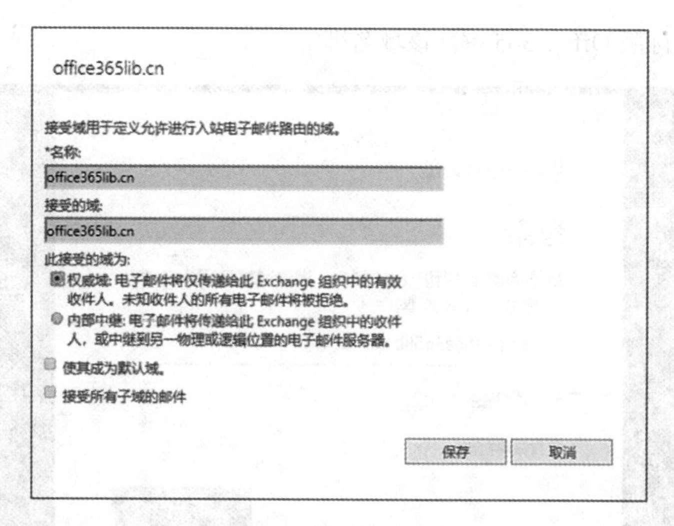

图 2-288 修改接受域种类

4. Exchange 混合部署后多出的域

已经运行过 Exchange 混合部署向导（HCW）的用户，在可接受域中会如 contoso.partner.mail.onmschina.cn 的域名，如图 2-289 所示。这个域名的 SMTP 地址空间用于云端 Exchange Online 邮箱和本地 Exchange 邮件投递。

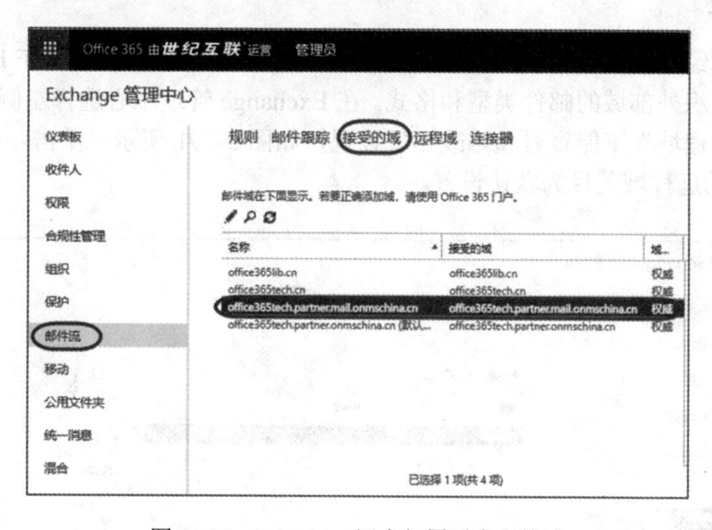

图 2-289 Exchange 混合部署后多出的域

5. 自定义域名未出现在接受域列表中

对于已经在管理员门户界面绑定好的自定义域，在可接受域列表中看不到的情况，多数是因为该域名的用户试用了国际版 Office 365 某项服务。可以用此自定义域名的电子邮件地址访问国际版 Office 365 的门户 URL（https://portal.office365.com）来验证相关域名是否已经绑定。图 2-290 所示的是域名未绑定到国际版 Office 365 上的状态，提示“找不到使用该用户名的账户”，如果没有这样的错误提示，则基本可以断定此域名同时被绑定到国际版 Office

365 上，建议从国际版 Office 365 解除该域名绑定。

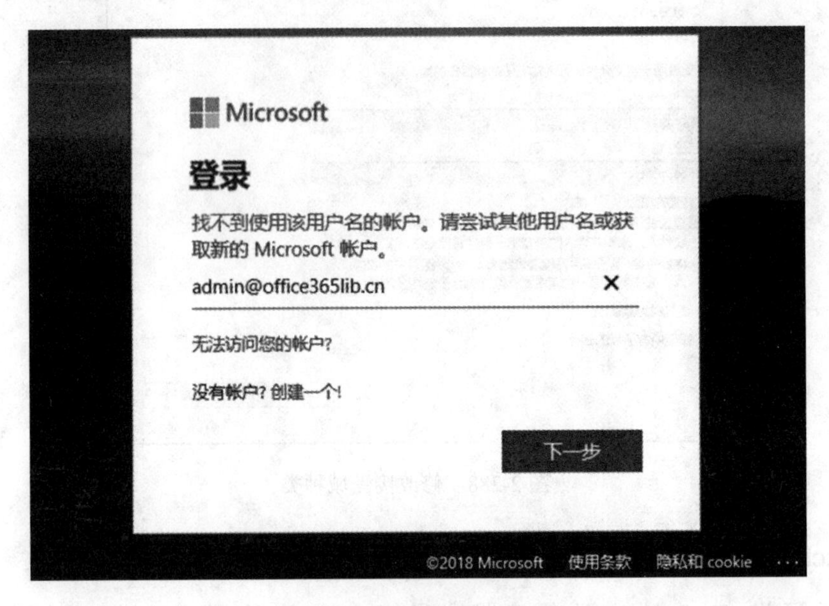

图 2-290　域名未绑定到国际版 Office 365 上的提示

2.7.4　远程域

系统管理员经常会面临各种来自外部的风险和威胁。系统管理员可以在 Exchange 管理中心控制发送到组织外部域的邮件类型和格式。在 Exchange 管理中心选择左侧导航栏中的“邮件流”，在“远程域”下能查看和修改相关设置，如图 2-291 所示。单击＋按钮可以新增远程域。Default 的远程域条目为默认设置。

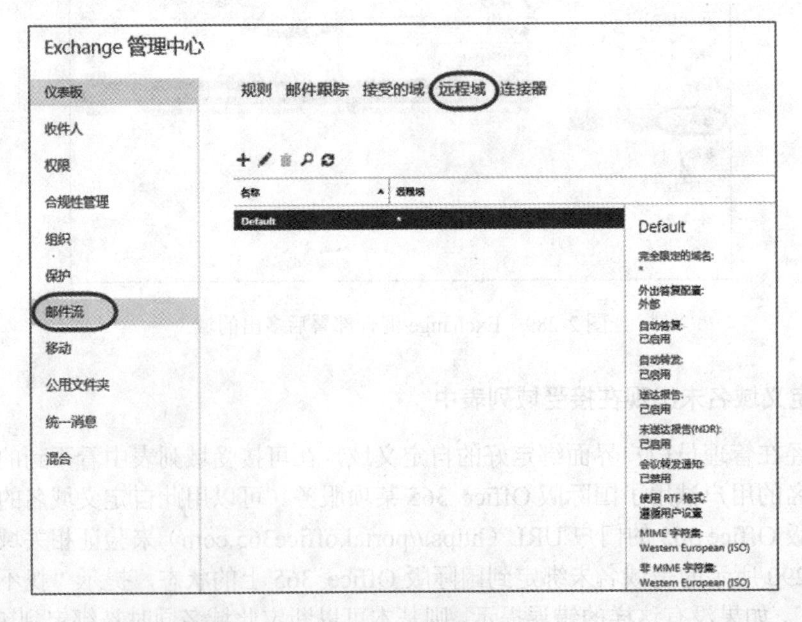

图 2-291　远程域

1. 远程域参数

图 2-292 所示的是远程域可设置的参数。管理员可根据组织的管理需求自行调整和设置。

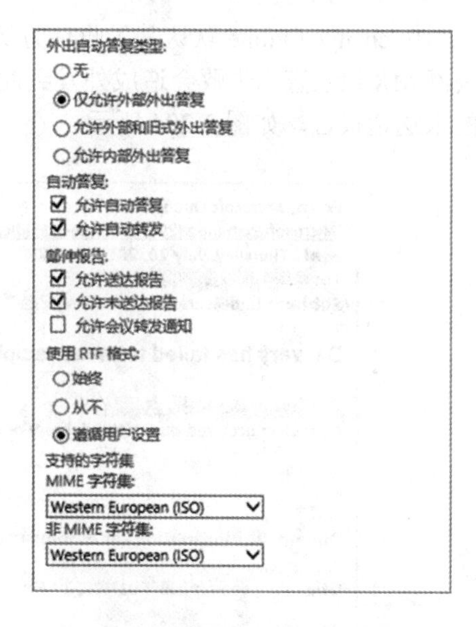

图 2-292 远程域参数

2. 阻止邮件自动转发到外部

Exchange Online 邮箱用户可以通过设置收件箱规则或在 OWA 上设置将收到的邮件自动转发到外部域电子邮件地址。企业系统管理员可以取消远程域的“允许自动转发”设置来阻止此行为以达到合规和数据安全的目的。

3. 阻止未送达报告和外出自动答复

外部不安全的发件人可能会使用测试邮件验证组织内部邮件地址的有效性。为了防范恶意的电子邮件地址嗅探行为，减少后续的钓鱼/垃圾邮件的威胁，企业系统管理员可以取消远程域的“允许送达报告”“允许未送达报告”“外出自动答复类型”的设置来防止内部地址信息外泄。

4. 使用相同字符集发送邮件

外部合作伙伴的邮件系统可能使用不太常见的字符集，会导致往来邮件无法正常显示邮件内容。企业系统管理员通过调整远程域的“支持的字符集”设置可有效防止乱码情况出现，确保发送到外部合作伙伴的电子邮件使用他们可阅读的格式。

2.7.5 连接器

连接器用于控制邮件的入站和出站。使用连接器，可以向组织外部的收件人通过安全通道或邮件处理设备来接收邮件。最常用的连接器是控制出站邮件的发送连接器和控制入站邮件的接收连接器。在 Exchange 管理中心选择左侧导航栏中的“邮件流”选项，在“连接器”下能管理连接器，如图 2-293 所示。

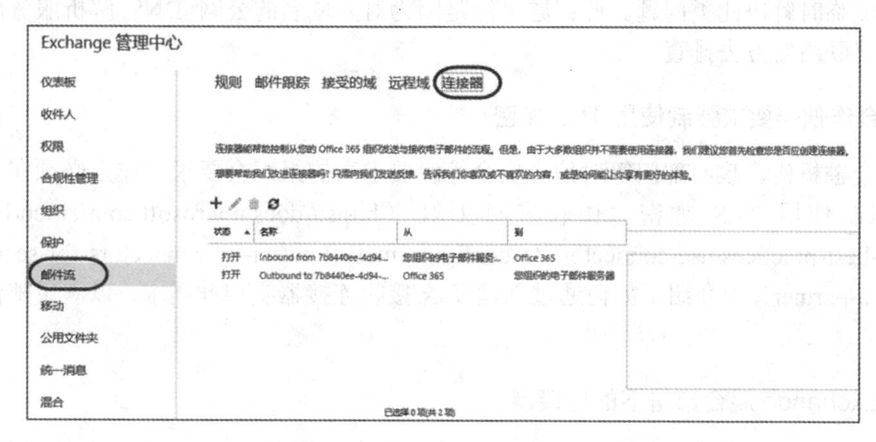

图 2-293 连接器

1. 收件方域名查询失败

Exchange Online 默认基于收件方域名的公网 MX 记录查询结果外发邮件。个别收件方的公网 MX 记录查询失败会造成外发到此外部域的邮件失败，并返回给发件人“DNS query failed”的未送达报告，如图 2-294 所示。

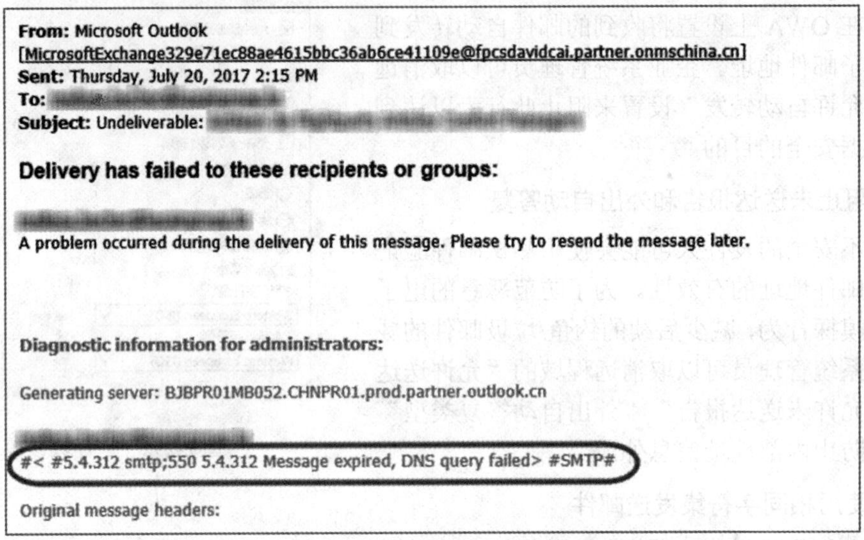

From: Microsoft Outlook
[MicrosoftExchange329e71ec88ae4615bbc36ab6ce41109e@fpcsdavidcai.partner.onmschina.cn]
Sent: Thursday, July 20, 2017 2:15 PM
To:
Subject: Undeliverable:

Delivery has failed to these recipients or groups:

A problem occurred during the delivery of this message. Please try to resend the message later.

Diagnostic information for administrators:

Generating server: BJBPR01MB052.CHNPR01.prod.partner.outlook.cn

#< #5.4.312 smtp;550 5.4.312 Message expired, DNS query failed> #SMTP#

Original message headers:

图 2-294　查询 MX 记录失败的退信

在这种场景下，如果获悉到对方收件系统的公网 IP 并验证过此 IP 的 SMTP 服务的连通性后，可通过手动创建发送连接器的方法指定发往此外部域的邮件投递到指定公网 IP。使用 Telnet 来验证 SMTP 有效性的步骤可参考微软官网链接 URL（https://technet.microsoft.com/en-us/library/aa995718(v=exchg.65).aspx）。信息如下。

（1） 连接器类型为从 Office 365 到合作伙伴组织。

（2） 仅当电子邮件发送到指定域（如 contoso.com）时使用此连接器。

（3） 选择通过指定公网 IP 的智能主机路由电子邮件。

这样能临时解决此类问题。此问题可能是因为对方域名的公网 DNS 解析服务出现异常所致，建议联络对方去排查。

2. 合作伙伴要求强制使用 TLS 加密

部分金融机构、政府部门等对信息安全等级要求高的组织会要求合作方必须在邮件传输过程中强制使用 TLS 加密。微软官网 URL（https://docs.microsoft.com/zh-cn/Exchange/mail-flow-best-practices/use-connectors-to-configure-mail-flow/set-up-connectors-for-secure-mail-flow-with-a-partner）中介绍了如何通过创建发送/接收连接器实现此需求，以满足邮件安全合规性要求。

3. Exchange 混合部署下的连接器

Exchange 混合部署向导 HCW 运行时会自动检测并设置本地、云端的发送/接收连接器。

HCW 向导会自动在本地 Exchange 创建一个到 Office 365 的发送连接器，而 Exchange Online 端会自动创建出与本地 Exchange 邮件往来的一个发送连接器和一个接收连接器。云端和本地均应使用本地 Exchange 同一张公网证书的 TLS 加密连接。

常见的云端和本地的邮件收发故障的原因有以下几个。

（1） 云端和本地 Exchange 使用的电子证书不一致。

（2） 本地 Exchange 电子证书未包含有效的 FQDN。

（3） 本地 Exchange 到云端的发送连接器未启用 StartTLS 加密。

（4） 云端到本地 Exchange 的发送连接器未始终使用 TLS 保护连接选项。

（5） 云端到本地 Exchange 的发送连接器未保留内部 Exchange 电子邮件头。

（6） 本地 Exchange 公网证书已过期。

由于 Exchange 混合部署状态下邮件流相关的排错较为复杂，干扰因素较多，建议联系 Office 365 技术支持。

4. 多功能设备上配置 Office 365 账号

现在多功能设备一般都支持配置邮件账号。常见的多功能设备会包含打印、复印、扫描等多个功能。Exchange Online 支持 3 种使用场景。

第一种使用场景在多功能设备上配置 Exchange Online 的账号和密码，将 partner.outlook.cn 作为 SMTP 服务器，使用 TCP 587 端口以及启用 StartTLS，通过身份验证的方式发送邮件。

第二种使用场景适用于无法支持 TLS 加密的老型号的多功能设备。这些设备不支持使用 TCP 587 端口的 SMTP 邮件发送，只支持使用 TCP 25 端口。在这种情况下，可以先获取自定义域名绑定时指定的 MX 记录相关的 FQDN，将之设置为 SMTP 服务器地址，使用 TCP 25 端口，采用匿名的方式发送。这种场景的局限性在于只能发给本组织中的 Exchange Online 邮箱，无法外发邮件。

第三种使用场景需要在 Exchange Online 管理中心创建与多功能设备公网 IP 有关的接收连接器，类型为从“组织的电子邮件服务器”到“Office 365”。多功能设备使用 Exchange 管理中心的接收连接器中指定的公网 IP 出口通过 TCP 25 端口将邮件通过 EOP 进行转发。此种场景可支持发给组织外部的邮件。

2.8 移动

2.8.1 移动设备访问

在特定移动设备上配置 Office 365 邮箱，可通过以下两种方式将特定移动设备型号添加到“设备访问规则”允许访问中。

（1） 在“移动设备访问”页中添加“设备访问规则”，如图 2-295 所示。

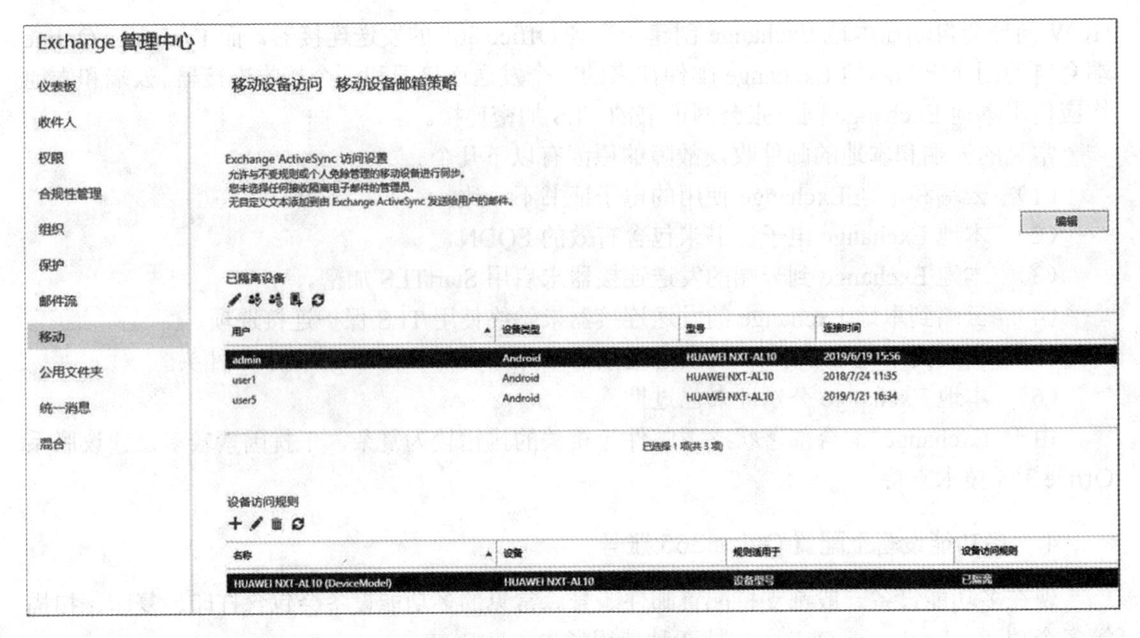

图 2-295 设备访问规则

选择特定移动设备型号，设置为“允许访问”（当选择“所有系列”时，设备型号中可查看到所有可选型号），如图 2-296 所示。

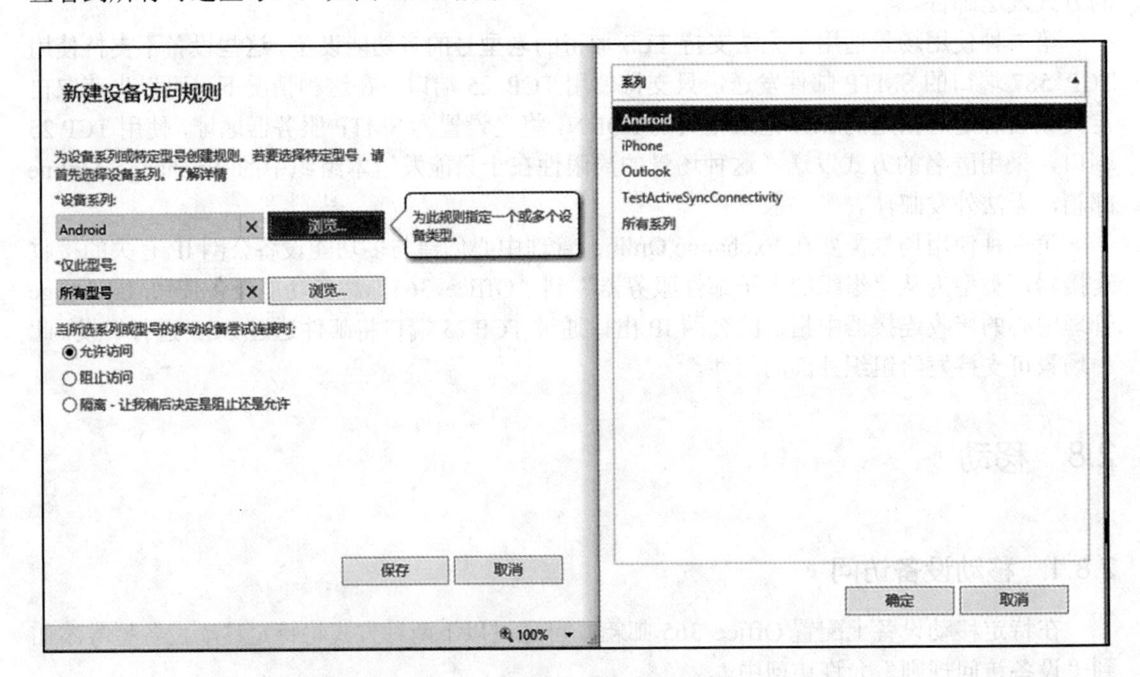

图 2-296 将特定移动设备型号设置为“允许访问”

（2） 在邮箱的“移动设备详情”页中选择“为类似移动设备创建规则”，如图 2-297 所示。

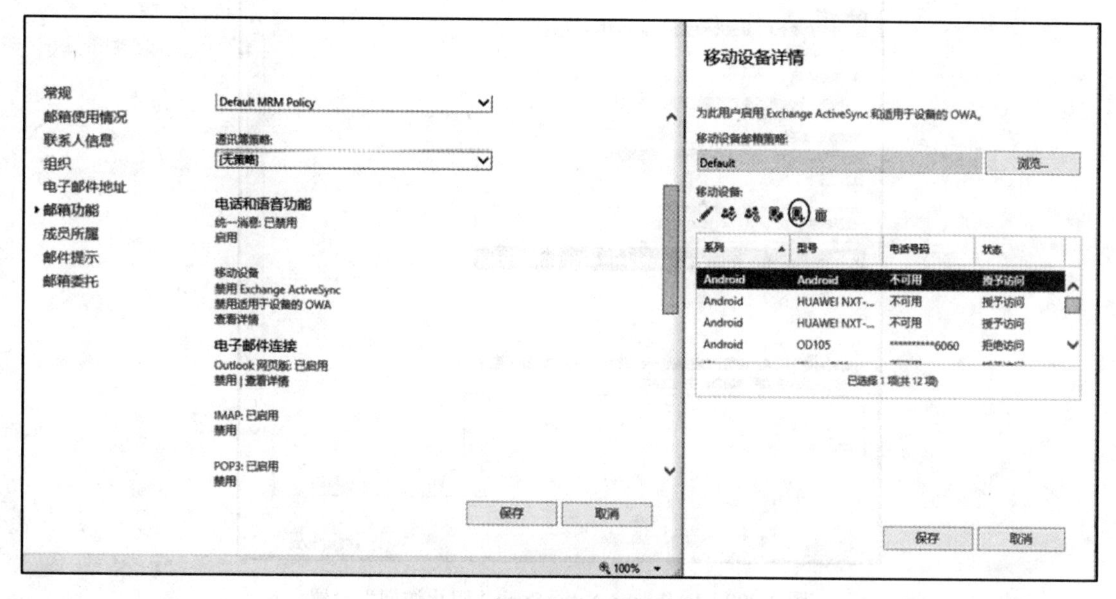

图 2-297 为类似移动设备创建规则

可根据实际需求，将 Exchange ActiveSync 访问设置为阻止访问或隔离，如图 2-298～图 2-300 所示。

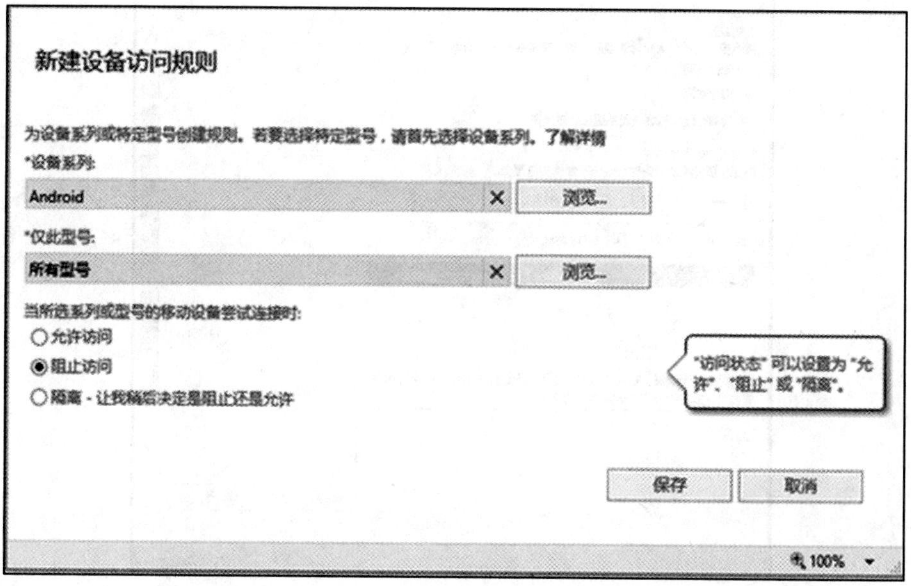

图 2-298 将所选型号设置为“阻止访问”

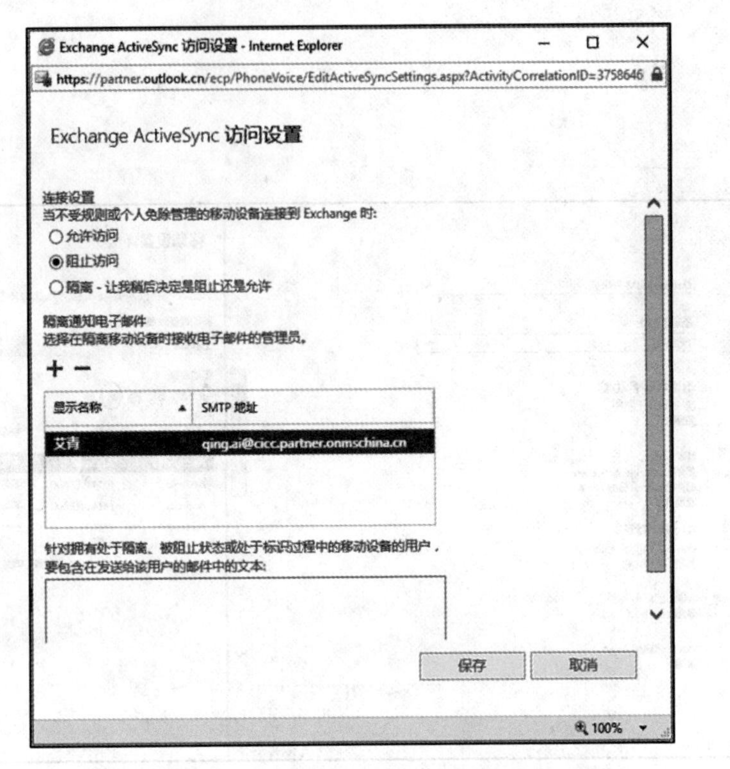

图 2-299　Exchange ActiveSync“阻止访问”设置

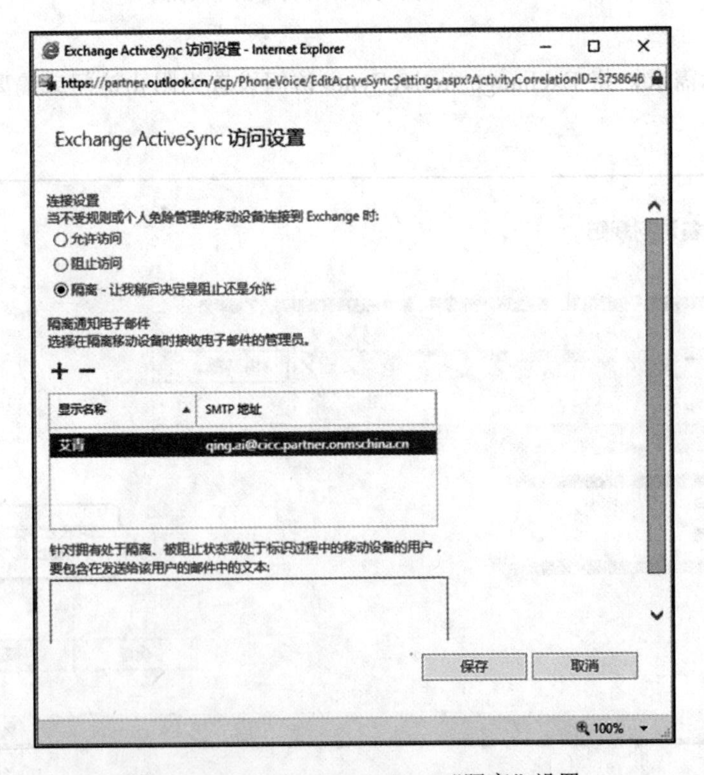

图 2-300　Exchange ActiveSync“隔离”设置

设置完成后，邮箱访问情况效果如表 2-9 所示。

表 2-9 设置完成后的邮箱访问效果

序 号	场 景	访问 Office 365 邮箱
1	特定移动设备自带邮件 App	✓
2	特定移动设备 Outlook 客户端	×
3	其他移动设备自带邮件 App	×
4	其他移动设备 Outlook 客户端	×

若将 Exchange ActiveSync 访问设置为阻止访问，邮箱中会收到如图 2-301 所示的系统提示邮件。

若将 Exchange ActiveSync 访问设置为隔离，邮箱中会收到如图 2-302 所示的系统提示邮件。

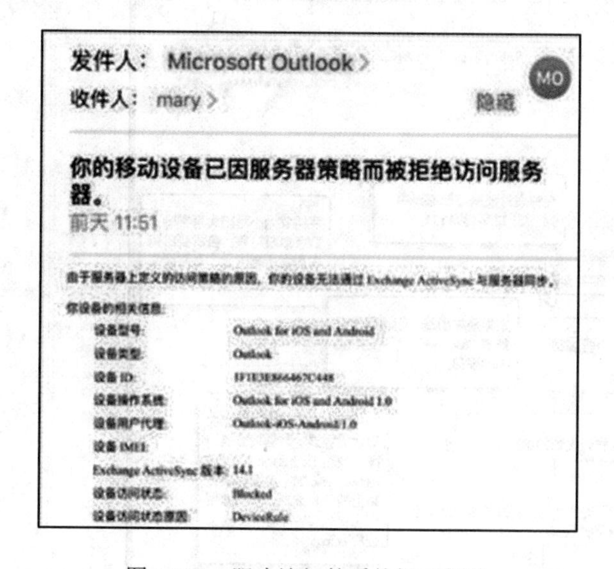

图 2-301 阻止访问的系统提示邮件

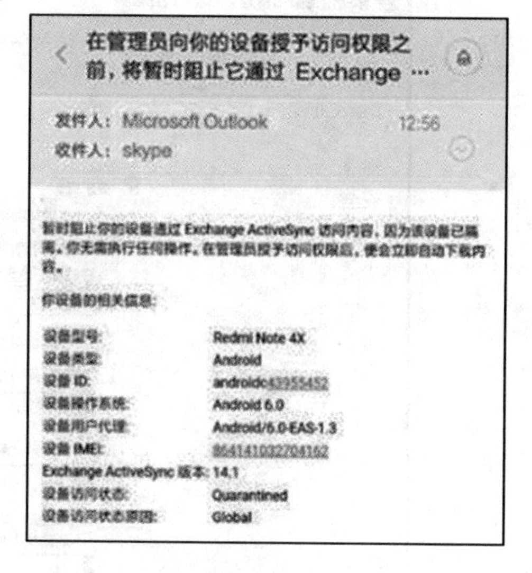

图 2-302 隔离的系统提示邮件

2.8.2 移动设备邮箱策略

1. 移动设备邮箱策略概述

你可以创建移动设备邮箱策略，将常用的策略集或安全设置应用于一组用户，如图 2-303 所示默认移动设备邮箱策略在每个组织中创建。

（1） 允许简单密码。允许设备使用简单密码序列，如 1234 或 1111。

（2） 要求字母数字密码。

① 密码必须包含的字符集数：字母数字型密码可以同时包含字母和数字。

② 字符集为小写和大写字母、数字及符号。若需要密码中包含所有这三个字符集中的字符，请选择“3”。

（3） 要求在设备上进行加密。如果要求加密，则适用于设备的 OWA 会阻止不支持加密的设备。

（4） 最小密码长度。用户可以输入长度超过所需最小值的密码。有效范围是 1～16。

（5） 擦除设备之前登录失败的次数。如果用户未能在尝试指定次数之后登录，数据将被擦除。使用 Exchange ActiveSync 时，会擦除该设备上的所有数据。使用适用于设备的 OWA 时，仅擦除应用数据。其值为 4～16。

（6） 如果设备在以下时间（单位为分钟）内一直处于不活动状态则需要登录。这是手机可处于空闲状态的最长时限，超过该时限即需要密码来解锁。

（7） 强制密码生存期（天）。密码生存期是必须更改密码之前的天数。如果启用此功能，则在指定天数之后，会提示用户重置其密码。其值为 1～730。

（8） 密码再循环计数。指定在可以重用以前使用的密码之前，用户必须使用的不同密码数。可以选择一个从 0～50 的数字。

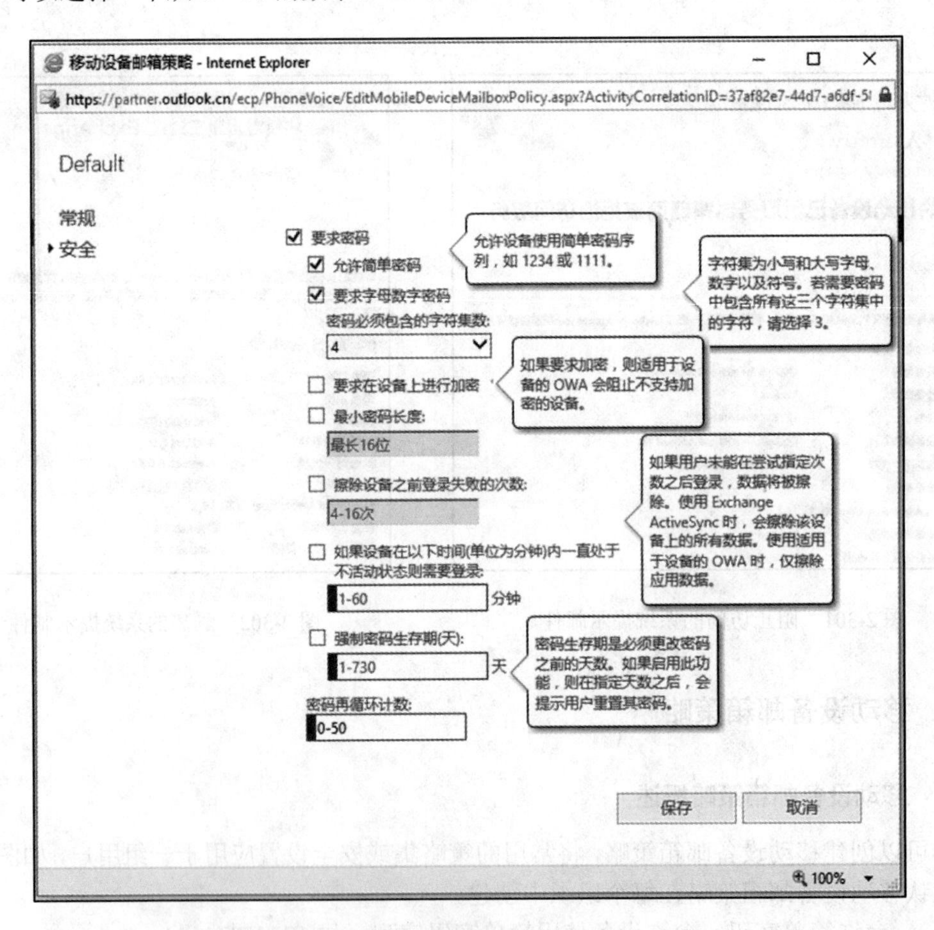

图 2-303 移动设备邮箱策略

2. 管理 Exchange ActiveSync 邮箱策略

移动设备邮箱策略可在 Exchange 管理中心（EAC）或 Exchange 命令行管理程序中创建。如果在 EAC 中创建策略，只能配置可用设置的子集。可以使用 Exchange 命令行管理程序配置其余的设置。

可以创建一个新的 ActiveSyncMailboxPolicy 并设置阻止下载附件：

```
New-ActiveSyncMailboxPolicy -name:'BlockAttach' -AttachmentsEnabled $false
```

将这个策略指派给特定的单个用户，当然也可以通过导入一个 CSV 文件来对用户做批量的设置：

```
Set-CASMailbox -Identity hevon.yang@soundvalley.top -ActiveSyncMailboxPolicy BlockAttach
```

批处理文件格式样本，如图 2-304 所示。

```
import-csv D:\AustinUsers.csv | foreach {Set-CASMailbox -Identity $_.UserPrincipalName -ActiveSyncMailboxPolicy Blockattach}
```

UserPrincipalName
object140@lotusboat.top
object430@lotusboat.top
type59@lotusboat.top

图 2-304　批处理文件格式样本

PowerShell 命令结果如图 2-305 所示。

```
26
27 import-csv D:\AustinUsers.csv | foreach {Set-CASMailbox -Identity $_ UserPrincipalName -ActiveSyncMailboxPolicy Blockattach}
28
29
30

PS D:\script> Set-CASMailbox -Identity hevon.yang@soundvalley.top -ActiveSyncMailboxPolicy BlockAttach

PS D:\script> import-csv D:\AustinUsers.csv | foreach {Set-CASMailbox -Identity $_.UserPrincipalName -ActiveSyncMailboxPolicy Blockattach}

PS D:\script>
```

图 2-305　PowerShell 命令结果

移动设备邮箱策略设置，如表 2-10 所示。

表 2-10　移动设备邮箱策略设置

设置 Setting	描述 Description
允许蓝牙 Allow Bluetooth	此设置指定移动设备是否允许建立 Bluetooth 连接。可用选项包括“禁用”“仅免提”和“允许”。默认值为“允许”。This setting specifies whether a mobile device allows Bluetooth connections. The available options are Disable, HandsFree Only, and Allow. The default value is Allow
允许浏览器 Allow Browser	此设置指定是否允许在移动设备上使用 Pocket Internet Explorer。此设置不会影响移动设备上安装的第三方浏览器。默认值为 $true。This setting specifies whether Pocket Internet Explorer is allowed on the mobile device. This setting doesn't affect third-party browsers installed on the mobile device. The default value is $true

（续表）

设置 Setting	描述 Description
允许照相机 Allow Camera	此设置指定是否可以使用移动设备上的照相机。默认值是 $true。This setting specifies whether the mobile device camera can be used. The default value is $true
允许用户电子邮件 Allow Consumer Email	此设置指定移动设备用户是否可以在移动设备上配置个人电子邮件账户（POP3 或 IMAP4）。默认值为 $true。此设置不控制使用第三方移动设备电子邮件程序对电子邮件账户的访问。This setting specifies whether the mobile device user can configure a personal email account (either POP3 or IMAP4) on the mobile device. The default value is $true. This setting doesn't control access to email accounts that are using third-party mobile device email programs
允许桌面同步 Allow Desktop Sync	此设置指定移动设备是否可以通过电缆、蓝牙或 IrDA 连接与计算机进行同步。默认值是 $true。This setting specifies whether the mobile device can synchronize with a computer through a cable, Bluetooth, or IrDA connection. The default value is $true
允许外部设备管理 Allow External Device Management	此设置指定是否允许使用外部设备管理程序来管理移动设备。This setting specifies whether an external device management program is allowed to manage the mobile device
允许 HTML 电子邮件 Allow HTML Email	此设置指定同步到移动设备的电子邮件是否可以采用 HTML 格式。如果此设置设为 $false，所有电子邮件将转换为纯文本。This setting specifies whether email synchronized to the mobile device can be in HTML format. If this setting is set to $false, all email is converted to plain text
允许 Internet 共享 Allow Internet Sharing	此设置指定是否可以使用移动设备作为台式机或便携式计算机的调制解调器。默认值是 $true。This setting specifies whether the mobile device can be used as a modem for a desktop or a portable computer. The default value is $true
AllowIrDAAllowIrDA	此设置指定移动设备是否允许建立红外连接。This setting specifies whether infrared connections are allowed to and from the mobile device
允许移动 OTA 更新 Allow Mobile OTA Update	此设置指定是否可以通过手机网络数据连接将移动设备邮箱策略设置发送到移动设备。默认值为 $true。This setting specifies whether the mobile device mailbox policy settings can be sent to the mobile device over a cellular data connection. The default value is $true
允许不可设置的设备 Allow non-provisionable devices	此设置指定是否允许可能不支持应用所有策略设置的移动设备使用 Exchange ActiveSync 连接到 Office 365。允许不可设置的设备会产生安全隐患。例如，某些不可设置的设备可能无法实现组织的密码要求。This setting specifies whether mobile devices that may not support application of all policy settings are allowed to connect to Office 365 by using Exchange ActiveSync. Allowing non-provisionable mobile devices has security implications. For example, some non-provisionable devices may not be able to implement an organization's password requirements
允许 POP/IMAP 电子邮件 Allow POPIMAPEmail	此设置指定用户是否可以在移动设备上配置 POP3 或 IMAP4 电子邮件账户。默认值为 $true。此设置不控制第三方电子邮件程序的访问。This setting specifies whether the user can configure a POP3 or an IMAP4 email account on the mobile device. The default value is $true. This setting doesn't control access by third-party email programs
允许远程桌面 Allow Remote Desktop	此设置指定移动设备是否可以启动远程桌面连接。默认值是 $true。This setting specifies whether the mobile device can initiate a remote desktop connection. The default value is $true
允许简单密码 Allow simple password	此设置启用或禁用诸如 1111 或 1234 这样的简单密码。默认值为 $true。This setting enables or disables the ability to use a simple password such as 1111 or 1234. The default value is $true
允许 S/MIME 加密算法协商 Allow S/MIME encryption algorithm negotiation	此设置指定移动设备上的邮件应用程序是否可以在收件人的证书不支持指定的加密算法时协商加密算法。This setting specifies whether the messaging application on the mobile device can negotiate the encryption algorithm if a recipient's certificate doesn't support the specified encryption algorithm

（续表）

设置 Setting	描述 Description
允许 S/MIME 软件证书 Allow S/MIME software certificates	此设置指定移动设备上是否允许使用 S/MIME 软件证书。This setting specifies whether S/MIME software certificates are allowed on the mobile device
允许存储卡 Allow storage card	此设置指定移动设备是否可以访问存储卡中存储的信息。This setting specifies whether the mobile device can access information that's stored on a storage card
允许短信服务 Allow text messaging	此设置指定是否可以在移动设备上使用短信服务。默认值是 $true。This setting specifies whether text messaging is allowed from the mobile device. The default value is $true
允许未签名应用程序 Allow unsigned applications	此设置指定是否可以在移动设备上安装未签名的应用程序。默认值是$true。This setting specifies whether unsigned applications can be installed on the mobile device. The default value is $true
允许未签名安装程序包 Allow unsigned installation packages	此设置指定是否可以在移动设备上运行未签名的安装程序包。默认值是 $true。This setting specifies whether an unsigned installation package can be run on the mobile device. The default value is $true
允许 Wi-FiAllow Wi-Fi	此设置指定是否允许在移动设备上进行无线 Internet 访问。默认值是 $true。This setting specifies whether wireless Internet access is allowed on the mobile device. The default value is $true
必须是字母数字密码 Alphanumeric password required	此设置要求密码包含数字和非数字字符。默认值为 $true。This setting requires that a password contains numeric and non-numeric characters. The default value is $true
已许可应用程序列表 Approved Application List	此设置存储了可以在移动设备上运行的已许可应用程序的列表。This setting stores a list of approved applications that can be run on the mobile device
启用附件 Attachments enabled	此设置使附件可以下载到移动设备。默认值为 $true。This setting enables attachments to be downloaded to the mobile device. The default value is $true
启用设备加密 Device encryption enabled	此设置在移动设备上启用加密。并非所有移动设备都可以强制实行加密。有关详细信息，请参阅设备和移动操作系统文档。This setting enables encryption on the mobile device. Not all mobile devices can enforce encryption. For more information, see the device and mobile operating system documentation
设备策略刷新间隔 Device policy refresh interval	此设置指定从服务器向移动设备发送移动设备邮箱策略的频率。This setting specifies how often the mobile device mailbox policy is sent from the server to the mobile device
启用 IRMIRM enabled	此设置指定移动设备上是否启用了信息权限管理 (IRM)。This setting specifies whether Information Rights Management (IRM) is enabled on the mobile device
最大附件大小 Max attachment size	此设置控制可下载到移动设备的附件的最大大小。默认值为“Unlimited”。This setting controls the maximum size of attachments that can be downloaded to the mobile device. The default value is Unlimited
最长日历期限筛选器 Max calendar age filter	此设置指定可同步到移动设备的日历的最大范围。接受以下值：This setting specifies the maximum range of calendar days that can be synchronized to the mobile device. The following values are accepted: AllAll 工期 OneDay 3 个工作日 ThreeDays 1 周时间 OneWeek TwoWeeksTwoWeeks OneMonthOneMonth

（续表）

设置 Setting	描述 Description
最长电子邮件期限筛选器 Max email age filter	此设置指定可同步到移动设备的电子邮件项的最大天数。接受以下值：This setting specifies the maximum number of days of email items to synchronize to the mobile device. The following values are accepted: AllAll 工期 OneDay 3 个工作日 ThreeDays 1 周时间 OneWeek TwoWeeksTwoWeeks OneMonthOneMonth
最大电子邮件正文截断大小 Max email body truncation size	此设置指定电子邮件在同步到移动设备的过程中被截断的最大大小。该值以千字节（KB）为单位。This setting specifies the maximum size at which email messages are truncated when synchronized to the mobile device. The value is in kilobytes (KB)
最大电子邮件 HTML 正文截断大小 Max email HTML body truncation size	此设置指定 HTML 电子邮件在同步到移动设备的过程中被截断的最大大小。该值以千字节（KB）为单位。This setting specifies the maximum size at which HTML email messages are truncated when synchronized to the mobile device. The value is in kilobytes (KB)
最大不活动时间锁定 Max inactivity time lock	此值指定移动设备在要求提供密码重新激活之前可处于非活动状态的时长。可以输入 30 秒和 1 小时之间的任何时间间隔。默认值为 15 分钟。This value specifies the length of time that the mobile device can be inactive before a password is required to reactivate it. You can enter any interval between 30 seconds and 1 hour. The default value is 15 minutes
最大密码失败尝试次数 Max password failed attempts	此设置指定用户为移动设备输入正确密码之前可以尝试的次数。可以输入 4～16 之间的任意数字。默认值为 8。This setting specifies the number of attempts a user can make to enter the correct password for the mobile device. You can enter any number from 4 through 16. The default value is 8
最小密码复杂字符数 Min password complex characters	此设置指定移动设备密码要求的最小复杂字符数。复杂字符是指非字母字符。This setting specifies the minimum number of complex characters required in the mobile device's password. A complex character is a character that is not a letter
最短密码长度 Min password length	此设置指定移动设备密码包含的最小字符数。可以输入 1～16 之间的任意数字。默认值为 4。This setting specifies the minimum number of characters in the mobile device password. You can enter any number from 1 through 16. The default value is 4
启用密码 Password enabled	此设置启用移动设备密码。This setting enables the mobile device password
密码有效期 Password expiration	此设置使管理员可以配置密码更改时长，经过此时长之后必须更改移动设备的密码。This setting enables the administrator to configure a length of time after which a mobile device password must be changed
密码历史记录 Password history	此设置指定可以存储在用户邮箱中的旧密码数。用户不能重复使用已存储的密码。This setting specifies the number of past passwords that can be stored in a user's mailbox. A user can't reuse a stored password
启用密码恢复 Password recovery enabled	启用此设置后，移动设备可以生成恢复密码并发送到服务器。如果用户忘记自己的移动设备密码，可使用恢复密码解除锁定移动设备，然后可以创建新的移动设备密码。When this setting is enabled, the mobile device generates a recovery password that's sent to the server. If the user forgets their mobile device password, the recovery password can be used to unlock the mobile device and enable the user to create a new mobile device password

（续表）

设置 Setting	描述 Description
要求设备加密 Require device encryption	此设置指定是否要求设备加密。如果设置为 $true，移动设备必须能够支持和实现加密，才能与服务器同步。This setting specifies whether device encryption is required. If set to $true, the mobile device must be able to support and implement encryption to synchronize with the server
要求加密 S/MIME 邮件 Require encrypted S/MIME messages	此设置指定是否必须加密 S/MIME 邮件。默认值为 $false。This setting specifies whether S/MIME messages must be encrypted. The default value is $false
要求加密 S/MIME 算法 Require encryption S/MIME algorithm	此设置指定加密 S/MIME 邮件时必须使用哪种必需的算法。This setting specifies what required algorithm must be used when encrypting S/MIME messages
漫游时要求手动同步 Require manual synchronization while roaming	此设置指定移动设备漫游时是否必须手动同步。如果允许在漫游时自动同步，就会经常使移动设备数据计划的数据费用超过预期。This setting specifies whether the mobile device must synchronize manually while roaming. Allowing automatic synchronization while roaming will frequently lead to larger-than-expected data costs for the mobile device data plan
要求签名 S/MIME 算法 Require signed S/MIME algorithm	此设置指定为邮件签名时必须使用哪种必需的算法。This setting specifies what required algorithm must be used when signing a message
要求签名 S/MIME 邮件 Require signed S/MIME messages	此设置指定移动设备是否必须发送已签名的 S/MIME 邮件。This setting specifies whether the mobile device must send signed S/MIME messages
要求存储卡加密 Require storage card encryption	此设置指定是否必须加密存储卡。并非所有移动设备操作系统均支持存储卡加密，有关详细信息，请参阅您的移动设备及移动操作系统的文档。This setting specifies whether the storage card must be encrypted. Not all mobile device operating systems support storage card encryption. For more information, see your mobile device and mobile operating system documentation
未许可的 ROM 中应用程序列表 Unapproved InROM application list	此设置指定不能在 ROM 中运行的应用程序列表。This setting specifies a list of applications that cannot be run in ROM

2.9 公用文件夹

公用文件夹不提供版本控制或其他文档管理功能，如受控的签入和签出功能及自动通知内容变更。

公用文件夹层次结构同步过程使用增量更改同步，它提供了监视机制并将更改与 Exchange 存储层次结构或内容同步。其中，更改包括创建、修改和删除文件夹及邮件。当用户连接到并使用内容邮箱时，每 15 分钟发生一次同步。如果没有用户连接到内容邮箱，则触发同步的频率将下降（每 24 小时同步一次）；如果在主层次结构中执行写入操作（如创建文件夹），则立即（同步）触发与内容邮箱的同步。

公用文件夹内容可以包括电子邮件、公告、文档和电子表格。内容存储于公用文件夹邮箱，但是不可跨多个公用文件夹邮箱进行复制。所有用户都访问同一个公用文件夹邮箱，可以获取相同的内容集。虽然可以对公用文件夹内容进行全文搜索，但是公用文件夹内容不可跨公用文件夹搜索，且无法由 Exchange Search 编制索引。

2.9.1 创建公用文件夹邮箱

必须先创建公用文件夹邮箱，然后才能创建公用文件夹。公用文件夹邮箱包含公用文件夹的层次结构信息和内容。用户创建的首个公用文件夹邮箱是主层次结构邮箱，包含层次结构的可写副本。而创建的其他公用文件夹邮箱都是辅助邮箱，包含层次结构的只读副本。

1. 使用 EAC 创建公用文件夹邮箱

（1） 导航到“公用文件夹”→“公用文件夹邮箱”，然后单击“添加”按钮。

（2） 新建“公用文件夹邮箱页中提供了公用文件夹邮箱的名称，如图 2-306 所示。

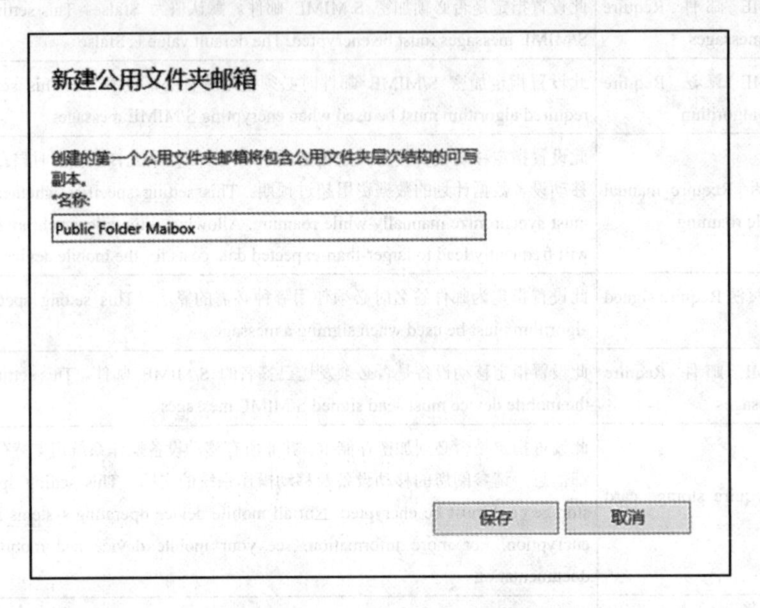

图 2-306 新建公用文件夹邮箱

2. 使用命令创建公用文件夹邮箱

（1） 此示例将创建主公用文件夹邮箱：

```
New-Mailbox -PublicFolder -Name “Public Folder Mailbox”
```

（2） 此示例将创建辅助公用文件夹邮箱。创建主层次结构邮箱与辅助层次结构邮箱之间的唯一差异在于，主邮箱是组织中创建的第一个邮箱，可以创建其他公用文件夹邮箱来实现负载平衡。

```
New-Mailbox -PublicFolder -Name Book
```

（3） 要验证是否成功创建了主公用文件夹邮箱，可运行以下管理程序命令：

```
Get-OrganizationConfig | Format-List RootPublicFolderMailbox
```

2.9.2 创建公用文件夹

公用文件夹专为共享访问设计，为收集、组织信息及与用户的工作组或组织中的其他人共享信息提供了一种轻松、有效的方式。

默认情况下，公用文件夹继承其父文件夹的设置，包括权限设置。

1. 使用 EAC 创建公用文件夹

使用 EAC 公用文件夹时，只能设置公用文件夹的名称和路径。若要配置其他设置，需要创建公用文件夹后再进行编辑。

（1） 导航到“公用文件夹”→“公用文件夹”页面。

（2） 如果要创建此公用文件夹作为现有公用文件夹的子级，可在列表视图中选择现有公用文件夹。如果要创建顶级公用文件夹，可直接单击“添加”按钮。

（3） 在“公用文件夹”中，输入公用文件夹的名称。创建公用文件夹时的名称不使用反斜杠（\）。

（4） 在“路径”文本框中，确认对公用文件夹的路径。如果这不是所需的路径，单击“取消”按钮重新创建，如图 2-307 所示。

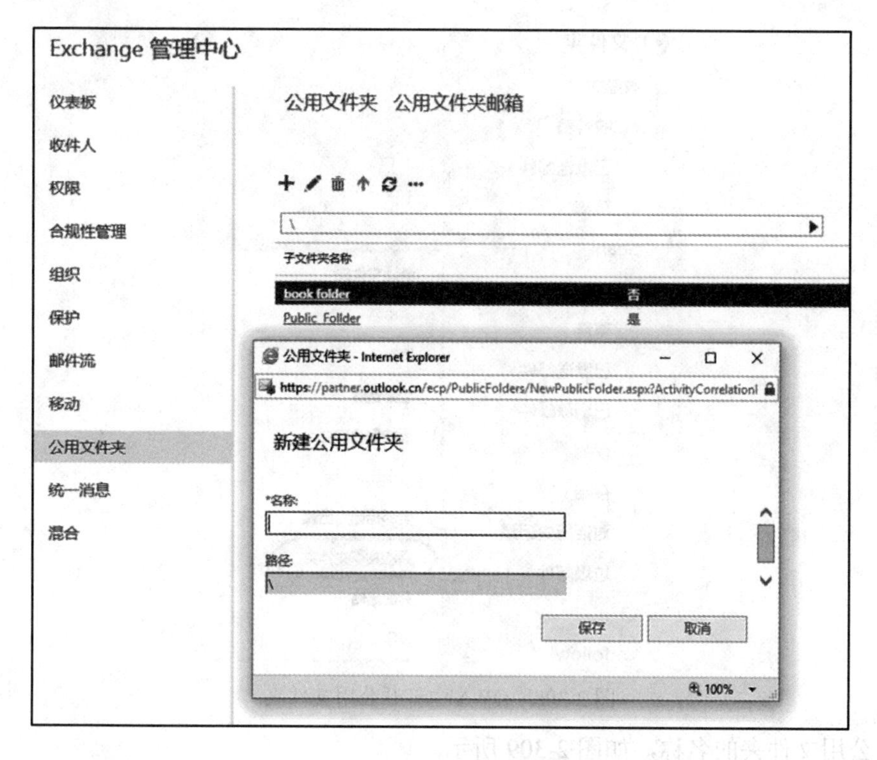

图 2-307　新建公用文件夹

2. 使用命令创建公用文件夹

（1） 本示例在路径 Marketing\2013 中创建一个名称为 Reports 的公用文件夹。

```
New-PublicFolder -Name Reports -Path \Marketing\2013
```

（2） 在创建公用文件夹时，不要在名称内使用反斜杠(\)。

（3） 要验证是否已成功创建了公用文件夹，可执行以下操作：在 EAC 中，单击“刷新”按钮以刷新公用文件夹的列表。列表中应显示新的公用文件夹。

（4） 在命令行管理程序中，运行以下任何命令即可查看创建的公用文件夹。

```
Get-PublicFolder -Identity \Marketing\2013\Reports | Format-List
Get-PublicFolder -Identity \Marketing\2013 -GetChildren
Get-PublicFolder -Recurse
```

2.9.3 管理公用文件夹

如果需要在邮箱中打开和访问公用文件夹，OWA 和 Outlook 客户端的方式是不同的。

1 .在 OWA 中打开公用文件夹

进入 OWA 页面，选择邮箱→单击右键→添加共享文件夹→输入公用文件夹的名称，可以将该公用文件夹显示在 OWA 中，如图 2-308 所示。

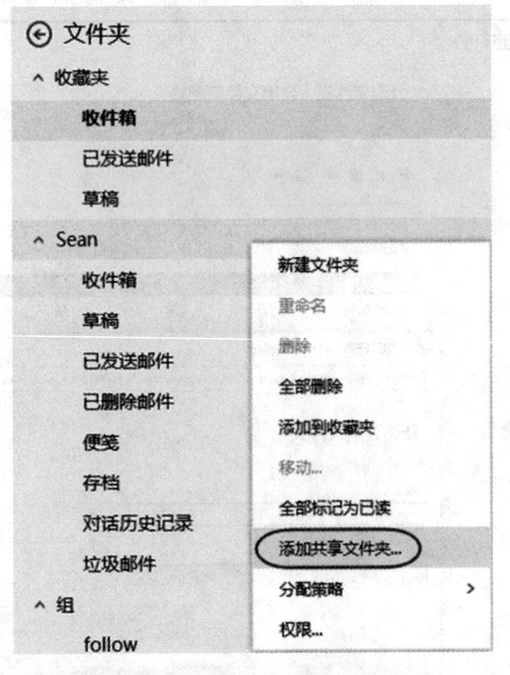

图 2-308　OWA 中打开公用文件夹

输入公用文件夹的名称，如图 2-309 所示。

图 2-309　输入公用文件夹的名称

可以看到已经创建的公用文件夹，如图 2-310 所示。

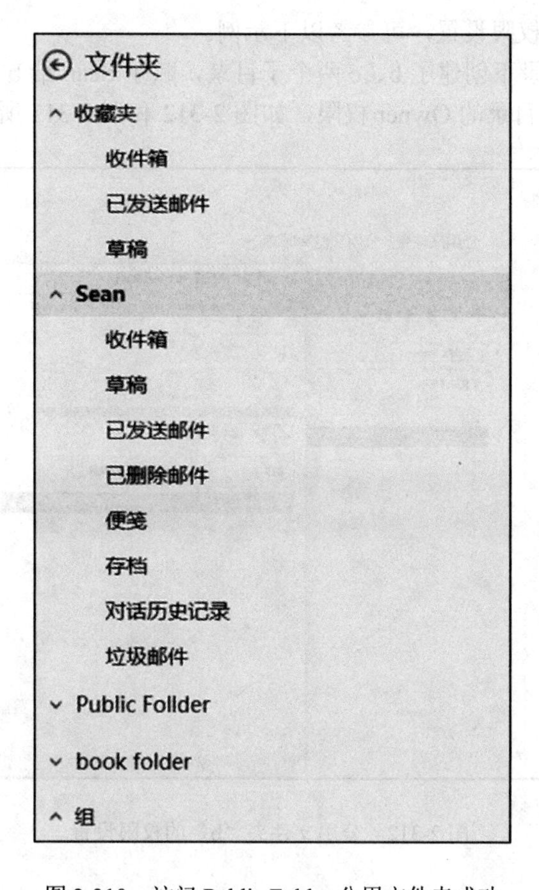

图 2-310 访问 Public Folder 公用文件夹成功

2. 在本地 Outlook 2016 客户端打开公用文件夹

在本地 Outlook 2016 客户端单击 ••• 按钮，在弹出的菜单中选择“文件夹”选项，能在本地看到该公用文件夹，如图 2-311 所示。

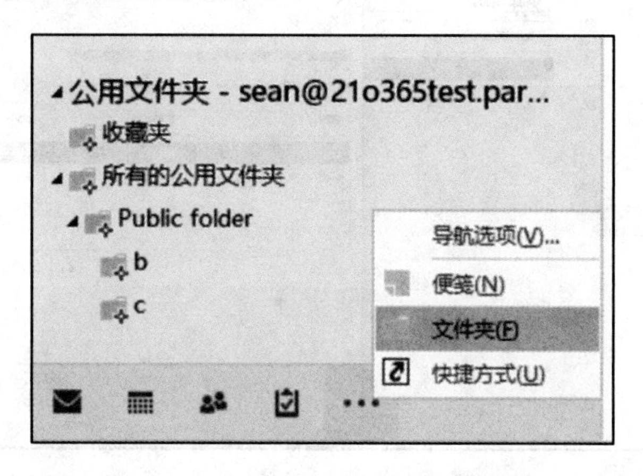

图 2-311 在 outlook 中访问公用文件夹

3. 公用文件夹权限及安全控制

关于公用文件夹的权限设置，可参考以下示例。

在 Public folder 目录下创建了 b、c 两个子目录，赋予 Sean 给 b 和 c 子目录的 Owner 权限，只赋予 Test 给 c 子目录的 Owner 权限，如图 2-312 和图 2-313 所示。

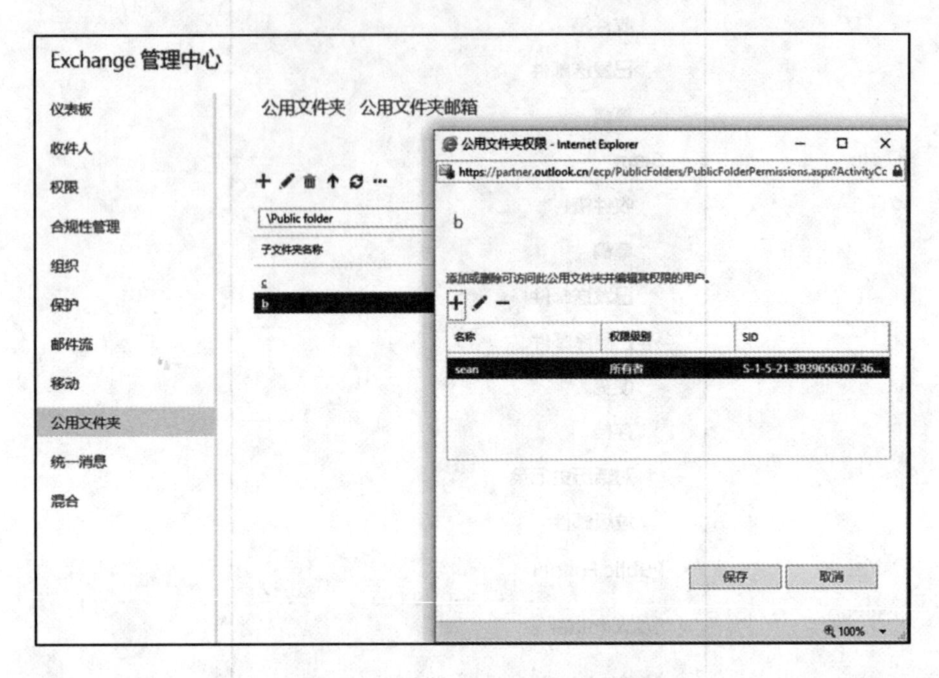

图 2-312 公用文件夹“b”的权限设置

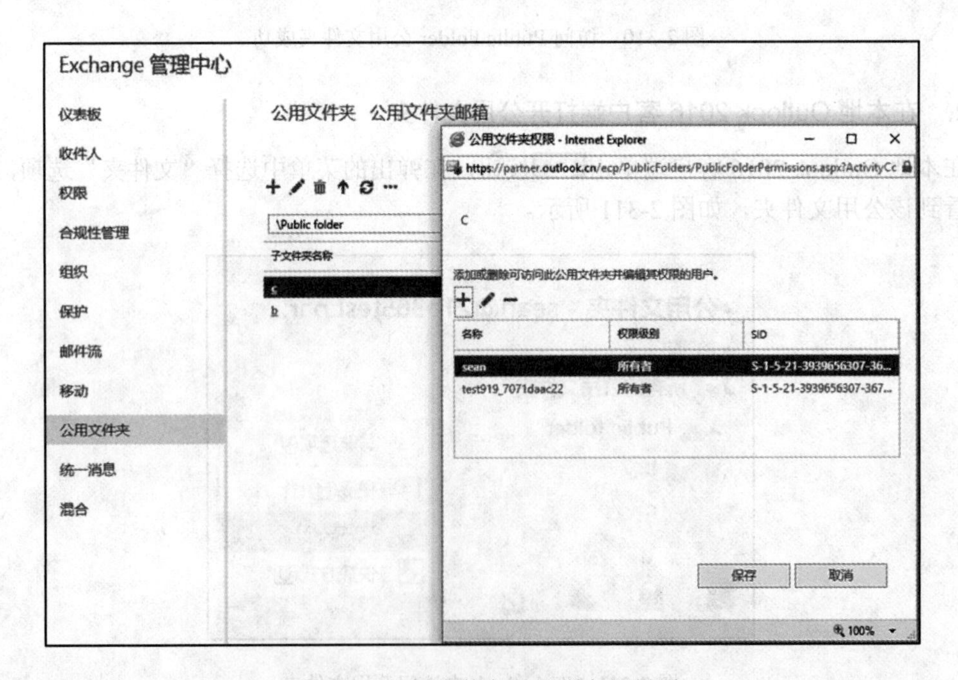

图 2-313 公用文件夹“c”的权限设置

配置 Outlook 2016 后默认是共享子目录都可见，但是在 Sean 用户的 Outlook 2016 下，删除图示 b 的子文件夹的“匿名”和“默认”这两个权限，如图 2-314（a）所示。

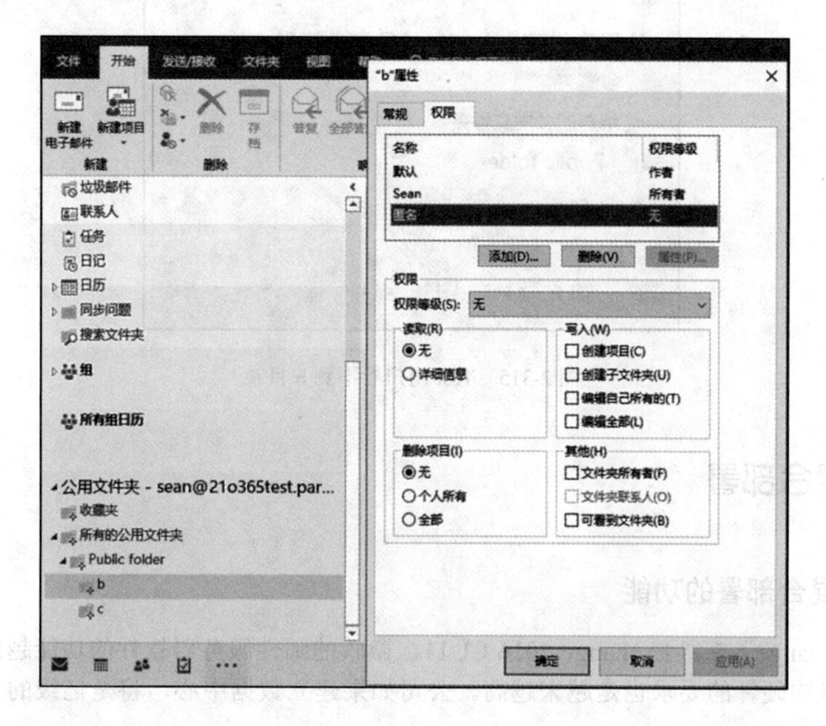

图 2-314（a） b 的默认权限

删除后如图 2-314（b）所示。

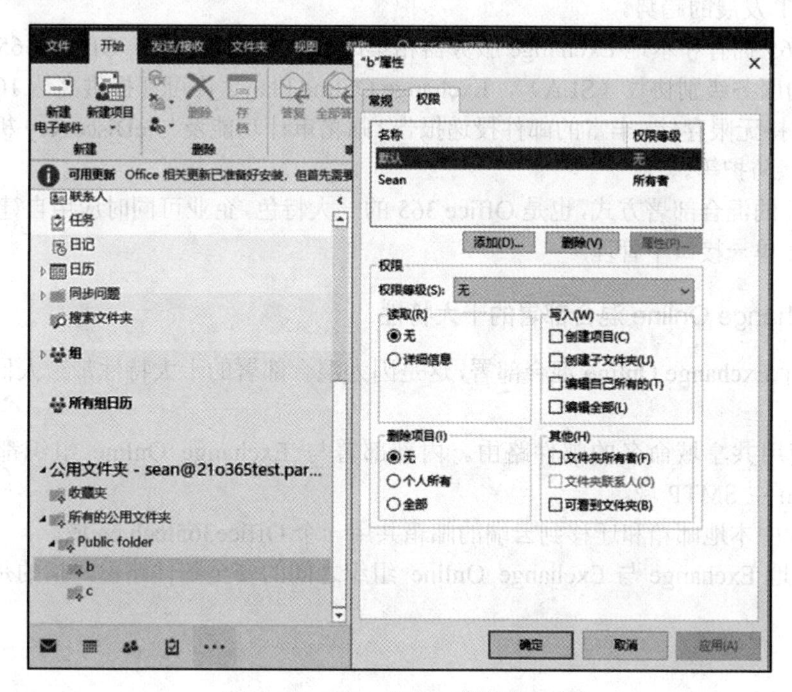

图 2-314（b） 编辑 b 的最终权限

Test 用户的 Outlook 2016 中，b 目录不可见，如图 2-315 所示。

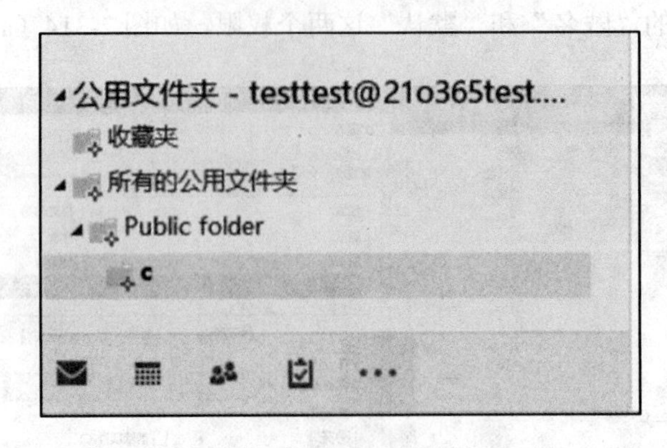

图 2-315　Test 用户看不到 b 目录

2.10　混合部署

2.10.1　混合部署的功能

从 Exchange 5.5 到 Exchange 2016 CU11，微软的邮件服务器软件的功能越发强大，同时对服务器软硬件的要求也是越来越高。公司如果建立数据中心，将是亿级的人力物力的投入。

如何灵活地将私有云与公有云相结合，节省企业的运营成本，同时将集成公有云的优势，是未来公司 IT 发展的趋势。

Office 365 拥有和本地 Exchange 服务器相集成的最好的兼容性。Office 365 中国版支持高达 99.9%的服务级别协议（SLA），Exchange Online Plan 2 许可证提供高达 100GB 的邮箱空间，以及支持无限存储、丰富的邮件投递报告、邮箱审计功能及与 eDiscovery 机制的应用、DLP 数据外泄防护等。

具有弹性的混合部署方式，也是 Office 365 的一大特色，企业可同时应用自建的 Exchange，并让管理者在单一接口中管理。

1.　Exchange Online 混合部署的十大特性

为何进行 Exchange Online 混合部署，这是因为混合部署的十大特性带给人们使用上的便利。

（1）　使用共享域命名的邮件路由。内部部署与 Exchange Online 组织都使用同一个 @contoso.com 主 SMTP 域。

图 2-316 中本地邮箱和迁移到云端的邮箱共用一个 Office365tech.cn 域。

（2）　本地 Exchange 与 Exchange Online 组织之间的安全邮件路由，指的是连接器启用了 TLS 加密。

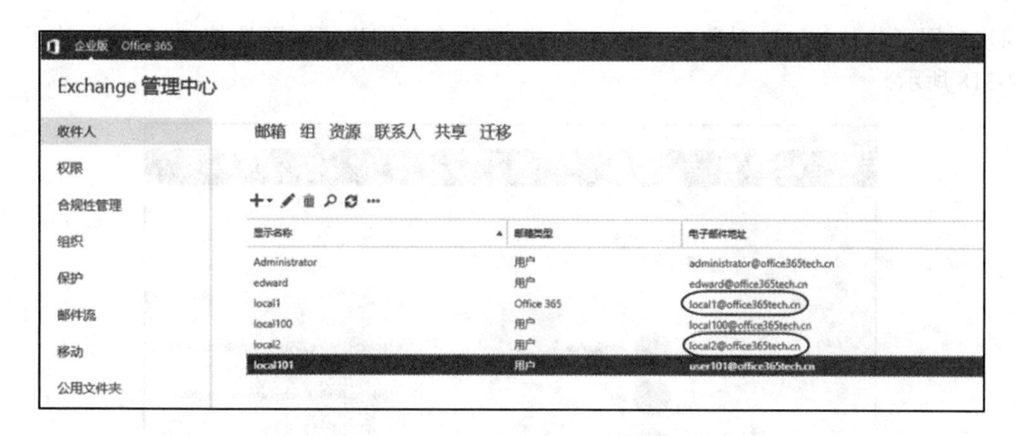

图 2-316　同一个 Office365tech.cn 域

本地 Exchange 和 Exchange Online 组织中的收件人，为了确保组织之间发送的邮件不被截获，本地 Exchange 与 EOP 之间的传输会配置为强制 TLS。TLS 传输使用受信任第三方证书颁发机构（CA）提供的安全套接字层（SSL）证书。EOP 与 Exchange Online 组织之间的邮件也使用 TLS。当使用强制 TLS 传输时，发送和接收服务器会检查在服务器上配置的证书。对证书配置的使用者名称或使用者替代名称（SAN）之一，必须与管理员在服务器上显式指定的 FQDN 匹配。例如，如果 EOP 配置为接收从 FQDN（mail.contoso.com）发送的邮件，则发送内部部署客户端访问或边缘传输服务器必须具有在主题名称或 SAN 中包含 mail.contoso.com 的 SSL 证书。如果不满足此要求，则 EOP 会拒绝连接。Office 365 租户中的 Exchange Online 保护（EOP）服务是源于内部部署组织的混合传输连接的终结点，是从 Exchange Online 到内部部署组织的混合传输连接的来源。EOP 服务和混合配置向导不再使用 EOP 连接器中的静态 IP 地址，而使用两个组织用于传输层安全性（TLS）的证书，如图 2-317 所示。

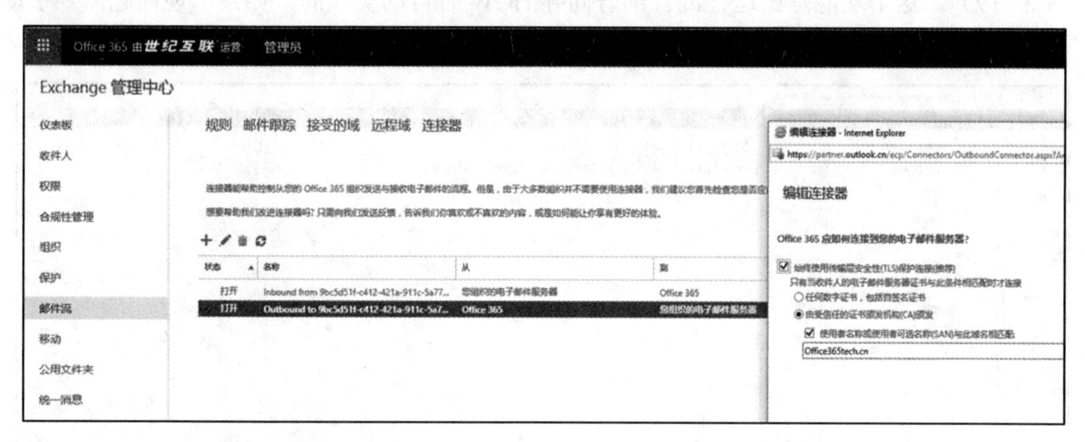

图 2-317　Office 365 指向本地的出站连接器启用 TLS

（3）统一全局地址列表（GAL），也称为“共享地址簿”。这个需要 Microsoft Azure Active Directory Connect 同步工具来实现将本地的邮箱信息复制到云端，也就是在云端的用户可以看到本地的收件人。从物理形态来说，本地的 GAL 和 Office 365 的 GAL 是完全独立的两个 GAL，无法直接复制本地的 GAL 至 Office 365 的 GAL，只能实现一个单向的同步，即从本地同步启用了邮件的 AD 对象至 Office 365，如果全部同步了，两边的 GAL 就一致了，如图 2-318 所示。

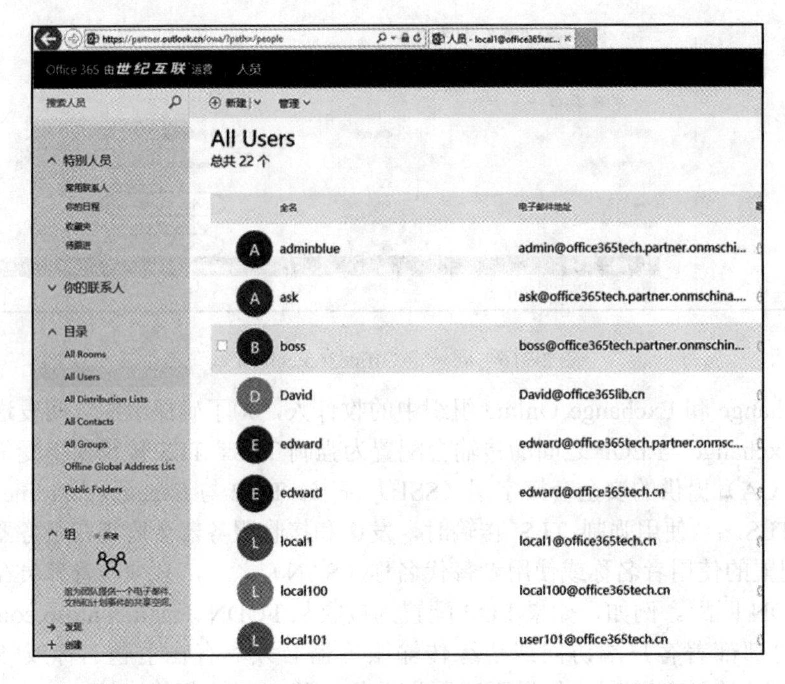

图 2-318　统一全局地址列表

如果本地的邮箱没有同步为 Office 365 的邮件用户，Office 365 邮箱将无法给这个本地邮箱发信，会有退信，提示该邮件地址无法找到。

（4）　内部部署 Exchange 与 Exchange Online 组织之间的忙/闲状态共享和日历共享（图 2-319）。这个功能是在运行混合部署向导 HCW 时自动实现的，如果出现问题需要手动部署 OAuth。

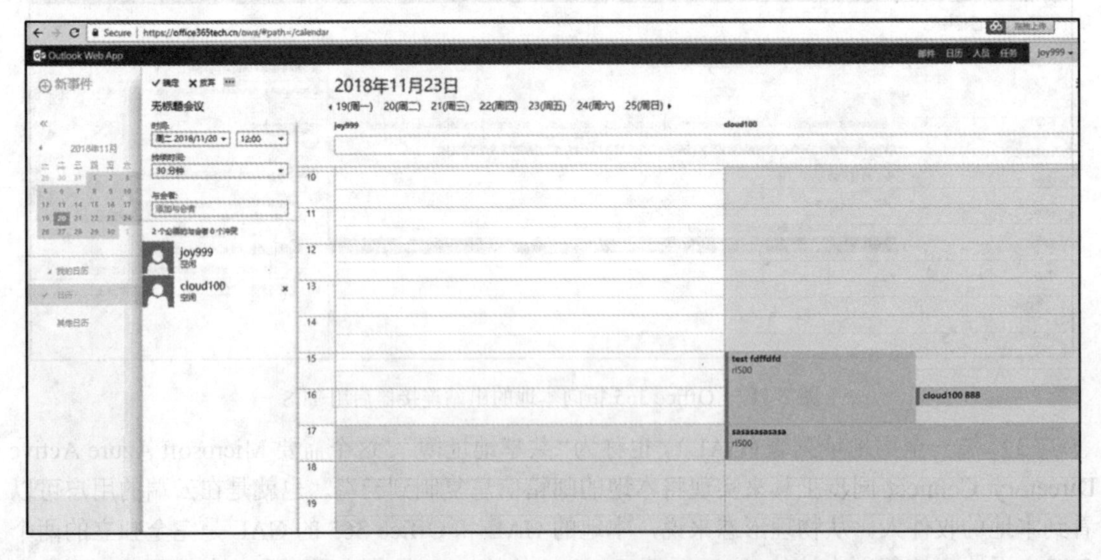

图 2-319　本地邮箱和 Office 365 邮箱间日历忙闲共享

OAuth 联合身份验证支持混合配置向导是 Exchange 2013 累积更新 5（CU5）中的新增功能，它支持在 Office 365 和 Exchange Online 中自动配置 Exchange OAuth 身份验证。Exchange OAuth 身份验证过程通过配置向导自动执行，它取代了混合配置向导之前版本用于特定部署的传统 Exchange 联合身份验证信任配置过程。要为仅 Exchange 2013 组织配置混合部署，需要 Exchange OAuth 身份验证。

（5） 集中控制入站和出站邮件流。可以将所有入站和出站 Exchange Online 邮件配置为通过内部部署 Exchange 服务器来路由。这需要在 HCW 向导中选择。

“启用集中式邮件传输”不再限制入站 Internet 邮件流的可配置方式。以前，如果组织将其邮件交换 MX 记录指向 EOP 服务而不是内部部署组织，则混合部署中不支持集中邮件传输。现在，集中邮件传输支持所有入站 Internet 邮件流选项，如图 2-320 所示。

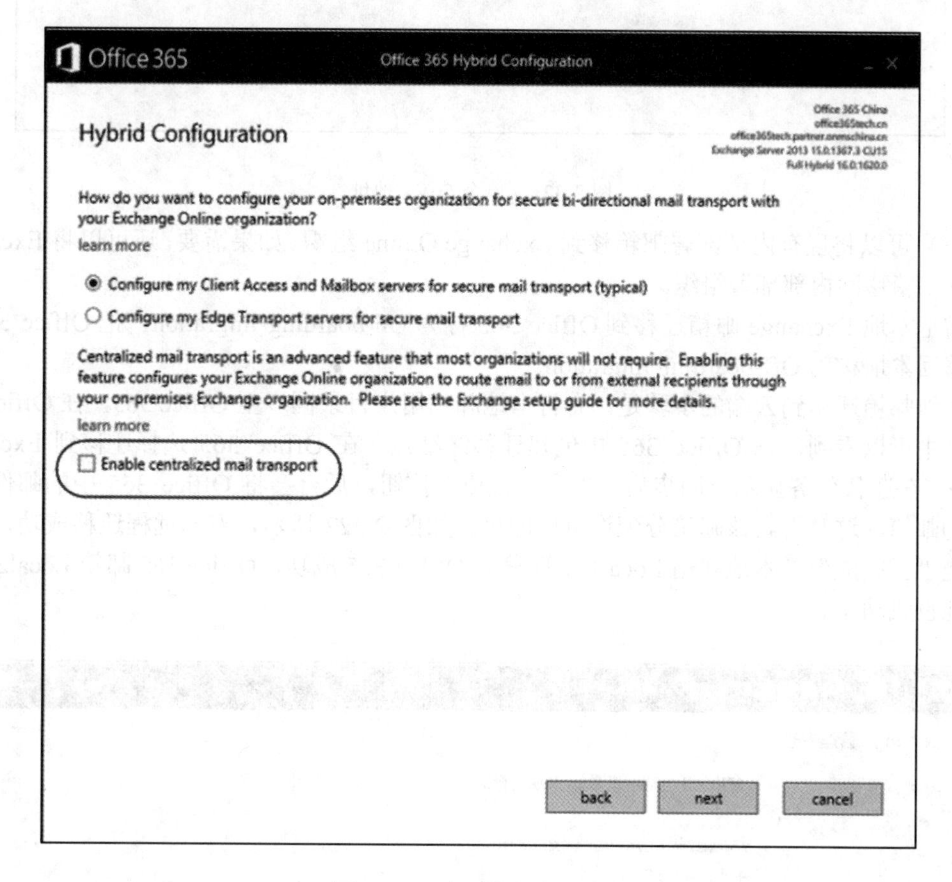

图 2-320 启用集中式邮件流

（6） 内部部署和 Exchange Online 组织使用同一个 OWA URL。当迁移到 Office 365 邮箱访问本地的 OWA 时，会出现跳转到 https://partner.outlook.cn 的提示信息，如图 2-321 所示。

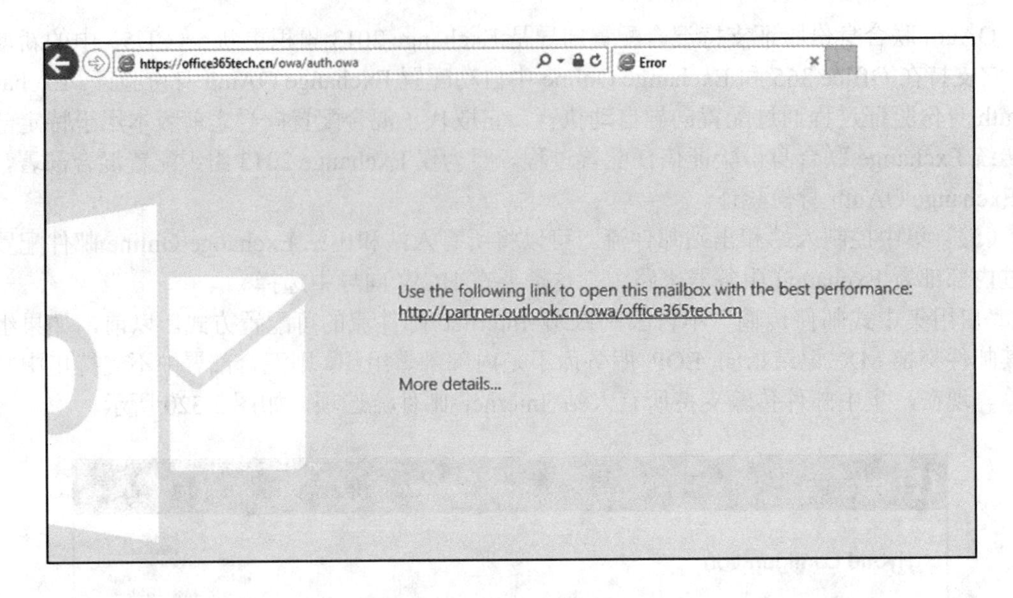

图 2-321 单个 OWA 地址

（7）可以将现有内部部署邮箱移到 Exchange Online 组织。如果需要，还可以将 Exchange Online 邮箱移回内部部署组织。

常把本地 Exchange 邮箱迁移到 Office 365 称为 On-boarding migration，把 Office 365 邮箱迁移回本地称为 Off-boarding migration。

本地邮箱迁移到云端的步骤是，先将本地邮箱用户目录同步至 Office 365，在 Office 365 联系人中可以看到，在 Office 365 中创建迁移终结点，在 Office 365 选择迁移到 Exchange Online，在迁移任务显示已同步后，单击“完成”按钮，后台会将 Office 365 中的邮件用户转换为邮箱，这时再给该邮箱分配许可证即可。如图 2-322 所示，双向远程迁移成功，状态显示是“已完成”，本地邮箱 Local101 迁移到 Office 365 成功，Office 365 邮箱 Local2 迁移到本地也成功了。

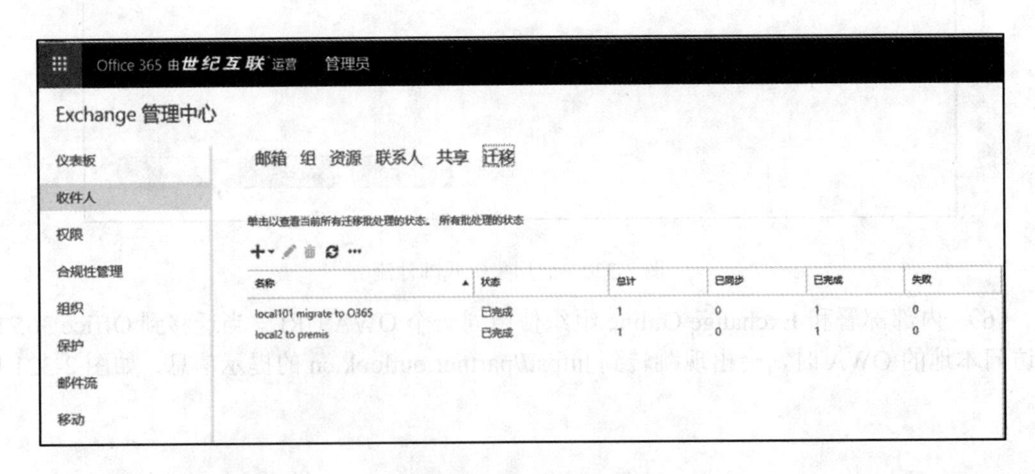

图 2-322 双向远程迁移

（8） 使用内部部署 Exchange 管理中心（EAC）集中管理邮箱，直接在本地 EAC 中单击 Office 365 即可管理云端邮箱，如图 2-323 所示。

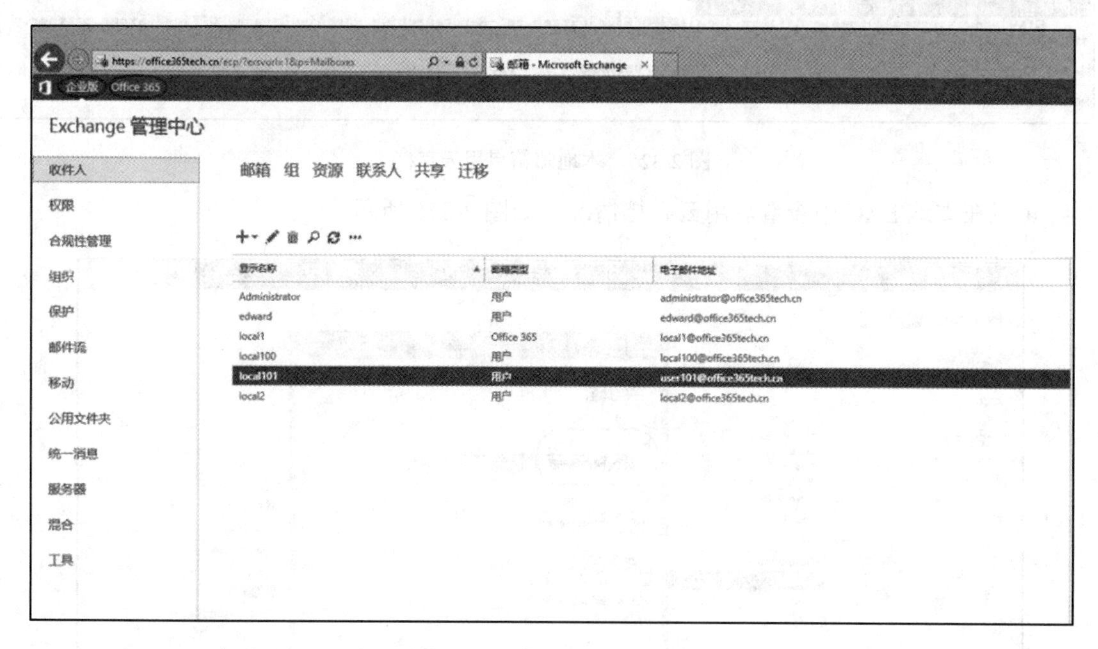

图 2-323 集成的 EAC 页面

（9） 内部部署组织和 Exchange Online 组织之间的邮件跟踪、邮件提醒和多邮箱搜索。云端邮箱发给本地用户的邮件，在本地可以搜索到。

（10） 内部部署 Exchange 邮箱基于云的邮件存档。

如果本地已经启用了本地存档邮箱，在远程迁移中，可以迁移到云端；如果本地没有启用存档邮箱，在迁移到云端后要启用存档邮箱，需要在本地启用存档邮箱，然后完全同步至云端即可。

内部部署的邮箱也可以启用云存档，需要先获取目标传递域，然后才能启用基于云的存档。该域的存在形式必须是为 Exchange Online Archiving 配置混合部署时，在内部部署组织中创建的远程域。运行以下命令可检索目标传递域（图 2-324）。

```
Get-RemoteDomain | Where {$_.TargetDeliveryDomain -eq $true}
```

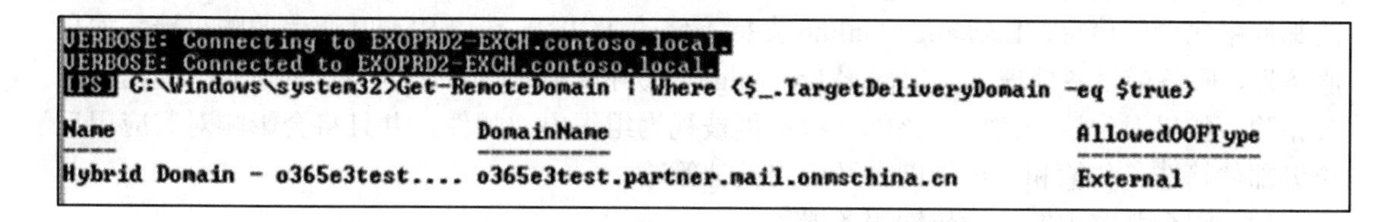

图 2-324 获得远程域信息

以下命令启用了内部部署 Exchange 邮箱基于云的邮件存档（图 2-325）。

```
Enable-Mailbox local100@Office365tech.cn -RemoteArchive -ArchiveDomain
"Office365tech.partner.mail.onmschina.cn"
```

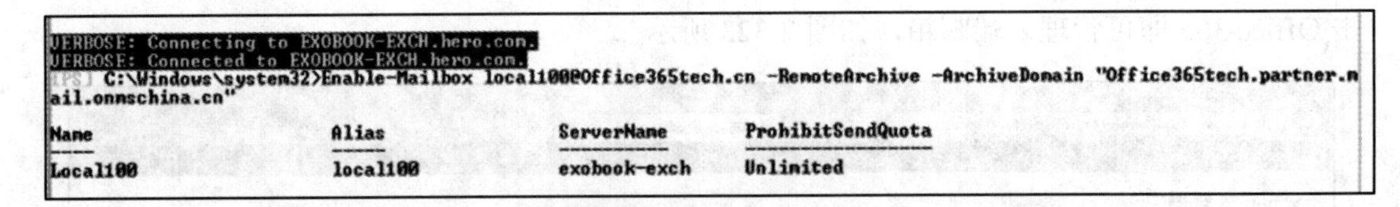

图 2-325　本地邮箱启用云存档

可以在本地 EAC 中查看启用云存档情况，如图 2-326 所示。

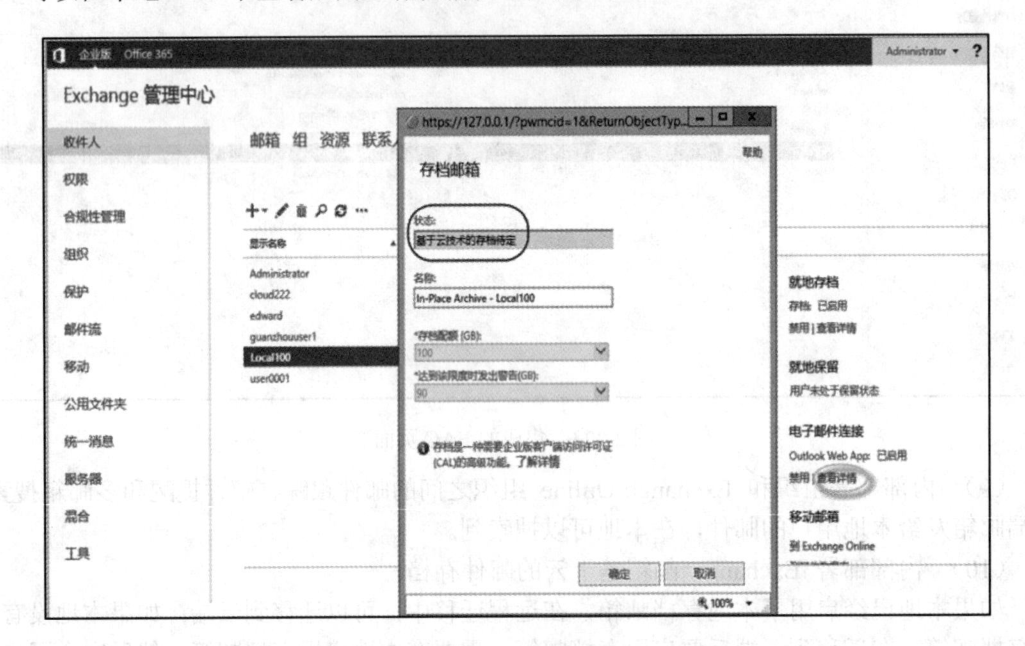

图 2-326　启用云存档成功

2. 混合部署的邮件流

在进行混合部署前，一定要考虑整个 Exchange Online 混合部署的邮件流架构。例如，是否需要部署 Exchange 边缘服务器。

重要说明：尽量不要在 Exchange 服务器和 Office 365 之间放置任何服务器，邮件网关或防火墙等设备。内部部署 Exchange 组织和 Office 365 之间的安全邮件流取决于组织之间发送的邮件中包含的信息，Exchange Online 支持不修改 TCP 25 端口 SMTP 通信的防火墙。如果服务器、服务或设备处理了内部部署 Exchange 组织和 Office 365 之间发送的邮件，此信息将被删除。如果发生这种情况，该邮件将不再被视为组织内部邮件，并且将会影响对其应用反垃圾邮件筛选、传输和日记规则，及应用其他策略。

1） 混合部署中的边缘传输服务器

（1） 不使用边缘传输服务器的邮件流（图 2-327）。

① 从内部部署组织到 Exchange Online 组织收件人的出站邮件，从内部 Exchange 服务器上的邮箱进行发送。

② Exchange 服务器直接将邮件发送至 EOP。

③ EOP 将邮件传递到 Exchange Online 组织。

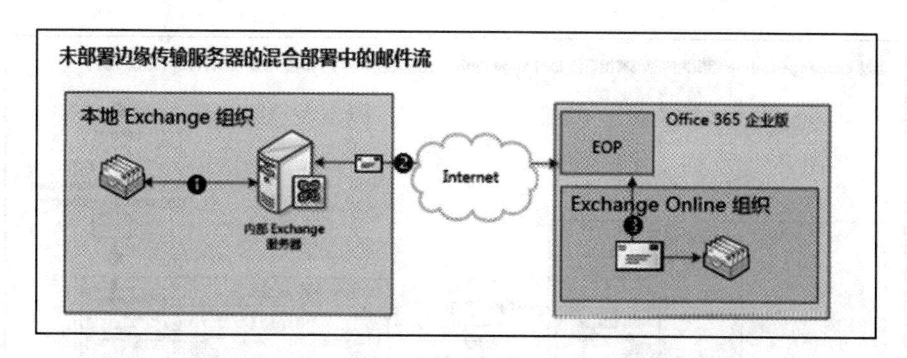

图 2-327　不使用边缘传输服务器的邮件流

（2） 使用边缘传输服务器的邮件流（图 2-328）。

① 从内部部署组织到 Exchange Online 组织中收件人的邮件，从内部 Exchange 服务器上的邮箱进行发送。

② Exchange 服务器将邮件发送到 Exchange 边缘传输服务器。

③ 边缘传输服务器将邮件发送至 EOP。

④ EOP 将邮件传递到 Exchange Online 组织。

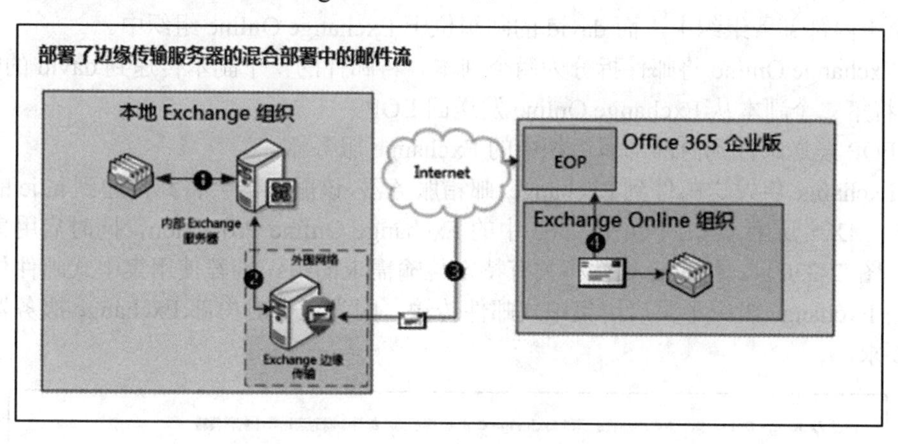

图 2-328　使用边缘传输服务器的邮件流

2） 来自 Internet 的入站邮件

（1） MX 记录使其指向 Office 365 中的 Exchange Online Protection 服务。

这是 Exchange Online 混合部署推荐的配置，由 Office 365 来筛选垃圾邮件。发往位于本地组织中的收件人的邮件会首先通过 Exchange Online 组织路由，随后传递到本地组织中的收件人。

如果 Exchange Online 组织中的收件人数量比本地组织的多，则推荐该路由，如图 2-329 所示。

① 入站邮件从 Internet 发件人发送给收件人 julie@contoso.com 和 david@contoso.com。Julie 的邮箱位于内部的 Exchange 邮箱服务器上，david 的邮箱位于 Exchange Online 中。

② 因为这两个收件人都有 contoso.com 电子邮件地址，并且 contoso.com 的 MX 记录指向 EOP，所以邮件会传递到 EOP。

③ EOP 将两个收件人的邮件都路由到 Exchange Online。

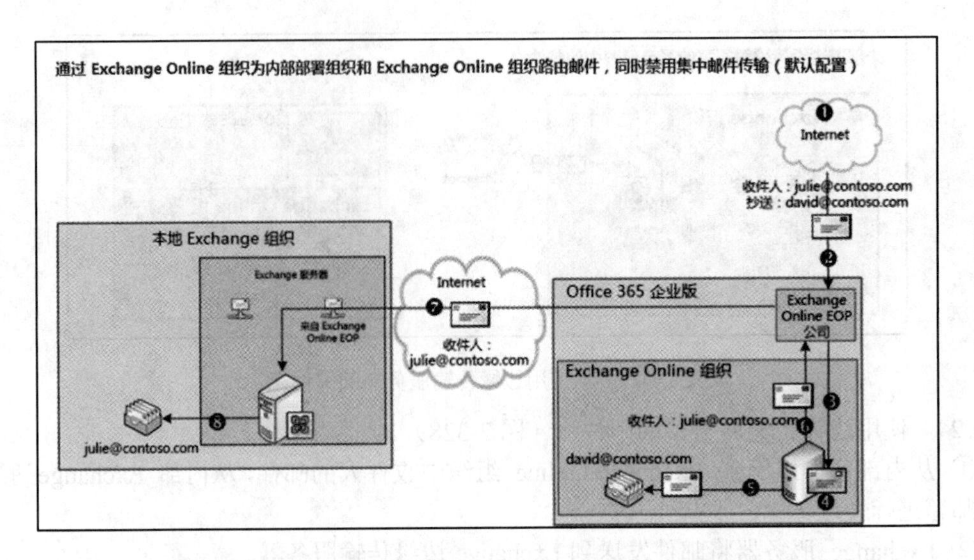

图 2-329　MX 记录指向 Office 365，同时禁用集中邮件传输

④ Exchange Online 对邮件进行病毒扫描并对每个收件人执行查找。通过查找，确定 julie 的邮箱位于内部部署组织中，而 david 的邮箱位于 Exchange Online 组织中。

⑤ Exchange Online 将邮件拆分为两个副本。将邮件的一个副本传递到 david 的邮箱。

⑥ 将第二个副本从 Exchange Online 发送回 EOP。

⑦ EOP 发送邮件到内部部署组织中的 Exchange 服务器。

⑧ Exchange 将发送邮件到 Exchange 邮箱服务器，该服务器会将其传递到 julie 的邮箱。

（2） MX 记录使其指向 Office 365 中的 Exchange Online Protection，同时启用集中式邮件传输（图 2-330）。仅对合规性相关有特定传输需求的组织推荐使用集中式邮件传输。建议典型的 Exchange 组织不要启用集中式邮件传输，因为这会对内部 Exchange 服务器硬件有很高的要求。

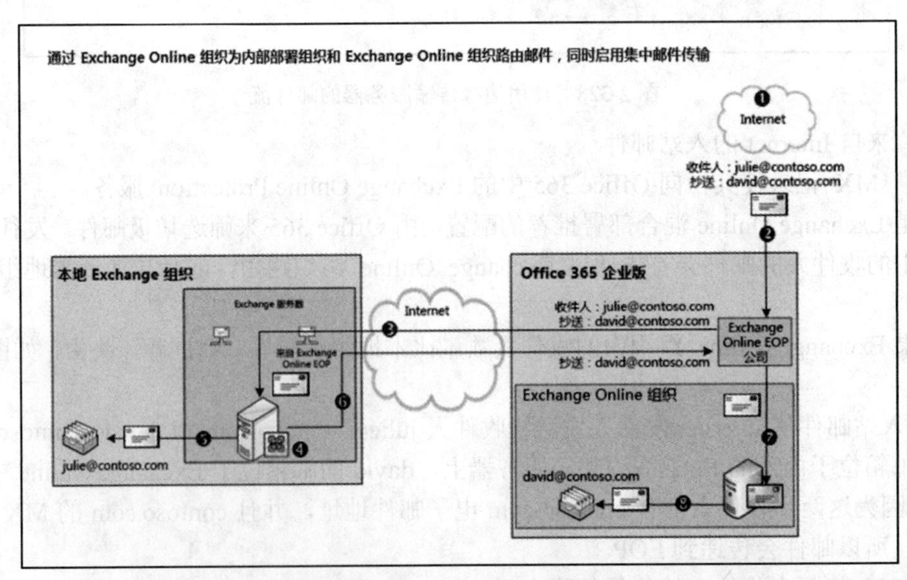

图 2-330　MX 记录指向 Office 365，同时启用集中邮件传输

① 入站邮件从 Internet 发件人发送给收件人 julie@contoso.com 和 david@contoso.com。Julie 的邮箱位于内部部署组织中的 Exchange 邮箱服务器上，david 的邮箱位于 Exchange Online 中。

② 因为这两个收件人都有 contoso.com 电子邮件地址，并且 contoso.com 的 MX 记录指向 EOP，所以邮件会传递到 EOP 并扫描病毒。

③ 由于启用了集中邮件传输，EOP 会将这两个收件人的邮件路由到内部部署 Exchange 服务器。

④ 内部部署 Exchange 服务器为每个收件人执行查找。通过查找，确定 julie 的邮箱位于内部部署组织中，而 david 的邮箱位于 Exchange Online 组织中。

⑤ 内部部署 Exchange 服务器将邮件拆分为两个副本。邮件的一个副本会传递到内部部署 Exchange 邮箱服务器上 julie 的邮箱。

⑥ 第二个副本从内部部署 Exchange 服务器发送回 EOP。

⑦ EOP 将邮件发送到 Exchange Online。

⑧ Exchange 将邮件发送到 david 的邮箱。

（3） MX 记录使其指向本地 Exchange 服务器（图 2-331）。

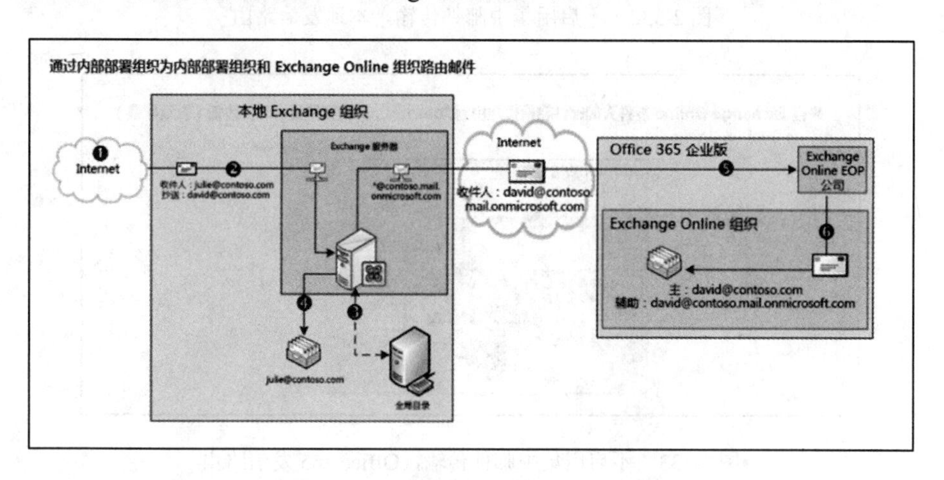

图 2-331　MX 记录指向本地，收件的邮件流

① 入站邮件从 Internet 发件人发送给收件人 julie@contoso.com 和 david@contoso.com。Julie 的邮箱位于内部部署组织中的 Exchange 邮箱服务器上，david 的邮箱位于 Exchange Online 中。

② 因为这两个收件人都有 contoso.com 电子邮件地址，并且 contoso.com 的 MX 记录指向本地，所以邮件会传递到本地 Exchange 服务器。

③ 内部部署 Exchange 服务器为每个收件人执行查找。通过查找，确定 julie 的邮箱位于内部部署组织中，而 david 的邮箱位于 Exchange Online 组织中。

④ 内部部署 Exchange 服务器将邮件拆分为两个副本。邮件的一个副本会传递到内部部署 Exchange 邮箱服务器上 julie 的邮箱。

⑤ 第二个副本从内部部署 Exchange 服务器出站连接器发送到 EOP。

⑥ EOP 将邮件发送到 Exchange Online。

⑦ Exchange 将邮件发送到 david 的邮箱。

2） 发送到 Internet 的出站邮件

（1）不启用集中邮件传输；本地和 Office 365 邮箱分别从本地 Exchange 服务器和 Office 365 EOP 发出了邮件，如图 2-332 和图 2-333 所示。

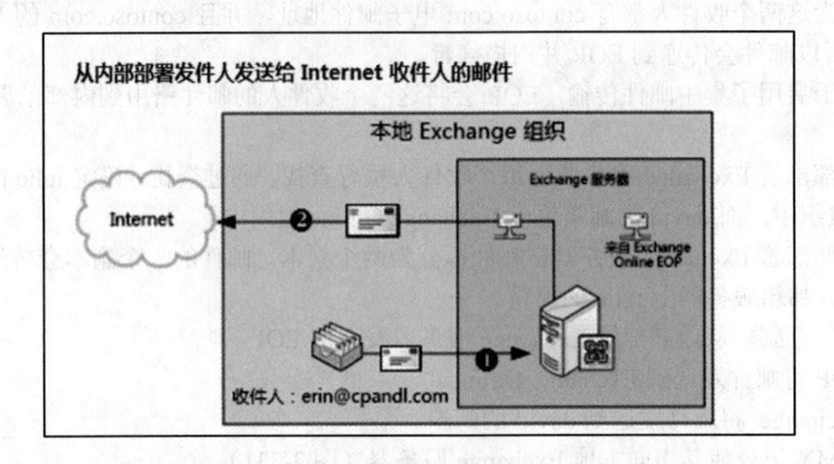

图 2-332 不启用集中邮件传输，本地发信路由

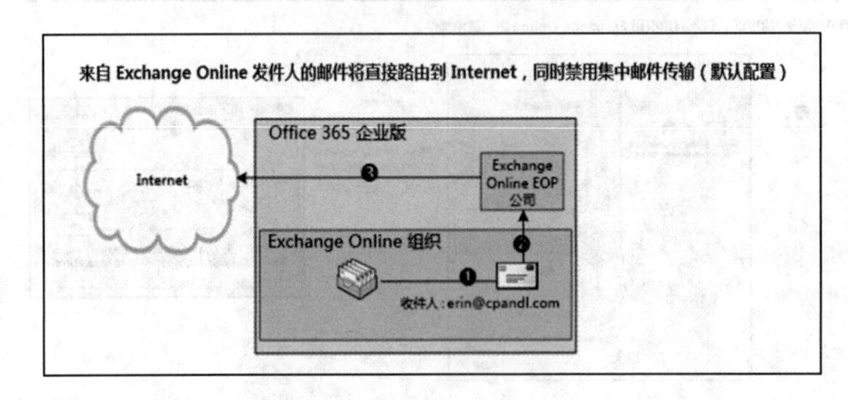

图 2-333 不启用集中邮件传输，Office 365 发信路由

（2） 通过内部部署组织（启用集中邮件传输）路由从 Exchange Online 发送到 Internet 的邮件（图 2-334）。

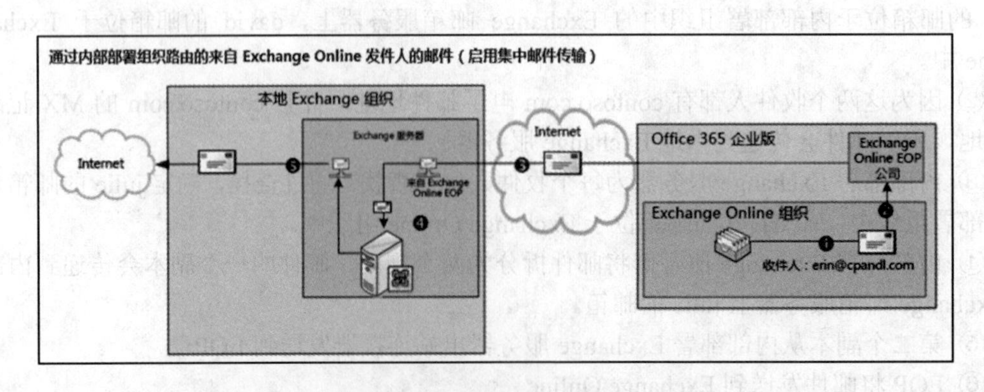

图 2-334 启用集中邮件传输，Office 365 发信路由

① 在内部部署 Exchange Online 组织中拥有一个邮箱的 david 将一封邮件发送给外部 Internet 收件人 erin@cpandl.com。

② Exchange Online 对邮件进行病毒扫描并将邮件发送给 EOP。

③ EOP 配置为将所有 Internet 出站邮件发送给内部部署服务器，因此邮件会路由到内部部署 Exchange 服务器，邮件使用 TLS 发送。

④ 内部部署 Exchange 服务器对 david 的邮件执行遵从性、防病毒以及管理员配置的任何其他过程。

⑤ 内部部署 Exchange 服务器会在 MX 记录中查找 cpandl.com，并将邮件发送给位于 Internet 上的 cpandl.com 邮件服务器。

3. Exchange 2007 和 Exchange 2010 部署建议

如果本地已经部署了 Exchange 2007，将不能建立基于 Exchange 2016 的 Exchange Online 混合部署，只能建立基于 Exchange 2013 的混合部署（以下说明中，仅以 Exchange 2013 为例）。

如果本地只有 Exchange2010 SP3，可以建立基于 Exchange 2016 的混合部署，这是 Exchange 的软件兼容性造成的，如表 2-11 所示。

表 2-11 Exchange 的软件兼容性

内部部署环境	基于 Exchange 2016 的混合部署	基于 Exchange 2013 的混合部署
Exchange 2016	支持	不支持
Exchange 2013	支持	支持
Exchange 2010	支持	支持
Exchange 2007	不支持	支持

基于混合部署的可靠性和可用性的考虑，建议用户在本地组织中安装多台 Exchange 2016，都安装客户端访问服务器角色和邮箱服务器角色。

注意，如果想要使用邮箱位于 Exchange 2007 邮箱服务器中的账户（如域管理员账户）访问 EAC，则必须在浏览器中使用以下地址访问 EAC：https:// <FQDN of Exchange 2013 Client Access server>/ECP? ExchClientVer=15。

Exchange Online 混合部署后，域的 MX（邮件交换器）记录可以保留不变，或者更新为指向 EOP（推荐设置）。OWA 的外部 URL 可以由 Exchange 2013 客户端访问服务器代理内部部署邮箱到 Exchange 2007 客户端访问服务器的 Outlook Web App 请求。

2.10.2 混合部署的先决条件

1. 混合部署组件

在使用“混合部署”向导 HCW 创建和配置混合部署之前，现有的内部 Exchange 组织必须满足特定的要求。

（1） 部署 Windows Azure Active Directory 同步工具，会将本地 AD 信息同步至 Office 335。选中图 2-335 所示界面中的“Exchange hybrid deployment”复选框，如果不选中，将不能把本地邮箱同步至 Office 365，变为邮件用户。

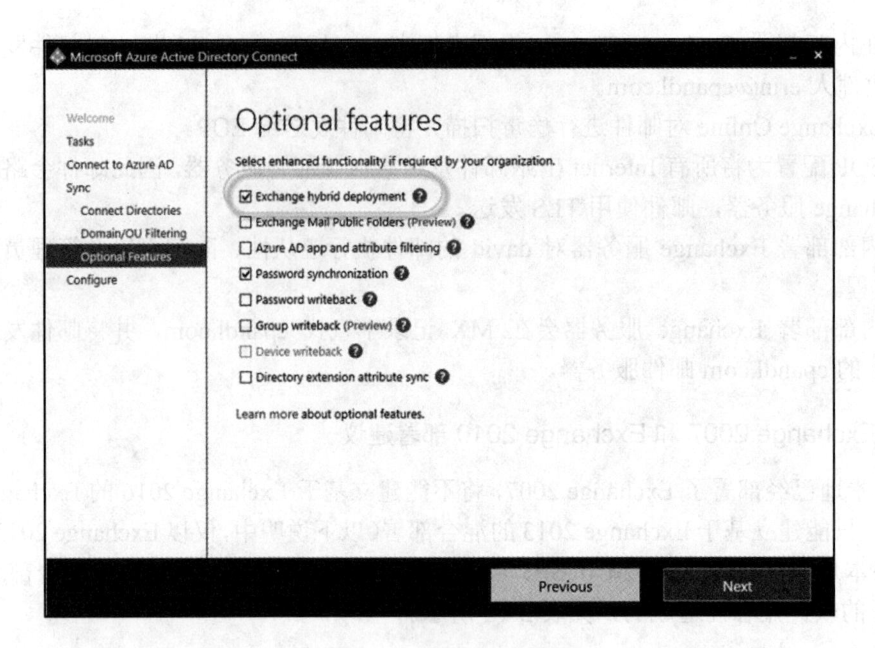

图 2-335　AAD Connect 启用支持 Exchange Online 混合部署选项

（2） 配置自动发现公用 DNS 记录以指向内部部署 Exchange 2013/2016 客户端访问服务器。

用户如果将 AutoDiscover 记录由指向本地的 Exchange 服务器改为 autodiscover.partner.outlook.cn，那么将不能配置 MAPI 形式的本地邮箱的 Outlook 账号，所以不要更改，如图 2-336 所示。

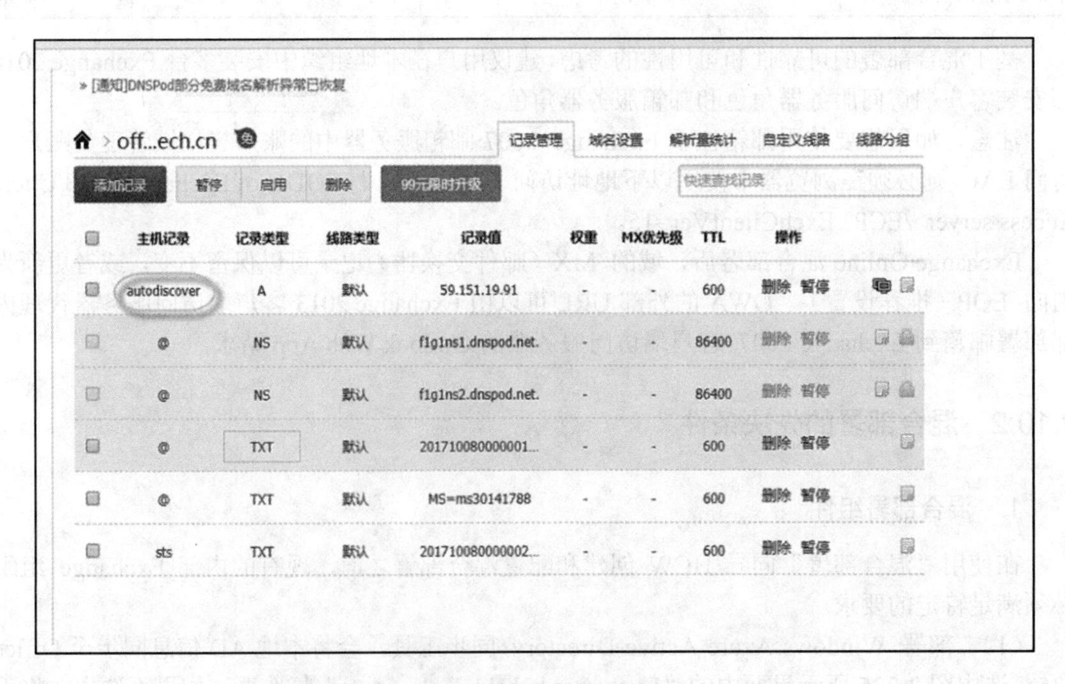

图 2-336　AutoDiscover 记录指向本地 Exchange 服务器

（3）　必须具有受信任的第三方证书（不可以使用内部 CA 颁发的证书）。

用户必须使用和配置从受信任的第三方 CA 机构购买的证书。必须在所有内部部署邮箱（Exchange 2013 及更高版本）、邮箱和客户端访问（Exchange 2013 及更高版本）服务器上安装用于混合安全邮件传输的证书。

（4）如果申请了 abc.com 域，需要申请至少一张包含 abc.com 域的证书；如果还有 ADFS 环境，建议申请一张通配符的公网证书，如图 2-337 所示。

服务	建议的 FQDN	字段
主要共享 SMTP 域	contoso.com	使用者名称
自动发现	与 Exchange 2013 客户端访问服务器的外部自动发现 FQDN 相匹配的标签，如 autodiscover.contoso.com	使用者替代名称
传输	与边缘传输服务器的外部 FQDN 匹配的标签，如 edge.contoso.com	使用者替代名称

图 2-337　建议申请证书的信息

对于 Exchange 2007 或者 Exchange 2010 组织，必须在本地组织中至少安装一台 Exchange 2013 CU 20 或者 Exchange2016 CU 10 及以上（客户端访问服务器和邮箱服务器角色）才能运行“混合配置”向导和支持基于 Exchange 2013/2016 的混合部署功能。需要特别注意的是，Office 365 从 2018 年 10 月 31 日废止 TLS1.0、1.1，同时启用 TLS1.2。做 Exchange Online 混合部署的 Exchange 2013 服务器或者 Exchange 2016 服务器，建议在做 Exchange Online 混合部署前，至少升级至 Exchange 2013 CU20 或者 Exchange 2016 CU10 以便支持 TLS1.2，如图 2-338 所示，运行混合部署向导 HCW 时会有关于支持版本的提示信息。

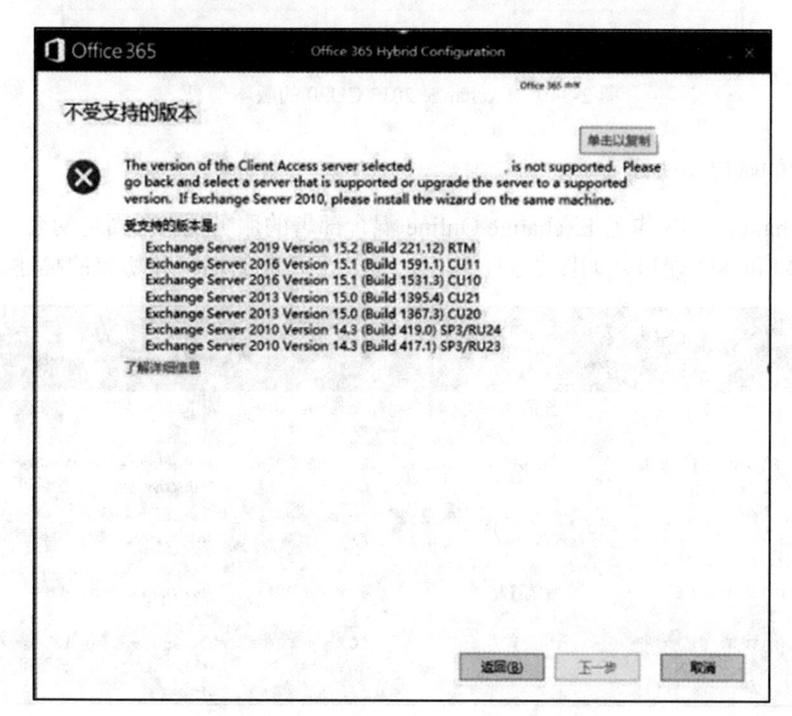

图 2-338　最新 HCW 运行提示信息

可以看到图 2-342 中的 1367.3，安装的 Exchange 2013 CU20，如图 2-339 和图 2-340 所示。

```
Machine: EXOBOOK-EXCH.hero.com

[PS] C:\Windows\system32>Get-ExchangeServer | Format-List Name, Edition, AdminDisplayVersion

Name                : EXOBOOK-EXCH
Edition             : StandardEvaluation
AdminDisplayVersion : Version 15.0 (Build 1367.3)


[PS] C:\Windows\system32>_
```

图 2-339　获得本地 Exchange 版本信息

Product name	Release date	Build number
Exchange Server 2013 CU21	June 19, 2018	15.00.1395.004
Exchange Server 2013 CU20	March 20, 2018	15.00.1367.003
Exchange Server 2013 CU19	December 19, 2017	15.00.1365.001
Exchange Server 2013 CU18	September 19, 2017	15.00.1347.002
Exchange Server 2013 CU17	June 27, 2017	15.00.1320.004
Exchange Server 2013 CU16	March 21, 2017	15.00.1293.002
Exchange Server 2013 CU15	December 13, 2016	15.00.1263.005
Exchange Server 2013 CU14	September 20, 2016	15.00.1236.003

图 2-340　Exchange 2013 CU20 的版本信息

2. 开放的端口和协议

需要 Exchange 2013 作为 Exchange Online 混合部署的服务器，有固定的公网 IP 地址，同时开启 25 端口和 443 端口，如图 2-341 所示，是关于开放的端口和协议的描述。

传输协议	较高级别的协议	功能/组件	本地终结点	本地路径	授权方法
TCP 25 (SMTP)	SMTP/TLS	Office 365 和本地之间的邮件流	Exchange 2013 CAS/EDGE	不适用	基于证书
TCP 443 (HTTPS)	自动发现	自动发现	Exchange 2013 CAS	/autodiscover/autodiscover.svc	WS-Security 身份验证
TCP 443 (HTTPS)	EWS	忙/闲、邮件提示、邮件跟踪	Exchange 2013 CAS	/ews/exchange.asmx/wssecurity	WS-Security 身份验证
TCP 443 (HTTPS)	EWS	邮箱迁移	Exchange 2013 CAS	/ews/mrsproxy.svc	Basic
TCP 443 (HTTPS)	自动发现 EWS	OAuth	Exchange 2013 CAS	/autodiscover/autodiscover.svc/wssecurity	WS-Security 身份验证

图 2-341　开放的端口和协议

3. Exchange 2013 CU20 混合部署的前期准备

1）在 Office 365 中先验证域名，使得域名出现在 Exchange Online 的可接受域中：

首先，在 Office 365 管理中心选择“添加域”选项，输入要绑定的域名“Office365tech.cn”，如图 2-342 所示。

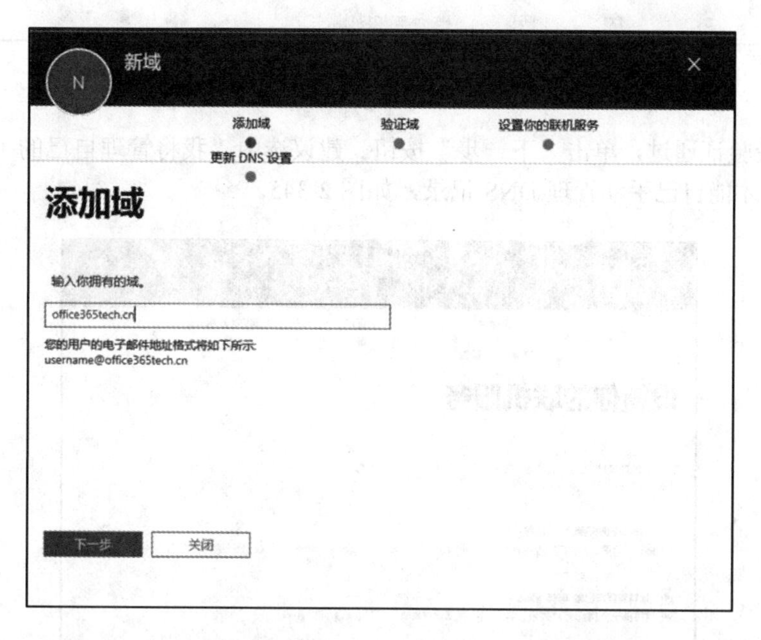

图 2-342 输入自定义域名信息

系统返回了随机值“MS=ms53262190”，需要在域名的 DNS 管理中心添加这条 TXT 记录，证明我们拥有这个域，如图 2-343 和如图 2-344。

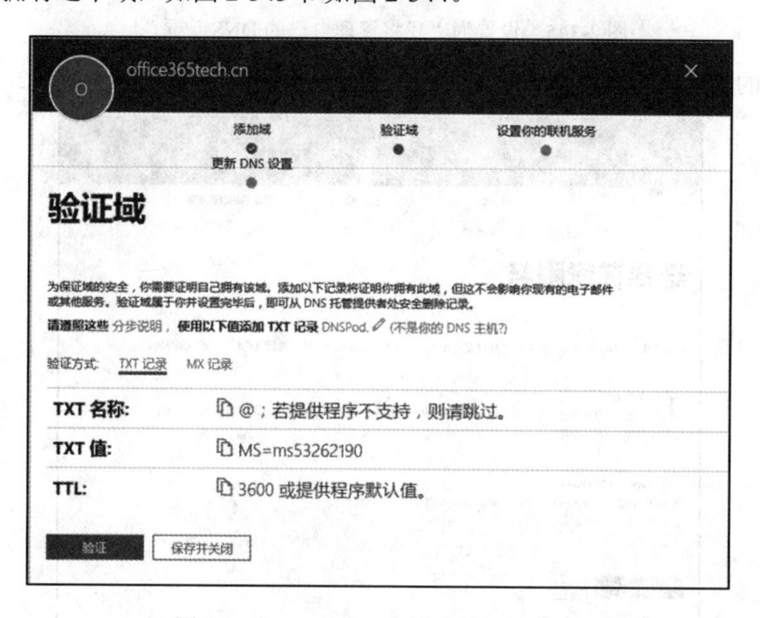

图 2-343 Office 365 自动生成 TXT 记录

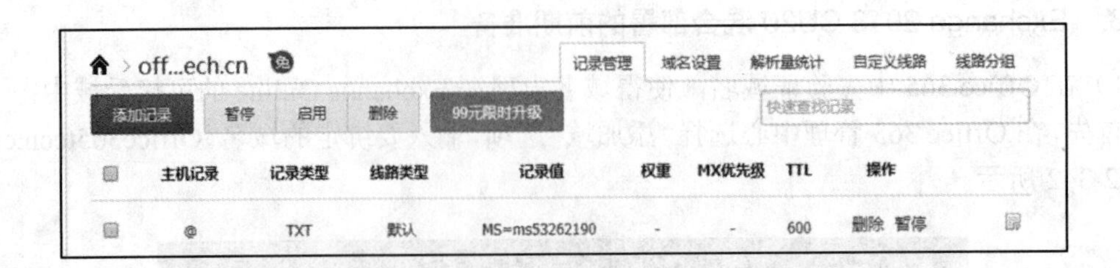

图 2-344　添加 TXT 记录

TXT 记录验证通过，单击“下一步”按钮。建议选中“我将管理自己的 DNS 记录”单选按钮，这样才能自己手动管理 DNS 记录，如图 2-345。

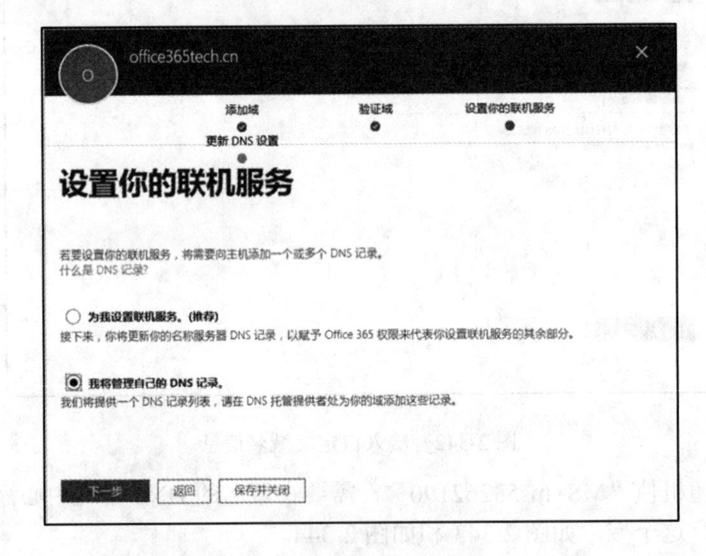

图 2-345　设置为“我将管理自己的 DNS 记录”

根据自己的需求，可以选择 Exchange 和 Skype for Business 功能，如图 2-346 所示。

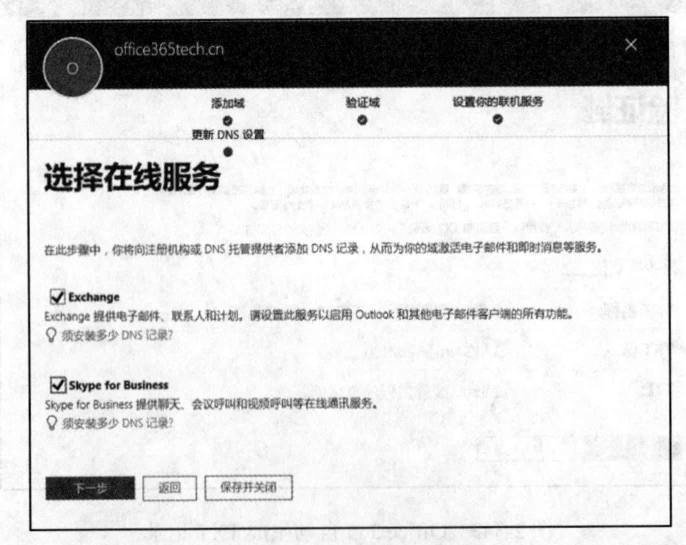

图 2-346　选择在线服务

显示需要添加的 DNS 记录，值得注意的是，目前只做 TXT 记录，忽略提示的错误，选中“跳过此步骤”复选框，如图 2-347 所示。

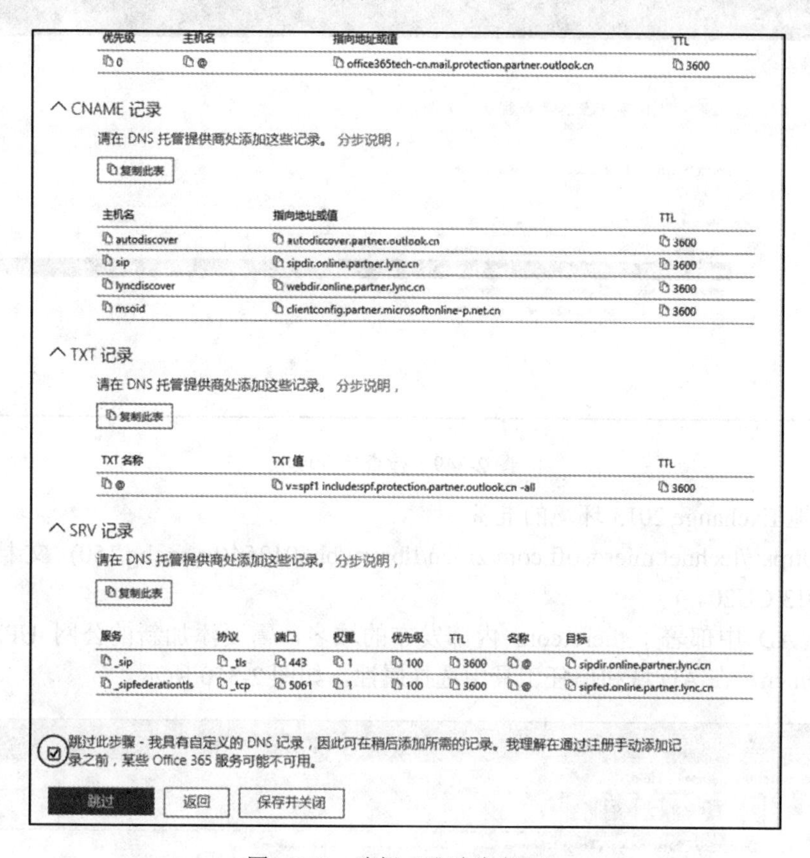

图 2-347　选择“跳过此步骤”

（5） 单击“完成”按钮，如图 2-348 所示。

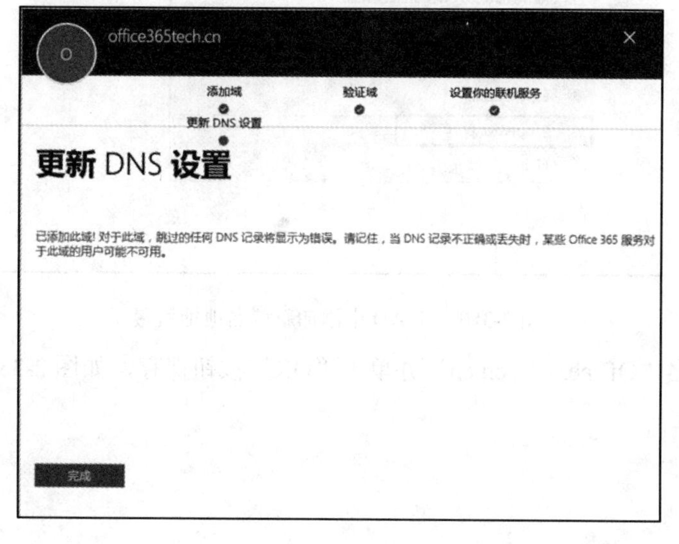

图 2-348　DNS 设置完成

在 Office 365 的 EAC 中，检查接受域已有“Office365tech.cn”域名，如图 2-349。

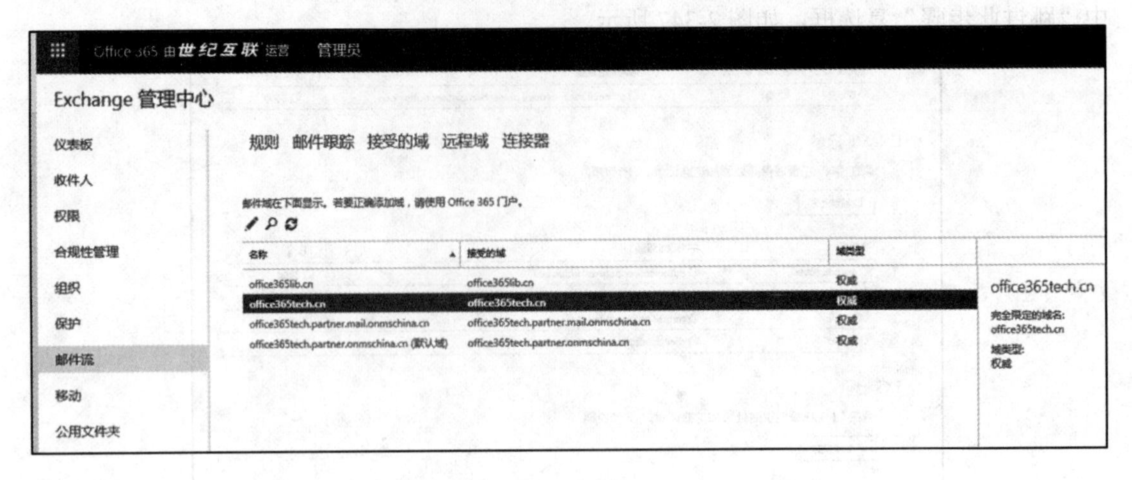

图 2-349　检查接受域

2）　本地 Exchange 2013 环境的准备

按照 https://technet.microsoft.com/zh-cn/library/bb691354(v=exchg.150) 文档部署本地 Exchange 2013 CU20。

目前在 AD 中部署了 hero.com 内部发布的域名，需要添加新的公网 UPN 地址后缀 Office365tech.cn。在 AD 域和信任工具中选择属性，如图 2-350 所示。

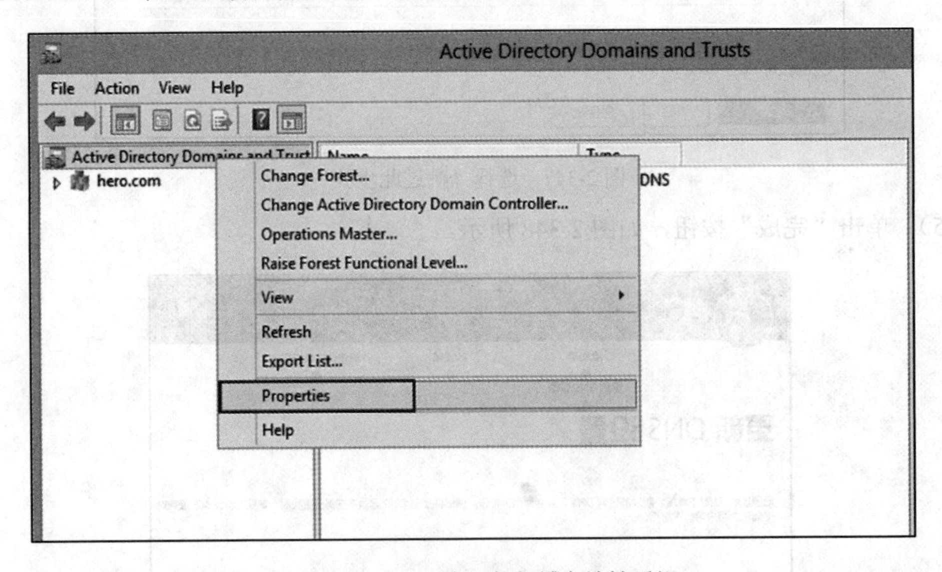

图 2-350　在 AD 中添加新域名地址后缀

填写新增域名“Office365tech.cn”并单击“OK”按钮保存，如图 2-351 所示。

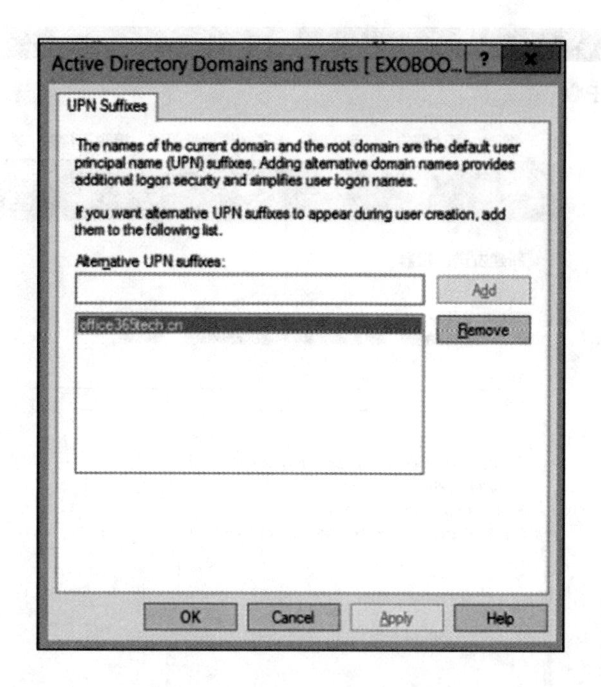

图 2-351　输入 Office365tech.cn

跳过部署目录同步工具的步骤，同时将 Auto Discover 的 A 记录和 MX 指向本地的邮件服务器，如图 2-352 所示。

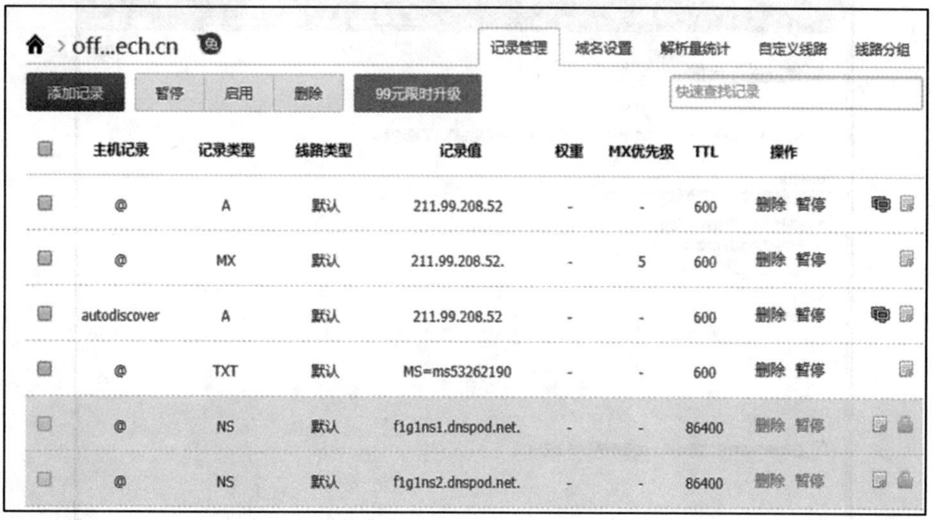

off...ech.cn

记录管理　域名设置　解析量统计　自定义线路　线路分组

添加记录　暂停　启用　删除　99元限时升级　快速查找记录

主机记录	记录类型	线路类型	记录值	权重	MX优先级	TTL	操作
@	A	默认	211.99.208.52	-	-	600	删除 暂停
@	MX	默认	211.99.208.52.	-	5	600	删除 暂停
autodiscover	A	默认	211.99.208.52	-	-	600	删除 暂停
@	TXT	默认	MS=ms53262190	-	-	600	删除 暂停
@	NS	默认	f1g1ns1.dnspod.net.	-	-	86400	删除 暂停
@	NS	默认	f1g1ns2.dnspod.net.	-	-	86400	删除 暂停

图 2-352　DNS 记录截图

创建发送连接器“send”，以便可以发送邮件至 Internet，如图 2-353～图 2-356 所示。

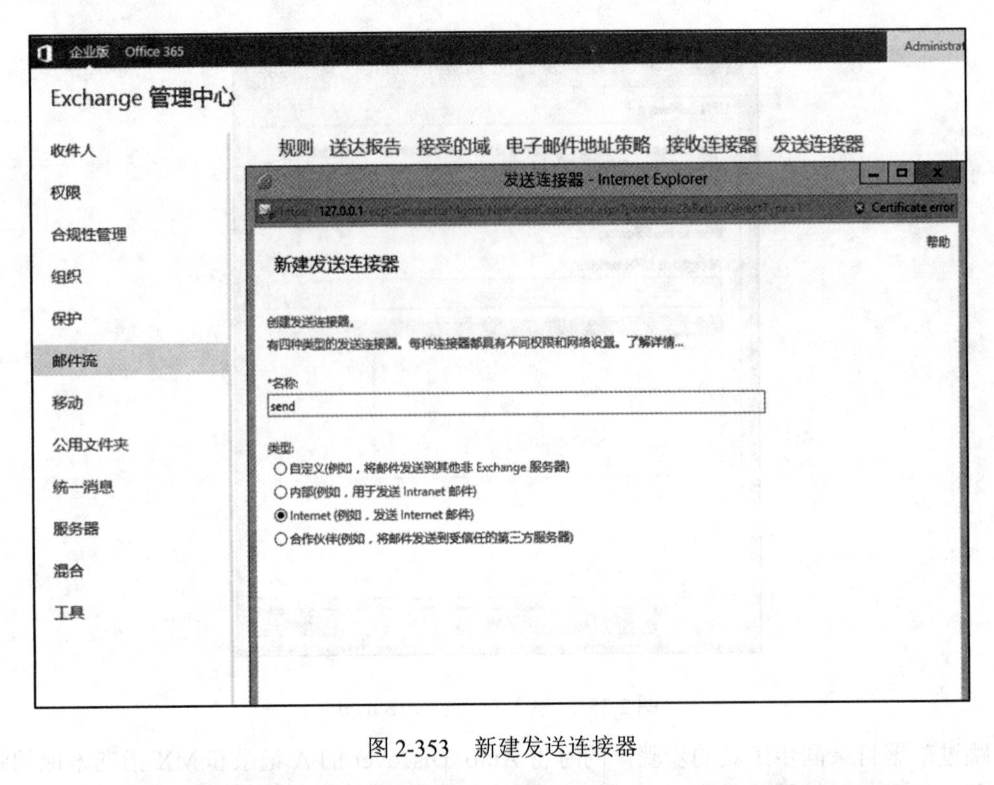

图 2-353　新建发送连接器

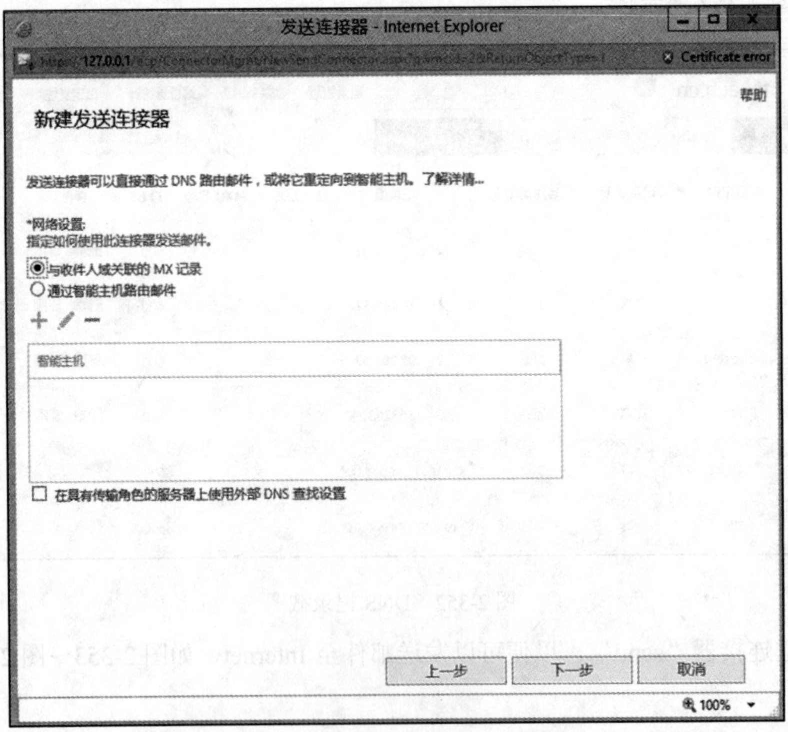

图 2-354　选择“与收件人关联的 MX 记录”

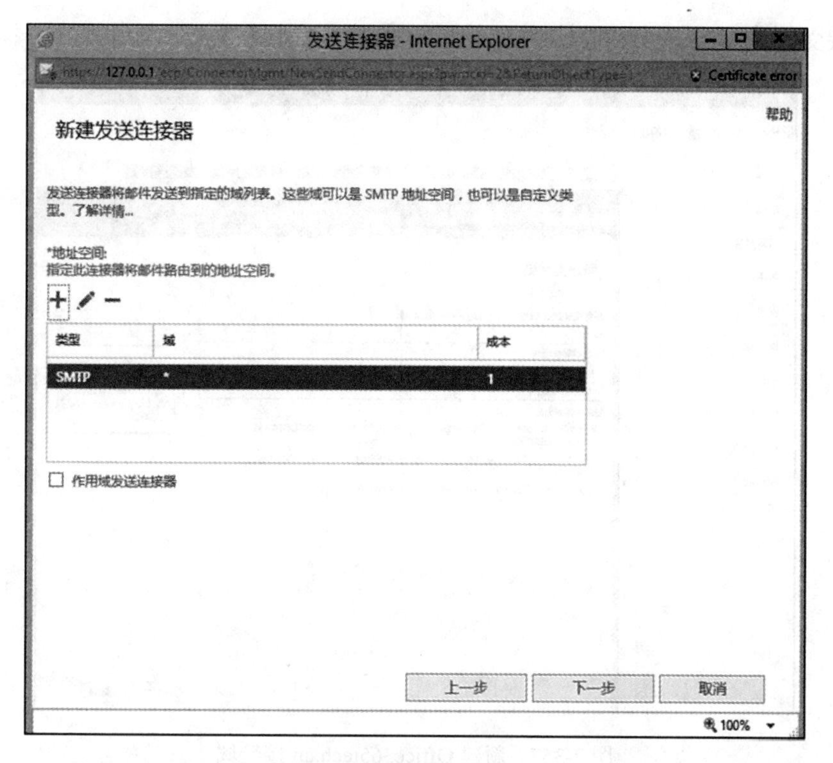

图 2-355　域填入“*”

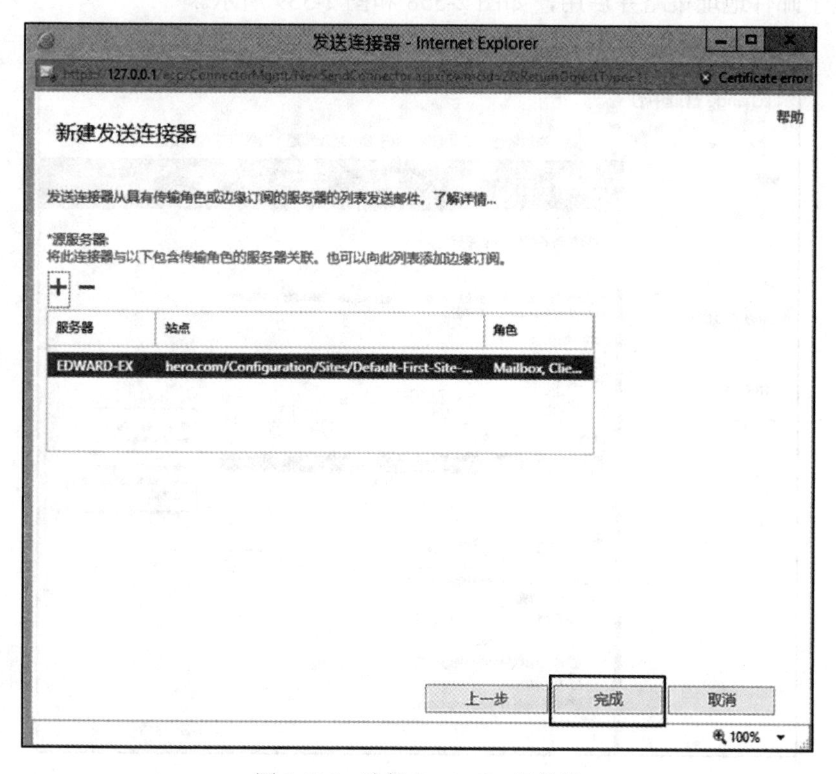

图 2-356　选择 Exchange 服务器

创建接受的域 Office365tech.cn 并使其成为默认域，如图 2-357 所示。

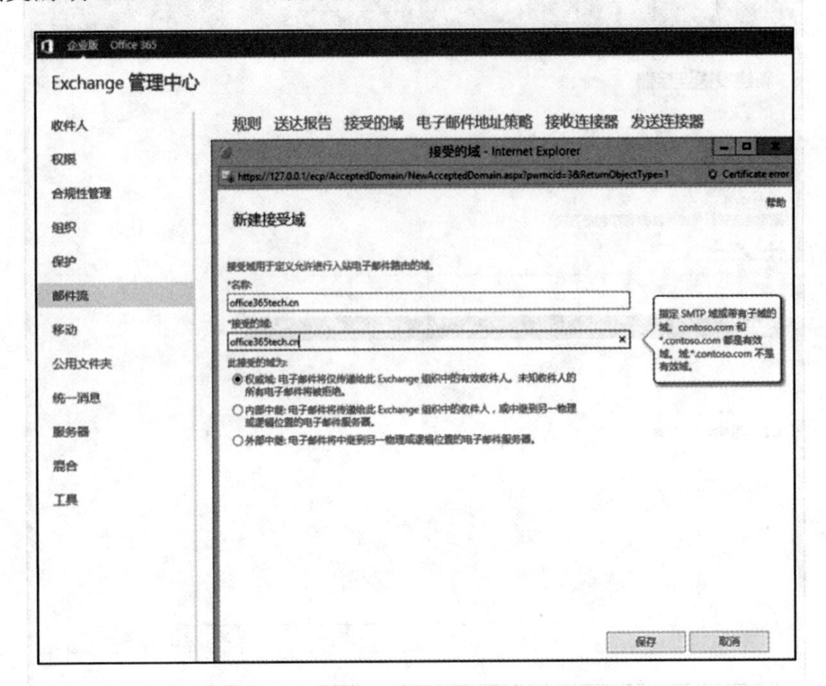

图 2-357 新建 Office365tech.cn 接受域

新建电子邮件地址策略并启用，如图 2-358 和图 2-359 所示。

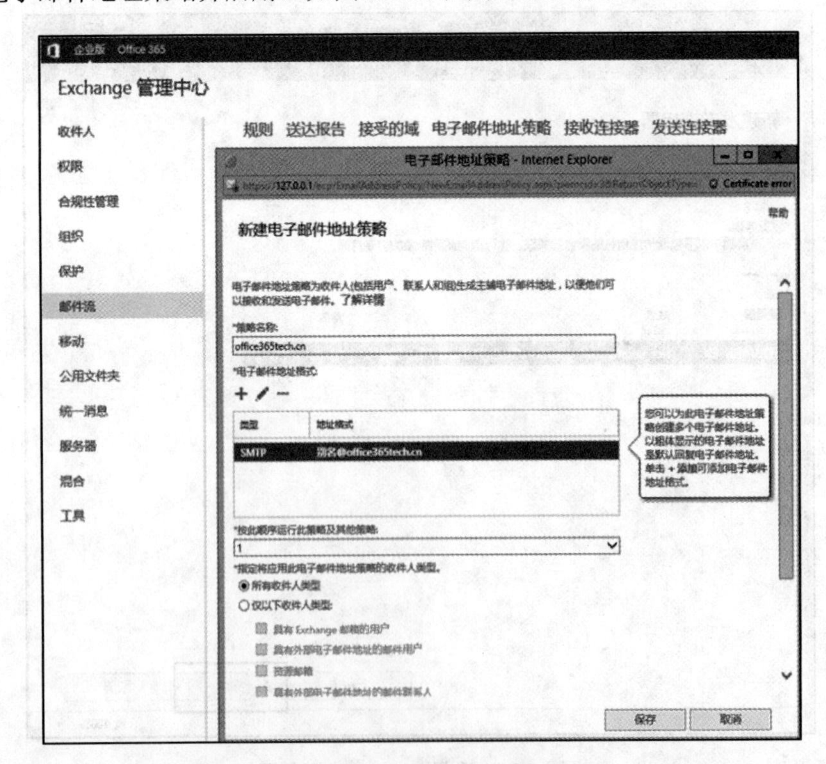

图 2-358 新建 Office365tech.cn 电子邮件地址策略

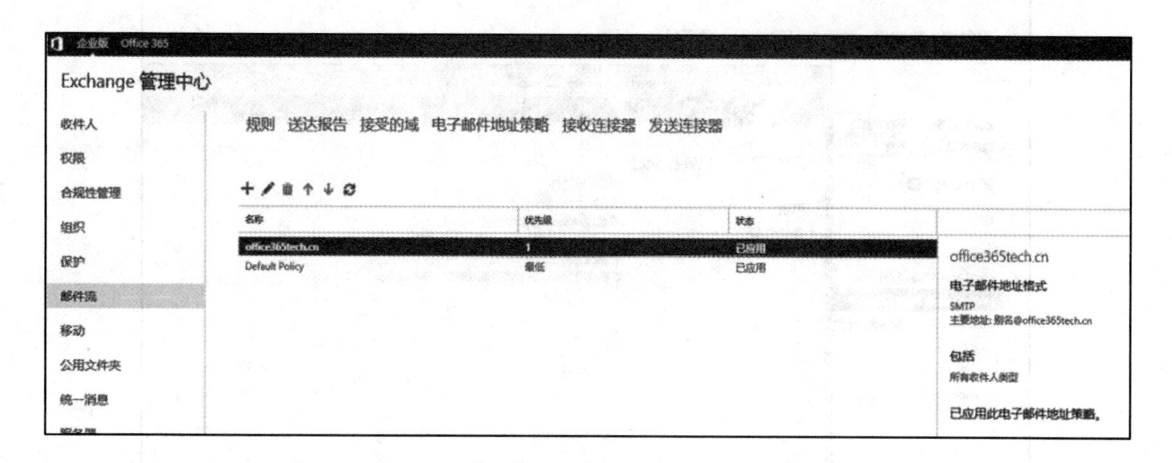

图 2-359　应用 Office365tech.cn 电子邮件地址策略

发布 OWA 的外部地址，如图 2-360 所示。

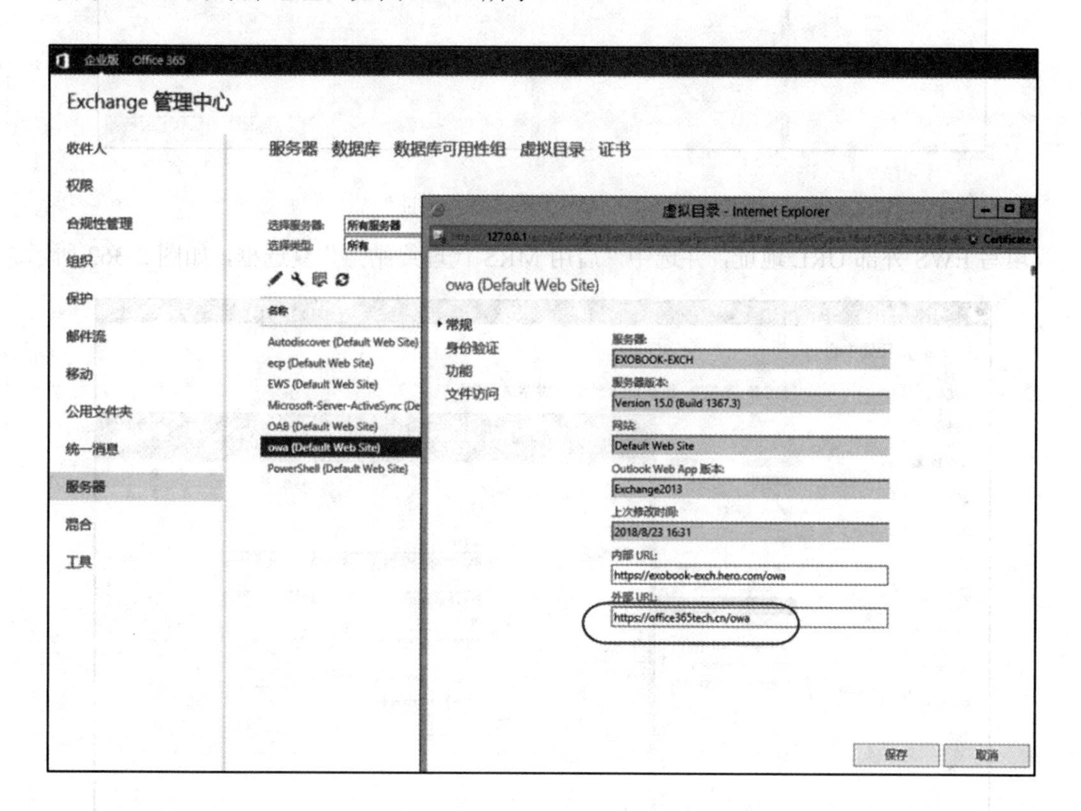

图 2-360　外部 URL 截图

发布 EWS 地址和认证方式（一定要选中“基本身份验证”复选框），如图 2-361 所示。

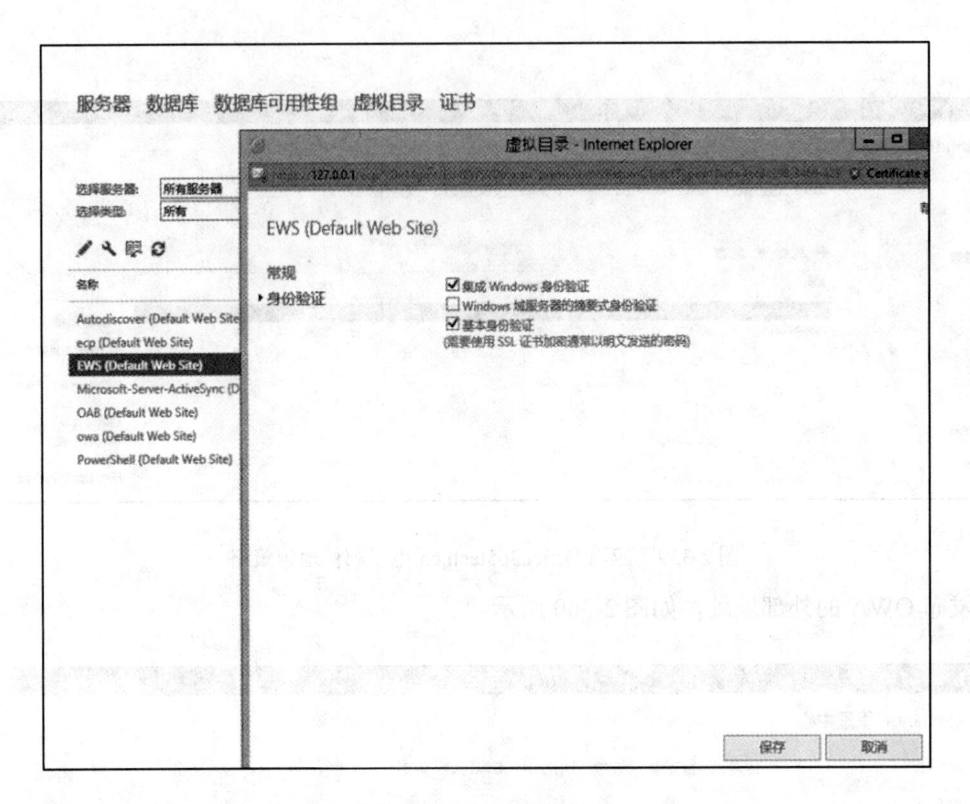

图 2-361　选中“基本身份验证”

填写 EWS 外部 URL 地址，并选中“启用 MRS 代理终结点”复选框，如图 2-362 所示。

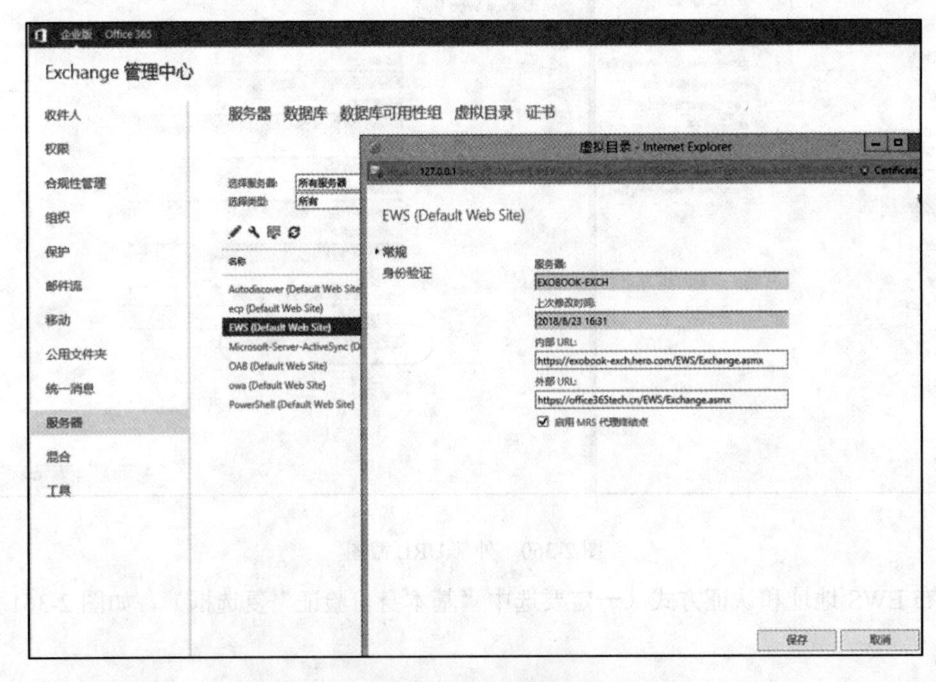

图 2-362　EWS 外部 URL 截图

打开 Outlook Anywhere 设置，填入外部主机名为“Office365tech.cn”，身份认证选择为“基本”，单击“保存”按钮，如图 2-363 所示。

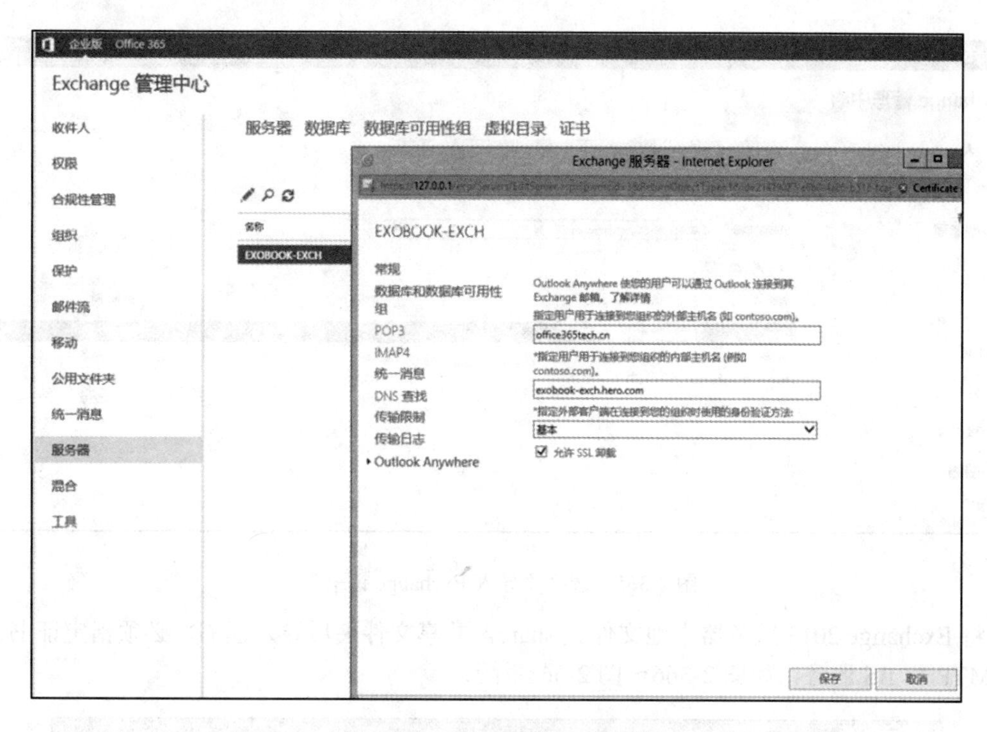

图 2-363 Outlook Anywhere 设置

证书申请（注意，建议用户使用付费的第三方公网证书，免费的公网证书仅可用于实验环境）。请将证书分别安装Exchange 2013 CU20本地计算机——个人和受信任根证书目录中，如图 2-364 所示。

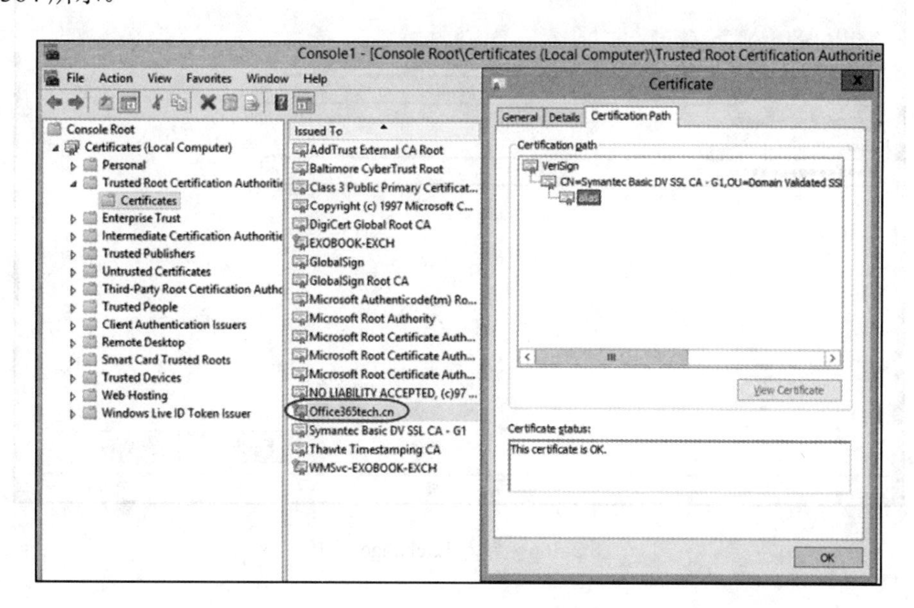

图 2-364 证书信息

在本地 Exchange 2013 服务器 EAC 中导入证书，如图 2-365 所示，选择“导入 Exchange 证书”。

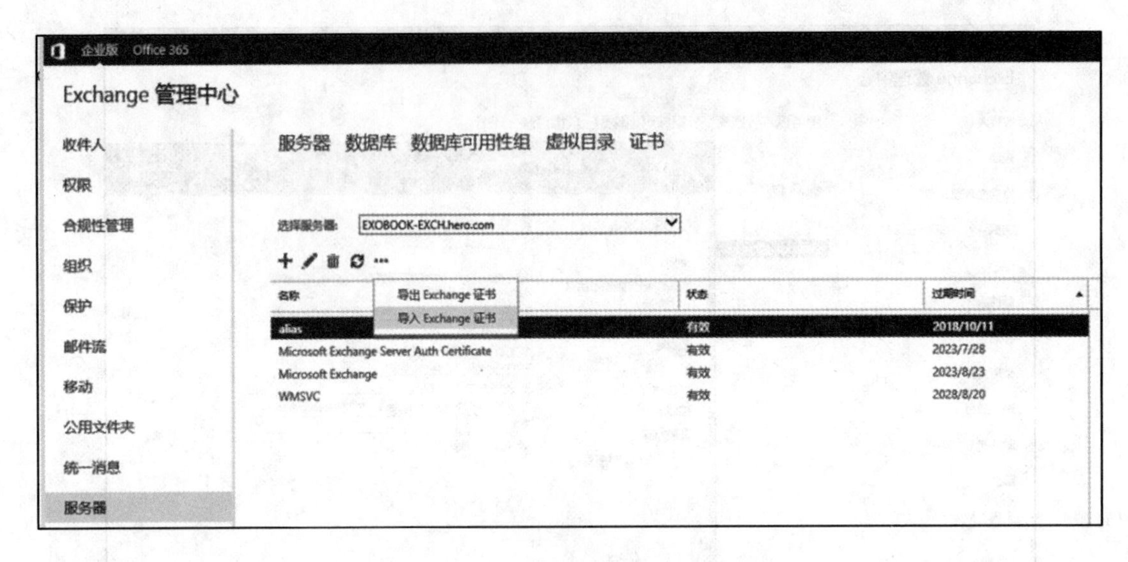

图 2-365 选择“导入 Exchange 证书”

将 Exchange 2013 服务器本地文件夹 share，共享文件夹后导入证书，必须指定证书绑定了 SMTP 和 IIS 服务，如图 2-366～图 2-368 所示。

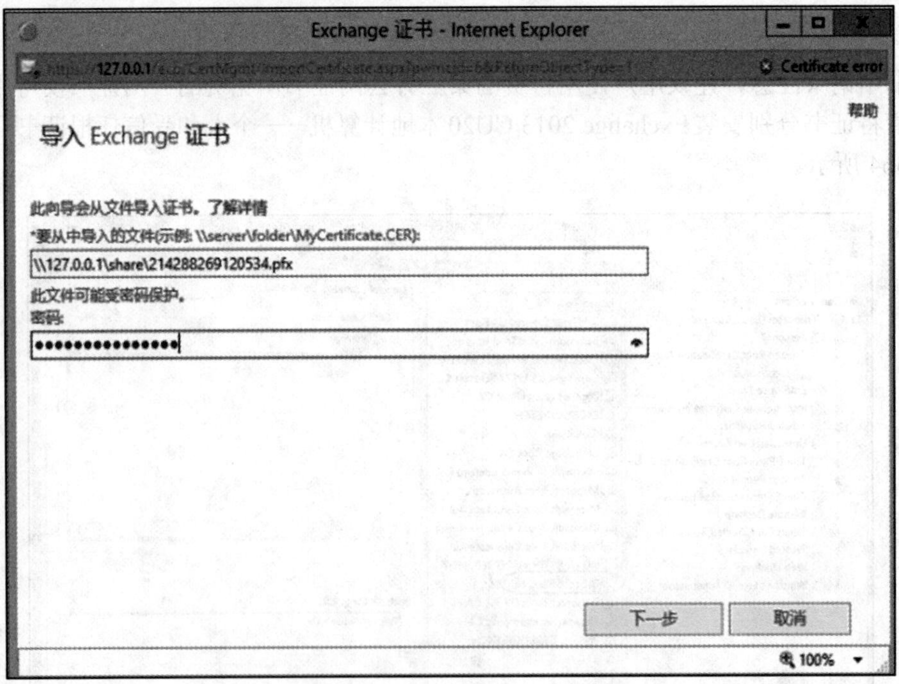

Exchange 证书 - Internet Explorer
Certificate error
帮助
导入 Exchange 证书
此向导会从文件导入证书。了解详情
*要从中导入的文件(示例: \\server\folder\MyCertificate.CER):
\\127.0.0.1\share\214288269120534.pfx
此文件可能受密码保护。
密码:
下一步 取消
100%

图 2-366 导入 Exchange 证书

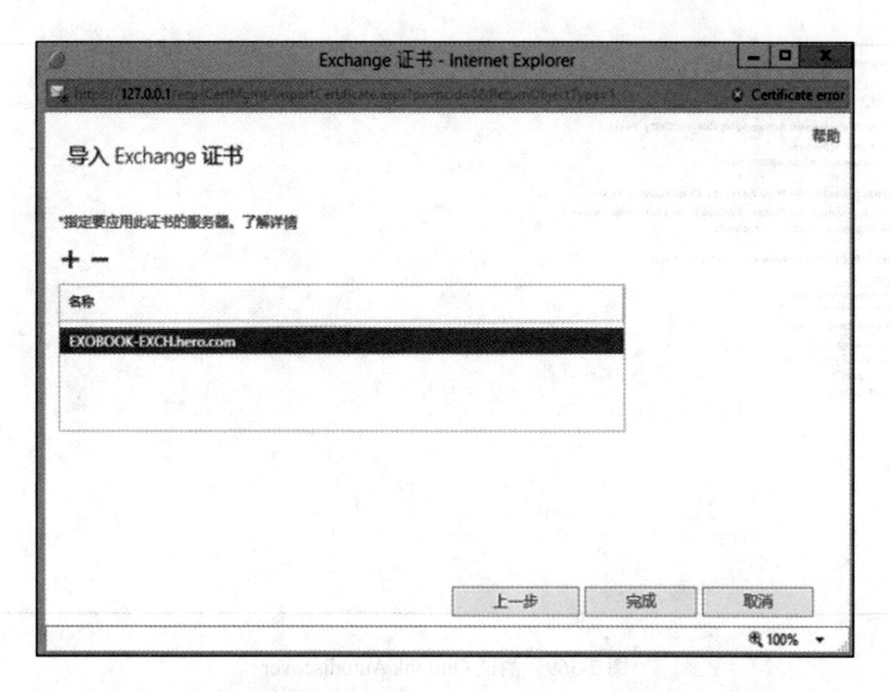

图 2-367 选择 Exchange 服务器主机

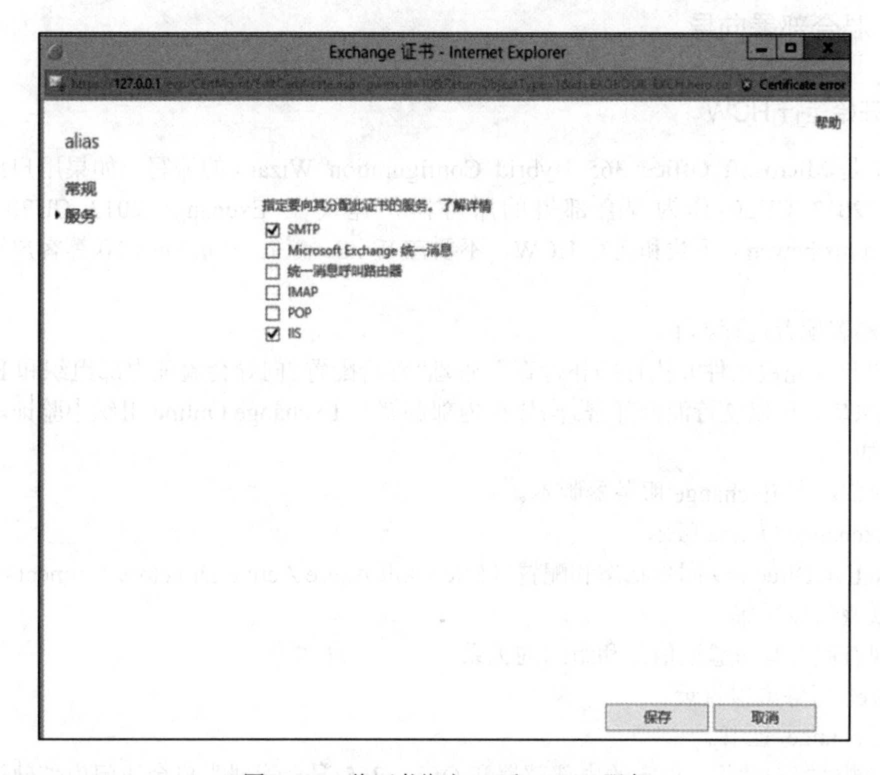

图 2-368 将证书绑定 IIS 和 SMTP 服务

在 https://testconnectivity.microsoft.com/进行 Outlook Autodiscover 测试通过，这样就完成了 Exchange Online 混合部署的前期准备工作，如图 2-369 所示。

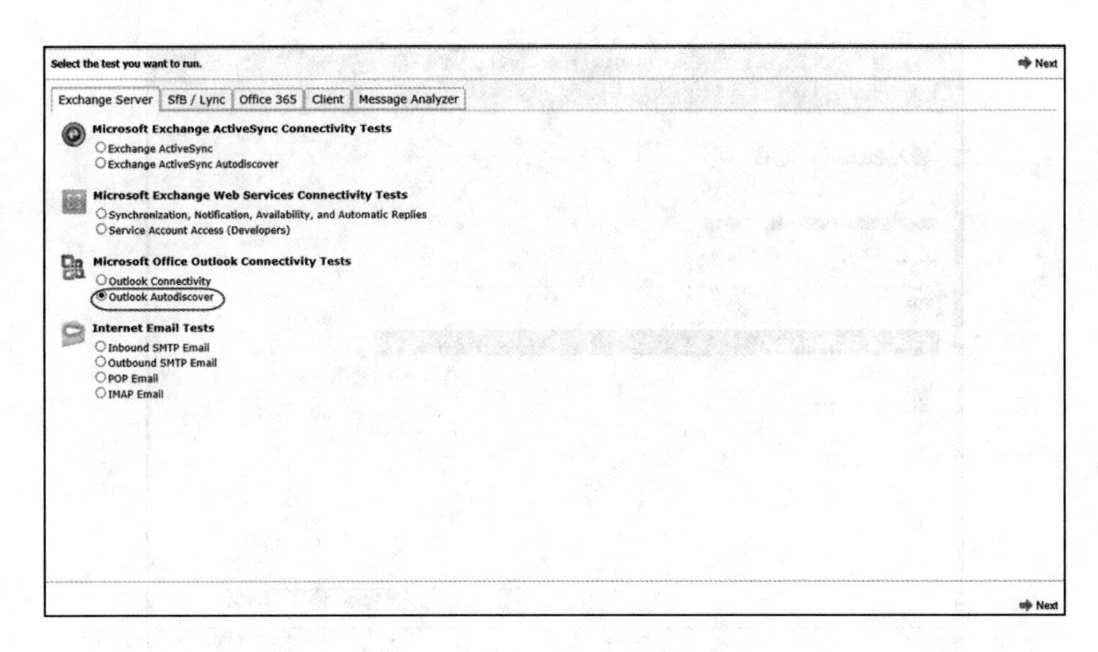

图 2-369 测试 Outlook Autodiscover

2.10.3 混合部署向导

1. 开始运行 HCW

HCW 是 Microsoft Office 365 Hybrid Configuration Wizard 的缩写，如果用户部署的是 Exchange 2013 CU20 作为混合部署的服务器，建议在 Exchange 2013 CU20 务器上（https://aka.ms/hcwcn）下载和运行 HCW，不要在 Windows 7，Windows 10 等客户端计算机上下载。

混合部署配置过程如下。

（1）“验证先决条件并执行拓扑检查”。管理“混合配置”向导会验证内部组织和 Exchange Online 组织是否可以支持混合部署。向导在内部部署与 Exchange Online 组织中验证与检查的部分项目如下。

① 内部部署 Exchange 服务器版本。

② Exchange Online 版本。

③ Active Directory 同步状态和配置（Microsoft Azure Active Directory Connect）。

④ 联盟与接受域。

⑤ 现有联合身份验证信任和组织的关系。

⑥ Web 服务虚拟目录。

⑦ Exchange 证书。

（2） 测试账户凭据。指定的内部部署和 Office 365 混合管理账户会访问内部部署组织和 Exchange Online 组织，以收集先决条件验证信息并更改组织参数配置来启用混合部署功能。

（3） 进行混合部署配置更改。在测试混合管理账户、执行验证和拓扑检查，以及收集在向导过程中定义的配置信息之后，“混合配置”向导会更改配置以创建和启用混合部署。

（4） 如果遇到412错误，调整IE使得接受Cookie，如图2-370和图2-371所示。

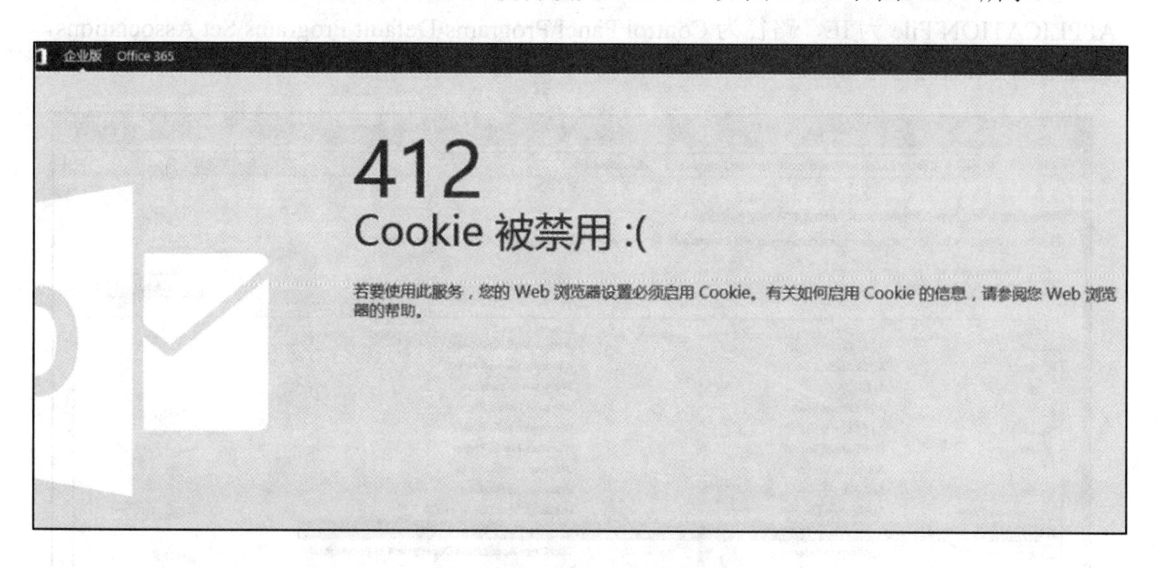

图 2-370　HCW 的 412 错误

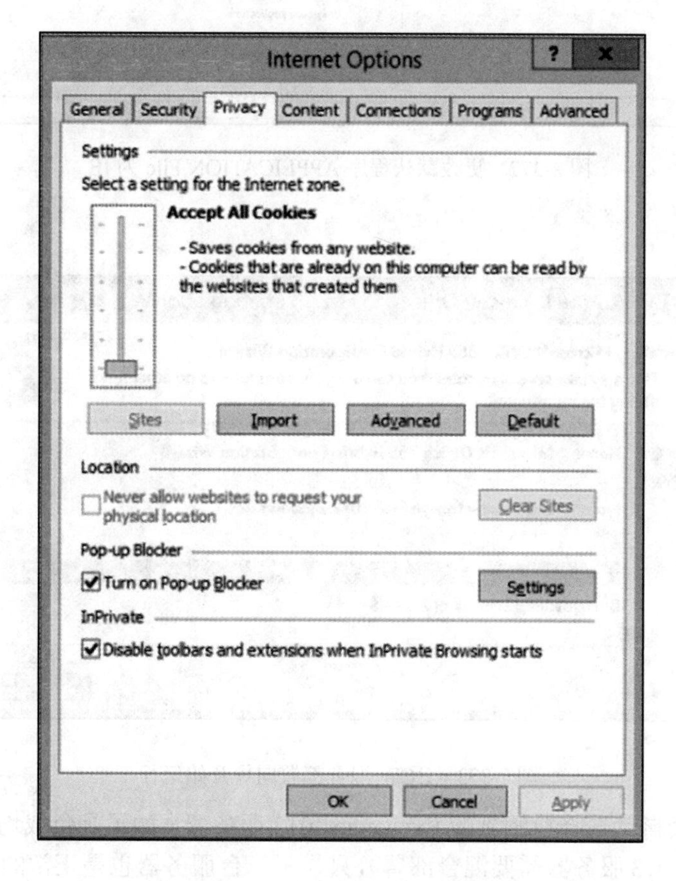

图 2-371　调整 IE 隐私设置

（5） 如果遇到 HCW 向导长时间没有响应，需查看默认程序，更改默认程序 APPLICATION File 为 IE，路径为 Control Panel\Programs\Default Programs\Set Associations，如图 2-372 和图 2-373 所示。

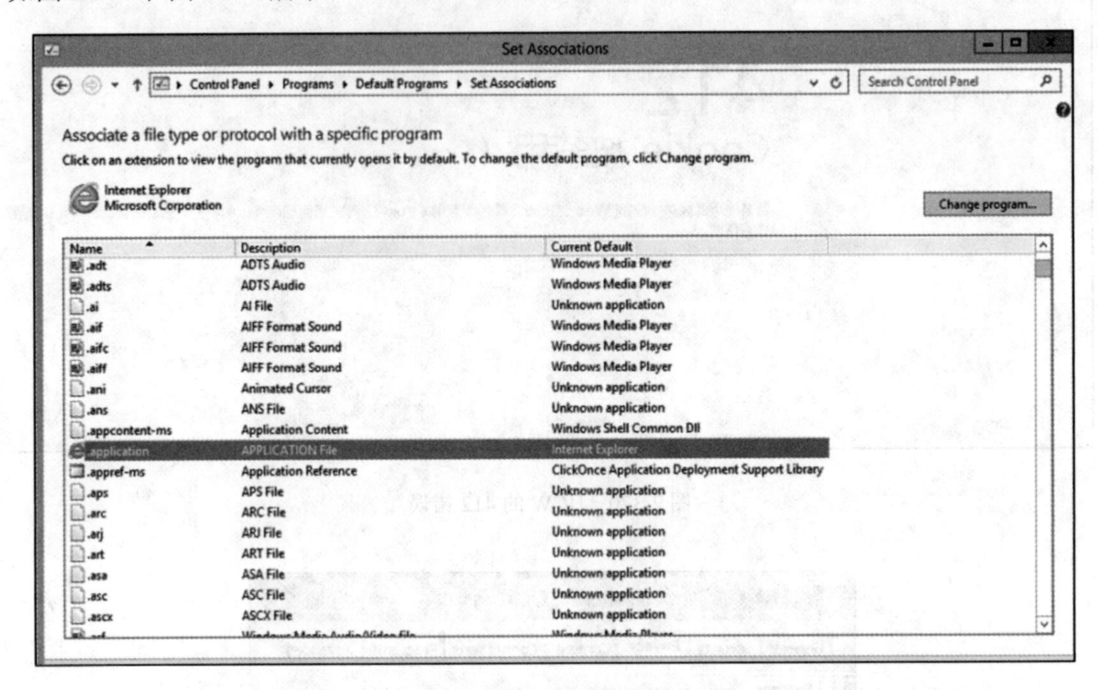

图 2-372 更改默认程序 APPLICATION File 为 IE

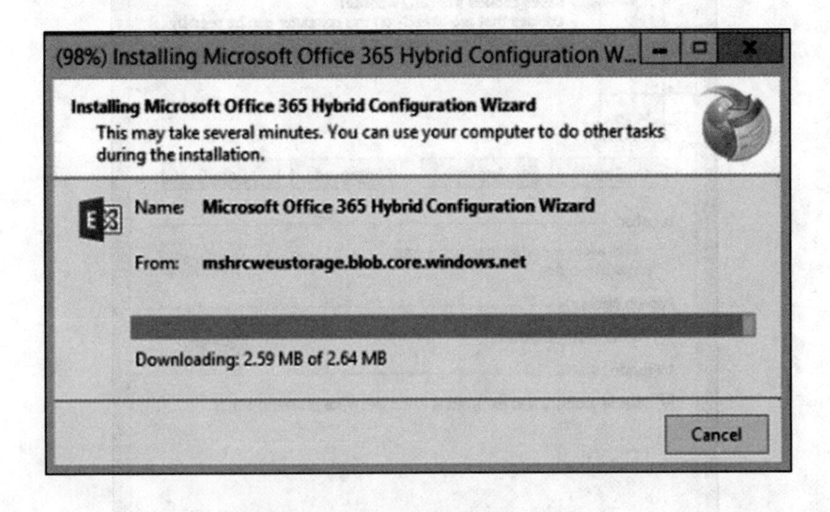

图 2-373 HCW 混合部署向导开始运行

（6） HCW 会自动选择检测到的 Exchange 2013 服务器，如果是负载均衡 NLB 环境（即有两台 Exchange 2013 服务器需要混合部署），只显示一台服务器也是正常的，在选择了“Office 365 China”后，直接单击“next”按钮。在此之前，需单击“license this server now”链接，激活 Exchange 2013 服务器的许可证，如图 2-374 所示。

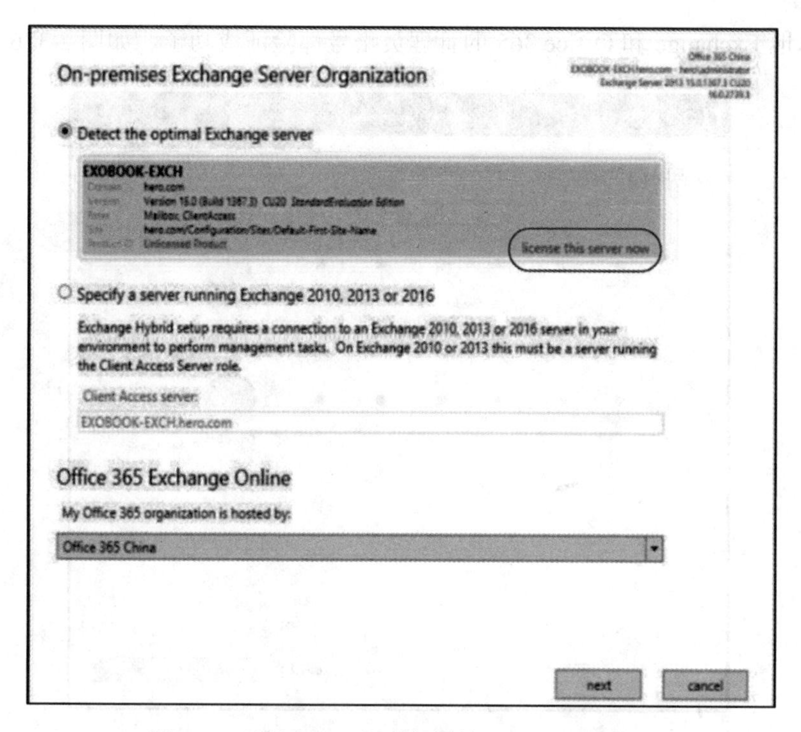

图 2-374 激活 EXO 混合部署的 Exchange 服务器

（7） 输入 Exchange 2013 服务器管理员账号和 Office 365 全局管理员账号，如图 2-375 所示。

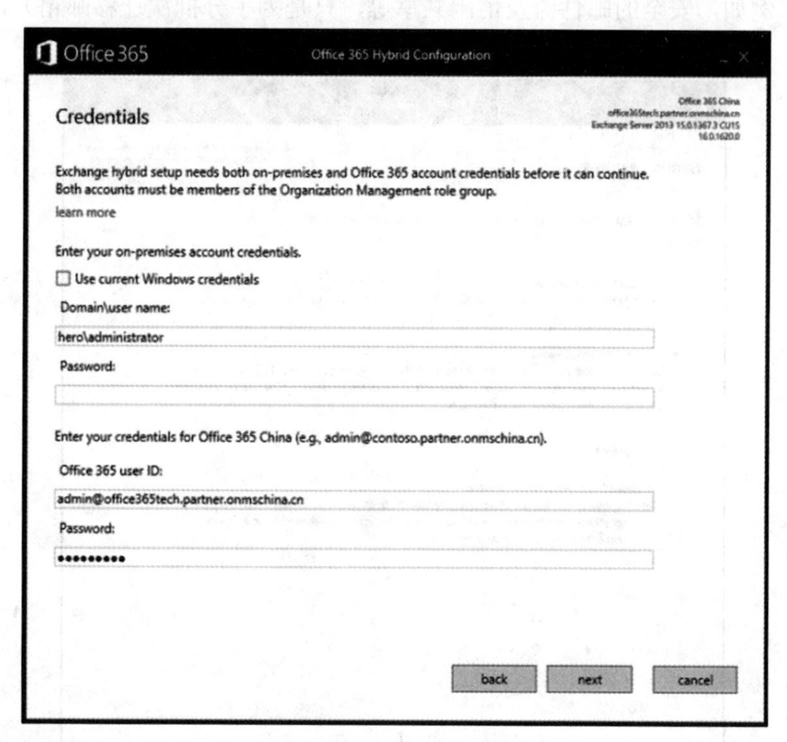

图 2-375 输入管理员账号

（8） 本地 Exchange 和 Office 365 的管理员账号都验证成功了，如图 2-376 所示。

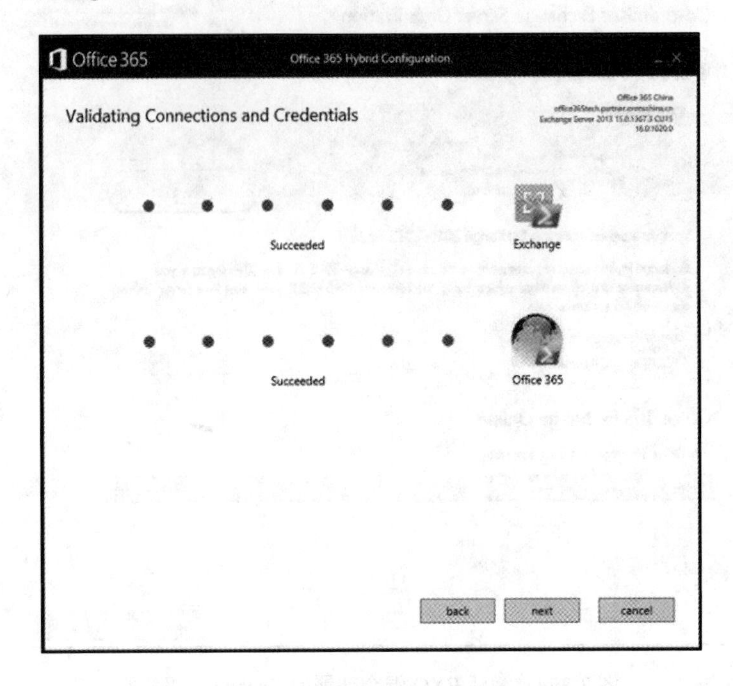

图 2-376　账号验证成功

（9） 选择完全的混合部署，不要选择最小混合部署（Minimal 混合部署不对本地和 Office 365 做设置，例如，安全的邮件流及忙闲共享等，只是为了分批次迁移邮箱），如图 2-377 所示。

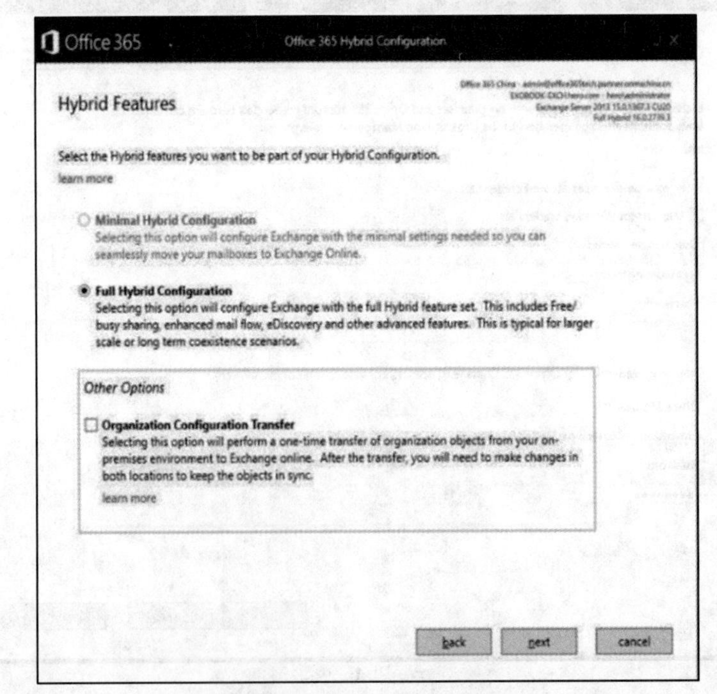

图 2-377　完全混合部署选项

（10） 配置客户端访问和邮箱服务器的安全邮件流（没有边缘服务器时选择该选项），如图 2-378 所示，同时，可以看到“Enable centralized mail transport”集中式邮件流选项，默认是没有启用的。

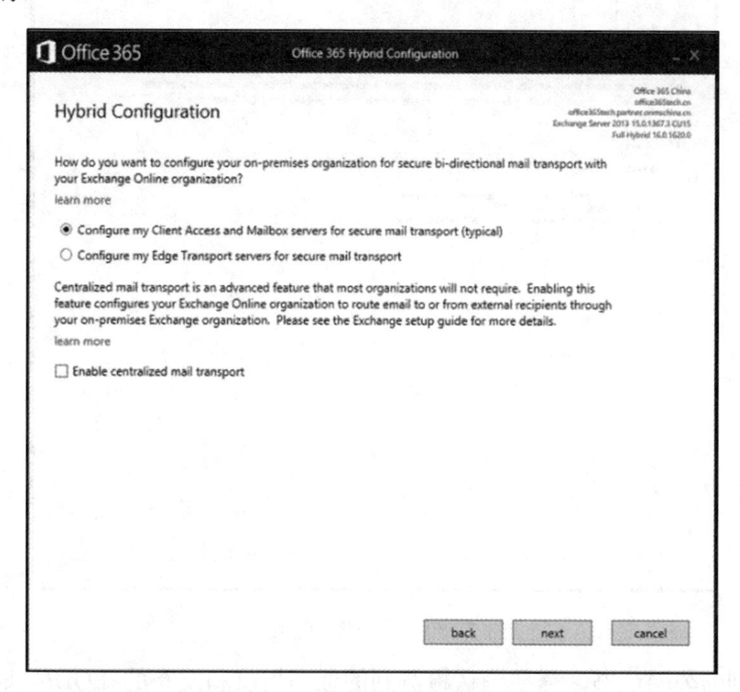

图 2-378 配置 CAS 和 Mailbox 服务器的安全邮件传输

配置 CAS 服务器的默认接收连接器，如图 2-379 所示。

图 2-379 接收连接器配置

HCW 将配置发送连接器，如图 2-380 所示。

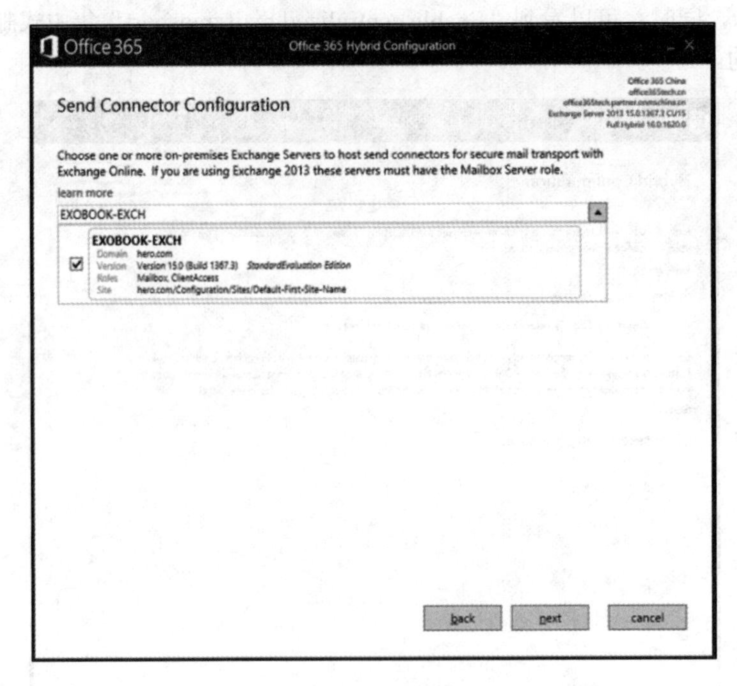

图 2-380　发送连接器配置

设置检测到的公网证书，需要确认检测到的证书指纹和发布的 FQDN 是否正确，如图 2-381 所示。

图 2-381　自动检测公网证书

设置组织的 FQDN，一般指内部做混合部署 Exchange 服务器的 FQDN，如图 2-382 所示。

图 2-382　输入内部组织的 FQDN

最后单击"update"按钮，完成混合部署的所有设置工作，如图 2-383～图 2-385 所示。

图 2-383　更新 HCW

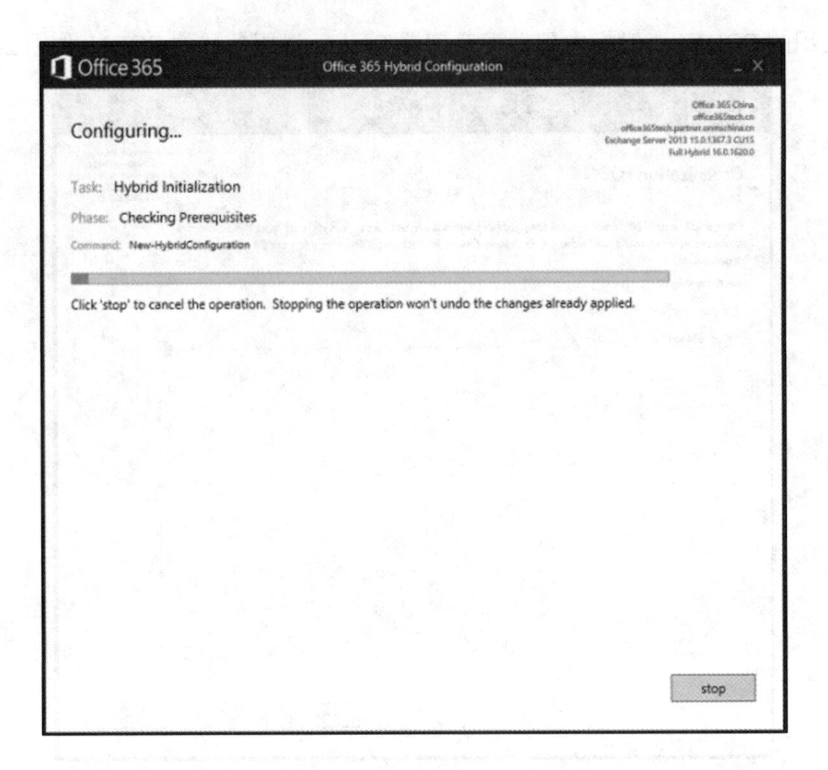

图 2-384　更新 HCW 界面

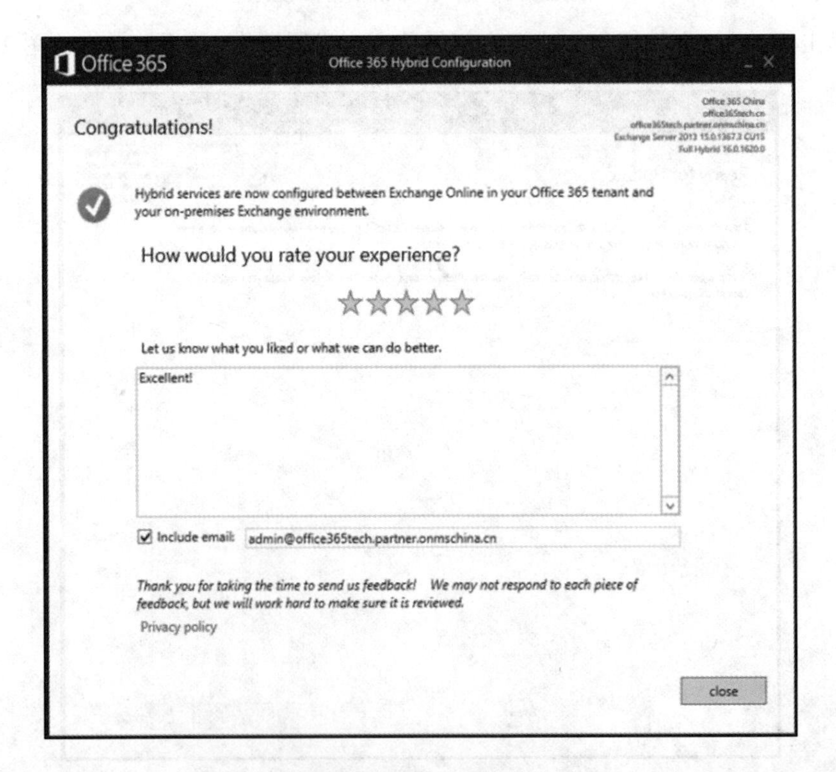

图 2-385　HCW 成功完成

2. HCW 的日志和基本排错

检查 HCW 是否成功完成方法如下。

（1） 查看 HCW 日志%appdata%\Microsoft\Exchange Hybrid Configuration。

（2） 测试基本的邮件流和验证邮件是 TLS 加密的（本地发送连接器的 SMTP 日志）。

（3） 测试本地邮箱和 Office 365 邮箱收发邮件正常。

（4） 测试在本地 EAC 中直接创建 Office 365 邮箱是否成功。

（5） 测试本地和 Office 邮箱日历的忙闲信息是否共享。

（6） 测试邮箱的双向迁移是否成功。

（7） 在 Outlook 2016 中配置本地邮箱和 Office 365 邮箱是否成功。

2.10.4 手动混合部署

1. 运行手动混合部署

以下 13 个步骤均在本地 Exchange 2013 的 PowerShell 中运行。

（1）运行 Get-OrganizationConfig | select guid 命令获得 Exchange 组织的 Guid，如图 2-386 所示。

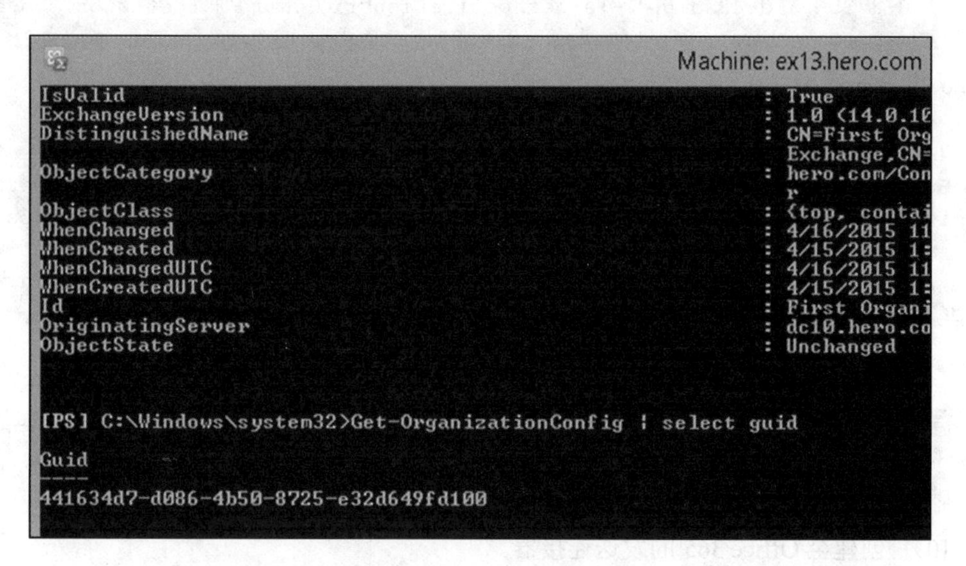

图 2-386 获得 Exchange 组织的 Guid

（2） 新增远程域“21v999.partner.mail.onmschina.cn”。

```
New-RemoteDomain -Name 'Hybrid Domain - 21v999.partner.mail.onmschina.cn' -DomainName '21v999.partner.mail.onmschina.cn'
```

（3） 设置远程域可以投递：

```
Set-RemoteDomain -TargetDeliveryDomain: $true -Identity 'Hybrid Domain - 21v999.partner.mail.onmschina.cn'
```

（4） 新建接受域“21v999.partner.mail.onmschina.cn”。

```
New-AcceptedDomain -DomainName '21v999.partner.mail.onmschina.cn' -Name
'21v999.partner.mail.onmschina.cn'
```

（5） 设置电子邮件地址策略，包含新创建的远程域的邮件地址%m@21v999.partner.mail.onmschina.cn。

```
Set-EmailAddressPolicy -Identity 'CN=Default Policy,CN=Recipient Policies,
CN=First Organization,CN=Microsoft Exchange,CN=Services,CN=Configuration,DC=
hero,DC=com' -ForceUpgrade: $true -EnabledEmailAddressTemplates
SMTP:@21vlab.com,smtp:%m@21v999.partner.mail.onmschina.cn
```

（6） 更新本地组织内的电子邮件地址，只更新第二电子邮件地址。

```
Update-EmailAddressPolicy -Identity 'CN=Default Policy,CN=Recipient Policies,
CN=First Organization,CN=Microsoft Exchange,CN=Services,CN= Configuration,
DC=hero,DC=com' -UpdateSecondaryAddressesOnly: $true
Enable-OrganizationCustomization
```

（7） 新建组织关系。

```
New-OrganizationRelationship -Name 'On-premises to Office 365 - 441634d7-
d086-4b50-8725-e32d649fd100' -TargetApplicationUri $null -TargetAutodiscoverEpr
$null -Enabled: $true -DomainNames {21v999.partner.mail.onmschina.cn}
```

（8） 设置组织关系。

```
Set-OrganizationRelationship -MailboxMoveEnabled: $true
-FreeBusyAccessEnabled: $true -FreeBusyAccessLevel 'LimitedDetails'
-ArchiveAccessEnabled: $true -MailTipsAccessEnabled: $true -MailTipsAccessLevel
'All' -DeliveryReportEnabled: $true -PhotosEnabled: $true -TargetOwaURL
'http://partner.outlook.cn/owa/21vlab.com' -Identity 'On-premises to Office 365
- 441634d7-d086-4b50-8725 -e32d649fd100'
```

（9） 配置可用地址空间。

```
Add-AvailabilityAddressSpace -ForestName '21v999.partner.mail.onmschina. cn'
-AccessMethod 'InternalProxy' -UseServiceAccount: $true -ProxyUrl 'https://
ex13.hero.com/EWS/Exchange.asmx'
```

（10） 创建至 Office 365 的发送连接器。

```
New-SendConnector -Name 'Outbound to Office 365' -AddressSpaces
{smtp:21v999.partner.mail.onmschina.cn;1} -SourceTransportServers {ex13}
-DNSRoutingEnabled: $true -TLSDomain 'mail.mail.protection.partner. outlook.cn'
-RequireTLS: $true -TLSAuthLevel 'DomainValidation' -ErrorPolicies 'Default'
-TLSCertificateName '<I>CN=COMODO RSA Domain Validation Secure Server CA, O=COMODO
CA Limited, L=Salford, S=Greater Manchester, C=GB<S>CN=*.21vlab.com,
OU=EssentialSSL Wildcard, OU=Domain Control Validated' -CloudServicesMailEnabled:
$true -Fqdn $null
```

（11） 设置本地默认的“Default Frontend”接收连接器。

```
Set-ReceiveConnector -Identity 'EX13\Default Frontend EX13'
```

```
-TLSCertificateName '<I>CN=COMODO RSA Domain Validation Secure Server CA, O=COMODO CA Limited, L=Salford, S=Greater Manchester, C=GB<S>CN=*.21vlab.com, OU=EssentialSSL Wildcard, OU=Domain Control Validated' -TLSDomainCapabilities '<I>CN=CNNIC SSL, O=CNNIC SSL, C=CN<S>CN=*.mail.protection.partner.outlook.cn, OU=Office 365, O=Shanghai Blue Cloud Technology Co. Ltd, L=Shanghai, S=Shanghai, C=CN:AcceptCloudServicesMail'
```

（11） 设置 EWS 虚拟目录。

```
Set-WebServicesVirtualDirectory -Identity 'EX13\EWS (Default Web Site)' -MRSProxyEnabled: $true
```

（13） 创建本地到 Office 365 的 IntraOrganizationConnector。

```
New-IntraOrganizationConnector -Name 'HybridIOC - 441634d7-d086-4b50-8725-e32d649fd100' -DiscoveryEndpoint 'https://autodiscover-s.partner.outlook.cn/autodiscover/autodiscover.svc' -TargetAddressDomains {21v999.partner.mail.onmschina.cn} -Enabled: $true
```

以下 6 个步骤均在 Office 365 Exchange Online PowerShell 中运行。

建议首先运行以下命令：

```
Enable-OrganizationCustomization
```

（1） 新建组织关系。

```
New-OrganizationRelationship -Name 'Office 365 to On-premises - 441634d7-d086-4b50-8725-e32d649fd100' -TargetApplicationUri $null -TargetAutodiscoverEpr $null -Enabled: $true -DomainNames {21vlab.com}
```

（2） 设置组织关系。

```
Set-OrganizationRelationship -FreeBusyAccessEnabled: $true -FreeBusyAccessLevel 'LimitedDetails' -MailTipsAccessEnabled: $true -MailTipsAccessLevel 'All' -DeliveryReportEnabled: $true -PhotosEnabled: $true -Identity 'Office 365 to On-premises - 441634d7-d086-4b50-8725-e32d649fd100'
```

（3） 新建 Office 365 入站连接器。

```
New-InboundConnector -Name 'Inbound from 441634d7-d086-4b50-8725-e32d649fd100' -ConnectorType 'OnPremises' -RequireTLS: $true -SenderDomains {smtp:*;1} -TLSSenderCertificateName '<I>CN=COMODO RSA Domain Validation Secure Server CA, O=COMODO CA Limited, L=Salford, S=Greater Manchester, C=GB<S>CN=*.21vlab.com, OU=EssentialSSL Wildcard, OU=Domain Control Validated' -CloudServicesMailEnabled: $true
```

（4） 新建 Office 365 出站连接器。

```
New-OutboundConnector -Name 'Outbound to 441634d7-d086-4b50-8725-e32d649fd100' -RecipientDomains {21vlab.com} -SmartHosts {mail.21vlab.com} -ConnectorType 'OnPremises' -TLSSettings 'DomainValidation' -TLSDomain 'mail.21vlab.com' -CloudServicesMailEnabled: $true -RouteAllMessages
```

```
ViaOnPremises: $false -UseMxRecord: $false
```

（5） 新建内部组织：

```
New-OnPremisesOrganization -HybridDomains {21vlab.com} -InboundConnector 'Inbound from 441634d7-d086-4b50-8725-e32d649fd100' -OutboundConnector 'Outbound to 441634d7-d086-4b50-8725-e32d649fd100' -OrganizationRelationship 'Office 365 to On-premises - 441634d7-d086-4b50-8725-e32d649fd100' -OrganizationName 'First Organization' -Name '441634d7-d086-4b50-8725- e32d649fd100' -OrganizationGuid '441634d7-d086-4b50-8725-e32d649fd100'
```

（6） 创建 Office 365 到本地的 IntraOrganizationConnector：

```
New-IntraOrganizationConnector -Name 'HybridIOC - 98708a68-da2b-4ed0-849b-d9e90e50369e' -DiscoveryEndpoint 'https://mail.21vcts.com/autodiscover/autodiscover.svc' -TargetAddressDomains {21vcts.com} -Enabled: $true
```

2. Free/Busy 检查 和 OAuth 手动部署

（1） 在 Exchange Online PowerShell 和本地 Exchange Management Shell 运行以下命令。

```
Get-IntraOrganizationConnector |fl>c:\cloudIntraOrganizationConnector.txt
Get-IntraOrganizationConnector
|fl>c:\onpremiseIntraOrganizationConnector.txt
```

（2） 在本地 Exchange 2013，运行：要验证本地 Exchange 组织可以成功连接到 Exchange Online，在本地组织的 Exchange PowerShell 中运行以下命令。

```
Test-OAuthConnectivity -Service EWS -TargetUri https://partner.outlook.cn/ews/Exchange.asmx -Mailbox <On-Premises Mailbox> -Verbose | fl
Test-OAuthConnectivity -Service EWS -TargetUri https://partner.outlook.cn/ews/Exchange.asmx -Mailbox edward@Office365tech.cn -Verbose | fl
```

查看到 ResultType: Error，如图 2-387 所示。

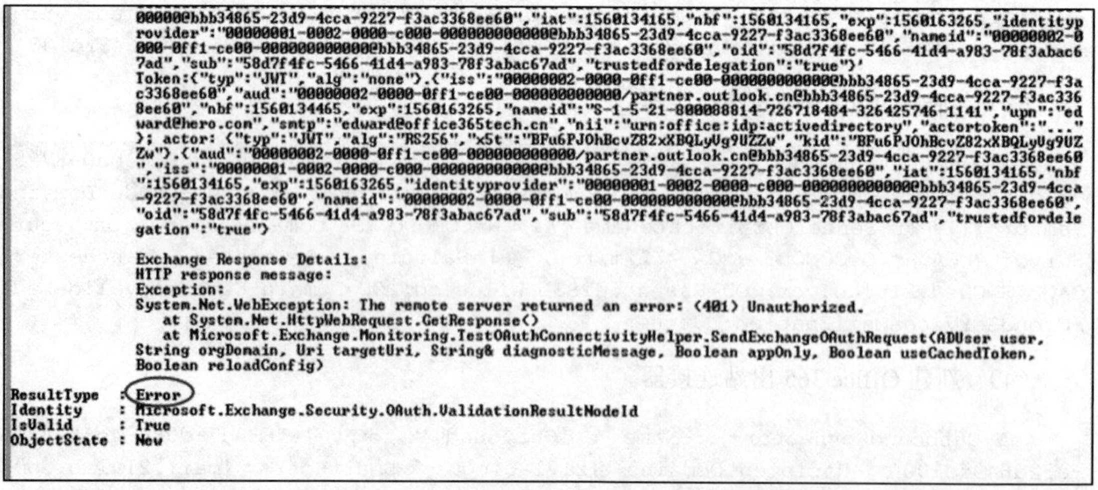

```
00000@bbb34865-23d9-4cca-9227-f3ac3368ee60","iat":1560134165,"nbf":1560134165,"exp":1560163265,"identityp
rovider":"00000001-0002-0000-c000-000000000000@bbb34865-23d9-4cca-9227-f3ac3368ee60","nameid":"00000002-0
000-0ff1-ce00-000000000000@bbb34865-23d9-4cca-9227-f3ac3368ee60","oid":"58d7f4fc-5466-41d4-a983-78f3abac6
7ad","sub":"58d7f4fc-5466-41d4-a983-78f3abac67ad","trustedfordelegation":"true"}'
Token:{"typ":"JWT","alg":"none"}.{"iss":"00000002-0000-0ff1-ce00-000000000000@bbb34865-23d9-4cca-9227-f3a
c3368ee60","aud":"00000002-0000-0ff1-ce00-000000000000/partner.outlook.cn@bbb34865-23d9-4cca-9227-f3ac336
8ee60","nbf":1560134465,"exp":1560163265,"nameid":"S-1-5-21-800088814-726718484-326425746-1141","upn":"ed
ward@hero.com","smtp":"edward@office365tech.cn","nii":"urn:office:idp:activedirectory","actortoken":"..."
}; actor: {"typ":"JWT","alg":"RS256","x5t":"BFu6PJOhBcvZ82xXBQLyUg9UZZw","kid":"BFu6PJOhBcvZ82xXBQLyUg9UZ
Zw"}.{"aud":"00000002-0000-0ff1-ce00-000000000000/partner.outlook.cn@bbb34865-23d9-4cca-9227-f3ac3368ee60
","iss":"00000001-0002-0000-c000-000000000000@bbb34865-23d9-4cca-9227-f3ac3368ee60","iat":1560134165,"nbf
":1560134165,"exp":1560163265,"identityprovider":"00000001-0002-0000-c000-000000000000@bbb34865-23d9-4cca
-9227-f3ac3368ee60","nameid":"00000002-0000-0ff1-ce00-000000000000@bbb34865-23d9-4cca-9227-f3ac3368ee60",
"oid":"58d7f4fc-5466-41d4-a983-78f3abac67ad","sub":"58d7f4fc-5466-41d4-a983-78f3abac67ad","trustedfordele
gation":"true"}

Exchange Response Details:
HTTP response message:
Exception:
System.Net.WebException: The remote server returned an error: (401) Unauthorized.
   at System.Net.HttpWebRequest.GetResponse()
   at Microsoft.Exchange.Monitoring.TestOAuthConnectivityHelper.SendExchangeOAuthRequest(ADUser user,
String orgDomain, Uri targetUri, String& diagnosticMessage, Boolean appOnly, Boolean useCachedToken,
Boolean reloadConfig)

ResultType  : Error
Identity    : Microsoft.Exchange.Security.OAuth.ValidationResultNodeId
IsValid     : True
ObjectState : New
```

图 2-387 本地邮箱测试 Test-OAuthConnectivity

（3） 在 Exchange Online PowerShell，运行：

要验证 Exchange Online 组织可以成功连接到本地 Exchange 组织，使用远程 PowerShell 连接到 Exchange Online 组织并运行以下命令（图 2-388）。

```
Test-OAuthConnectivity -Service EWS -TargetUri <external hostname authority of your Exchange On-Premises deployment>/metadata/json/1 -Mailbox <Exchange Online Mailbox> -Verbose | fl>c:\cloudOAuthConnectivity.txt

Test OAuthConnectivity -Service EWS -TargetUri https://Office365tech.cn/EWS/Exchange.asmx/metadata/json/1 -Mailbox cloud222@Office365tech.cn -Verbose | fl
```

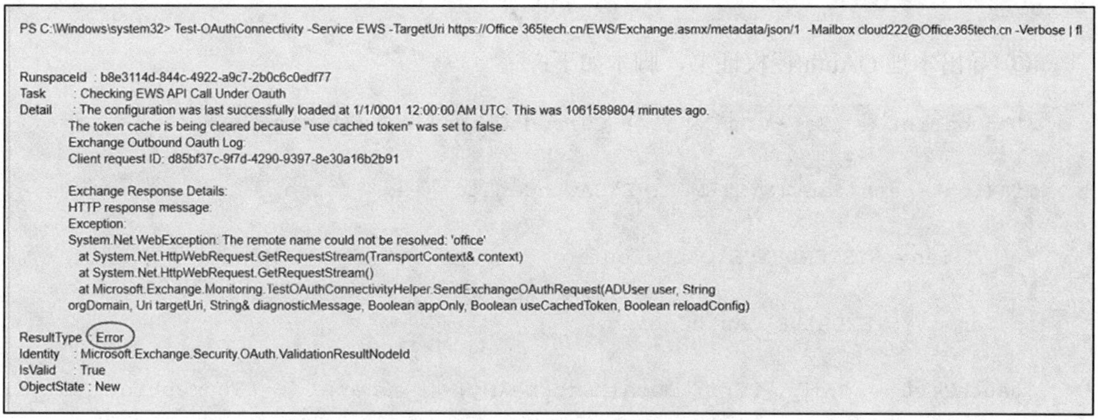

```
PS C:\Windows\system32> Test-OAuthConnectivity -Service EWS -TargetUri https://Office 365tech.cn/EWS/Exchange.asmx/metadata/json/1  -Mailbox cloud222@Office365tech.cn -Verbose | fl

RunspaceId  : b8e3114d-844c-4922-a9c7-2b0c6c0edf77
Task        : Checking EWS API Call Under Oauth
Detail      : The configuration was last successfully loaded at 1/1/0001 12:00:00 AM UTC. This was 1061589804 minutes ago.
              The token cache is being cleared because "use cached token" was set to false.
              Exchange Outbound Oauth Log:
              Client request ID: d85bf37c-9f7d-4290-9397-8e30a16b2b91

              Exchange Response Details:
              HTTP response message:
              Exception:
              System.Net.WebException: The remote name could not be resolved: 'office'
                at System.Net.HttpWebRequest.GetRequestStream(TransportContext& context)
                at System.Net.HttpWebRequest.GetRequestStream()
                at Microsoft.Exchange.Monitoring.TestOAuthConnectivityHelper.SendExchangeOAuthRequest(ADUser user, String
              orgDomain, Uri targetUri, String& diagnosticMessage, Boolean appOnly, Boolean useCachedToken, Boolean reloadConfig)

ResultType  : Error
Identity    : Microsoft.Exchange.Security.OAuth.ValidationResultNodeId
IsValid     : True
ObjectState : New
```

图 2-388 Office 365 邮箱测试 Test-OAuthConnectivity

注意：

可以忽略“SMTP 地址没有与其关联的邮箱”这一错误。唯一重要的是 ResultTask 参数返回值 Success。例如，测试输出的最后一部分应为：

```
ResultType: Success
Identity: Microsoft.Exchange.Security.OAuth.ValidationResultNodeId
IsValid: True
ObjectState: New
```

（4） OAuth 手动部署。一般来说，HCW 会自动完成 OAuth 部署工作，如果 HCW 不能完成该工作，可参考以下说明，进行 OAuth 手动部署。

```
https://support.office.com/zh-cn/article/使用由世纪互联运营的-Office-365-配置-Exchange-混合部署功能-26e7cc26-c980-4cc5-a082-c333de544b6d?ui=zh-CN&rs=zh-CN&ad=CN
```

① 为 Exchange Online 组织创建授权服务器对象。对于此过程，必须为 Exchange Online

组织指定一个经过验证的域。此域应与基于云的电子邮件账户使用的主 SMTP 域是同一个域。此域在以下过程中称为<您的经过验证的域>。

在本地 Exchange 2013 组织的 Exchange 命令行管理程序中运行以下命令。

```
New-AuthServer -Name "MicrosoftAzureACS" -AuthMetadataUrl https:// accounts.accesscontrol.chinacloudapi.cn/ctsExchange Online.top/metadata/json/1
```

② 为 Exchange Online 组织启用合作伙伴应用程序。

在本地 Exchange 组织的 Exchange PowerShell 中运行以下命令。

```
Get-PartnerApplication | ?{$_.ApplicationIdentifier -eq "00000002-0000-0ff1-ce00-000000000000"-and $_.Realm -eq ""} | Set-PartnerApplication -Enabled $true
```

③ 导出本地 OAuth 授权证书，脚本如下：

```
$thumbprint = (Get-AuthConfig).CurrentCertificateThumbprint

if((test-path $env:SYSTEMDRIVE\OAuthConfig) -eq $false)
{
    md $env:SYSTEMDRIVE\OAuthConfig
}
cd $env:SYSTEMDRIVE\OAuthConfig

$oAuthCert = (dir Cert:\LocalMachine\My) | where {$_.Thumbprint -match $thumbprint}
$certType = [System.Security.Cryptography.X509Certificates.X509ContentType]::Cert
$certBytes = $oAuthCert.Export($certType)
$CertFile = "$env:SYSTEMDRIVE\OAuthConfig\OAuthCert.cer"
[System.IO.File]::WriteAllBytes($CertFile, $certBytes)
```

将以上脚本存为 ExportAuthCert.ps1 脚本。

在此步中，必须运行 PowerShell 脚本导出本地授权证书，该证书随后在下一步中将导入 Exchange Online 组织中，证书目录路径如图 2-389 所示。

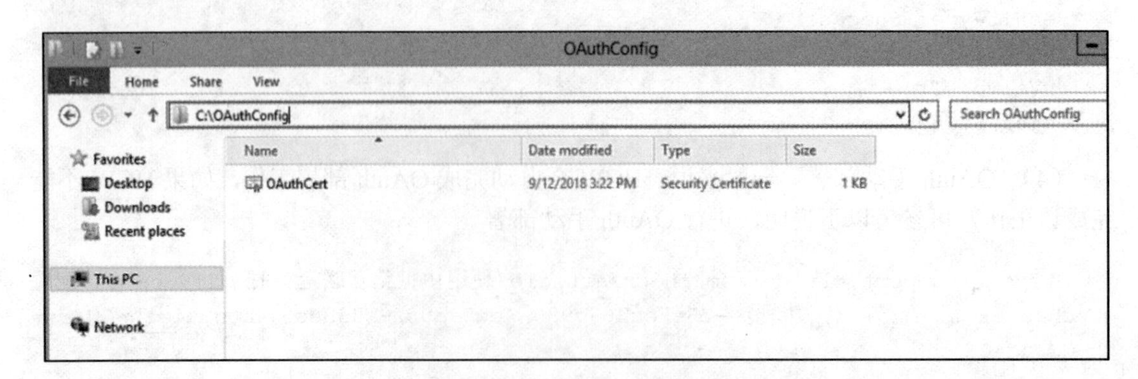

图 2-389　证书目录路径

④ 将本地授权证书上载到 Microsoft Azure Active Directory ACS。接下来，必须使用 Windows PowerShell 将上一步中导出的本地授权证书上载到 Microsoft Azure Active Directory 访问控制服务(ACS)。为此，必须安装用于 Windows PowerShell cmdlet 的 Microsoft Azure Active Directory (AD)模块。如果未安装该模块，转到 http://aka.ms/aadposh 以安装 Microsoft Azure AD 模块。安装 Microsoft Azure AD 模块后，完成下面的步骤。

```
Connect-MsolService;
Import-Module msOnlineextended;

$CertFile = "$env:SYSTEMDRIVE\OAuthConfig\OAuthCert.cer"

$objFSO = New-Object -ComObject Scripting.FileSystemObject;
$CertFile = $objFSO.GetAbsolutePathName($CertFile);

$cer = New-Object System.Security.Cryptography. X509Certificates.
X509Certificate
$cer.Import($CertFile);
$binCert = $cer.GetRawCertData();
$credValue = [System.Convert]::ToBase64String($binCert);

$ServiceName = "00000002-0000-0ff1-ce00-000000000000";

$p = Get-MsolServicePrincipal -ServicePrincipalName $ServiceName
New-MsolServicePrincipalCredential -AppPrincipalId $p.AppPrincipalId -Type
asymmetric -Usage Verify -Value $credValue
```

将以上脚本存为 UploadAuthCert.ps1 脚本。需要输入 Office 365 全局管理员的用户名和密码，如图 2-390 所示。

```
[PS] C:\Windows\system32>cd C:\Desktop
[PS] C:\Windows\system32>.\UploadAuthCert.ps1
[PS] C:\Desktop>
```

图 2-390 将本地授权证书上载到 Microsoft Azure Active Directory ACS

⑤ 向 Microsoft Azure Active Directory 注册外部本地 Exchange HTTP 终结点的所有主机名称授权机构。必须为本地 Exchange 组织中可公开访问的每个终结点运行此步骤中的脚本。在可能的情况下，建议使用通配符。例如，假定 Exchange 在 https://mail.contoso.com/ews/Exchange.asmx 上外部可用。在这种情况下可以使用一个通配符：*.contoso.com。这会涵盖终结点 autodiscover.contoso.com 和 mail.contoso.com。但是，不会涵盖顶级域 contoso.com。如果 Exchange 2013 客户端访问服务器可通过顶级主机名称授权机构从外部访问，则此主机名颁发机构还必须注册为 contoso.com。对注册更多的外部主机名称授权机构没有限制。

如果不确定本地 Exchange 组织中的外部 Exchange 终结点，可以通过在本地 Exchange 组织的 Exchange PowerShell 中运行以下命令来获取外部配置的 Web 服务终结点的列表，如图 2-391 所示。

```
Get-WebServicesVirtualDirectory | FL ExternalUrl
```

```
[PS] C:\Desktop>Get-WebServicesVirtualDirectory | FL ExternalUrl

ExternalUrl : https://office365tech.cn/EWS/Exchange.asmx

[PS] C:\Desktop>
```

图 2-391　获取本地 Exchange 的 EWS 外部路径

将以下脚本存为 RegisterEndpoints.ps1 脚本，更改*.contoso.com 为 Office365tech.cn，如图 2-392 和图 2-393 所示。

```
$externalAuthority="*.contoso.com"

$ServiceName = "00000002-0000-0ff1-ce00-000000000000";

$p = Get-MsolServicePrincipal -ServicePrincipalName $ServiceName;

$spn = [string]::Format("{0}/{1}", $ServiceName, $externalAuthority);
$p.ServicePrincipalNames.Add($spn);

Set-MsolServicePrincipal  -ObjectID  $p.ObjectId  -ServicePrincipalNames
$p.ServicePrincipalNames;
```

```
RegisterEndpoints.ps1
1  $externalAuthority="office365tech.cn"
2
3  $ServiceName = "00000002-0000-0ff1-ce00-000000000000";
4
5  $p = Get-MsolServicePrincipal -ServicePrincipalName $ServiceName;
6
7  $spn = [string]::Format("{0}/{1}", $ServiceName, $externalAuthority);
8  $p.ServicePrincipalNames.Add($spn);
9
10 Set-MsolServicePrincipal -ObjectID $p.ObjectId -ServicePrincipalNames $p.ServicePrincipalNames;
```

图 2-392　RegisterEndpoints 脚本示例

```
[PS] C:\Desktop>.\UploadAuthCert.ps1
[PS] C:\Desktop>.\RegisterEndpoints.ps1
[PS] C:\Desktop>
```

图 2-393 RegisterEndpoints 脚本成功运行

⑥ 创建从本地组织到 Office 365 的组织内连接器。必须为在 Exchange Online 中托管的邮箱定义目标地址。创建 Office 365 租户时，将自动创建此目标地址。例如，如果组织在 Office 365 租户中托管的域是“contoso.com”，则目标服务地址将是“contoso.partner.mail.onmschina.cn”。

使用 Exchange PowerShell 在本地组织中运行以下命令。

这个步骤一般不用做，HCW 会建立好的。

```
New-IntraOrganizationConnector -Name 'HybridIOC - 9bc5d51f-c412- 421a-911c-5a77b8549e2a' -DiscoveryEndpoint 'https://autodiscover-s.partner. outlook.cn/autodiscover/autodiscover.svc' -TargetAddressDomains {Office 365tech.partner.mail.onmschina.cn} -Enabled: $true
```

⑦ 创建从 Office 365 租户到本地 Exchange 组织的组织内连接器。必须为在本地组织中托管的邮箱定义目标地址。如果组织的主 SMTP 地址是“contoso.com”，则此地址将是“contoso.com”。

还必须为本地组织定义外部自动发现终结点。如果公司是“contoso.com”，则这通常是以下之一。

a. https://autodiscover.<您的主 SMTP 域>/autodiscover/autodiscover.svc。

b. https://<您的主 SMTP 域>/autodiscover/autodiscover.svc。

注意，可以在本地和 Office 365 租户中使用 Get-IntraOrganizationConfiguration cmdlet 确定 New-IntraOrganizationConnector cmdlet 所需的终结点的值。

```
New-IntraOrganizationConnector -name ExchangeHybridOnlineToOnPremises -DiscoveryEndpoint <your on-premises Autodiscover endpoint> -TargetAddressDomains <your on-premises SMTP domain>

New-IntraOrganizationConnector -Name 'HybridIOC - 9bc5d51f-c412-421a-911c-5a77b8549e2a' - DiscoveryEndpoint ' https://Office365tech.cn/autodiscover/autodiscover.svc' -TargetAddressDomains { Office365tech.cn } -Enabled: $true
```

⑧ 在 Exchange 2013 CU20 服务器上配置 availabilityaddressspace。在 Exchange 2013 之前的组织中配置 Exchange Online 混合部署时，组织中至少安装一个具有客户端访问服务器角色和邮箱服务器角色的 Exchange 2013 CU20 或更高版本的服务器。Exchange 2013 服务器用作前端服务器，并可协调现有 Exchange 本地组织与 Exchange Online 组织之间的通信。此通信包括本地组织与 Exchange Online 组织之间的邮件传输和消息传递功能。强烈建议在本地组织中安装多个 Exchange 2013 服务器，以帮助提高混合部署功能的可靠性与可用性。

所有来自 Office 365 和 Exchange Online 的 Exchange Web 服务（EWS）请求都必须连接到本地部署中的 Exchange 2013 客户端访问服务器。此外，在 Exchange Online 的本地 Exchange 组织中发起的所有 EWS 请求都必须通过运行 Exchange 2013 CU20 或更高版本的客户端访问服务器提供代理。

由于这些 Exchange 2013 客户端访问服务器必须处理此额外的传入和传出 EWS 请求，因此必须具有数量足以处理负载和提供连接冗余的 Exchange 2013 客户端访问服务器。

若要配置 availabilityaddressspace，使用 ExchangePowerShell 和企业内组织的运行以下 cmdlet。

```
Add-AvailabilityAddressSpace -AccessMethod InternalProxy -ProxyUrl <your on-premises External Web Services URL> -ForestName <your Office 365 service target address> -UseServiceAccount $True
```

在实际中，运行以下命令。

```
Add-AvailabilityAddressSpace -ForestName 'Office 365tech. partner.mail.onmschina.cn' -AccessMethod 'InternalProxy' -UseServiceAccount: $true -ProxyUrl 'https://Office365tech.cn/EWS/Exchange.asmx'
```

2.10.5 远程迁移

1. 迁移邮箱至 Office 365

远程迁移 Remote Move 方法：

（1） 本地 Exchange 2013 服务器要“启用 MRS 代理终结点”，并且发布了 443 端口到公网，身份验证选择“基本身份验证”。

（2） AAD connect 运行向导中，“Exchange Hybrid Deployment”选项是选中的（如果不选中，（4）步骤不生效）。

（3） 创建迁移终结点（只需要创建一次，如果更新了本地 Exchange Admin 的管理员密码，需要在编辑迁移终结点处更新密码）。

（4） 同步本地邮箱至 Office 365 的联系人中，显示为邮件用户。

（5） 创建迁移任务，当任务显示“已同步”，表示迁移成功了，单击“完成迁移批处理”，邮件用户将转换为邮箱。

（6） 分配 Exchange Online 许可证（如果不分配 Exchange Online 许可证，30 天后邮件将丢失，且邮箱数据无法恢复），检查收发邮件正常，且迁移的邮件没有丢失，可以删除迁移任务。

以下操作在混合部署成功后运行。

（1） 本地 Exchange 2013 服务器要“启用 MRS 代理终结点”，并且发布了 443 端口到公网，如图 2-394 所示，也填写了 EWS 的外部 URL。

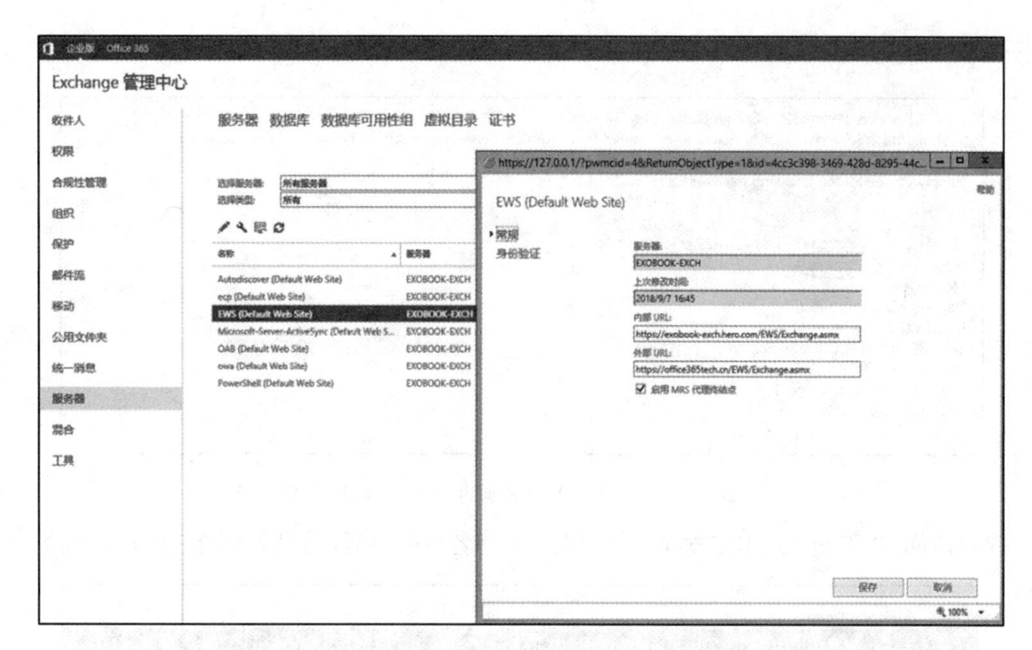

图 2-394 本地 Exchange 2013 服务器 EWS“常规”设置

身份验证，要选中如图 2-395 所示的两种。

图 2-395 身份验证，需要选择“基本身份验证”

连接 Exchange Online PowerShell，其中需要输入本地 Exchange 的管理员凭据，检查结果是 success，如图 2-396 所示。

```
$Credentials = Get-Credential
Test-MigrationServerAvailability -ExchangeRemoteMove -RemoteServer Office
```

```
365lab.cn  -Credentials $credentials
```

```
PS C:\Windows\system32> $Credentials = Get-Credential
Test-MigrationServerAvailability -ExchangeRemoteMove -RemoteServer Office365lab.cn  -Credentials $credentials
cmdlet Get-Credential at command pipeline position 1
Supply values for the following parameters:


RunspaceId      : b8e3114d-844c-4922-a9c7-2b0c6c0edf77
Result          : Success
Message         :
SupportsCutover : False
ErrorDetail     :
TestedEndpoint  : Office365lab.cn
IsValid         : True
Identity        :
ObjectState     : New
```

图 2-396　测试 EXO 到本地的 EWS 连接性成功

（2）访问 EWS 外部 URL 发布地址，输入用户名和密码后，得到如图 2-397 所示的页面。

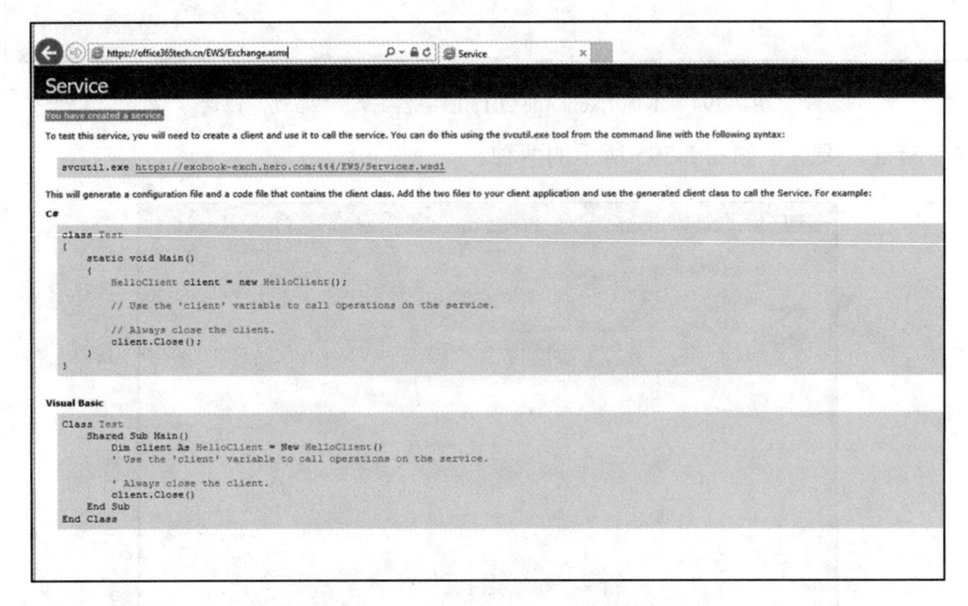

图 2-397　访问 EWS 外部 URL 发布地址

（3） 如果需要重新激活 MRSProxy（只有上一步骤不正常，才需要运行第三步），运行以下命令来关闭 MRSProxy。

```
    Get-WebServicesVirtualDirectory                |Set-WebServicesVirtualDirectory
-MRSProxyEnabled $false
```

等待几分钟后，运行命令来启用 MRSProxy。

```
    Get-WebServicesVirtualDirectory                |Set-WebServicesVirtualDirectory
-MRSProxyEnabled $true
```

使用 iisreset 命令重新启动 IIS。

（4） 开始迁移本地邮箱 local2 到 Exchange Online，如图 2-398 所示。

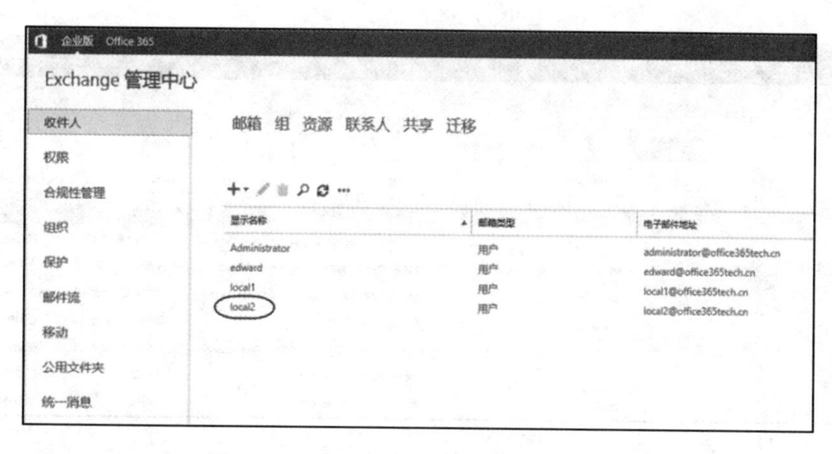

图 2-398 本地 EAC 中的本地邮箱 Local2

（5） 运行目录同步工具 AAD connect（图 2-399）。

```
Start-ADSyncSyncCycle -PolicyType Initial    #执行一次完整同步
```

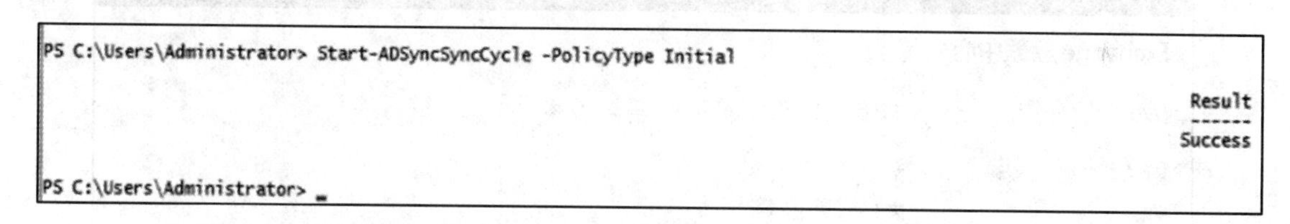

图 2-399 完整同步命令

需要注意的是，“Exchange Hybrid Deployment”选项是启用的，如图 2-400 所示。

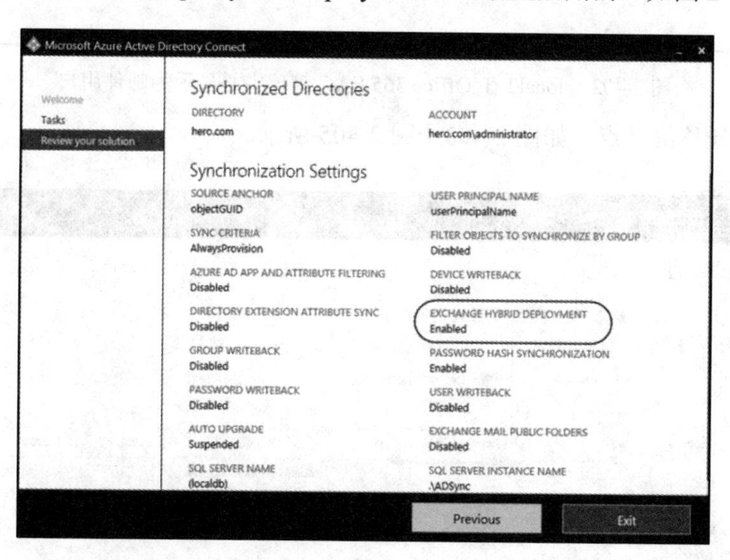

图 2-400 选择“Exchange Hybrid Deployment”

（6） local2 已经同步到 Office 365，这时一定不要分配许可证，如图 2-401 所示。

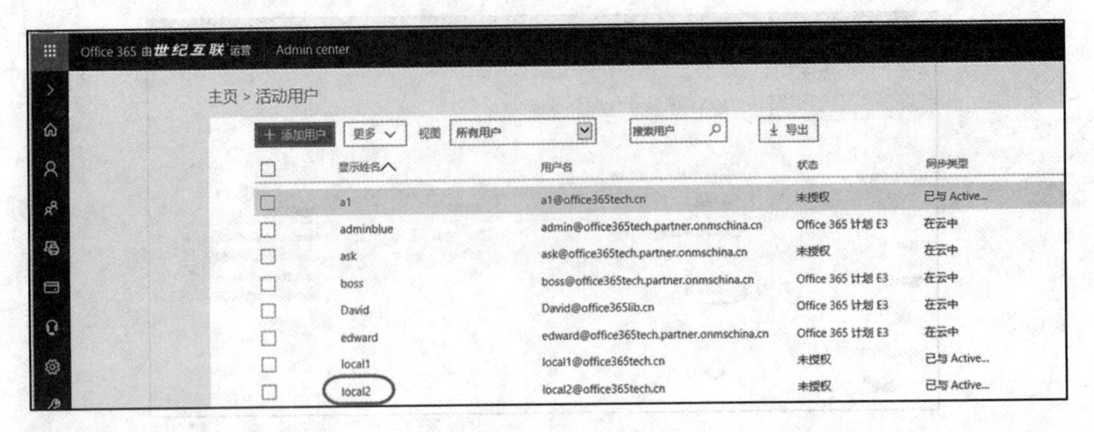

图 2-401　local2 在 Office 365 管理中心的显示状态

在联系人中可以看到 local2 是邮件用户，如图 2-402 所示。

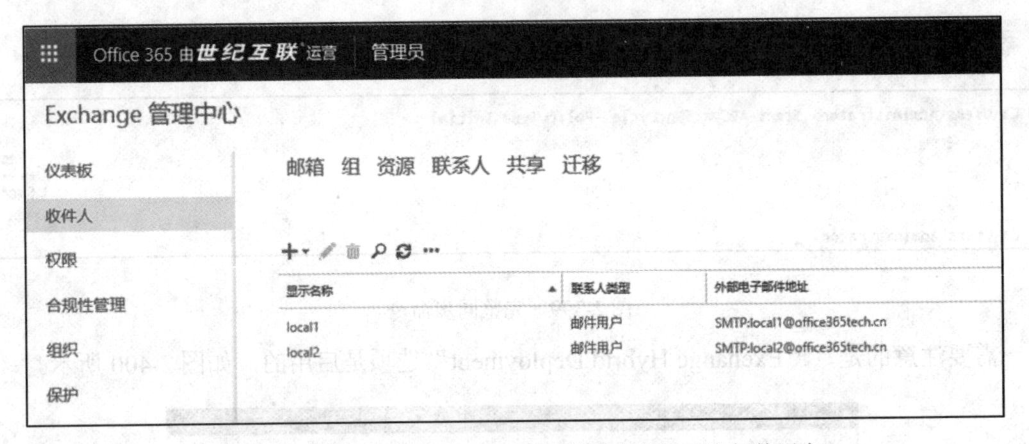

图 2-402　local2 在 Office 365 EAC 管理中心显示为邮件用户

（7） 创建迁移终结点，如图 2-403～图 2-405 所示。

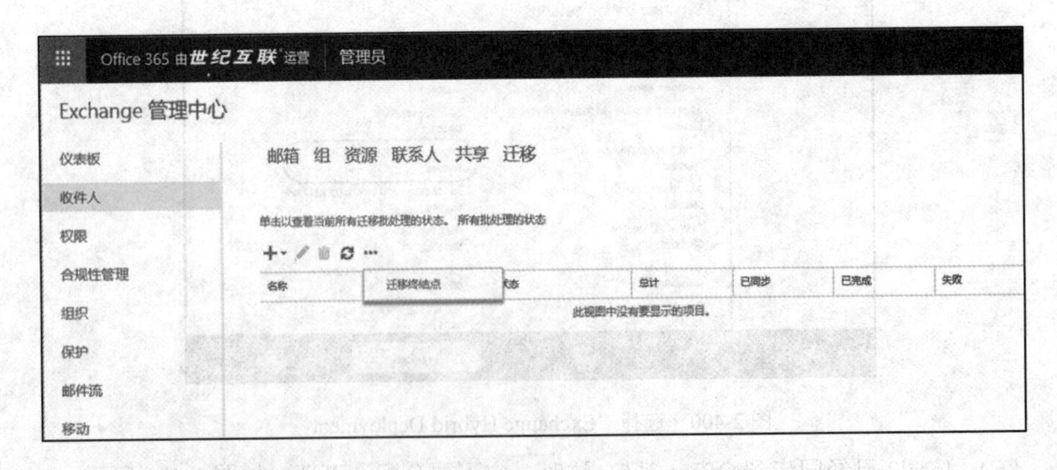

图 2-403　创建迁移终结点

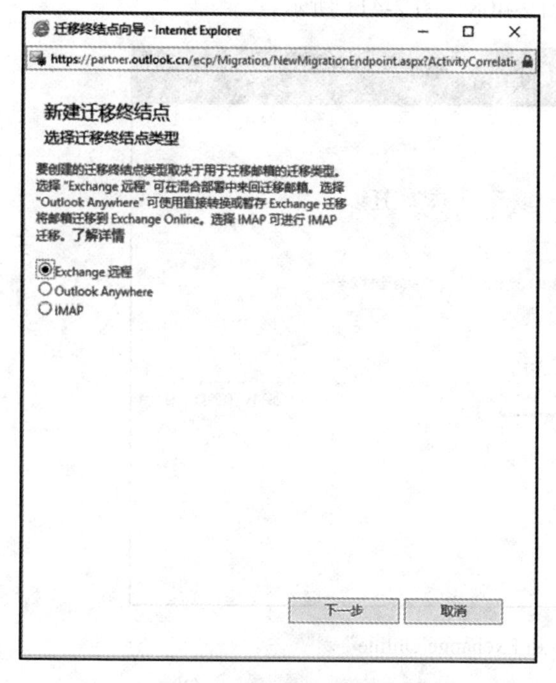

图 2-404 迁移终结点类型选择

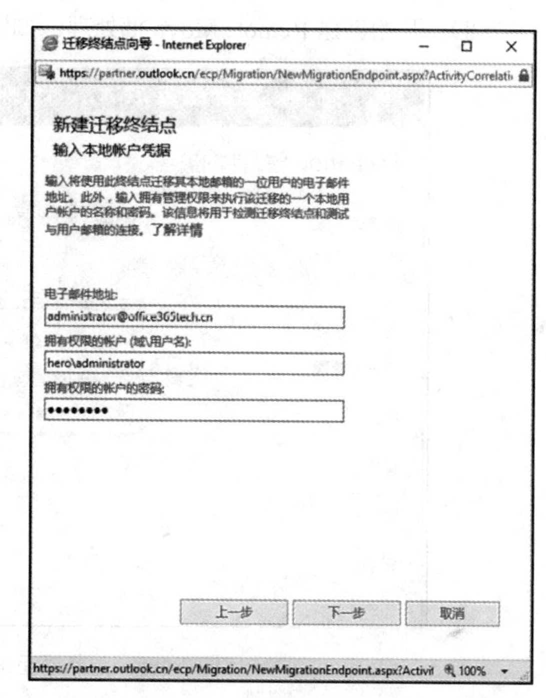

图 2-405 迁移终结点凭据输入

可能需要输入 EWS 服务器的 FQDN 地址，如图 2-406 所示。

最大并发迁移数：首次同步时同时迁移的邮箱数，默认值是 100；最大并发增量同步：每个迁移终结点指定最大增量同步的邮箱数，默认值是 20，如图 2-407 所示。

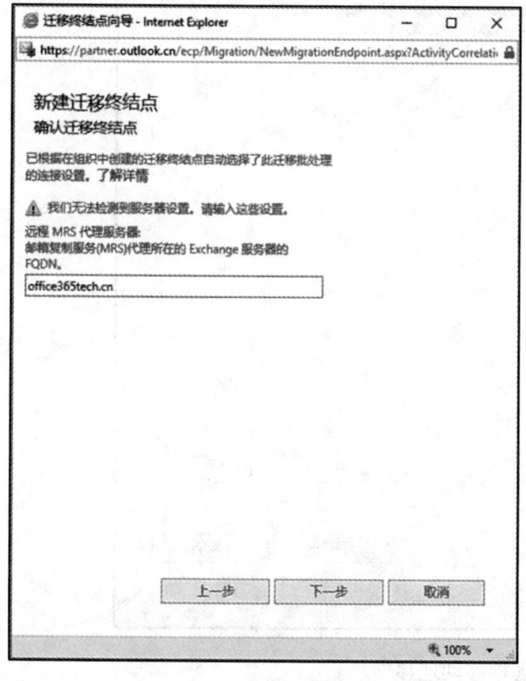

图 2-406 输入服务器的 FQDN

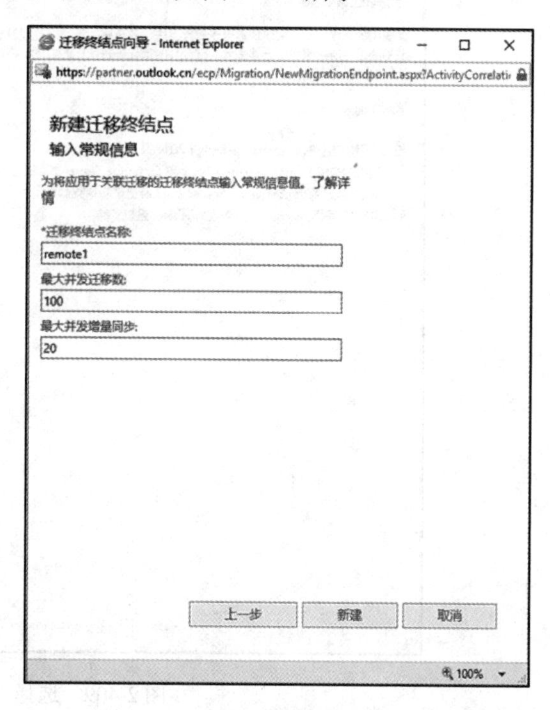

图 2-407 设置迁移终结点常规信息

（8） 开始创建 Remote Move 批处理，如图 2-408～图 2-411 所示。

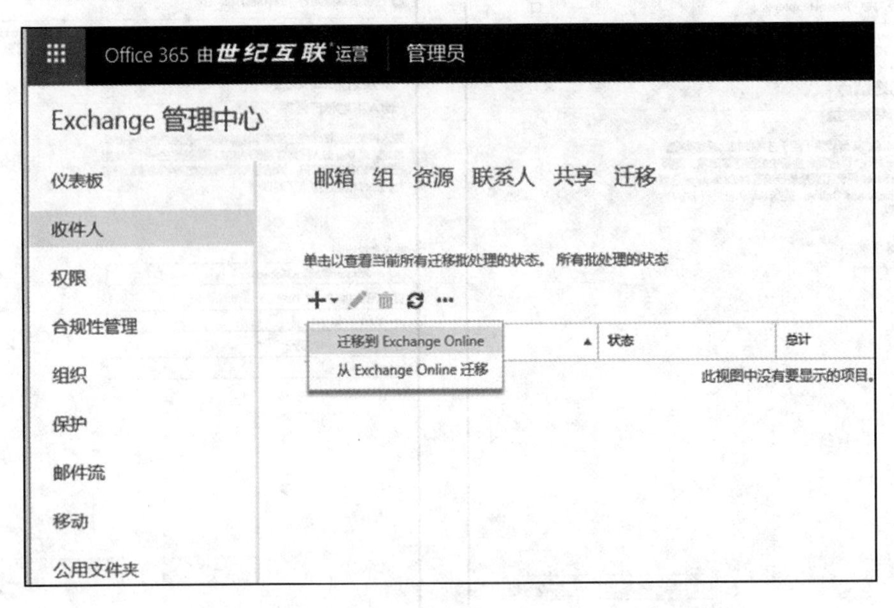

图 2-408 选择“迁移到 Exchange Online”

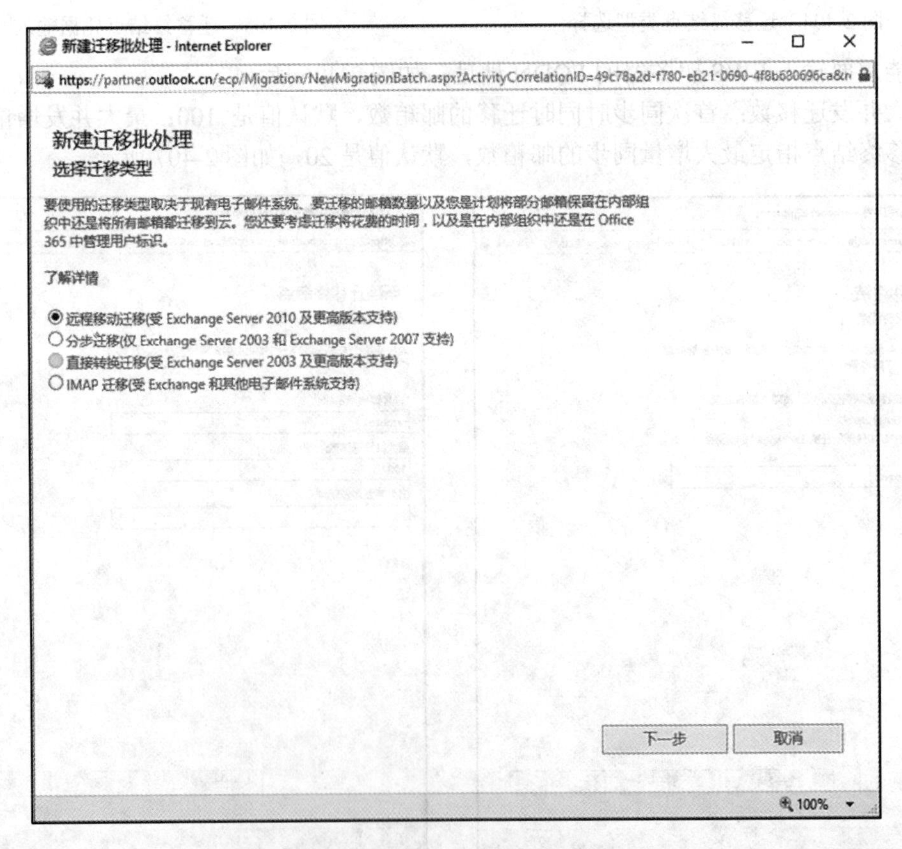

图 2-409 选择“远程移动迁移”

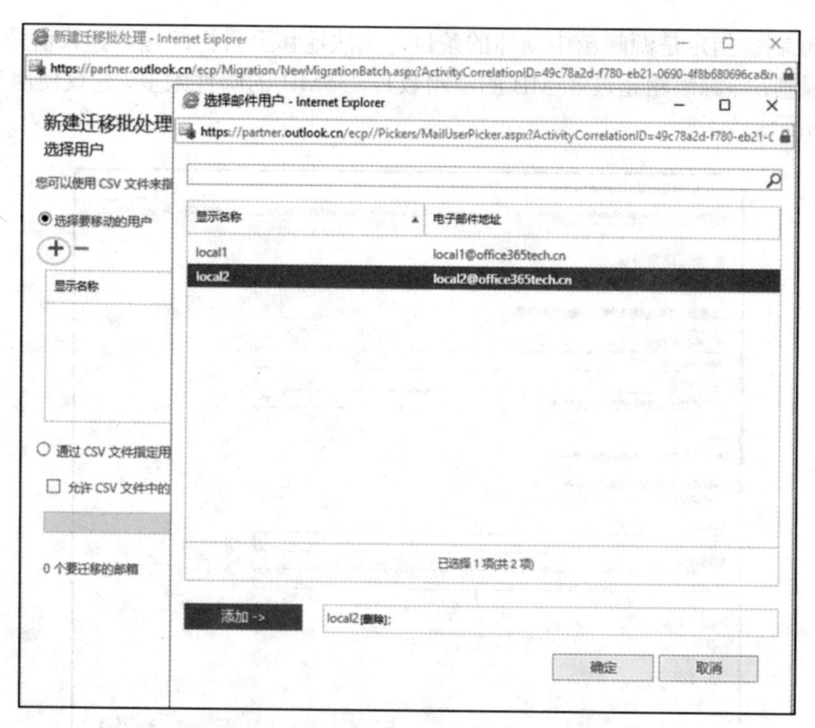

图 2-410　选择迁移到 Office 365 的本地邮箱

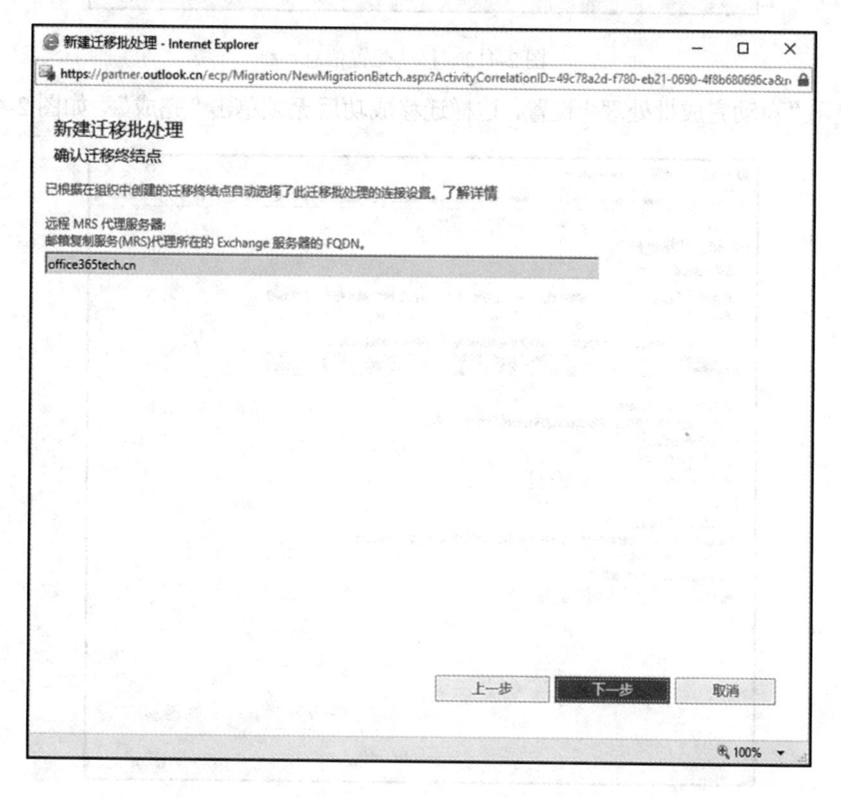

图 2-411　选择“远程 MRS 代理服务器”的 FQDN

错误项限制：指定是源邮箱中损坏的条目，无法迁移至目标邮箱，建议值是 10 或者更低；大项目限制：即源邮箱超过 35MB 的邮箱数目，35MB 的邮件太多，建议使用 PST 迁移，如图 2-412 所示。

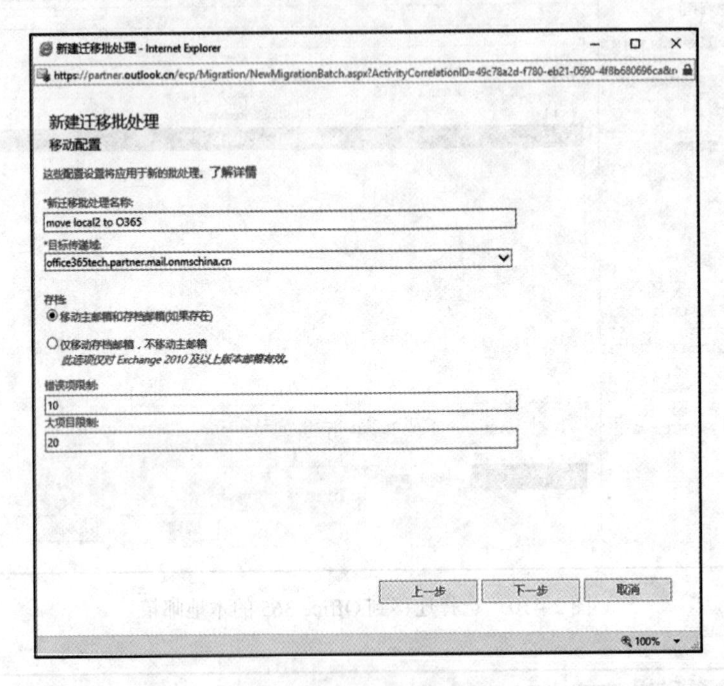

图 2-412　移动配置信息

建议使用“自动完成批处理”设置，这样迁移成功后无须单击“完成”，如图 2-413 所示。

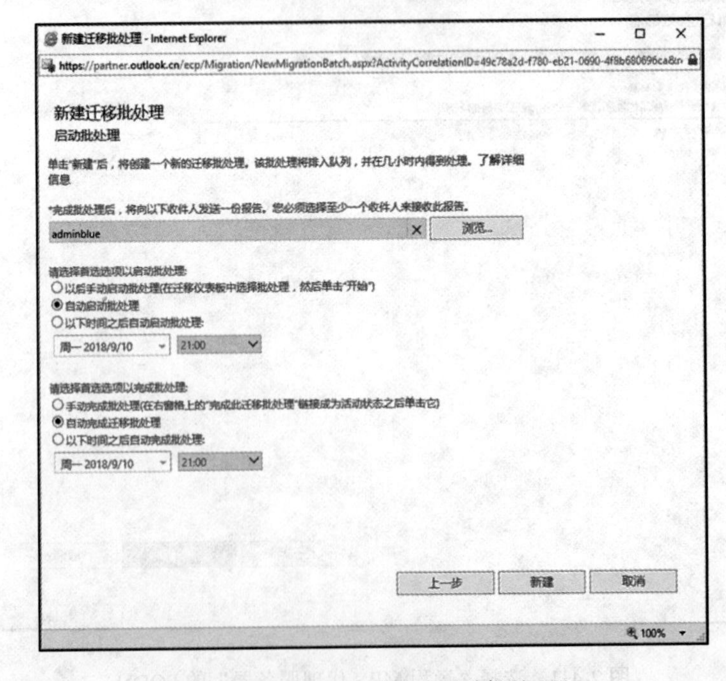

图 2-413　选择“自动完成迁移批处理”

远程迁移任务的状态显示为“已完成”，表示迁移成功了，如图 2-414 所示。

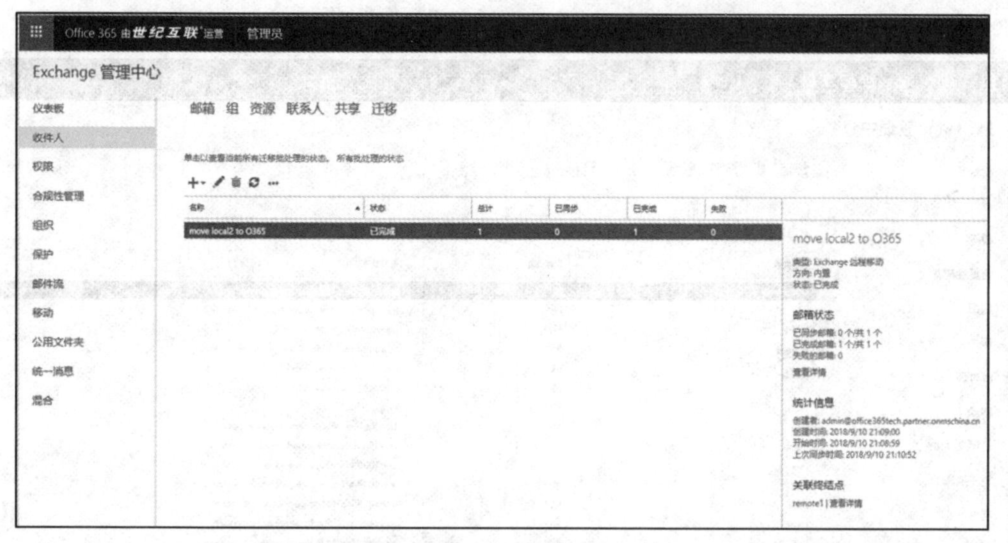

图 2-414　远程迁移成功

（9）使用“Get-MigrationBatch”命令查看迁移任务的状态（状态是已完成），如图 2-415 所示。

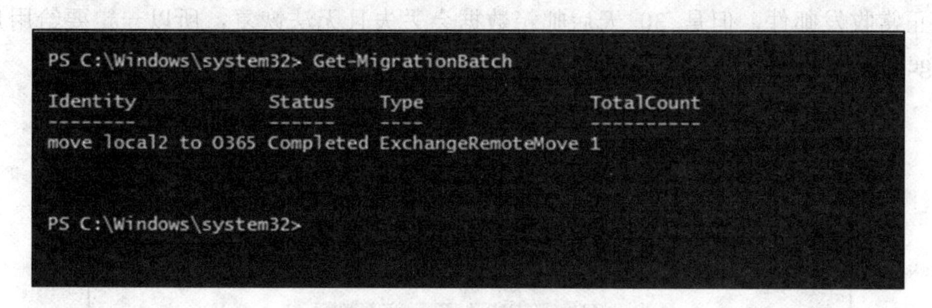

图 2-415　查看当前迁移任务状态

运行以下命令查看 local2 在哪个迁移任务中（图 2-416）。

```
get-migrationuser local2@Office365tech.cn |ft identity,batchid
```

```
get-migrationuser local2@Office365tech.cn |ft identity,batchid

Identity                  BatchId
--------                  -------
local2@Office365tech.cn move local2 to Office 365


PS C:\Windows\system32>
```

图 2-416　命令行查看 local2 在哪个迁移任务中

（10） 在迁移批处理完成后，local2 在 Office 365 会由邮件用户变为邮箱，如图 2-417 所示。

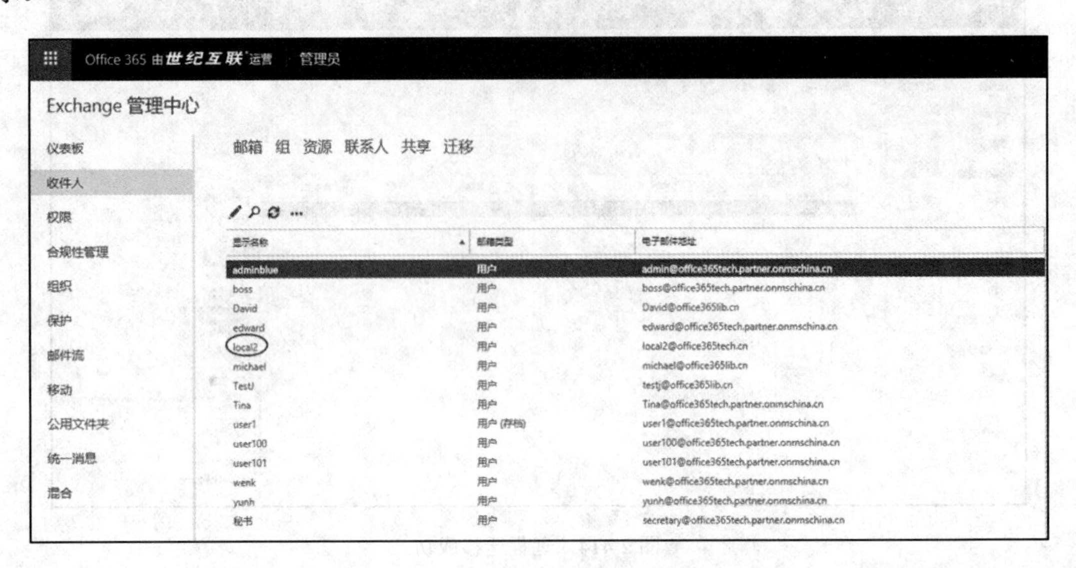

图 2-417 Office 365 EAC 管理中心 local2 变为邮箱

（11） 最后就可以给 local2 分配许可证了，如果只迁移了邮箱，忘记分配许可证，该邮箱可以正常收发邮件，但是 30 天后邮箱数据会丢失且无法恢复，所以一定要给用户分配 Exchange Online 许可证，如图 2-418 所示。

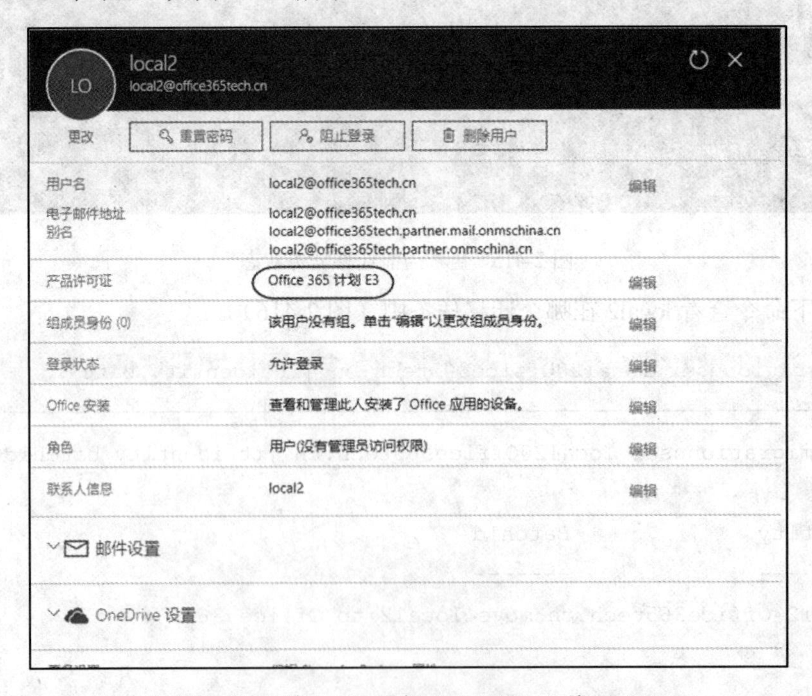

图 2-418 给 local2 添加 Office 365 E3 许可证

（12） 确认 local2 邮箱数据已经迁移成功（迁移的邮箱数据完整），并且收发邮件正常，然后就可以删除迁移任务了，如图 2-419 所示。

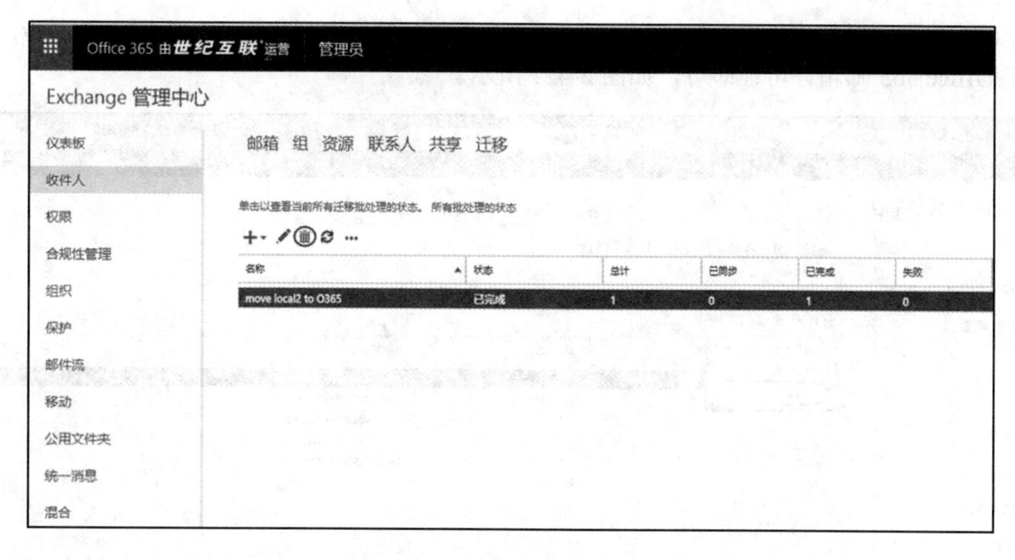

图 2-419　确认数据无误后删除迁移任务

（13）可以使用 Exchange Online PowerShell 迁移邮箱至 Office 365，其中需要输入本地 Exchange 2013 管理员账户凭据。

```
    $RemoteCredential= Get-Credential
    New-MoveRequest -Identity "local1@Office365tech.cn" -Remote -RemoteHostName
"Office365tech.cn     "          -TargetDeliveryDomain      Office      365tech.
partner.mail.onmschina.cn -RemoteCredential $RemoteCredential -BadItemLimit 20
-AcceptLargeDataLoss
```

（14）本地邮箱也可以使用图 2-420 所示位置迁移到 Office 365。

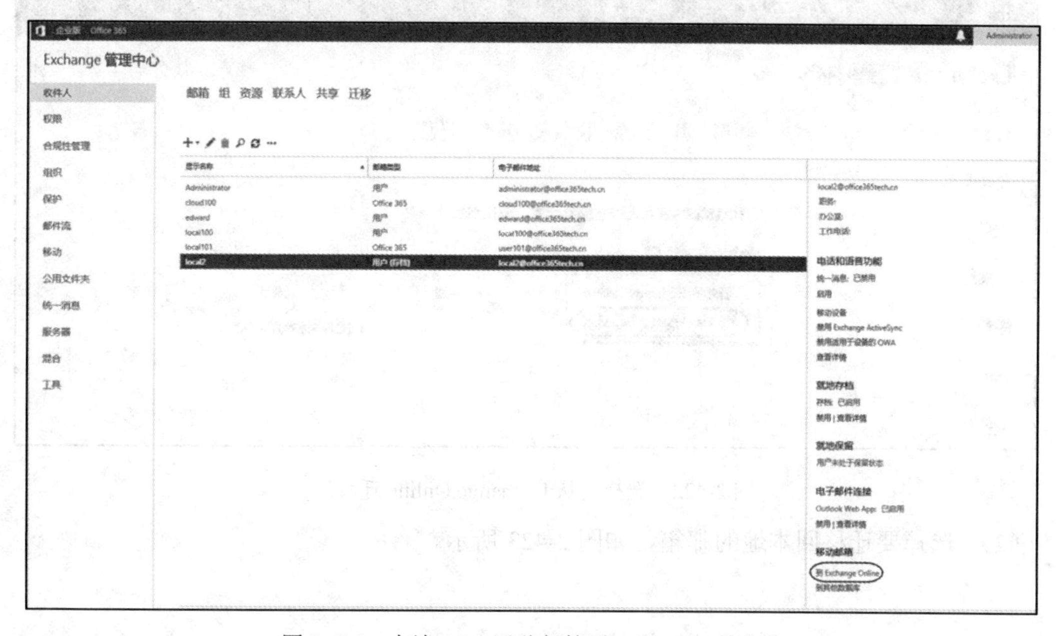

图 2-420　本地 EAC 迁移邮箱至 Office365 的方法

（15） 也可以在本地 EAC 中直接创建 Office 365 邮箱，在创建完成后启用目录同步，并分配 Office 365 邮箱许可证即可，如图 2-421 所示。

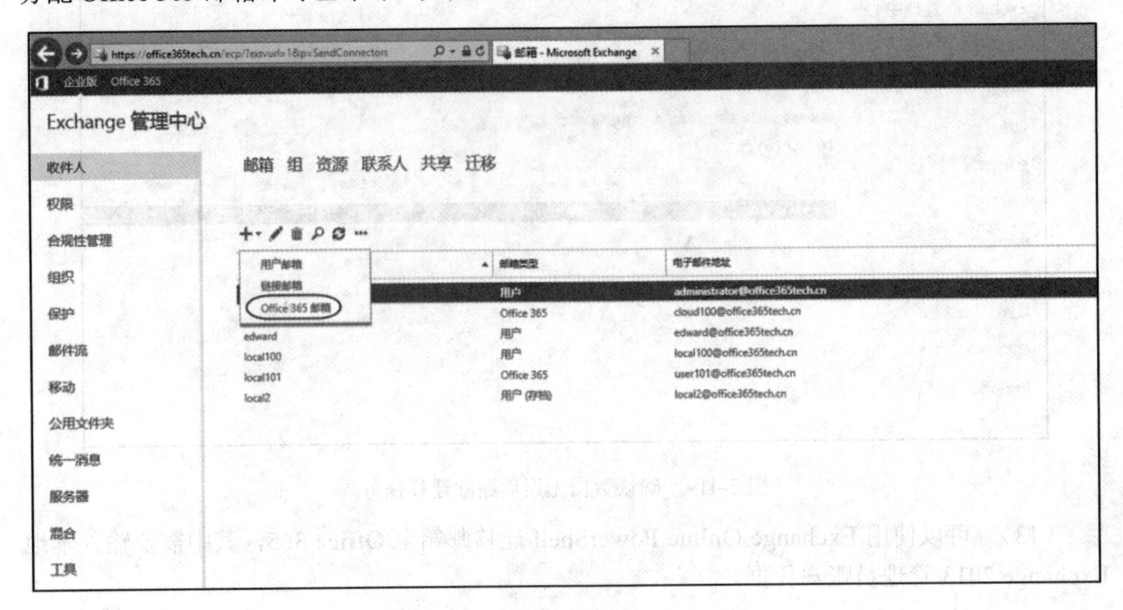

图 2-421 本地 EAC 创建 Office 365 邮箱

2. Office 365 迁移回本地

Office 365 邮箱迁移回本地的方法如下。

（1） 选择“从 Exchange Online 迁移”，如图 2-422 所示。

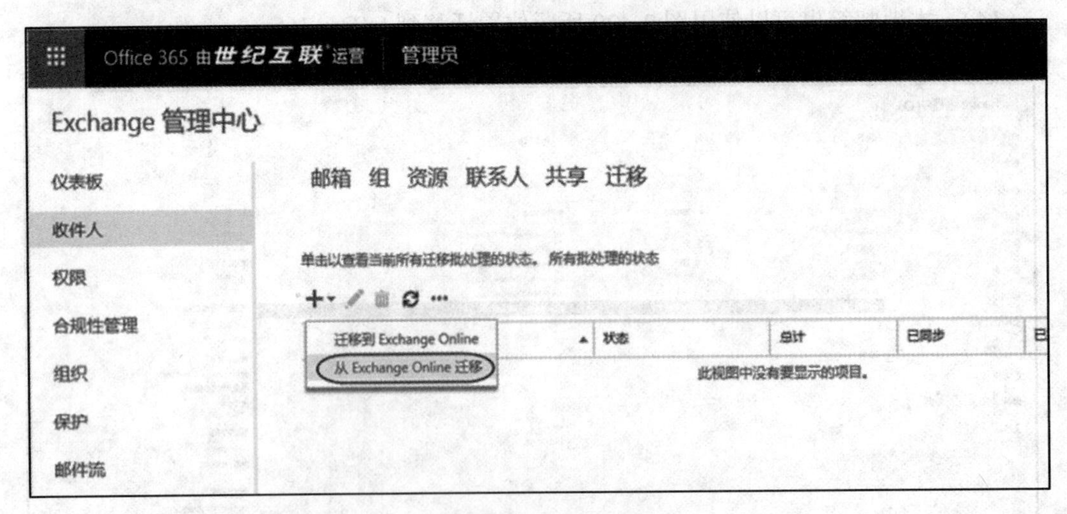

图 2-422 选择“从 Exchange Online 迁移”

（2） 选择要迁移回本地的邮箱，如图 2-423 所示。

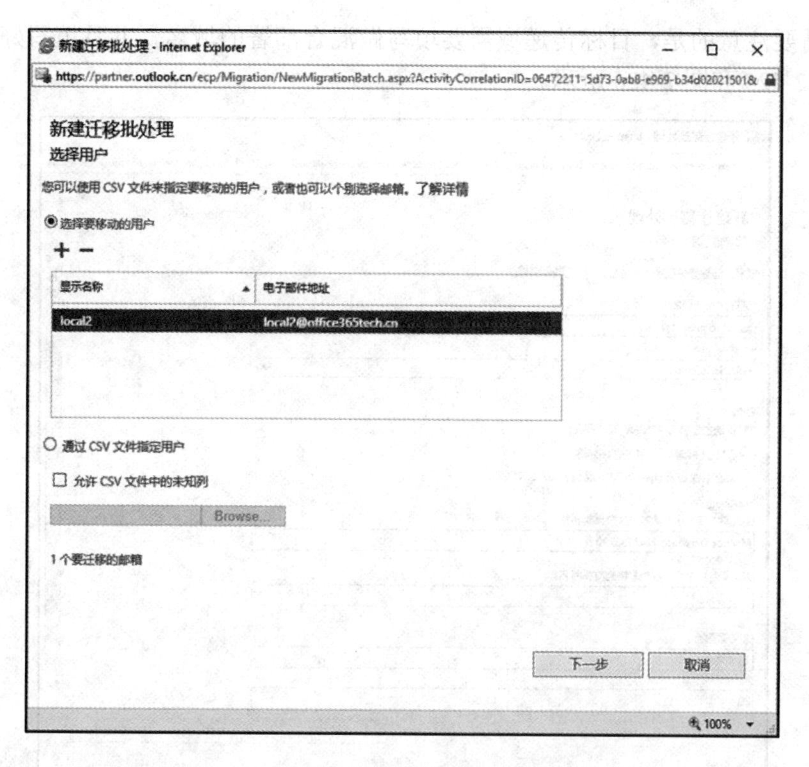

图 2-423 选择迁移到本地 Exchange 的邮箱

（3） 选择迁移终结点，如图 2-424 所示。

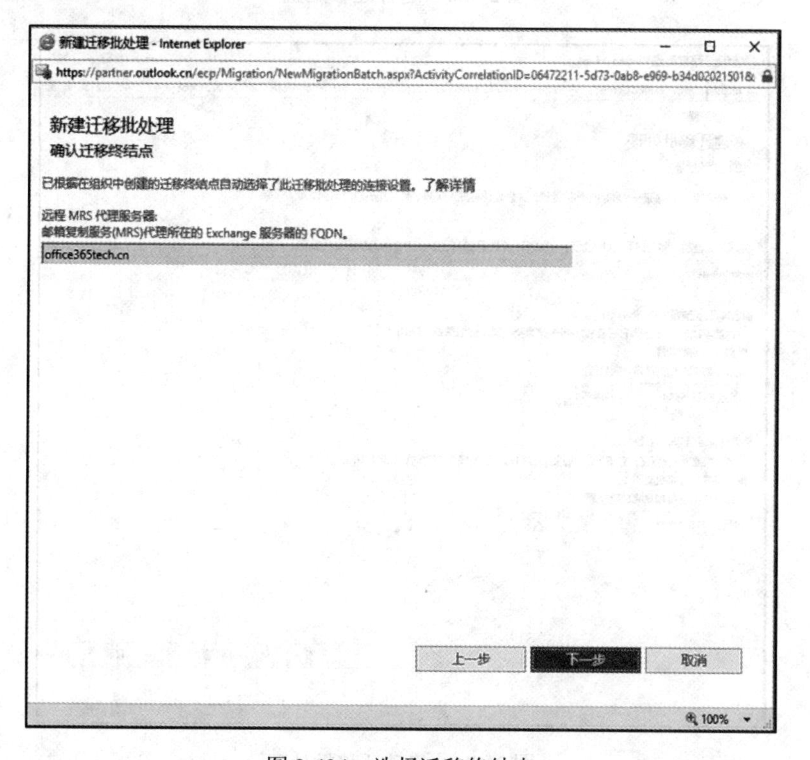

图 2-424 选择迁移终结点

（4） 需要注意的是，目标传递域需要填写做混合部署的域名，并且填写好本地的数据库名，如图 2-425 和图 2-426 所示。

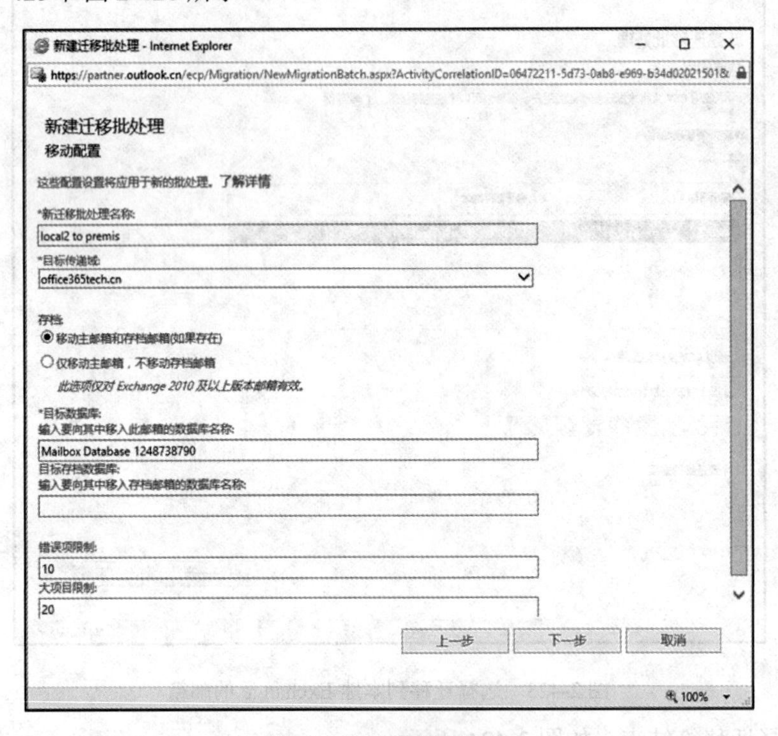

图 2-425 选择迁移配置

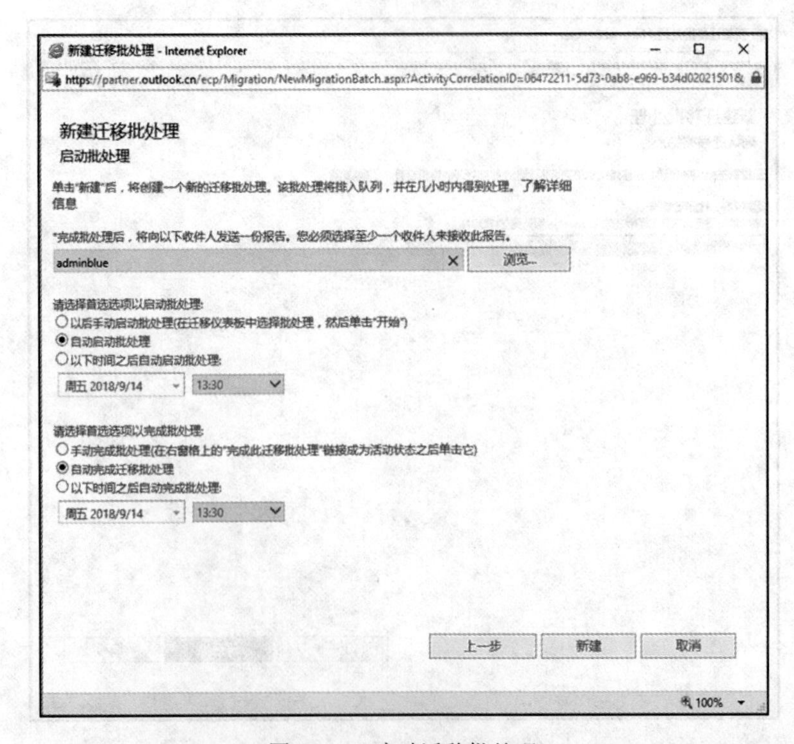

图 2-426 启动迁移批处理

（5） 迁移完成了，如图 2-427 所示。

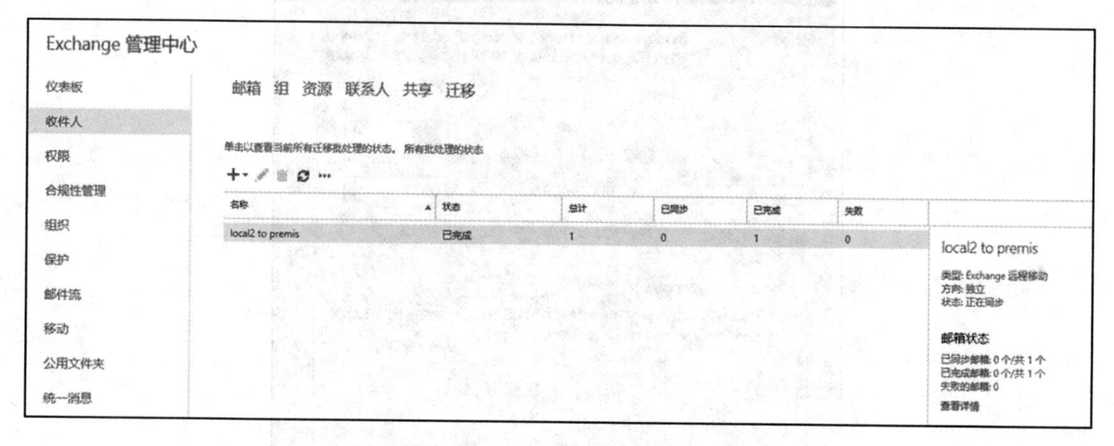

图 2-427 Office365 邮箱迁移回本地成功

3. 最优迁移

优化远程迁移的性能和最佳实践，可以参考以下说明。

```
https://technet.microsoft.com/zh-cn/library/dn592150%28v=exchg.150%29.aspx
```

远程迁移速度取决于多重因素：

（1） 本地邮箱大小、邮箱数据的类型（如只有 500 封邮件的 5GB 邮箱迁移速度，比同样是 5GB 邮箱却有 10 万封邮件的速度要快）。

（2） 网络因素，取决于本地 Exchange 服务器网络的上传速率（上传速率越快越好）、网络的稳定性和网络延迟（网络延迟小，稳定是关键）。

（3） 本地 Exchange 服务器是否使用了虚拟主机，CPU 速度、内存大小、硬盘速度也决定了迁移速度。

（4） 如果做混合部署的 Exchange 服务器有多台，可以建立至多 4 个远程迁移终结点，来提高迁移速度。

2.10.6 混合部署基本故障排除

1. 远程迁移故障排查

（1） 本地迁移至 Office 365，本地邮箱锁定：

```
    Relinquishing job because the mailbox is locked. The job will attempt to continue
again after 07/21/2018 AM.
    Mailbox Move to the cloud fail with error: Transient error
    CommunicationErrorTransientException has occurred. The system will retry
```

如果本地有 TMG 网关，按照网址 http://support.microsoft.com/kb/2654376 调整 TMG 管理控制台，设置 Configure Flood Mitigation Settings，将 IP Exceptions 设置 Office 365 的 IP 地址段；Custom Limit 根据需要调整到 6000 以上，如图 2-428 所示。

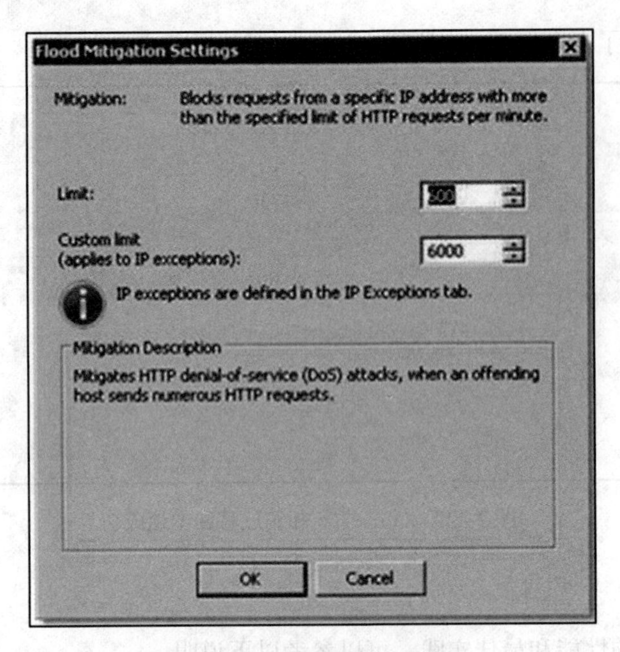

图 2-428　TMG 管理平台截图

（2） 迁移本地邮箱至 Office 365 后，不能使用 Outlook 2016 访问邮箱，只能在 OWA 中访问。迁移报错信息如下。

```
<Date> <Time> [] <Date> <Time> [] Failed to convert the source mailbox 'Primary (00000000-0000-0000-0000-000000000000)' to mail-enabled user after the move. Attempt 6/6. Error: UpdateMovedMailboxPermanentException.
```

预计是本地 AD 中权限继承删除的原因，需要做如下操作。

① 查看邮箱属性：

```
Get-Mailbox <UserMailbox> | fl | Out-File C:\UserMailbox.txt
```

② 禁用本地邮箱：

```
Disable-Mailbox <UserMailbox>
```

③ 启用远程邮箱：

```
Enable-RemoteMailbox -Identity <UserName> -RemoteRoutingAddress <UserName@domain.partner.mail.onmschina.cn>
```

参考文档：

https://support.microsoft.com/en-us/help/2745710/a-user-can-t-access-a-mailbox-by-using-outlook-after-a-remote-mailbox

（3） 本地 Exchange 用户迁移至 Office 365 失败，报错信息如下（图 2-429）。

状态：失败

user101@Office365tech.cn 已跳过的项目详细信息。

迁移的数据：

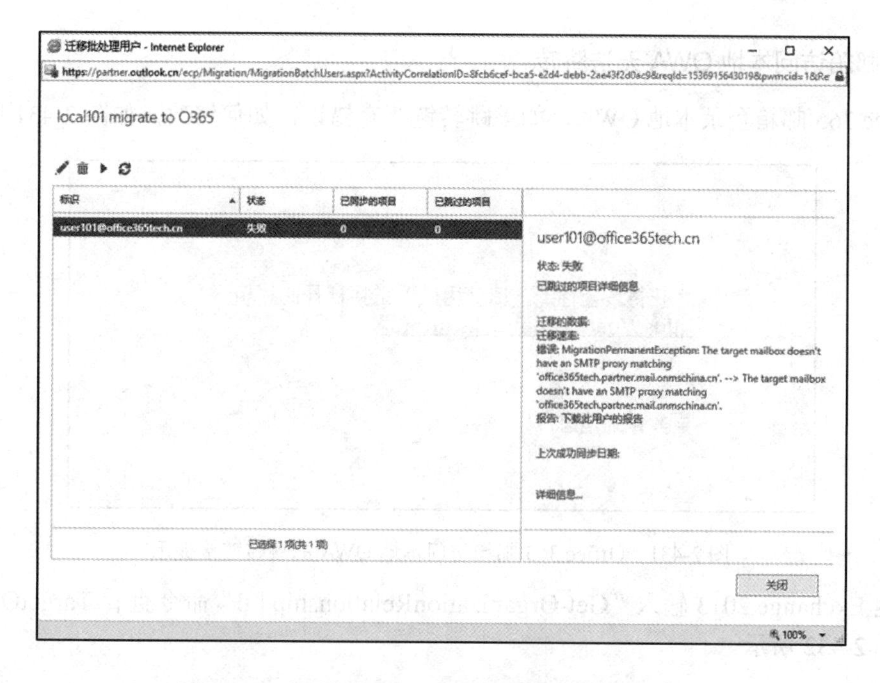

图 2-429 本地 Exchange 用户迁移至 Office 365 失败

迁移速率：

错误：MigrationPermanentException: The target mailbox doesn't have an SMTP proxy matching 'Office 365tech.partner.mail.onmschina.cn'. → The target mailbox doesn't have an SMTP proxy matching 'Office 365tech.partner.mail.onmschina.cn'.

图 2-430 所示是本地的 Exchange 2013 的电子邮件地址策略中没有包含“Office 365tech.partner. mail.onmschina.cn”的 SMTP 地址，需要编辑添加。当然，如果报错信息中含有其他域名，应该是本地邮箱地址包含了 Office 365 接收域中不含有的域名，需要在本地 AD 的 ProxyAddresses 删除，或者在 Office 365 中添加新的域名。

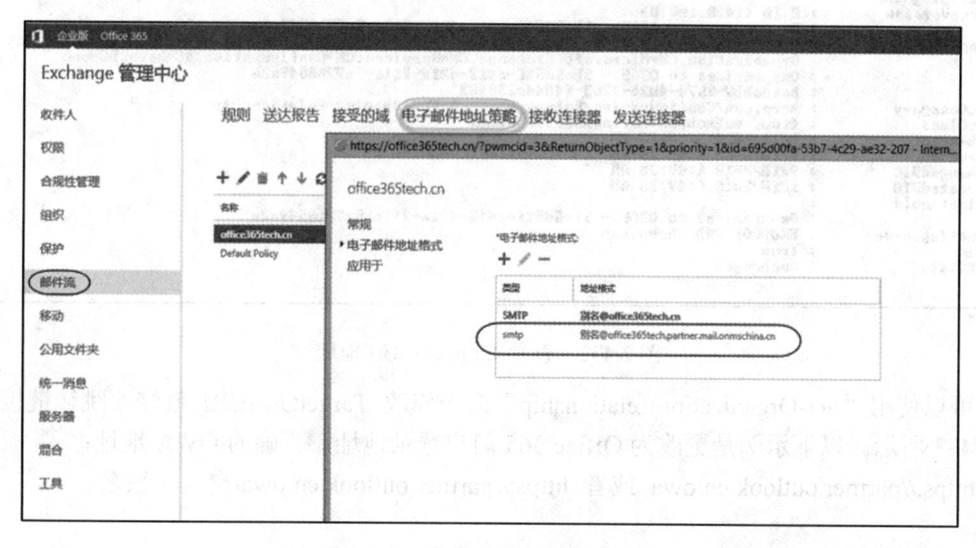

图 2-430 编辑电子邮件地址策略

2. 邮箱访问本地 OWA 无法跳转

Office 365 邮箱登录本地 OWA，如果跳转链接有错误，如何修改，如图 2-431 所示。

为获得最佳性能，请使用以下链接打开此邮箱:
https://partner.outlook.cn/owa/

更多详细信息....

图 2-431　Office 365 邮箱访问本地 OWA 的跳转链接提示

本地 Exchange 2013 输入“Get-OrganizationRelationship | fl”命令查看 TargetOwaUrl 地址，如图 2-432 所示。

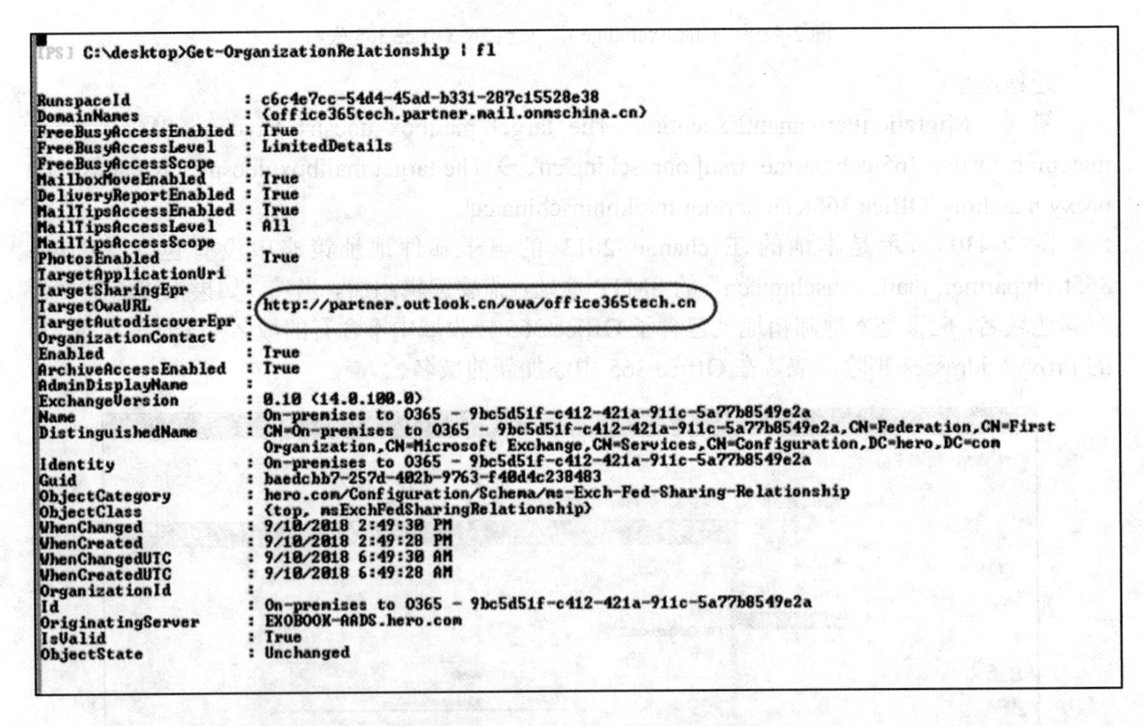

```
[PS] C:\desktop>Get-OrganizationRelationship | fl

RunspaceId               : c6c4e7cc-54d4-45ad-b331-287c15528e38
DomainNames              : {office365tech.partner.mail.onmschina.cn}
FreeBusyAccessEnabled    : True
FreeBusyAccessLevel      : LimitedDetails
FreeBusyAccessScope      :
MailboxMoveEnabled       : True
DeliveryReportEnabled    : True
MailTipsAccessEnabled    : True
MailTipsAccessLevel      : All
MailTipsAccessScope      :
PhotosEnabled            : True
TargetApplicationUri     :
TargetSharingEpr         :
TargetOwaURL             : http://partner.outlook.cn/owa/office365tech.cn
TargetAutodiscoverEpr    :
OrganizationContact      :
Enabled                  : True
ArchiveAccessEnabled     : True
AdminDisplayName         :
ExchangeVersion          : 0.10 (14.0.100.0)
Name                     : On-premises to O365 - 9bc5d51f-c412-421a-911c-5a77b8549e2a
DistinguishedName        : CN=On-premises to O365 - 9bc5d51f-c412-421a-911c-5a77b8549e2a,CN=Federation,CN=First
                           Organization,CN=Microsoft Exchange,CN=Services,CN=Configuration,DC=hero,DC=com
Identity                 : On-premises to O365 - 9bc5d51f-c412-421a-911c-5a77b8549e2a
Guid                     : baedcbb7-257d-402b-9763-f40d4c238483
ObjectCategory           : hero.com/Configuration/Schema/ms-Exch-Fed-Sharing-Relationship
ObjectClass              : {top, msExchFedSharingRelationship}
WhenChanged              : 9/10/2018 2:49:30 PM
WhenCreated              : 9/10/2018 2:49:28 PM
WhenChangedUTC           : 9/10/2018 6:49:30 AM
WhenCreatedUTC           : 9/10/2018 6:49:28 AM
OrganizationId           :
Id                       : On-premises to O365 - 9bc5d51f-c412-421a-911c-5a77b8549e2a
OriginatingServer        : EXOBOOK-AADS.hero.com
IsValid                  : True
ObjectState              : Unchanged
```

图 2-432　查看 TargetOwaUrl 地址

可以使用“Set-OrganizationRelationship”命令修改 TargetOwaURl 值修改跳转链接，如图 2-433 所示。以下示例是更改为 Office 365 门户登录地址，正确的 OWA 地址：

https://partner.outlook.cn/owa 或者 https://partner.outlook.cn/owa/自定义域名。

```
PS] C:\Windows\system32>Set-OrganizationRelationship -Identity "On-premises to 0365 - 9bc5d51f-c412-421a-911c-5a77b8549
e2a" -TargetOwaURl "http://partner.outlook.cn/owa/office365tech.cn"
WARNING: The command completed successfully but no settings of 'On-premises to 0365 -
9bc5d51f-c412-421a-911c-5a77b8549e2a' have been modified.
PS] C:\Windows\system32>get-OrganizationRelationship |fl

RunspaceId               : 2cf4ba8b-7fcd-4e9c-af20-eed04b96f626
DomainNames              : {office365tech.partner.mail.onmschina.cn}
FreeBusyAccessEnabled    : True
FreeBusyAccessLevel      : LimitedDetails
FreeBusyAccessScope      :
MailboxMoveEnabled       : True
DeliveryReportEnabled    : True
MailTipsAccessEnabled    : True
MailTipsAccessLevel      : All
MailTipsAccessScope      :
PhotosEnabled            : True
TargetApplicationUri     : https://partner.outlook.cn/
TargetSharingEpr         :
TargetOwaURL             : http://partner.outlook.cn/owa/office365tech.cn
TargetAutodiscoverEpr    :
OrganizationContact      :
Enabled                  : True
ArchiveAccessEnabled     : True
AdminDisplayName         :
ExchangeVersion          : 0.10 (14.0.100.0)
Name                     : On-premises to 0365 - 9bc5d51f-c412-421a-911c-5a77b8549e2a
DistinguishedName        : CN=On-premises to 0365 - 9bc5d51f-c412-421a-911c-5a77b8549e2a,CN=Federation,CN=First
                           Organization,CN=Microsoft Exchange,CN=Services,CN=Configuration,DC=hero,DC=com
Identity                 : On-premises to 0365 - 9bc5d51f-c412-421a-911c-5a77b8549e2a
Guid                     : baedcbb7-257d-402b-9763-f40d4c238483
ObjectCategory           : hero.com/Configuration/Schema/ms-Exch-Fed-Sharing-Relationship
ObjectClass              : {top, msExchFedSharingRelationship}
WhenChanged              : 6/10/2019 11:08:43 AM
WhenCreated              : 9/10/2018 2:49:28 PM
WhenChangedUTC           : 6/10/2019 3:08:43 AM
WhenCreatedUTC           : 9/10/2018 6:49:28 AM
OrganizationId           :
Id                       : On-premises to 0365 - 9bc5d51f-c412-421a-911c-5a77b8549e2a
OriginatingServer        : EXOBOOK-AADS.hero.com
IsValid                  : True
ObjectState              : Unchanged
```

图 2-433　命令修改 TargetOwaURl 值

3. 邮件流故障

（1） 混合部署后，本地用户无法发送邮件给 Office 365 用户，出现以下报错信息，如图 2-434 所示。

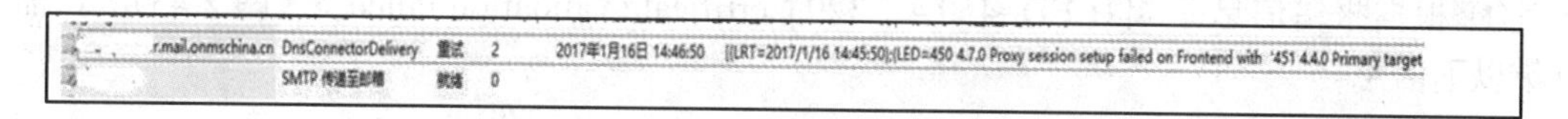

图 2-434　报错信息

① 在混合部署的 exchange 服务器上运行 telnet 42.159.33.202 25，输入“ehlo”后不显示 250-STARTTLS，说明被 EOP 列入黑名单了，如图 2-435 所示。

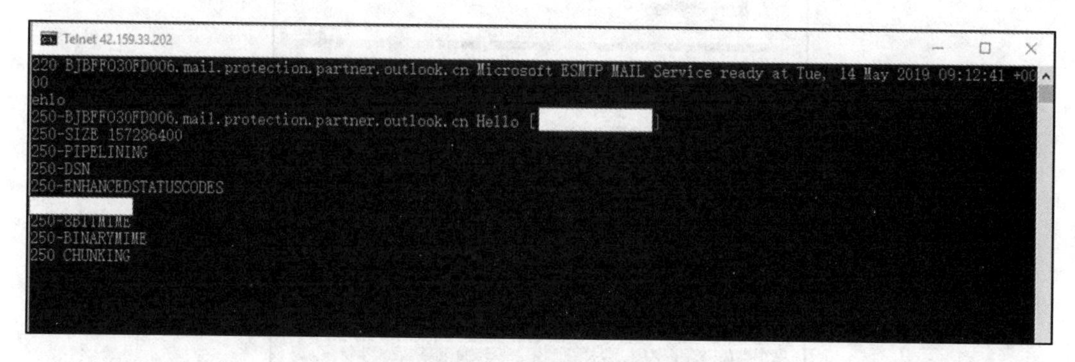

图 2-435　Telnet EOP 输入“ehlo”

② 经过检查，在 Spamhaus 的黑名单中需要解除，如图 2-436 所示。

```
https://www.spamhaus.org/lookup/
```

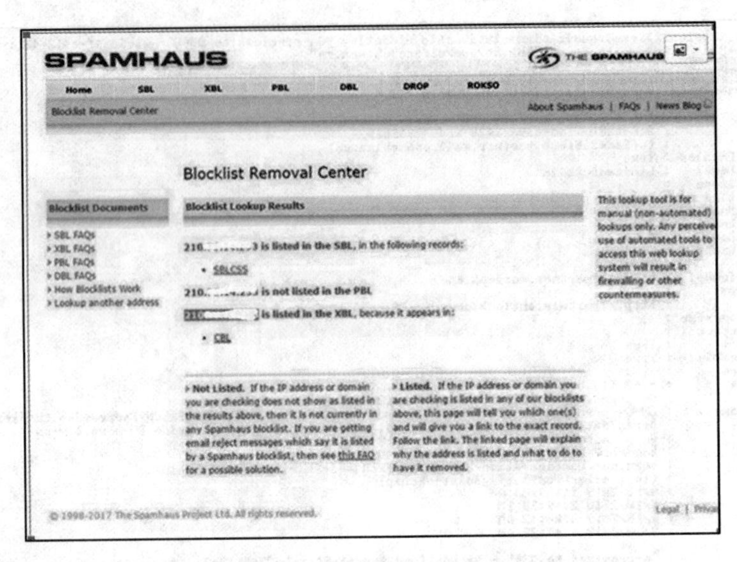

图 2-436　Spamhaus 黑名单

③ Connection Filter 中的 Allow list 不能跳过 Spamhaus 的 SBL 和 XBL 的检测。唯一办法是 IP 所有者在 Spamhaus 中 delist 并根据 Spamhaus 提供的原因做调整。

④ 用户的 Exchange 服务器的公网 IP 反复被 Spamhaus 列入黑名单，是由于用户还有其他业务应用共同使用该 IP，最终的解决方案为新申请一个公网 IP，只用于混合部署的 Exchange 2013 服务器。

（2） 混合部署，云端到本地邮件流不通。

① 根据报错信息："[{LED=450 4.7.320 Certificate validation failed"（图 2-437），需要收集以下信息。

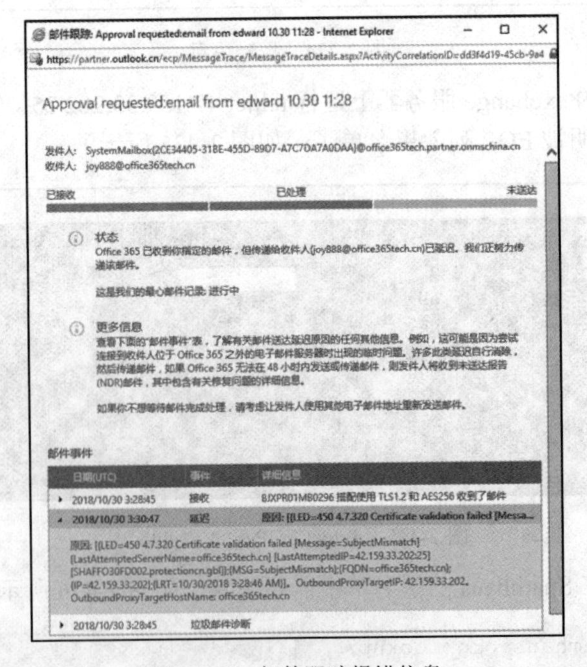

图 2-437　邮件跟踪报错信息

a. 云端发本地邮件 NDR，如图 2-438 和图 2-439 所示。

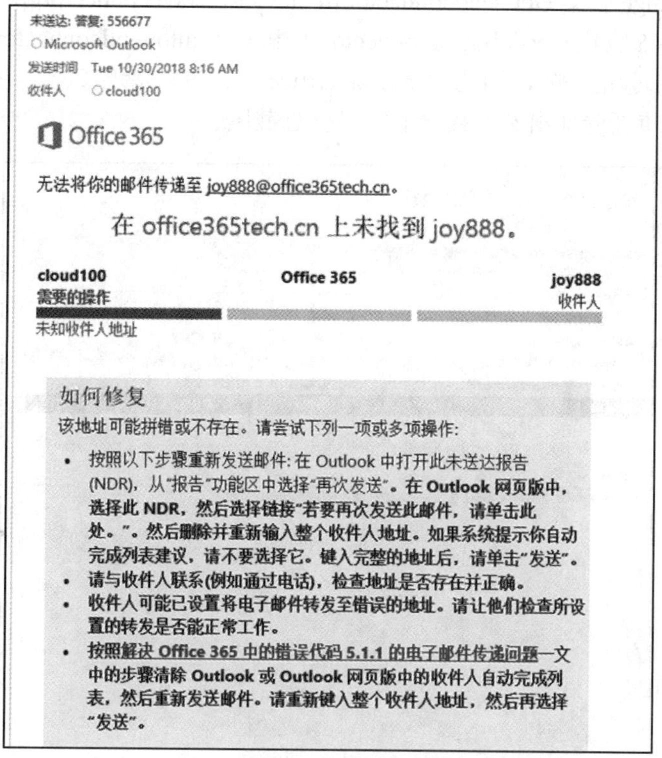

未送达: 答复: 556677
Microsoft Outlook
发送时间 Tue 10/30/2018 8:16 AM
收件人 cloud100

Office 365

无法将你的邮件传递至 joy888@office365tech.cn。

在 office365tech.cn 上未找到 joy888。

cloud100 需要的操作 未知收件人地址 | Office 365 | joy888 收件人

如何修复

该地址可能拼错或不存在。请尝试下列一项或多项操作:

- 按照以下步骤重新发送邮件: 在 Outlook 中打开此未送达报告 (NDR)，从"报告"功能区中选择"再次发送"。在 Outlook 网页版中，选择此 NDR，然后选择链接"若要再次发送此邮件，请单击此处。"。然后删除并重新输入整个收件人地址。如果系统提示你自动完成列表建议，请不要选择它。键入完整的地址后，请单击"发送"。
- 请与收件人联系(例如通过电话)，检查地址是否存在并正确。
- 收件人可能已设置将电子邮件转发至错误的地址。请让他们检查所设置的转发是否能正常工作。
- 按照解决 Office 365 中的错误代码 5.1.1 的电子邮件传递问题一文中的步骤清除 Outlook 或 Outlook 网页版中的收件人自动完成列表，然后重新发送邮件。请重新键入整个收件人地址，然后再选择"发送"。

图 2-438 NDR 截图 1

请检查你的 Office 365 邮件流设置，以确保你的域和任何邮件流连接器的设置正确。此外，请与你的域注册机构进行确认以确保你的域的 MX 记录配置正确。

检测到邮件循环 - 此错误还表示接收组织的电子邮件设置未正确配置，当邮件发送到在其目录中找不到的地址时，将创建邮件循环。这通常不会中断实际存在的收件人的邮件流，但收件人的电子邮件管理员应修复不正确的配置，以减少出现任何其他邮件流问题的机会。此循环的常见原因是收件人的域被配置为"内部中继"，而应该配置为"权威"。循环的另一个常见原因是，发件人和收件人都属于同一个组织，但是发件人邮箱由 Office 365 托管，而收件人的邮箱在本地托管，并且从 Office 365 到本地电子邮件服务器的出站连接器缺少或配置不正确。若要解决此问题，收件人的电子邮件管理员应在 Office 365 中创建正确配置的出站连接器来将邮件路由到本地邮箱。

有关详细信息和解决此问题的提示，请参阅解决 Office 365 中的错误代码 5.4.14 的电子邮件传递问题。

原始邮件详细信息

创建日期: 2018/10/30 7:56:49
发件人地址: cloud100@office365tech.cn
收件人地址: joy888@office365tech.cn
主题: 答复: 556677

错误详细信息

报告的错误: *554 5.4.14 Hop count exceeded - possible mail loop ATTR34 [BJBFFO30FD005.protectioncn.gbl]*
DSN 生成者: SH2PR01MB235.CHNPR01.prod.partner.outlook.cn
远程服务器: BJBFFO30FD005.mail.protection.partner.outlook.cn

邮件跃点

图 2-439 NDR 截图 2

b. 云端发本地详尽的邮件跟踪报告。

c. 本地 Exchange 收集 Get-sendconnector |fl 和 Get-receiveconnector |fl。

d. 在 Office 365 收集 Get-inboundconnector |fl 和 Get-outboundconnector |fl。

② 由于报证书验证失败，因此尝试删除 Office 365 的出站连接器，并重新运行 HCW、图 2-440 所示的是重新验证出站连接器的报错信息截图。

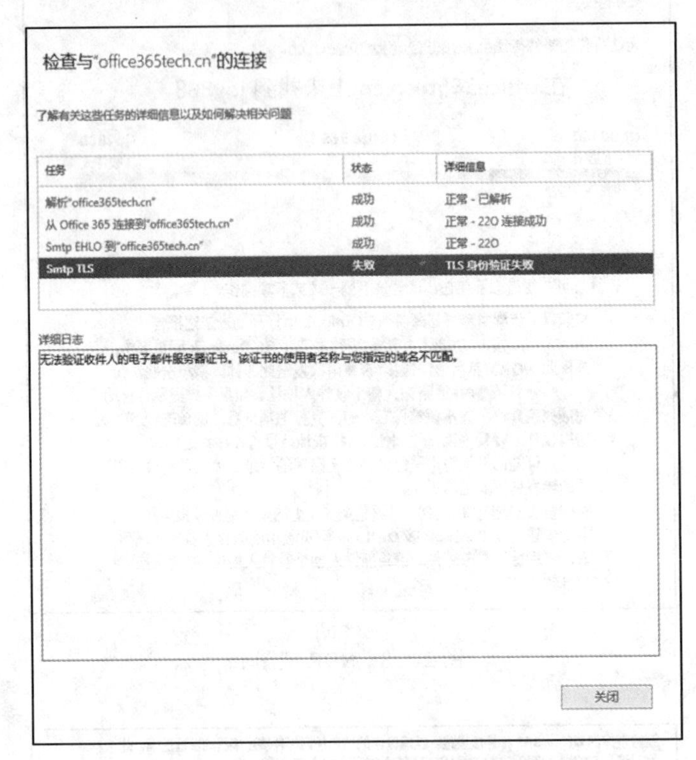

图 2-440　验证 Office 365 出站连接器报错信息

删除 Office 365 出站连接器，如图 2-441 所示。

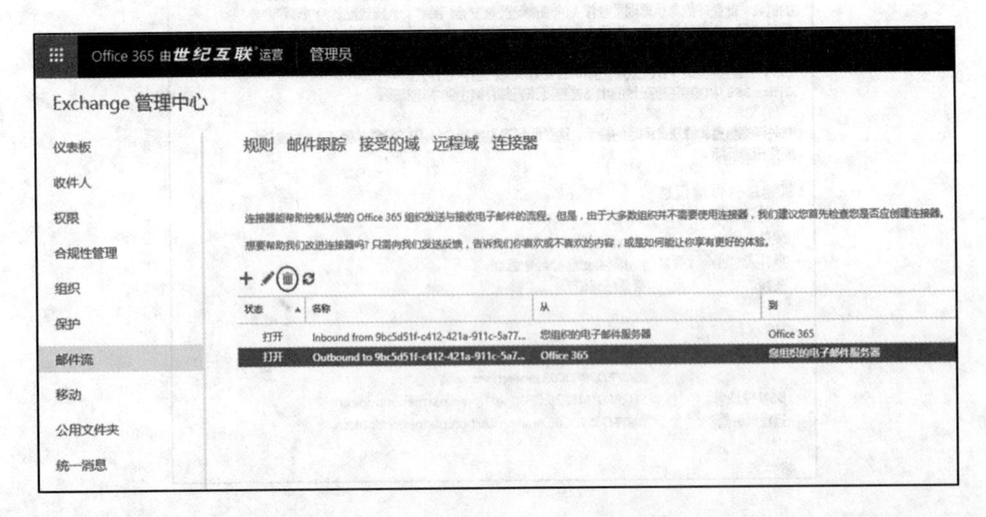

图 2-441　删除 Office 365 出站连接器

重新从 https://aka.ms/hcwcn 下载并运行 HCW，选择新证书(需要从指纹等信息区分新旧证书)，运行好 HCW 后，重建了 Office 365 的出站连接器，问题得到解决，如图 2-442 所示。

图 2-442 HCW 中选择新证书

4. 关于本地与云端混合的部署规划

(1) 本地会议室邮箱能否迁移至 Office 365?

是可以的，只要同步了该会议室邮箱至 Office 365，就可以按照迁移普通本地邮箱的方法来迁移，具体步骤可参考图 2-443～图 2-446 所示。

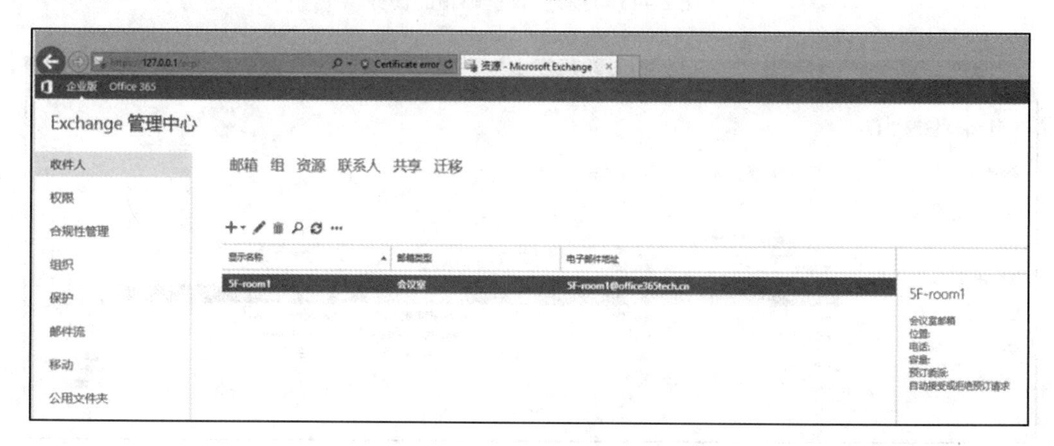

图 2-443 本地 EAC 中会议室邮箱

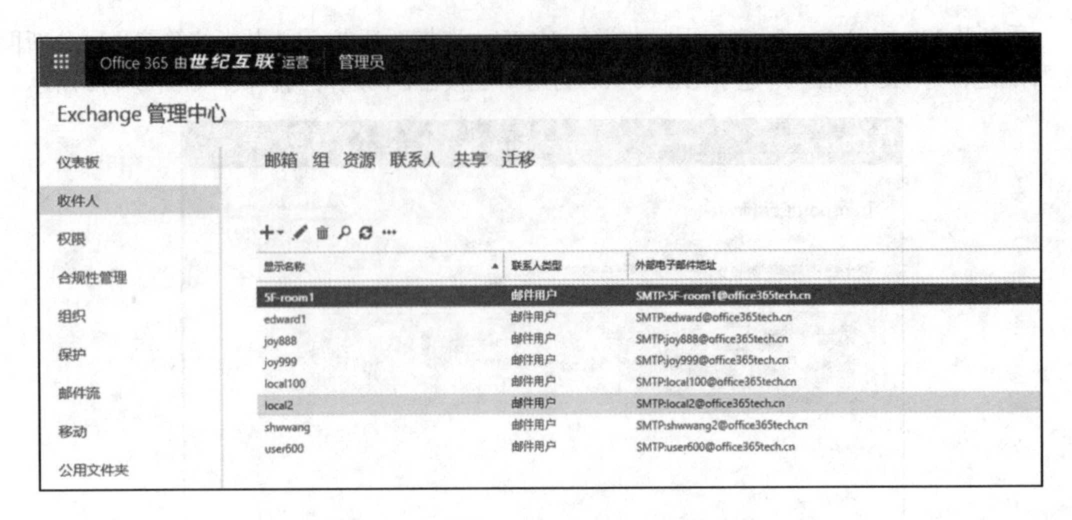

图 2-444　AD 目录同步后会议室邮箱显示为邮件用户

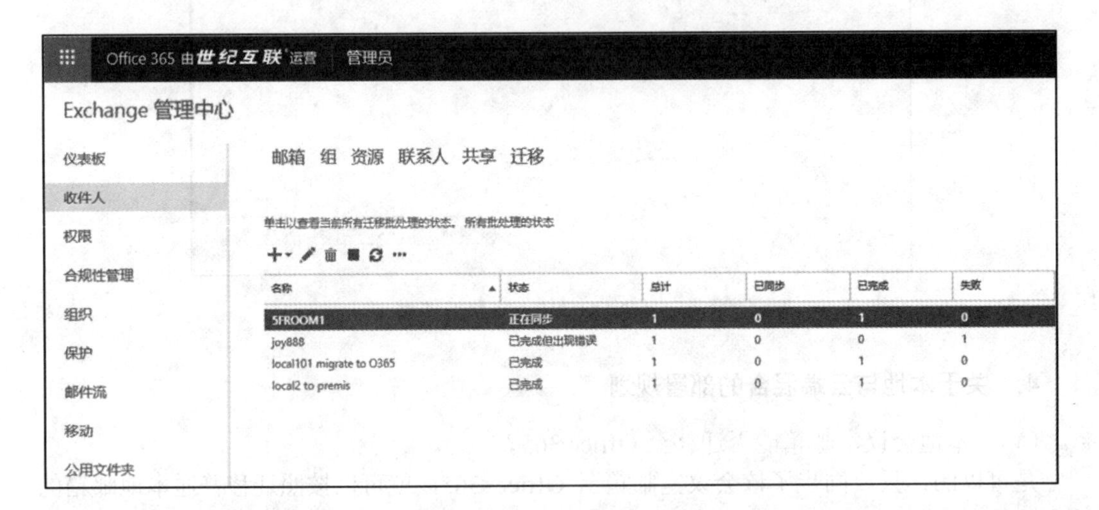

图 2-445　迁移会议室邮箱的任务

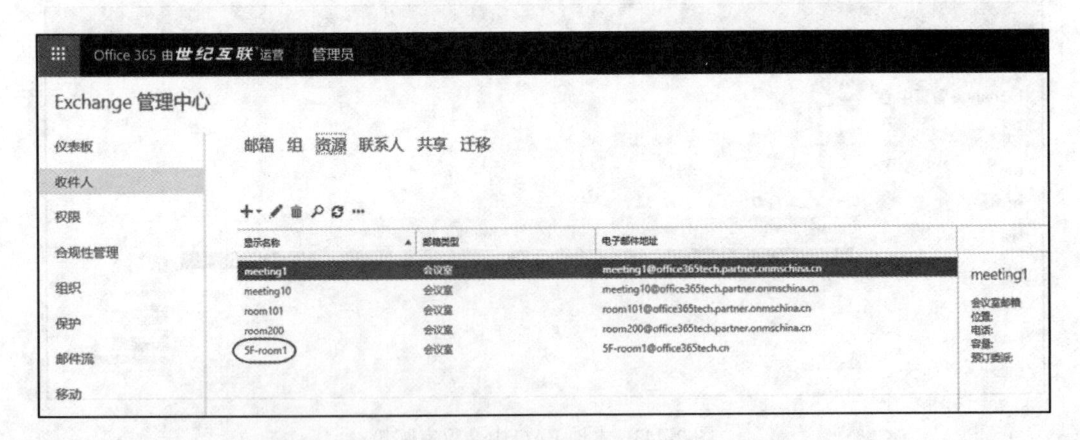

图 2-446　迁移成功后 Office 365 的 EAC 中会议室邮箱

也可以连接 Exchange Online PowerShell，然后按照以下命令，成功迁移会议室邮箱。

```
$RemoteCredential= Get-Credential
New-MoveRequest -Identity "5F-room2@Office365tech.cn " -Remote -RemoteHostName "Office365tech.cn " -TargetDeliveryDomain Office 365tech.partner.mail.onmschina.cn -RemoteCredential $RemoteCredential
```

（2） 共享邮箱能否迁移至 Office 365？

可以，和会议室邮箱的迁移方法一样。

（3） 混合部署，本地邮箱 A 对本地邮箱 B 有完全访问权限，B 邮箱迁移至 Office 365 后，本地 A 邮箱无法打开 B 邮箱。

混合部署不支持权限的跨界迁移工作，也就是说，B 邮箱变为 Office 365 邮箱后，只能是同时迁移 A、B 邮箱。B 邮箱变为 Office 365 邮箱后，需要重新分配权限。

重要说明： AAD Connect 同步工具至少需要升级到 1.1.553.0 版本。

可以将本地邮箱的 Full Access 权限分配给一个 Office 365 邮箱，需要使用 Outlook 2016 打开该邮箱，OWA 是不支持跨界的邮箱权限的。

可参考以下文档说明：https://docs.microsoft.com/en-us/Exchange/permissions

（4） 本地的通讯组和安全组、动态通讯组是否可以迁移至 Office 365？

① 本地的通讯组可以通过 AAD Connect 同步至 Office 365，如图 2-447～图 2-449 所示。

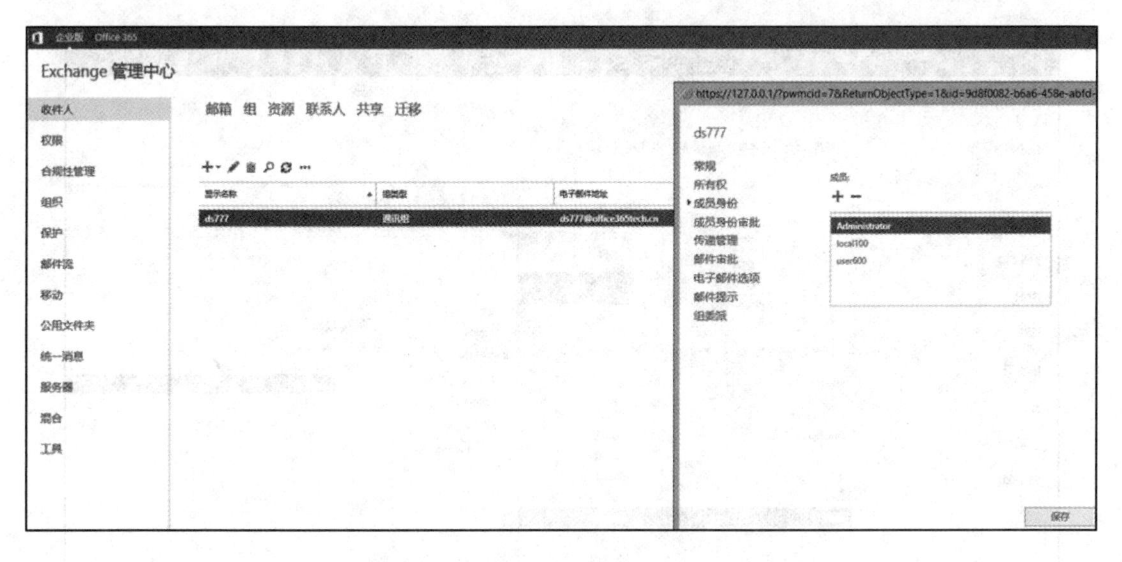

图 2-447 本地通讯组成员

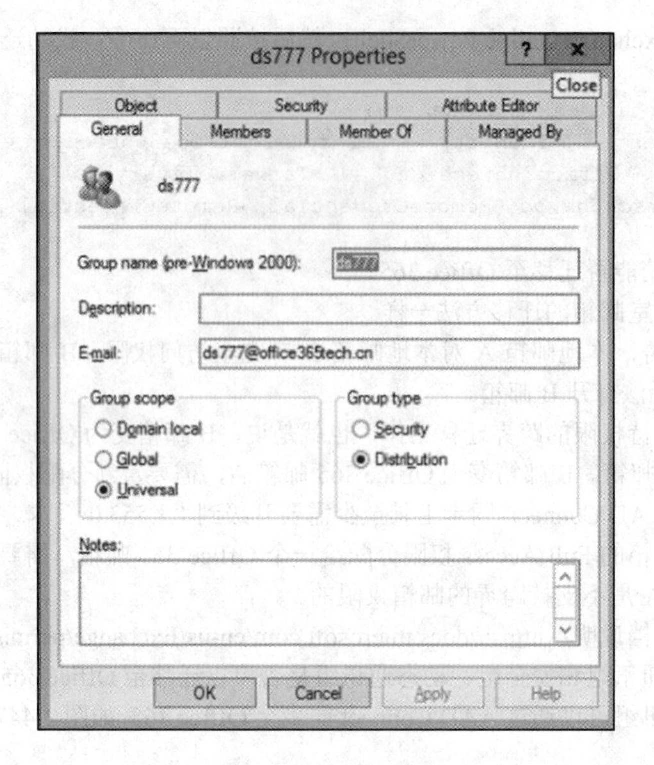

图 2-448　本地通讯组 AD 属性

图 2-449　同步到 Office 365 的通讯组

② 本地的安全组可以通过 AAD Connect 同步至 Office 365，如图 2-450～图 2-452 所示。

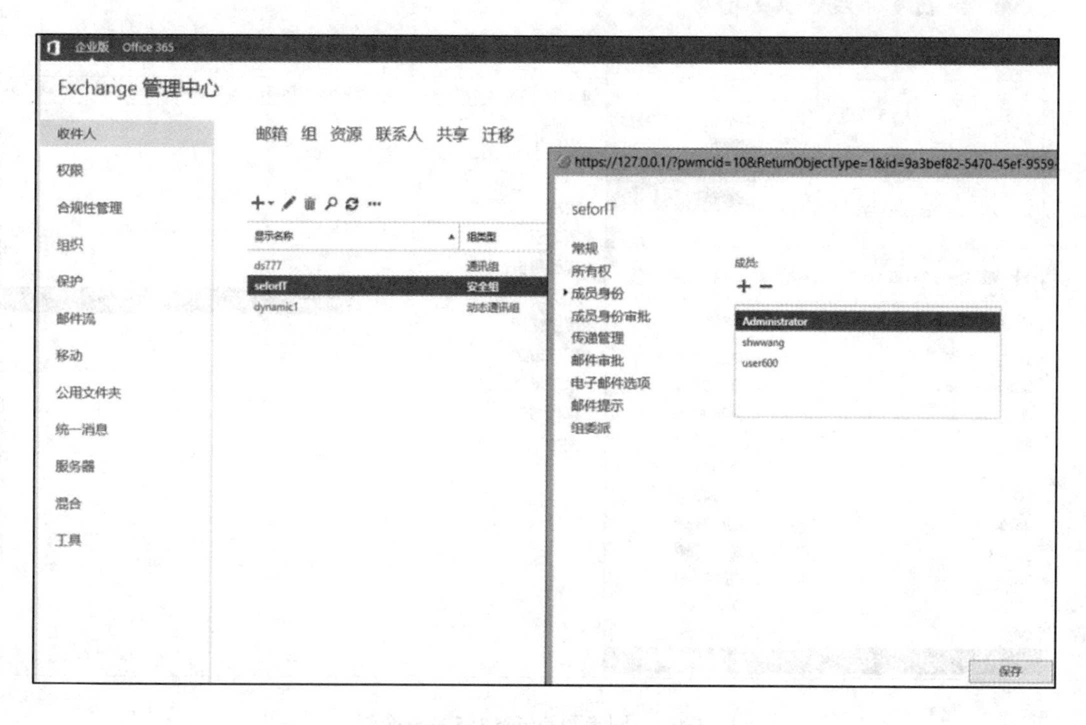

图 2-450 本地安全组成员

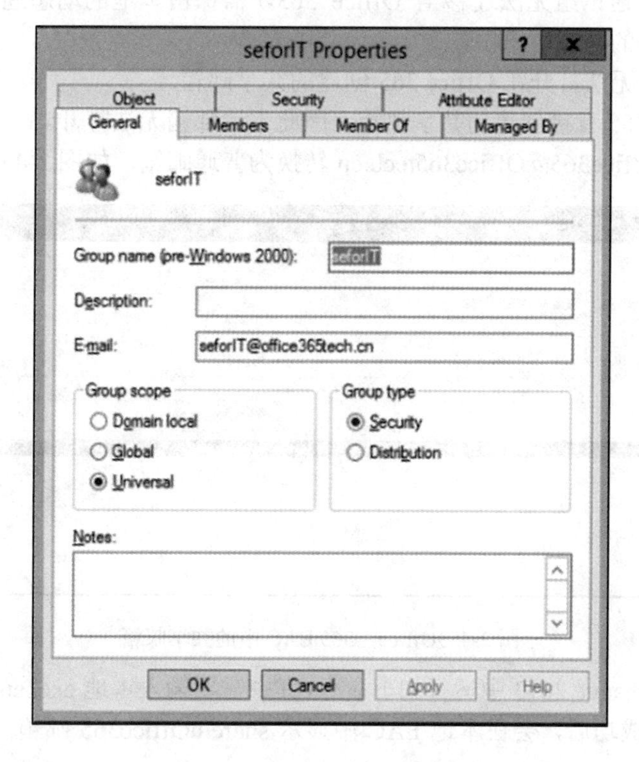

图 2-451 本地安全组 AD 属性

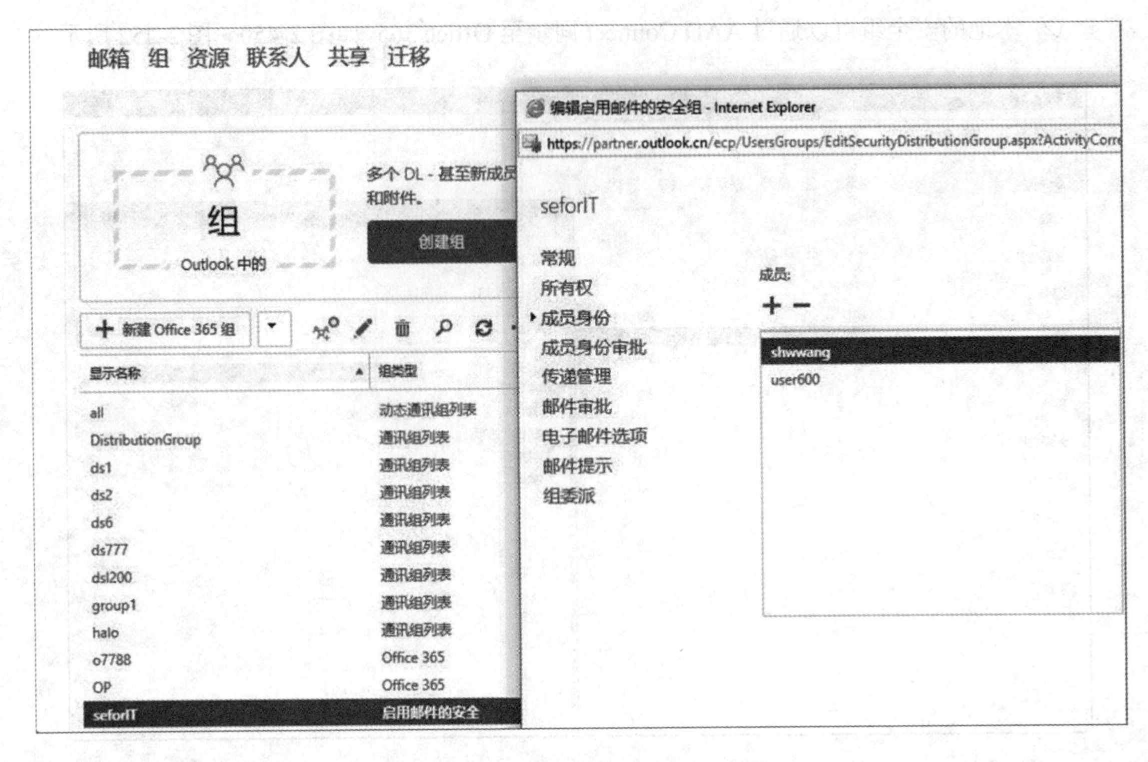

图 2-452　同步到 Office 365 的安全组

③ 本地的动态通讯组无法迁移至 Office 365，需保留本地的动态通讯组，或者直接在 Office 365 中创建新的动态通讯组。

（5） 本地邮箱无法打开在 Office 365 创建的共享邮箱。

由于是 Office 365 直接创建的共享邮箱，因此本地邮箱无法打开。

① 将 shareinOffice365@Office365tech.cn 转换为普通邮箱，如图 2-453 所示。

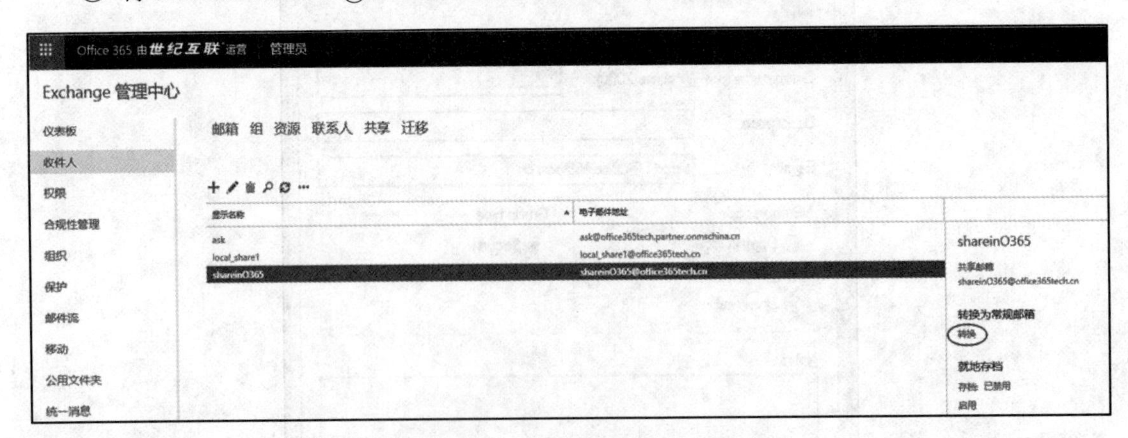

图 2-453Office　365 EAC 中的共享邮箱

② 在本地 Exchange 2013 中运行如下命令，其中需要输入本地 exchange 服务器管理员的凭据，该命令运行成功后，会在本地 EAC 中显示 shareinOffice365 邮箱，类型为 Office 365 邮箱，如图 2-454 所示。

```
$Credentials = Get-Credential;
New-RemoteMailbox -Name "shareinOffice365" -Password $Credentials.Password
-UserPrincipalName shareinOffice365@Office365tech.cn
```

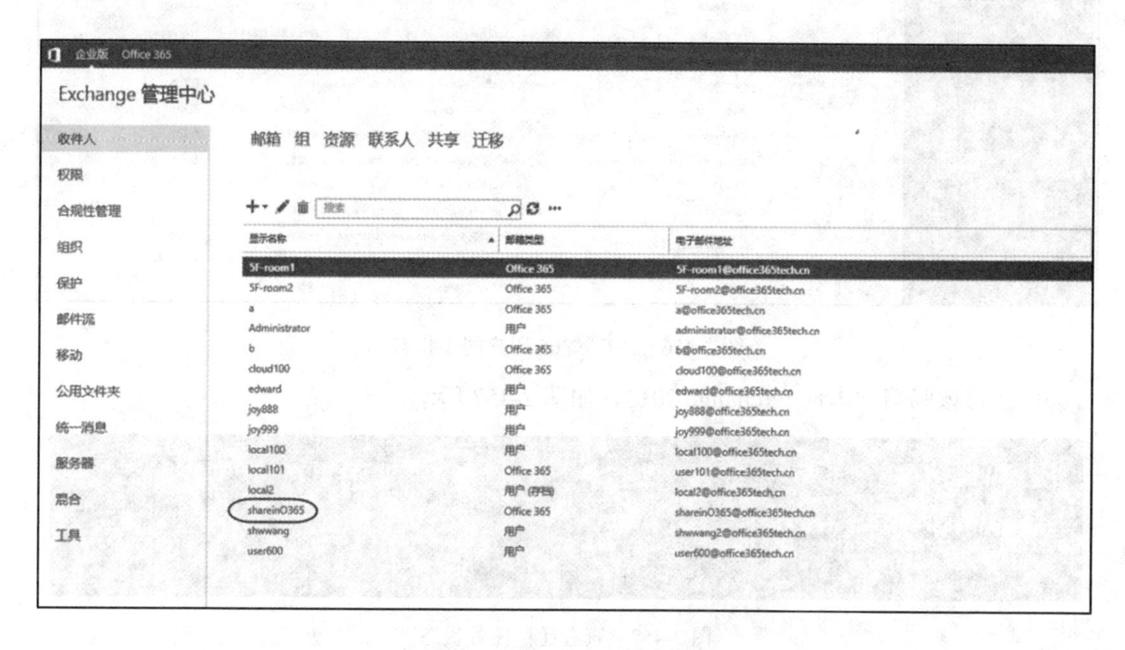

图 2-454 本地 EAC 中的邮箱

③ 得到云端邮箱的 ExchangeGuid，如图 2-455 所示。

```
get-mailbox shareinOffice365@Office365tech.cn |fl ExchangeGuid
```

图 2-455 得到云端邮箱的 ExchangeGuid

④ 在本地 Exchange 2013 中运行如下命令。

```
Set-RemoteMailbox    shareinOffice365@Office365tech.cn    -ExchangeGuid
60f49244-5bd6-4681-8765-3f62fe5a532c
```

⑤ 进行目录同步，查看用户在 Office 365 变为“Synced with Active Directory”状态，如图 2-456 所示。

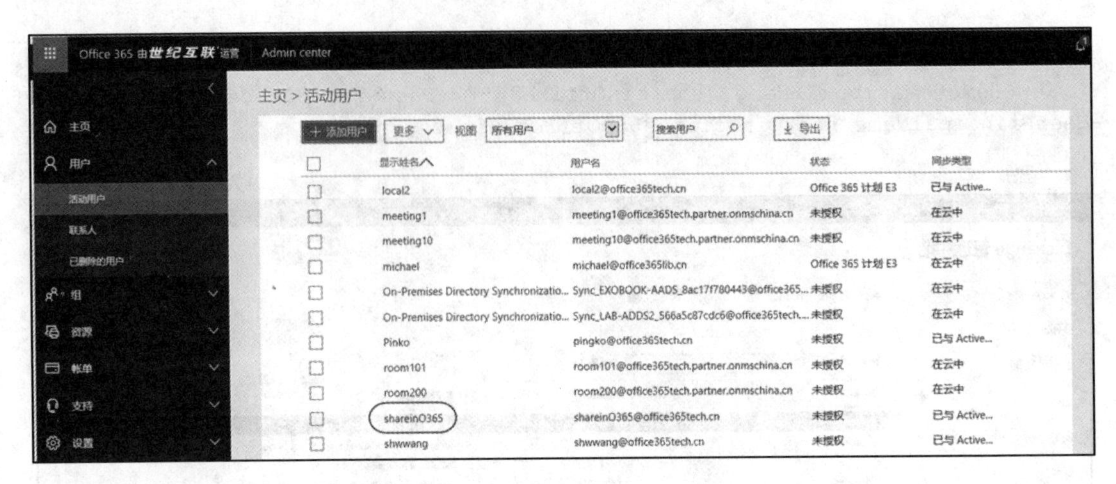

图 2-456　Office 365 用户同步状态

⑥ 迁移该邮箱到本地 Exchange 2013，如图 2-457 所示。

```
PS C:\Windows\system32> Get-MigrationUser shareinO365@office365tech.cn |fl  Identity,BatchID,Status


Identity : shareinO365@office365tech.cn
BatchId  : shareto local
Status   : Completed
```

图 2-457　查看迁移任务状态

⑦ 在本地 Exchange 2013 设置该邮箱为共享邮箱，如图 2-458 所示。

```
Set-Mailbox shareinOffice365@Office365tech.cn -Type Shared
```

```
[PS] C:\Windows\system32>Set-Mailbox shareinO365@office365tech.cn -Type Shared
Creating a new session for implicit remoting of "Set-Mailbox" command...
[PS] C:\Windows\system32>_
```

图 2-458　设置共享邮箱

⑧ 迁移本地共享邮箱至 Office 365，如图 2-459 所示，解决了本地邮箱无法打开在 Office 365 创建的共享邮箱的问题。

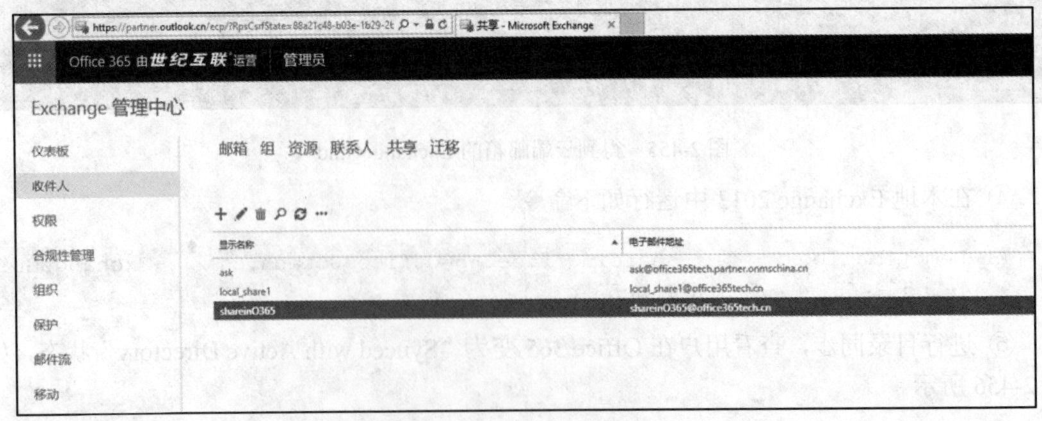

图 2-459　迁移到 Office 365 成功

（6） HCW 运行报错，从 HCW 日志中得到的报错信息如下。

```
    2018.10.30 08:20:12.111        [Client=UX, Provider=Tenant] Opening Runspace.
    2018.10.30 08:20:21.095            [Client=UX, Provider=Tenant] Disposing Runspace.
    2018.10.30 08:20:21.095        [Client=UX, Provider=OnPremises] Disposing Runspace.
    2018.10.30 08:20:21.111 *ERROR* [Functionality=RunWorkflow] Workflow AppData Error
                        Workflow Exception: Connecting to remote server failed with the following error message: Connecting to remote server partner.outlook.cn failed with the following error message : The WinRM client cannot process the request because the server name cannot be resolved. For more information, see the about_Remote_Troubleshooting Help topic. []
    2018.10.30   08:21:56.300                    [Client=UX]   Opening C:\Users\administrator.hero\AppData\Roaming\Microsoft\Exchange Hybrid Configuration\20181030_081314.log
```

参考以下技术文档：https://support.microsoft.com/en-us/help/2905339/winrm-client-cannot-process-the-request-error-when-you-connect-to-exch，把 Windows Remote Management (WinRM) Service 服务停止，改为手动后，重新启动，然后再次运行 HCW 即可，如图 2-460 所示。

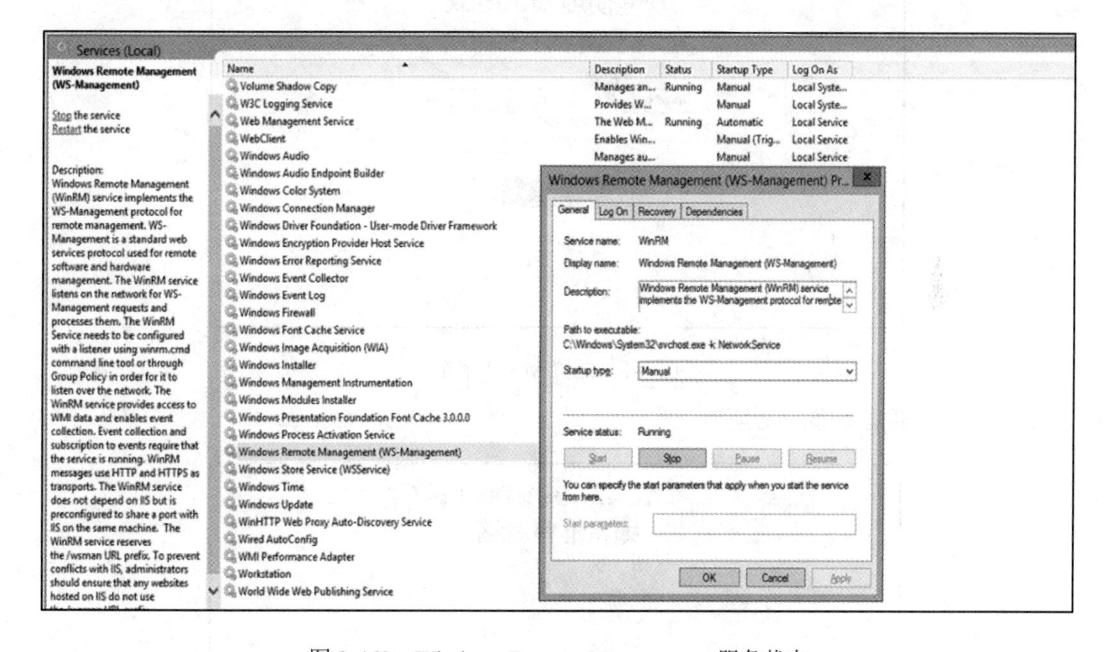

图 2-460　Windows Remote Management 服务状态

第3章　客户端和移动设备

3.1　Microsoft Outlook 客户端

3.1.1　自动发现配置 Outlook 2016 for Windows

首次运行 Outlook，弹出的窗口中可直接输入电子邮件地址，在 Outlook 中配置邮箱，即自动发现配置，邮箱访问协议是 MAPI 协议。

输入电子邮件地址后，单击“连接”按钮，如图 3-1 所示。

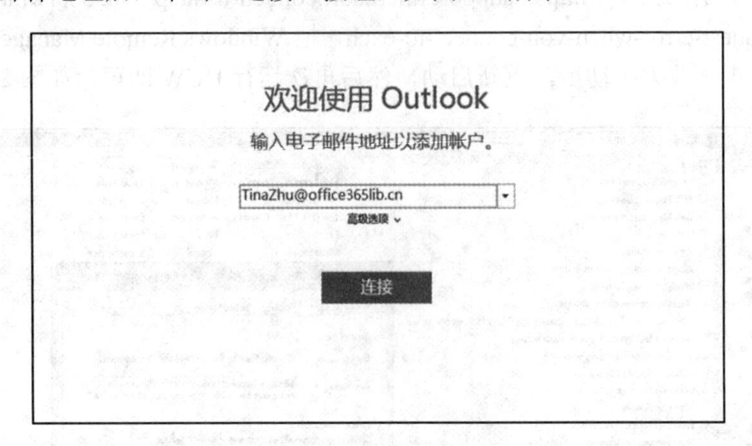

图 3-1　配置 MAPI 邮箱

等待自动发现，如图 3-2 所示。

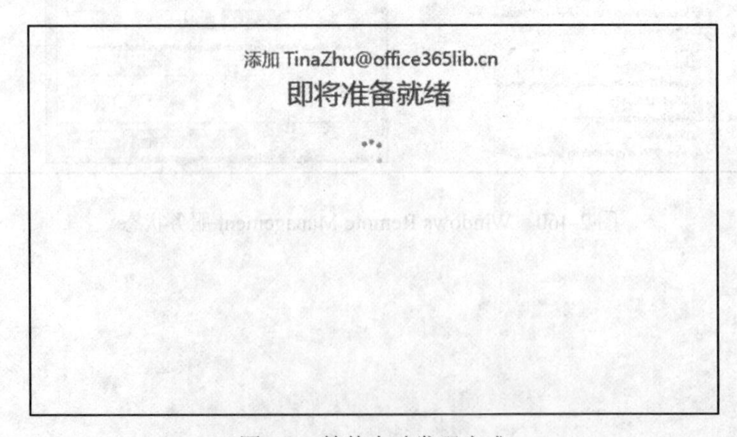

图 3-2　等待自动发现完成

输入账号密码，选中“记住我的凭据”复选框，单击“确定”按钮，如图3-3所示。

图3-3 输入凭据

配置完成界面如图3-4所示。

图3-4 MAPI账户配置成功

3.1.2 Outlook 2016 for Windows 中设置 POP 和 IMAP 邮箱

Office 365邮箱支持POP和IMAP的协议，并且POP和IMAP功能默认是开启的，用户可以在OWA（Outlook Web App）选项上找到关于POP和IMAP的配置信息，如图3-5所示。

图 3-5　POP 和 IMAP 服务器信息

1. POP 配置方法

（1）启动 Outlook 输入邮箱地址后，选择“高级选项”，选中“让我手动设置我的账户”复选框，如图 3-6 所示。

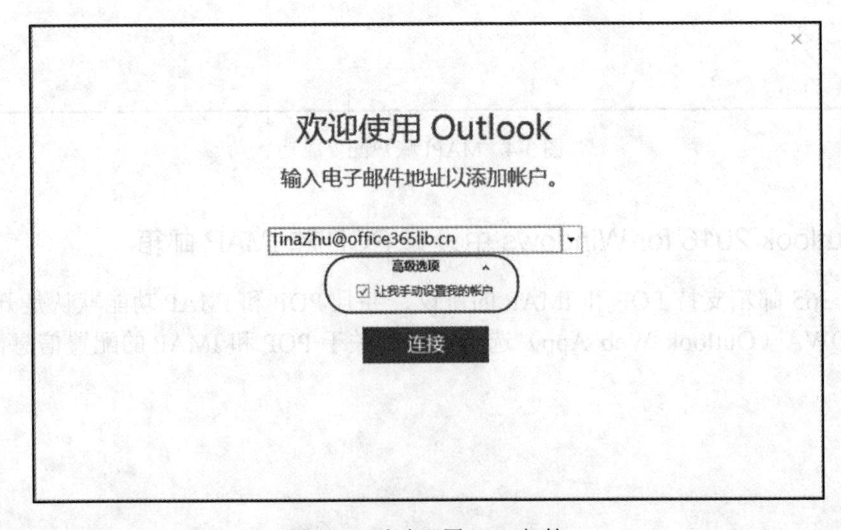

图 3-6　手动配置 POP 邮箱

（2） 选择账户类型为 POP，如图 3-7 所示。

图 3-7 选择 POP 账户类型

（3） 根据 POP 配置信息进行设置，单击“下一步”按钮，如图 3-8 所示。

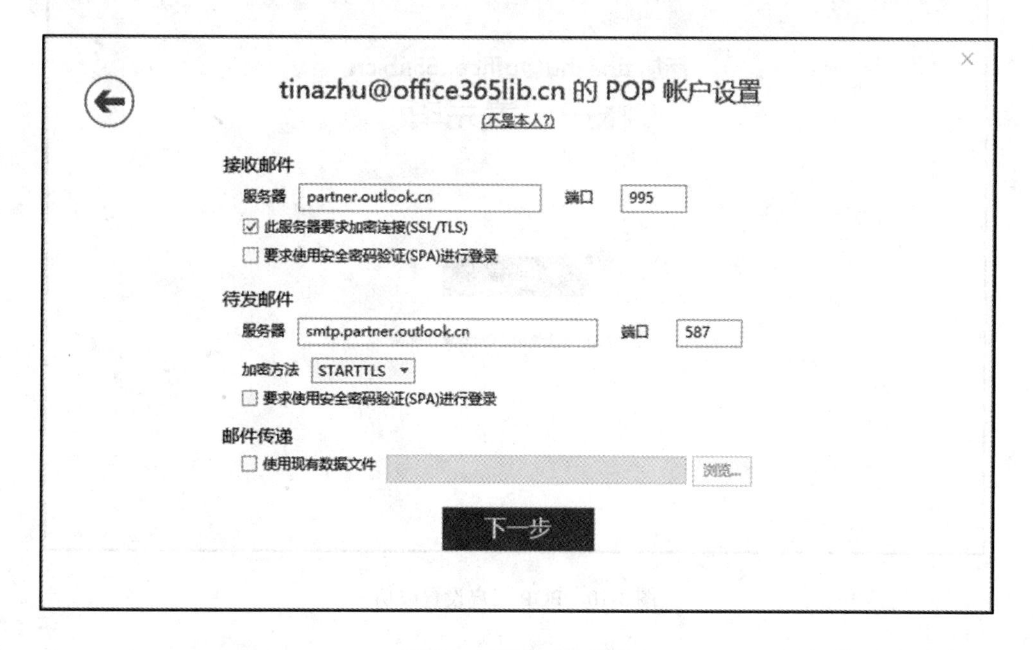

图 3-8 填写 POP 信息

（4） 输入邮箱密码，单击“连接”按钮，如图 3-9 所示。

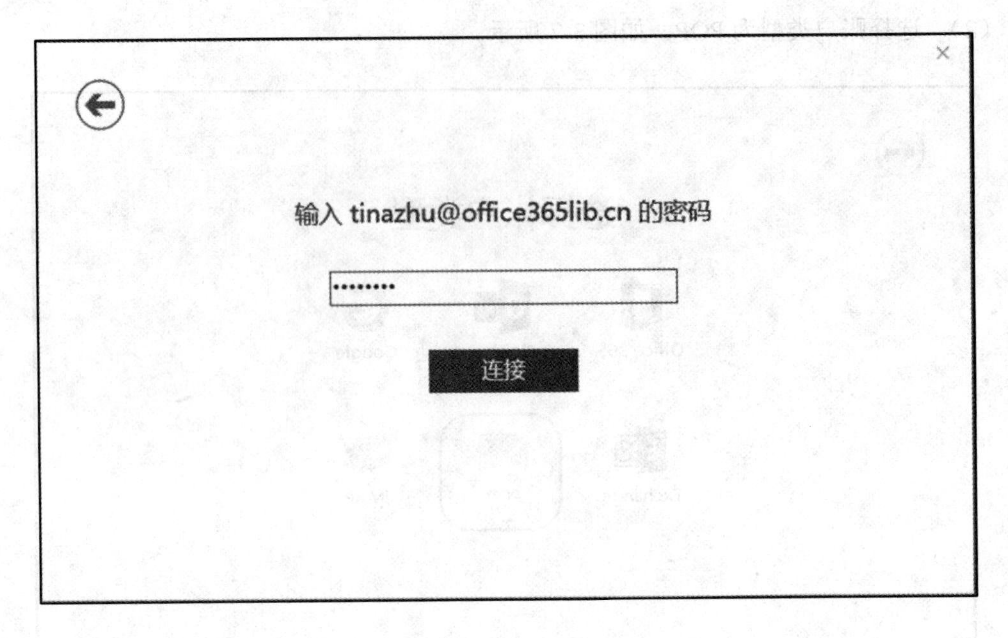

图 3-9　输入邮箱密码

（5）　等待片刻，设置完毕，如图 3-10 所示。

图 3-10　POP 账户设置成功

2.　IMAP 配置方法

（1）　与 POP 第一步骤相同，此处省略。

（2）　选择账户类型为 IMAP，如图 3-11 所示。

图 3-11　手动配置 IMAP 邮箱

（3）填写 IMAP 配置信息，单击“下一步”按钮，如图 3-12 所示。

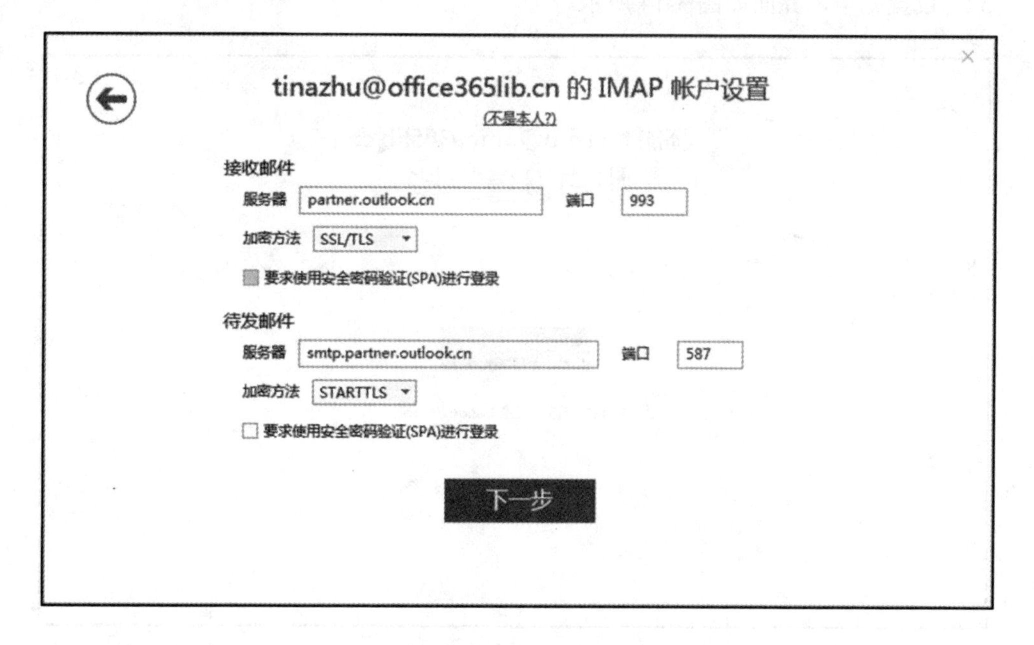

图 3-12　IMAP 配置信息

（4）输入邮箱密码，单击“连接”按钮，如图 3-13 所示。

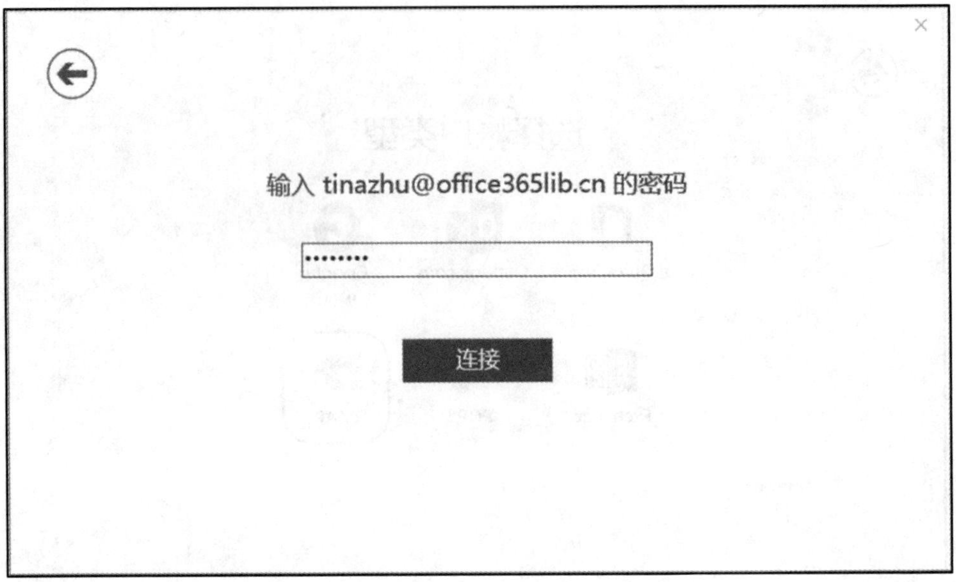

输入 tinazhu@office365lib.cn 的密码
•••••••••
连接

图 3-13　输入邮箱密码

（5） 设置完毕，界面如图 3-14 所示。

添加 tinazhu@office365lib.cn
帐户设置完毕
确定
在我的手机上也设置 Outlook Mobile

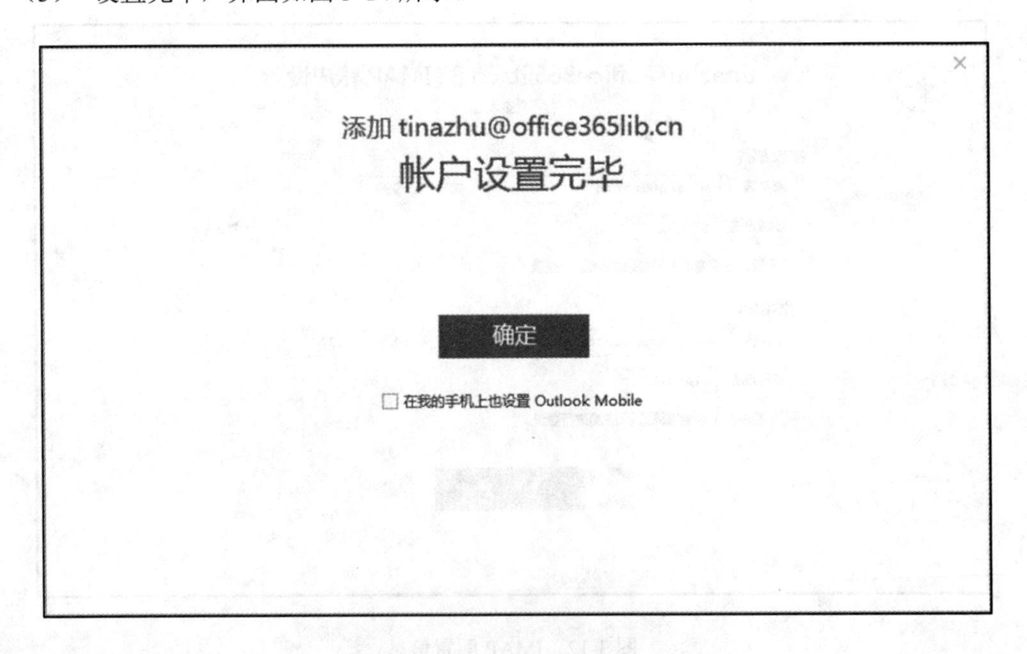

图 3-14　IMAP 账户设置成功

3.1.3　Outlook 2016 for Mac

自动发现配置 Outlook 2016 for Mac。首次运行 Outlook，“工具”下选择“账户...”在弹出的窗口中单击“添加电子邮件账户”按钮，如图 3-15 所示。

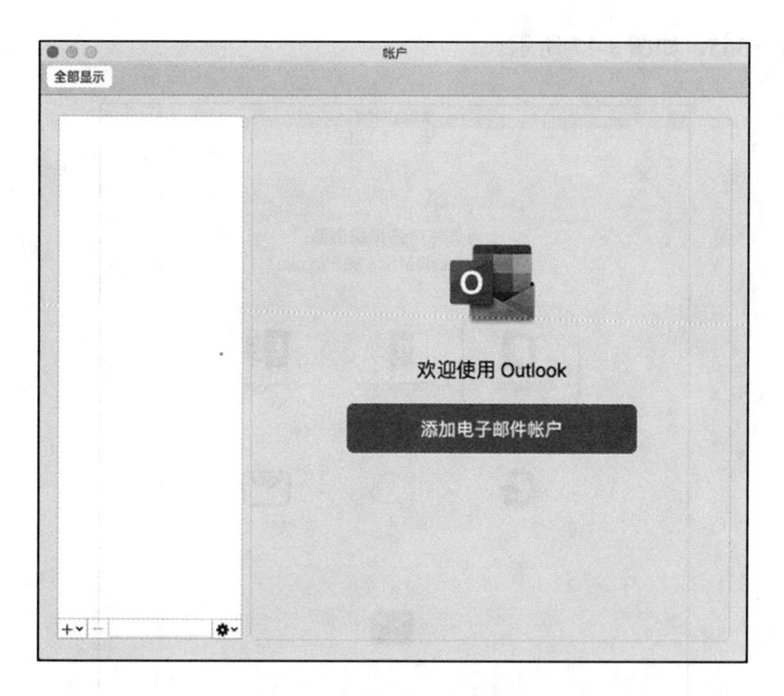

图 3-15　添加电子邮件账户

输入电子邮件地址，如图 3-16 所示。

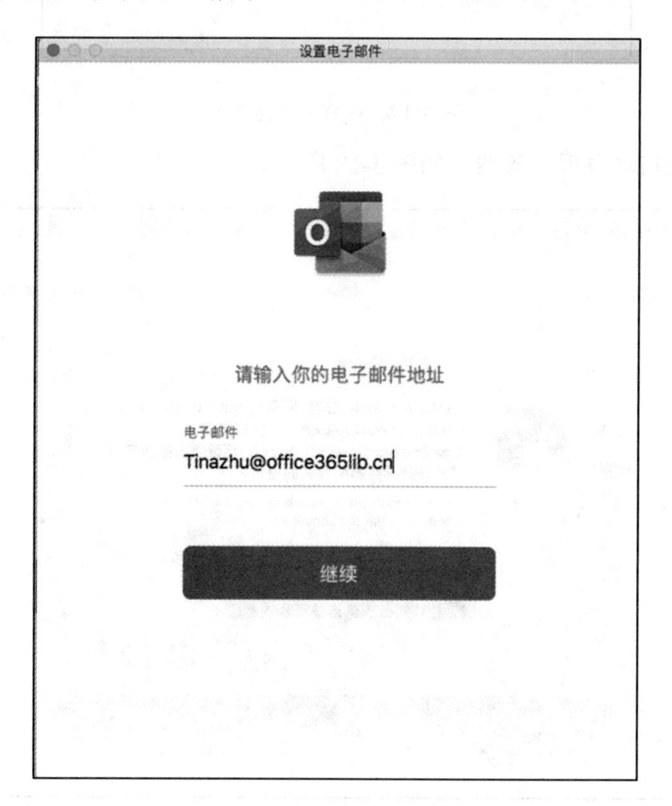

图 3-16　输入电子邮件地址

选择 Office 365，如图 3-17 所示。

图 3-17　选择 Office 365

允许重定向到自动发现服务器，如图 3-18 所示。

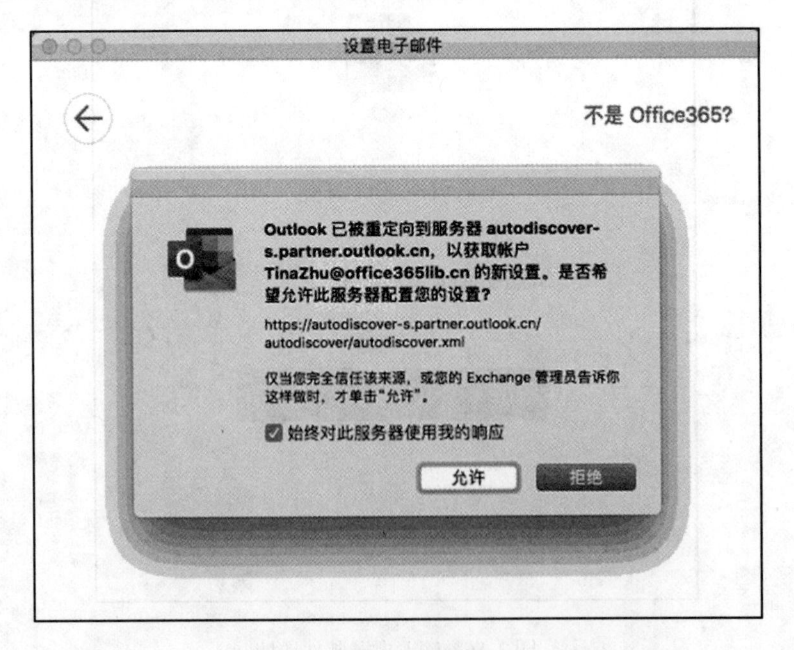

图 3-18　允许重定向

输入邮箱密码，如图 3-19 所示。

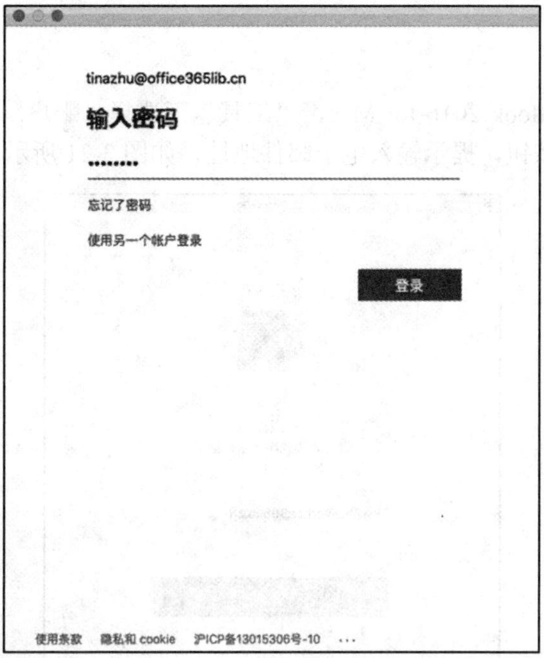

tinazhu@office365lib.cn
输入密码
••••••••
忘记了密码
使用另一个帐户登录
登录
使用条款　隐私和 cookie　沪ICP备13015306号-10　...

图 3-19　输入邮箱密码

账号添加成功，如图 3-20 所示。

设置电子邮件
TinaZhu@office365lib.cn
已添加
你知道吗?
Outlook 支持 Google、Yahoo! 和 iCloud 帐户。
添加另一个帐户
完成
获取 Outlook for iOS 和 Outlook for Android

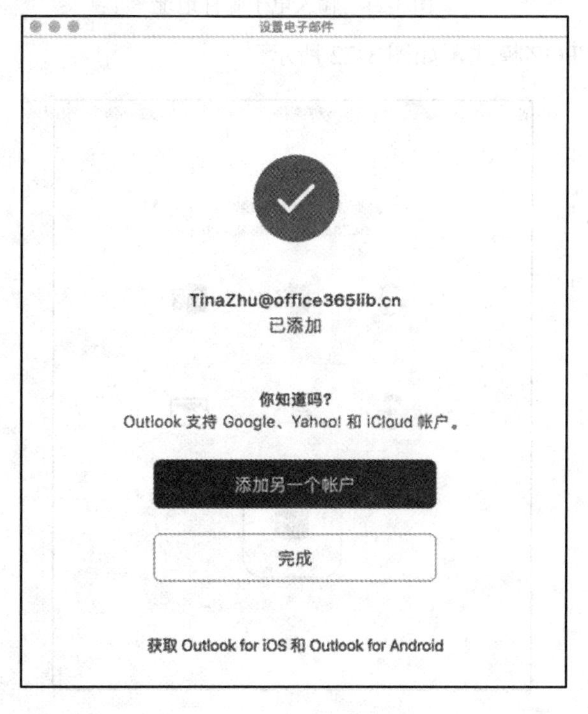

图 3-20　账号添加成功

在 Office2016 for Mac 中，通过 POP/IMAP 配置 Office 365 邮箱的操作步骤与 Outlook 2016 for Windows 基本一致。

1. POP 配置方法

（1） 首次运行 Outlook 2016 for Mac，“工具”下选择“账户...”在弹出的窗口中单击“添加电子邮件账户”按钮，提示输入电子邮件地址，如图 3-21 所示。

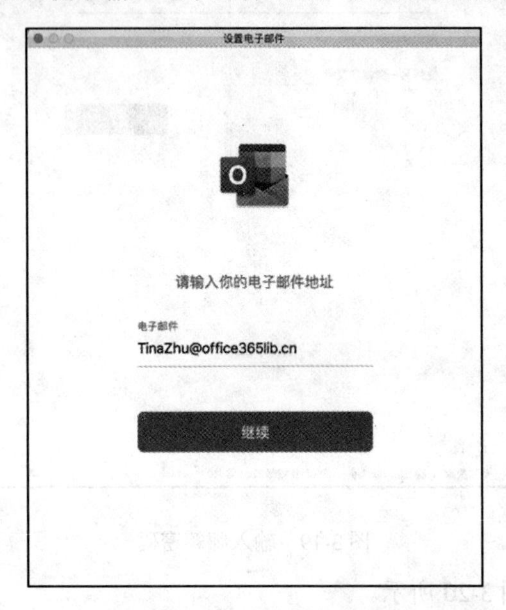

图 3-21　输入电子邮件地址

（2） 选择 IMAP/POP 模式，如图 3-22 所示。

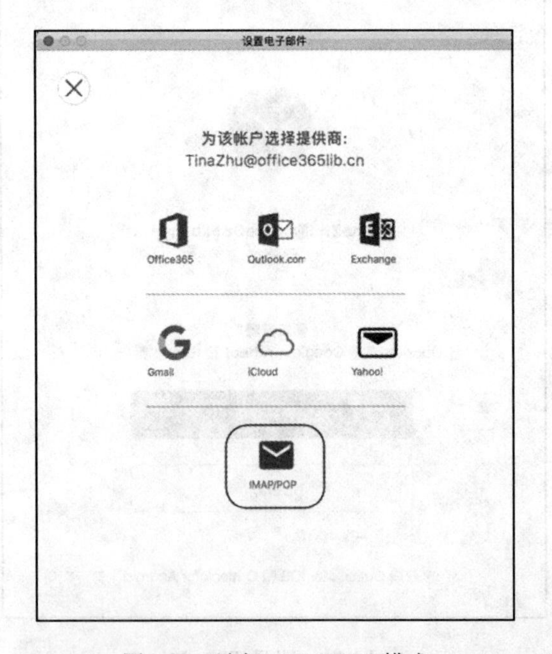

图 3-22　选择 POP/IMAP 模式

（3） 选择连接方式为POP，并填写登录凭证、收件服务器和发件服务器地址，如图3-23所示。

图3-23　POP服务器信息

（4） 账号添加成功，如图3-24所示。

图3-24　账号添加成功

2. IMAP 配置方法

（1） 首次运行 Outlook 2016 for Mac，提示输入账号，如图 3-25 所示。

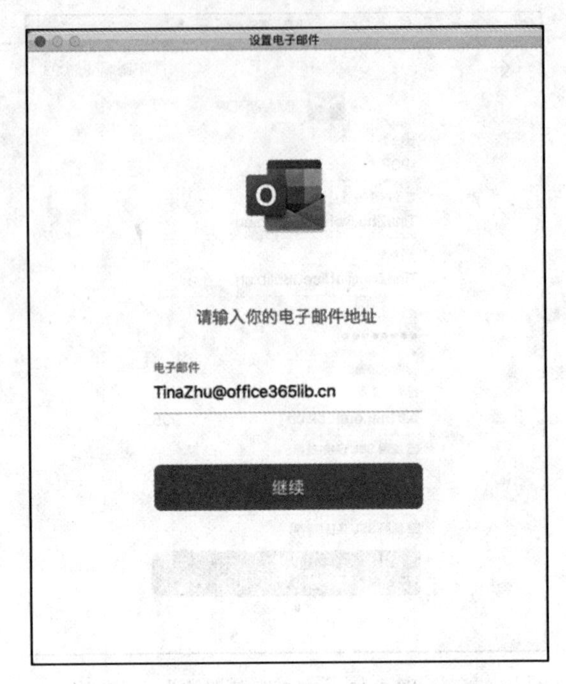

图 3-25 输入电子邮件地址

（2） 选择 IMAP/POP 模式，如图 3-26 所示。

图 3-26 选择 IMAP/POP 模式

（3） 选择连接方式为 IMAP，并填写登录凭证、收件服务器和发件服务器地址，如图 3-27 所示。

图 3-27 填写 IMAP 服务器信息

（4） 完成配置，如图 3-28 所示。

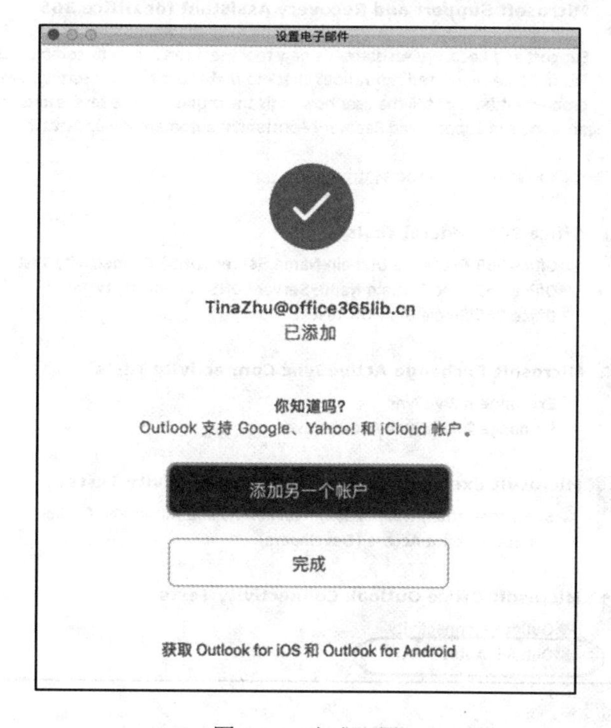

图 3-28 完成配置

3.1.4 常见问题

1. 完全托管在 Office 365 云端邮箱无法通过自动发现完成配置，提示“加密连接不可用”

请检查 DNS 解析，查看是否可以正常解析 autodiscover.<verified domain>别名记录，并指向 autodiscover.partner.outlook.cn，如图 3-29 所示。

```
C:\Users\          >nslookup -q=cname autodiscover.office3651ib.cn
Server:  bj-dc-office01.bj-oe.21vianet.com
Address:  172.31.8.11

Non-authoritative answer:
autodiscover.office3651ib.cn      canonical name = autodiscover.partner.outlook.cn
```

图 3-29 检查自动发现（Autodiscover）的解析结果

另外，建议访问微软 Test Connectivity Analyzer 网站进行 Autodiscover 测试，网址为：https://testconnectivity.microsoft.com/。

选中 Office 365 下的“Outlook Autodiscover”复选框，单击“下一步”按钮，如图 3-30 所示。

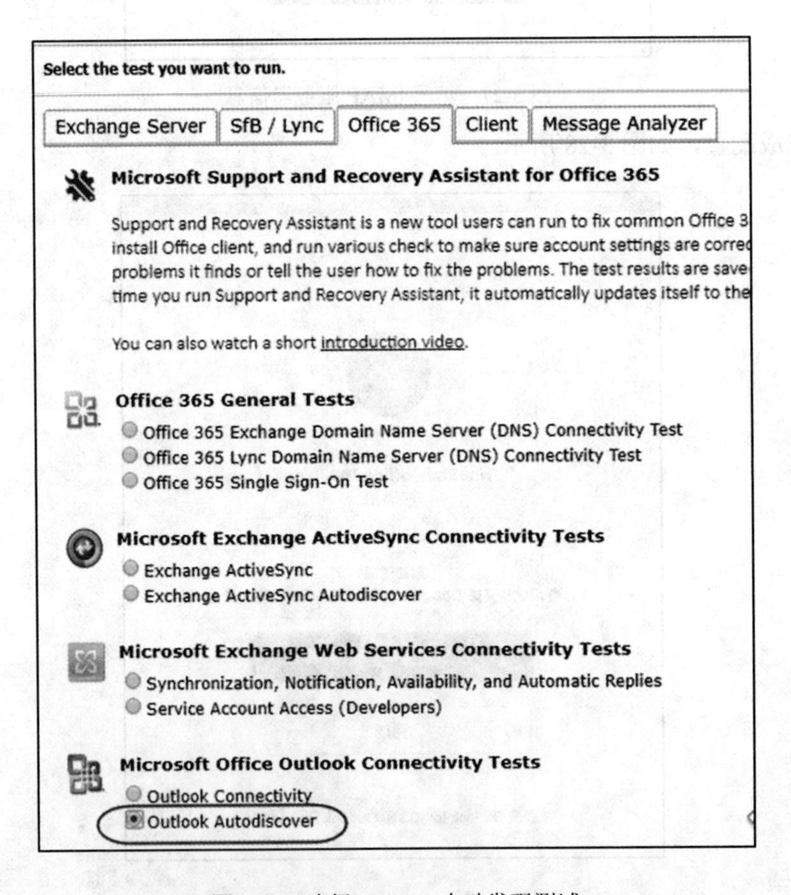

图 3-30 选择 Outlook 自动发现测试

输入测试的邮箱账号、密码，选中忽略信任 SSL 和免责声明,输入验证码，单击“Perform Test（执行测试）”按钮，如图 3-31 所示。

Outlook Autodiscover

Previous | Perform Test

Email address:
TinaZhu@office365lib.cn

Microsoft Account:
TinaZhu@office365lib.cn

Password:
••••••••

Confirm password:
••••••••

Ignore Trust for SSL

I understand that I must use the credentials of a working account from my Exchange domain to be able to test connectivity to it remotely. I also acknowledge that I am responsible for the management and security of this account.

Verification

Enter the characters you see
New | Audio

D5JVSVV

You are now verified for the rest of this browser session (30 minute maximum).

Notice

The Remote Connectivity Analyzer is a web-based tool that's designed to help IT administrators troubleshoot connectivity issues with their Exchange Server deployments. It lets administrators test connectivity to their Exchange domains remotely from outside their organizations' internal networks. To use this tool, you must enter the credentials of a working account from the Exchange domain you want to test. **To avoid the risk of your working credentials being exploited and compromising the security of your Exchange environment, we strongly recommend that you create a test account for the purpose of using this tool, and delete this account immediately after you've completed the connectivity testing.**

Previous | Perform Test

图 3-31　填写测试账户信息

测试成功界面如图 3-32 所示。

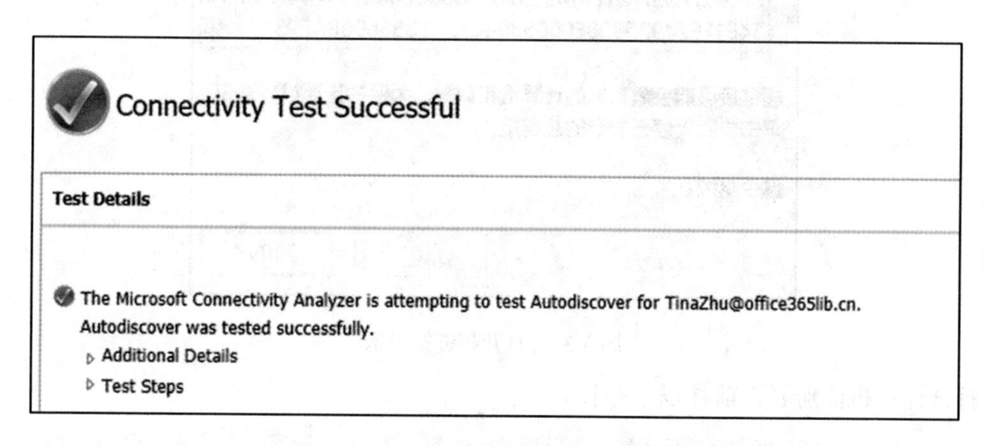

图 3-32　“Outlook Autodiscover”测试成功

2. Outlook 2010 是否可以支持 Office 365 邮箱

2017 年 10 月 31 日，Office 365 终止了对于 RPC Over Http 的支持，RPC over HTTP（也称为 Outlook Anywhere）是在 Outlook for Windows 和 Exchange 之间进行连接和传输的旧方法。2014 年 5 月，Microsoft 引入了 MAPI over HTTP 来替代 RPC over HTTP。

MAPI over HTTP 具有以下优点。

（1） 当网络在传输过程中丢失数据包时，可提高连接弹性。

（2） 启用更安全的登录方案，如 Office 365 的多重身份验证。

（3） 为第三方标识程序提供扩展性基础。

（4） 消除 RPC over HTTP 依赖旧版 RPC 技术的复杂性。

Office 365 推荐使用最新版的 Outlook 客户端，如 Office 365 专业增强版，Outlook 2019, Outlook 2016，Outlook 2013，或者适用于 Office 365 的 Outlook for Mac，以及安装以下更新程序的 Outlook 2010 SP2。

```
April 2015 PU for Office 2010 for MAPI/HTTP
KB2956191

October 2015 PU
KB3085604
```

3. 在 Outlook 2016 客户端中打开超链接提示安全声明

去除安全声明提示如图 3-33 所示。

图 3-33 打开超链接提示

打开计算机注册表，前往以下路径。

```
HKEY_CURRENT_USER\Software\Microsoft\Office\16.0\Common\Security
```

添加注册表键值 DisableHyperlinkWarning，并设置“Value name”为 1，如图 3-34 所示。保存键值并重启计算机后，在 Outlook 2016 客户端中打开超链接，安全声明提示消失。

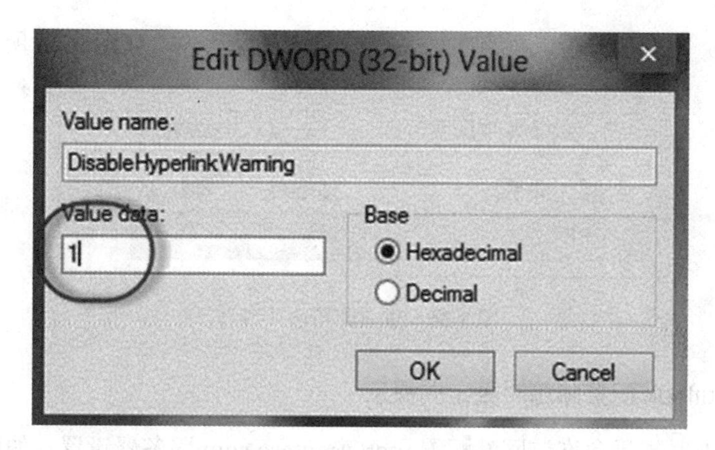

图 3-34 注册表键值

4. 为组织内用户统一关闭重点收件箱

重点收件箱将收件箱分隔为两个选项卡：重点和其他。最重要的电子邮件位于“重点”选项卡上，而其余部分仍可在“其他”选项卡上轻松访问。

Office 365 管理员可以为组织内用户统一开启或关闭重点收件箱选项。

（1） 首次运行连接 Exchange Online 需要运行以下命令，并输入“Y”：

```
Set-ExecutionPolicy -ExecutionPolicy RemoteSigned
```

（2） 在 PowerShell 中输入以下命令连接到 Exchange Online：

```
$UserCredential = Get-Credential
```

（3） 在弹出的窗口中输入 Office 365 管理员凭证：

```
$Session = New-PSSession -ConfigurationName Microsoft.Exchange -ConnectionUri https://partner.outlook.cn/PowerShell-LiveID/ -Credential $UserCredential -Authentication Basic -AllowRedirection

Import-PSSession $Session
```

（4） 使用以下命令为组织内用户统一关闭重点收件箱：

```
Set-OrganizationConfig -FocusedInboxOn $false
```

（5） 验证结果，如图 3-35 所示。

```
Get-OrganizationConfig | fl FocusedInboxOn
```

```
PS D:\script> Get-OrganizationConfig | fl FocusedInboxOn

FocusedInboxOn : False
```

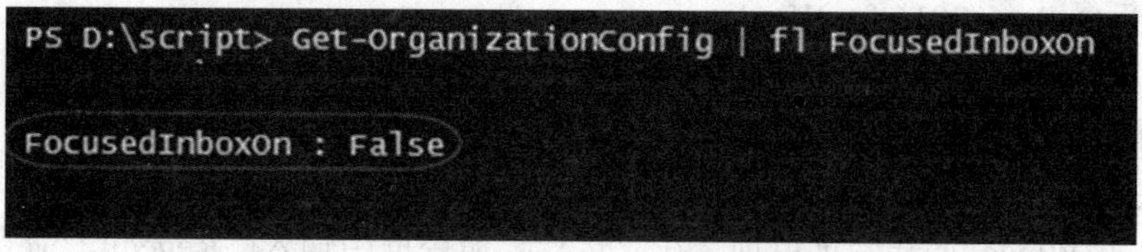

图 3-35 验证 FocusedInboxOn 值为 False

打开 Outlook 客户端，验证重点收件箱提示选项已经消失，如图 3-36 所示。

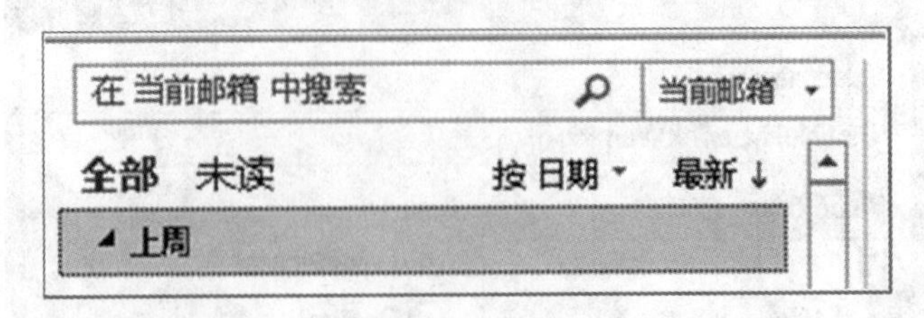

图 3-36　重点邮箱选项消失

5. 禁用 Outlook 配置邮箱时重定向提示

配置 Outlook 时提示允许该网站配置 user@contoso.com 服务器设置，如图 3-37 所示。

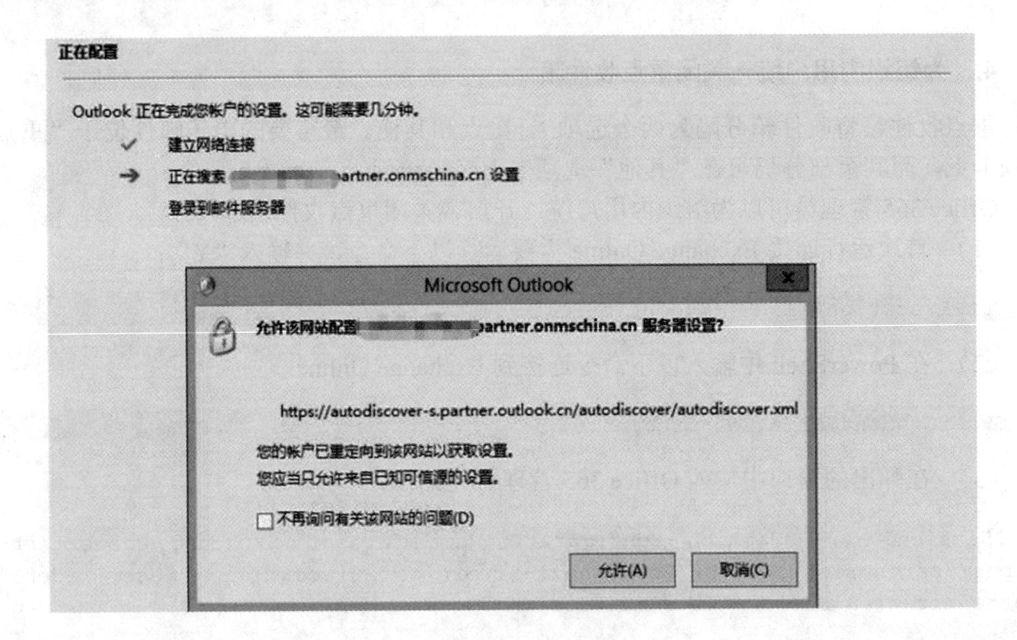

图 3-37　重定向提示

在 Outlook 上以 Exchange 方式配置 Office 365 邮箱时只能通过 AutoDiscover 服务找到服务器及用户邮箱信息才能完成配置，用户只要选中“不再询问有关该网站的问题”复选框，下次就不会弹出此警告窗口。

其实，选中复选框后会在 Windows 注册表中写入 Office 文件夹下的 Outlook AutoDiscover RedirectServers 相关的地址，如果管理中不希望用户在配置时出现此窗口，可以通过以下方法来抑制此警告信息。

1） 对于 Outlook 2016 for Windows

在进行以下操作之前，建议备份本地注册表。

为了配置 Outlook HTTP 重定向发生的行为，可以使用以下方法设置注册表值。

（1） 关闭 Outlook 客户端。

（2） 单击 Windows 开始菜单项，在“运行”命令框中输入“Regedit”命令打开注册表编辑器。

（3） 找到注册表键值路径，如图 3-38 所示。

```
HKEY_CURRENT_USER\Software\Microsoft\Office\xx.0\Outlook\AutoDiscover\RedirectServers
```

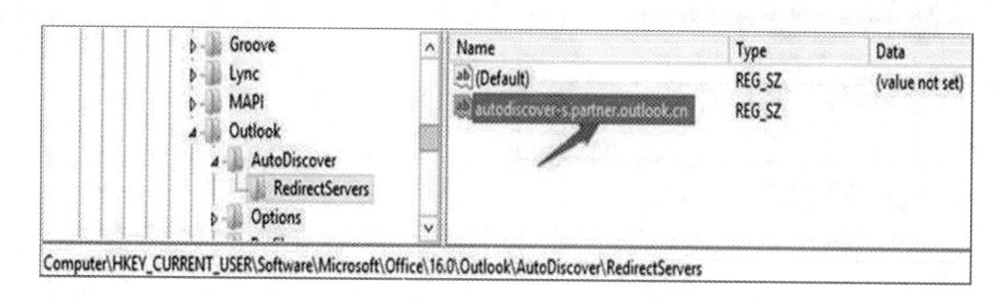

图 3-38 注册表路径

如果没有找到该路径，也可以查看以下子键值：

```
HKEY_CURRENT_USER\Software\Policies\Microsoft\Office\xx.0\Outlook\AutoDiscover\RedirectServers
```

这里的 xx 为版本代号，其中，15.0 为 Outlook 2013, 16.0 为 Outlook 2016。

在此路径下创建一个字符串值，名称栏填写 autodiscover-s.partner.outlook.cn，数据栏留空。

2） 对于 Outlook for Mac 2016

（1） 关闭 Outlook 客户端。

（2） 打开终端（Terminal），在终端窗口中输入以下命令。

```
defaults write com.microsoft.Outlook TrustO365AutodiscoverRedirect -bool true
```

（3） 退出终端后重新配置 Outlook 账户。

布尔值设置情况如表 3-1 所示。

表 3-1 布尔值设置情况

将布尔值设置值	说　明
真	不要提示信任 Office 365 提供终结点。Outlook 定义 Url 被信任，这是不可配置的
假	Outlook 将使用的默认行为是自动发现重定向发生时提示
如果值不存在	Outlook 将使用的默认行为是自动发现重定向发生时提示

6. 邮件中的附件变为灰色

Outlook for Mac 收到邮件中的附件变为灰色，无法访问，如图 3-39 所示。

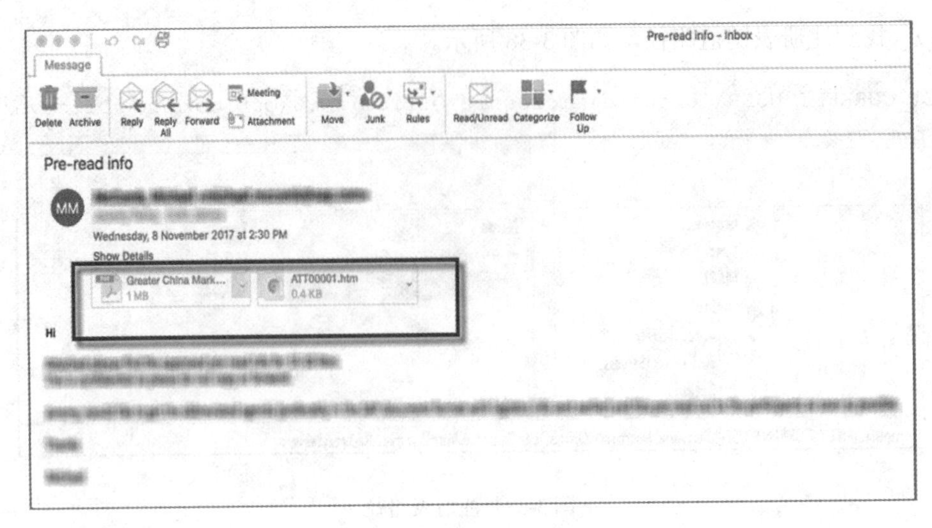

图 3-39　附件变为灰色

（1）　选中有问题的邮件夹并右击，选择“Properties（属性）”选项，如图 3-40 所示。

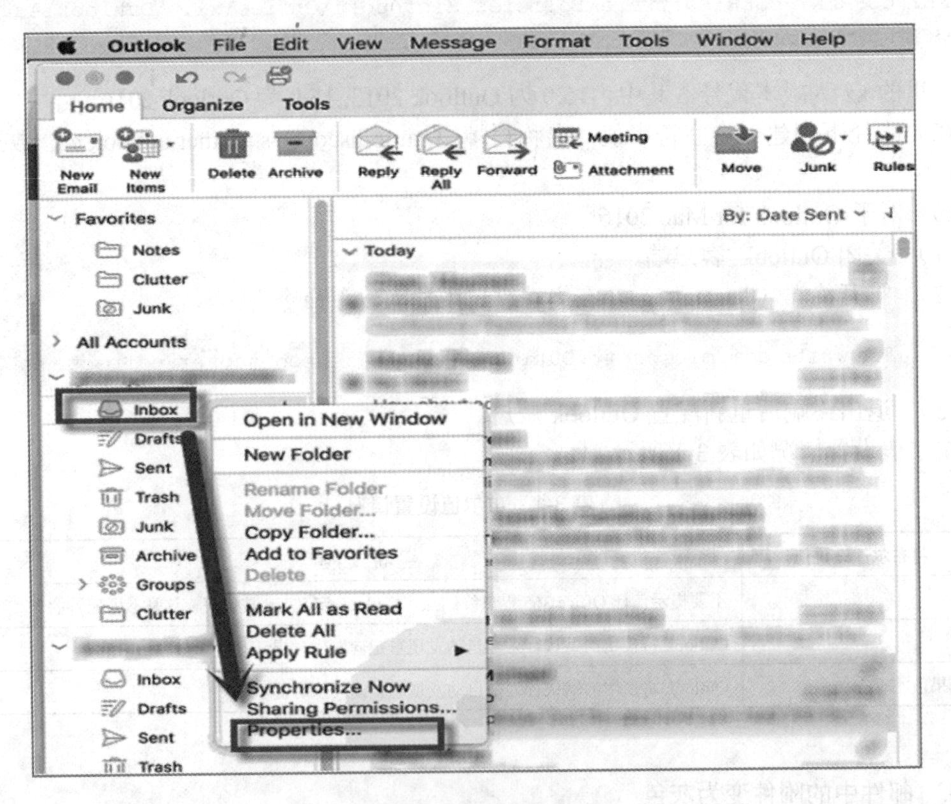

图 3-40　选择收件箱属性

（2）　在弹出的窗口中单击“Empty Cache（清空缓存）”→“OK（确定）”按钮，出现“正在清理缓存”的英文提示，如图 3-41 所示。

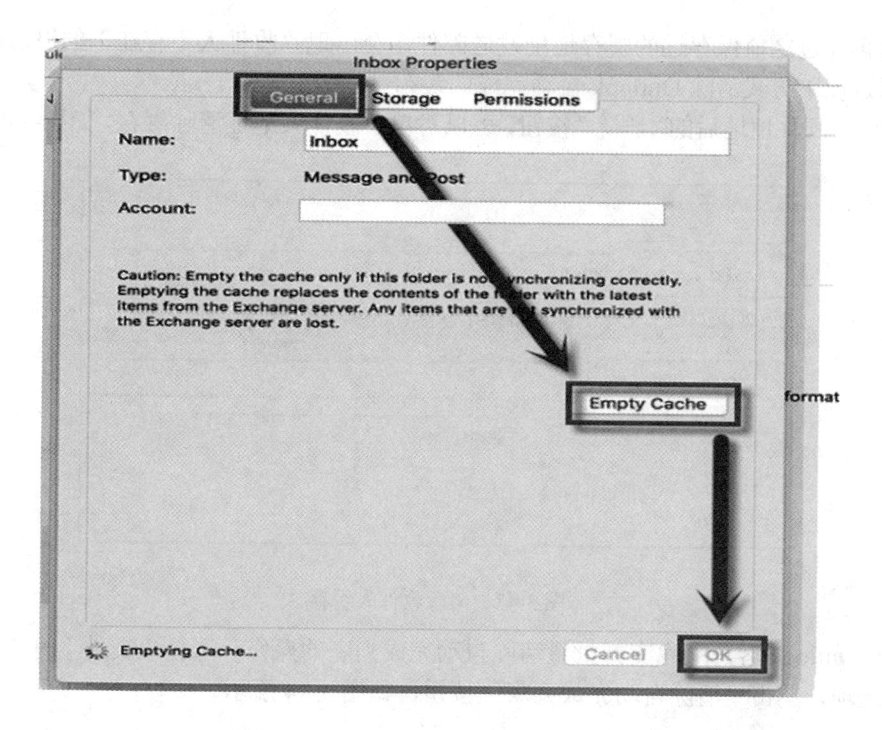

图 3-41 清空缓存

（3） 验证之前无法查看的邮件附件，会发现附件的状态已经恢复正常，如图 3-42 所示。

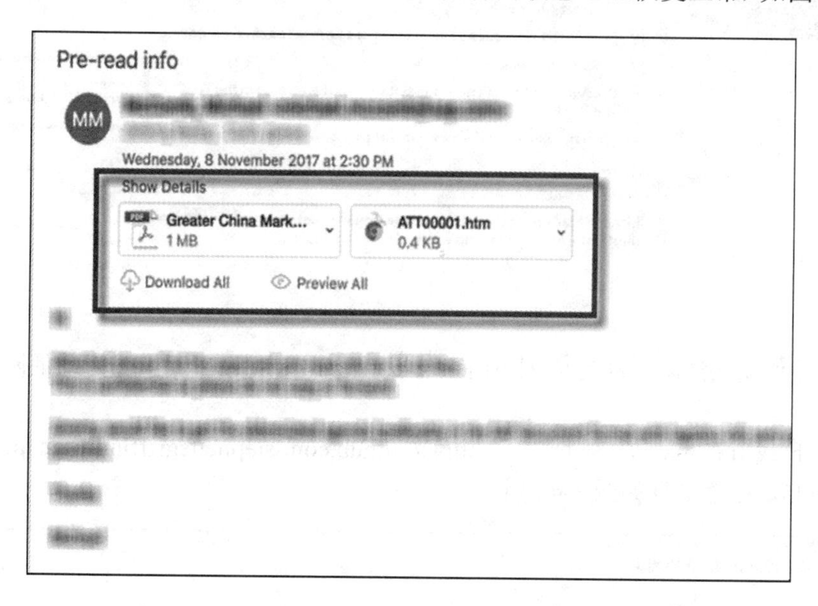

图 3-42 附件变为正常

7. 清除 Outlook 2016 客户端邮件地址列表缓存

在 Outlook 客户端中填写收件人地址并投递邮件后，Outlook 客户端会将收件人地址保存在 Outlook 客户端缓存中，在下一次发送邮件时自动完成邮件地址输入，如果收件人地址发生更改时再通过之前保存过的缓存地址发送邮件，会出现“收件人不存在”的退信内容。这时可以通过以下方式清除 Outlook 自动完成的缓存。

（1）单击邮件地址后的“删除”按钮，可以对单个收件人地址清除缓存，如图 3-43 所示。

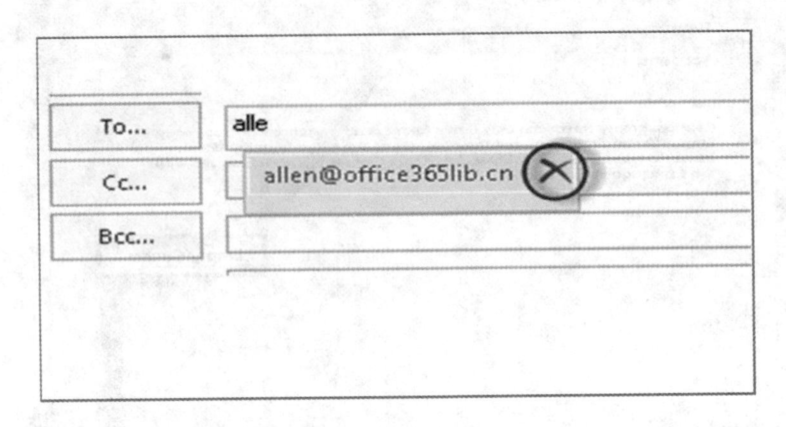

图 3-43　清除收件人缓存

（2） Outlook 客户端也支持批量清除自动完成列表的操作，选择“文件”→“选项”→“邮件”选项，单击“清除自动完成列表”按钮，如图 3-44 所示。

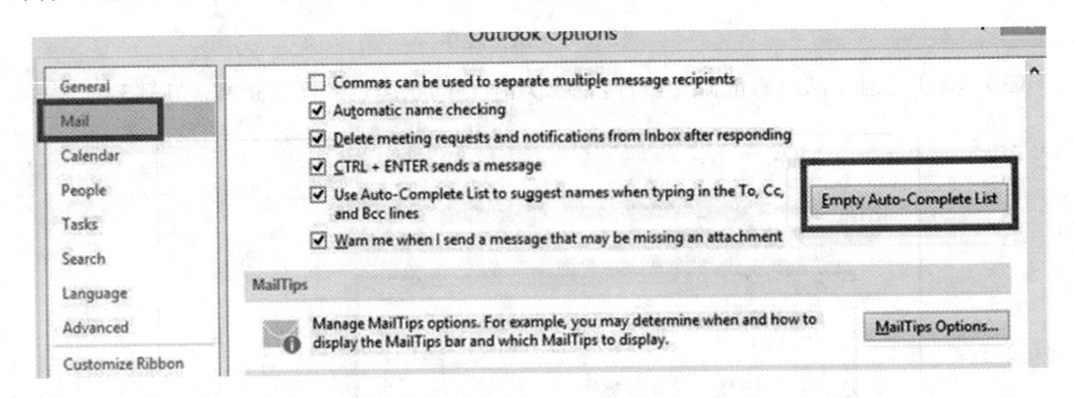

图 3-44　清除自动完成列表

当以上操作无法清除自动完成列表时，可以通过 MFCMAPI 工具的方式清除自动完成列表。

（1） 下载 mfcmapi，网址为：https://github.com/stephenegriffin/mfcmapi/releases/tag/19.2.19007.645，压缩文件如图 3-45 所示。

图 3-45　下载 mfcmapi 工具

（2） 运行 MFCmapi，在 Tools 选项卡中选择 Option 选项，选中相应的选项如图 3-48 所示。选择 session→logon→选择配置文件名→单击 OK 按钮，如图 3-46 所示。

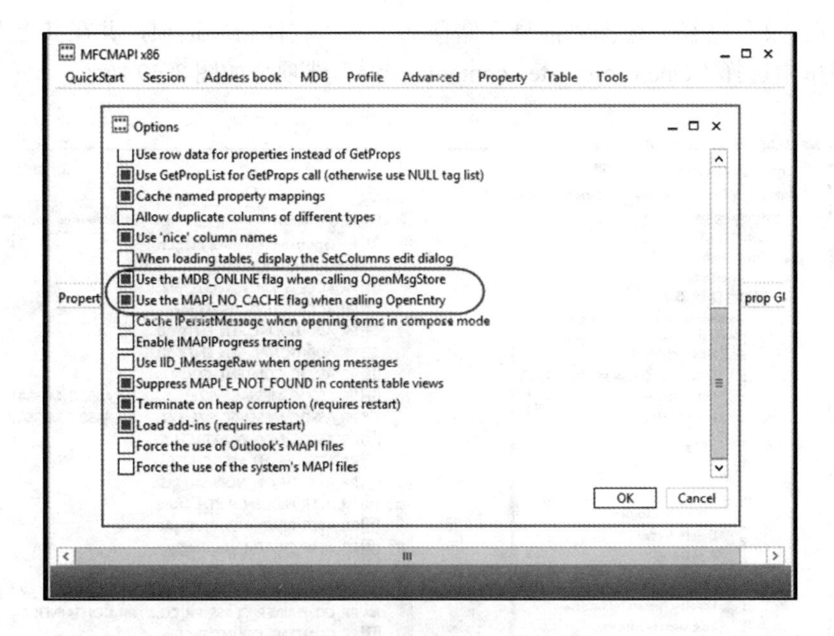

图 3-46 按照图示选中 2 个选项

（3） 登录到邮箱，如图 3-47 和图 3-48 所示。

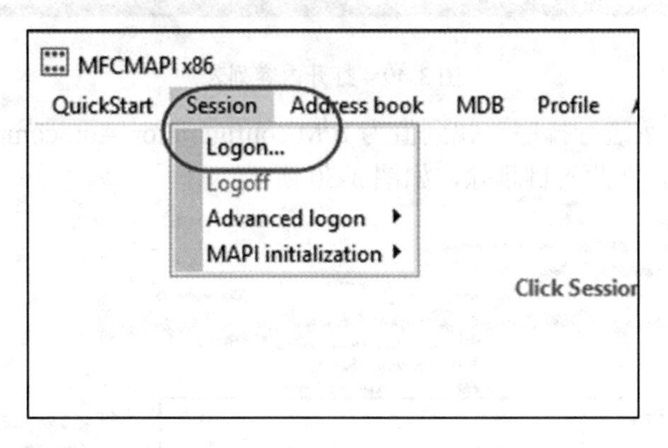

图 3-47 选中“Login”登录邮箱

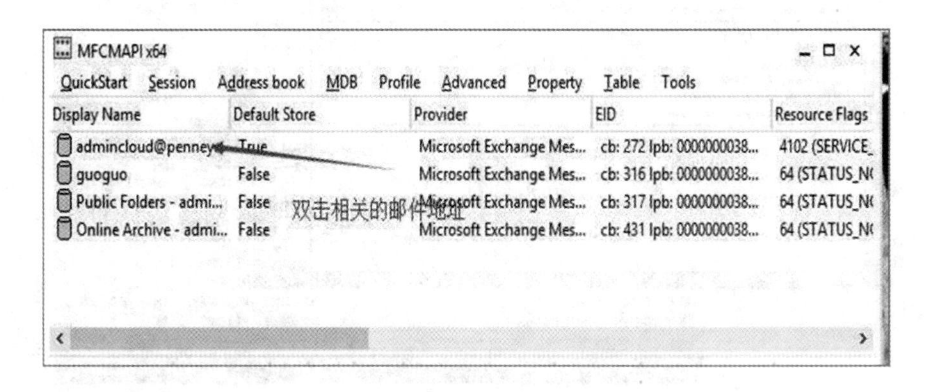

图 3-48 选择邮件地址

（4） 在此文件路径下选择“信息存储顶部”→“收件箱”选项，并在其上右击，在弹出的快捷菜单中选择“Open associated contents table”选项，如图 3-49 所示。

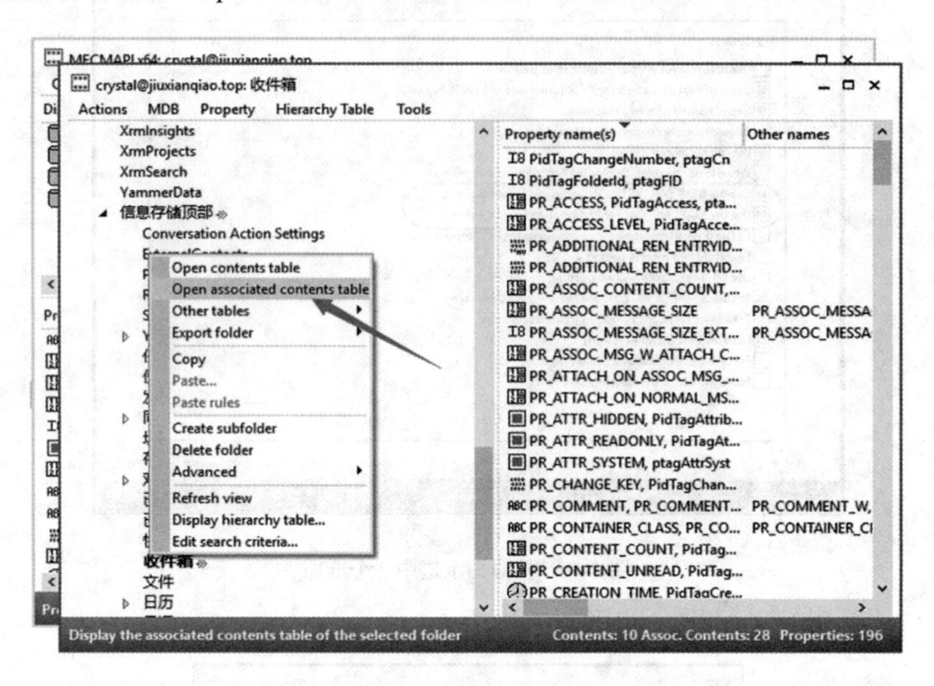

图 3-49 打开内容列表

（5） 对 Subject 列进行排序，找到值为 IPM.configuration.Autocomplete 的选项，将其导出为 MSG 格式存档，把此条目删除，如图 3-50 所示。

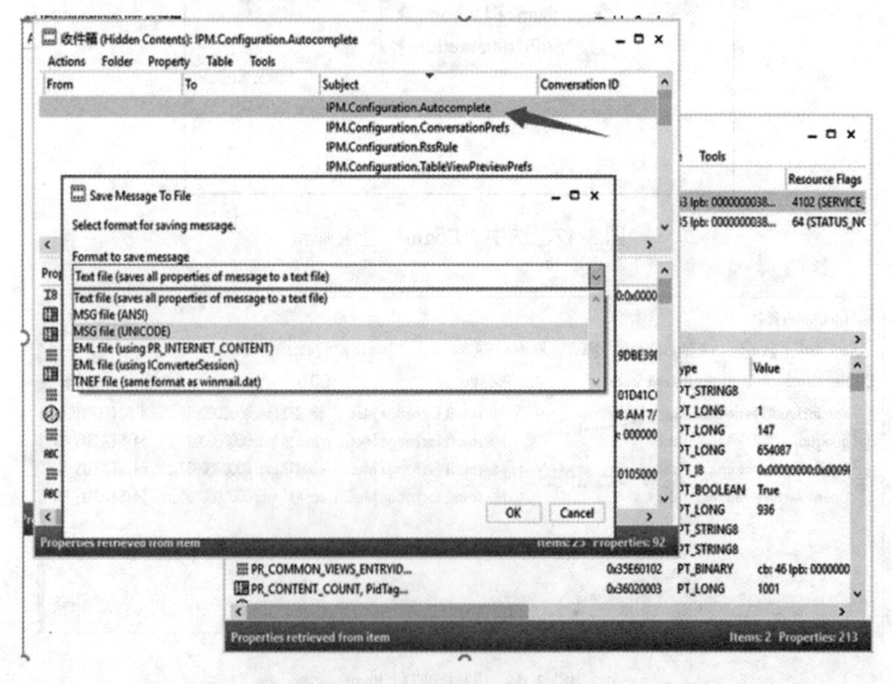

图 3-50 删除 IPM.configuration.Autocomplete 选项

3.2 Outlook Web App

3.2.1 邮件

本节主要介绍 Office 365 网页邮箱功能(OWA),管理员创建用户账号并分配了 Exchange Online 许可服务后,用户就具备了邮箱服务。用户首次访问 Office 365 Portal 时即可通过首页访问至网页邮箱页面,如图 3-51 所示。

图 3-51 访问 OWA

(1) 用户第一次访问网页邮箱时(后面简称 OWA),需设置“语言”和“时区”,如图 3-52 所示。

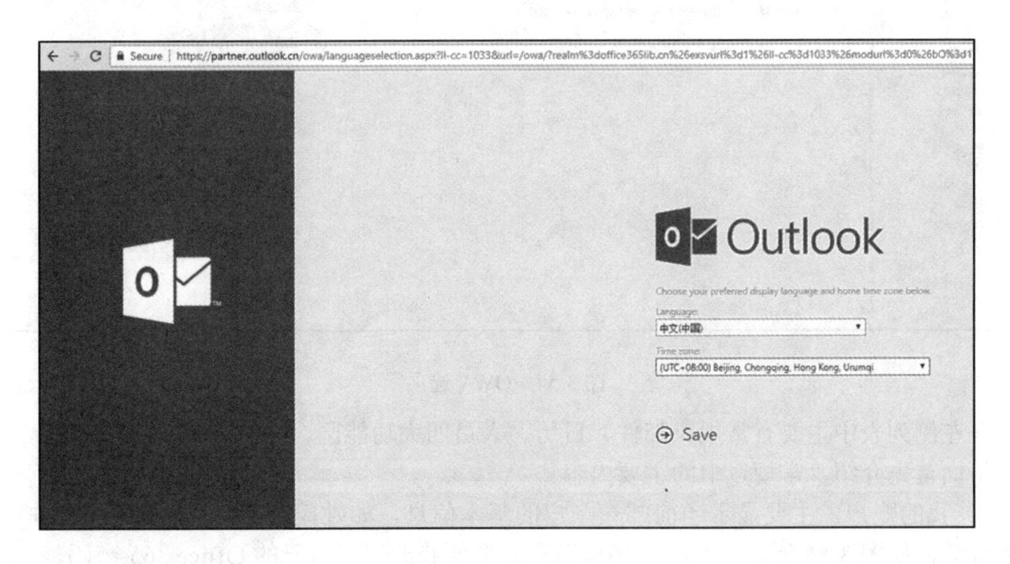

图 3-52 设置语言和时区

根据用户偏好进行设置即可，这里设置为“中文（中国）”，时区为 UTC+08:00。

除了以上方式，用户还可以通过直接访问地址：https://partner.outlook.cn/owa/进入 OWA 中。

进入邮箱界面，如图 3-53 所示。

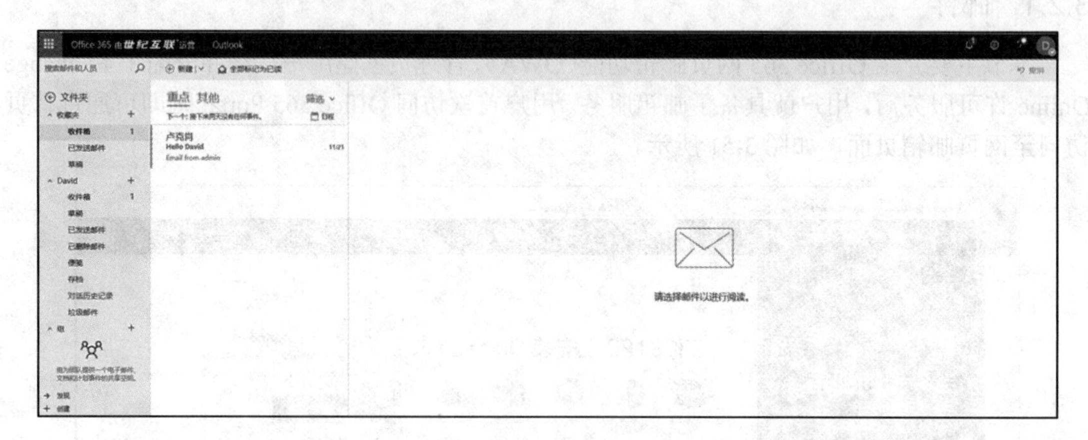

图 3-53　OWA 界面

（2）　下面介绍邮箱选项和功能，在 OWA 页面右上角单击“设置”按钮，选择“邮件”选项，如图 3-54 所示。

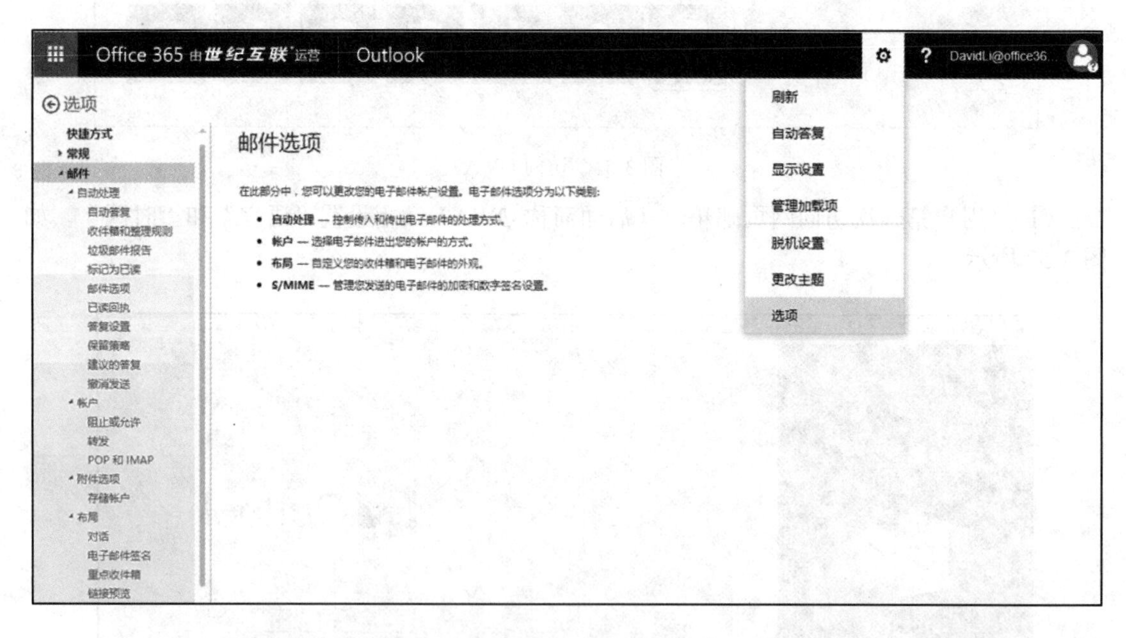

图 3-54　OWA 选项

在左侧列表中主要有常规、邮件、日历、人员四大功能区。

下面首先介绍“常规”中的主要内容。

① 我的账户。主要显示当前邮箱账户的基本信息，如姓氏、名字、移动电话、邮箱使用情况等，如图 3-55 所示。此外，还可以在此界面修改用户自己的 Office 365 密码。

图 3-55　邮箱账户信息

② 通讯组。通讯组中包含用户所属的通讯组和用户拥有的通讯组，如图 3-56 所示。

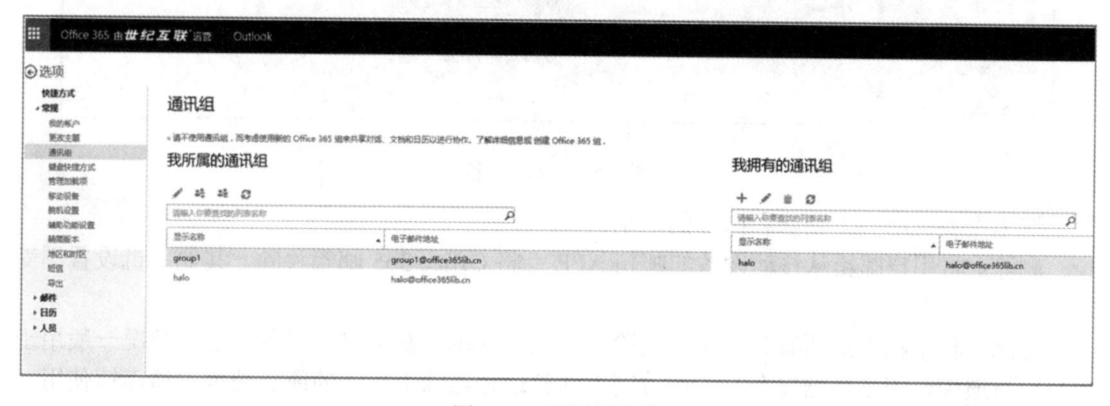

图 3-56　通讯组信息

对于所属的通讯组，用户可以查看组的相关信息，如所有者，组成员，成员数等。

对于用户拥有的通讯组，用户即为通讯组的所有者，可以进行组的编辑，如成员的加入，组的传递管理等，如图 3-57 所示。

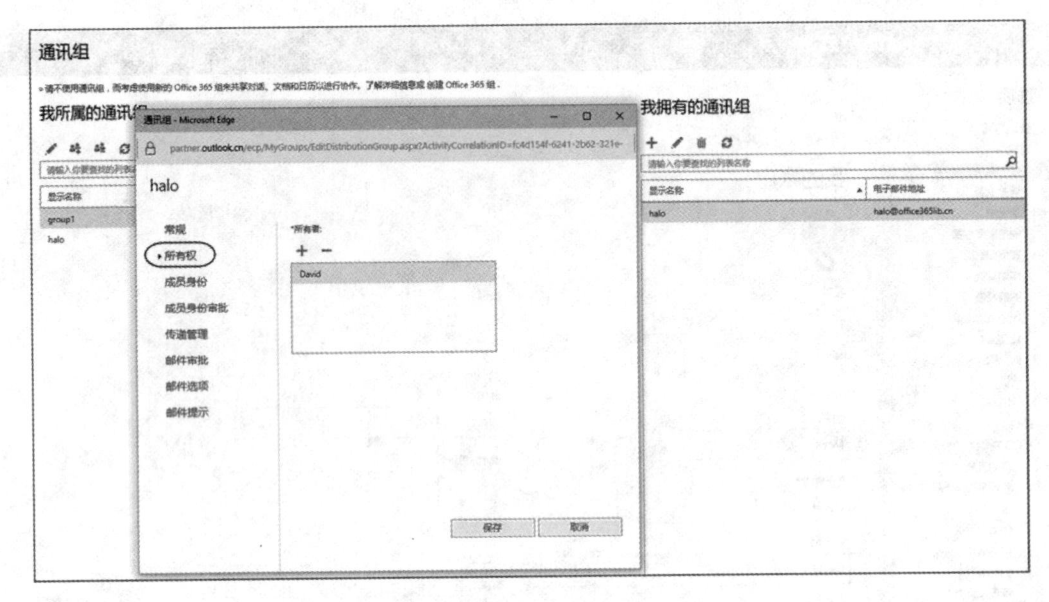

图 3-57　拥有的通讯组

③ 移动设备。可以查看用户邮箱在哪些移动设备上配置过，既可查看设备详细信息，也可进行删除、擦除设备等操作，如图 3-58 所示。

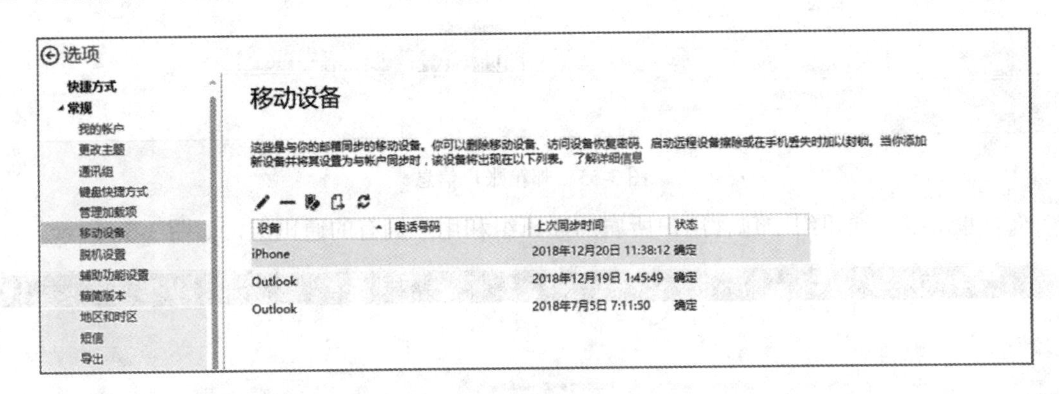

图 3-58　移动设备

这里主要说明一下删除和擦除的区别。

删除：将用户邮箱从移动设备的邮箱 APP 上将 Office 365 邮箱移除，其他手机设置不受影响。

擦除：将手机上的所有数据全部删除，相当于手机恢复了出厂设备，这种情况一般用于用户手机遗失、担心数据安全时，通过网页邮箱远程擦除手机上的所有数据，请谨慎使用。

④ 精简版本。默认访问的 OWA 是一个常规网页版本的 OWA 页面，而当用户浏览器版本过低，如 IE9、IE10 等浏览器，或者网络带宽过低时，为了保证用户可以正常访问使用，系统可能会暂时以精简版本 OWA 界面展示。

当然，用户也可以设置为精简版浏览访问 OWA，一般这种情况比较少，现在日常生活及办公中使用的绝大多数计算机配置都比较高，使用默认版本 OWA 即可，会有更好的用户体验，如图 3-59 和图 3-60 所示。

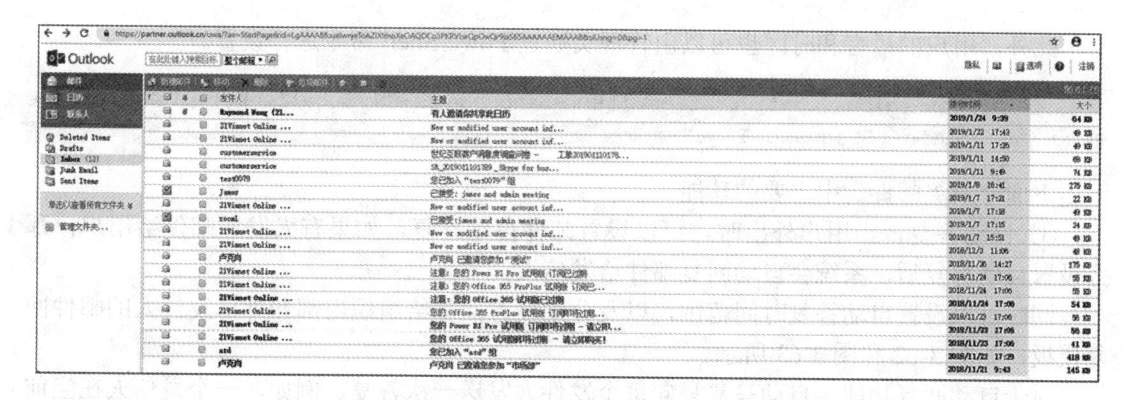

图 3-59 精简版 OWA 页面

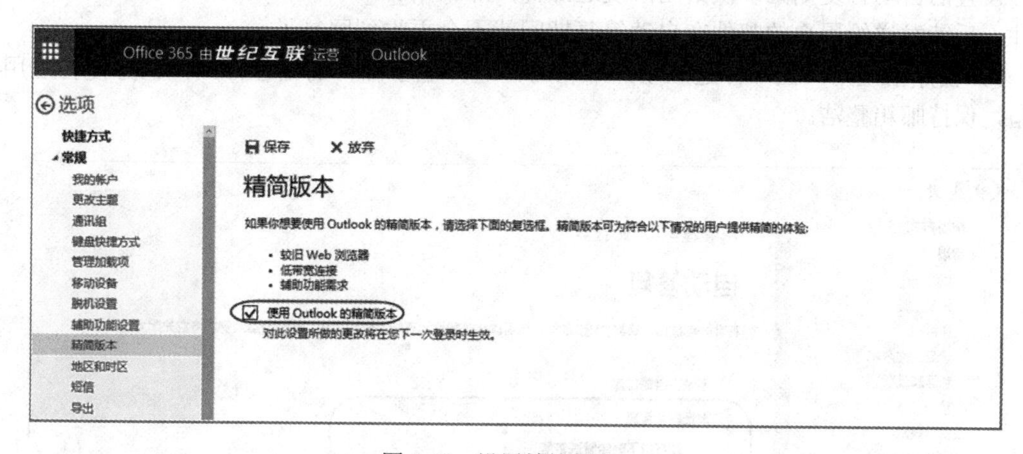

图 3-60 设置精简版 OWA

⑤ 地区和时区。当用户首次访问 OWA 时，系统会先让用户选择“地区”“时区”参数，保存设置后，之前所选择的参数信息都存储在这个位置，用户可以在此进行修改语言、时间格式等设置，如图 3-61 所示。

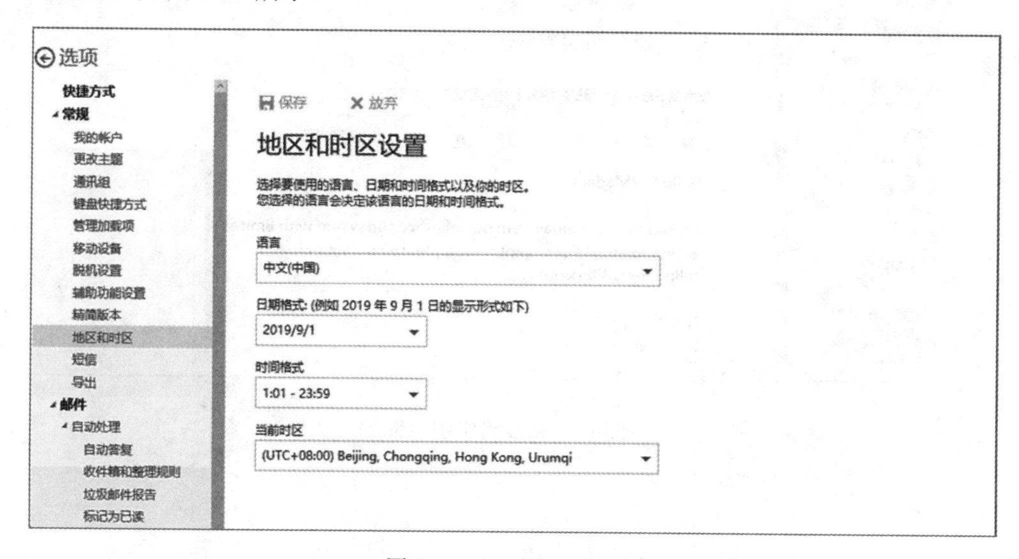

图 3-61 设置地区和时区

此外，用户的语言和时区也可以由管理员通过 PowerShell 命令进行设置。

```
Set-MailboxRegionalConfiguration <邮箱> -Language zh-CN -LocalizeDefaultFolderName
-TimeZone "China Standard Time"
```

下面介绍“邮件”中主要的功能。

① 自动答复，当用户外出时，可以设置邮件自动答复，如果有人发送邮件给用户，那么设置自动答复后，系统会自动回复邮件给发信人。

同时可以设置自动答复时间范围，以及分别设置回复给组织内部和外部发件人的邮件回复模板，如图 3-62 和图 3-63 所示。

对于自动回复功能，自动答复只向每个发件人发送一次答复、例如，一个发信人在当前用户设置的自动答复期间多次给用户发送邮件，那么只有第一次发送的邮件会收到自动答复邮件，后续发送给用户的邮件在自动答复期间就不会再收到回复了。

② 收件箱规则。当邮件进入用户邮箱时，选择电子邮件的处理方式，也方便管理用户邮箱，保持邮箱整洁。

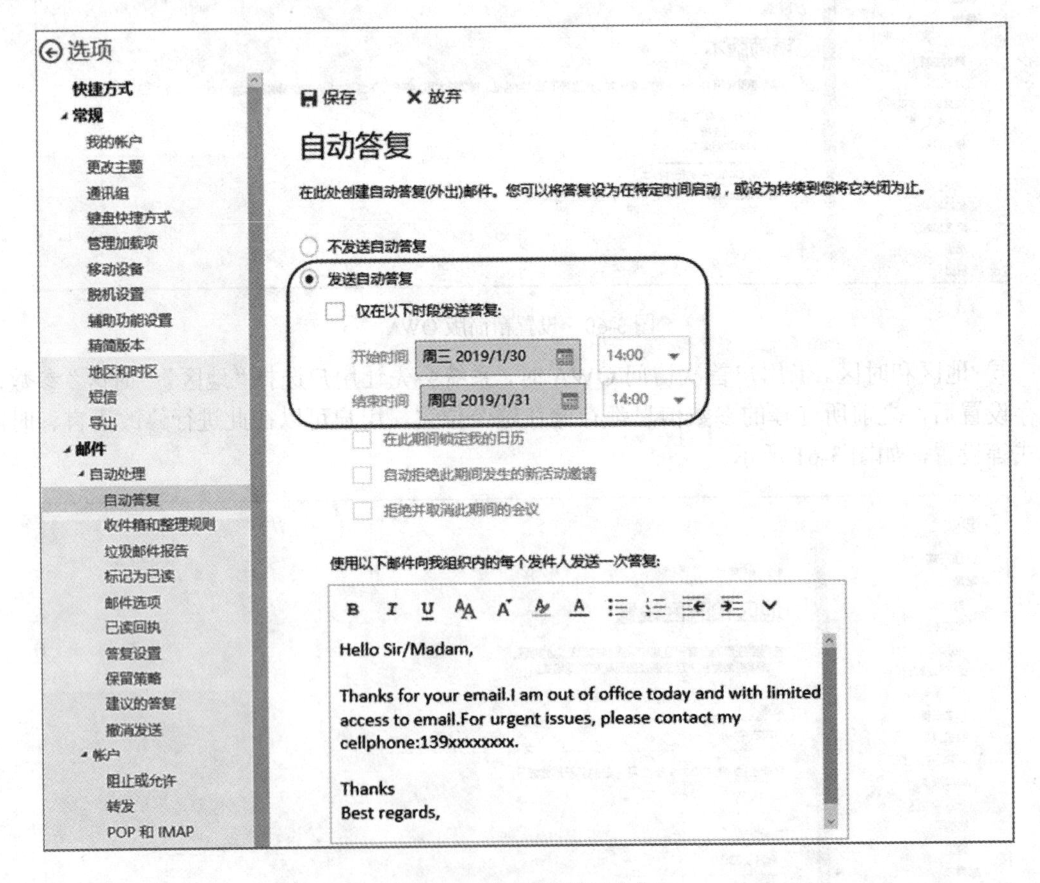

图 3-62　回复给组织内部

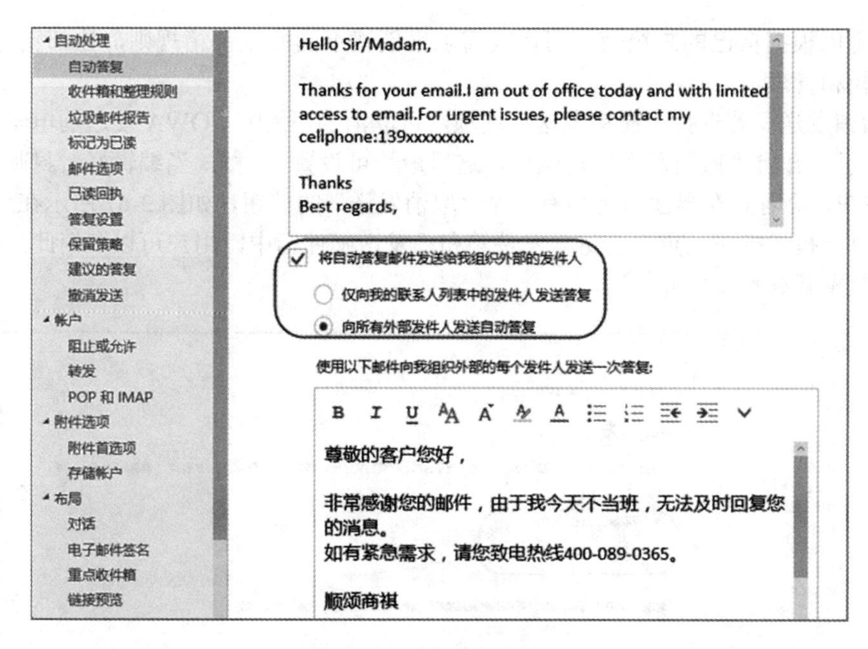

图 3-63　回复给组织外部

这里举一个很简单的例子，特定发件人的邮件到达后，执行操作，将邮件移动到特定的文件夹中，如图 3-64 和图 3-65 所示。

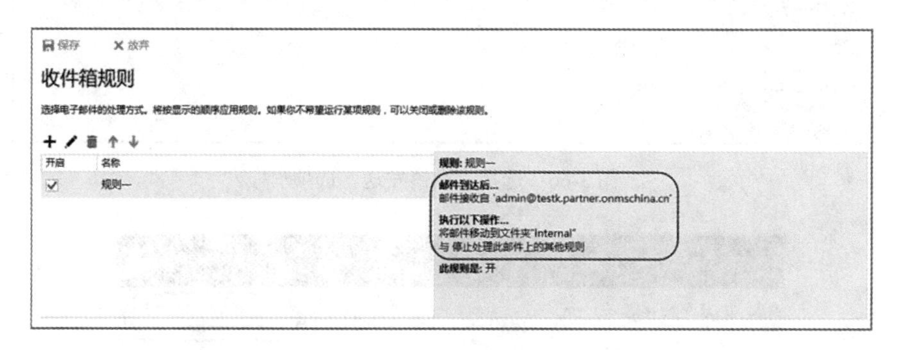

图 3-64　收件箱规则

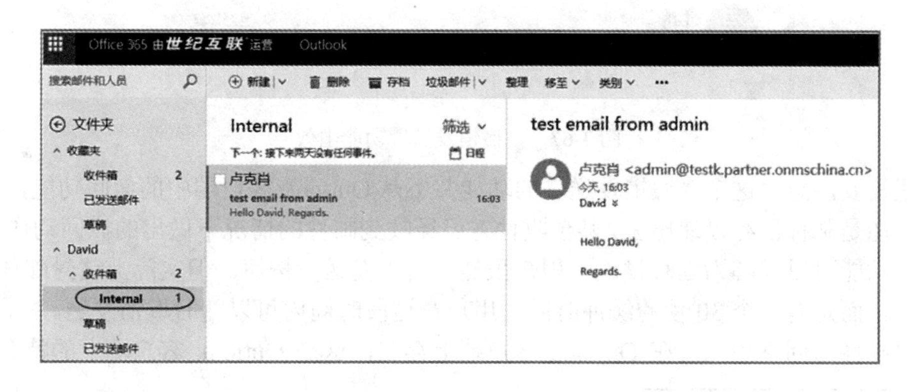

图 3-65　收件箱规则生效

用户可以根据自己的邮箱使用习惯、需求来创建不同的收件箱规则，让邮箱更有层次，以方便查找和管理。

③ 撤销发送。若选择“撤销发送”选项，可取消 30 秒内从 OWA 发送的电子邮件，如图 3-66 所示，开启“撤销发送”功能后，这里最长可设置 30 秒，当编辑好一封邮件后单击“发送”按钮，会看到在界面右上角有一个“取消发送”的按钮，如图 3-67 所示在这 30 秒内邮件没有进行投递操作，也不会进入发件箱和已发送邮件箱中，用户可以取消此封邮件的发送，并进行重新编辑或放弃。

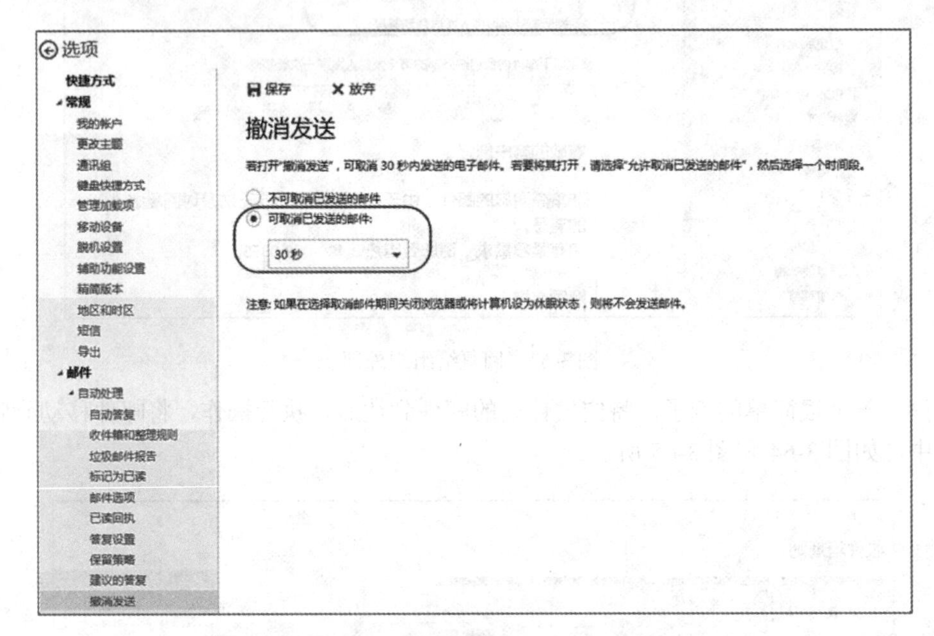

图 3-66　选择“撤销发送”选项[①]

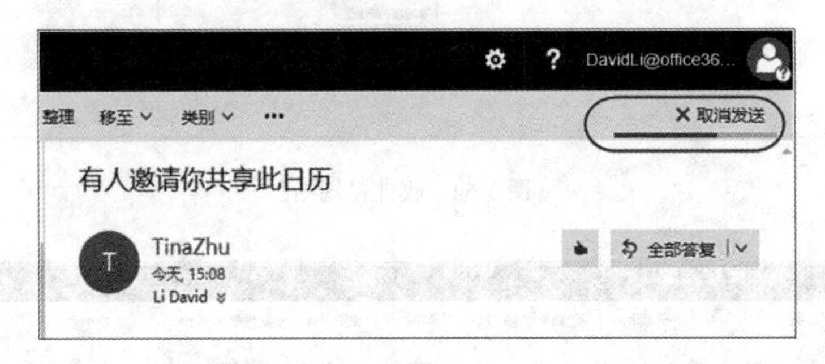

图 3-67　“撤销发送”功能生效

这里需要注意，这个“撤销发送”的功能并不是 Outlook 客户端中的撤回功能，Outlook 的撤回功能是邮件已经投递出去，甚至收件方已经收到邮件的情况下做出的撤回动作，而“撤销发送”功能可以理解为延时发送，用户虽然单击“发送”按钮，但实际上这封邮件并没有正式投递，而是有一个 30 秒的缓冲时间，用户在这段时间内可以随时取消发送。

而“邮件撤回”功能仅在 Outlook 客户端上存在，这是 Outlook 客户端上的特有功能，

① 图中“撤消”根据规范应为“撤销”，本书正文使用“撤销”。

所以在 OWA 上无法撤回邮件，只有“撤销发送”功能。

④ 阻止和允许。设置不将“来自这些发件人或域的电子邮件”移动到用户的“垃圾邮件”文件夹中，或者阻止某些发件人将其移动到“垃圾邮件”文件夹中，如图 3-68 设置。

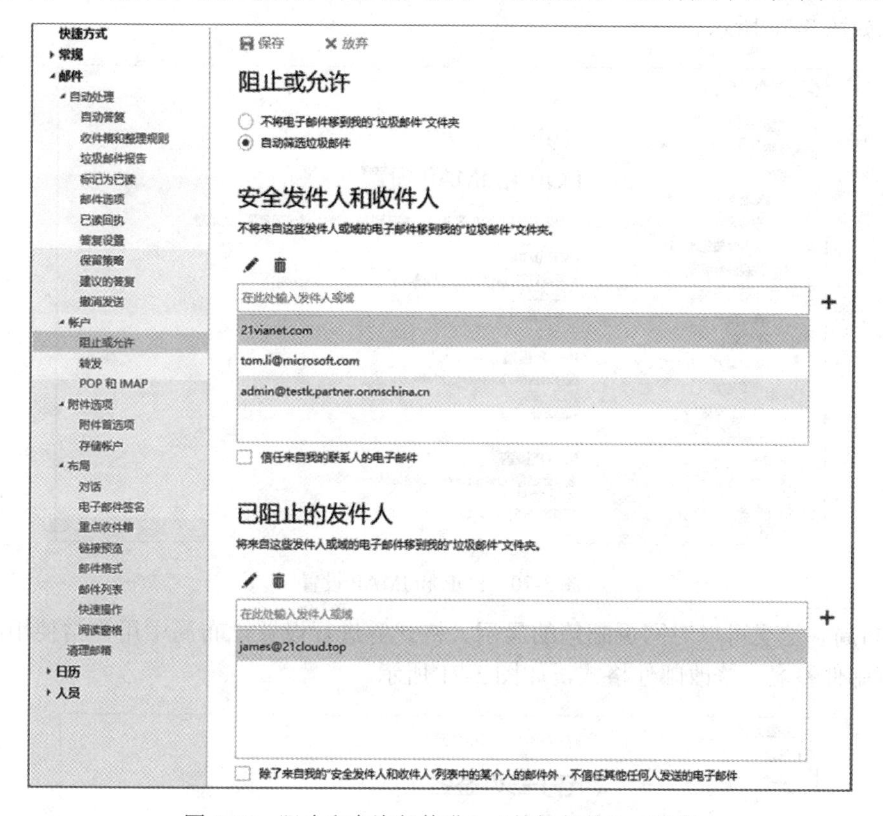

图 3-68　阻止和允许邮件进入“垃圾邮件”文件夹

⑤ 转发。用户可以设置将发送到 Office 365 的邮件自动转发给指定邮箱，这个目标邮箱可以是内部邮箱，也可以是外部邮箱，依据用户的需求自行设置，如图 3-69 所示。

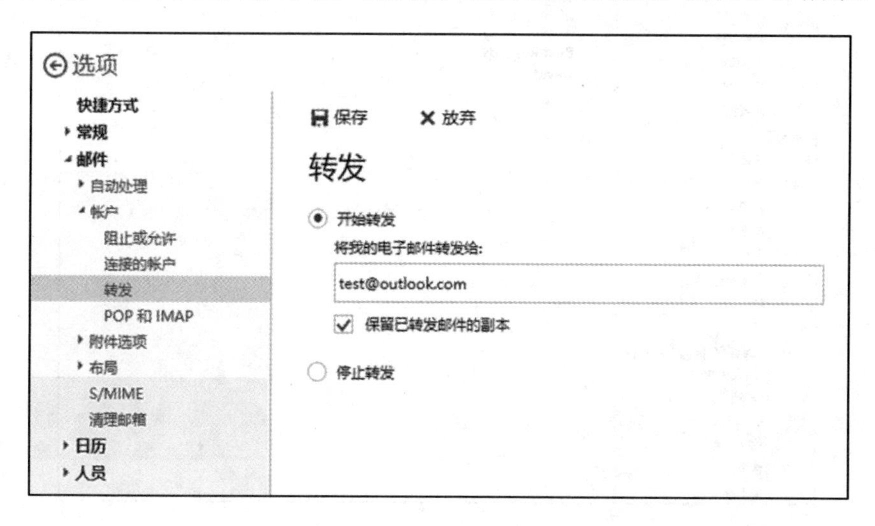

图 3-69　转发邮件

⑥ POP 和 IMAP。通常 Office 365 邮箱默认配置所使用的协议是 Exchange MAPI 协议，但有些第三方邮件客户端或打印机设备等并不支持 MAPI 协议，这时若要在这类客户端上配置 Office 365 邮箱进行收发信，就需要使用常规的 POP3/IMAP 协议进行手动配置，具体相关参数信息如图 3-70 所示。

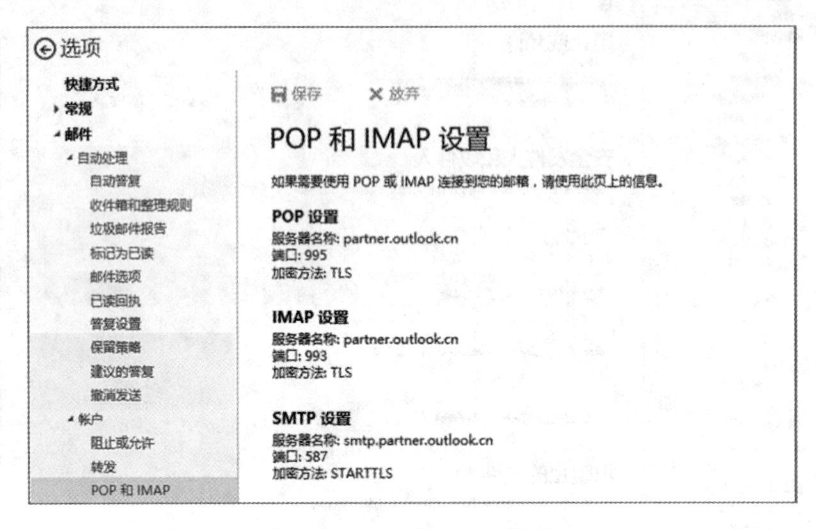

图 3-70　POP 和 IMAP 设置

⑦ 布局。这里可以对网页邮箱的显示、格式等进行设置，布局中用户常使用的功能有电子设置邮件签名、修改邮件格式，如图 3-71 所示。

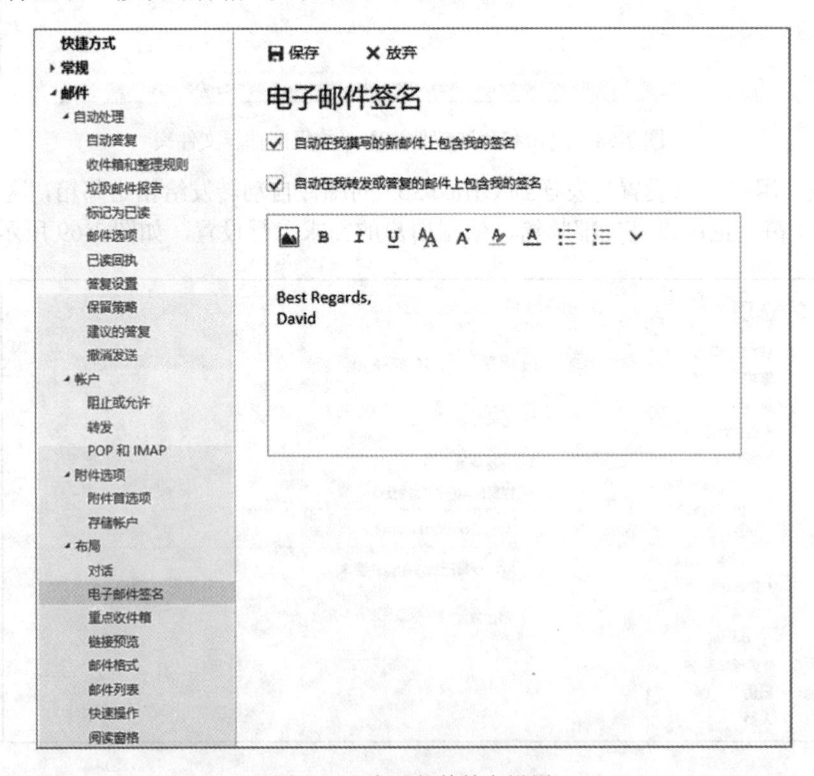

图 3-71　电子邮件签名设置

对于电子邮件签名设置，这里仅可以设置用户自己邮箱的签名，无法设置免责声明，如需设置免责声明条款，需要 Office 365 管理员在 Exchange 管理中心的邮件规则中添加。并且网页端邮箱的电子邮件签名无法同步至 Outlook 客户端上，如果邮箱配置在 Outlook 上，邮件签名需要在 Outlook 客户端重新配置。

3.2.2　日历

日历的主要功能是新建和编辑会议日历日程，以及共享和发布日历。“新建”—“日历事件”，如图 3-72 所示。

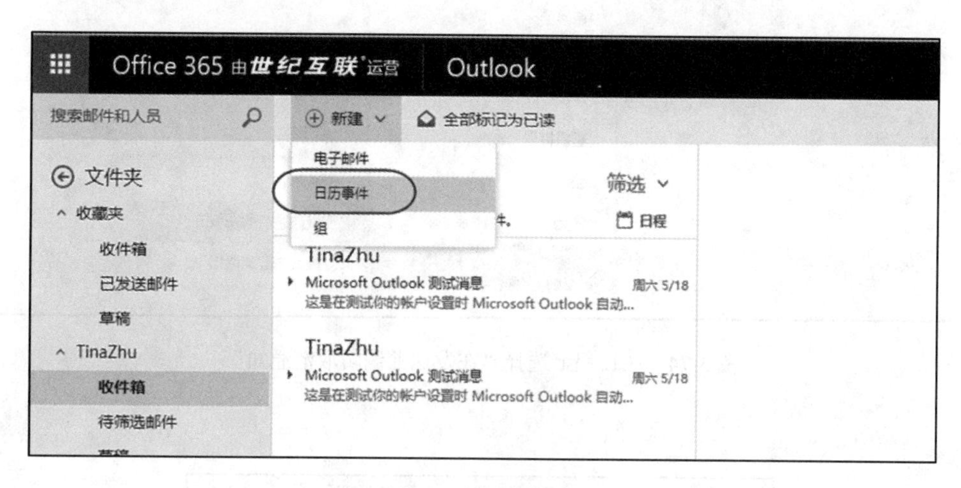

图 3-72　新建日历事件

选择了会议室“Meeting room1 in 12F”，在“人员”中选择“与会者”，发送会议邀请，如图 3-73 所示。

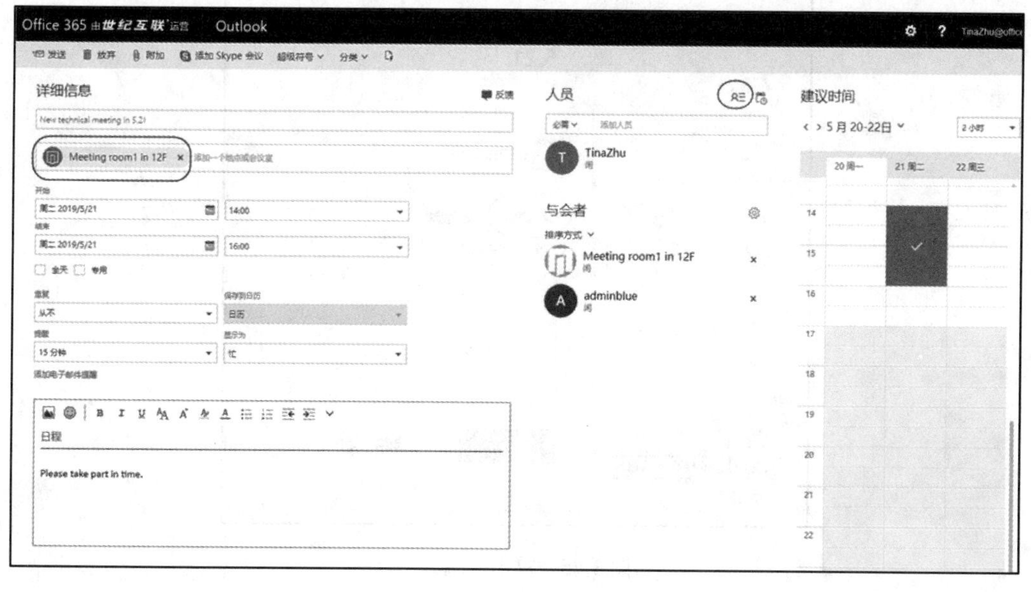

图 3-73　发送会议邀请

可以在日历中编辑更改会议时间等信息，选择“在发送前编辑取消通知”，然后更改会议时间，最后发信即完成日历更新，如图 3-74 至 3-76 所示。

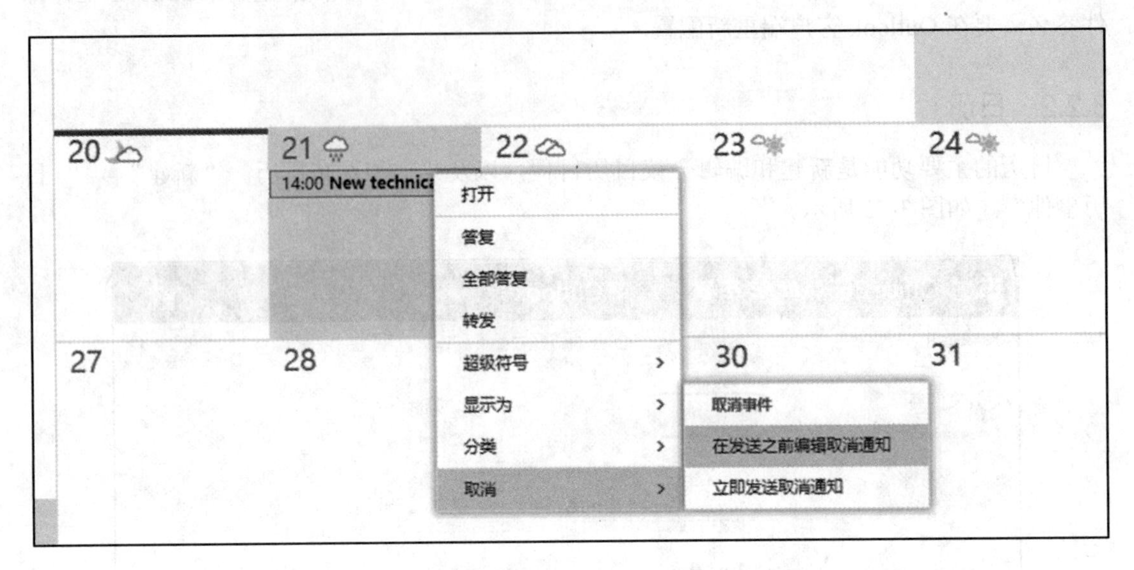

图 3-74　在日程上选择“在发送前编辑取消通知”

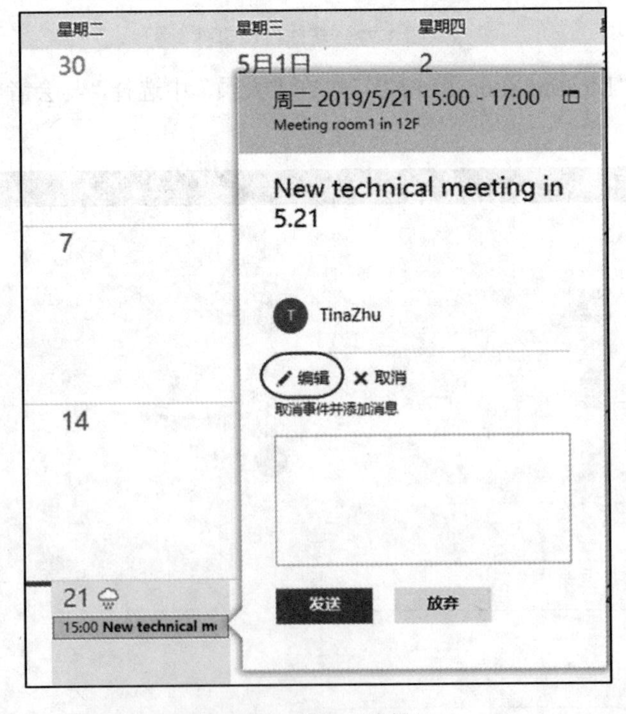

图 3-75　单击“编辑”

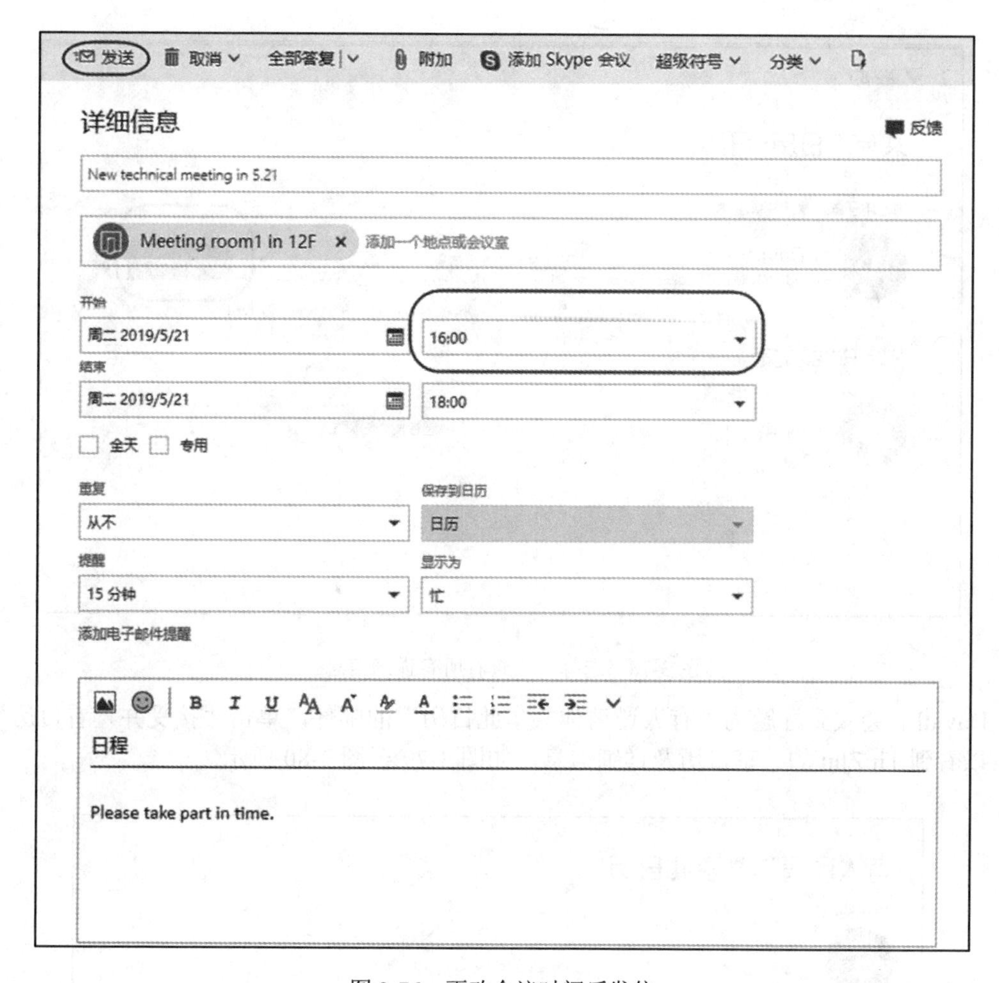

图 3-76 更改会议时间后发信

日历共享：将 TinZhu 的日历共享给 DavidLi，选择“可查看所有详细信息”，如图 3-77 至图 3-78 所示；

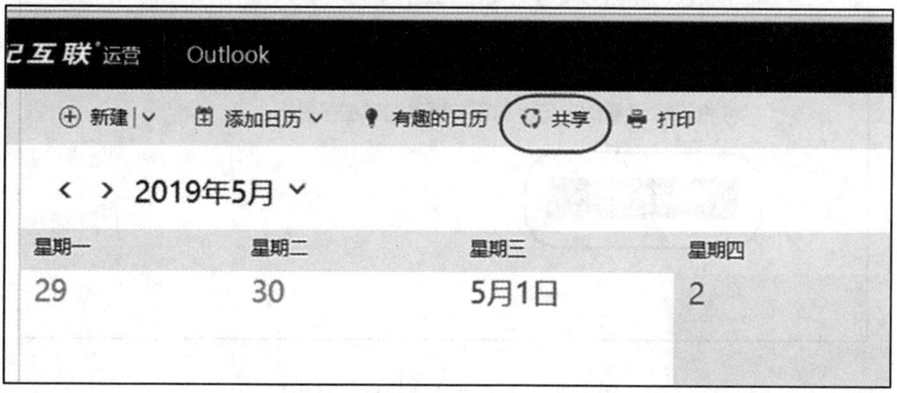

图 3-77 共享日历

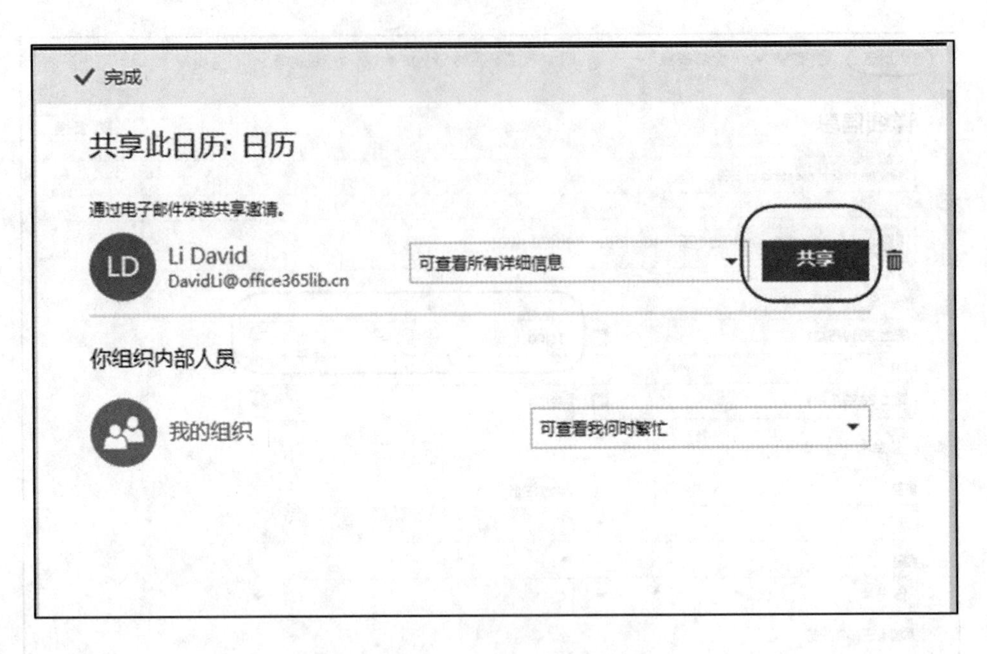

图 3-78 选择“可查看所有详细信息”

DavidLi 会收到标题为“有人邀请你共享此日历”的邮件，单击“接受并查看日历”，就可以看到 TinZhu 的共享日历及详细信息，如图 3-79 至图 3-80 所示。

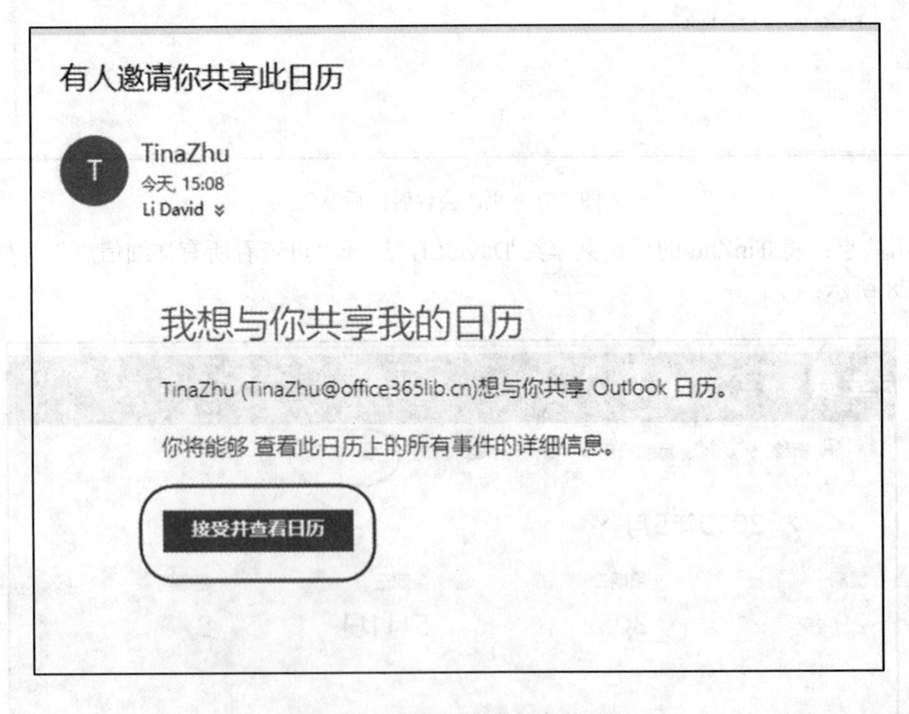

图 3-79 单击“接受并查看日历”

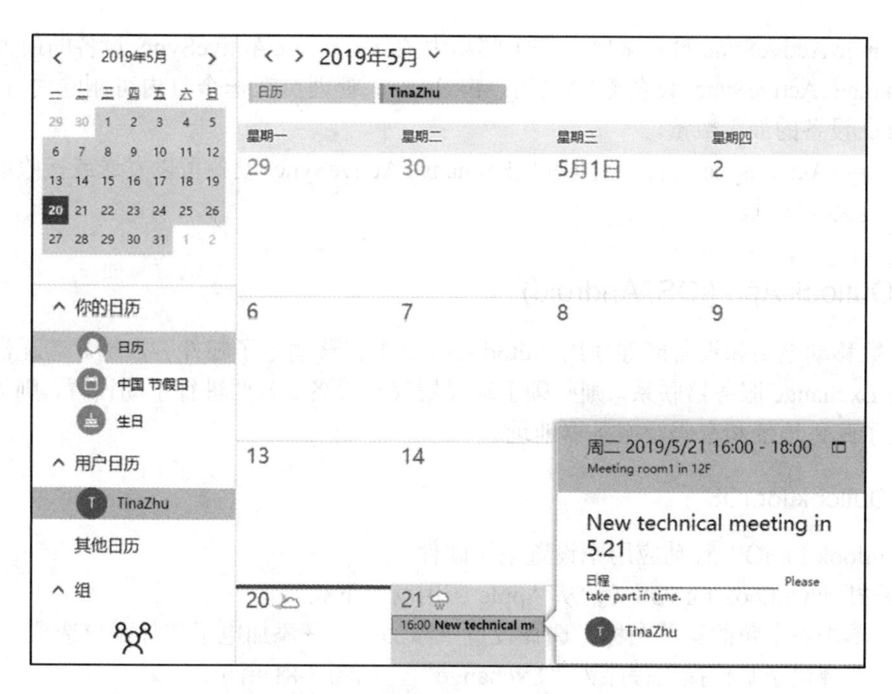

图 3-80　可以看到日历的详细信息

3.3　移动设备

3.3.1　Exchange ActiveSync

通过 Exchange ActiveSync 协议，可以使移动设备用户访问其 Exchange Online 服务器端的电子邮件、日历和联系人，并且在脱机工作时仍可以访问。

Exchange ActiveSync（通常称为 EAS）是一种 Microsoft Exchange 同步协议，它经过优化后适用于高延迟和低宽带网络，该协议基于 HTTP 和 XML，还提供了移动设备管理和策略控制。

以下限制适用于 Microsoft Exchange ActiveSync：一个在移动设备和 Exchange 之间同步邮箱数据的客户端协议，如表 3-2 所示。

表 3-2　Exchange ActiveSync 限制

功　能	Office 365 商业协作版	Office 365 商业高级版	Office 365 企业版 E1	Office 365 企业版 E3	Office 365 企业版 E5
Exchange ActiveSync 设备限制	100	100	100	100	100
Exchange ActiveSync 设备删除限制	20	20	20	20	20
Exchange ActiveSync 文件附件限制	25 MB	25 MB	25 MB	25 MB	25MB

Exchange ActiveSync 设备限制：每个邮箱中的 Exchange ActiveSync 设备的最大数量。

Exchange ActiveSync 设备删除限制：Exchange 管理员在一个月内可删除的 Exchange ActiveSync 设备的最大数量。

Exchange ActiveSync 文件附件限制：Exchange ActiveSync 设备可以发送或接收的消息文件附件的最大存储量。

3.3.2 Outlook App (iOS, Android)

大多数移动电话和设备能够使用 Autodiscover 配置移动电子邮件客户端。若无法通过自动发现与 Exchange 服务器联系，则必须手动设置移动设备。若要进行手动设置，则需要提供用户的电子邮件地址和密码及服务器地址。

1. Outlook for iOS

在 Outlook for iOS 移动应用中设置电子邮件。

（1） 打开 Outlook for iOS（请从 Apple 应用商店下载）。

（2） 单击左上角的菜单图标，选择设置→添加账户→添加电子邮件账户选项。

（3） 选择电子邮件提供程序为“Exchange”，如图 3-81 所示。

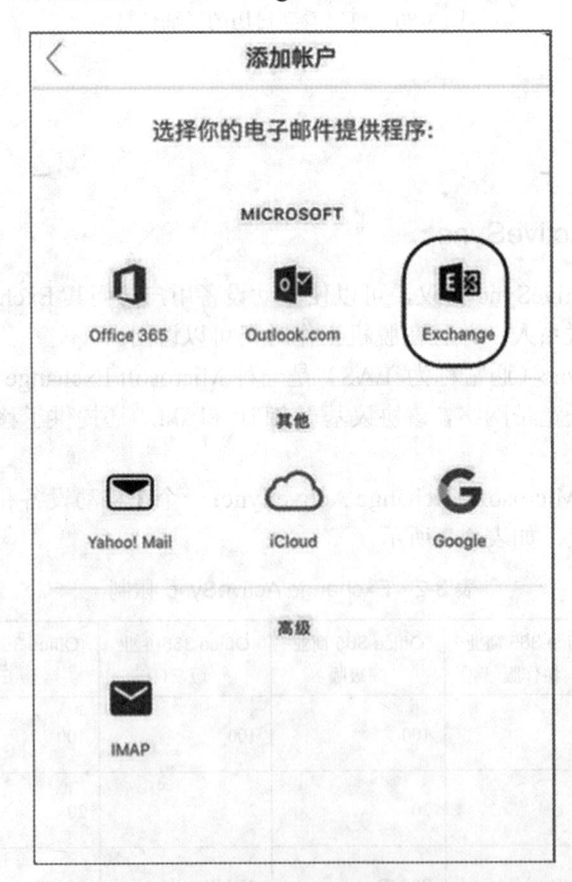

图 3-81 选择电子邮件提供程序为“Exchange”

（4） 手动输入电子邮件地址和密码，并打开“使用高级设置”功能。
（5） 输入所需服务器设置信息，单击“登录”按钮，如图 3-82 所示。
注意，如果不知道此信息，那么需要从电子邮件提供商或管理员处获得该信息。
1） Outlook for iOS 中的收件箱界面，如图 3-83 所示，其相关功能介绍如下。

图 3-82 Outlook for iOS 设置

图 3-83 收件箱界面

（1） 单击☰按钮，查看收件箱或如下设置。
（2） 单击“重点”和“其他”标签，在邮件之间进行切换。
（3） 单击“筛选器”按钮，可仅显示未读、已标记或具有附件的邮件，如图 3-84 所示。

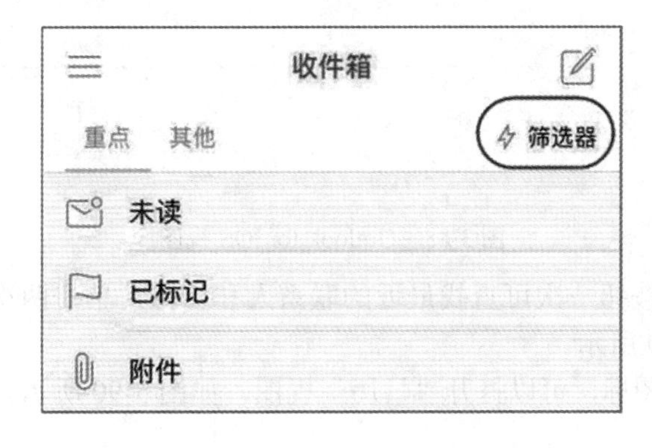

图 3-84 单击“筛选器”

（4） 单击“新建电子邮件”按钮，编辑发送电子邮件。

（5） 按对话线程整理的项目指示对话中的项目数，如图 3-85 所示。

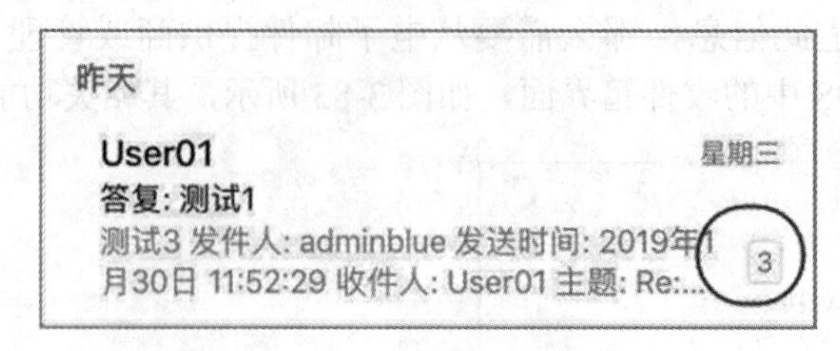

图 3-85 对话项目数

（6） 若要标记邮件，单击打开的邮件，然后选择“更多”→“标记”选项，如图 3-86 所示

（7） 选择“向右轻扫”或“向左轻扫”选项可对邮件执行操作，如图 3-87 所示。

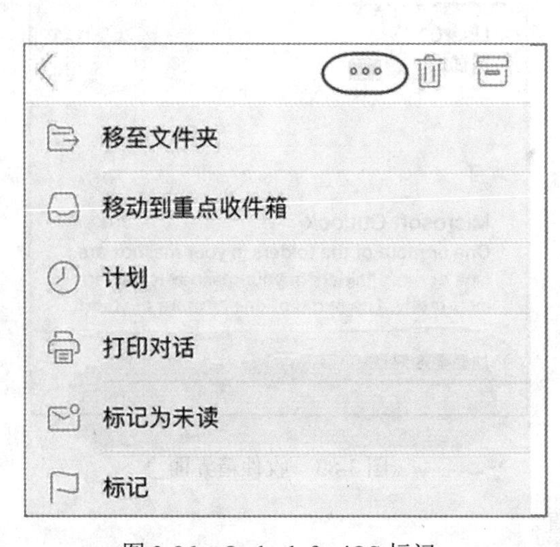

图 3-86 Outlook for iOS 标记

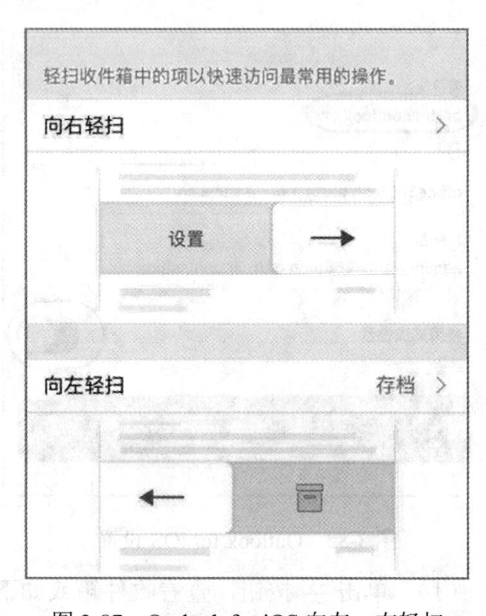

图 3-87 Outlook for iOS 向左、右轻扫

（8） 单击相应按钮，以转到“邮件”视图、“搜索”视图和“日历”视图，如图 3-88 所示。

图 3-88 Outlook for iOS 视图

① 单击“搜索”按钮一次可查找最近的联系人和文件，单击两次可让搜索框查找电子邮件内容等，如图 3-89 所示。

② 单击“日历”图标，可以打开“日历”视图，如图 3-90 所示。

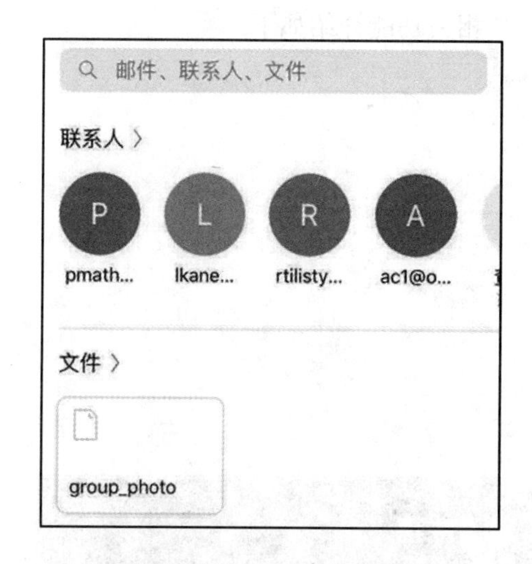

图 3-89　Outlook for iOS 搜索

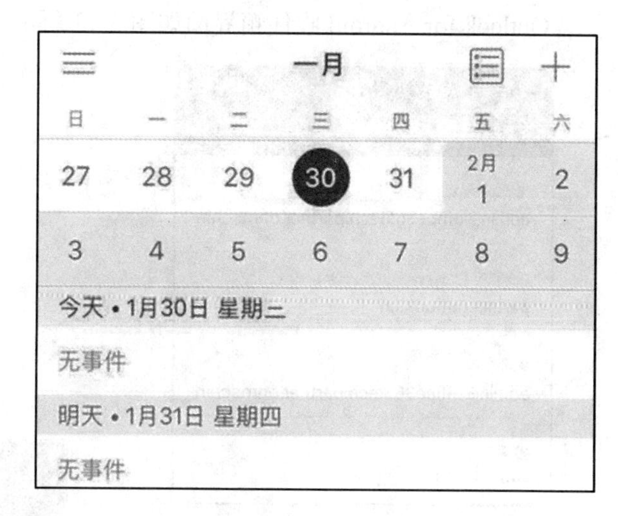

图 3-90　Outlook for iOS 日历

③ 更改日历视图，在日历中单击“视图”图标并选择“日程”“日”“3 日”和“月”选项，如图 3-91 所示。

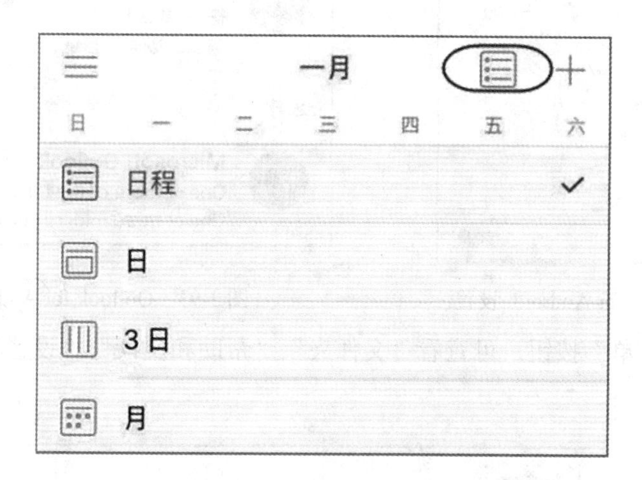

图 3-91　Outlook for iOS 日历视图

2. Outlook for Android

下面以安卓手机为例，在 Outlook for Android 移动应用中设置电子邮件。

（1）打开 **Outlook for Android** 应用，可以从 Google Play 商店或者国内主流应用市场如 Wandoujia 商店中下载。

（2） 如果是第一次，单击“开始使用”按钮，否则选择“菜单”→“设置”→“添加账户”→“添加电子邮件账户”选项。

（3） 选择账户类型为“Exchange”。

（4） 开启“高级选项”功能，手动输入服务器地址、域/用户名和密码，单击右上角“√”按钮，如图 3-92 所示。

注意，如果尚不知道此信息，就需要从电子邮件提供商或管理员处获得该信息。

Outlook for Android 收件箱界面如图 3-93 所示，其相关功能介绍如下。

图 3-92　Outlook for Android 设置

图 3-93　Outlook for Android 收件箱

（1） 单击“菜单”按钮，可查看“文件夹”“帮助和反馈”“设置”列表，如图 3-94 所示。

图 3-94　Outlook for Android 菜单

（2） 单击“重点”和“其他”标签，以在邮件之间进行切换，如图 3-95 所示。

（3） 单击“筛选器”按钮，可仅显示未读、已标记或包含附件的邮件，如图 3-96 所示。

图 3-95 Outlook for Android 重点、其他

图 3-96 Outlook for Android 筛选器

（4） 单击“新建电子邮件”按钮，编辑发送电子邮件。

（5） 按对话线程整理的项目指示对话中的项目数，如图 3-97 所示。

（6） 若要标记邮件，单击邮件将其打开，然后选择“更多”→“标记”选项，如图 3-98 所示。

图 3-97 对话的项目数

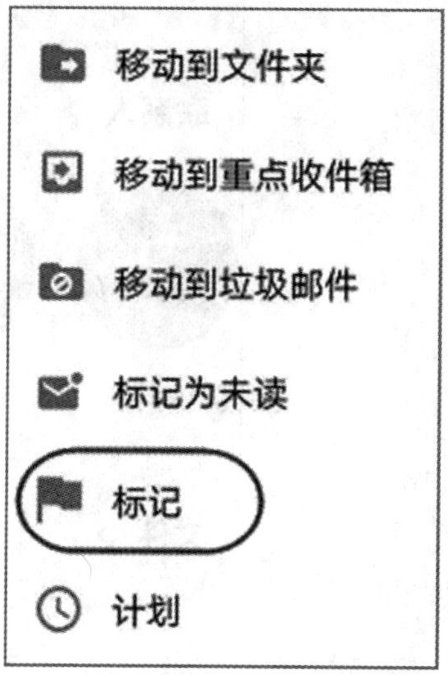

移动到文件夹
移动到重点收件箱
移动到垃圾邮件
标记为未读
标记
计划

图 3-98 标记

（7） 选择“向右轻扫”或”向左轻扫”选择可执行相应操作。其中，向右轻扫可以创建计划文件夹，向左轻扫可以创建“存档”文件夹，如图 3-99 所示。

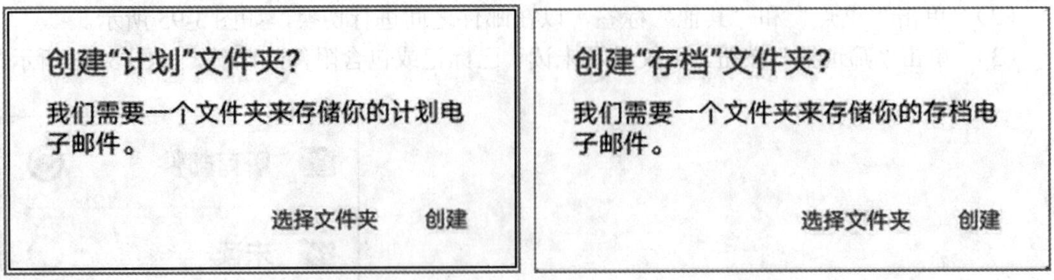

创建"计划"文件夹?

我们需要一个文件夹来存储你的计划电子邮件。

选择文件夹　创建

创建"存档"文件夹?

我们需要一个文件夹来存储你的存档电子邮件。

选择文件夹　创建

图 3-99　Outlook for Android 向左、右轻扫

（8） 单击“搜索”视图一次，可查找最近的联系人和文件，两次可让搜索框查找电子邮件内容等，如图 3-100 和图 3-101 所示。

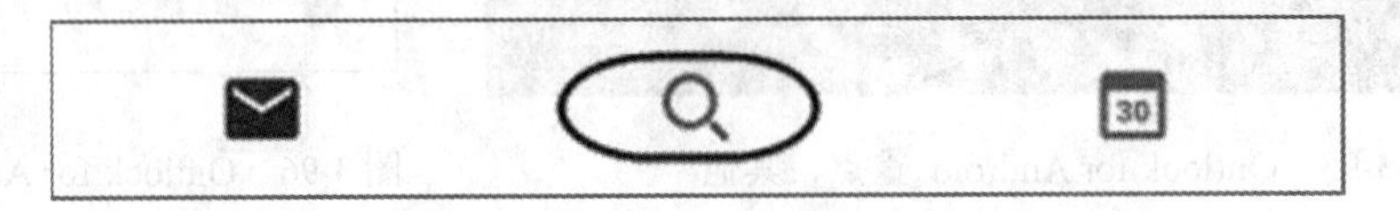

图 3-100　单击“搜索”视图

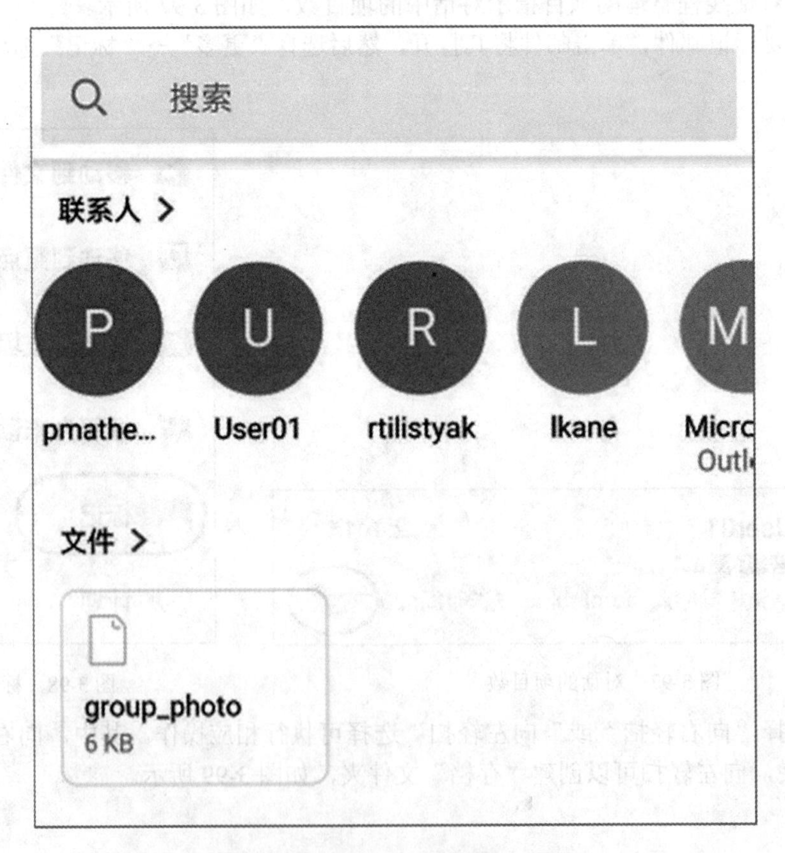

图 3-101　Outlook for Android 搜索

（9） 单击“日历”图标，可以管理日历、安排会议及获得提醒，如图 3-102 所示。

① 单击“菜单”按钮，可查看或添加日历，包括共享日历。

② 单击“视图”按钮，可更改日历视图，如图 3-103 所示

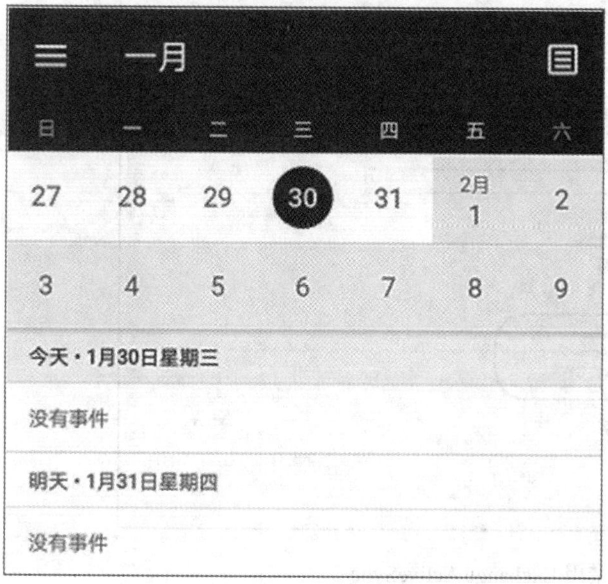

图 3-102　Outlook for Android 日历

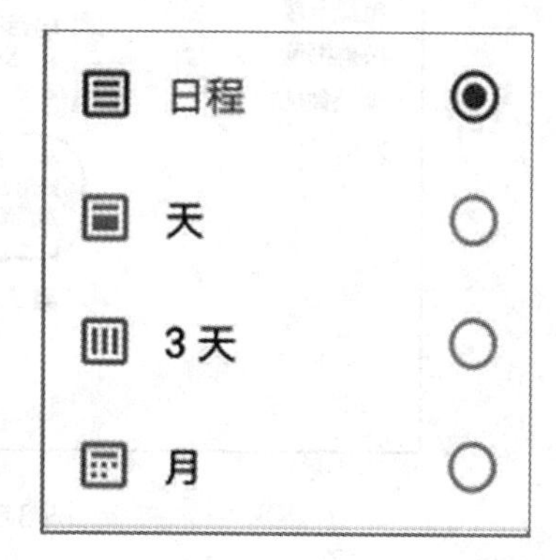

图 3-103　Outlook for Android 日历视图

③ 向下轻扫可现实日历的更多内容。
④ 单击某日期可查看当天的事件。
⑤ 单击会议可查看详细信息。
⑥ 单击“+”按钮，可新建日历。

3.3.3　移动设备案例分析

1. 禁止使用移动设备访问 Office 365 邮箱

问题

如何禁止移动设备访问 Office 365 邮箱。

解决方案

单个用户：

```
Set-CASMailbox -Identity user@domain.com -ActiveSyncEnabled $False
-OWAforDevicesEnabled $false
```

运行命令后界面如图 3-104 所示。

批量设置：

```
Get-Mailbox -ResultSize unlimited | Set-CASMailbox -ActiveSyncEnabled $false
-OWAforDevicesEnabled $false
```

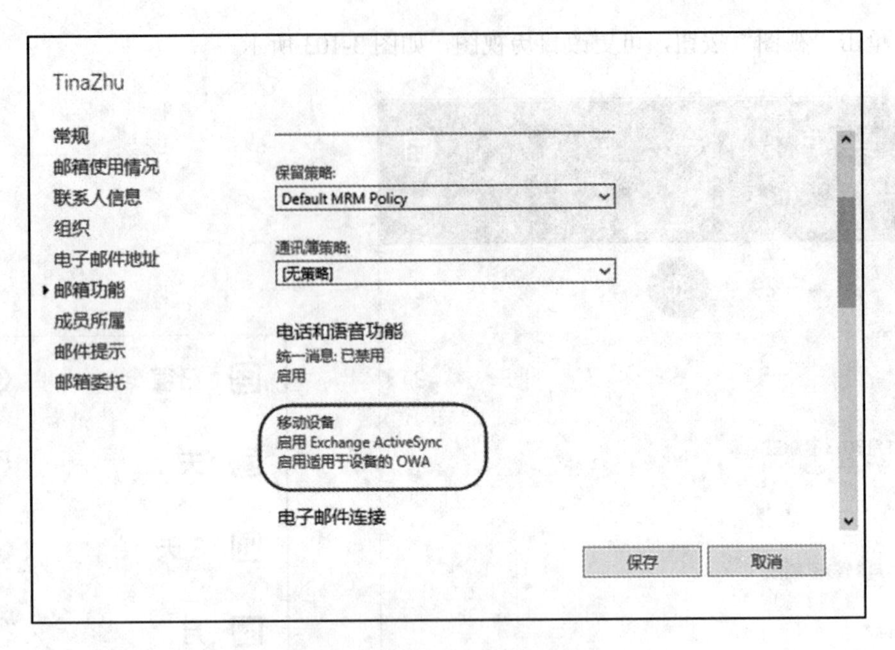

图 3-104 禁用 Exchange ActiveSync

2. 限制用户从特定 IP 通过移动设备访问 Office 365 邮箱

问题

出于安全考虑，很多公司会希望仅在内网环境可以访问 Office 365 邮箱。下面通过客户端访问规则来实现这样的需求。

解决方案

用 PowerShell 创建客户端访问规则,限制用包含“Admin”仅可以在公网 IP 为 1.1.1.1 的网络通过移动端访问 Office 365 邮箱。

```
New-ClientAccessRule -Name "BlockTest" -Action DenyAccess -AnyOfProtocols POP3,IMAP4,ExchangeActiveSync -ExceptAnyOfClientIPAddressesOrRanges 1.1.1.1 -UsernameMatchesAnyOfPatterns "*Admin*"
```

参考文档

```
https://docs.microsoft.com/en-us/powershell/module/exchange/client-access/new-clientaccessrule?view=exchange-ps
```

第 4 章　经典案例集锦及常用 PowerShell 命令

4.1　经典案例

1.　Outlook 客户端邮件搜索问题

现象：

（1）　输入关键字进行搜索，一直呈现搜索状态。

（2）　根本无法搜索到任何邮件，实际包含关键字的邮件是存在的，并且是多封。

（3）　搜索的结果不完全，无提示。

（4）　搜索的结果不完全，有提示：“search results may be incomplete because items are still being indexed. click here for more details.”

原因：

Outlook 索引损坏。

解决方法：

重建 Outlook 索引。

排错步骤：

（1）　打开控制面板，双击“Indexing Options（索引选项）”图标，如图 4-1 所示。

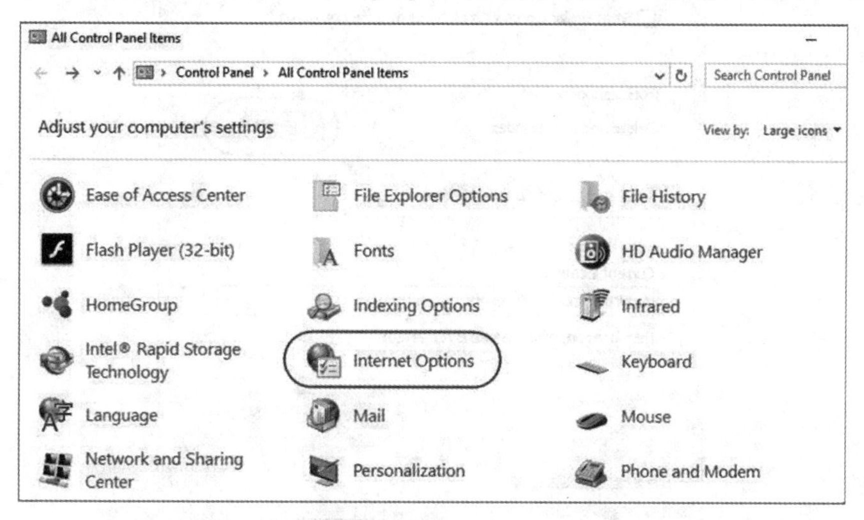

图 4-1　控制面板中的索引选项

（2）　在打开的界面中单击“Advanced（高级）”按钮，如图 4-2 所示。

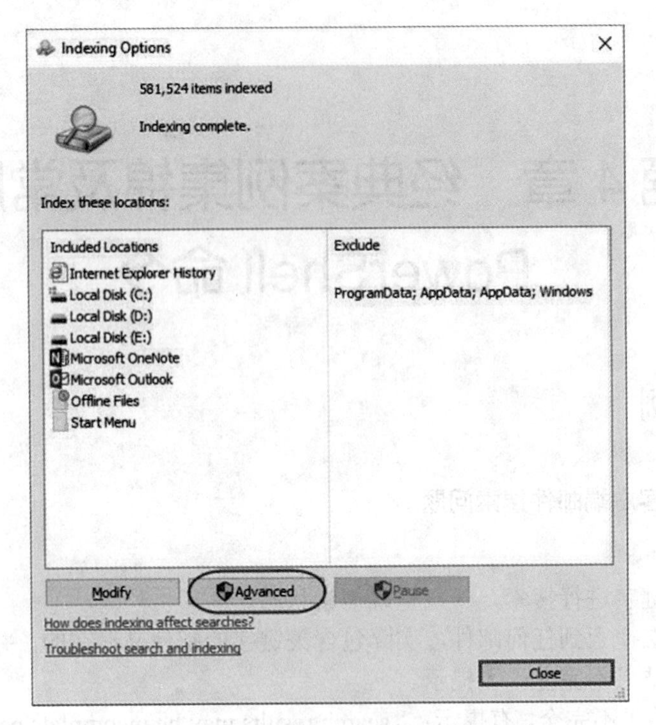

图 4-2　Advanced（高级）按钮

（3） 在弹出的窗口中选择“Index Settings（索引设置）”选项卡，然后单击“Rebuild（重建）”按钮，如图 4-3 所示。

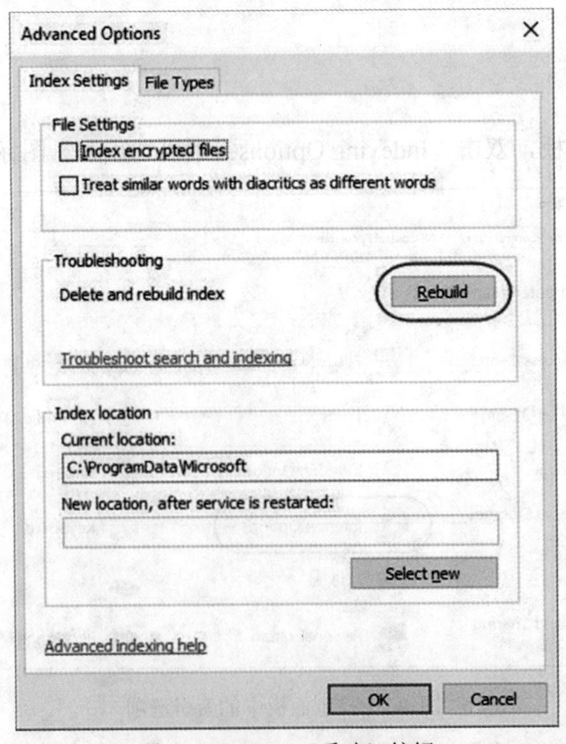

图 4-3　Rebuild（重建）按钮

注意，此过程视邮件大小和数量可能需要数小时完成，所以建议用户在非工作时间执行此操作。

打开控制面板的索引选项，如果提示索引没有运行，如图 4-4 所示，那么需要开启 Windows Search 服务（Run→Services.msc 命令，此服务是默认开启的），如图 4-5 所示。

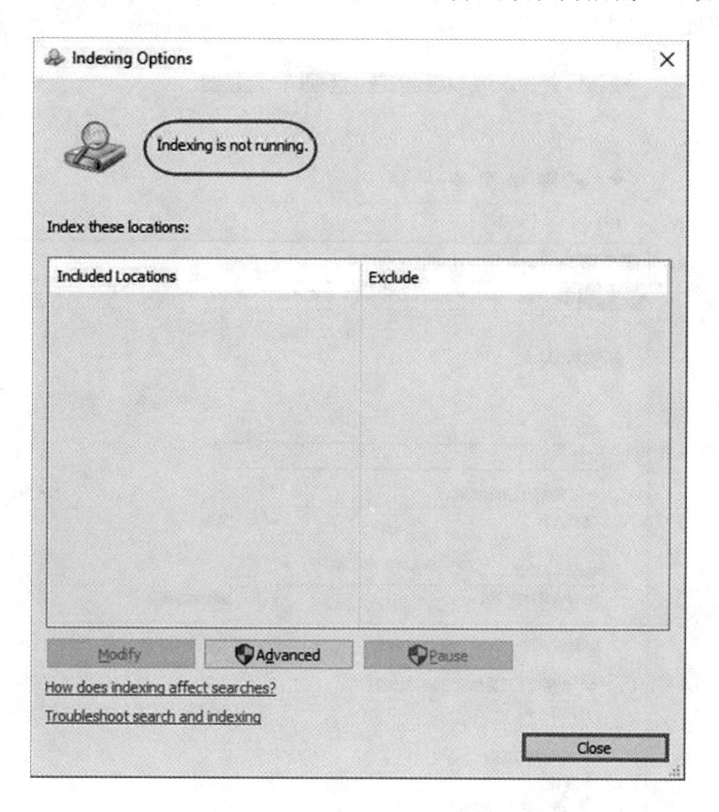

图 4-4　提示索引没有运行

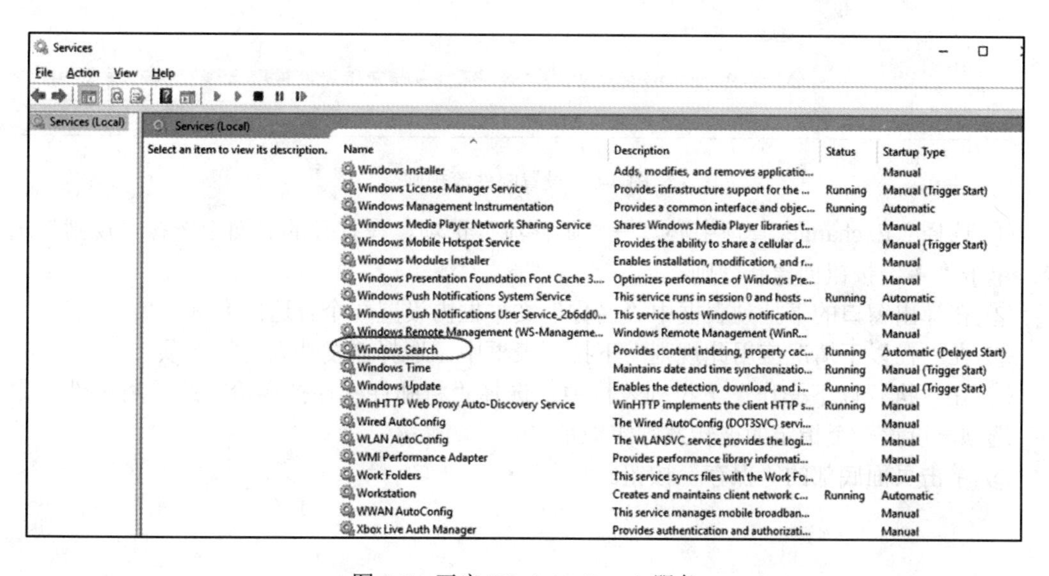

图 4-5　开启 Windows Search 服务

2. 设置共享邮箱转发邮件的 3 种方法

（1） 在 Exchange 管理中心设置邮件流规则，具体步骤如图 4-6 所示。

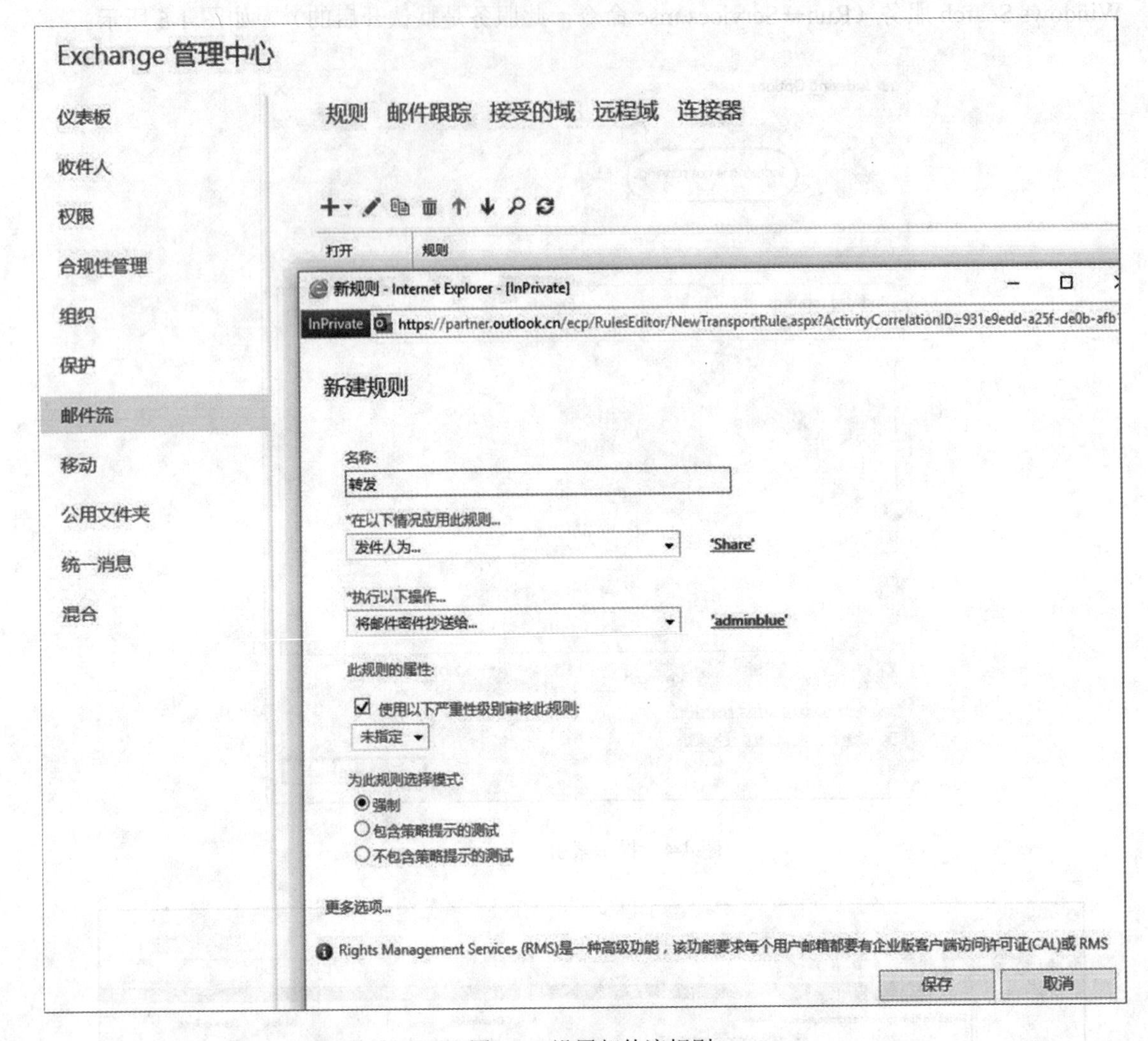

图 4-6 设置邮件流规则

① 选择“Exchange 管理中心”→“邮件流”选项，在打开的界面中选择“规则”选项卡，单击“+”按钮创建新规则。

② 在弹出窗口的下拉列表框中“名称”文本框内设置一个合适的名称（如转发）。

③ 在“在以下情况应用此规则”下拉列表框中，选择“发件人为”选项。

④ 在“执行以下操作”下拉列表框中，选择“将邮件密件抄送给”或“将邮件重定向到”选项，设置一个指定的被转发邮箱地址。

⑤ 单击页面底部的“保存”按钮。

（2）　用户自己在 OWA 选项中直接设置转发，具体步骤如图 4-7 所示。

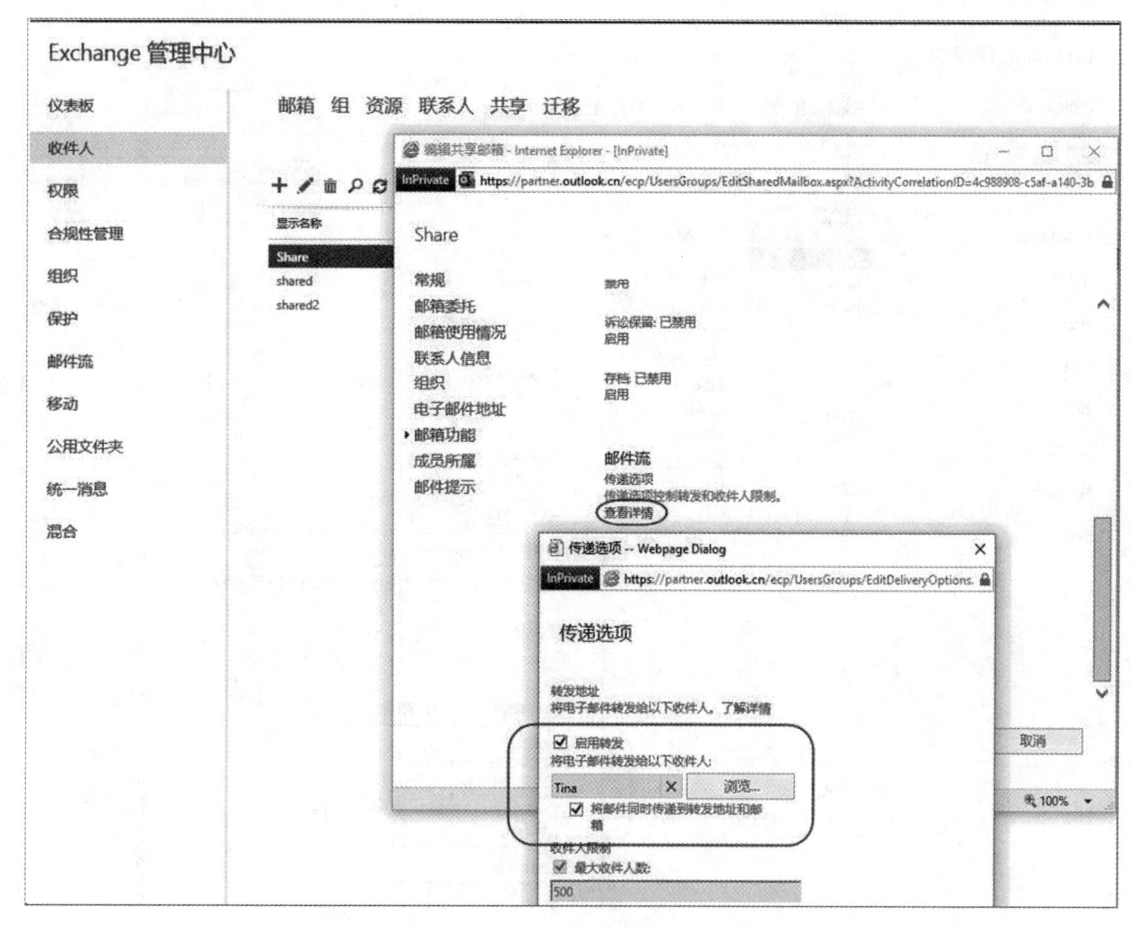

图 4-7　在 OWA 选项中设置转发

① 选择左侧的“邮件”→“账户”→“转发”选项。
② 在右侧中将“停止转发”状态更改为“开始转发”。
③ 在“将我的电子邮件转发给”文本框中，填写被转发的邮件地址。
④ 选中“保留已转发邮件的副本”复选框。
⑤ 单击上面的“保存”按钮。
（3）　在 Exchange 管理中心收件人邮箱功能中启用转发，具体步骤如图 4-8 所示。
① 在 Exchange 管理中心选择“收件人”选项，在右侧选择“共享”选项卡。
② 选中共享邮箱，单击上面的编辑按钮。
③ 在弹出的窗口中选择“邮箱功能”→“邮件流”→“查看详情”选项。
④ 在弹出的窗口中，选中“启用转发”复选框。
⑤ 在“将电子邮件转发给以下收件人”文本框中，指定要被转发的邮件地址。
⑥ 选中“将邮件同时传递到转发地址和邮箱”复选框。
⑦ 单击页面底部的“确定”按钮。

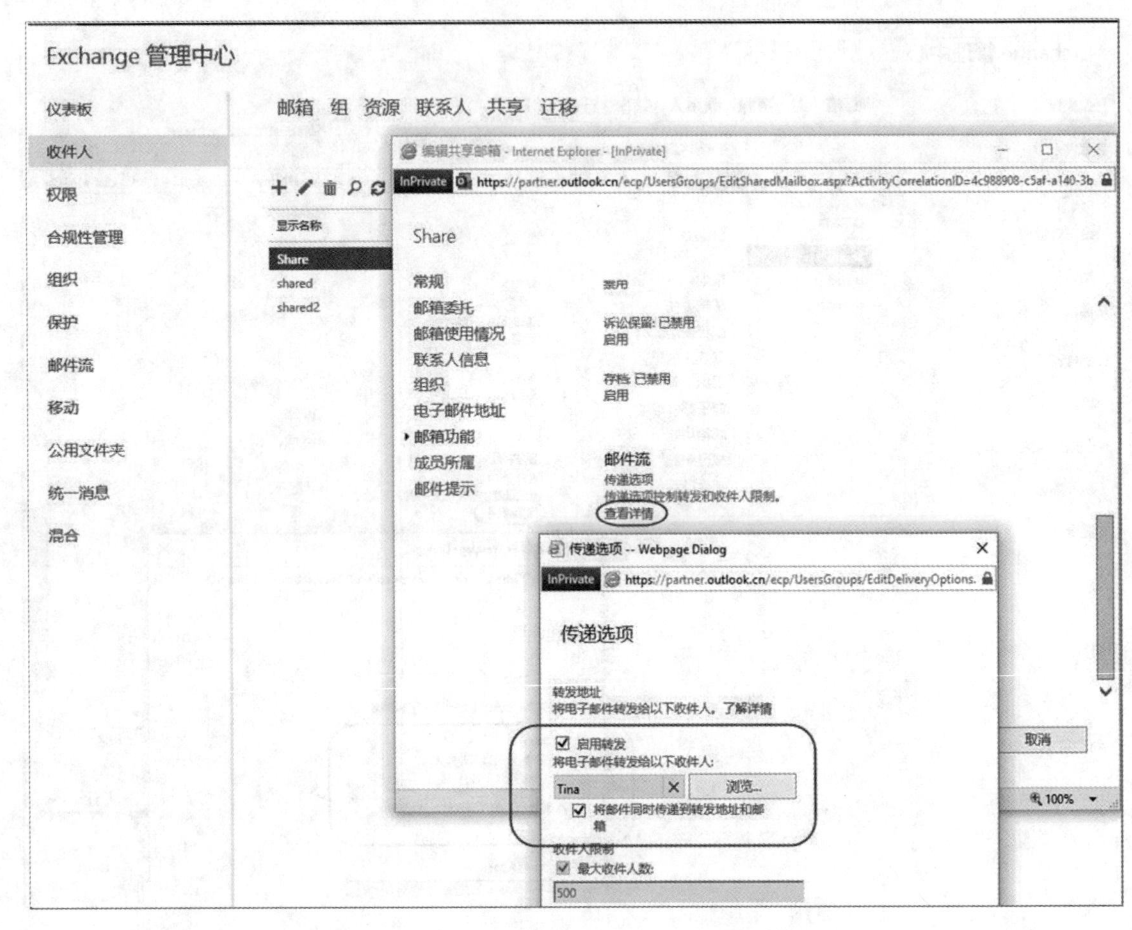

图 4-8　在 EAC 收件人的邮箱功能中启用转发

3. QQ 企业邮箱给 Office 365 发邮件失败，提示收件人邮件地址不存在

错误截图（收件人邮件地址不存在，邮件无法送达），如图 4-9 所示。

排查步骤：

由于域名 abc.com 曾经绑定过 QQ 企业邮箱，在 QQ 企业邮箱后台没有清理，导致邮件无法发送。

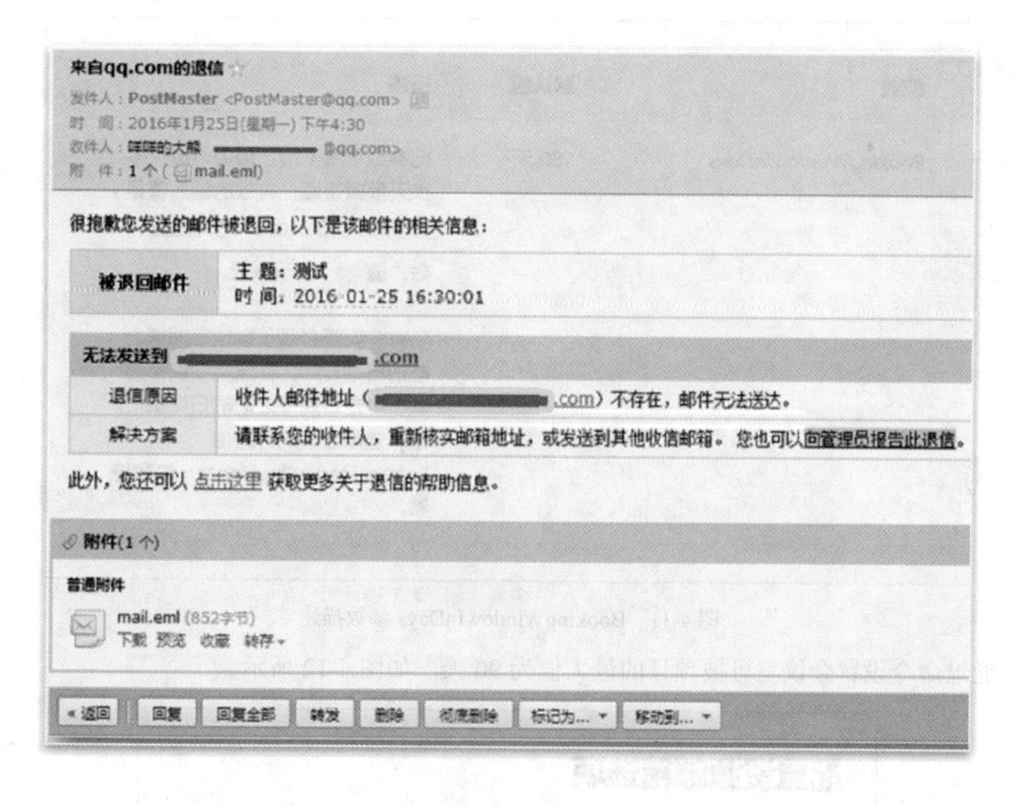

图 4-9　DNR 退信

4. Office 365 会议室无法设置无限期的循环会议

创建循环会议时，结束时间不能为“无”？

用户 Outlook 只能创建结束日期在半年内的循环会议，否则会收到会议室拒绝邮件，如图 4-10 所示。

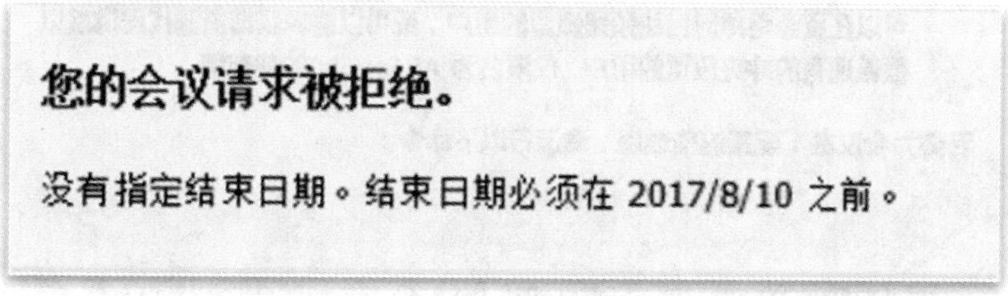

您的会议请求被拒绝。

没有指定结束日期。结束日期必须在 2017/8/10 之前。

图 4-10　拒绝邮件

排错步骤/解决方法：

根据 https://msdn.microsoft.com/zh-cn/library/dd569932(v=exchsrvcs.149).aspx#资源调度选项可以知道，一个会议室可以被预订的最长时间是 180 天，但是可以调整为最大 1080 天，即近 3 年，不能设置成无限期，如图 4-11 所示。

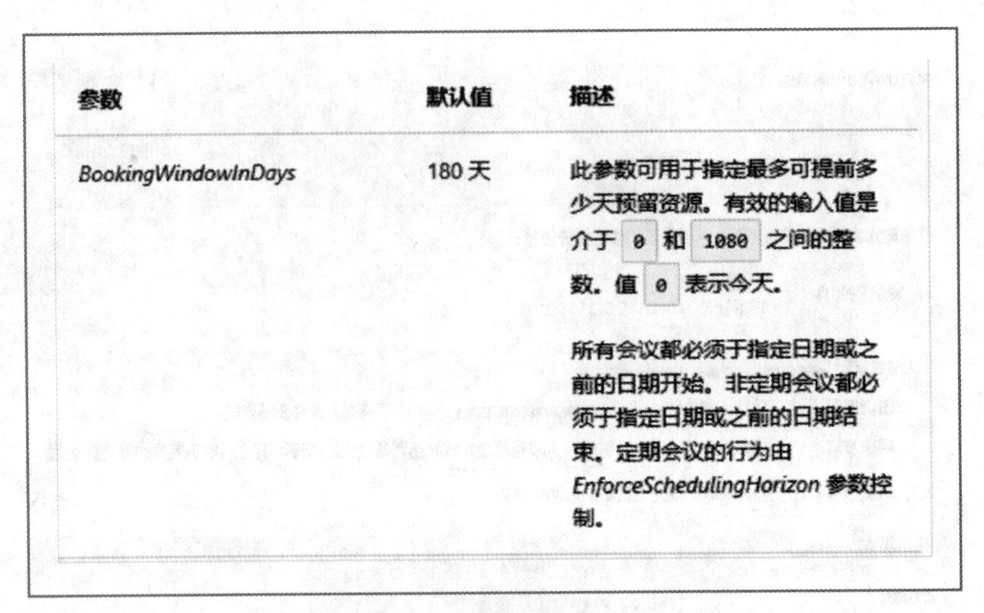

参数	默认值	描述
BookingWindowInDays	180 天	此参数可用于指定最多可提前多少天预留资源。有效的输入值是介于 `0` 和 `1080` 之间的整数。值 `0` 表示今天。 所有会议都必须于指定日期或之前的日期开始。非定期会议都必须于指定日期或之前的日期结束。定期会议的行为由 *EnforceSchedulingHorizon* 参数控制。

图 4-11　BookingWindowInDays 参数描述

通过命令设置会议室可被预订的最大值为 90 天，如图 4-12 所示。

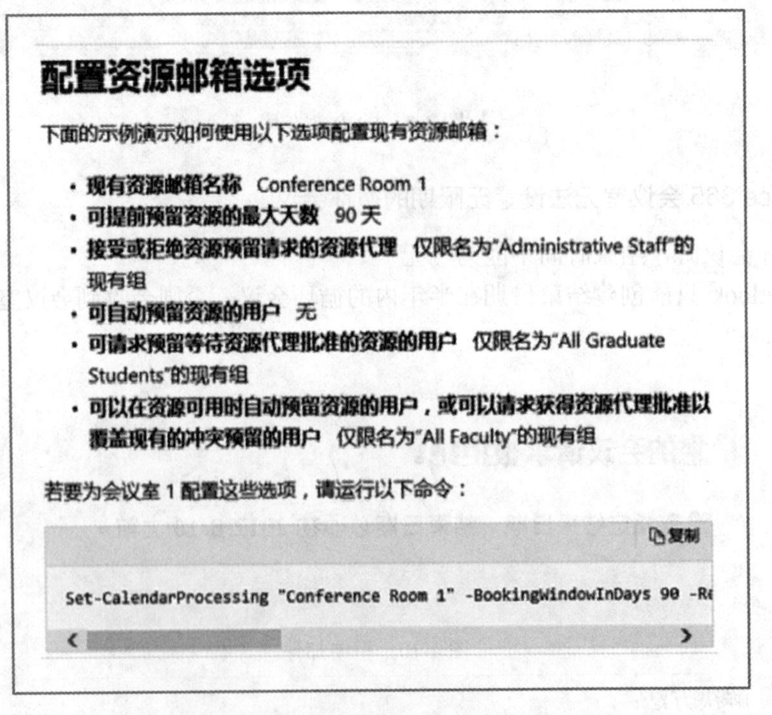

配置资源邮箱选项

下面的示例演示如何使用以下选项配置现有资源邮箱：

- 现有资源邮箱名称　Conference Room 1
- 可提前预留资源的最大天数　90 天
- 接受或拒绝资源预留请求的资源代理　仅限名为"Administrative Staff"的现有组
- 可自动预留资源的用户　无
- 可请求预留等待资源代理批准的资源的用户　仅限名为"All Graduate Students"的现有组
- 可以在资源可用时自动预留资源的用户，或可以请求获得资源代理批准以覆盖现有的冲突预留的用户　仅限名为"All Faculty"的现有组

若要为会议室 1 配置这些选项，请运行以下命令：

复制

```
Set-CalendarProcessing "Conference Room 1" -BookingWindowInDays 90 -Re
```

图 4-12　命令设置会议室最大预订时间

以下为测试结果：

通过"Get-CalendarProcessing-Identity *会议室邮箱地址*|fl"命令，可以看出会议室邮箱可以默认预订的天数是 180 天（斜体部分改成需要查询的会议室邮箱地址），如图 4-13 所示。

```
PS C:\Windows\system32> Get-CalendarProcessing  -Identity room1in12F@office365lib.cn|fl


RunspaceId                    : 60e7df1f-50c7-4408-a082-81656a84e39a
AutomateProcessing            : AutoAccept
AllowConflicts                : False
BookingType                   : Standard
BookingWindowInDays           : 180
MaximumDurationInMinutes      : 1440
AllowRecurringMeetings        : True
EnforceSchedulingHorizon      : True
ScheduleOnlyDuringWorkHours   : False
ConflictPercentageAllowed     : 0
MaximumConflictInstances      : 0
ForwardRequestsToDelegates    : True
DeleteAttachments             : True
DeleteComments                : True
RemovePrivateProperty         : True
DeleteSubject                 : True
AddOrganizerToSubject         : True
```

图 4-13 会议室邮箱默认预订天数是 180 天

设置为 1080 既可以成功，也可以查询，已经显示最多可以被预订 1080 天。

如果批量设置会议室邮箱，可以使用以下命令：

```
Get-MailBox | Where {$_.ResourceType -eq "Room"} | Set-CalendarProcessing
-BookingWindowInDays 1080
```

5. Office 365 共享邮箱回复邮件失败

用户对共享邮箱具有完全访问权限，共享邮箱中收到的邮件，答复发件者时会收到系统发出的“未到达收件人”的提醒邮件。如果已经有多次情况发生，应该不是网络问题或对方设置问题。

排错步骤/解决方法：

（1） 通过 EAC 查看，邮箱账号已经在共享邮箱→邮件委托的“完全访问”列表中。

（2） 在 OWA 中添加共享邮箱回复其中的邮件没有问题，而在 Outlook 客户端回复均会出现问题，提示权限不够。

经确认，没有在共享邮箱→邮件委托的“发送方式”中添加该账号。

对于这 2 种权限的解释如下：

完全访问：“完全访问”权限允许代理人登录此共享邮箱，并且可以像该邮箱的所有者一样进行操作。

发送方式：“发送方式”权限允许代理人从此共享邮箱发送电子邮件。从收件人的角度来看，电子邮件是此共享邮箱发送的。

这两者区别很大：OWA 发信，默认情况，发件人是完全访问人；如果希望 “发件人”是共享邮箱，则必须要具有“发送方式”的权限。

访问 OWA，单击下面共享邮箱收件箱中的一封邮件，单击右上角“全部答复”按钮，如图 4-14 所示。

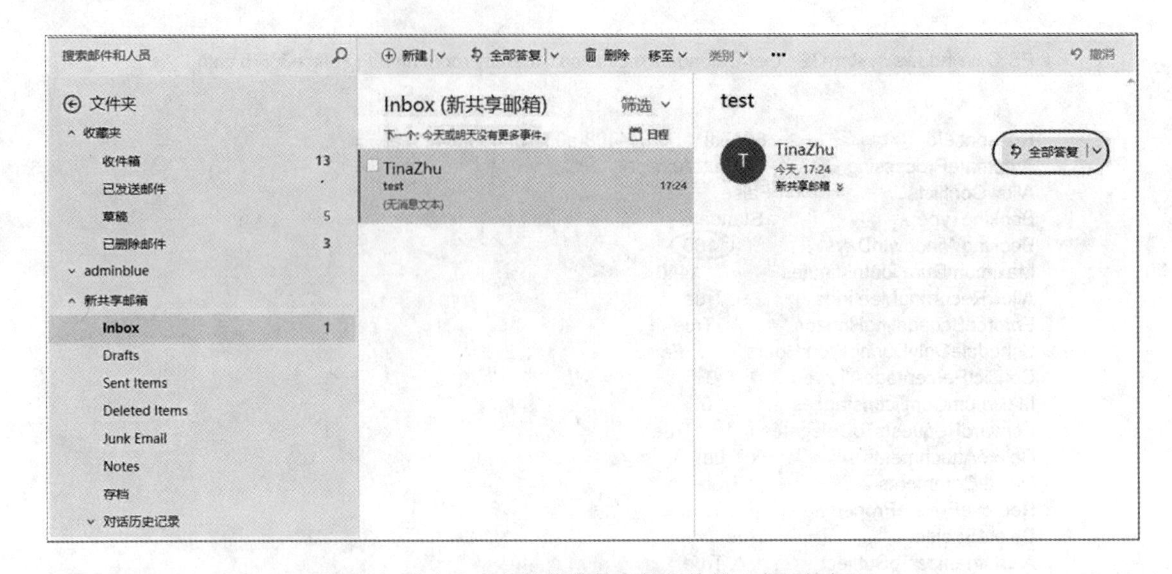

图 4-14　单击共享邮箱收件箱中的邮件并“全部答复”

默认设置只有“收件人”和“抄送”两栏，如图 4-15 所示。

图 4-15　默认设置为“收件人”和“抄送”两栏

单击上方的 ··· 按钮，在下拉菜单中选择“显示发件人”选项，如图 4-16 所示。

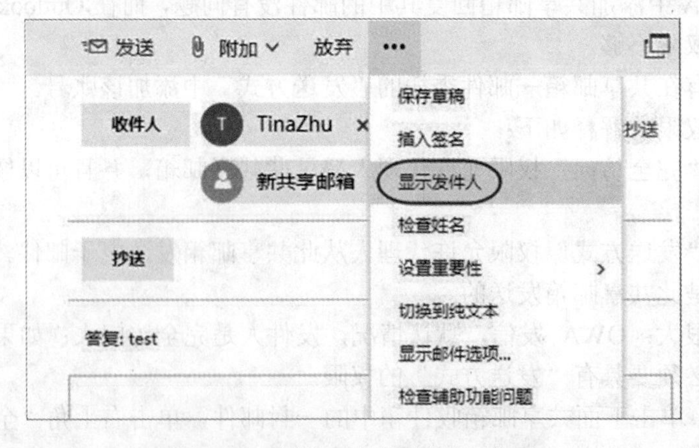

图 4-16　选择“显示发件人”选项

从图 4-17 中可以发现，显示的“发件人”默认不是共享邮箱。只要我们的账号在共享邮箱→邮件委托的“发送方式”中即可。

图 4-17　默认发件人

下一步打开 Outlook 客户端：选中该共享邮箱收件箱中的一封邮件，单击上方的“全部答复”按钮，如图 4-18 所示。

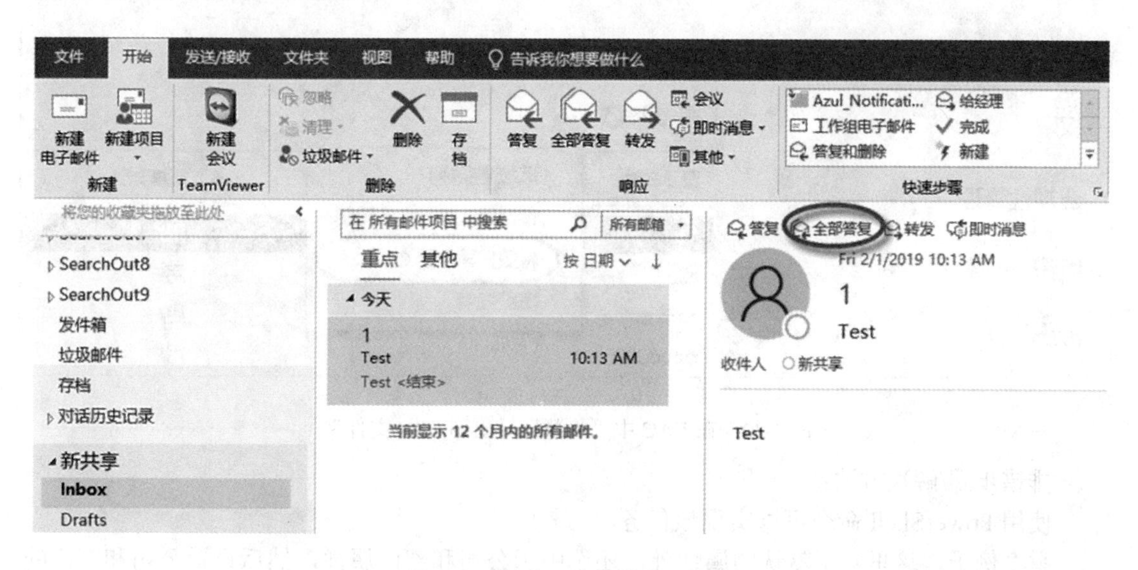

图 4-18　单击“全部答复”按钮

Outlook 的发件人默认显示的是共享邮箱，因此必须有“发送方式”权限才能发出这封邮件，如图 4-19 所示。

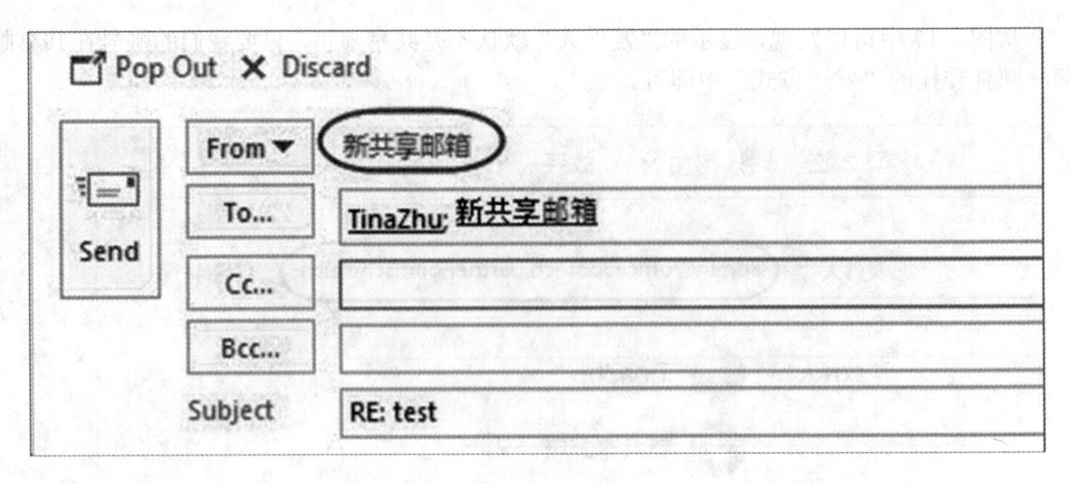

图 4-19　Outlook 的发件人默认显示的是共享邮箱

6. Exchange 管理中心收件人邮箱将数据导出到 CSV 文件，增加某些列的数据后，如图 4-20 所示，UI 界面只有导出选项，没有导入选项。

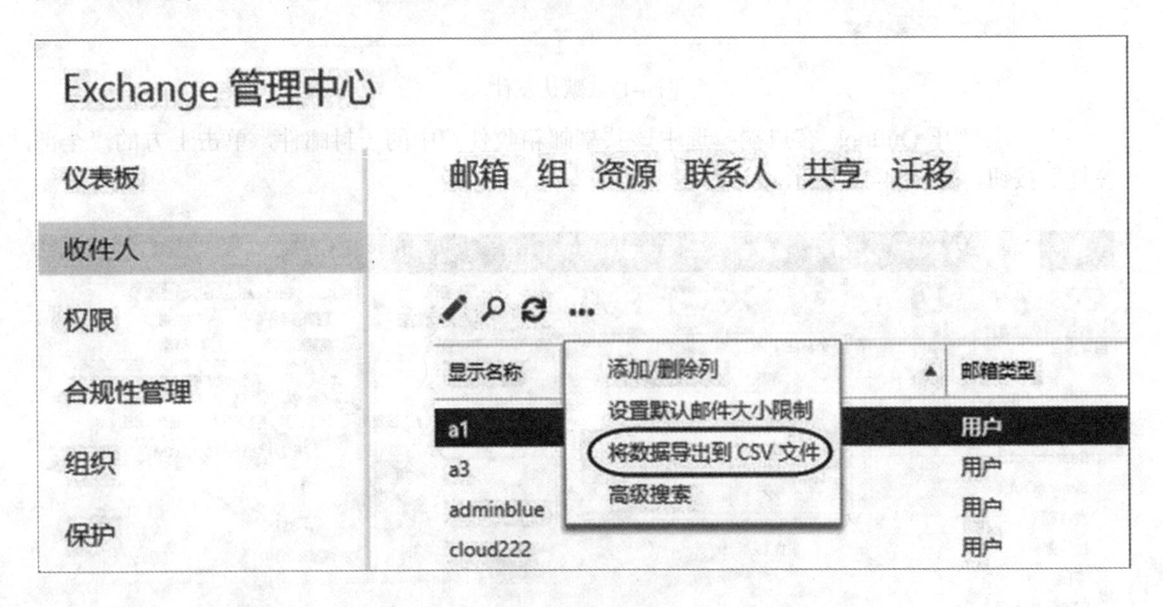

图 4-20　在 EAC 中“将数据导出到 CSV 文件”

排错步骤/解决方法：

使用 PowerShell 命令可以实现该任务。

举个例子，这里除了默认的属性外，还选中了公司和部门属性，然后设置公司和部门的名称，希望将此属性导入，如图 4-21 所示。

A1 | 显示名称

	A	B	C	D	E	F	G
1	显示名称	邮箱类型	UPN	Company	Department		
2	Zhao Fei	用户	admin@te	世纪互联	CTS		
3	xxx xxxx	用户	xxxx@tes	世纪互联	CTS		
4	Zhang Fei	用户	zhangfei@	世纪互联	CTS		
5	Zhao Yun	用户	zhaoyun@	世纪互联	CTS		
6	xu jianku	用户	v-jianxu@	世纪互联	CTS		
7	wang lei	用户	wang.lei@	世纪互联	CTS		
8	YuQuan	用户	yuquan@	世纪互联	CTS		
9	无名	用户	wuming@	世纪互联	CTS		

图 4-21　CSV 文件

这里把电子邮件地址列改成了 UPN，把公司列改成了 Company，把部门列改成了 Department。

然后用管理员身份打开 PowerShell，逐条运行如下命令即可。

```
$UserCredential = Get-Credential
$Session = New-PSSession -ConfigurationName Microsoft.Exchange -ConnectionUri https://partner.outlook.cn/PowerShell -Credential $UserCredential -Authentication Basic -AllowRedirection
Import-PSSession $Session
Import-Csv D:\ExportData.csv -UseCulture -Encoding Default | % { set-user $_.UPN -Company $_.Company -Department $_.Department }
```

注意，路径改成 CSV 的具体位置。

在 https://docs.microsoft.com/zh-cn/office365/enterprise/powershell/connect-to-office-365-powershell#connect-with-the-microsoft-azure-active-directory-module-for-windows-powershell 中安装登录助手和 Azure AD 模块，如图 4-22 所示。

与用于 Windows PowerShell 的 Microsoft Azure Active Directory 模块连接

用于 Windows PowerShell 的 Microsoft Azure Active Directory 模块中的命令在其 cmdlet 名称中具有 **Msol**。

步骤 1：安装所需软件

这些步骤只需在您的计算机上执行一次即可，而不是在每次连接时都要求执行。但是，您可能需要定期安装较新版本的软件。

1. 安装 64 位版 Microsoft Online Services 登录助手：适用于 IT 专业人员 RTW 的 Microsoft Online Services 登录助手。

2. 安装用于 Windows PowerShell 的 Microsoft Azure Active Directory 模块，具体步骤如下：

图 4-22　安装登录助手和 Azure AD 模块

然后使用 Connect-MsolService 命令（会跳出 credential 的登录界面，输入 Office 365 全局管理员用户名和密码即可）。

```
Import-Csv D:\test.csv -UseCulture -Encoding Default | % { Set-MsolUser -UserPrincipalName $_.UserPrincipalName -Department $_.Department }
```

注意：

路径改为 CSV 文件具体位置，属性以部门为例，按照上面格式添加即可。

对于其他属性，可以使用“Get-MsolUser -UserPrincipalName 2@teste3kylin.tk |fl”命令查看对应关系。

由于 CSV 文件中包含中文，正确的格式是：修改完相应信息后，另存为 CSV 类型（逗号分隔），然后选择“工具”→“Web 选项”→“编码”选项，将其设置成 UTF 8 即可。

7. 同一个会议室同一时间被两个用户预订

问题：

Office 365 的会议室被两个人同时预订成功且预订的会议时间相同。

排错步骤/解决方法：

一个会议室邮箱，设置为“自动接收或拒绝预订请求”。

A 用户在一个时间段预订了该会议室，B 用户也在该时间段预订了该会议室。

实际上，A 用户预订的会议室肯定是接受状态，而 B 用户预订的会议室肯定是拒绝状态。

A 用户的邮箱应该可以看到批准邮件，如图 4-23 所示。

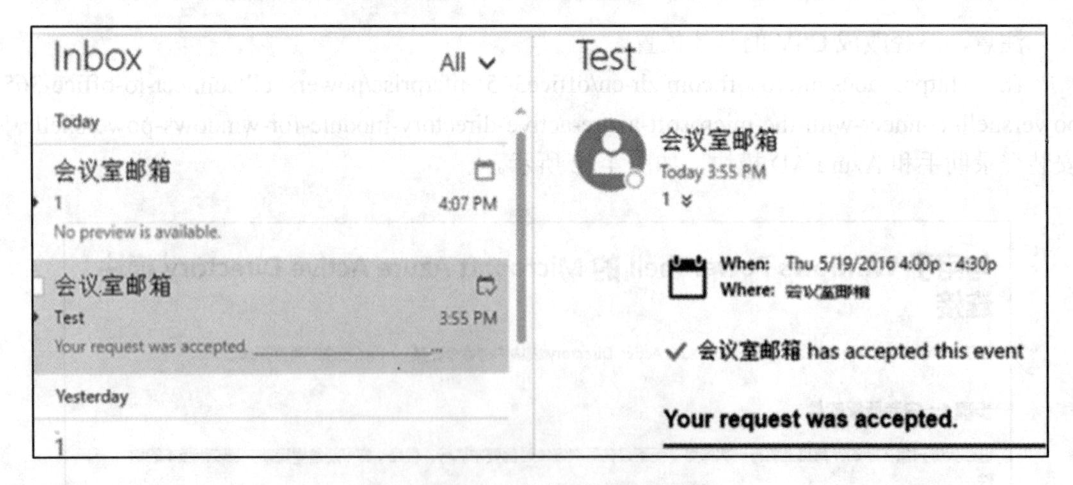

图 4-23　A 用户收到的批准邮件

A 用户的日历打开后右边应该会显示接受状态，如图 4-24 所示。

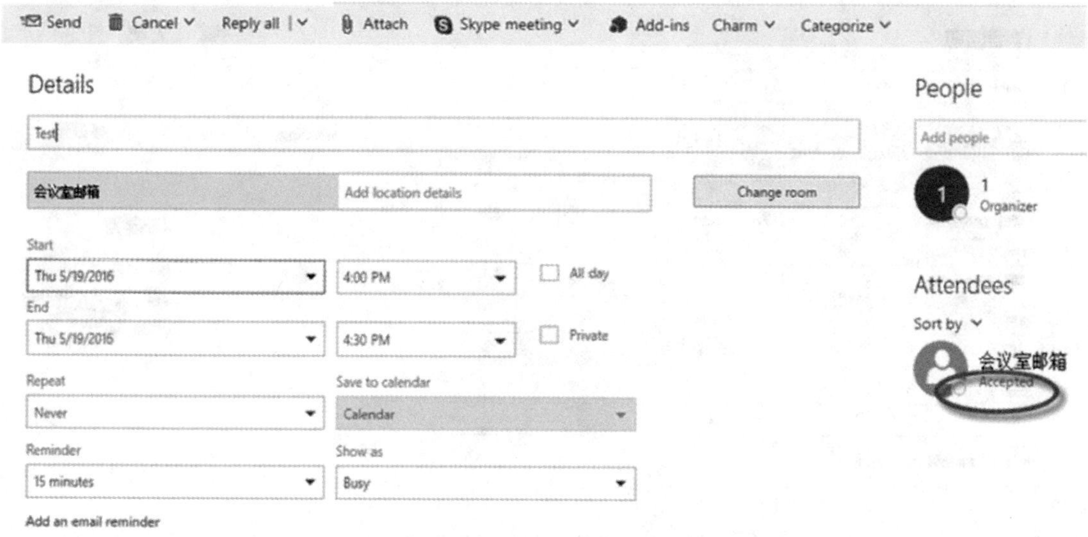

图 4-24 A 用户日历显示接受状态

B 用户的邮箱应该可以看到拒绝邮件，如图 4-25 所示。

图 4-25 B 用户收到拒绝邮件

B 用户的日历打开后右边应该会显示拒绝状态，如图 4-26 所示。

其实可以先选择时间，再选择会议室，如果该时间段内会议室被预订，该会议室就不在此列表中了。

如果先选择会议室，后选择时间，即使时间选择相同，该封邮件也可以发送出去，只不过会收到拒绝邮件而已。

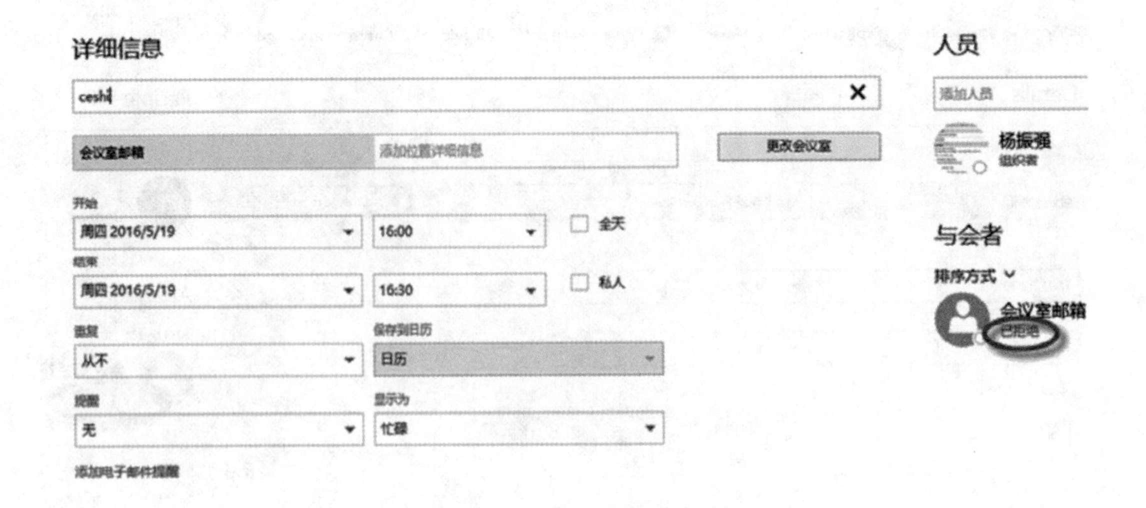

图 4-26　B 用户日历显示拒绝状态

8. 如何删除新建会议邀请时会议室位置的缓存

排错步骤/解决方法：

这些缓存实际上都是曾经手动输入或者选择过的会议室，它们将自动保存在 Outlook 客户端，如图 4-27 所示。

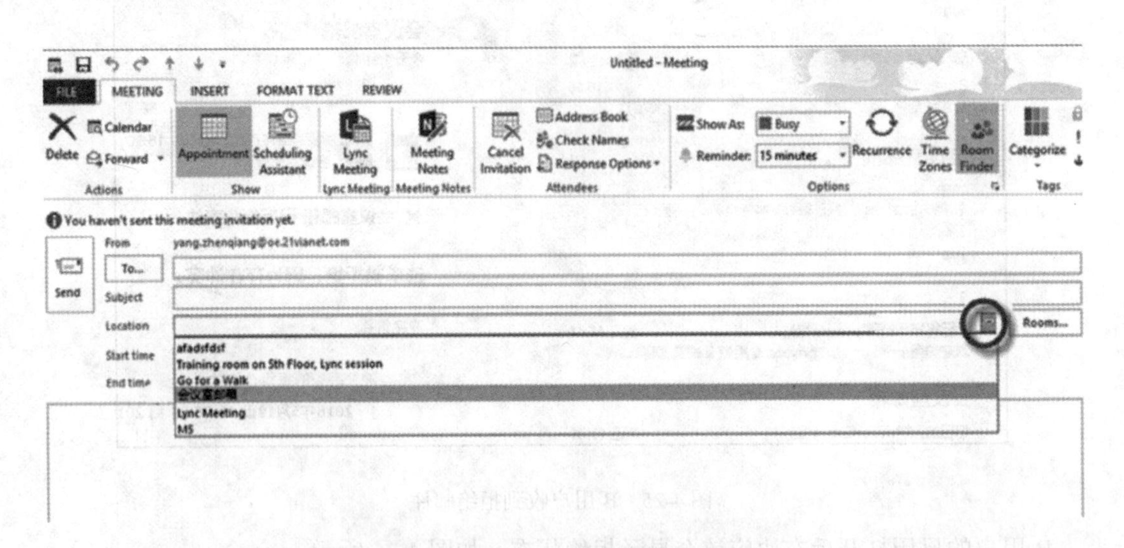

图 4-27　Outlook 缓存

只有一种方法，即重命名或删除注册表的键值 LocationMRU（Run→Regedit→HKEY_CURRENT_USER\Software\Microsoft\Office\16.0\Outlook\Preferences\LocationMRU），只需关掉新建会议邀请窗口，不用重启 Outlook 2016，如图 4-28 所示。

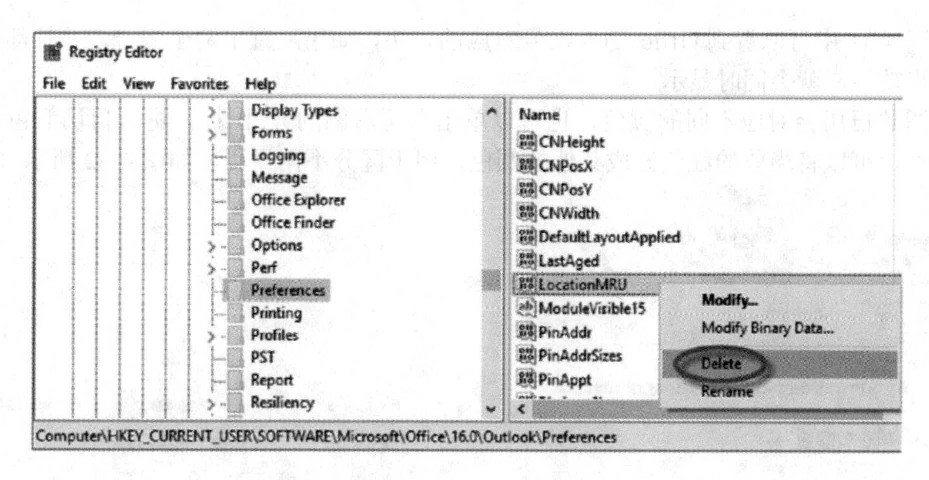

图 4-28　删除键值 LocationMRU

9. 苹果手机自带邮箱配置 Office 365 账户后看不到日历

苹果内置电子邮件程序配置 Office 365 账号后，默认只显示邮件，而不会显示日历。到配置邮箱的最后一步，确认日历同步选项被打开（如果没有被更改，默认是被打开的），如图 4-29 所示。

完成配置后，Office 365 的日历会被同步到苹果手机的日历上。

打开苹果手机的日历，单击页面底部的“Calendars 日历”按钮，如图 4-30 所示。

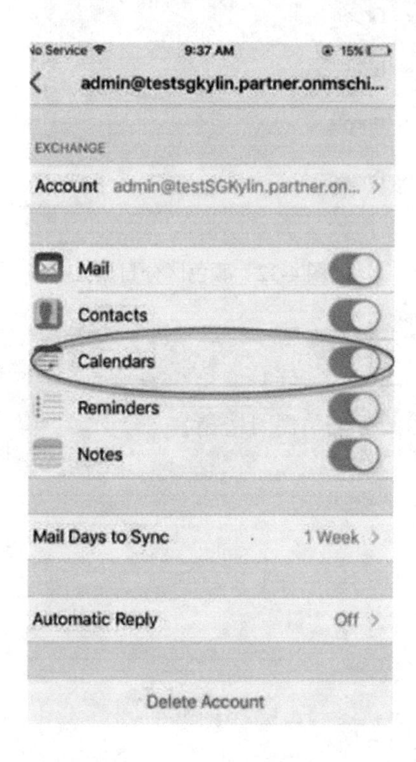

图 4-29　日历同步选项打开

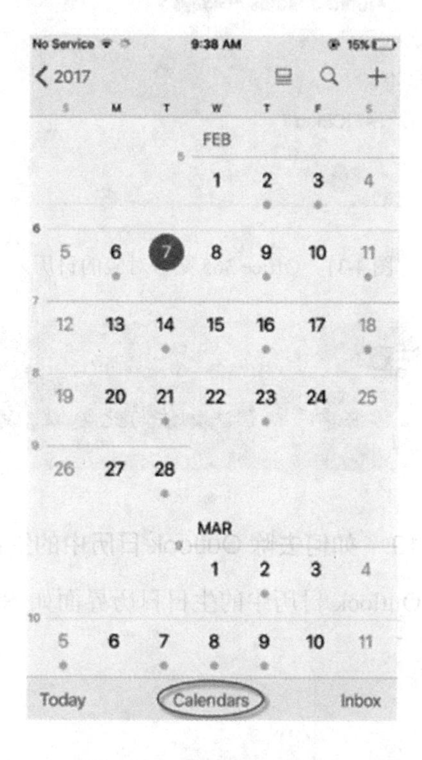

图 4-30　苹果手机的日历

从图 4-31 中可以看到 Office 365 账号对应的日历，如果配置了两个账号，并且都打开了日历同步功能，就会同时显示。

不同的日历会对应不同的颜色，也可以单击日历右侧的ⓘ 图标，进入日历颜色设置页面。例如，可以将当前的红色改成其他的颜色，用于区分不同日历，如图 4-32 所示。

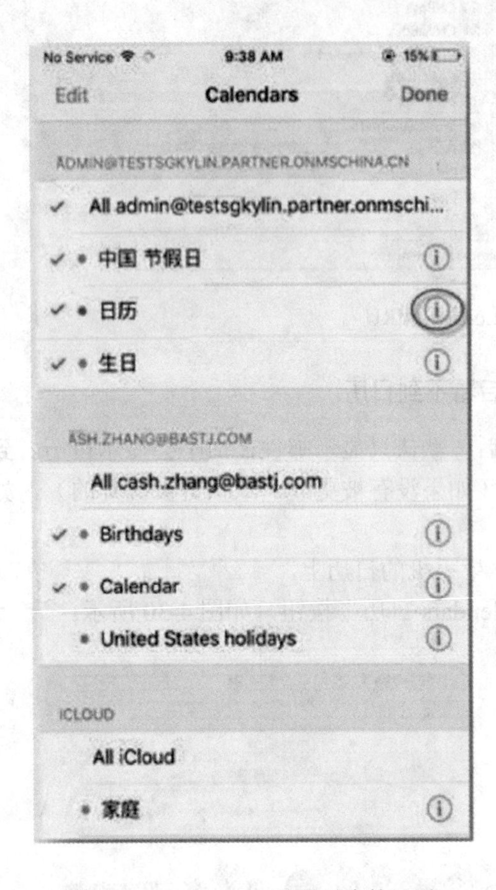

图 4-31　Office 365 账号对应的日历

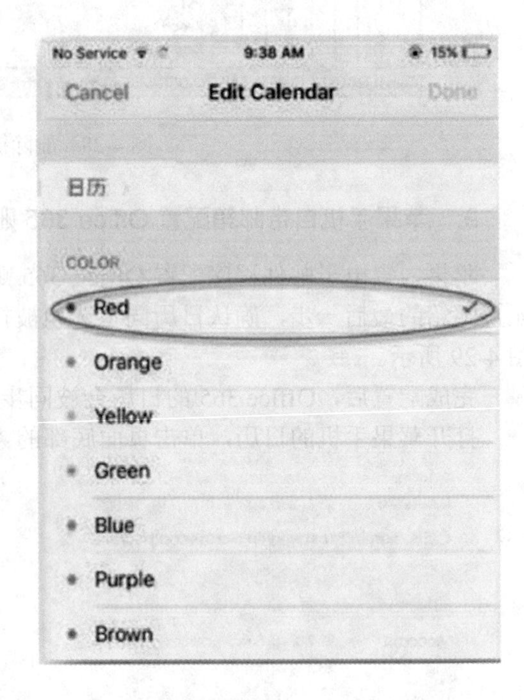

图 4-32　颜色区分日历

注意：

安卓手机解决方法与此类似，可单击日历左上角菜单图标查看。

10. 如何去除 Outlook 日历中的生日日历

Outlook 日历中的生日日历界面如图 4-33 所示。

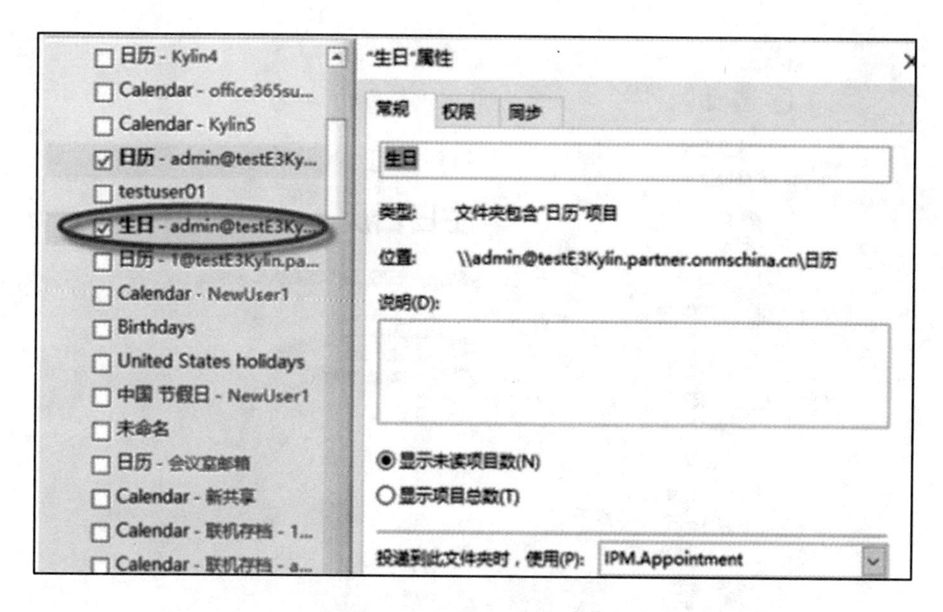

图 4-33　Outlook 生日日历

OWA 端同样也可以看到生日日历，如图 4-34 所示。

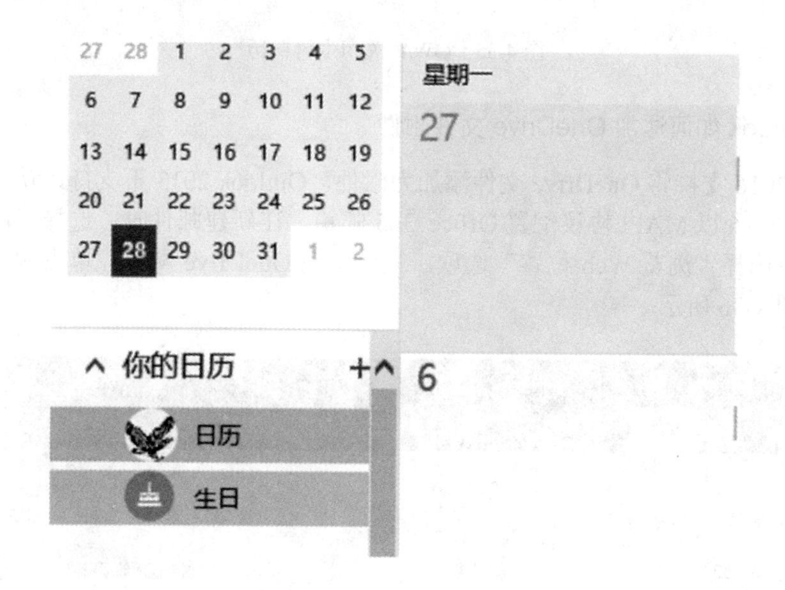

图 4-34　OWA 生日日历

去除生日日历操作步骤如下。

（1） 用 IE 11 或 Chrome 登录 OWA。

（2） 单击右上角的“设置”按钮，在下拉菜单中选择“日历”选项。

（3） 单击界面左侧的“生日日历”选项，在右侧选中“关闭生日日历”单选项按钮，然后单击上面的“保存”按钮即可，如图 4-35 所示，OWA 端和 Outlook 端都是立即生效的。

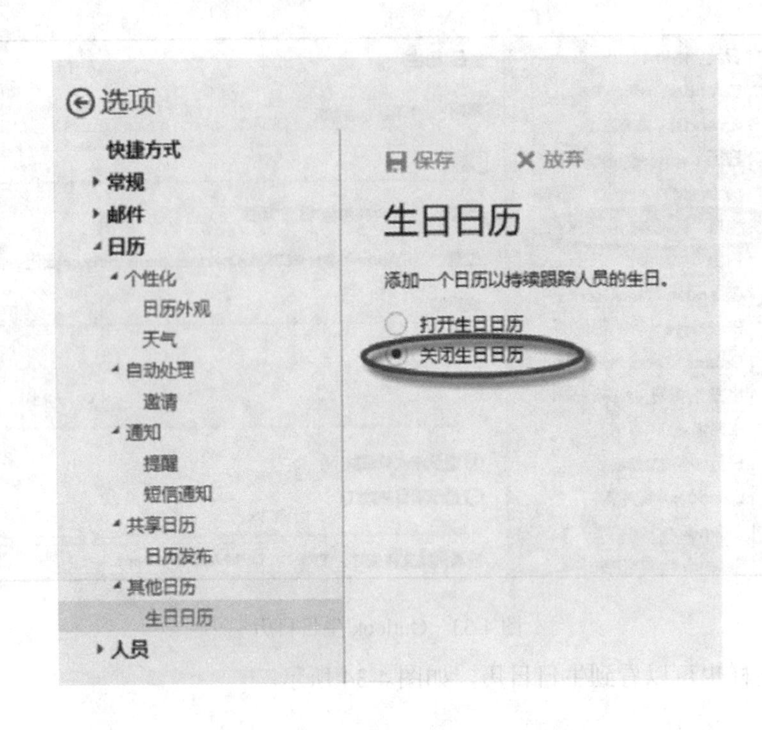

图 4-35　OWA 关闭生日日历

11. Outlook 如何添加 OneDrive 文件附件

Outlook 2016 支持将 OneDrive 文件添加为附件，Outlook 2013 不支持该功能。

Outlook 2016 以 MAPI 协议配置 Office 365 邮箱，在新建邮件时，选择“添加附件”，在下拉菜单中选择“浏览 Web 位置”选项，就会出现 OneDrive 网站，单击网站链接，进入该网站，如图 4-36 所示。

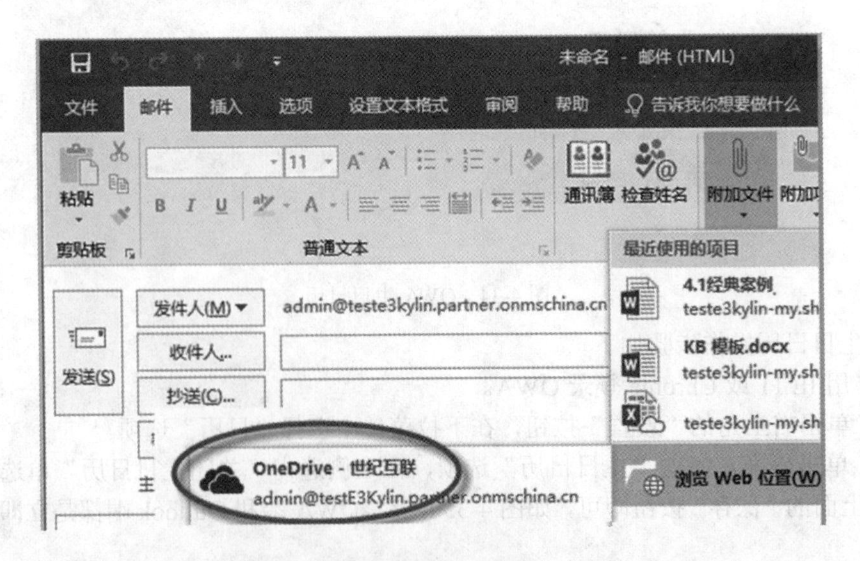

图 4-36　选择“浏览 Web 位置”选项

在“插入文件”对话框中选择文件，单击“插入”按钮，如图 4-37 所示。

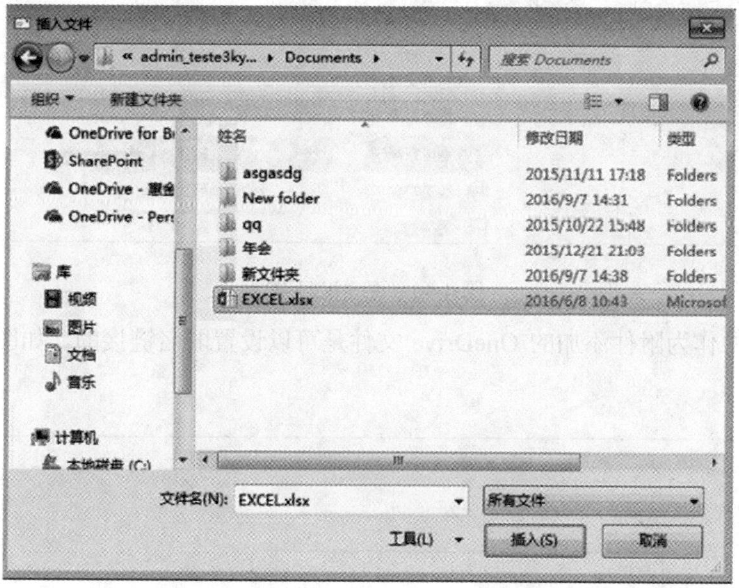

图 4-37　选择 OneDrive 中的文件

此时，可以看到这个文件就会作为 OneDrive 的文件附件添加成功，如图 4-38 所示。

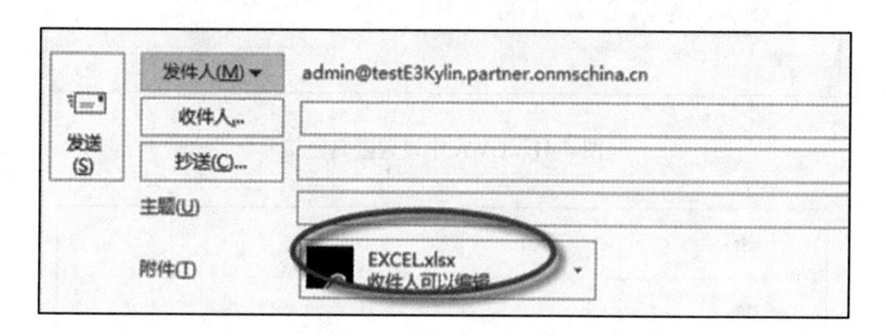

图 4-38　附件添加成功

12.　Outlook 中的匿名链接

Outlook 2016 中作为附件附加的 OneDrive 文件位置是 Office 365 地址，收件人必须有 Office 365 的账号才可以访问，不能实现匿名链接功能，如图 4-39 和图 4-40 所示。

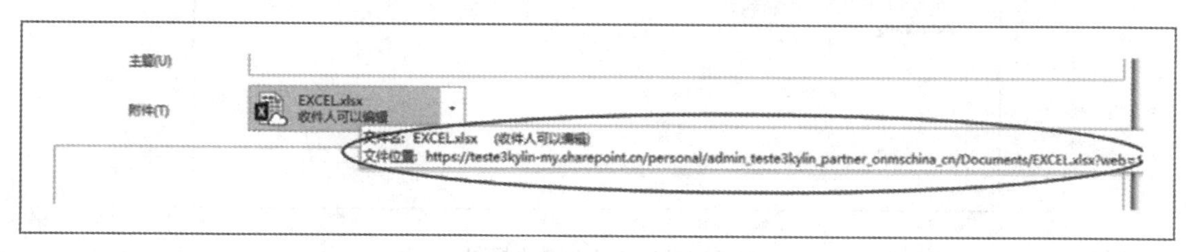

图 4-39　不能实现匿名链接

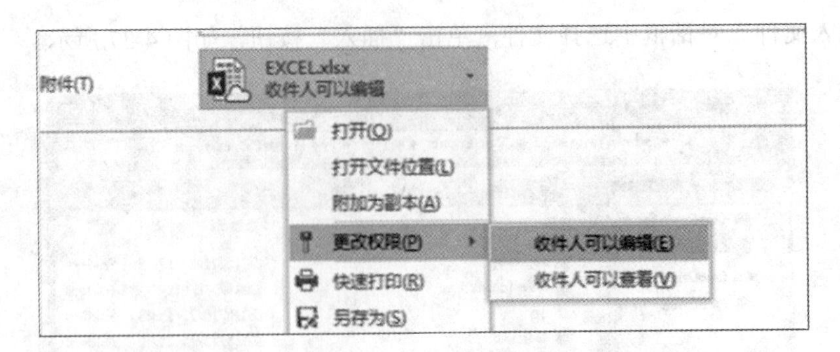

图 4-40　更改权限设置

而 OWA 中作为附件添加的 OneDrive 文件是可以设置匿名链接的，如图 4-41～图 4-43 所示。

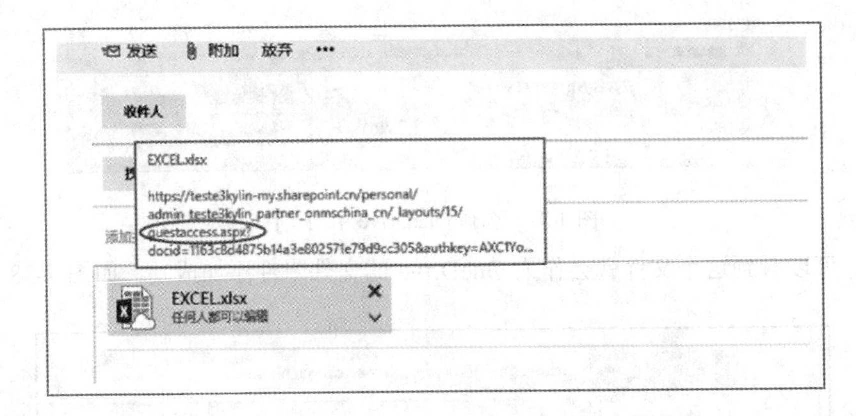

图 4-41　OWA 中设置匿名链接

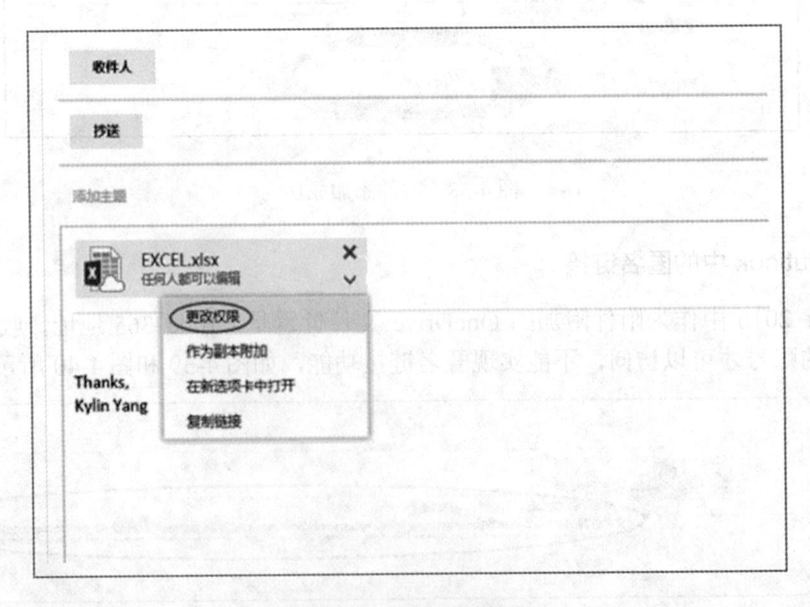

图 4-42　OWA 更改权限

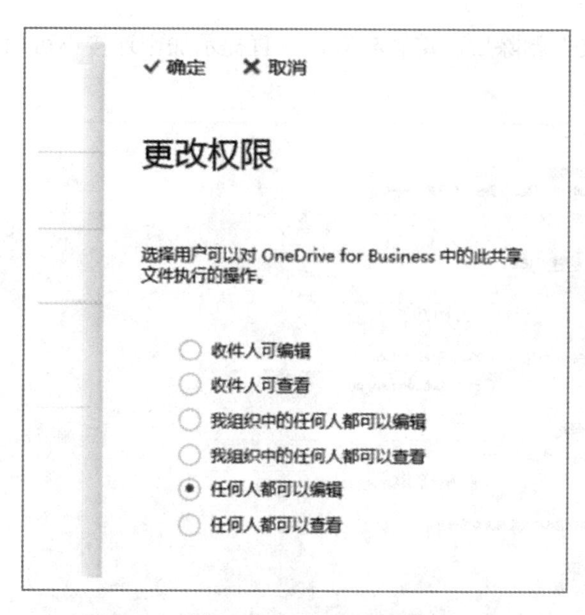

图 4-43　选择“任何人都可以编辑”选项

13.　开启 MFA 后，Outlook 2016 客户端和 Outlook Mobile App 配置邮箱失败

现象：

对于 Outlook 2016 来说，用户先配置 Outlook 2016，然后开启 MFA，结果 Outlook 端一直跳出输入密码框，记住凭据，输入正确的密码也不能登录成功，如图 4-44 所示。

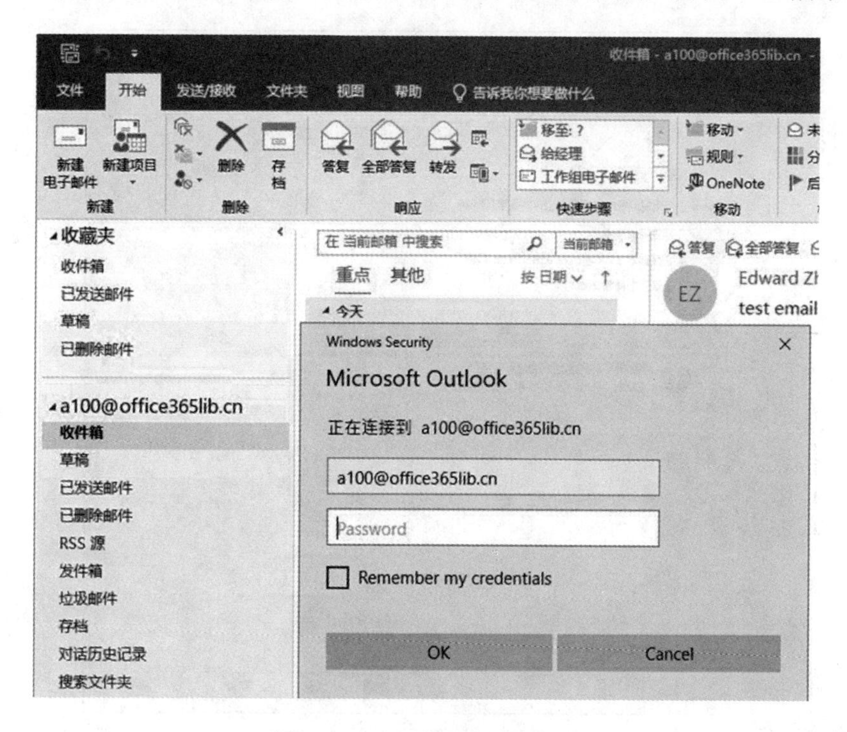

图 4-44　反复弹出凭据提示框

将 Outlook 配置文件删除后，重新配置，一直提示加密连接不可用，如图 4-45～图 4-46 所示。

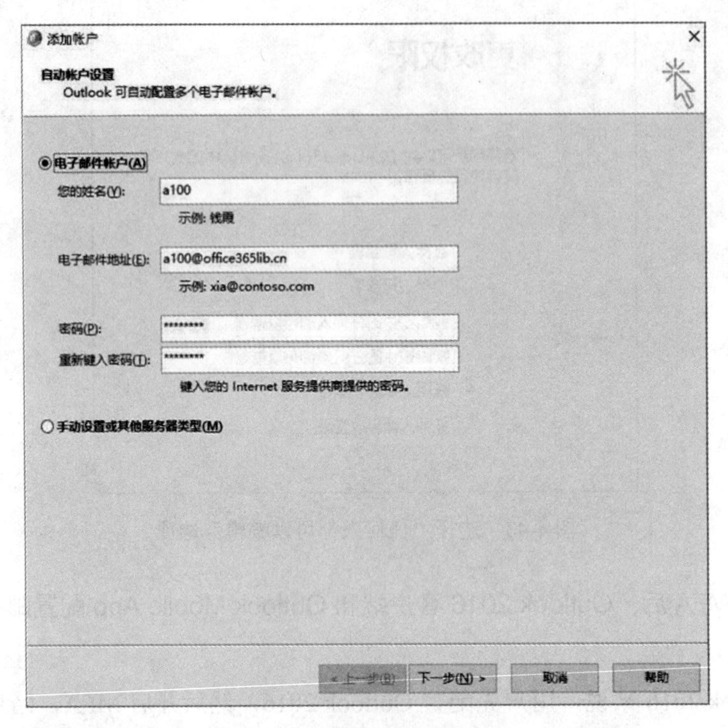

图 4-45　重建邮件配置文件

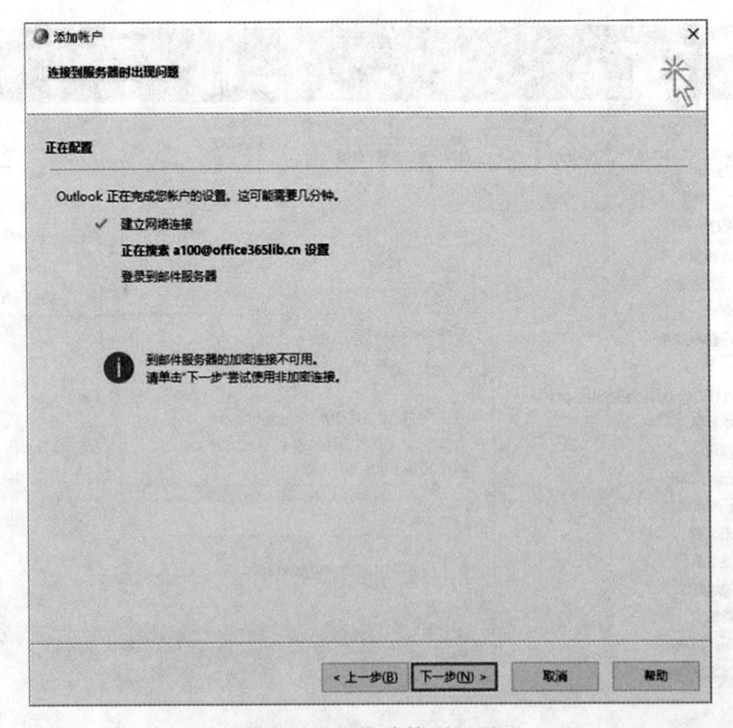

图 4-46　加密连接不可用

对于 Outlook Mobile App 来说，手机也连接不上，服务器地址填写的是 partner. outlook.cn，如图 4-47 和图 4-48 所示。

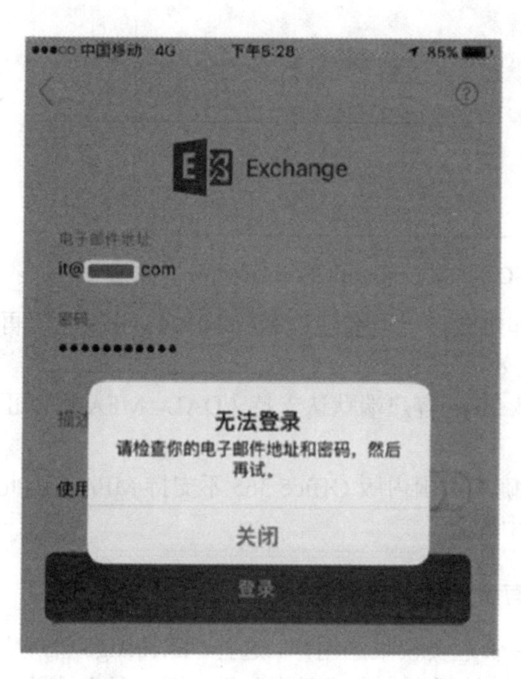

图 4-47　输入用户名和密码后无法登录移动客户端

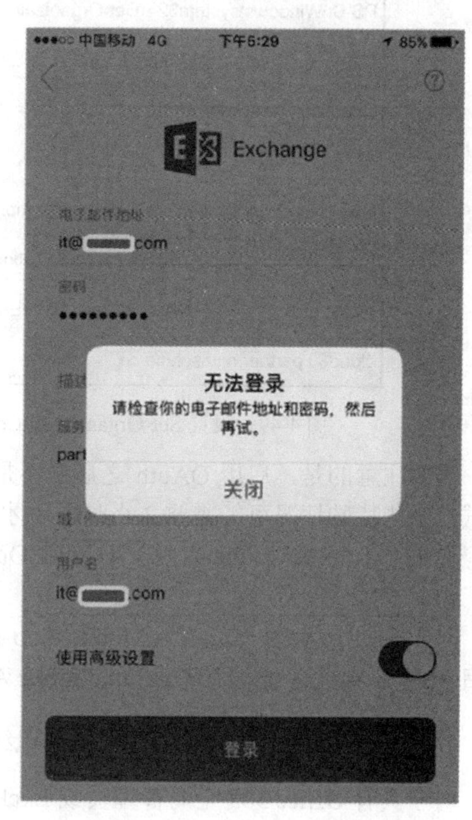

图 4-48　手动输入服务器地址后无法登录移动客户端

排错步骤/解决方法：

首先检查 Exchange Online 环境是否启用了 Oauth。

参考文档：

https://support.office.com/en-us/article/Enable-Exchange-Online-for-modern-authentication-58018196-f918-49cd-8238-56f57f38d662

如果没有开启 Oauth，具体方法如下。

（1）　用 PowerShell 连接管理 Exchange Online，请参照以下命令：

```
$UserCredential = Get-Credential
$Session = New-PSSession -ConfigurationName Microsoft.Exchange -ConnectionUri https://partner.outlook.cn/PowerShell -Credential $UserCredential -Authentication Basic -AllowRedirection
Import-PSSession $Session
```

注意，PowerShell 一定要在 3.0 以上。

（2）　运行如下命令，如图 4-49 所示。

Set-OrganizationConfig -OAuth2ClientProfileEnabled $true

运行完成后，过段时间重启计算机，重新配置邮箱，这时再输入凭据后，如果弹出要求提供额外信息的窗口，输入验证信息，如短信验证码，就会配置成功。

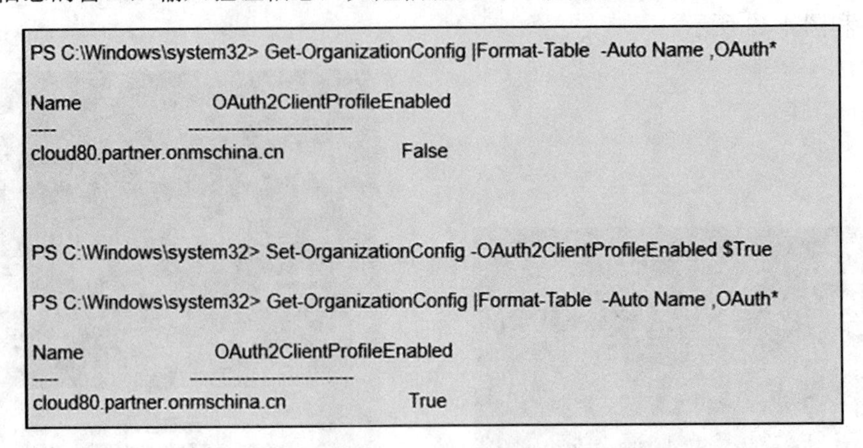

图 4-49　设置 Set-OrganizationConfig -OAuth2ClientProfileEnabled $true

需要注意的是，启用 OAuth 之后并不是立即生效，一般会建议等待 30～45 分钟之后再测试，某些特殊情况可能需要 2 小时之后才会生效。

如果 Exchange Online 启用了 Oauth，Outlook 2016 客户端默认支持 ADAL，MFA 可以正常工作。

对于第二个问题，Outlook Mobile App 目前确实对国内版 Office 365 不支持 MFA，因此开启 MFA 的邮箱，无法在 Outlook Mobile App 中配置。

14. 非 Office 365 全局管理员的通讯组所有者如何添加成员

对于具有 Office 365 全局管理员或 Exchange 管理员权限的用户，选择“Exchange 管理中心”→“收件人”→“组”→选中“通讯组”→“编辑”→“成员身份”→“成员”选项，在打开的界面单击“添加”按钮＋，添加通讯组成员，如图 4-50 所示。

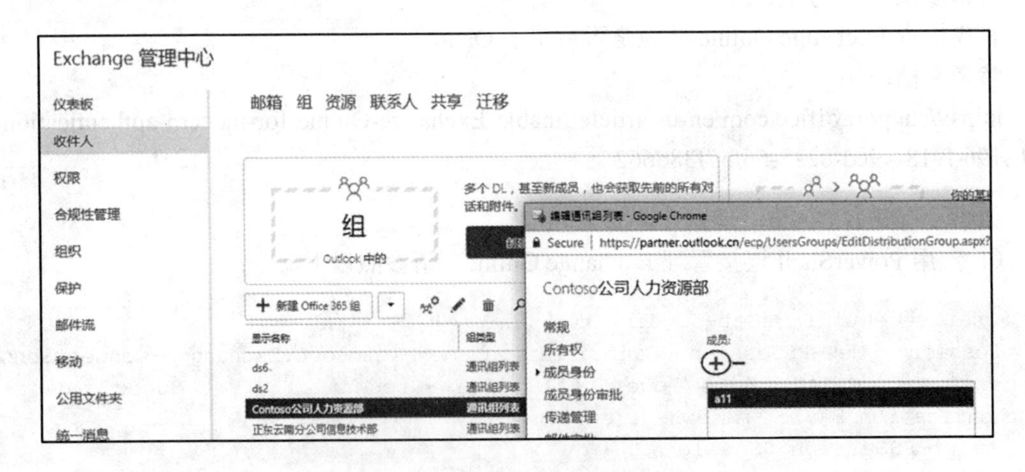

图 4-50　EAC 中添加通讯组成员

对于非 Office 365 管理员且是通讯组的所有者成员，则可以使用以下方法：

1）OWA 端

（1）登录 OWA（https://partner.outlook.cn）；

（2） 单击右上角的“设置”按钮，在下拉菜单中选择“邮件”选项，如图 4-51 所示。

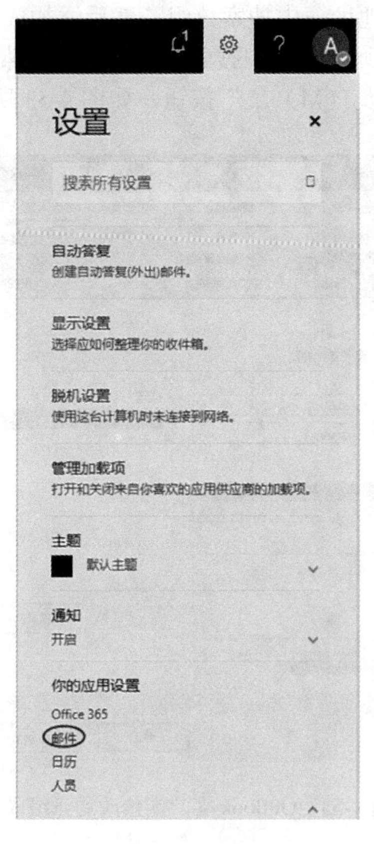

图 4-51　OWA 选项

（3） 选择“常规”→“通讯组”→“我拥有的通讯组”选项，在打开的界面中选中一个通讯组，单击“修改”按钮，如图 4-52 所示。

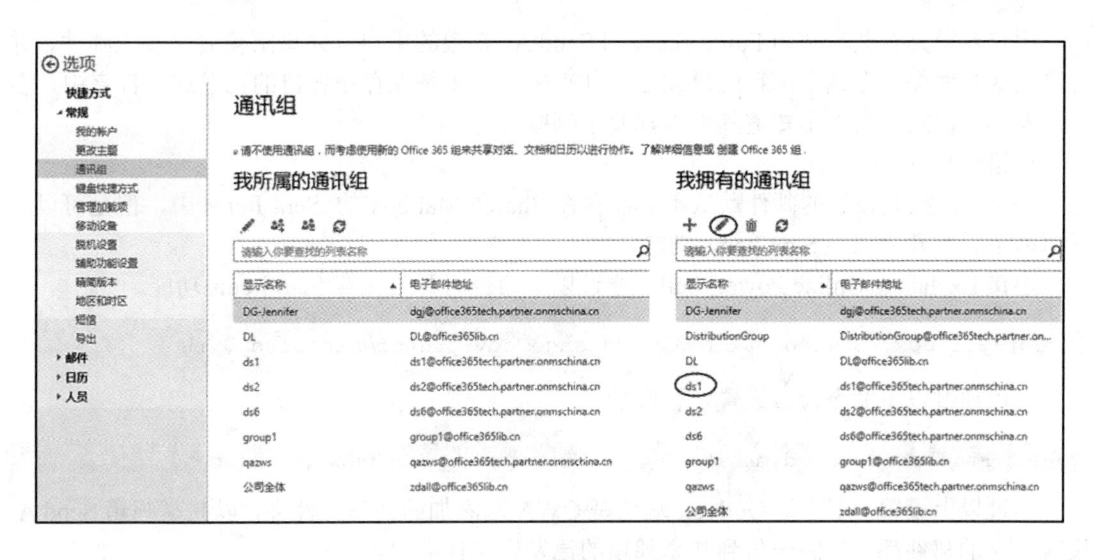

图 4-52　编辑“我拥有的通讯组”成员

2）Outlook 端

在 Outlook 客户端的全局地址簿中搜索该组，然后添加成员，操作步骤如下：

单击“通讯簿”按钮，在弹出窗口中搜索通讯组，在搜索结果中双击通讯组，在弹出窗口中修改成员，单击“修改成员（M）...”按钮，如图 4-53 所示。

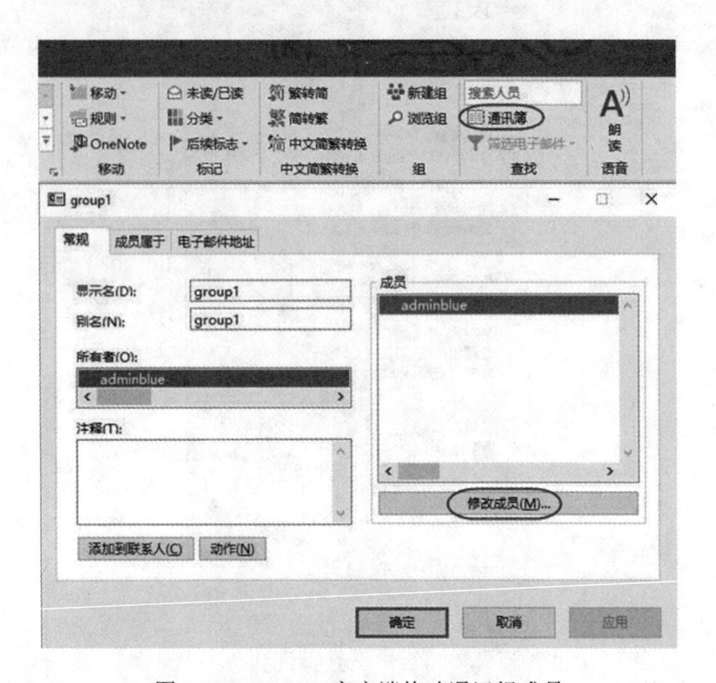

图 4-53　Outlook 客户端修改通讯组成员

15. 如何设置具有共享邮箱 Full Access 和 Send As 权限的用户，以共享邮箱名义发送邮件，并将已发送邮件保存在共享邮箱的已发送文件夹中

现象及目的：

用户希望具有共享邮箱 Full Access 和 Send As 权限的用户以共享邮箱名义发送邮件，并将已发送邮件保存在共享邮箱的已发送文件夹中，而不是保存在各自的已发送文件夹中，否则，有相同权限的同事不知道其他人都发了哪些邮件。

排错步骤/解决方法：

Send As 权限发送的邮件默认不会保存在 Shared Mailbox 的 Sent Items 中，但是可以尝试用以下设置开启保存 Sent Items 功能。

连接 Exchange Online PowerShell，通过以下命令可开启保存 Sent Items 功能。

```
Set-Mailbox <shared mailbox> -MessageCopyForSentAsEnabled $true
```

可以通过以下命令检查设置是否成功。

```
Get-Mailbox <shared mailbox> |fl MessageCopyForSentAsEnabled
```

通过以上设置，不管是 Outlook 端还是 OWA 端添加的共享文件夹，以共享邮箱 Send As 权限发送的邮件都会复制一份到共享邮箱的已发送文件夹中。

16. PowerShell 如何设置 OWA 签名（包含单一方式和批量方式）

排错步骤/解决方法：

（1） 对于单一邮箱用户（签名简单直接写，复杂用 HTML），如图 4-54 所示。

```
PS C:\Windows\system32> Set-MailboxMessageConfiguration -Identity tinazhu@office365lib.cn -SignatureText "Thanks,`nKylin"

PS C:\Windows\system32> get-MailboxMessageConfiguration -Identity tinazhu@office365lib.cn |fl SignatureText


SignatureText : Thanks,
        Kylin
```

图 4-54 单一用户 OWA 签名设置

注意，“`n”在 PowerShell 中是换行符，其后不用加空格。

（2） 对于所有邮箱用户（复杂签名（包括超链接和图片），用 HTML 文件），如图 4-55 所示。

```
PS C:\Windows\system32>  $D=Get-content e:\signature.htm

PS C:\Windows\system32> Get-Mailbox -RecipientTypeDetails usermailbox |Set-MailboxMessageConfiguration -signatureHTML $D -autoaddSignature:$true

PS C:\Windows\system32>
```

图 4-55 所有邮箱复杂签名设置

制作 HTML 签名文件的步骤如下。

（1） 在 Outlook 中设置好签名，如图 4-56 所示。

（2） 单击左上角的“文件”→“另存为”选项，如图 4-57 所示。

图 4-56 Outlook 设置签名

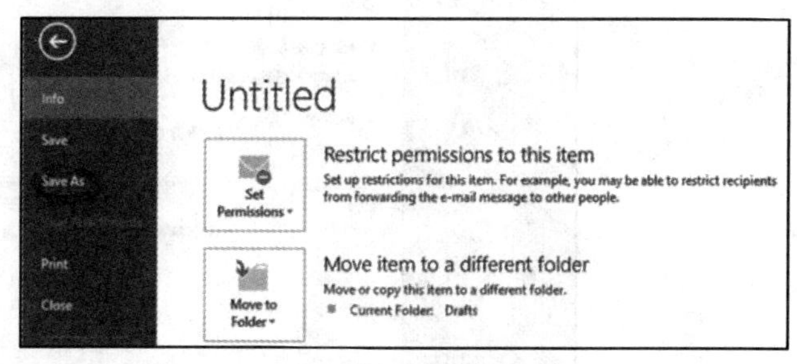

图 4-57 另存为文件

（3） 选择类型为 HTML，然后命名，并单击“Save 保存”按钮，如图 4-58 所示。

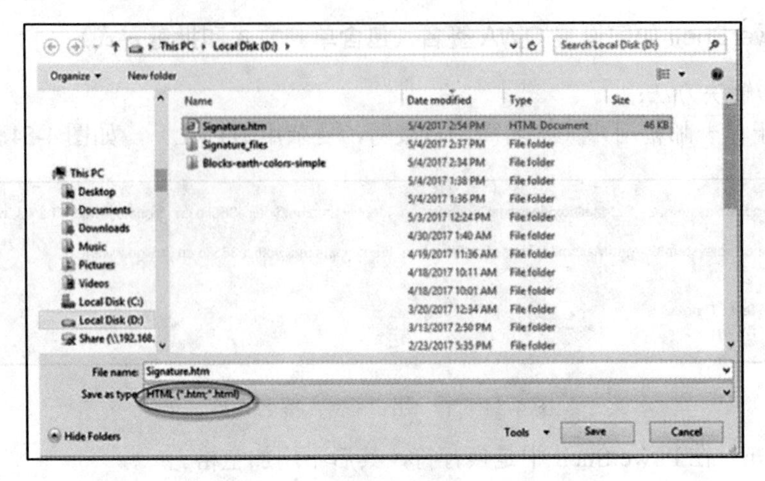

图 4-58　保存为 HTML 文件

（4） 用记事本打开保存的 HTML 签名文档，搜索 src，可以看出有两处，如图 4-59 所示。

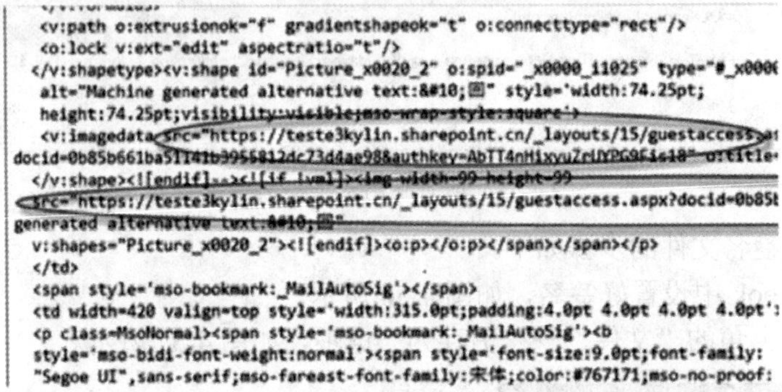

```
<v:path o:extrusionok="f" gradientshapeok="t" o:connecttype="rect"/>
<o:lock v:ext="edit" aspectratio="t"/>
</v:shapetype><v:shape id="Picture_x0020_2" o:spid="_x0000_i1025" type="#_x000
 alt="Machine generated alternative text:&#10;图" style='width:74.25pt;
 height:74.25pt;visibility:visible;mso-wrap-style:square'>
 <v:imagedata src="https://teste3kylin.sharepoint.cn/_layouts/15/guestaccess.a
docid=0b85b661ba51141b3956812dc73d4ae98&authkey=AbTT4nHixyuZrUYPG9fis18" o:title=
 </v:shape><![endif]--><![if !vml]><img width=99 height=99
src="https://teste3kylin.sharepoint.cn/_layouts/15/guestaccess.aspx?docid=0b85b
generated alternative text:&#10;图"
 v:shapes="Picture_x0020_2"><![endif]><o:p></o:p></span></span></p>
 </td>
 <span style='mso-bookmark:_MailAutoSig'></span>
 <td width=420 valign=top style='width:315.0pt;padding:4.0pt 4.0pt 4.0pt 4.0pt':
 <p class=MsoNormal><span style='mso-bookmark:_MailAutoSig'><b
 style='mso-bidi-font-weight:normal'><span style='font-size:9.0pt;font-family:
 "Segoe UI",sans-serif;mso-fareast-font-family:宋体;color:#767171;mso-no-proof:
```

图 4-59　编辑 HTML 签名文档

（5） 将签名中的图片上传到 SharePoint 文档库，创建这个图片的查看匿名链接，复制下来，替换掉 HTML 签名中 SRC 后的 URL 部分，共替换两处，如图 4-60 所示。

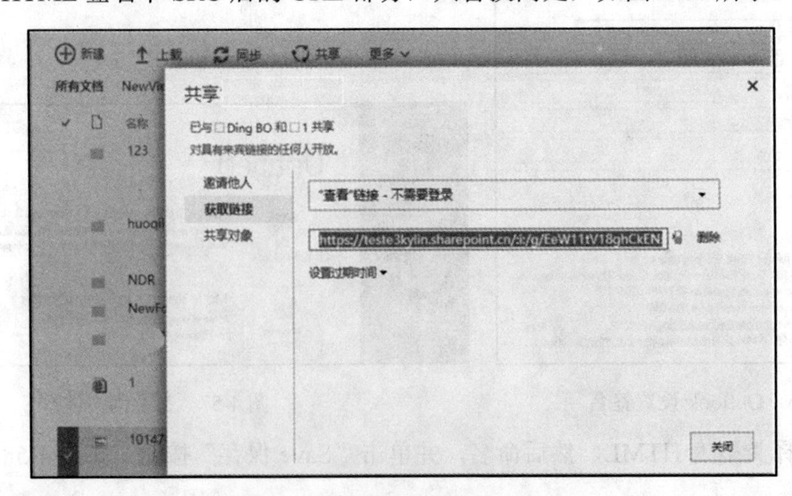

图 4-60　创建图片的匿名链接

（6）　在 OWA 中设置要显示的签名，如图 4-61 所示。

图 4-61　在 OWA 中设置要显示的签名

（7）　在 OWA 中新建一个邮件，可以看到如图 4-62 所示的签名。

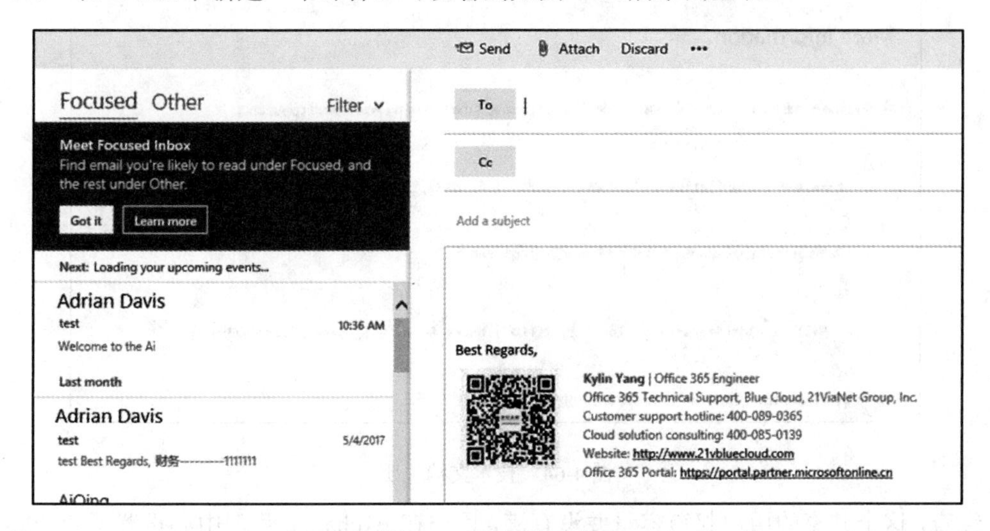

图 4-62　签名设置成功

17.　作为共享的用户邮箱不再接收邮件，提示邮箱繁忙

排错步骤/解决方法：

解决过程：用户用自己的邮箱给这个作为共享的用户邮箱发邮件，立即收到退信，如图 4-63 所示。

供管理员使用的诊断信息:

生成服务器: SH2PR01MB171.CHNPR01.prod.partner.outlook.cn

SHAPR01MB174.CHNPR01.prod.partner.outlook.cn
Remote Server returned '554 4.3.2 mailbox busy;
STOREDRV.Deliver.Exception:StoragePermanentException.MapiExceptionMaxObjsExceeded; Failed to process message due to a permanent exception with message Cannot complete delivery-time processing

图 4-63　退信内容

按照错误提示“554 4.3.2 mailbox busy”，参考官方文档。

```
https://support.microsoft.com/en-us/help/4024024/remote-server-returned-554-4-3-2-mailbox-busy-error-when-you-send-mail
```

原因为每个邮件文件夹最大可以放置 100 万封邮件，如图 4-64 所示。

Cause

This problem may occur if the mailbox has reached the limit of items in a folder. In Exchange Online, the limit is one million.

Resolution

To resolve this problem, move emails from the folder that contains one million items to another folder or to an archive.

More Information

To find the number of items within each folder in a mailbox, run the following PowerShell command:

```
Get-MailboxFolderStatistics -Identity <UPN> | fl Name, ItemsInFolder
```

To find items in the Inbox, run the following PowerShell command:

```
Get-MailboxFolderStatistics -Identity <UPN> | Where-Object {$_.Name -like "Inbox"}
```

For more information about the limits, see Exchange Online Limits.

图 4-64　技术文档说明

经查，这个共享的用户邮箱容量并没有满，用户在 Exchange 管理中心设置了两个邮件流规则，所有内部用户发出的邮件默认 CC 给这个共享的用户邮箱，所有内部用户接收的邮件默认 CC 给这个共享的用户邮箱。

由于用户内部员工的邮件量比较大，因此短短的两个月时间，这个共享用户邮箱的收件箱已经达到接近 100 万封邮件。只有将收件箱邮件移动到其他文件夹，才能继续接收邮件。

此邮箱 OWA 界面如图 4-65 所示。

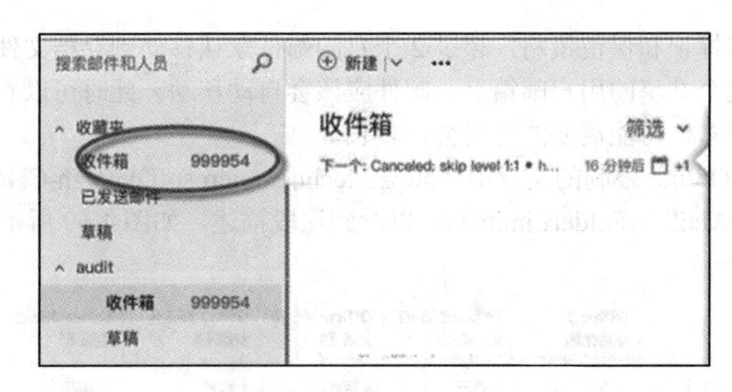

图 4-65　收件箱接近 100 万封邮件

使用官方文档提供的 PowerShell 命令，可以看到收件箱已经到达了 100 万封邮件，如图 4-66 和图 4-67 所示。

```
PS C:\Windows\system32> Get-MailboxFolderStatistics -Identity admin@office365tech.partner.onmschina.cn |fl Name,itemsinfolder
```

图 4-66　查询命令

```
Name         : 收件箱
ItemsInFolder : 1000000

Name         : 666
ItemsInFolder : 0

Name         : from163
ItemsInFolder : 0
```

图 4-67　统计信息

用以下命令也可以看出，收件箱为 100 万封邮件（注意，OWA 语言设置为英文的邮箱末尾输入 Inbox，中文邮箱末尾输入收件箱），如图 4-68 所示。

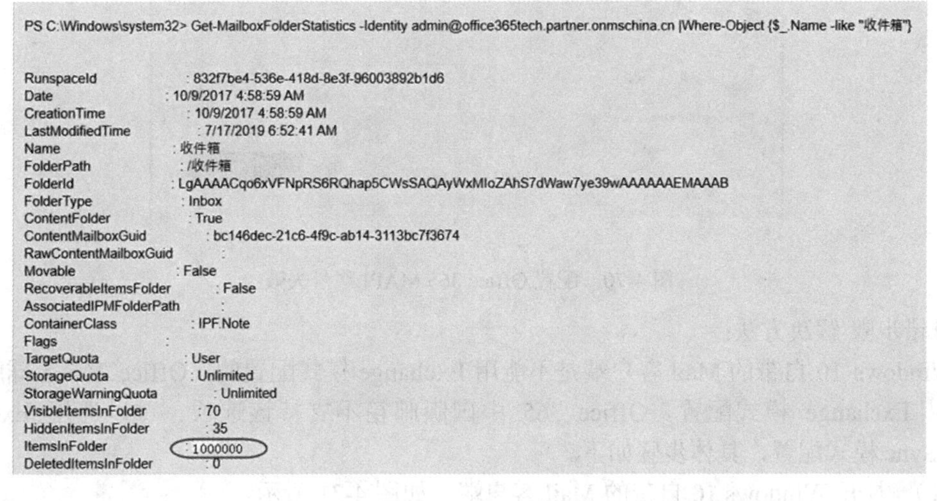

```
PS C:\Windows\system32> Get-MailboxFolderStatistics -Identity admin@office365tech.partner.onmschina.cn |Where-Object {$_.Name -like "收件箱"}

RunspaceId                 : 832f7be4-536e-418d-8e3f-96003892b1d6
Date                       : 10/9/2017 4:58:59 AM
CreationTime               : 10/9/2017 4:58:59 AM
LastModifiedTime           : 7/17/2019 6:52:41 AM
Name                       : 收件箱
FolderPath                 : /收件箱
FolderId                   : LgAAAACqo6xVFNpRS6RQhap5CWsSAQAyWxMIoZAhS7dWaw7ye39wAAAAAAEMAAAB
FolderType                 : Inbox
ContentFolder              : True
ContentMailboxGuid         : bc146dec-21c6-4f9c-ab14-3113bc7f3674
RawContentMailboxGuid      :
Movable                    : False
RecoverableItemsFolder     : False
AssociatedIPMFolderPath    :
ContainerClass             : IPF.Note
Flags                      :
TargetQuota                : User
StorageQuota               : Unlimited
StorageWarningQuota        : Unlimited
VisibleItemsInFolder       : 70
HiddenItemsInFolder        : 35
ItemsInFolder              : 1000000
DeletedItemsInFolder       : 0
```

图 4-68　Inbox 邮件数目统计

也创建了保留标记和保留策略，超过 2 个月的邮件默认移动到存档文件夹中，并把这个保留策略应用到这个共享的用户邮箱上，邮件应该会自动移动。此时可以看到有新邮件，但由于邮件数量比较多，可能需要的时间会比较长。

从 Exchange Online 限制的文章中（https://technet.microsoft.com/zh-CN/library/Exchange-Online-limits.aspx#MailboxFolderLimits）可以看到这段描述，如图 4-69 所示。

功能	Office 365 商业协作版	Office 365 商业高级版	Office 365 企业版 E1	Office 365 企业版 E3	Office 365 企业版 E5	Office 365 企业版 F1
每个邮箱文件夹的邮件的最大数量	1 百万	1 百万	1 百万	1 百万	100 万	1 百万

图 4-69　Exchange Online 限制文档

18. Windows 10 自带的 Mail 客户端，用 Exchange 模式配置 Office 365 邮箱失败

配置 Office 365 邮箱失败界面如图 4-70 所示。

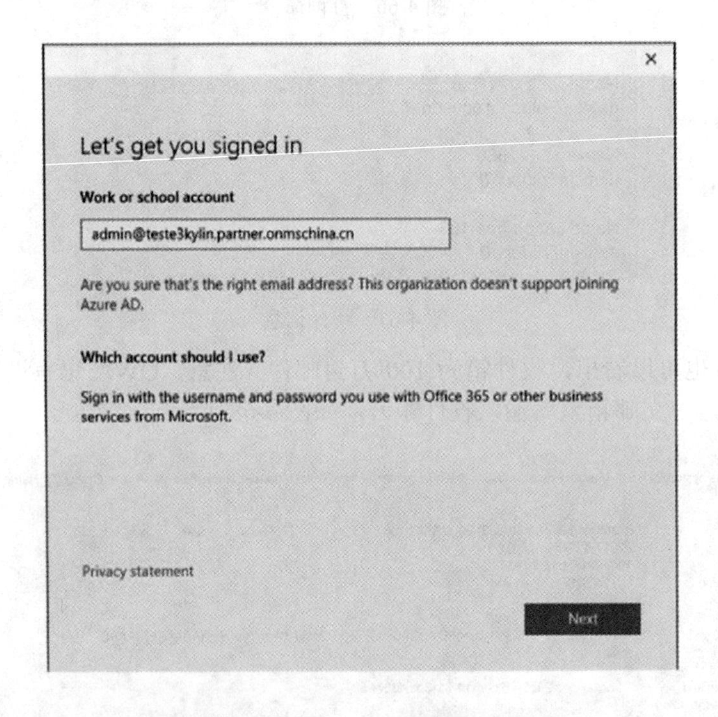

图 4-70　配置 Office 365 MAPI 账号失败

排错步骤/解决方法：

Windows 10 自带的 Mail 客户端是不能用 Exchange 模式配置的，Office 365 全球版邮箱可以用 Exchange 模式配置，Office 365 中国版邮箱不支持该选项。可以选用 Exchange ActiveSync 模式配置，具体步骤如下。

（1）打开 Windows 10 自带的 Mail 客户端，如图 4-71 所示。

（2）单击“Add account（添加账户）”按钮。

（3）选择高级设置选项，如图 4-72 所示。

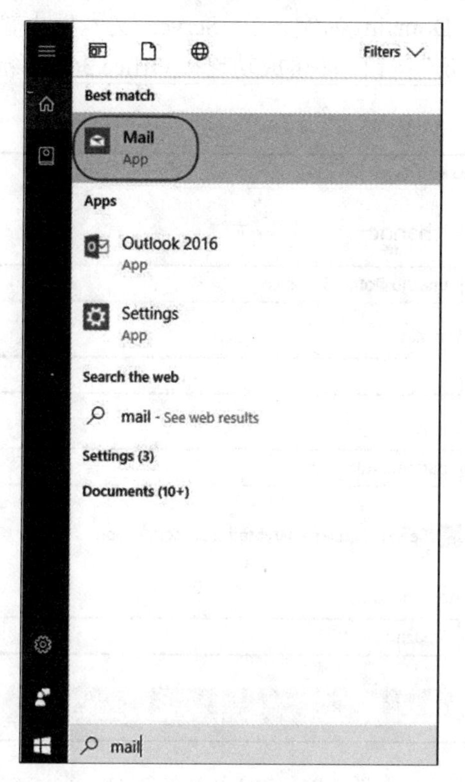

图 4-71　启动 Windows 10 自带的 Mail 客户端

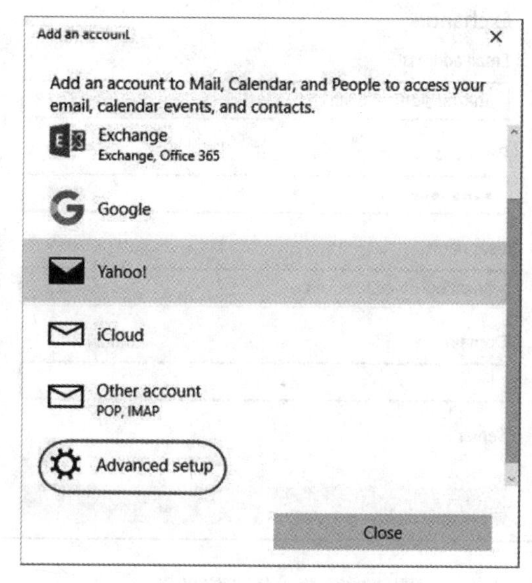

图 4-72　选择高级设置选项

（4）选择“Exchange ActiveSync”选项，如图 4-73 所示。

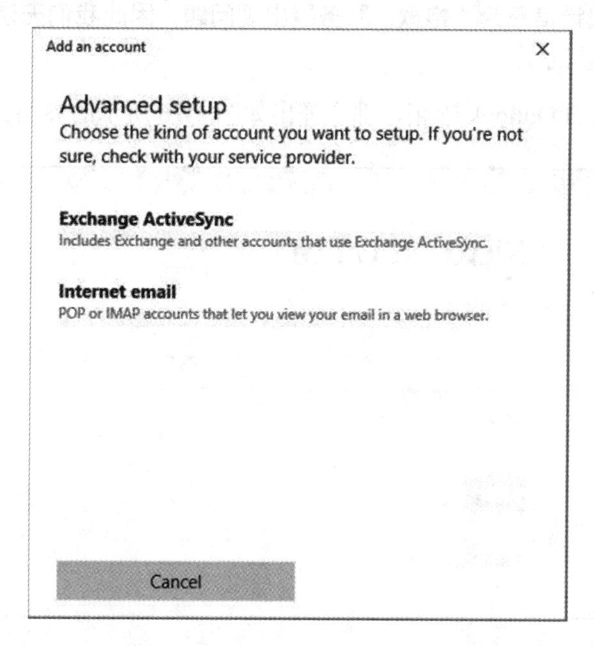

图 4-73　选择“Exchange ActiveSync”选项

（5）将 Email address、User name 和 Account name 都设置为自己 Office 365 的邮件地址；将“Password”设置为 Office 365 的登录密码，Domain 为空；在 Server 文本框内输入 Partner.outlook.cn；选中 SSL 加密连接，单击“Sign in”按钮，即可成功连接 Office 365 邮箱，如图 4-74 和图 4-75 所示。

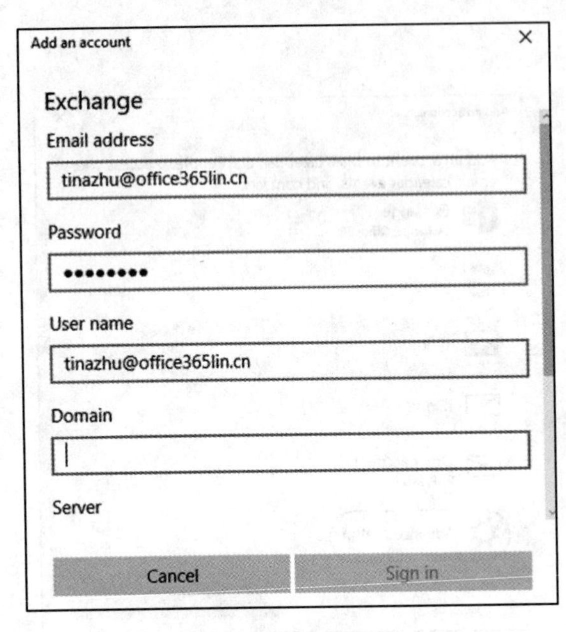

图 4-74　输入凭证信息（a）

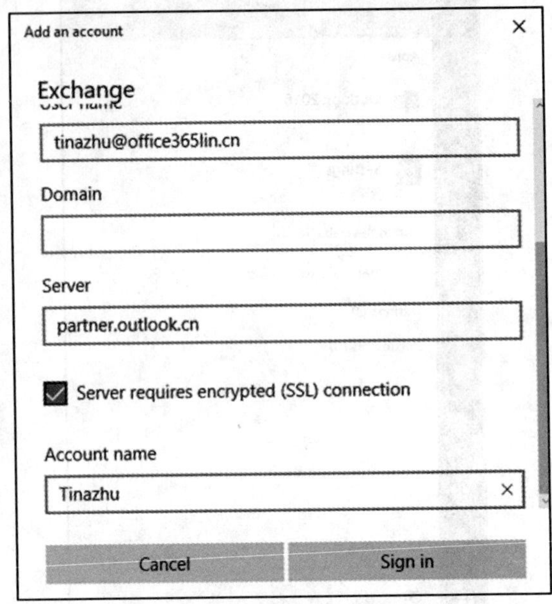

图 4-75　输入凭证信息（b）

19.　Outlook 2016 For Mac 配置 Office 365 账号，每次打开都需要重新输入 Office 365 Credential，登录后报错信息为“抱歉，服务器出现问题，因此我们无法立即添加 Office 365 SharePoint。请稍后重试”

每次打开 Mac 版的 Outlook 邮箱，都会弹出如图 4-76 所示的界面。

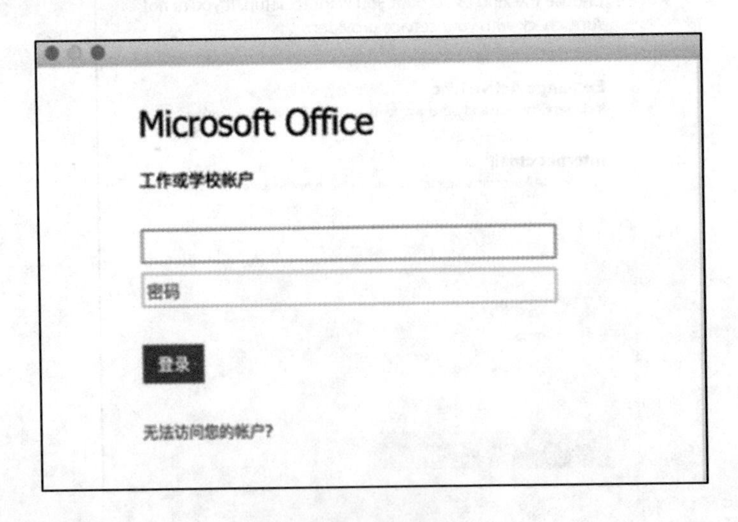

图 4-76　弹出凭据输入框

在登录后，会弹出如图 4-77 所示的错误提示。

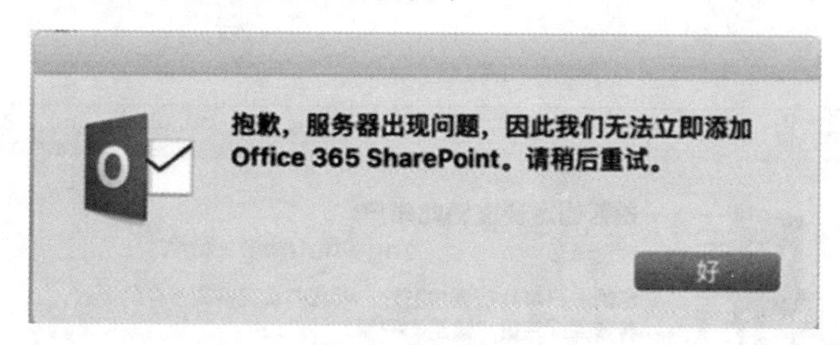

图 4-77　错误提示

单击“好”按钮后，还是可以进入 Outlook 的，但是每次重启 Outlook 都是会重复以上步骤。

排错步骤/解决方法：

用户在 Mac 上的 Office 客户端登录的是 Windows Live ID，注销此 ID，登录 Office 365 账号，问题解决。

具体步骤如下。

（1） 打开一个 Word，单击左上角的文件图标，如图 4-78 所示。

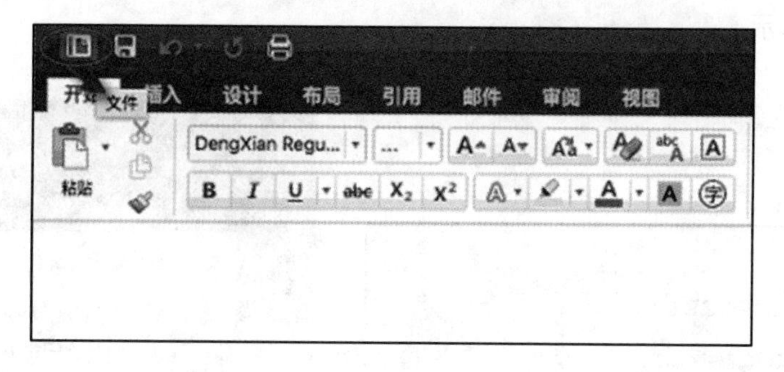

图 4-78　在 Word 中选择“文件”

（2） 在弹出的窗口中，单击左上角的用户账号头像，并注销此 Windows Live ID，如图 4-79 所示。

图 4-79　注销账号

（3）在弹出的窗口中单击“注销”按钮，然后再登录 Office 365 的 Credentials，如图 4-80 所示。

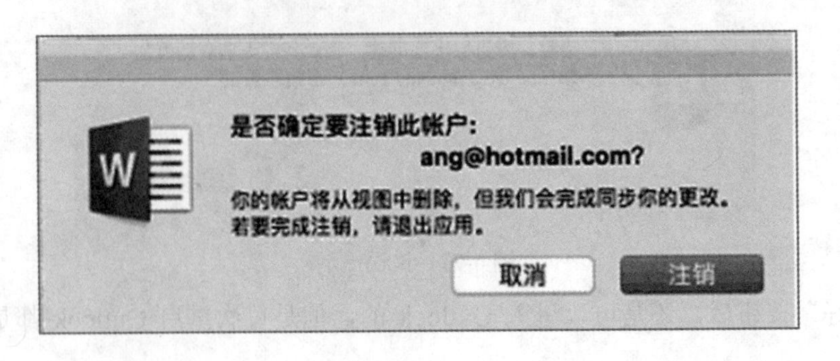

图 4-80　单击“注销”按钮

20. 如何解决 Outlook 邮箱下载的 Office 附件，以及 OneDrive 网站下载的 Office 文档均不能打开的问题

从 Outlook 邮箱下载的 Office 附件和 OneDrive 网站下载的 Office 文档均不能打开，如图 4-81 和图 4-82 所示。

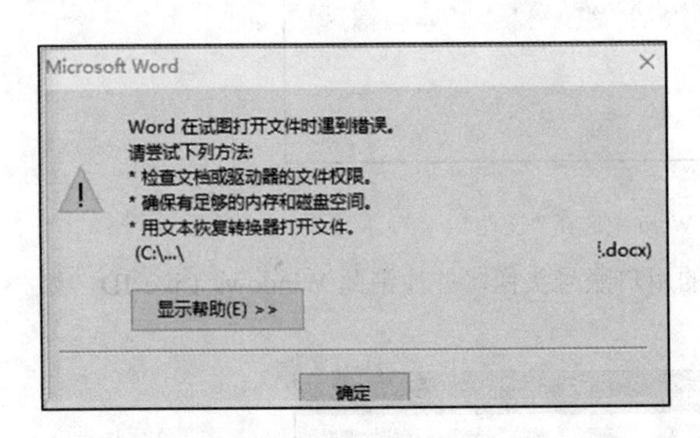

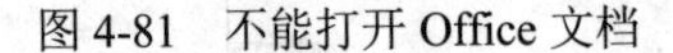

图 4-81　不能打开 Office 文档

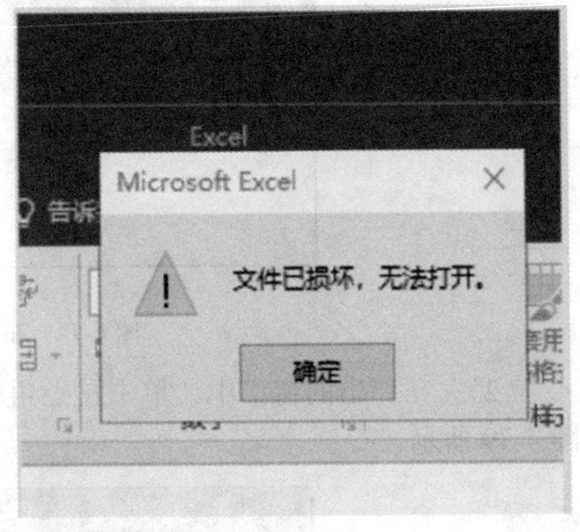

图 4-82　错误信息

排错步骤/解决方法：

如果想要临时解决单个文件的问题，右击保存到桌面的文件，然后选择“属性”选项，选中“解除锁定”前面的复选框，然后单击“确定”按钮即可。

早期 Office 版本需要单击“解除锁定”按钮，然后单击“确定”按钮，如图 4-83 所示。

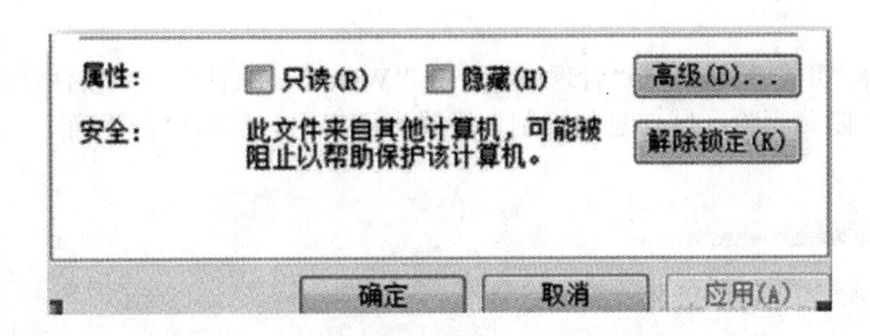

图 4-83 单击“解除锁定”按钮

新版 Office 版本需要选中“解除锁定”复选框，然后单击“确定”按钮，如图 4-84 所示。

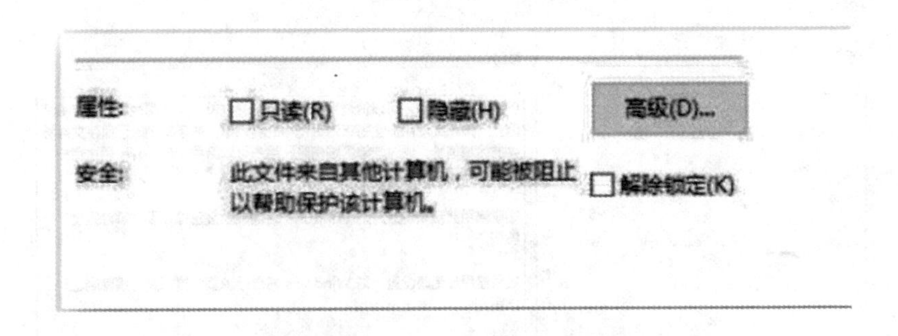

图 4-84 选中“解除锁定”复选框

如果想要彻底解决所有文件的问题，请打开一个空白的 Word/Excel 文档，选择“文件”→“选项”→“信任中心”→“信任中心设置”→“受保护的视图”选项，取消选中右侧的 3 个复选框，然后单击“确定”按钮即可，如图 4-85 所示。

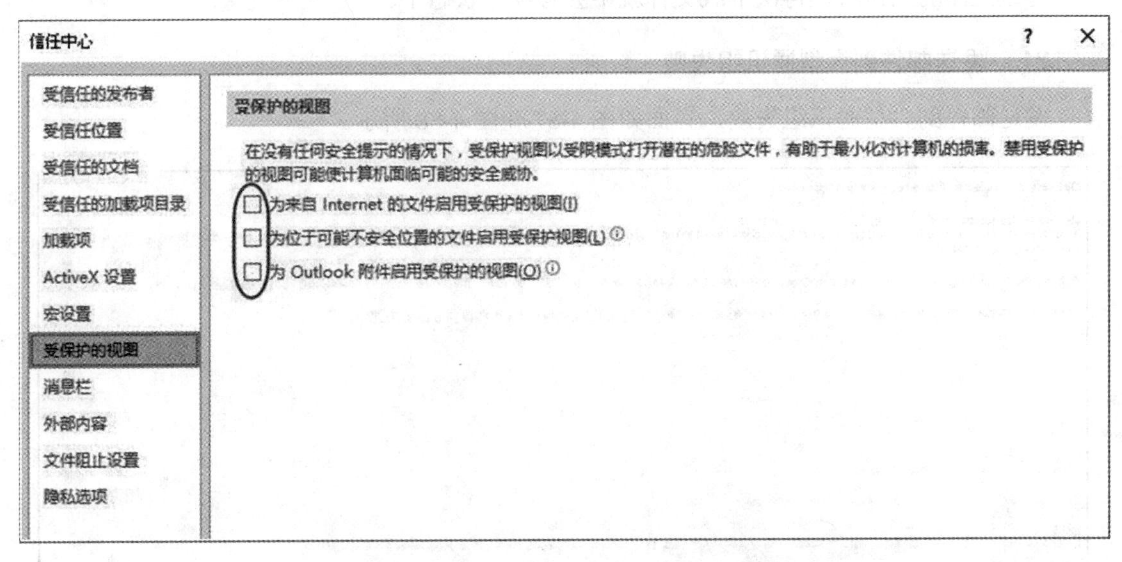

图 4-85 取消“受保护视图”的 3 个选项

此外还可以更改本地组策略，具体步骤如下。

(1) 按下“WIN+R”在运行中输入“gpedit.msc”命令，按“Enter”键打开本地组策略编辑器。

（2） 选择“用户配置”→“管理模板”→“Windows 组件”→“附件管理器”选项。

（3） 将“隐藏删除区域信息的机制”设置为已启用，然后单击“确定”按钮保存，如图 4-86 所示。

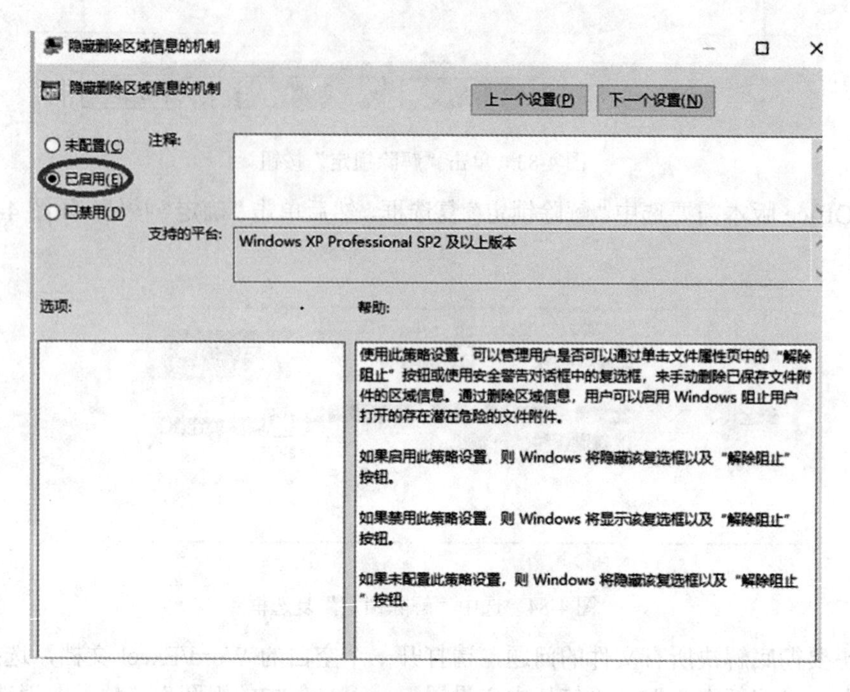

图 4-86 更改本地组策略

通过上面的操作后，再次下载文件就不会有锁定状态了。

21. 发送邮件到大型通讯组失败

发送邮件到大型通讯组失败，界面如图 4-87 和图 4-88 所示。

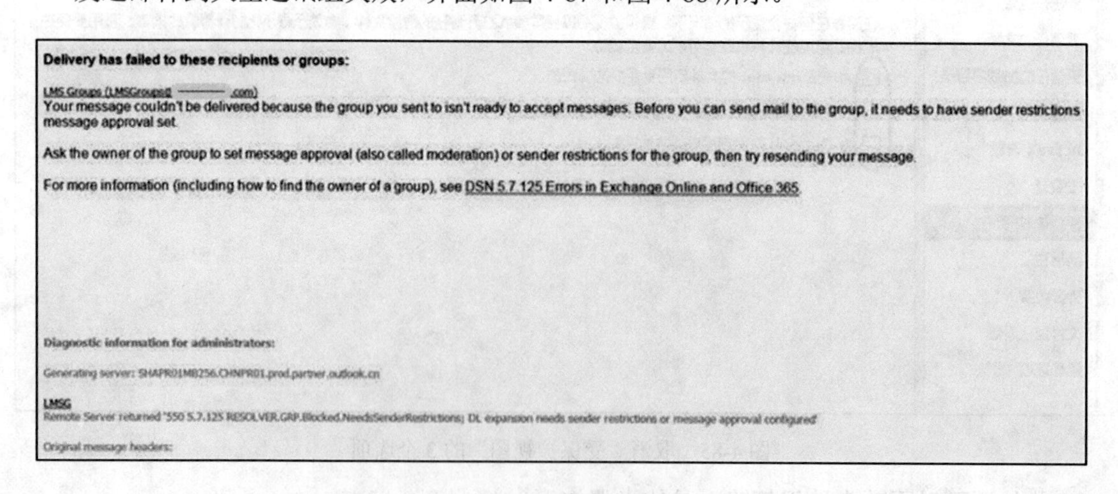

Delivery has failed to these recipients or groups:

LMS Groups (LMSGroups@ ——— .com)
Your message couldn't be delivered because the group you sent to isn't ready to accept messages. Before you can send mail to the group, it needs to have sender restrictions message approval set.

Ask the owner of the group to set message approval (also called moderation) or sender restrictions for the group, then try resending your message.

For more information (including how to find the owner of a group), see DSN 5.7.125 Errors in Exchange Online and Office 365.

Diagnostic information for administrators:

Generating server: SHAPR01MB256.CHNPR01.prod.partner.outlook.cn

LMSG
Remote Server returned '550 5.7.125 RESOLVER.GRP.Blocked.NeedsSenderRestrictions; DL expansion needs sender restrictions or message approval configured'

Original message headers:

图 4-87 NDR (a)

事件	详细信息
接收	没有详细信息可用。
提交	邮件已提交。
扩展 DL	邮件发送至已展开为 DL 收件人列表的通讯组列表(DL)。
失败	原因: [{LED=550 5.7.125 RESOLVER.GRP.Blocked.NeedsSenderRestrictions; DL expansion needs

lerRestrictions; DL expansion needs sender restrictions or message approval configured};{MSG=};{FQDN=};{IP=};{LRT=}]

图 4-88 NDR (b)

排错步骤：

（1） 用 PowerShell 验证是否有嵌套其他组。

① 全局管理员用以下命令连接 Exchange 管理中心。

```
$UserCredential = Get-Credential
$Session = New-PSSession -ConfigurationName Microsoft.Exchange -ConnectionUri
https://partner.outlook.cn/PowerShell-Credential $UserCredential -Authentication
Basic -AllowRedirection
Import-PSSession $Session
```

② 用以下 PowerShell 查看该组中是否有嵌套组，如图 4-89 所示。

```
Get-DistributionGroupMember -Identity user1@abc.com -ResultSize unlimited |
Where {$_.RecipientType -like "*group"}
```

```
PS C:\Windows\system32> Get-DistributionGroupMember -Identity zd@office365tech.cn -ResultSize unlimited | Where {$_.RecipientType -like "*group"}

Name    RecipientType
----    -------------
正东云南分公司 MailUniversalDistributionGroup
正东湖南分公司 MailUniversalDistributionGroup
```

图 4-89 命令查看是否有嵌套组

（2） 检查组成员是否已经达到 5000 个。

用以下 PowerShell 命令查看下，如图 4-90 所示。

```
(Get-DistributionGroupMember -Identity user@abc.com -ResultSize unlimited)
.count
```

```
PS C:\Windows\system32> (Get-DistributionGroupMember -Identity zd@office365tech.cn -ResultSize unlimited).count
2
```

图 4-90 查询组成员数量命令

输出的结果如图 4-91 所示。

```
PS C:\Windows\system32>  (Get-DistributionGroupMember -Identity                    -ResultSize unlimited).count
6992
PS C:\Windows\system32> |
```

图 4-91　查询组成员数量命令输出的结果

注意，即使有嵌套的组，每个组也算一个收件人。

本案例中，用户没有嵌套其他组，成员为 6992，超过 5000。

针对大型组的限制，即成员超过 5000 位的组自动采用以下 3 条限制。

① 发件人必须是该组的成员。

② 发送到该组的邮件需要通过审阅人的批准。

③ 对于超过 5000，并小于 100 000 个成员的通讯组，不能向该组发送大于 25MB 的单封邮件（由此触发的退信，将会为不同退信原因的 NDR）。

参考链接：https://technet.microsoft.com/ zh-cn/library/Exchange-Online-limits.aspx#通讯组限制，如图 4-92 所示。

跨 Office 365 选项的通讯组限制

功能	Office 365 商业协作版	Office 365 商业高级版	Office 365 企业版 E1	Office 365 企业版 E3	Office 365 企业版 E5	Office 365 企业版 F1
通讯组成员的最大数目[1]	100,000 个成员	100,000 个成员	100,000 个成员	100,000 个成员	100,000 个成员	100,000 个成员
限制向大型通讯组发送邮件	5,000 个成员或更多成员	5,000 个成员或更多成员	5,000 个成员或更多成员	5,000 个成员或更多成员	5,000 个成员或更多成员	5,000 个成员或更多成员
至 100,000 5,000 个成员的通讯组的最大邮件大小	25 MB	25 MB	25 MB	25 MB	25 MB	25 MB
通讯组的 100,000 或多个成员的最大邮件大小	5 MB	5 MB	5 MB	5 MB	5 MB	5 MB
通讯组所有者的最大数量	10	10	10	10	10	10
用户可创建的组的最大数目	300,000[2]	300,000[2]	300,000[2]	300,000[2]	300,000[2]	300,000[2]

图 4-92　针对大型组的限制

另外，发件人必须是该组的成员，不是该组的成员是不行的。

还有比较重要的一点，就是第二条，发到该组邮件需要审阅人批准，也就是需要开启并设立审阅者审批才可以。

因此最终的解决方法是：要在该组中设立审阅者，因为超过 5000 个成员的大型通讯组是需要审阅者审阅的。用户设立完审阅者，问题得以解决。

此外，如果是纯云端通讯组，只需在云端 Exchange 管理中心通讯组邮件审批中，添加组审阅人即可。

如果是用户的情况，目录同步+混合部署环境，通讯组是本地的，只不过是同步到云端，从云端可以看到本地的这个通讯组而已，那么针对这种情况，直接在云端修改是不行的，否则报如图 4-93 所示的错误。

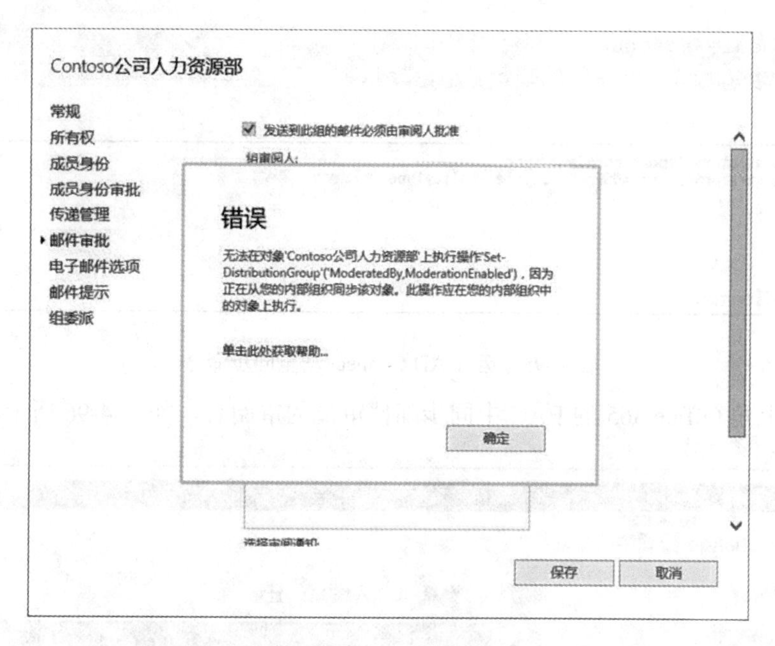

图 4-93　云端无法修改同步到 Office 365 的通讯组

正确的做法：可以在本地 AD 中针对该通讯组修改相应的属性，也可以在本地 EAC 中针对该组进行修改。

在本地 EAC 中更改的步骤如下。

① 左上角选择企业版是本地 EAC，在组 ds1 的邮件审批中选中用户，如图 4-94 所示。

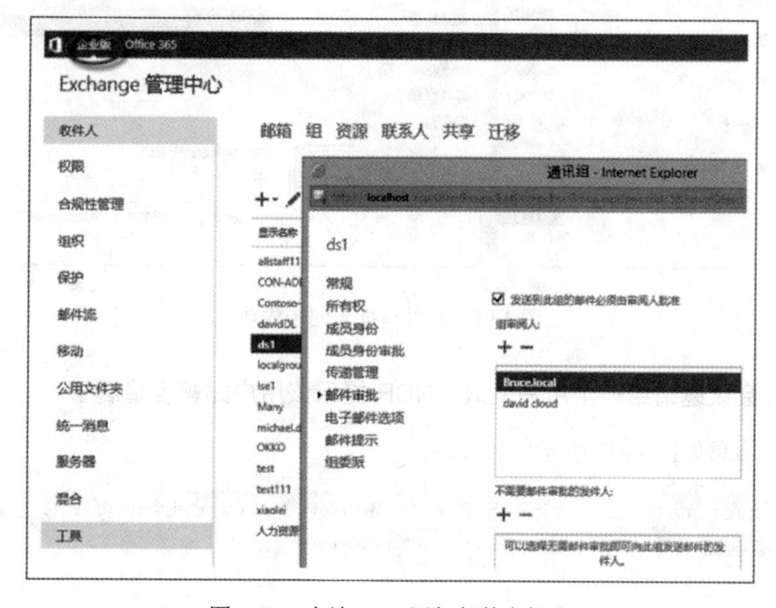

图 4-94　本地 EAC 添加邮件审批人

② 在目录同步服务器运行增量同步命令（这一步不是必需的，一般运行如下命令是为了快速生效，如果不运行，30 分钟后也会自动将本地属性更改同步到云端），如图 4-95 所示。

```
Import-module adsync
Start-ADSyncSyncCycle -PolicyType Delta
```

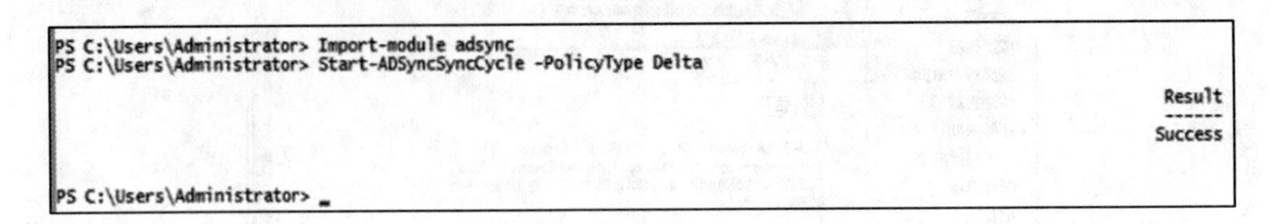

图 4-95　运行 AD Connect 增量同步命令

③ 在左上角 Office 365 的 EAC 中同步邮件审批的审阅者，如图 4-96 所示。

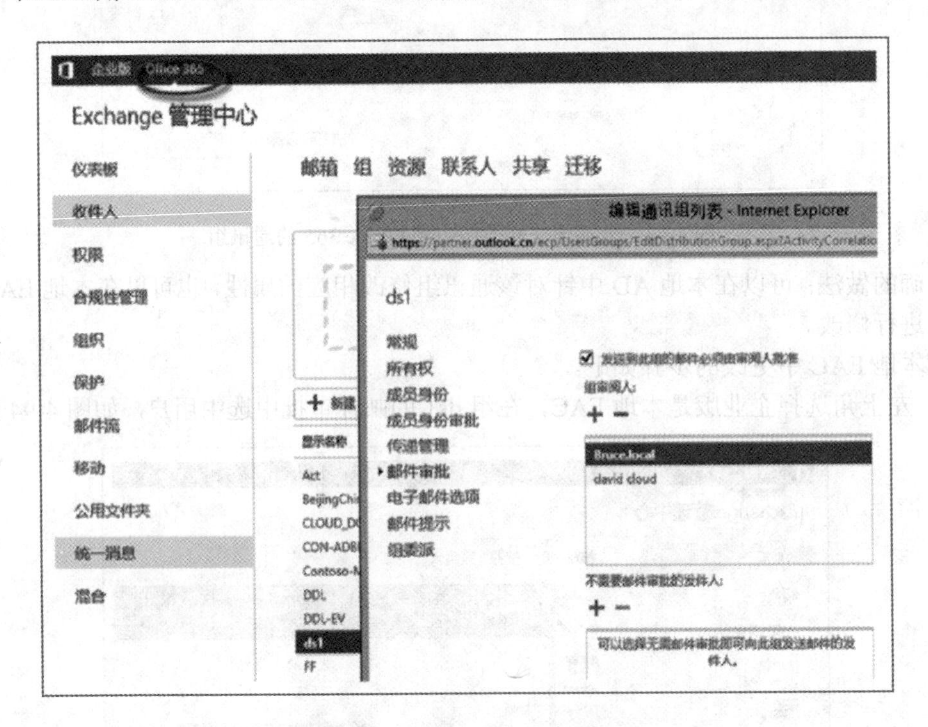

图 4-96　邮件审批人同步成功

22.　发送会议邀请给一个用户失败，NDR 提示该用户邮箱容量满了

NDR 退信信息如图 4-97 所示。

```
Remote Server returned '554 5.2.0 STOREDRV.Deliver.Exception: QuotaExceeded
Exception.MapiExceptionShutoffQuotaExceeded
```

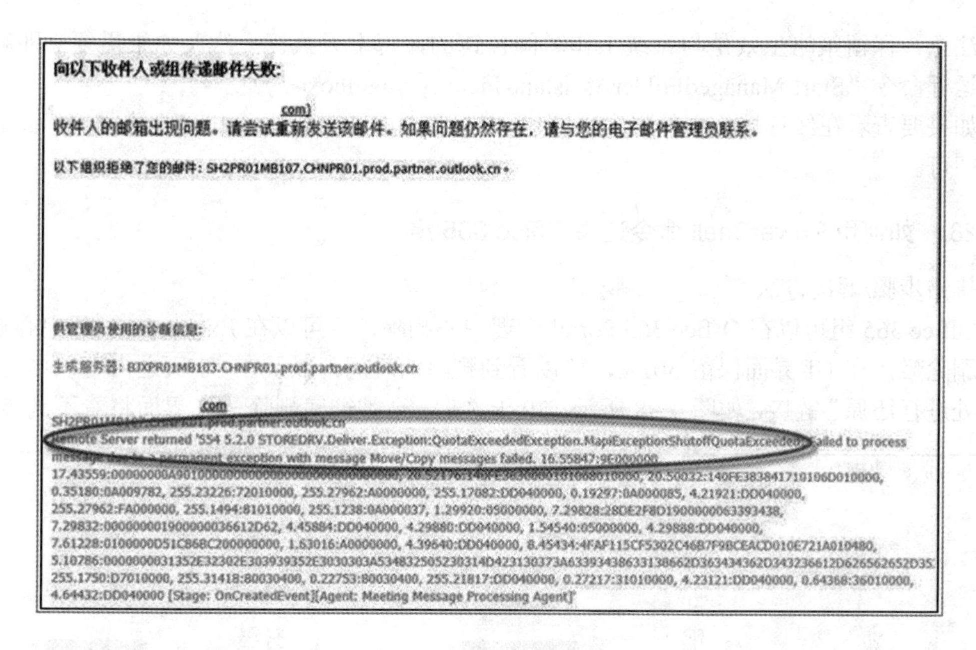

图 4-97　NDR 退信信息

排错步骤/解决方法：

经查，该用户的主邮箱容量为 100GB，仅使用了 53GB，还有近一半的容量可用。

使用 PowerShell 命令：Get-MailboxFolderStatistics <user>|ft folderpath, *size*

用户的 recoverable items 已经超过 100GB 了。

用户运行结果为：

```
FolderPath         FolderSize                 FolderAndSubfolderSize
/Recoverable Items  2.714 MB (2,845,413bytes)    102.2 GB (109,742...
```

Exchange Online plan 2 的邮箱，设置 retention policy 将主邮箱 recoverable items 的内容转移到 archive 邮箱的 recoverable item 中。与此同时，建议暂时不要彻底删除邮件（彻底删除会移到 recoverable items），等空间释放一些了再正常操作。

在 Outlook 上检查过在“恢复已删除项目”中没有任何内容，是由于用户的 recoverable 内容集中在 purges 文件夹，也就是说这些邮件应该已经彻底删除，但是由于用户邮箱被设置了诉讼保留或就地保留，导致邮件不会彻底删除。

如果要真正删除这些邮件，需要将保留取消。取消后同样需要一些时间由系统处理邮件进行彻底删除操作。一般情况下还是建议移到 archive 中。

保留占用的空间称为 recoverable items，无论是主邮箱还是 archive 邮箱，这部分和用户自己可以访问的空间是独立分开的。也就是说，用户现在主邮箱的情况是：

用户空间 53GB/100GB

Recoverable item 102GB/100GB（已经超出）

Archive 存档邮箱也是独立的两个空间：一个是用户可见的主空间，一个是 recoverable 的空间。

将用户邮箱启用在线归档功能，并且指派相应的保留策略。

注意，保留策略生效是与系统工作时间挂钩的，每七天执行一次。如果需要立即触发，可以运行命令“Start-ManagedFolderAssistant-Identity <mailbox>”。

如果要查看在线存档的文件夹大小，使用“Get-mailboxfolderstatistics”命令结合“-archive”参数即可。

23. 如何用 PowerShell 命令还原 Office 365 组

排错步骤/解决方法：

Office 365 组可以在 Office 365 Portal 管理中心删除，也可以在 Exchange 管理中心删除。

删除后，在 UI 界面保留 30 天，可以看到删除的时间，以及在 30 天之内可以单击“单击此处进行还原”链接，如图 4-98 所示。30 天之后，会被彻底删除，UI 界面将看不到该组。

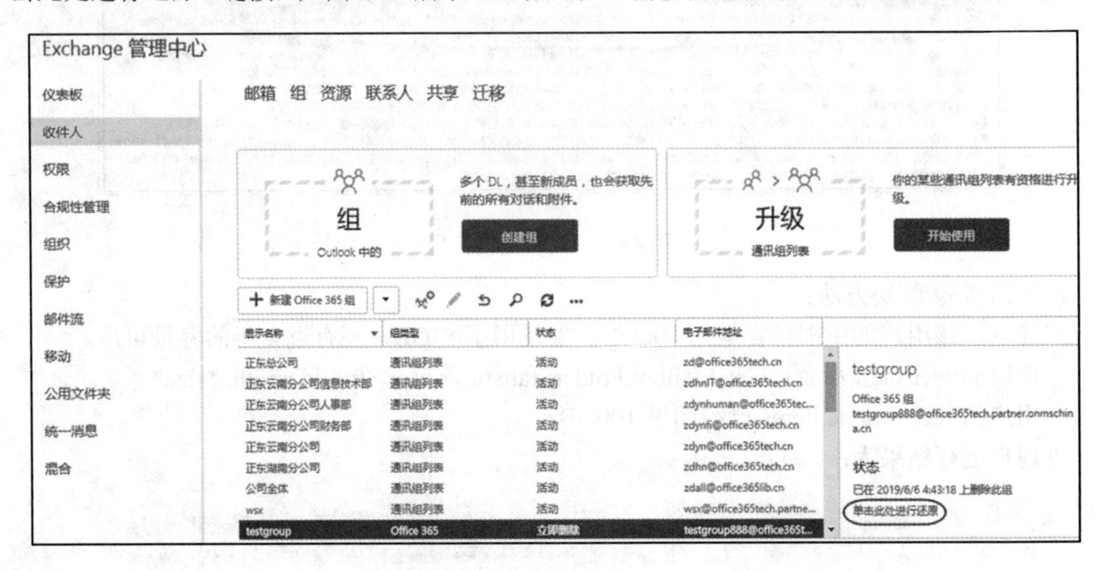

图 4-98 EAC 中还原已删除的 office 365 组

PowerShell 还原方法如图 4-99～图 4-103 所示。

```
Install-Module AzureADPreview
```

```
PS C:\Windows\system32> Install-Module AzureADPreview
WARNING: Version '2.0.2.5' of module 'AzureADPreview' is already installed at 'C:\Program Files\WindowsPowerShell\Modules\AzureADPre
view\2.0.2.5'. To install version '2.0.2.17', run Install-Module and add the -Force parameter, this command will install version '2.
0.2.17' in side-by-side with version '2.0.2.5'.
```

图 4-99 安装 AzureADPreview 模块

```
Connect-AzureAD -AzureEnvironmentName AzureChinaCloud
```

```
PS C:\Windows\system32> Connect-AzureAD -AzureEnvironmentName AzureChinaCloud

Account                  Environment    TenantId                   TenantDomain    AccountType
-------                  -----------    --------                   ------------    -----------
admin@office365tech.partner.onmschina.cn AzureChinaCloud bbb34865-23d9-4cca-9227-f3ac3368ee60 office365lib.cn User
```

图 4-100 创建客户端到 Office 365 中国版的 Azure 连接

```
Get-AzureADMSGroup
```

```
PS C:\Windows\system32> Get-AzureADMSGroup

Id                                   DisplayName      Description
--                                   -----------      -----------
03593d80-628c-4531-8687-088dbb5994d9 Contoso公司人力资源部
21839a48-6965-4aed-baa1-12e46bbb1c16 正东总公司
37a88334-7946-41cf-a15a-590dcbe263e7 Jennifer         Jennifer
552e08f7-6c75-4174-9462-26fd2b9d5e75 abcc1            abcc1
59753c84-ba90-4c4a-842c-4543120207ea abcd111          abcd111
5acea30d-a16b-4c44-893b-9760b8b90733 DistributionGroup
5e4fa28f-f7f8-41e5-a46f-c7255991d123 qazws
618ccdfc-bd4f-4d8d-9516-40bcb89f3c80 公司全体
61ba438a-4a33-4fe6-83a9-bcf97f6bf20a pri100
71ae2cc3-1280-4b9f-bc64-1600bb7d36ce group1
71c32774-d33d-4fcd-a49e-5ecac14e0ca2 正东湖南分公司
7373f571-0773-469b-bea0-6acdf37f4397 office365group   office365group
73eab14b-a961-4a83-85bb-57114dd1f3a4 ck1              ck1
7eea8996-dcae-43d9-9e2c-c8ce285ac11e OP
86d09380-5f89-4600-82da-075f6d103414 wsx
89f72910-4198-4e39-b4a0-1d7fa438b52a DG-Jennifer
8ec4ee02-5c68-4de0-af47-8d76541bd9eb ds2
a0ee158c-d467-42c0-87fc-f78b604f06e6 ds1
a9c2ae07-2183-4b73-a077-a2f0a35c6ab0 ds6
aa9d07fc-1a25-4526-a52b-e4a28bd877a7 testgroup        testgroup
ceb448c4-2584-471a-893b-852a0304fd42 dg1
d0e4e022-dc85-4a42-8fc6-6aa670b80cfe halo
d60edabc-ea6c-4639-b375-a5278a41ad07 正东云南分公司人事部
e26e4d7e-3d66-4e04-aff3-07fe00c17dfe 正东云南分公司
```

图 4-101　获取 Office 365 组信息

```
Remove-AzureADMSGroup -Id aa9d07fc-1a25-4526-a52b-e4a28bd877a7
```

```
PS C:\Windows\system32> Remove-AzureADMSGroup -Id aa9d07fc-1a25-4526-a52b-e4a28bd877a7

PS C:\Windows\system32>
```

图 4-102　按照 id 删除 Office 365 组

```
Get-AzureADMSDeletedGroup
Restore-AzureADMSDeletedDirectoryObject -Id aa9d07fc-1a25-4526-a52b-e4a28bd877a7
Get-AzureADMSDeletedGroup
```

```
PS C:\WINDOWS\system32> Get-AzureADMSDeletedGroup

Id                                   DisplayName    Description
--                                   -----------    -----------
37cd97bb-e796-416e-a9fc-5bdac49526b3 AA00
7373f571-0773-469b-bea0-6acdf37f4397 office365group office365group
aa9d07fc-1a25-4526-a52b-e4a28bd877a7 testgroup      testgroup
f29c67e5-d1f2-4b76-aa48-4300e2522bc0 o7788
fd77b0f1-f2e3-48f1-aa20-b0fa331308a1 51-MG

PS C:\WINDOWS\system32> Restore-AzureADMSDeletedDirectoryObject -Id aa9d07fc-1a25-4526-a52b-e4a28bd877a7

Id                                   DisplayName Description
--                                   ----------- -----------
aa9d07fc-1a25-4526-a52b-e4a28bd877a7 testgroup   testgroup

PS C:\WINDOWS\system32> Get-AzureADMSDeletedGroup

Id                                   DisplayName    Description
--                                   -----------    -----------
37cd97bb-e796-416e-a9fc-5bdac49526b3 AA00
7373f571-0773-469b-bea0-6acdf37f4397 office365group office365group
f29c67e5-d1f2-4b76-aa48-4300e2522bc0 o7788
fd77b0f1-f2e3-48f1-aa20-b0fa331308a1 51-MG
```

图 4-103　使用命令恢复 Office 365 组

24. 如何用 PowerShell 命令获取、清空、批量添加通讯组成员

排错步骤/解决方法：

首先，通过以下 PowerShell 命令，用管理员账号连接 Exchange Online。

```
$UserCredential = Get-Credential
$Session = New-PSSession -ConfigurationName Microsoft.Exchange -ConnectionUri https://partner.outlook.cn/PowerShell-Credential $UserCredential -Authentication Basic -AllowRedirection
Import-PSSession $Session
```

（1） 获取通讯组成员，如图 4-104 所示。

```
Get-DistributionGroupMember -identity DL | select primarysmtp*
```

以上命令中的斜体部分为通讯组名称。

```
PS C:\Windows\system32> Get-DistributionGroupMember -identity DL | select primarysmtp*

PrimarySmtpAddress
------------------
admin@office365tech.partner.onmschina.cn
a11@office365tech.partner.onmschina.cn
TestJ@office365tech.cn
```

图 4-104　获取通讯组成员

（2） 清空通讯组成员，如图 4-105 所示。

```
Get-DistributionGroupMember -identity DL | % {Remove-DistributionGroupMember
-Identity DL -member $_.primarysmtpaddress -confirm:$False }
```

以上命令中的斜体部分为通讯组名称。

```
PS C:\Windows\system32> Get-DistributionGroupMember -identity DL | % {Remove-DistributionGroupMember -Identity DL -member $_.primarysmtpaddress -confirm:$False }
PS C:\Windows\system32> |
```

图 4-105　清空通讯组成员

验证再次获取成员为空，如图 4-106 所示。

```
PS C:\Windows\system32> Get-DistributionGroupMember -identity DL | select primarysmtp*
PS C:\Windows\system32> |
```

图 4-106　验证通讯组中的成员为空

（3）不同域名收件人添加到一个通讯组中，多个域名中间用“-or”连接。

单一域名如图 4-107 所示。

```
Get-Mailbox | ? {$_.primarysmtpaddress -like "*@office365lib.cn"} | %
{ Add-DistributionGroupMember -Identity DL -Member $($_.PrimarySmtpAddress)}
```

```
PS C:\Windows\system32> Get-Mailbox | ? {$_.primarysmtpaddress -like "*@office365lib.cn"} | % { Add-DistributionGroupMember -Identity DL -Member $($_.PrimarySmtpAddress)}
PS C:\Windows\system32>
```

图 4-107　添加@office365lib.cn 地址成员到 DL 通讯组

验证再次获取成员为该域名后缀，如图 4-108 所示。

```
PS C:\Windows\system32> Get-DistributionGroupMember -identity DL | select primarysmtp*

PrimarySmtpAddress
------------------
user2@office365lib.cn
wechat@office365lib.cn
TinaZhu@office365lib.cn
room1in12F@office365lib.cn
DavidLi@office365lib.cn
edward@office365lib.cn
```

图 4-108　获取 DL 通讯组成员信息

多个域名命令如下所示：

```
Get-Mailbox | ? {($_.primarysmtpaddress -like "*@ office365lib.cn") -or
($_.primarysmtpaddress -like "*@office365tech.partner.onmschina.cn")} | %
{ Add-DistributionGroupMember -Identity DL -Member $($_.PrimarySmtpAddress)}
```

（4） 添加所有收件人到通讯组命令如下所示：

```
Get-Mailbox | % { Add-DistributionGroupMember -Identity DL -Member $($_.PrimarySmtpAddress)}
```

以上命令中的斜体部分为通讯组名称。

25. 如何批量关闭用户 OWA“链接预览”功能

症状及错误信息

如图 4-109 所示，用户 OWA 的设置，在邮件→布局→链接预览中，希望取消选中“电子邮件中的预览链接”复选框，但是只能通过 UI 界面逐个取消。管理员可以用 PowerShell 命令批量修改所有用户的此项设置。

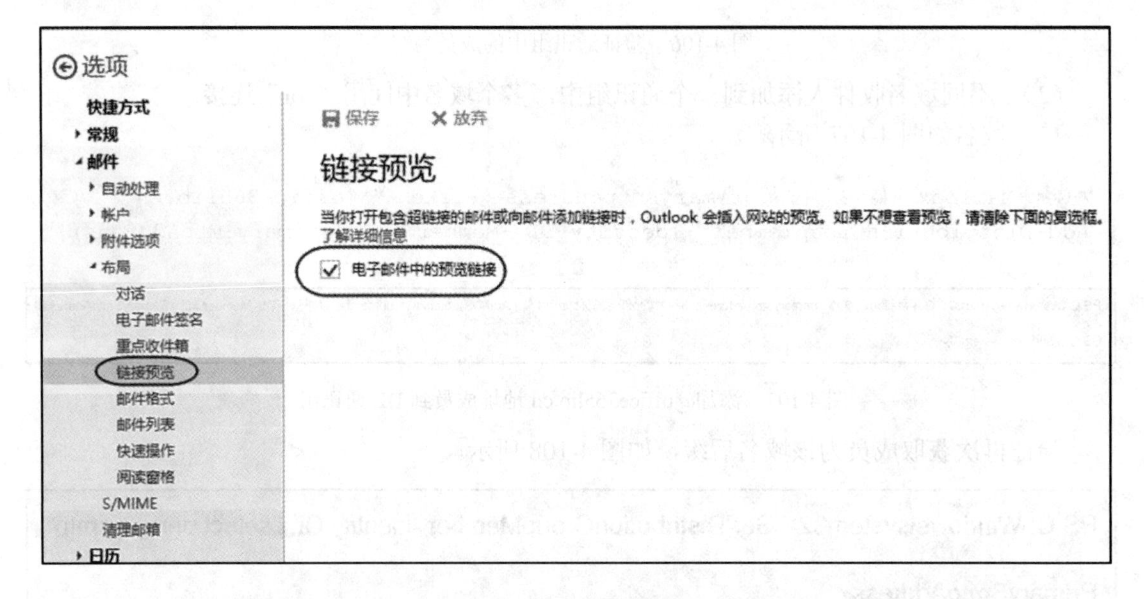

图 4-109 OWA 选项中取消选中“电子邮件中的预览链接”复选框

排错步骤/解决方法如下。

管理员用 PowerShell 命令连接 Exchange Online：

```
$UserCredential = Get-Credential
$Session = New-PSSession -ConfigurationName Microsoft.Exchange -ConnectionUri https://partner.outlook.cn/powershell-liveid -Credential $UserCredential -Authentication Basic -AllowRedirection
Import-PSSession $Session
```

如果想要彻底禁用该功能，并且用户自己不能自行开启，请用如下命令：

```
Set-OrganizationConfig -LinkPreviewEnabled $false
```

可以先获取 LinkPreviewEnabled 的属性值为 True，然后将它设置成 False，可以再次获取该属性值验证一下，如图 4-110 所示。

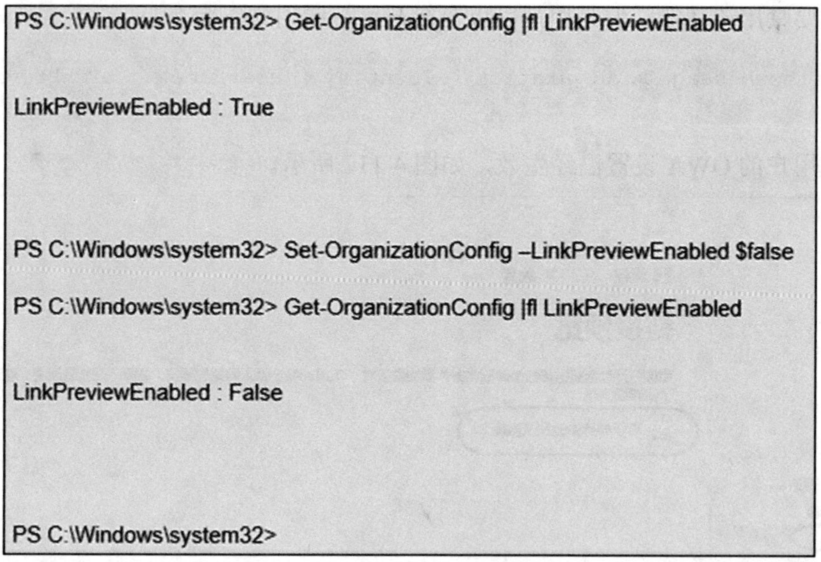

```
PS C:\Windows\system32> Get-OrganizationConfig |fl LinkPreviewEnabled

LinkPreviewEnabled : True

PS C:\Windows\system32> Set-OrganizationConfig –LinkPreviewEnabled $false
PS C:\Windows\system32> Get-OrganizationConfig |fl LinkPreviewEnabled

LinkPreviewEnabled : False

PS C:\Windows\system32>
```

图 4-110　命令中设置 LinkPreviewEnabled 为 False

注销当前 Office 365 账户，重新登录 OWA，在设置中可以看到，链接预览选项（位于“重点收件箱”和“邮件格式”之间）已经看不到了，如图 4-111 所示。

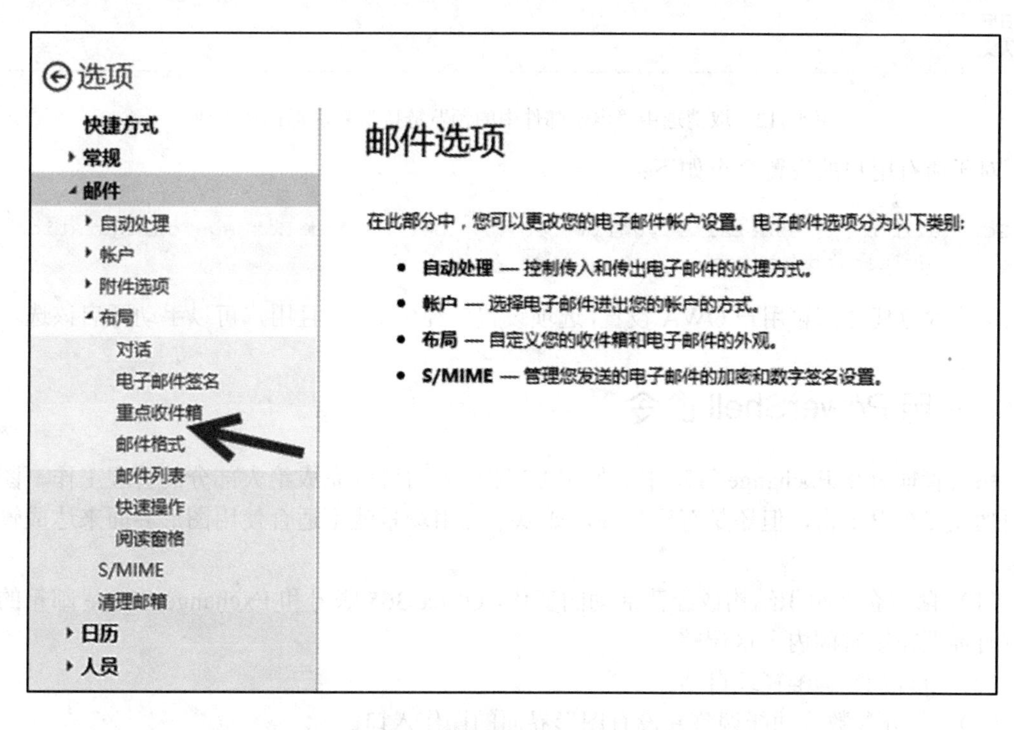

图 4-111　“链接预览”选项消失

如果想要将该选项再全局设置回来，运行如下命令：

```
Set-OrganizationConfig -LinkPreviewEnabled $true
```

如果想要禁用该功能，但是用户可以自行开启，请用如下命令：

```
Set-MailboxMessageConfiguration -Identity <username> -LinkPreviewEnabled $false
```

检查该用户的 OWA 设置已经生效，如图 4-112 所示。

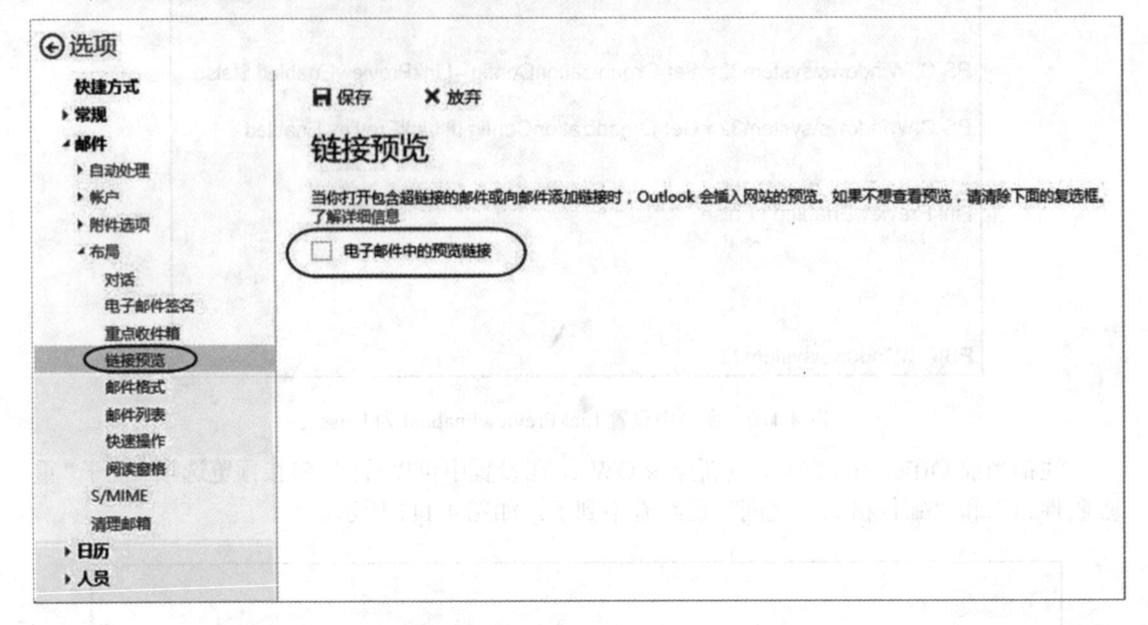

图 4-112　取消选中“电子邮件中的预览链接”复选框已经生效

对于所有用户的设置命令如下：

```
Get-Mailbox -Resultsize Unlimited | Set-MailboxMessageConfiguration -LinkPreviewEnabled $false
```

随意检查任意邮箱用户 OWA 设置，选项设置已经生效，并且用户可以手动开启该选项。

4.2　常用 PowerShell 命令

系统管理员在 Exchange 管理中心使用 UI 图形界面可以完成绝大部分的管理工作。图形界面功能尽管很丰富，但还是有局限性，如以下应用场景就不适合使用图形界面来达成管理任务。

（1）随着企业组织结构或经营活动的变化，Office 365 账号和 Exchange Online 邮箱的信息有时需要在短时间内大量调整。

（2）日常 IT 运维管理自动化。

（3）部分参数或功能调整并没有图形界面的操作入口。

PowerShell 是一种脚本语言，是简化系统管理员的日常管理任务，提高系统管理员工作效率的利器。本节将结合 11 个 Exchange Online 的管理需求和对应的 PowerShell 语句作为例子来介绍。

4.2.1　建立客户端到 Exchange Online 的连接

要想对 Exchange Online 进行管理，首先需要客户端先创建到 Exchange Online 的远程会话和连接。参考微软官网（https://docs.microsoft.com/zh-cn/powershell/ Exchange/Exchange-Online/connect-to-Exchange-Online-powershell/connect-to-Exchange-Online-powershell?view=Exchange-ps）可获取到更多信息。需要注意连接到 Office 365 中国版 Exchange Online 的 FQDN 不是 outlook.Office 365.com，而是 partner.outlook.cn。

环境要求如下：

（1）操作系统要求 Windows 7 版本以上客户端或 Windows Server 2008 版本以上服务器端。

（2）PowerShell 的执行策略应由默认的 Restricted 更改为 Remotesigned。

命令 Get-ExecutionPoliocy 可用于检查客户端当前的 PowerShell 执行策略。如果 PowerShell 的执行策略不对，到 Exchange Online 的连接将无法建立，可以管理员身份在 PowerShell 环境下运行 Set-ExecutionPolicy RemoteSigned 命令调整，如图 4-113 和图 4-114 所示。

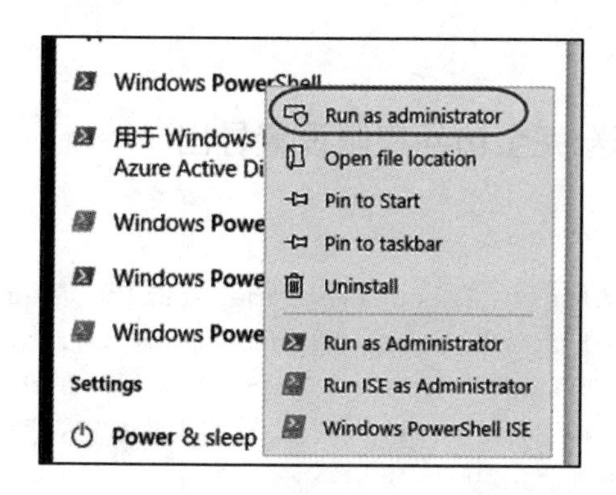

图 4-113　以管理员身份运行 PowerShell

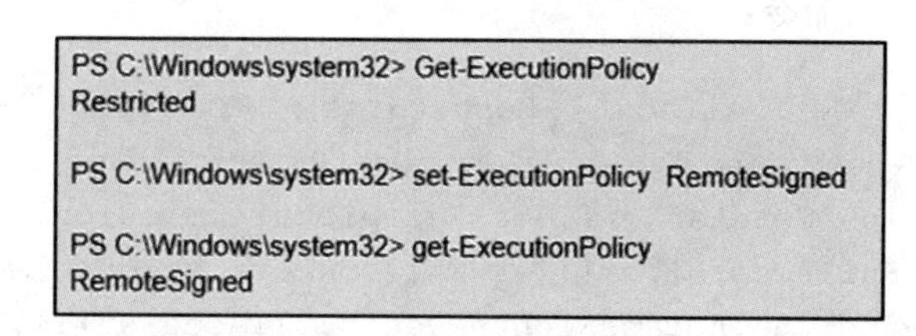

```
PS C:\Windows\system32> Get-ExecutionPolicy
Restricted

PS C:\Windows\system32> set-ExecutionPolicy  RemoteSigned

PS C:\Windows\system32> get-ExecutionPolicy
RemoteSigned
```

图 4-114　调整 PowerShell 的执行策略为 RemoteSigned

（3）运行以下命令行并输入 Office 365 管理员凭据：

```
$UserCredential = Get-Credential
$Session = New-PSSession -ConfigurationName Microsoft.Exchange -ConnectionUri https://partner.outlook.cn/PowerShell -Credential $UserCredential -Authentication Basic -AllowRedirection
Import-PSSession $Session -DisableNameChecking
```

完成 Exchange Online 远程会话的建立，如图 4-115 所示。

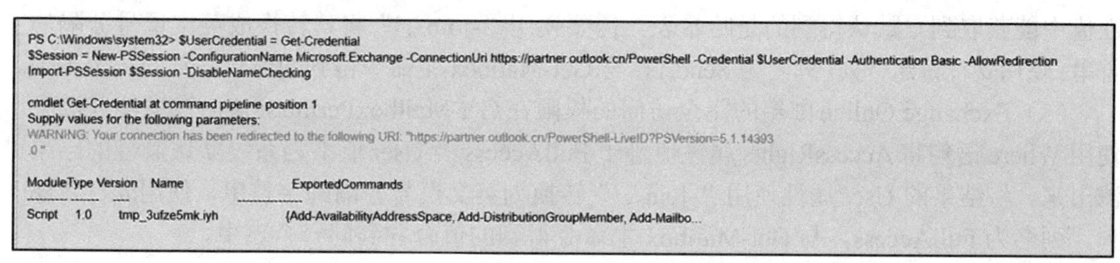

```
PS C:\Windows\system32> $UserCredential = Get-Credential
$Session = New-PSSession -ConfigurationName Microsoft.Exchange -ConnectionUri https://partner.outlook.cn/PowerShell -Credential $UserCredential -Authentication Basic -AllowRedirection
Import-PSSession $Session -DisableNameChecking

cmdlet Get-Credential at command pipeline position 1
Supply values for the following parameters:
WARNING: Your connection has been redirected to the following URI: "https://partner.outlook.cn/PowerShell-LiveID?PSVersion=5.1.14393
.0"

ModuleType Version    Name                    ExportedCommands
---------- -------    ----                    ----------------
Script     1.0        tmp_3ufze5mk.iyh        {Add-AvailabilityAddressSpace, Add-DistributionGroupMember, Add-Mailbo...
```

图 4-115　Exchange Online 的远程会话创建完成

4.2.2 列出所有的用户/会议室/共享邮箱列表

系统管理员经常需要根据邮箱的类型整理出需要操作的邮箱列表。默认使用 Get-Mailbox 最多只能得到 1000 个符合条件的输出结果，为了保证能覆盖到所有的目的邮箱，需要使用 -ResultSize Unlimited 参数。

命令：

```
1、Get-Mailbox -ResultSize Unlimited -Filter {RecipientTypeDetails -eq "UserMailbox"/"RoomMailbox"/"SharedMailbox"}
2、Get-Mailbox -ResultSize Unlimited -RecipientTypeDetails UserMailbox/RoomMailbox/SharedMailbox
```

解释：

（1）前提条件是使用 PowerShell 已经建立客户端到 Exchange Online 服务器的远程会话。

（2） Exchange Online 邮箱的 RecipientTypeDetails 属性能标识出邮箱的种类。用户邮箱的此属性值为 UserMailbox；会议室邮箱的此属性值为 RoomMailbox；共享邮箱的此属性值为 SharedMailbox。

4.2.3 将所有的用户邮箱的代理发送/代表发送/完全访问权限设置导出

命令：

```
Get-Mailbox -ResultSize Unlimited -Filter {RecipientTypeDetails -eq "UserMailbox"} | Select UserPrincipalName,PrimarySmtpAddress, GrantSendOnBehalfTo, @{n='SendAs';e={(Get-RecipientPermission $_.Alias).Trustee -join ', '}},@{n='FullAccess';e={(Get-MailboxPermission $_.Alias | Where {($_.User -notlike "*\*") -and ($_.AccessRights -eq "FullAccess")}).User -join ','}}
```

解释：

（1） 前提条件是使用 PowerShell 已经建立客户端到 Exchange Online 服务器的远程会话。

（2） 筛选出所有 Exchange Online 用户邮箱的命令为“Get-Mailbox -ResultSize Unlimited -Filter {RecipientTypeDetails -eq "UserMailbox"}”，生成的邮箱列表通过管道符传递给后面 Select 语句继续处理。

（3） Exchange Online 邮箱代理发送的权限在 Get-Mailbox 的 GrantSendOnBehalfTo 属性中。

（4） Exchange Online 邮箱代表发送的权限在 Get-RecipientPermission 命令的 Trustee 属性值中能获取到。默认得到的是哈希表，需要使用“-join ','”将其转换成英文逗号分隔的字符串。使用@{}新建一列，列名为 SendAs，与 Get-Mailbox 主命令得到的值合并到同一个表中。

（5）Exchange Online 邮箱的完全访问的权限在 Get-MailboxPermission 命令中能获取到，使用 Where 语句将 AccessRights 属性值等于 FullAccess 及 User 值不为系统默认账号的结果过滤出来。将结果的 User 属性使用“-join ','”转换为英文逗号分隔的字符串。使用@{}新建一列，列名为 FullAccess，与 Get-Mailbox 主命令得到的值合并到同一个表中。

4.2.4 将所有的邮箱单封邮件发送/接收大小调整为最大 150 MB

命令：

```
Get-Mailbox -ResultSize Unlimited | Set-Mailbox -MaxSendSize 150mb
-MaxReceiveSize 150mb
```

解释：

（1）前提条件是使用 PowerShell 已经建立客户端到 Exchange Online 服务器的远程会话。

（2） 语句“Get-Mailbox -ResultSize Unlimited”表示得到所有 Exchange Online 邮箱的列表，并通过管道符“|”传递到后面的命令继续处理。

（3） Exchange Online 默认单封邮件最大接收和发送的值是 35MB，最多支持调整为150MB。

（4） 单封最大接收和单封最大发送可单独设置。

4.2.5 将指定邮箱的被删除邮件保留天数由默认的 14 天调整为最长 30 天

命令：

```
Set-Mailbox -Identity <DedicatedMailbox> -RetainDeletedItemsFor 30
```

解释：

（1）前提条件是使用 PowerShell 已经建立客户端到 Exchange Online 服务器的远程会话。

（2） Exchange Online 邮箱对于软删除的邮件默认有 14 天的可恢复期。

（3） Exchange Online 邮箱中软删除邮件的可恢复期只能通过 PowerShell 进行调整，最多可调整为 30 天。

（4） 可使用调整的邮箱 UPN 替换<DedicatedMailbox>。

4.2.6 列出所有用户邮箱的邮件夹可见项目数量

命令：

```
Get-Mailbox -ResultSize Unlimited -Filter {RecipientTypeDetails -eq
"UserMailbox"} | % { $NM = $_.Name ; $Temp = $_.UserPrincipalName ;Write-host $NM
-ForegroundColor Cyan; Get-MailboxFolderStatistics $Temp | select
Name,VisibleItemsinFolder,@{n='UPN';e={$Temp}},@{n='UserName';e={$NM}} | ?
{$_.VisibleItemsinFolder -gt 0} }
```

解释：

（1）前提条件是使用 PowerShell 已经建立客户端到 Exchange Online 服务器的远程会话。

（2） 需要综合使用 Get-Mailbox 及 Get-MailboxFolderStatistics 命令。

（3） 先获取所有用户邮箱的列表,随后使用管道符“|”传递给后面命令进行批处理。

（4） 逐个对用户邮箱获取相关的文件夹统计信息，筛选出可见项目数量。

（5） 此命令可用于从第三方邮箱迁移到 Exchange Online 之后，新老邮箱中的邮件数量比对。

4.2.7 用命令行发送邮件

命令：

```
$Cred = Get-Credential -Message '请输入您的 Office 365 的有效用户凭据';
Send-MailMessage -From $Cred.UserName -To <ReceiverEmailAddress> -Subject
<EMailSubject> -Body <EmailBody> -Attachments <YourAttachments> -BodyAsHtml
-SmtpServer smtp.partner.outlook.cn -Encoding ([System.Text.Encoding]::UTF8)
-UseSsl -Credential $Cred
```

解释：

（1） Exchange Online 默认要求经过身份验证的账号可使用 smtp.partner.outlook.cn 这个 FQDN 发送邮件。

（2） 发送过程必须选择 STARTTLS 加密（TCP 587 端口发送）。

（3） 可根据需求设置不同的 Subject（邮件主题）、Body（邮件正文）、Attachments（邮件附件）、Cc（抄送人）、BCc（密送人）等。

（4） 请使用相应字符串替换“<>”包含的内容。

（5） 通过此命令发送的邮件会自动保存在邮箱的已发送邮件夹中。

4.2.8 列出租户下所有用户邮箱的已使用容量

命令：

```
$UserMailboxStats = Get-Mailbox -RecipientTypeDetails UserMailbox -ResultSize
Unlimited | Get-MailboxStatistics
$UserMailboxStats | Add-Member -MemberType ScriptProperty -Name TotalItem
SizeInBytes -Value {$this.TotalItemSize -replace "(.*\(|,| [a-z]*\)", ""}
$UserMailboxStats | Select-Object DisplayName, TotalItemSizeInBytes,@{Name=
"TotalItemSize (GB)"; Expression={[math]::Round($_.TotalItemSizeInBytes/
1GB,2)}}
```

解释：

（1）前提条件是使用 PowerShell 已经建立客户端到 Exchange Online 服务器的远程会话。

（2）先对所有用户邮箱用 Get-MailboxStatistics 运行，将结果保存在变量$UserMailboxStats 中。

（3） 对$UserMailboxStats 用 Add-Member 增加一列，列名称为 TotalItemSizeInBytes。

（4） 将增加了 TotalItemSizeInBytes 列的结果再次使用“@{}”增加一列 TotalItemSize (GB)，将 TotalItemSizeInBytes 的值除以 1GB 后的结果按 2 位小数点四舍五入。

4.2.9 列出所有账号的许可证及邮箱上次登录时间等信息

命令：

```
$i = 1 ;Get-Mailbox -RecipientTypeDetails usermailbox -ResultSize unlimited
| % { $UPN = $_.userprincipalname; $DN=$_.displayname; $SMTPAddress =
```

```
$_.primarysmtpaddress;$Whencreated = $_.whencreated; Write-Host "第 $i 条数据: " $UPN $DN $SMTPAddress -ForegroundColor Green;$Temp2 = Get-MailboxStatistics $UPN; Get-User $UPN | select @{n='UPN';e={$UPN}},@{n='DN';e={$DN}}, @{n='SMTPAddress';e={$SMTPAddress}},title,company,department,@{n='lastlogontime';e={$Temp2.lastlogontime}},@{n='whencreated';e={$Whencreated}},@{n="AccountSKUs"; e={(Get-Msoluser -userprincipalname $_.userprincipalname).Licenses.AccountSKUId -join ','}}; $i++}
```

解释：

（1） 前提条件是使用 PowerShell 已经建立客户端到 Exchange Online 服务器的远程会话及连接到 MsOnlineService。

（2） 需要同时使用 Get-MSOLUser 命令与 Get-MailboxStatistics 命令。

（3） 先使用 Get-MSOLUser -All 命令获取所有账号的信息列表，并通过管道符传递给后面语句。

（4） 用 Select 语句选取需要输出的属性值。

（5） 使用“@{}”新增一列。

4.2.10 列出所有通讯组及成员的对应表

命令：

```
Get-DistributionGroup -ResultSize Unlimited | % { $NM=$_.Name; $GrpSMTP = $_.PrimarySMTPAddress; Get-DistributionGroupMember -Identity $NM -ResultSize Unlimited | Select DisplayName,Name,PrimarySMTPAddress,RecipientTypeDetails, @{n='GroupNM';e={$NM}},@{n='GroupSMTPAddress';e={$GrpSMTP}}}
```

解释：

（1）前提条件是使用 PowerShell 已经建立客户端到 Exchange Online 服务器的远程会话。

（2） 需要同时使用 Get-DistributionGroup 命令与 Get-DistributionGroupMember 命令。

（3） 先使用 Get-DistributionGroup –ResultSize Unlimited 命令获取所有的通讯组列表，并通过管道符传递给后面语句。

（4） 用 Select 语句选取需要输出的属性值。

（5） 使用“@{}”新增一列。

4.2.11 列出指定 Office 365 组及成员的对应表

命令：

```
$Grp = Read-Host '请输入组名'; Get-UnifiedGroup $Grp | % { $NM=$_.name; $GrpSMTP = $_.PrimarySMTPAddress; Get-UnifiedGroupLinks -Identity $NM -LinkType Members -ResultSize Unlimited | Select DisplayName,Name,PrimarySMTPAddress, RecipientTypedetails,@{n='GroupNM';e={$NM}},@{n='GroupSMTPAddress';e={$GrpSMTP}}}
```

解释：

（1） 前提条件是使用 PowerShell 已经建立客户端到 Exchange Online 服务器的远程会话。

（2） 由 Read-Host 命令读取指定的 Office 365 组。

（3） 需要同时使用 Get-UnifiedGroup 命令与 Get-UnifiedGroupLinks 命令。

（4） 先使用 Get-UnifiedGroup –ResultSize Unlimited 命令获取所有的通讯组列表，并通过管道符传递给后面语句。

（5） 用 Select 语句选取需要输出的属性值。

（6） 使用“@{}”新增一列。